旱区城市景观过程和可持续性：从全球到区域的多尺度研究

何春阳　刘志锋　黄庆旭
李经纬　张　达　邬建国　著

科学出版社
北　京

内 容 简 介

本书是作者在所承担的包括第二次青藏高原综合科学考察研究和国家自然科学基金创新研究群体项目在内的多项国家级项目基础上，综合最新研究成果撰写而成。全书共 9 章，首先系统介绍旱区城市景观过程和可持续性研究进展，然后分别介绍在全球旱区、中国旱区、中国北方农牧交错带、呼包鄂榆城市群、京津冀城市群和北京地区等不同尺度上开展的城市景观过程和可持续性研究最新成果，最后展望旱区城市景观过程和可持续性研究的前景。

本书结构完整，数据翔实，附有大量的研究案例，可供地理学、生态学、土地科学和城市规划等领域的科研人员和高等院校相关专业师生阅读参考。

审图号：GS 京(2022)0447 号

图书在版编目(CIP)数据

旱区城市景观过程和可持续性：从全球到区域的多尺度研究/何春阳等著.—北京：科学出版社，2023.3

ISBN 978-7-03-074939-0

Ⅰ. ①旱… Ⅱ. ①何… Ⅲ. ①干旱区–城市景观–景观设计–研究 Ⅳ. ①TU-856

中国国家版本馆 CIP 数据核字(2023)第 031173 号

责任编辑：彭胜潮　赵　晶/责任校对：郝甜甜
责任印制：吴兆东/封面设计：图阅盛世

科 学 出 版 社 出版
北京东黄城根北街 16 号
邮政编码：100717
http://www.sciencep.com

北京中科印刷有限公司 印刷

科学出版社发行　各地新华书店经销
*
2023 年 3 月第　一　版　开本：787×1092　1/16
2023 年 3 月第一次印刷　印张：26 1/4
字数：622 000

定价：280.00 元

(如有印装质量问题，我社负责调换)

前　言

“旱区”（drylands 或 dryland systems）是以水资源短缺为主要特征、生产力和养分循环均受到水资源限制的地区，约占全球陆地总面积的 41%，居住着全球 38%的人口。旱区矿产资源丰富，发展潜力巨大，但长期面临生态环境脆弱、土地退化和贫困等问题。自 1992 年起，联合国每十年发布一次《联合国防治荒漠化公约》，以应对旱区所面临的环境、社会和经济问题，促进旱区可持续发展。2005 年发布的联合国《千年生态系统评估》（Millennium Ecosystem Assessment，MEA）将旱区作为与山地、海滨、耕地、森林、岛屿以及极地并列的七大区域之一，进行了综合评价，发现旱区是人口增速最快、生态系统退化最严重的区域。继《千年生态系统评估》之后，联合国在 2013 年启动的“生物多样性与生态系统服务政府间科学-政策平台”（The Intergovernmental Science-Policy Platform on Biodiversity and Ecosystem Services，IPBES）研究项目，继续针对包括旱区在内的七大区域生态系统服务及可持续发展进行研究。2017 年，中国科学院牵头发起了“全球干旱生态系统大科学计划”，联合来自美国、澳大利亚、欧洲、非洲和中亚等国家和地区的科研组织，开展针对全球旱区的生态环境监测与评估，以提出旱区系统可持续管理战略，改善旱区人民的福祉。旱区已经成为影响全球和我国可持续发展的一个关键地区。

旱区城市景观过程（景观城市化或城市土地利用/覆盖变化）主要指城市内部改变和城市在区域中的扩展，带来不同时空尺度的旱区土地系统变化过程。它一方面会促进社会经济发展，改善旱区居民的居住条件和生活水平；另一方面也会通过移除地表植被和增加不透水地表，造成自然栖息地损失、土地退化、城市热岛及生态系统服务下降等生态环境问题，对旱区的可持续发展构成严重威胁。当前，旱区中 90%的人口居住在城市化迅速的发展中国家。随着“一带一路”倡议的深入发展，旱区城市迎来了沿海港口城市一样的发展机遇，但气候变化也对旱区城市可持续发展带来了环境压力和挑战。在全球、国家和区域等多个尺度深入认识和理解历史和未来旱区城市景观过程的时空格局、生态环境效应和可持续性，开展城市土地系统优化研究，是促进旱区生态文明建设和可持续发展的重要基础，具有重要的科学价值和实践意义。

2014 年，在邬建国教授牵头的国家重大科学研究计划项目“全球变化与区域可持续发展耦合模型及调控对策”（编号：2014CB954300）和史培军教授牵头的国家自然科学基金委员会创新研究群体科学基金资助项目“地表过程模型与模拟”（编号：41621061）的支持下，我们开始了对旱区城市景观过程与可持续性的研究。后来，国家自然科学基金优秀青年基金项目“土地利用与土地覆被变化”（编号：41222003）、国家自然科学面上基金项目（编号：41971270、41871185、41971225）和国家重点研发计划课题“城镇化对区域及全球尺度气候变化的影响研究”（编号：2019YFA0607203）的持续资助，使得我们能够将相关研究深入开展。经过近十年的努力，我们以土地利用/覆盖变化和城市景观可持续性为抓手，在全球旱区、中国旱区、中国北方农牧交错带、呼包鄂榆城市群、京津冀城市群和北京等多个尺度上，系统揭示了旱区城市景观过程，提出了一系列以提高可持续性为目标的旱区城市土地系统设计方案。本书正是对相关研究工作的系统总结、思考和提炼。

本书共 9 章。第 1 章绪论，介绍本书的主要结构和主要内容。第 2 章旱区城市景观过程和可持续性研究进展，主要归纳总结旱区的定义和划分标准，分析全球旱区和中国旱区概况，阐述旱区城市景观过程、影响和可持续性的相关研究进展。第 3 章全球旱区城市景观过程和可持续性，主要分析和模拟全球旱区城市景观过程，评估城市景观过程对自然生境的影响。第 4 章中国旱区城市景观过程和可持续性，主要分析和模拟中国旱区城市景观过程与水资源的相互作用。第 5 章中国北方农牧交错带城市景观过程和可持续性，主要评估气候变化对区域城市景观过程的影响。第 6 章呼包鄂榆城市群城市景观过程和可持续性，主要分析区域城市景观过程及其区位影响因素，评价区域城市景观过程对自然生境质量和植被净初级生产力的影响。第 7 章京津冀城市群城市景观过程和可持续性，主要量化了区域历史和未来城市景观过程及其对生态系统服务的综合影响，以保护生态系统服务为目标，提出城市土地系统设计方案。第 8 章北京地区城市景观过程和可持续性，主要量化了区域城市景观过程及其对湿地的压力以及对碳固持服务和多种生态系统服务的协同影响。第 9 章旱区城市景观可持续性研究展望，总结本书的主要工作和主要发现。

本书是集体智慧和心血的结晶。各章主要作者分别是：第 1 章，何春阳和刘志锋；第 2 章，李经纬、何春阳和邬建国；第 3 章，何春阳和李经纬；第 4 章，李经纬、刘志锋和何春阳；第 5 章和第 6 章，刘志锋、何春阳和邬建国；第 7 章和第 8 章，黄庆旭、何春阳、张达和邬建国；第 9 章，刘志锋和何春阳。何春阳、刘志锋、黄庆旭和邬建国对全书进行了统稿和最后审定。

我们近年来指导的研究生直接参与了本书的相关研究工作。他们是：2016 级直博生任强（第 3 章第 2 节和第 5 章第 3 节）、2017 级硕士生杨延杰（第 5 章第 1 节和第 4 节）、2015 级硕士生丁美慧（第 5 章第 2 节和第 6 章第 3 节）、2017 级博士生宋世雄（第 6 章第 1 节和第 2 节）、2016 级本科生朱磊（第 7 章第 1 节）、2018 级直博生刘紫玟（第 7 章第 5 节）、2016 级本科生陈诗音（第 7 章第 6 节）、2017 级硕士生孟士婷（第 8 章第 3 节）和 2014 级硕士生谢文瑄（第 8 章第 4 节）。2007 级直博生赵媛媛、2009 级博士生杨洋、2011 级博士生马群、2013 级硕士生许敏、2014 级博士生窦银银、2016 级博士生房学宁和 2017 级硕士生涂梦昭参与了本书的校稿。2019 级硕士生陈奔新和聂宇、2020 级硕士生潘鑫豪、2021 级硕士生张笑颜、戴一华、龚炳华和许正劼、2018 级本科生何可人、2020 级本科生余淇文和袁嘉露协助进行了本书的排版。在此，谨对他们表示深深的谢意。

本书中部分阶段性成果已在国内外相关刊物上先行发表，还有部分成果没有公开发表。由于旱区城市景观过程与可持续性问题的复杂性，加之作者水平有限，书中不足之处在所难免，诚请各位同行和读者批评指正。

最后，我们谨以本书对所有长期支持和关心北京师范大学土地利用/覆盖变化和城市景观可持续性研究的各位专家和同行致以衷心的感谢。

何春阳

2022年9月于北京师范大学

目　　录

第1章　绪　　论

“旱区”(drylands 或 dryland systems)是以水资源短缺为主要特征，生产力和养分循环均受到水资源限制的地区(MEA, 2005)。旱区约占全球陆地总面积的41%，区域内居住着全球38%的人口(MEA, 2005)。旱区内草地和耕地分布面积广，是全球牧草和粮食的主要供给源，此外还拥有丰富的石油、天然气及金属等矿产资源(Safriel et al., 2006)。但同时，旱区生态环境脆弱，对气候变化敏感，社会经济发展水平低，其可持续发展受到水资源短缺、土地荒漠化及贫困等问题的制约(Reynolds et al., 2007; Huang et al., 2017; Burrell et al., 2020)。因此，旱区是影响全球可持续发展的重要地区(MEA, 2005; Safriel et al., 2006)。1956年，美国科学促进会(American Association for the Advancement of Science, AAAS)出版了专著《干旱区的未来》(*The Future of Arid Lands*)，探讨了全球旱区面临的主要问题，并制定了解决这些问题的研究框架(White, 1957)。之后，在AAAS和联合国教科文组织(United Nations Educational, Scientific and Cultural Organization, UNESCO)的共同倡导下，旱区的可持续发展问题受到社会各界越来越广泛的关注(Hutchinson and Herrmann, 2007; Yao et al., 2020)。

城市景观过程是指土地利用方式改变，导致空间上城市规模扩大并发生景观意义上的土地利用、土地覆盖和生态系统变化的过程(许学强等, 1997; 何春阳和史培军, 2009)。可持续性主要指既能满足区域当代人的需要，又不对后代或其他区域的人满足其需要的能力构成损害的一种状态(WCED, 1987)。可持续性主要包含环境可持续性、社会可持续性和经济可持续性三个方面(Wu, 2013)。城市景观过程与区域可持续性关系密切：一方面，城市景观过程往往伴随着社会经济的发展，可以提供更好的医疗、教育和文化资源，增进人类福祉；另一方面，城市景观过程也会造成一系列负面环境影响，导致区域环境污染、水资源短缺和生态系统服务退化等问题的出现或加剧，影响区域可持续性(Wu, 2013)。

在全球快速城市化的大背景下，旱区正在经历大规模的城市景观过程，这一过程已经成为影响区域可持续性的关键因素。旱区90%的人口居住在快速城市化地区，在城市景观过程中，旱区面临的水资源胁迫、自然栖息地损失及土地退化等问题正不断加剧(Bonkoungou, 2001; Geist and Lambin, 2004)。因此，及时有效地理解旱区城市景观过程、影响和可持续性对于区域乃至全球可持续发展具有重要意义(Alshuwaikhat and Nkwenti, 2002; Safriel and Adeel, 2008; Abdel-Galil, 2012)。

现有研究已经在旱区城市景观过程分析、趋势模拟、影响量化和可持续性评价等方面取得了积极的进展。但是，这些研究多是分散独立的局部单尺度研究，难以全面系统地反映旱区整体城市景观过程和可持续性特征。同时，现有研究主要评价了旱区历史城市景观过程对自然生境、水资源或某项生态系统服务等单一生态环境要素的影响，对于区域历史和未来城市景观过程对多个生态环境要素的综合影响还缺乏研究。此外，现有研究重在对旱区城市扩展趋势的模拟预测，而对旱区城市可持续土地系统设计和路径选择的研究还相对较为缺乏。为此，本书在全球、国家和区域等多个尺度开展旱区城市景观过程、影响和可持续性的系统综合研究(图 1.1)。

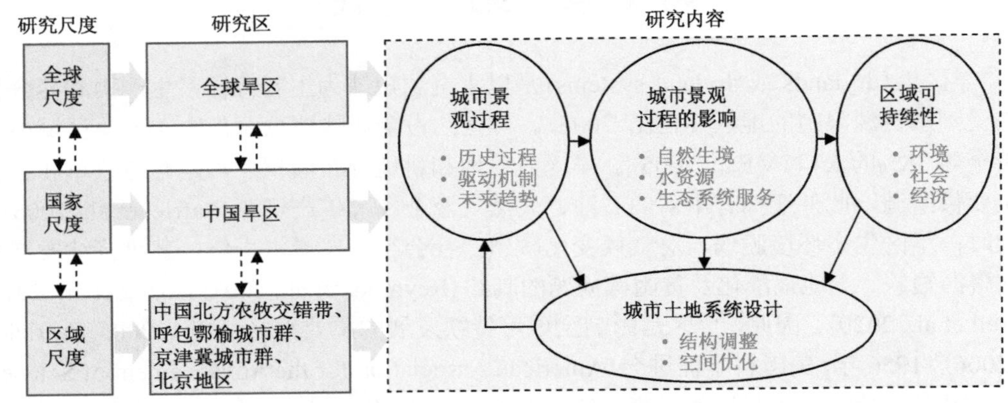

图 1.1 主要研究思路(Wu, 2014；有修改)

本书共 9 章(图 1.2)。首先，归纳总结了旱区的定义和划分标准，分析了全球旱区和中国旱区概况。在此基础上，阐述了旱区城市景观过程、影响和可持续性的相关研究进展。然后，从全球、中国和区域等不同尺度系统揭示了旱区城市景观过程的时空格局、城市景观过程的影响以及区域可持续性。最后，总结了本书的主要工作和发现，并展望了未来旱区城市景观可持续性研究的前景。

具体地，在第 1 章绪论的基础上，第 2 章旱区城市景观过程和可持续性研究进展，首先，通过辨析各种旱区相关定义和划分方法的区别，明确旱区的定义和范围，进而介绍全球旱区和中国旱区的基本情况。其次，利用系统文献综述法分析相关文献的发文量和引文量变化趋势，筛选代表性文献，确定重点研究主题和主要研究区域。最后，总结旱区城市景观过程、影响和可持续性评价相关研究的主要方法、内容和重要发现，为系统开展多尺度研究奠定基础。

第 3 章 全球旱区城市景观过程和可持续性。首先，基于全球城市土地空间数据集，分析全球旱区、不同类型旱区和不同国家旱区 1992～2016 年城市景观过程。再利用土地利用情景动力学-城市(land use scenario dynamics-urban, LUSD-urban)模型，模拟不同共享社会经济路径(shared socioeconomic pathways, SSPs)下全球旱区 2016～2050 年的城市景观过程，比较不同路径下全球旱区城市景观过程的差异，进而通过计算城市景观过程导致的生境质量指数变化量，评估全球旱区城市景观过程对自然生境的影响，揭示全球旱区城市景观过程对濒危物种的影响。

第 4 章 中国旱区城市景观过程和可持续性。首先，在分析中国旱区 1992～2016 年城市景观过程的基础上，利用 LUSD-urban 模型模拟不同共享社会经济路径下 2016～2050 年城市景观过程。其次，通过对比不同路径下的模拟结果，探讨中国旱区城市景观过程的可持续发展路径。然后，通过量化中国旱区水资源胁迫指数的时空格局，分析城市景观过程对水资源的影响以及水资源对城市发展的约束。最后，基于生态足迹评估中国旱区的可持续性。

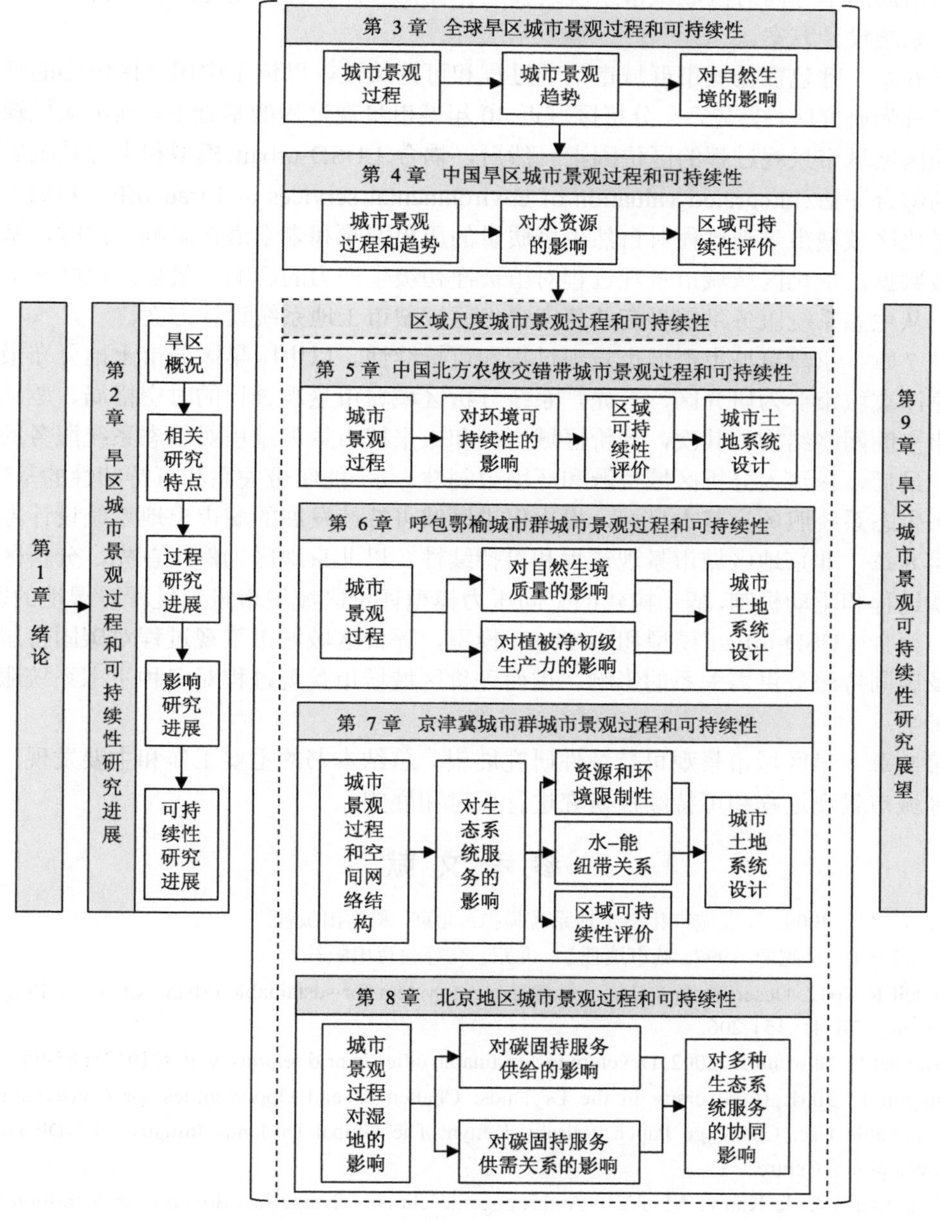

图 1.2　本书结构

第 5 章　中国北方农牧交错带城市景观过程和可持续性。以地处半干旱区的中国北方农牧交错带为研究区，首先，基于 LUSD-urban 模型模拟不同气候变化情景下区域城市景观过程。然后，从水、土、气、生四个方面构建环境可持续性综合评价指数，利用结构方程模型，定量评估区域城市景观过程对环境可持续性的影响。最后，在此基础上，以缓解水资源短缺状况、保障粮食安全和生态安全并减少洪水风险为优化目标，从数量和空间格局两个方面对区域城市景观过程进行优化模拟，提出促进区域可持续发展的城市土地系统设计方案。

第 6 章　呼包鄂榆城市群城市景观过程和可持续性。以位于中国旱区中心的呼包鄂榆城市群为研究区，首先，在分析区域近 40 年城市景观过程的基础上，利用随机森林分析影响区域城市景观过程的区位因素。然后，耦合 LUSD-urban 模型和生态系统服务和权衡的综合评估(integrated valuation of environmental services and tradeoffs，InVEST)模型，量化区域城市景观过程对自然生境质量的历史影响和未来潜在影响。同时，基于植被指数数据，量化区域城市景观过程对植被净初级生产力的影响。最后，以呼和浩特市为例，从生态系统服务供需平衡的角度提出区域城市土地系统设计方案。

第 7 章　京津冀城市群城市景观过程和可持续性。以中国旱区城市土地分布最为集中的京津冀城市群为研究区，首先，系统分析区域城市景观过程的时空格局、驱动机制和城市空间网络结构。其次，评价区域历史和未来城市景观过程对生态系统服务的综合影响。最后，在深入分析区域资源和环境限制性、水-能纽带关系和可持续性的基础上，以保护生态系统服务为基本目标，提出促进区域可持续发展的城市土地系统设计方案。

第 8 章　北京地区城市景观过程和可持续性。以北京地区为例，首先，分析区域城市景观过程和驱动机制，基于构建的空间压力模型评价区域城市景观过程对湿地的影响。然后，耦合 LUSD-urban 模型和 InVEST 模型，评价区域城市景观过程对碳固持服务供给以及碳固持服务供需关系的影响，进而评价区域城市景观过程对多种生态系统服务的协同影响。

第 9 章　旱区城市景观可持续性研究展望。总结本书的主要工作和主要发现，对未来旱区城市景观过程和可持续性研究进行探讨和展望。

参 考 文 献

何春阳，史培军. 2009. 景观城市化与土地系统模拟. 北京：科学出版社.

许学强，周一星，宁越敏. 1997. 城市地理学. 北京：高等教育出版社.

Abdel-Galil R. 2012. Desert reclamation, a management system for sustainable urban expansion. Progress in Planning, 78(4): 151-206.

Alshuwaikhat H, Nkwenti D. 2002. Developing sustainable cities in arid regions. Cities, 19(2): 85-94.

Bonkoungou E. 2001. Biodiversity in the Drylands: Challenges and Opportunities for Conservation and Sustainable Use. Challenge Paper. Nairobi, Kenya: The Global Drylands Initiative, UNDP Drylands Development Centre.

Burrell A, Evans J, de Kauwe M. 2020. Anthropogenic climate change has driven over 5 million km^2 of drylands towards desertification. Nature Communications, 11(1): 3853.

Geist H, Lambin E. 2004. Dynamic causal patterns of desertification. Bioscience, 54(9): 817-829.

Huang J, Yu H, Dai A, et al. 2017. Drylands face potential threat under 2 °C global warming target. Nature Climate Change, 7(6): 417-422.

Hutchinson C, Herrmann S. 2007. The Future of Arid Lands-Revisited: A Review of 50 Years of Drylands Research. Dordrecht: Springer Science & Business Media.

MEA. 2005. Ecosystems and Human Well-Being: Current State and Trends. Washington: Island Press.

Reynolds J, Smith D, Lambin E, et al. 2007. Global desertification: Building a science for dryland development. Science, 316(5826): 847-851.

Safriel U, Adeel Z, Niemeijer D, et al. 2006. Dryland Systems, Ecosystems and Human Well-Being: Current State and Trends. Washington: Island Press.

Safriel U, Adeel Z. 2008. Development paths of drylands: thresholds and sustainability. Sustainability Science, 3(1): 117-123.

WCED. 1987. Our Common Future. New York: Oxford University Press.

White G. 1957. The future of arid lands. Soil Science, 83(3): 244.

Wu J. 2013. Landscape sustainability science: Ecosystem services and human well-being in changing landscapes. Landscape Ecology, 28(6): 999-1023.

Wu J. 2014. Urban ecology and sustainability: The state-of-the-science and future directions. Landscape and Urban Planning, 125: 209-221.

Yao J, Liu H, Huang J, et al. 2020. Accelerated dryland expansion regulates future variability in dryland gross primary production. Nature Communications, 11(1): 1665.

第 2 章　旱区城市景观过程和可持续性研究进展

2.1　旱 区 概 况

1. 全球旱区概况

国际上对于旱区的定义主要来自于联合国环境规划署(United Nations Environment Programme, UNEP)和联合国粮农组织(Food and Agriculture Organization, FAO)等以及《千年生态系统评估》(Millennium Ecosystem Assessment, MEA)、《联合国防治荒漠化公约》(United Nations Convention to Combat Desertification, UNCCD)和《生物多样性公约》(Convention on Biological Diversity, CDB)等研究项目(表 2.1)。其中，最早提出和目前最

表 2.1　全球旱区相关定义

定义	中文翻译	范围	使用此定义的国际研究组织	参考文献
Areas with an aridity index of < 0.65 as drylands and drylands are further divided, on the basis of AI, into hyper-arid lands, arid lands, semi-arid lands and dry sub-humid lands	旱区是指气候干燥度指数<0.65 的地区，包括极端干旱、干旱、半干旱和干燥型亚湿润四类	占全球陆地面积的 41%	UNEP	Middleton 和 Thomas (1992); Safriel (1999)
Dryland systems are lands where plant production is limited by water availability; the dominant human uses are large mammal herbivory, including livestock grazing, and cultivation	旱区以水资源短缺为主要特征，区域生产力和养分循环均受到供水限制	占全球陆地面积的 41%	MEA	MEA (2005a, 2005b)
Drylands are characterized by a scarcity of water, which affects both natural and managed ecosystems and constrains the production of livestock as well as crops, wood, forage and other plants and affects the delivery of environmental services	旱区的主要特点是区域水资源短缺影响自然和人为管理的生态系统，限制牲畜以及粮食、木材、饲料和其他植物的生产，并影响环境服务	占全球陆地面积的 41%	FAO	http://www.fao.org/dryland-forestry/background/what-are-drylands/en/
Excluding the hyper-arid dryland from its consideration, adopted the classification of UNEP	采用并调整了 UNEP 的旱区定义，去除了其中的极端干旱区	占全球陆地面积的 34.9%	UNCCD	Sörensen (2007)
Definition of 'drylands' used differs from the UNCCD definition described above in two ways: ① it also includes hyperarid zones; ② Major vegetation types are used to define dryland areas in addition to those defined based on the bioclimatic criterion (P/PET ratio)	旱区的界定与 UNCCD 所提出的定义主要有两点不同：①包含了极端干旱区；②增加了对于区域主要植被特征的考虑	占全球陆地面积的 52.3%	Programme of Work on Dry and Sub-humid Lands of the Convention on Biological Diversity	Sörensen (2007)

广泛应用的旱区定义来自 UNEP，并在 FAO 和 MEA 等国际组织或国际研究计划中被沿用(表 2.1)。基于该定义，本书中的“旱区”是指“以水资源短缺为主要特征，生产力和养分循环均受到供水限制的地区”(Safriel, 1999; MEA, 2005a)。

国际上常用于确定旱区具体范围的方法包括单要素指标方法和多要素指标方法两类。单要素指标方法是指仅依靠区域降水量来划分旱区的方法，如降水距平和标准降水指数。多要素指标方法通常是指综合考虑降水、温度和蒸散量等多个变量来划分旱区，如干燥度指数、气候干燥度指数和 Palmer 干旱指数。其中，基于水分供给平衡原理构建的气候干燥度指数能够合理体现区域水资源短缺特征，并且简便易操作，已经在国际上得到了广泛认可和应用。当前应用最广泛的旱区范围出自 UNEP 发布的《世界荒漠区地图集》(*World Atlas of Desertification*)(Middleton and Thomas, 1992)。其划分依据主要是气候干燥度指数。具体划分方法是，首先基于 1951～1980 年的气候数据，以多年平均降水量与多年平均潜在蒸散量之比(即气候干燥度指数)小于 0.65 作为标准来划定旱区边界(Middleton and Thomas, 1992; Safriel, 1999)；进一步地，根据气候干燥度指数(aridity index, AI)将旱区划分为四类：AI<0.05，极端干旱类型(hyper-arid)；AI 介于 0.05～0.20，干旱(arid)类型；AI 介于 0.20～0.50，半干旱类型(semiarid)；AI 介于 0.50～0.65，干燥型亚湿润类型(dry subhumid)。本书沿用该划分方法确定了全球旱区范围。

全球旱区广泛分布于 63°N～55°S，总面积为 6.09×10^7km^2，占全球陆地面积的 41.30%，地跨亚洲西部和中部、非洲北部及北美洲中西部，在澳大利亚、美国和中国等近 120 个国家均有分布(图 2.1、表 2.2)(Middleton and Thomas, 1992; MEA, 2005b)。全球旱区中，干燥型亚湿润区面积约占 21%，土地覆盖类型多为森林；半干旱区面积约占 37%，土地覆盖类型多为草地；干旱区面积和极端干旱区面积分别占 26%和 16%，土地覆盖类型多为沙漠(Safriel et al., 2006)。

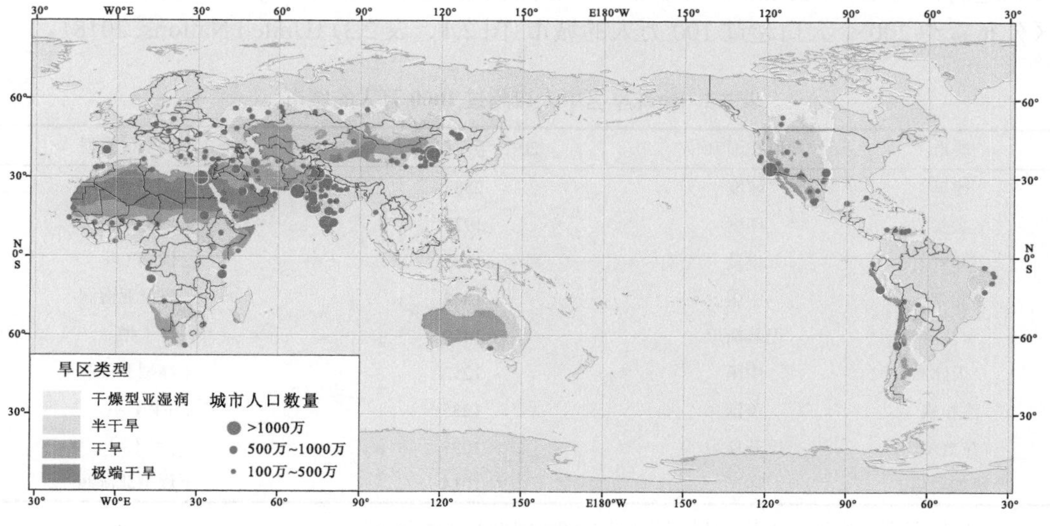

图 2.1　全球旱区范围

表 2.2 有旱区分布的主要国家

国家	旱区面积/万 km^2	占国土面积的比例/%
澳大利亚	585.50	86.25
俄罗斯	433.58	20.99
美国	395.46	41.03
中国	367.93	41.14
哈萨克斯坦	283.20	99.48
阿尔及利亚	201.52	97.56
加拿大	185.75	27.66
沙特阿拉伯	166.61	99.92
印度	166.24	60.65
苏丹	157.76	99.99
阿根廷	144.44	55.29
利比亚	143.56	99.99
伊朗	141.53	94.73
墨西哥	126.26	74.04
巴西	113.86	16.05
乍得	106.08	99.32
蒙古国	105.93	65.64
马里	105.19	99.37
尼日尔	100.20	100.00

注：表中列出了旱区面积超过 100 万 km^2 的国家。

2016 年全球旱区城市人口为 10.17 亿人，占全球旱区总人口的 46.68%。全球旱区城市土地面积为 20.74 万 km^2，占全球旱区总面积的 0.34%(Goldewijk et al., 2017)。全球旱区分布着约 200 个人口超过 100 万人的城市(图 2.1、表 2.3)(United Nations, 2018)。

表 2.3 全球旱区中人口超过 1000 万人的城市

城市	所在国家	2015 年人口/万人	所处旱区类型
德里	印度	2587	半干旱
孟买	印度	1932	干旱
开罗	埃及	1882	极端干旱
北京	中国	1842	干燥型亚湿润
卡拉奇	巴基斯坦	1429	干旱
天津	中国	1252	干燥型亚湿润
洛杉矶	美国	1235	半干旱
拉合尔	巴基斯坦	1037	半干旱
班加罗尔	印度	1014	干燥型亚湿润

注：数据来自联合国 2018 年发布的人口数据(https://population.un.org/wup/)。

《千年生态系统评估》显示，相较于其他生态系统，旱区的生态环境脆弱，在栖息地变化、气候变化、资源过度消耗及污染等因素的影响下，旱区可持续发展面临着日益严峻的挑战(MEA, 2005b)。首先，在气候变化背景下，温度上升将会引发更加严峻的水资源短缺和城市热岛问题，导致旱区城市脆弱性增加，影响人类健康和福祉(Harlan et al., 2014; Salehi and Zebardast, 2016; Berardy and Chester, 2017)。其次，旱区土地退化问题严重，大约有 600 万 km^2 的旱区正在荒漠化(MEA, 2005b)。再次，全球旱区人口增长迅速，经济发展不足，婴儿死亡率高(MEA, 2005b; Reynolds et al., 2007)。而且，由于人口增长迅速以及城市化等人类活动强度加大，旱区水资源短缺、土地退化以及贫困等问题正在不断加剧(MEA, 2005b)。因此，城市化及气候变化已经成为影响旱区可持续性的重要因素(MEA, 2005a; Reynolds et al., 2007; Hochstrasser et al., 2014; McDonald et al., 2014)。

2. 中国旱区概况

我国与旱区相关的定义主要包括干旱区、半干旱区和西北干旱区(黄秉维, 1958; 赵松乔, 1983; 郑景云等, 2013)(表 2.4)。相比国际上采用的旱区定义，这些定义和划分标准更充分地考虑了我国的自然地理特征，如青藏高原的特殊气候特征(赵松乔, 1983; 郑景云等, 2013)。但为了便于与国际上相关研究进行对比，本书在确定我国旱区时沿用了国际上通用的旱区定义和范围(图 2.2、图 2.3)。

表 2.4　我国旱区相关定义

定义	范围	参考文献
半干旱区：干燥度一般在 1.5～2.0 干旱区：干燥度一般超过 2.0	半干旱区占全国陆地面积的 21.7%；干旱区占全国陆地面积的 31.4%	黄秉维，1958
西北干旱区：横跨欧亚大陆中心的广大草原、荒漠区的一部分，与东部季风区的界线为干燥度 1.2～1.5 的等值线，与青藏高寒地区则以昆仑山、阿尔金山、祁连山等一系列青藏高原边缘山地为界。以半干旱(干燥度 1.5～2.0)和干旱(干燥度>2.0)气候为主，年降水量在 200(干旱)～400(半干旱)mm 及以下	约占全国陆地面积的 30%	赵松乔，1983
半干旱区：干燥度指数介于 1.5～4.0 或 1.5～5.0(青藏高原)，降水量介于 200～250mm 至 400～500mm 干旱区：干燥度指数≥4.0 或≥5.0(青藏高原)，降水量<200～250mm	半干旱区约占全国陆地面积的 24%；干旱区约占全国陆地面积的 26%	郑景云等，2013

中国旱区位于 32°52′～53°19′N，73°29′～129°25′E，面积约为 395 万 km^2，占中国国土总面积的 41.14%(图 2.3)。区域年均降水量从东向西递减，介于 10～400 mm。年均潜在蒸散量普遍超过年均降水量 1.5 倍，最高可达 3000 mm(MEA, 2005b; Yang et al., 2008; Liu et al., 2015a)。

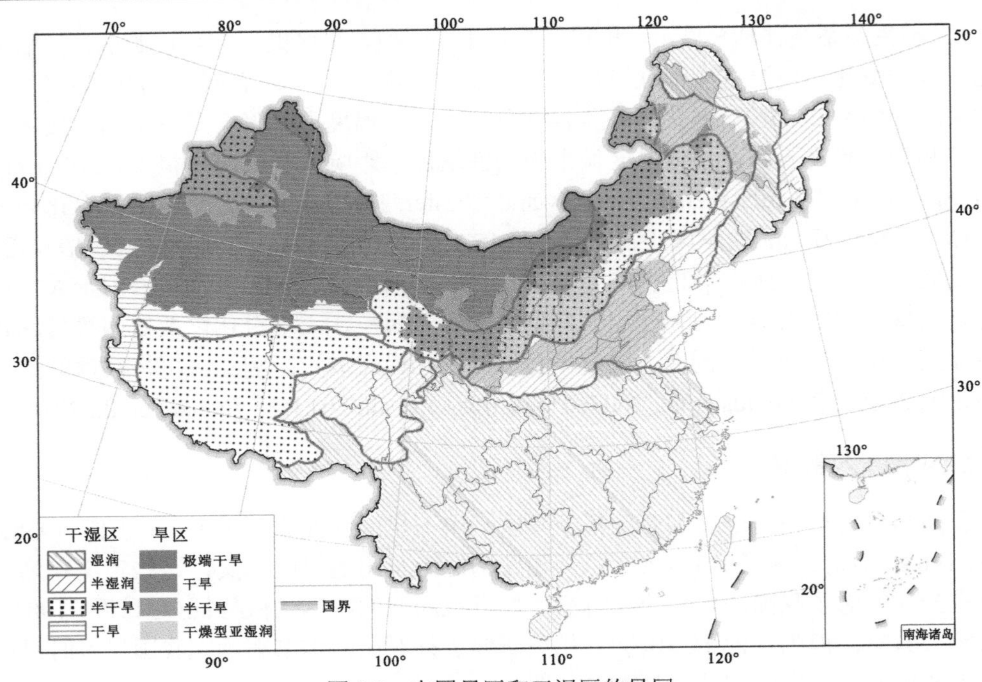

图 2.2　中国旱区和干湿区的异同

图中干湿区的范围来源于中国气候区划(郑景云等, 2013)，旱区范围来源于 UNEP 发布的《世界荒漠区地图集》(*World Atlas of Desertification*)(Middleton and Thomas, 1992)。

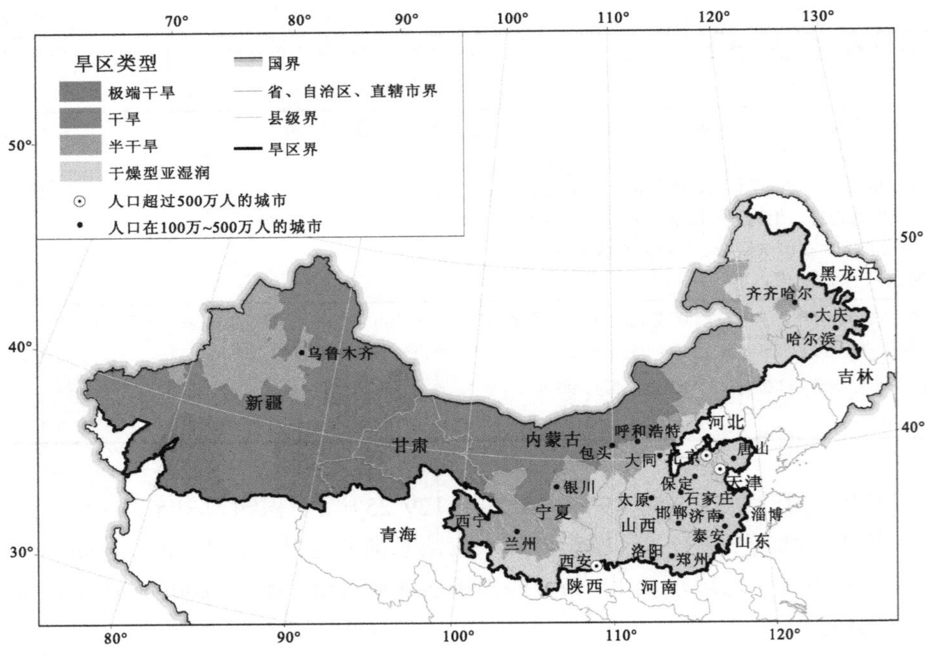

图 2.3　中国旱区范围

人口超过 500 万人的大城市包括北京(1)、天津(2)和西安(3)。人口 100 万～500 万人的中等城市有唐山(4)、邯郸(5)、保定(6)、太原(7)、大同(8)、呼和浩特(9)、包头(10)、哈尔滨(11)、齐齐哈尔(12)、大庆(13)、济南(14)、淄博(15)、泰安(16)、郑州(17)、洛阳(18)、石家庄(19)、兰州(20)、西宁(21)、银川(22)和乌鲁木齐(23)。

中国旱区跨越新疆、内蒙古及甘肃等 14 个省级行政区，共包含 745 个县(图 2.3、表 2.5)。2010 年，中国旱区总人口为 3.56 亿人，占中国总人口的 26.7%；区域国内生产总值为 12.4 万亿元，占中国国内生产总值的 31.1%。

表 2.5　中国旱区分布情况

类型	所在省份	旱区面积 /10^3km^2	2010 年人口 /10^6人	2010 年国内生产总值 /10^9元
干燥型亚湿润	内蒙古	271.39	3.98	116.82
	山西	147.74	34.93	890.56
	河北	125.07	65.31	1819.5
	黑龙江	115.56	20.32	738
	陕西	110.19	19.49	521.08
	甘肃	91.53	8.51	95.49
	山东	83.06	53.56	2144.35
	河南	59.38	47.3	1349.64
	吉林	45.93	5.43	181.15
	北京	12.2	18.83	1390.44
	天津	11.55	12.94	922.45
	宁夏	2.55	0.2	1.82
	合计	1076.13	290.8	10171.3
半干旱	内蒙古	347.37	9.63	640.94
	新疆	278.85	9.54	276.54
	甘肃	104.31	13.58	211.65
	青海	67.91	3.76	83.32
	宁夏	49.44	6.1	155.6
	黑龙江	15.1	2.5	55.03
	陕西	10.02	0.58	43.87
	河北	6.01	0.36	4.9
	山西	4.99	0.37	8.82
	合计	883.98	46.42	1480.65
干旱	新疆	753.15	9.26	261.08
	甘肃	165.06	2.33	351.76
	内蒙古	450.98	5.18	73.72
	合计	1369.18	16.77	686.56
极端干旱	新疆	504.02	2.25	34.99
	青海	74.29	0.05	41.01
	甘肃	42.13	0.2	5.86
	合计	620.44	2.49	81.86
中国旱区		3949.73	356.48	12420.37

中国旱区中，极端干旱类型区面积为 62.044 万 km^2，占中国旱区总面积的 15.71%，主要分布于新疆、青海和甘肃(表 2.5)。干旱类型区面积为 136.92 万 km^2，占中国旱区的 34.67%，主要分布在新疆、内蒙古和甘肃(表 2.5)。半干旱类型区面积为 88.40 万 km^2，占中国旱区的 22.38%，分布在内蒙古、新疆、甘肃及青海等 9 个省份。干燥型亚湿润类型区面积为 107.61 万 km^2，占中国旱区的 27.25%，分布于内蒙古、山西以及河北等 12 个省份(表 2.5)。

中国旱区土地覆盖以沙地及戈壁等未利用地为主，未利用地接近区域总面积的 40%；其次为草地，约占区域总面积的 33%。全区地跨黄河流域、塔里木河流域及海河流域等 20 个流域，共包括 474 个集水区。其中塔里木河流域旱区面积最大，为 1.03×10^6 km^2，占中国旱区总面积的 26.08%。

中国旱区有城镇人口 1.76 亿人，城市化率为 49.44%，主要包括北京、天津和西安 3 个人口超过 500 万人的特大城市以及 19 个城市人口介于 100 万～500 万人的大城市(图 2.3)。旱区内共有 6 个城市群，分别为京津冀城市群(Beijing-Tianjin-Hebei, BTH)、晋中城市群(Central Shanxi, CS)、呼和浩特-包头-鄂尔多斯-榆林城市群(Hohhot-Baotou-Ordos-Yulin, HBOY)、宁夏沿黄城市群(Ningxia-Yellow River, NYR)、兰州-西宁-白银城市群(Lanzhou-Xining-Baiyin, LXB)以及天山北麓城市群(Northern Tianshan Mountains, NTM)。

在人口增长和经济发展的驱动下，中国旱区城市化进程十分迅速。1990～2010 年，该区域城市人口从 1.01 亿人增加到 1.76 亿人，增加了 74.26%(国务院人口普查办公室和国家统计局人口与就业统计司, 2012)。1990～2005 年，中国旱区城市土地从 0.85 万 km^2 增加到 1.37 万 km^2，增加了 61.18%(Liu et al., 2012)。

在快速的城市化进程中，中国旱区生态环境问题十分突出，可持续发展所面临的压力不断增大。例如，草地净初级生产力从 1989 年的 341.30 Tg C 减少至 2000 年 305.54 Tg C (Tian and Qiao, 2014)。沙漠化土地面积从 1994 年的 262 万 km^2 增加到 2004 年的 264 万 km^2(Yang et al., 2008; Xu et al., 2014)。近 30 年旱区的快速城市景观过程，已经对水资源供给、空气净化和碳储量等生态系统服务造成了明显的影响(江凌和潘晓玲, 2005; 张凯等, 2011; Liang et al., 2017)。

此外，水资源胁迫是中国旱区可持续发展面临的一项重要挑战。中国旱区人口约占中国总人口的 30%，但只拥有全国 19%的水资源(Jiang et al., 2015)，人均每年可用水资源量仅为 900 m^3(Jiang et al., 2015)，低于联合国制定的最低人均水资源标准(Falkenmark et al., 1989; MEA, 2005a, 2005b)。在气候变化和城市景观过程影响下，中国旱区用水量不断增加，可用水资源量减少，水资源胁迫问题不断加剧，进一步引发地下水过度开采和城市化受限等一系列生态环境和社会经济问题。

2.2　旱区城市景观过程与趋势

1. 城市景观过程分析方法

当前城市景观过程分析研究的数据来源主要有遥感数据、行政区的统计数据和实地调查数据等。例如，Wu 等(2015)基于遥感数据、统计数据和文献记录分析了中国旱区内蒙古 20 世纪 60 年代至 2010 年的城市景观格局变化；Liu 等(2016)基于遥感数据和历史图集分析了 1800～2000 年中国北京、埃及开罗和俄罗斯莫斯科等旱区城市的土地利用时空格局。

从分析方法来看，目前的城市景观过程监测研究主要使用 GIS 空间分析和景观格局分析方法，采用空间统计、空间扩展强度、重心分析及各种景观指数等来分析旱区城市土地格局的组成和结构特征，揭示城市景观过程。例如，Wu 等(2015)基于 GIS 空间统计方法分析了内蒙古 20 世纪 60 年代至 2010 年的城市土地扩展情况；郝润梅等(2005)基于空间分析和景观指数分析了呼和浩特 1987～2000 年的城市扩展情况；Liu 等(2016)选用景观扩展指数和边缘密度等 10 个景观指数来分析中国北京和埃及开罗等旱区城市景观的破碎化程度及复杂性特征；Buyantuyev 等(2010)利用 GIS 空间分析手段，采用斑块密度和香农多样性指数等 16 个景观指数分析了美国旱区城市凤凰城景观格局的组成和结构特征信息。

2. 城市景观趋势模拟方法

已有研究者在不同空间尺度上发展了城市景观过程模拟模型，并开展了城市和区域尺度上的城市景观过程模拟研究(表 2.6)。马尔可夫（Markovian）模型和元胞自动机(cellular automata, CA)模型是应用最广的城市景观过程模拟模型，基于这两个模型均可以有效模拟局部尺度上的城市景观过程(Turner, 1987; Batty et al., 1999; 周成虎等, 1999)。

表 2.6　代表性的城市景观过程模拟模型

分类	模型基本结构	模型名称	参考文献	模拟尺度
单一模型	Spatial Markovian Approach	spatial simulation of landscape changes in Georgia model	Turner, 1987	局部尺度
	元胞自动机模型	GeoCA-urban (geographical cellular automata-urban) model	周成虎等, 1999	局部尺度
	元胞自动机模型	DUEM (dynamic urban evolution model)	Batty et al., 1999	局部尺度
	元胞自动机模型	future land-use simulation model	Li et al., 2017	全球尺度
	空间显示概率预测模型	global land-use model	Hurtt et al., 2011	全球尺度
		URBANMOD model	Seto et al., 2012	全球尺度
耦合模型	Markov-CA 模型	Markov-cellular automata model	Jenerette and Wu, 2001	局部尺度
	SLEUTH 模型	slope, landuse, exclusion, urban extent, transportation and hillshade	Norman et al., 2009	局部尺度

续表

分类	模型基本结构	模型名称	参考文献	模拟尺度
耦合模型	CA 模型和主成分分析模型	CA model based on the integration of principal components analysis and GIS	Li and Yeh, 2002	局部尺度
	MAS 模型	agent-based model of urban growth	Tian et al., 2011	局部尺度
	耦合 MAS 模型和 CA 模型	multi-agent systems for simulating and planning land use development	刘小平等, 2006	局部尺度
	CLUMondo 模型	CLUMondo model	Liu et al., 2017	局部尺度
	SD 模型和 CA 模型	LUSD-urban model	He et al., 2006, 2015	区域尺度

此外，研究学者陆续发展了 Markov-CA 模型、SLEUTH(slope, landuse, exclusion, urban extent, transportation and hillshade)模型、多智能体(multi-agent system, MAS)模型及 LUSD-urban 模型等一系列耦合模型方法(刘小平等, 2006; Norman et al., 2009; Tian et al., 2011; Huang et al., 2014; He et al., 2015; Liu x et al., 2017)(表 2.6)。这些模型的应用案例表明，它们已经可以比较准确地模拟单个城市的城市景观过程。其中，LUSD-urban 模型是由 He 等(2006)通过耦合系统动力学(system dynamics, SD)模型和 CA 模型而发展的一个城市土地动态模拟模型。该模型通过表达城市景观过程中的宏观资源约束因素和微观格局演化因素，从宏观土地总量需求和微观土地供给相平衡的角度，模拟出不同土地需求情景下的城市景观过程(He et al., 2006)。自 2006 年至今，该模型不断发展改进，于 2008 年、2013 年和 2015 年，在 LUSD-urban 模型框架下分别耦合潜力模型(He et al., 2008)、重力场模型(He et al., 2013)及可选择未来分析(alternative future analysis)(He et al., 2015)，进一步提高了 LUSD-urban 模型在区域尺度上的模拟能力和模拟精度。

3. 主要研究发现

目前，已有研究人员在区域和局地尺度上分析了旱区城市景观过程。例如，在区域尺度上，Fan 等(2016)评估了蒙古高原 1990～2010 年的城市景观过程；Buyantuyev 等(2010)分析了美国凤凰城大都市区 1985～2005 年的城市景观过程时空格局动态；Wu 等(2015)评价了内蒙古地区 20 世纪 60 年代至 2010 年以来的城市景观过程。在局部尺度上，刘雅轩等(2011)分析了新疆 17 个绿洲城市 1990～2007 年城市景观过程；余慧容等(2012)分析了新疆奎屯绿洲 1993～2009 年城市景观过程；Maimaiti 等(2017)分析了库尔勒绿洲 1995～2015 年城市景观过程。

研究表明，近 30 年，旱区经历了快速的城市景观过程(张军民和王立新, 2004; 王范霞和毋兆鹏, 2013; Maimaiti et al., 2017)。例如，通过分析中国旱区乌鲁木齐、哈密和酒泉等 21 个城市 2000～2014 年城市景观过程，发现中国旱区城市景观过程明显，不透水表面增加了 12.23%(Pan et al., 2017)。2000～2010 年张掖城市化迅速发展，城市土地面积从 1502 hm^2 增加到 2438 hm^2，增加了 62.32%(李骞国等, 2015)。近 35 年内新疆绿洲城市土地加速扩展，年均增加量从 20 世纪 80 年代的 6.9 km^2 增加至 2010～2015 年的 38.8 km^2(江凌和潘晓玲, 2005; 王丹等, 2017)。1978～2009 年嘉峪关城市土地面积从 3.02 km^2

增长到 8.38 km^2，增长了 1.78 倍(谢余初等, 2012)。同时，相关驱动因素分析结果表明，人口增长、经济发展和水资源限制是中国旱区城市景观过程中的主要影响因素(方创琳和乔标, 2005; 方创琳和孙心亮, 2005; Liu et al., 2010)。

旱区未来城市景观过程模拟研究主要包括趋势预测、情景分析、优化模拟和城市增长边界划定四类。例如，贡璐和吕光辉(2009)对乌鲁木齐市 2005～2010 年城市景观过程进行了趋势预测。刘海龙和石培基(2017)针对酒泉和嘉峪关开展了旱区城市景观过程的模拟和多情景分析。徐建华等(1995)以新疆奎屯绿洲为例，开展了旱区城市景观过程的优化模拟研究。任君等(2016)通过模拟嘉峪关城市景观过程，划定了该地区 2020 年和 2030 年城市空间增长边界。其中，在不同尺度上开展的旱区城市景观趋势预测研究最为丰富。在区域尺度上，李俊等(2015)结合 Logistic 回归分析与 CA 模型，模拟并分析了宁夏和内蒙古在不同情景下的城市景观过程。Xie 和 Fan(2012)发展了基于智能体的城市扩展模型，探索了河西走廊地区未来可能的可持续城市扩展路径。Deng 等(2013)基于社会核算矩阵及区域气候模型构建了 LUCD(land use change dynamics)模型，模拟了 2010～2050 年青海省的城市景观过程。在城市尺度上，张新焕等(2009)发展了适用于多个城市群扩展的 CA 模型，模拟了 2020 年乌鲁木齐都市圈在不同情景下的城市用地扩展情况。Han 等(2015)结合 CLUE-S(conversion of land use and its effects at small regional extent)模型和 Markov 模型，模拟了 2020 年北京市在不同情景下的土地利用空间格局。

这些研究均表明，未来旱区还将继续经历快速的城市景观过程。任君等(2016)研究发现，嘉峪关城市土地面积在 2014～2030 年将从 93.73 km^2 增加至 148.50 km^2，增长率为 58.43%。张新焕等(2009)认为，2010～2020 年乌鲁木齐将继续经历城市扩展，其城市土地面积将从 323 km^2 增至 361 km^2。Deng 等(2013)认为，青海城市土地在 2010～2050 年将会扩展 1.12 万 km^2。

2.3　旱区城市景观过程的影响

城市景观过程会造成多样且复杂的生态环境影响。对于气候变化敏感、水资源缺乏且生态环境脆弱的旱区，城市景观过程对自然生境、水资源和生态系统服务的影响尤其受到关注(Geist and Lambin, 2004; Gober, 2010; 张凯等, 2011; Fan et al., 2017)。

1. 城市景观过程对自然生境的影响

自然生境是指为一定区域内某一特定物种或种群提供生存空间的自然环境，主要包括森林、草地和湿地(Hall et al., 1997; IUCN, 2013)。自然生境质量是指自然生境为个体和种群持续生存提供适宜条件的能力，是维持生物多样性的重要基础，也是区域可持续发展和人类福祉的重要保障(Hall et al., 1997; Sharp et al., 2016)。城市景观过程会通过直接和间接两种方式影响自然生境质量。首先，城市景观过程会通过直接占用自然生境导致自然生境质量下降(McDonald et al., 2008; Seto et al., 2012; He et al., 2014)。其次，城市景观过程会加剧环境污染和人类活动干扰，间接地造成自然生境质量下降(Antos et al., 2007; McDonald et al., 2009)。

旱区的生态环境脆弱，自然生境容易受到外部因素的干扰，进而威胁生态系统的完整性(MEA, 2005)。过去 30 年，全球旱区经历了快速的城市景观过程(MEA, 2005; He et al., 2019)。城市景观过程在提高居民福祉的同时，也造成了自然生境的损失和退化，影响了生态系统的结构和功能，威胁了区域的可持续发展(Scolozzi and Geneletti, 2012)。目前，在全球尺度开展的城市景观过程对自然生境影响研究均佐证了这一现象。例如，Vliet(2019)发现，1992～2015 年全球城市景观过程占用了森林 330 万 hm^2、灌丛 460 万 hm^2 和草地 370 万 hm^2。Güneralp 和 Seto(2013)发现，2000～2030 年全球自然保护区周围 50km 范围内城市面积将增长近 3 倍。McDonald 等(2008)发现，2000～2030 年全球自然保护区到周围城市的最短距离将从 17 km 减少到 15 km。因此，评价旱区城市景观过程对自然生境的影响具有重要意义并受到了广泛的关注。

2. 城市景观过程对水资源的影响

水资源是旱区可持续发展的关键。越来越多的研究关注旱区城市水资源问题。水资源短缺(Gober and Kirkwood, 2010)、水资源限制及供需矛盾(Hirt et al., 2017)、水污染(Marghade et al., 2012; Ameur et al., 2016; Bertrand et al., 2016; Chatziefthimiou et al., 2016)以及相关的健康风险都是旱区城市景观过程中区域可持续发展面临的重要挑战。

模型以及相关评价指标是评价旱区城市景观过程影响水资源可持续利用的常用方法。在模型方面，水文模型(Moiwo et al., 2010)、水资源供需耦合模型(Gober, 2010; Gober and Kirkwood, 2010)、系统动力学模型(Chang et al., 2015)以及食物-能源-水系统关联模型(food-energy-water nexus model)等都被用于分析旱区城市景观过程中水资源安全动态变化。Moiwo 等(2010)采用三个水文模型 WetSpass、WATBUD 及 MOD-FLOW 评估了 1956～2008 年白洋淀流域在水资源消耗过程中的水文及水资源储量问题。Gober 等(2010)基于综合模型 WaterSim 评估了美国旱区城市 Phoenix 在不同政策情景下 2030 年城市景观过程和水资源短缺状态。Chang 等(2015)基于水资源系统动力学模型评估了中国旱区城市乌鲁木齐 2006～2030 年城市发展过程中的水资源安全情况。在指标方面，Bao 和 Fang(2007)基于人均水资源量、水质污染系数、农业及工业节水效率等水资源使用效率指标和水资源管理指标构建了水资源对城市化限制性强度指标系统，并用于评估中国河西走廊这一干旱半干旱地区城市景观过程中的水资源限制性强度。Hirt 等(2017)基于用水量指标分析了美国旱区城市 Phoenix 和 Tucson 的水资源可持续性。Mirhosseini 等(2018)基于 pH 以及钠吸附率(sodium adsorption ratio)等水质量指标分析了伊朗快速城市化旱区 Zanjanroud 流域的地表水资源质量变化，并分析了城市化对相关土地覆盖变化的影响。

相关研究表明，旱区快速城市景观过程中，工业发展、城市绿地灌溉、降温需求以及新增城市居民用水等因素将会造成区域用水量增加以及水污染等问题的产生和加剧(Liu et al., 2015b)。人们已经重视水资源规划管理，通过制定和评估各种水资源管理方案，以应对旱区城市水资源问题(Chhetri, 2011; Ranatunga et al., 2014; Larson et al., 2015)。

3. 城市景观过程对生态系统服务的影响

生态系统服务是人类福祉和可持续发展的重要基础，城市景观过程影响旱区生态系统服务的研究已取得广泛关注和丰富进展。相关研究涉及旱区城市的各种生态系统服务，如粮食供给、水资源供给、气候调节以及碳固持等(Song and Zhang, 2015; He et al., 2016; Yan et al., 2016; 丁美慧等, 2017)。相关研究方法可以分为模型模拟、遥感监测和实地测量三类。He 等(2016)结合 InVEST 模型和城市景观过程模型 LUSD-urban，模拟和分析了北京未来城市景观过程对碳储量的影响。Liang 等(2017)结合城市景观过程模型 System Dynamic-CLUE-S 模型和 InVEST 模型，模拟了张掖 2000～2018 年城市景观过程对碳储量的影响。Song 和 Zhang(2015)基于遥感测量方法，评估了中国华北地区的水源涵养、气候调节、养分循环、土壤保持以及初级生产力等服务。Yan 等(2015，2016)实地测量了中国旱区城市乌鲁木齐 1990～2010 年城市景观过程中土壤碳储量变化，并分析了城市景观过程对土壤碳储量的影响。张凯等(2011)基于环境监测数据，评价了石河子绿洲 1950～2008 年城市景观过程对水资源量和水质净化的影响。

针对旱区城市景观过程对各类生态系统服务影响的研究结果发现，旱区城市景观过程占用会影响农田、自然生境等景观，并将导致部分生态系统服务下降，如粮食供给服务、水源涵养服务、碳储量服务等。针对中国旱区绿洲地区的研究结果表明，城市景观过程已经对区域水质净化、空气净化和生物多样性等生态系统服务造成了明显的影响，出现了水污染、空气质量恶化、热污染以及野生动物数量下降等现象(江凌和潘晓玲, 2005)。刘玉明等(2012)和 He 等(2016)针对半干旱城市北京的研究结果表明，城市景观过程会导致区域水源涵养服务和碳储量服务降低。但城市景观过程中未利用地转变为城市绿地或农田，以及人工投入资源等也可能会提高和改善局部旱区的净初级生产力和土壤保持等生态系统服务。例如，Song 和 Zhang(2015)对中国华北平原的研究发现，城市景观过程也会使得区域土壤保持服务增加。

2.4　旱区可持续性评价

1. 主要分析方法

可持续发展可以被认为是促进和维持生态系统服务与人类福祉之间关系的一个适应性过程，该过程须通过生态、经济与社会的共同努力来实现(Wu, 2014)。环境、经济与社会三支柱(或“三重底线”)的相互关系，特别是自然资本(即生物多样性和生态系统)与人造资本(如机器和城市基础设施)之间的可替代程度已是“强/弱可持续性”辩论的焦点(Daly et al., 1995; Holland, 2002; Wu, 2013)。

“强/弱可持续性”观点对于如何进行可持续评价具有重要影响(邬建国等, 2014)。“弱可持续性”假定自然资本与人造资本可以自由替代，所以可以以环境破坏为代价来换取社会经济发展，一个系统只要资本总量不减少即可认为是可持续的(Daly et al., 1995; Wu, 2013)。在这种情况下，经济快速增长和环境质量下降的城市化或被认为是可持续的。

"强可持续性"理念则假设人造资本和自然资本不可相互替代而是"基础的、互补的"(Daly et al., 1995)，或"自然资本的人为替代性严重受限于环境的不可逆性和不确定性等特征以及为福祉做出独特贡献的自然资本'关键'组成部分"(Ekins and Simon, 1999)。在这种情况下，没有健康的环境，区域发展是不可持续的。目前，学界普遍认同"强可持续性"是更合适的可持续评价理念(Wu, 2013; Huang et al., 2015)。

可持续性指标是提供人与环境系统状态和性能信息的变量，它们含有时间维度、阈值或指定的目标值(Meadows, 1998; Huang et al., 2015; 黄璐等, 2015)。区域可持续性指标是可持续科学和实践中不可或缺的方法，也是目前评价区域可持续性的主要方法，如生态足迹、环境绩效指数和真实发展指数等(表 2.7)。

表 2.7　主要的区域可持续评价指标

指标	计算公式及相关说明
生态足迹(ecological footprint, EF)	EF = *P*/(YN×YF×EQF)。式中，*P* 为产品收获量；YN 为产品 *P* 的平均产量；YF 和 EQF 分别为产量因子和均衡因子
绿色城市指数(green city index, GCI)	GCI = CO_2 排放+能源+建筑+土地利用+交通+水和卫生+废物管理+空气质量+环境管理
城市发展指数(city development index, CDI)	CDI = (基础设施指数+废物处理指数+健康指数+教育指数+产值指数)/5。式中，基础设施指数 =25×水连通性+25×污水+25×电力+25×电信；废物处理指数=处理的废水×50+正规固体废物处理×50；健康指数=(预期寿命–25)×50/60+(32–儿童死亡)×50/31.92；教育指数=识字率×25+综合入学率×25；产值指数=(log 城市产值–4.61)×100/5.99
环境绩效指数(environmental performance index, EPI)	EPI = *f*(环境健康，生态系统活力)。其中，表征 9 个问题方面的 20 个指标基于一个不平等的加权方案进行聚合
真实发展指数(genuine progress indicator, GPI)	GPI = $C_{adj}+G_{nd}+W-D-E-N$。式中，C_{adj} 为调整收入不平等的个人消费支出；G_{nd} 为非防御性政府支出；W 为非市场福利；D 为个人防御性支出；E 为环境退化成本；N 为自然资本的消耗
真实储蓄(genuine savings, GS)	GS = 国民总储蓄–固定资产折旧+教育投资–空气污染成本–水污染成本–不可再生自然资源退化–CO_2 危害成本
人类发展指数(human development index, HDI)	HDI (1990～2009 年) = 1/3(预期寿命)+ 1/3(教育指数)+1/3(基于平价购买力的人均 GDP)，其中教育指数是成人识字率和综合入学率的组合；HDI (2010–) = (预期寿命) 1/3×(教育指数) 1/3×(基于平价购买力调整后的人均 GNI) 1/3，教育指数是平均受教育年限和预期受教育年限的组合
快乐星球指数(happy planet index, HPI)	HPI =幸福生活年数/生态足迹。式中，幸福生活年数是基于调查得到的生活满意度和寿命的乘积
福祉指数(wellbeing index, WI)	WI = 1/2(生态系统质量指数×人类生活质量指数)。式中，生态系统质量指数= 1/5(土地+水+空气+物种与基因+资源利用)；人类生活质量指数= 1/5(人口+财务+知识与文化+社区+平等)
可持续社会指数(sustainable society index, SSI)	SSI =人类福祉+环境福祉+经济福祉，或 SSI = 1/7(基本需求+健康+人类与社会发展+自然资源+气候与能源+转型+经济)

注：本表翻译自 Huang 等(2015)的研究。

涵盖环境、经济和社会多个维度的聚合型指数和指标集可以支持涵盖环境、经济和社会等多个维度的旱区城市可持续性综合评价，并已得到广泛应用。例如，综合风险评价指数(Wu et al., 2017)、环境敏感区指数(Salvati et al., 2014)以及脆弱性指数(Nahiduzzaman et al., 2015)等。Jabbar 和 Zhou(2013)基于环境退化指标评价了伊朗 Abu Al-Khaseeb 等城镇可持续性；陈东景和徐中民(2001)综述了生态足迹指标在中国旱区的应用，并基于生态足迹对新疆可持续性进行了评价；杨艳等(2011)采用生态足迹指标，以内蒙古锡林郭勒为例，探讨了半干旱草原区的可持续发展状况。在可持续评价指标集方面，El Ghorab 和 Shalaby(2016)针对埃及旱区城市提出并应用了基于主题框架的可持续评价指标集，该指标集包含了城市土地建筑可持续性、基础设施和公共设施可持续性、社会可持续性和经济可持续性多个方面，涵盖环境、经济及社会三个维度；Gao 等(2013)基于生态环境系统、经济系统和社会系统的敏感性和适应性提出了绿洲城市脆弱性指标系统，并评估了中国旱区 21 个城市的脆弱性特征；Abdel-Galil(2012)提出了涵盖环境、社会和经济三个维度的城市可持续管理综合评价系统，并基于该系统评价了埃及沙漠城市在“农业”“工业”“旅游”三种情景下的未来可持续性。

模型和调研方法也被用于旱区可持续性评价研究。雍国正等(2014)基于熵值法和贡献度模型，分析了中国河西走廊地区绿洲城市脆弱性；Dou 等(2017)基于问卷调查方法评价了中国北京城市生态系统所提供的文化服务对于居民生活质量的价值和重要性；Jenerette 等(2016)以及 Curtis 和 Lee(2010)分别分析了旱区城市 Phoenix 和 Los Angeles 的居民健康状况及其影响因素。

2. 主要研究内容

已有学者利用不同指标在不同尺度上对旱区可持续状况进行了研究。例如，杨艳等(2011)以内蒙古锡林郭勒为例，探讨了旱区中半干旱草原区的可持续发展状况，发现由于快速的工业化和城市化进程，1981～2008 年该区生态足迹及生态赤字快速增长。喻忠磊等(2012)评价了陕西关中西安和咸阳等 5 个城市的干旱脆弱性，发现咸阳干旱脆弱性较低，其余城市具有中等干旱脆弱性。宋彦华等(2009)评价了呼和浩特可持续性状态，发现呼和浩特适宜和较适宜城镇建设用地分别占总面积的 39%和 7%，较不适宜和不适宜城镇建设用地分别占 26%和 28%。Liu 等(2015)对旱区中的祁连山-河西走廊地区及塔里木河等流域的水资源供需情况进行了研究，发现 1989～2010 年区域用水量增加了 50%以上，2010 年大部分流域面临中度或重度水资源压力。Fang 和 Xie(2010)分析了旱区中河西走廊地区 1985～2030 年在水资源约束下的城市经济发展总量及城市化阈值，发现不同城市的缺水状况、经济总量、经济增长速度和城市化水平存在较大差异。

也有学者分析了旱区城市景观过程对区域可持续性的影响。例如，Fan 和 Qi(2010)定性分析了乌鲁木齐 1963～2008 年城市景观过程对水污染和大气污染程度的影响，发现城市景观过程中工业废物的增加加剧了区域空气污染和水污染。Tang 等(2014)利用回归分析评估了张掖 1999～2011 年城市景观过程对水资源的影响，发现城市景观过程导致区域用水量快速增加。Fan 等(2016)基于回归分析评估了呼和浩特 2003～2011 年城市景观过程对大气污染程度的影响，发现城市景观过程相关因子与区域空气污染指标显著相关。

土地荒漠化、脆弱性及消除贫困等是当前旱区可持续性的研究热点(Reynolds et al., 2007)(表 2.8)。在土地荒漠化及草地生态方面，Gillson 和 Hoffman(2007)发现旱区缓慢退化是由生物物理因素和社会经济因素共同作用导致的。在脆弱性方面，Turner 等(2003)认为，旱区脆弱性涉及了不同时空尺度下的多种压力，源于社会活动者、环境及机构的相互作用(表 2.8)。此外，旱区存在“贫困陷阱”(poverty trap)，应该提倡生活方式的多样性以减少对自然资源的过度依赖(表 2.8)。Lane 和 McDonald(2005)以及 Laris(2002)认为，在旱区“自上而下”的政策管理常与当地的实践活动冲突，已经影响了区域可持续发展(表 2.8)。

表 2.8 旱区可持续性面临的主要挑战及研究进展

主要方向	研究内容	核心概念
土地荒漠化及草地生态	理解旱区退化的生物物理因素和社会经济因素	旱区缓慢退化是由生物物理因素和社会经济因素共同作用导致的。认为旱区是一个动态的而非均衡态的系统
脆弱性	认识旱区在潜在不利扰动或灾害下的暴露性	脆弱性涉及了不同时空尺度下的多种压力，产生自社会活动者、环境及机构的相互作用(Turner et al., 2003)
消除贫困	阐明人类福祉与土地退化的关系	存在“贫困陷阱”；更加提倡生活方式的多样性，以减少高度依赖自然资源(MEA, 2005a)
由公众驱动的发展模式	旨在提高地方社区在政治中的作用，加强地方自治	“自上而下”的政策管理常与当地实践活动冲突，影响可持续发展；公众驱动的管理方式虽然更容易考虑当地条件和知识但并不是普适性解决方案(Laris, 2002; Lane and McDonald, 2005)

注：据 Reynolds 等(2007)修改。

已有研究表明，旱区可持续发展面临着生态系统服务降低、水资源短缺及气候变化等多种挑战。相应的旱区城市可持续规划与管理对于维持和提高区域生态系统服务以及适应气候变化具有重要的协调和促进作用，并且已开始得到重视(Gober, 2010; Larson et al., 2013; Turner and Galletti, 2015)。

2.5 相关研究特点

1. 发文及引文趋势

自 20 世纪 90 年代起，旱区城市景观过程和可持续性研究数量大幅度增长，相关中英文文献的发表量和引用量呈指数增长(图 2.4)。英文论文发表量自 1992 年起快速增加，至今共发表 721 篇。相关英文论文年发表量也不断增加，2018 年发表量达到 128 篇。同时相关论文引用量累计达 9431 次，2018 年文献引用量超过 2000 次。最早的中文论文发表于 1984 年，至今共发表 177 篇，论文引用量累计达 2726 次。中文论文年发表量和年引用量均保持增加，其中，2018 年相关中文论文发表量为 22 篇，论文引用量为 255 次(图 2.5)。

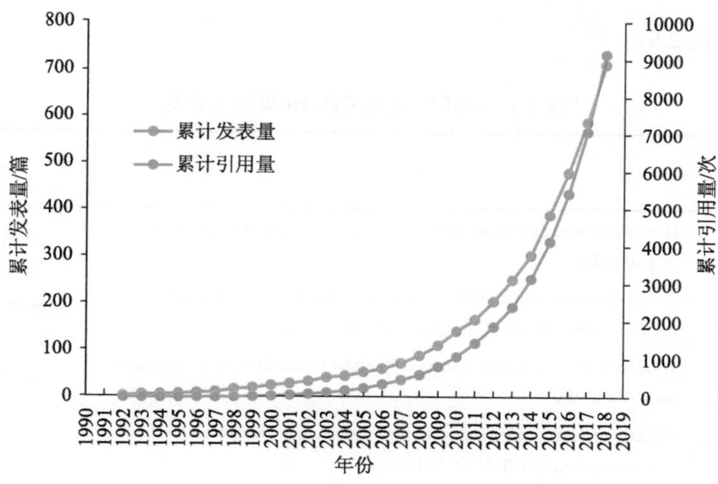

图 2.4　相关英文论文发表及引用情况

主题检索：(Dryland or Arid or Semiarid or Desert or Grassland) and (Urban* or City or Cities) and (Sustainab* or Resilien* or Vulnerab* or Adaptability or "Ecosystem Service*" or "Human Well-being" or "Human Well-being" or "Quality of Life")(检索时间为 2019 年 2 月 22 日)。资源来源：Web of Science 核心合集。

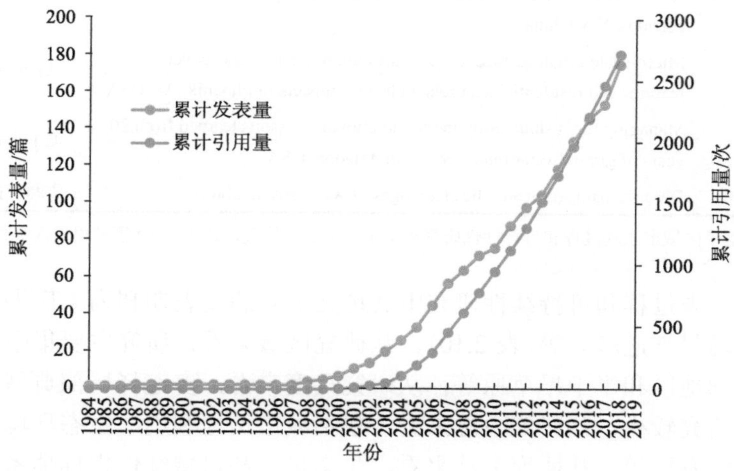

图 2.5　相关中文论文发表及引用情况

主题检索：("旱区"或"干旱")并("城市")；主题检索：("旱区"或"干旱")并("可持续")；基于检索结果筛选出旱区城市景观过程和可持续性研究(检索时间为 2019 年 2 月 22 日)。资源来源：CNKI 数据库。

2. 代表性文献

基于英文论文的引用情况，筛选出旱区城市景观过程和可持续性研究中引用次数最高的 10 篇英文论文(表 2.9)。从这些论文的研究主题来看，气候变化背景下旱区城市所面临的水资源安全包括地下水管理(Jacobs and Holway, 2004)、水资源短缺(Gober and Kirkwood, 2010)、水资源可持续性(Gober, 2010)以及城市热岛(Chow and Brazel, 2012; Myint et al., 2013; Jenerette et al., 2016)等，它们是现有旱区城市景观过程和可持续性研究中关注的热点(表 2.9)。

表 2.9　引用次数最高的 10 篇英文论文

序号	作者(年份)	论文题目	主题	引用次数
1	Harlan 等 (2009)	Household water consumption in an arid city: Affluence, affordance, and attitudes	用水量	76
2	Bao 和 Fang (2007)	Water resources constraint force on urbanization in water deficient regions: A case study of the Hexi Corridor, arid area of NW China	水资源限制性	75
3	Chow 和 Brazel (2012)	Assessing xeriscaping as a sustainable heat island mitigation approach for a desert city	城市热岛	72
4	Zhang 等 (2012)	Effectiveness of ecological restoration projects in Horqin Sandy Land, China based on SPOT-VGT NDVI data	生态恢复	72
5	Myint 等 (2013)	The impact of distinct anthropogenic and vegetation features on urban warming	城市热岛	55
6	Gober 等 (2010)	Vulnerability assessment of climate-induced water shortage in Phoenix	水资源短缺	53
7	Fang 等 (2007)	Management implications to water resources constraint force on socio-economic system in rapid urbanization: A case study of the hexi corridor, NW China	水资源限制性	51
8	Jenerette 等 (2016)	Micro-scale urban surface temperatures are related to land-cover features and residential heat related health impacts in Phoenix, AZ USA	城市热岛	47
9	Jacobs 和 Holway (2004)	Managing for sustainability in an arid climate: Lessons learned from 20 years of groundwater management in Arizona, USA	地下水管理	46
10	Gober (2010)	Desert urbanization and the challenges of water sustainability	水资源可持续性	39

注：依据 721 篇旱区城市景观过程和可持续性研究英文论文的引用情况，选出了 10 篇被引用次数最高的论文。

旱区城市景观过程和可持续性研究中文论文主要的发表期刊为《干旱区地理》《生态学报》及《地理科学进展》等(表 2.10)。从研究区域来看，研究主要集中于干旱区、西北干旱区、绿洲地区和半干旱草原等；从研究尺度来看，多选择局部典型区域，涵盖中国全部旱区的研究较少。从研究主题来看，包括城市土地利用、生态环境效应、水资源及经济可持续性发展等。从研究方法来看，生态足迹和可持续性指标体系是中国旱区可持续性评价研究的常用方法(程克坚等, 1998；陈东景和徐中民, 2001；杨艳等, 2011)。

表 2.10　引用次数最高的 10 篇中文论文

序号	作者(年份)	论文题目	期刊名	引用次数
1	陈东景和徐中民 (2001)	生态足迹理论在我国干旱区的应用与探讨：以新疆为例	干旱区地理	238
2	李晓文等(2003)	西北干旱区城市土地利用变化及其区域生态环境效应——以甘肃河西地区为例	第四纪研究	210
3	乔标等(2006)	干旱区城市化与生态环境交互耦合的规律性及其验证	生态学报	179
4	方创琳等(2004)	西北干旱区水资源约束下城市化过程及生态效应研究的理论探讨	干旱区地理	172

续表

序号	作者(年份)	论文题目	期刊名	引用次数
5	方创琳和张小雷(2001)	干旱区生态重建与经济可持续发展研究进展	生态学报	156
6	方创琳和余丹林(1999)	区域可持续发展 SD 规划模型的试验优控——以干旱区柴达木盆地为例	生态学报	112
7	乔标等(2005)	干旱区城市化与生态环境交互胁迫过程研究进展及展望	地理科学进展	85
8	程克坚等(1998)	干旱绿洲地区土地资源可持续利用初探——以新疆吐鲁番市为例	资源科学	85
9	杜宏茹和刘毅(2005)	我国干旱区绿洲城市研究进展	地理科学进展	81
10	杨艳等(2011)	基于生态足迹的半干旱草原区生态承载力与可持续发展研究——以内蒙古锡林郭勒盟为例	生态学报	75

3. 研究主题

在旱区城市景观过程和可持续性相关英文研究中，城市化、气候变化、水资源、影响以及管理是关注热点(图 2.6)。对 721 篇相关英文文献的关键词进行频次统计分析，结果显示，除出现次数最多的“Urbanization/Urban/City/Cities”和“Sustainability/Vulnerability”之外，“Climate Change”“Water”“Ecosystem Service”和“Management”都是旱区城市景观过程和可持续性研究中的高频关键词，代表了研究的重点关注方向(图 2.6、表 2.11)。

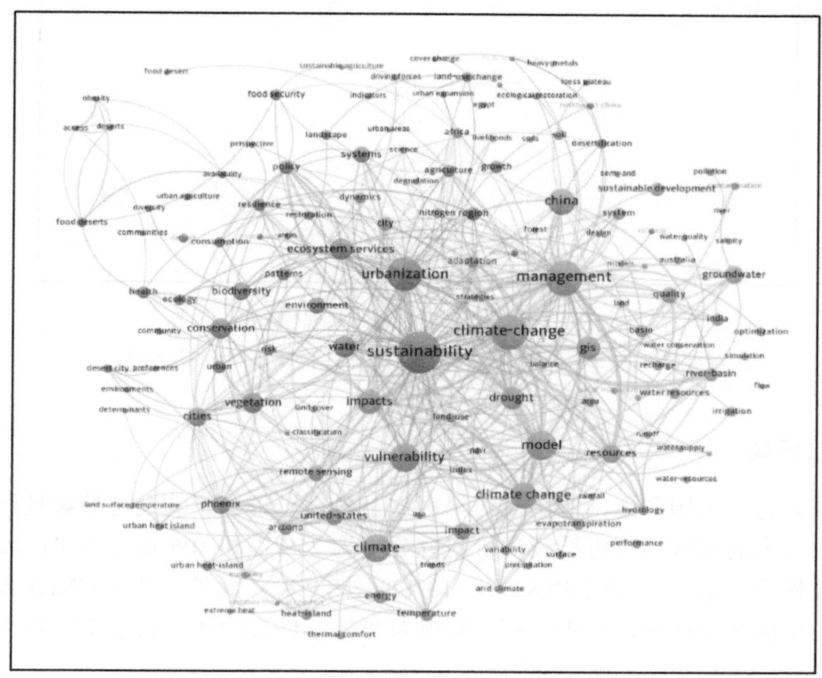

图 2.6　英文论文关键词共现性分析

使用软件 VOSviewer(http://www.vosviewer.com/)绘制英文文献关键字共现网络。

表 2.11　相关论文高频关键词

主题	主要高频共现关键词
水	水资源(water resource)、水文(hydrology)、消耗(consumption)、供给(supply)、需求(demand)、地下水(groundwater)、管理(management)、沙漠城市(desert city)及流域(river basin)
城市热岛	城市热岛(urban heat island)、热岛(heat island)、热(heat)、城市气候(urban climate)、气候(climate)、地表温度(land surface temperature)、温度(temperature)及能量(energy)
生态系统服务	生态系统服务(ecosystem services)、生态系统(ecosystem)、草地(grassland)、绿地(green space)、公园(park)、保护(conservation)及生物多样性(biodiversity)
气候变化	气候变化(climate change)及干旱(drought)

在旱区城市景观过程和可持续性相关中文研究中，“绿洲城市”“指标体系”“生态环境”及“生态承载力”等是高频关键词(图 2.7)。可见，中文旱区城市与可持续性研究多集中于绿洲城市，可持续评价中多使用指标体系方法并且关注生态环境方面可持续性(图 2.7)。

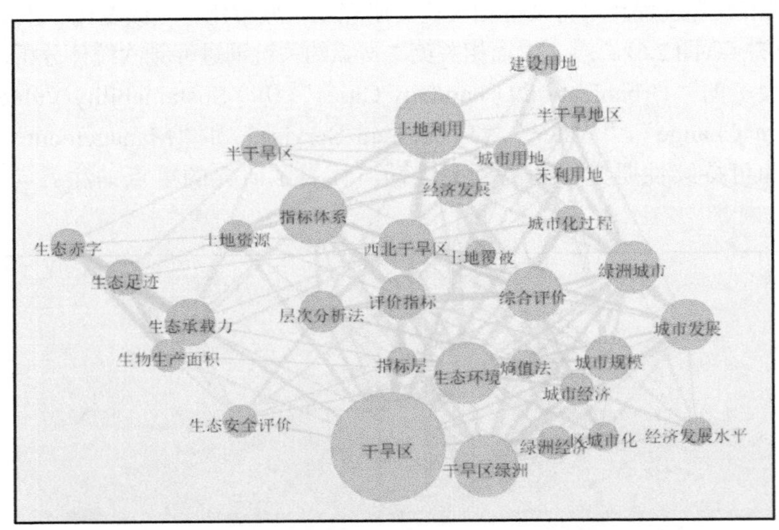

图 2.7　中文论文关键词共现性分析

基于 CNKI 数据库计量可视化分析功能绘制中文文献关键词共现网络。

4. 研究区域

从全球来看，美国和中国等国家对旱区城市景观过程、影响及可持续性较为关注。美国和中国发表的旱区城市可持续评价研究分别为 259 篇和 106 篇，占旱区城市景观过程和可持续性研究论文总数的 32.83%和 13.42%(图 2.8)。此外，基于 CNKI 数据库文献检索结果，中国在旱区城市景观过程、影响及可持续性方面还发表了 177 篇中文文献。

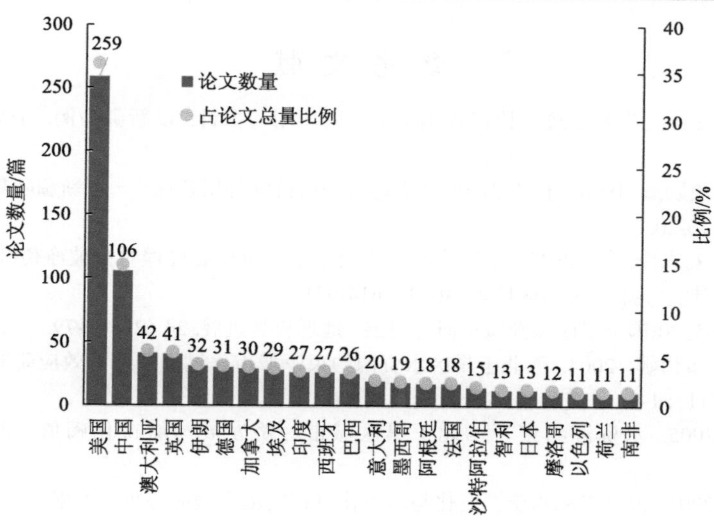

图 2.8　相关英文论文所在国家统计

图中列出发表 10 篇以上旱区城市景观过程和可持续性研究论文的国家。

基于英文文献对研究区分布情况进行分析发现，近 3/4 研究集中在亚洲、北美洲和非洲(图 2.9)。具体而言，研究区分布于亚洲的论文有 251 篇(34.81%)的，分布于北美洲的有 187 篇(25.94%)，分布于非洲的有 87 篇(12.07%)(图 2.9)。在国家尺度上，大部分研究区分布于美国和中国，论文篇数分别为 168 篇和 107 篇，依次占论文总数的 23.30% 和 14.84%(图 2.9)。

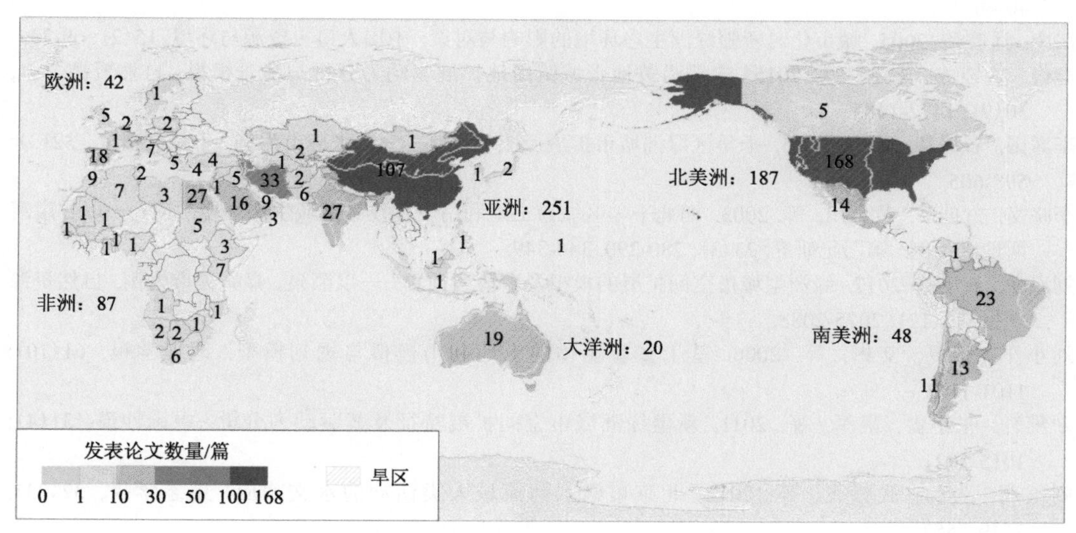

图 2.9　相关英文论文研究区空间分布

参考文献

陈东景，徐中民. 2001. 生态足迹理论在我国干旱区的应用与探讨：以新疆为例. 干旱区地理，24(4)：305-309.

程克坚，彭补拙，濮励杰. 1998. 干旱绿洲地区土地资源可持续利用初探——以新疆吐鲁番市为例. 资源科学，20(4)：16-20.

丁美慧，孙泽祥，刘志锋，等. 2017. 中国北方农牧交错带城市扩展过程对植被净初级生产力影响研究——以呼包鄂地区为例. 干旱区地理，40(3)：614-621.

杜宏茹，刘毅. 2005. 我国干旱区绿洲城市研究进展. 地理科学进展，24 (2)：69-79.

方创琳，黄金川，步伟娜. 2004. 西北干旱区水资源约束下城市化过程及生态效应研究的理论探讨. 干旱区地理，27(1)：1-7.

方创琳，乔标. 2005. 水资源约束下西北干旱区城市经济发展与城市化阈值. 生态学报，25(9)：2413-2422.

方创琳，孙心亮. 2005. 河西走廊水资源变化与城市化过程的耦合效应分析. 资源科学，27(2)：2-9.

方创琳，余丹林. 1999. 区域可持续发展 SD 规划模型的试验优控——以干旱区柴达木盆地为例. 生态学报，19(6)：767-774.

方创琳，张小雷. 2001. 干旱区生态重建与经济可持续发展研究进展. 生态学报，21(7)：1163-1170.

贡璐，吕光辉. 2009. 基于景观的干旱区城市热岛效应变化研究——以乌鲁木齐市为例. 中国沙漠，29(5)：982-988.

郝润梅，杨劼，李素英，等. 2005. 半干旱地区城市边缘区景观格局动态变化及存在问题浅析——以呼和浩特市为例. 资源科学，27(2)：154-160.

何春阳，史培军. 2009. 景观城市化与土地系统模拟. 北京：科学出版社.

黄秉维. 1958. 中国综合自然区划的初步草案. 地理学报，24(4)：348-365.

黄璐，邬建国，严力蛟. 2015. 城市的远见——可持续城市的定义及其评估指标. 华中建筑，33(11)：40-46.

江凌，潘晓玲. 2005. 城市化对新疆绿洲生态环境的影响与对策. 中国人口·资源与环境，15(2)：69-74.

李俊，董锁成，李宇，等. 2015. 宁蒙沿黄地带城镇用地扩展驱动力分析与情景模拟. 自然资源学报，30(9)：1472-1485.

李骞国，石培基，魏伟. 2015. 干旱区绿洲城市扩展及驱动机制——以张掖市为例. 干旱区研究，32(3)：598-605.

李晓文，方创琳，黄金川，等. 2003. 西北干旱区城市土地利用变化及其区域生态环境效应——以甘肃河西地区为例. 第四纪研究，23(3)：280-290, 348-349.

刘海龙，石培基. 2017. 绿洲型城市空间扩展的模拟及多情景预测——以酒泉、嘉峪关市为例. 自然资源学报，32(12)：2075-2088.

刘小平，黎夏，艾彬，等. 2006. 基于多智能体的土地利用模拟与规划模型. 地理学报，61(10)：1101-1112.

刘雅轩，张小雷，雷军，等. 2011. 新疆绿洲城市空间扩展特征及其驱动力分析. 中国沙漠，31(4)：1015-1021.

刘玉明，张静，武鹏飞，等. 2012. 北京市妫水河流域人类活动的水文响应. 生态学报，32(23)：7549-7557.

乔标，方创琳，黄金川. 2006. 干旱区城市化与生态环境交互耦合的规律性及其验证. 生态学报，26(7)：2183-2190.

乔标，方创琳，李铭. 2005. 干旱区城市化与生态环境交互胁迫过程研究进展及展望. 地理科学进展，24(6)：31-41.

任君, 刘学录, 岳健鹰, 等. 2016. 基于 MCE-CA 模型的嘉峪关市城市开发边界划定研究. 干旱区地理, 39(5): 1111-1119.

宋彦华, 薛莲荣, 王玉梅, 等. 2009. 半干旱地区城市用地生态适宜性评价——以呼和浩特市为例. 中国沙漠, (5): 942-947.

孙泽祥, 刘志锋, 何春阳, 等. 2017. 中国北方干燥地城市扩展过程对生态系统服务的影响——以呼和浩特-包头-鄂尔多斯城市群地区为例. 自然资源学报, 32(10): 1691-1704.

王丹, 吴世新, 张寿雨. 2017. 新疆20世纪80年代末以来耕地与建设用地扩张分析. 干旱区地理, 40(1): 188-196.

王范霞, 毋兆鹏. 2013. 近 40 年来精河流域绿洲土地利用/土地覆被时空动态演变. 干旱区资源与环境, 27(2): 150-155.

王劲松, 郭江勇, 周跃武, 等. 2007. 干旱指标研究的进展与展望. 干旱区地理, 30(1): 60-65.

邬建国, 郭晓川, 杨劼, 等. 2014. 什么是可持续性科学?. 应用生态学报, 25(1): 1-11.

谢余初, 巩杰, 赵彩霞, 等. 2012. 嘉峪关市城市化进程及景观格局动态变化. 生态学杂志, 31(4): 1009-1015.

徐建华, 罗格平, 白新萍, 等. 1995. 绿洲型城市区位选址的优化模型研究——以新疆绿洲型城市为例. 兰州大学学报, 31(3): 129-135.

许学强, 周一星, 宁越敏. 1997. 城市地理学. 北京: 高等教育出版社.

杨艳, 牛建明, 张庆, 等. 2011. 基于生态足迹的半干旱草原区生态承载力与可持续发展研究——以内蒙古锡林郭勒盟为例. 生态学报, 31(17): 5096-5104.

雍国正, 刘普幸, 姚玉龙, 等. 2014. 河西绿洲城市干旱脆弱性评价. 土壤, 46(4): 749-755.

喻忠磊, 杨新军, 石育中. 2012. 关中地区城市干旱脆弱性评价. 资源科学, 34(3): 581-588.

张军民, 王立新. 2004. 新疆绿洲开发与区域协调发展战略研究. 自然资源学报, 19(5): 597-603.

张凯, 冉圣宏, 田玉军, 等. 2011. 干旱区绿洲城市扩张对水资源的影响——以石河子市为例. 资源科学, 33(9): 1720-1726.

张强, 张良, 崔显成等. 2011. 干旱监测与评价技术的发展及其科学挑战. 地球科学进展, 26(7): 763-778.

张新焕, 祁毅, 杨德刚, 等. 2009. 基于 CA 模型的乌鲁木齐都市圈城市用地扩展模拟研究. 中国沙漠, 29(5): 820-827.

赵松乔. 1983. 中国综合自然地理区划的一个新方案. 地理学报, 38(1): 1-10.

郑景云, 卞娟娟, 葛全胜, 等. 2013. 1981～2010 年中国气候区划. 科学通报, 58(30): 3088-3099.

中国国务院人口普查办公室和中国国家统计局人口与就业统计司. 2012. 中国 2010 年人口普查资料. 北京: 中国统计出版社.

周成虎, 孙战利, 谢一春. 1999. 地理元胞自动机研究. 北京: 科学出版社.

Abdel-Galil R. 2012. Desert reclamation, a management system for sustainable urban expansion. Progress in Planning, 78(4): 151-206.

Aldossary N, Rezgui Y, Kwan A. 2014. Domestic energy consumption patterns in a hot and arid climate: A multiple-case study analysis. Renewable Energy, 62(2): 369-378.

Ameur M, Hamzaoui-Azaza F, Gueddari M. 2016. Nitrate contamination of Sminja aquifer groundwater in Zaghouan, northeast Tunisia: WQI and GIS assessments. Desalination and Water Treatment, 57(50): 23698-23708.

Antos M, Ehmke G, Tzaros C, et al. 2007. Unauthorised human use of an urban coastal wetland sanctuary Current and future patterns. Landscape and Urban Planning, 80(1): 173-183.

Bao C, Fang C. 2007. Water resources constraint force on urbanization in water deficient regions: A case study of the Hexi Corridor, arid area of NW China. Ecological Economics, 62(3-4): 508-517.

Batty M, Xie Y, Sun Z. 1999. Modeling urban dynamics through GIS-based cellular automata. Computers, Environment and Urban Systems, 23 (3) : 205-233.

Berardy A, Chester M. 2017. Climate change vulnerability in the food, energy, and water nexus: Concerns for agricultural production in Arizona and its urban export supply. Environmental Research Letters, 12 (3) : 035004.

Bertrand G, Hirata R, Pauwels H, et al. 2016. Groundwater contamination in coastal urban areas: Anthropogenic pressure and natural attenuation processes. Example of Recife (PE State, NE Brazil). Journal of Contaminant Hydrology, 192: 165-180.

Buyantuyev A, Wu J, Gries C. 2010. Multiscale analysis of the urbanization pattern of the Phoenix metropolitan landscape of USA: Time, space and thematic resolution. Landscape and Urban Planning, 94 (3-4) : 206-217.

Buyantuyev A, Wu J. 2009. Urbanization alters spatiotemporal patterns of ecosystem primary production: A case study of the Phoenix metropolitan region, USA. Journal of Arid Environments, 73 (4-5) : 512-520.

Chang Y, Liu H, Bao A, et al. 2015. Evaluation of urban water resource security under urban expansion using a system dynamics model. Water Science and Technology: Water Supply, 15 (6) : 1259-1274.

Chatziefthimiou A, Metcalf J, Glover W, et al. 2016. Cyanobacteria and cyanotoxins are present in drinking water impoundments and groundwater wells in desert environments. Toxicon, 114 (2) : 75-84.

Chhetri N. 2011. Water-demand management: Assessing impacts of climate and other changes on water usage in Central Arizona. Journal of Water and Climate Change, 2 (4) : 288-312.

Chow W, Brazel A. 2012. Assessing xeriscaping as a sustainable heat island mitigation approach for a desert city. Building and Environment, 47: 170-181.

Curtis A, Lee W. 2010. Spatial patterns of diabetes related health problems for vulnerable populations in Los Angeles. International Journal of Health Geographics, 9 (1) : 43.

Daly H, Jacobs M, Skolimowski H. 1995. On Wilfred Beckerman's critique of sustainable development. Environmental Values, 4 (1) : 49-70.

Deng X, Huang J, Lin Y, et al. 2013. Interactions between climate, socioeconomics, and land dynamics in Qinghai province, China: A LUCD Model-Based Numerical Experiment. Advances in Meteorology.

Dou Y, Zhen L, de Groot R, et al. 2017. Assessing the importance of cultural ecosystem services in urban areas of Beijing municipality. Ecosystem Services, 24: 79-90.

Ekins P, Simon S. 1999. The sustainability gap: A practical indicator of sustainability in the framework of the national accounts. International Journal of Sustainable Development, 2 (1) : 32-58.

El Ghorab H, Shalaby H. 2016. Eco and Green cities as new approaches for planning and developing cities in Egypt. Alexandria Engineering Journal, 55 (1) : 495-503.

Falkenmark M, Lundqvist J, Widstrand C. 1989. Macro-Scale Water Scarcity Requires Micro-Scale Approaches: Aspects of Vulnerability in Semi - Arid Development. Natural Resources Forum. Oxford, UK: Blackwell Publishing Ltd.

Fan C, Myint S, Kaplan S, et al. 2017. Understanding the impact of urbanization on surface urban heat islands-a longitudinal analysis of the oasis effect in subtropical desert Cities. Remote Sensing, 9 (7) : 672.

Fan P, Qi J. 2010. Assessing the sustainability of major cities in China. Sustainability Science, 5 (1) : 51-68.

Fan P, Chen J, John R. 2016. Urbanization and environmental change during the economic transition on the Mongolian Plateau: Hohhot and Ulaanbaatar. Environmental Research, 144 (pt. B) : 96-112.

Fang C, Bao C, Huang J. 2007. Management implications to water resources constraint force on socio-economic system in rapid urbanization: A case study of the hexi corridor, NW China. Water Resources Management, 21 (9) : 1613-1633.

Fang C, Xie Y. 2010. Sustainable urban development in water-constrained Northwest China: A case study along the mid-section of Silk-Road - He-Xi Corridor. Journal of Arid Environments, 74(1): 140-148.

Gao C, Lei J, Jin F. 2013. The classification and assessment of vulnerability of man-land system of oasis city in arid area. Frontiers of Earth Science, 7(4): 406-416.

Geist H, Lambin E. 2004. Dynamic causal patterns of desertification. Bioscience, 54(9): 817-829.

Georgescu M, Moustaoui M, Mahalov A, et al. 2011. An alternative explanation of the semiarid urban area "oasis effect". Journal of Geophysical Research: Atmospheres, 116(D24): 11311-11313.

Gillson L, Hoffman M. 2007. Rangeland ecology in a changing world. Science, 315(5808): 53-54.

Gober P, Kirkwood C. 2010. Vulnerability assessment of climate-induced water shortage in Phoenix. Proceedings of the National Academy of Sciences of the United States of America, 107(50): 21295-21299.

Gober P. 2010. Desert urbanization and the challenges of water sustainability. Current Opinion in Environmental Sustainability, 2(3): 144-150.

Goldewijk K, Beusen A, Doelman J, et al. 2017. Anthropogenic land use estimates for the Holocene–HYDE 3. 2. Earth System Science Data, 9(1): 927-953.

Güneralp B, Seto K. 2013. Futures of global urban expansion: Uncertainties and implications for biodiversity conservation. Environmental Research Letters, 8(1): 014025.

Hall L, Krausman P, Morrison M. 1997. The habitat concept and a plea for standard terminology. Wildlife Society Bulletin, 25(1): 173-182.

Han H, Yang C, Song J. 2015. Scenario simulation and the prediction of land use and land cover change in Beijing, China. Sustainability, 7(4): 4260-4279.

Harlan S, Chowell G, Yang S, et al. 2014. Heat-related deaths in hot cities: Estimates of human tolerance to high temperature thresholds. International Journal of Environmental Research and Public Health, 11(3): 3304-3326.

Harlan S, Yabiku S, Larsen L, et al. 2009. Household water consumption in an arid city: Affluence, affordance, and attitudes. Society & Natural Resources, 22(8): 691-709.

He C, Liu Z, Gou S, et al. 2019. Detecting global urban expansion over the last three decades using a fully convolutional network. Environmental Research Letters, 14(3): 034008.

He C, Liu Z, Tian J, et al. 2014. Urban expansion dynamics and natural habitat loss in China: A multiscale landscape perspective. Global Change Biology, 20(9): 2886-2902.

He C, Okada N, Zhang Q, et al. 2006. Modeling urban expansion scenarios by coupling cellular automata model and system dynamic model in Beijing, China. Applied Geography, 26(3-4): 323-345.

He C, Okada N, Zhang Q, et al. 2008. Modelling dynamic urban expansion processes incorporating a potential model with cellular automata. Landscape and Urban Planning, 86(1): 79-91.

He C, Zhang D, Huang Q, et al. 2016. Assessing the potential impacts of urban expansion on regional carbon storage by linking the LUSD-urban and InVEST models. Environmental Modelling & Software, 75: 44-58.

He C, Zhao Y, Huang Q, et al. 2015. Alternative future analysis for assessing the potential impact of climate change on urban landscape dynamics. Science of the Total Environment, 532: 48-60.

He C, Zhao Y, Tian J, et al. 2013. Modelling the urban landscape dynamics in a megalopolitan cluster area by incorporating a gravitational field model with cellular automata. Landscape and Urban Planning, 113: 78-89.

Hirt P, Snyder R, Hester C, et al. 2017. Water consumption and sustainability in Arizona: A tale of Two Desert Cities. Journal of the Southwest, 59(1-2): 264-301.

Hochstrasser T, Millington J D, Papanastasis V P, et al. 2014. The study of land degradation in drylands: State of the art. Patterns of Land Degradation in Drylands, 103(3): 13-54.

Holland A. 2002. Or, why strong sustainability is weak and absurdly strong sustainability is not absurd. Valuing Nature? Economics, Ethics and Environment, 119.

Huang L, Wu J, Yan L. 2015. Defining and measuring urban sustainability: A review of indicators. Landscape Ecology, 30(7): 1175-1193.

Huang Q, He C, Liu Z, et al. 2014. Modeling the impacts of drying trend scenarios on land systems in northern China using an integrated SD and CA model. Science China (Earth Sciences), 57(4): 839-854.

Hurtt G, Chini L, Frolking S, et al. 2011. Harmonization of land-use scenarios for the period 1500-2100: 600 years of global gridded annual land-use transitions, wood harvest, and resulting secondary lands. Climatic Change, 109(1-2): 117-161.

Imhoff M, Zhang P, Wolfe R, et al. 2010. Remote sensing of the urban heat island effect across biomes in the continental USA. Remote Sensing of Environment, 114(3): 504-513.

IUCN. 2013. Habitats Classification Scheme (Version 3. 1). The IUCN Red List of Threatened Species (Version 2013. 1). http: //www. iucnredlist. org.

Jabbar M, Zhou J. 2013. Environmental degradation assessment in arid areas: A case study from Basra Province, southern Iraq. Environmental Earth Sciences, 70(5): 2203-2214.

Jacobs K, Holway J. 2004. Managing for sustainability in an arid climate: Lessons learned from 20 years of groundwater management in Arizona, USA. Hydrogeology Journal, 12(1): 52-65.

Jenerette G, Harlan S, Buyantuev A, et al. 2016. Micro-scale urban surface temperatures are related to land-cover features and residential heat related health impacts in Phoenix, AZ USA. Landscape Ecology, 31(4): 745-760.

Jenerette G, Wu J. 2001. Analysis and simulation of land-use change in the central Arizona-Phoenix region, USA. Landscape ecology, 16(7): 611-626.

Jiang P, Cheng L, Li M, et al. 2015. Impacts of LUCC on soil properties in the riparian zones of desert oasis with remote sensing data: A case study of the middle Heihe River basin, China. Science of Total Environment, 506-507: 259-271.

Khanjani N, Bahrampour A. 2013. Temperature and cardiovascular and respiratory mortality in desert climate. A case study of Kerman, Iran. Iranian Journal of Environmental Health Science & Engineering, 10(1): 11.

Lane M, McDonald G. 2005. Community-based environmental planning: operational dilemmas, planning principles and possible remedies. Journal of Environmental Planning and Management, 48(5): 709-731.

Laris P. 2002. Burning the seasonal mosaic: preventative burning strategies in the wooded savanna of southern Mali. Human Ecology, 30(2): 155-186.

Larson K, Polsky C, Gober P, et al. 2013. Vulnerability of water Systems to the effects of climate change and urbanization: A comparison of Phoenix, Arizona and Portland, Oregon(USA). Environmental Management, 52(1): 179-195.

Larson K, White D, Gober P, et al. 2015. Decision-making under uncertainty for water sustainability and urban climate change adaptation. Sustainability, 7(11): 14761-14784.

Li X, Chen G, Liu X, et al. 2017. A new global land-use and land-cover change product at a 1 km resolution for 2010 to 2100 based on human-environment interactions. Annals of the American Association of Geographers, 107(5): 1040-1059.

Li X, Yeh G. 2002. Integration of principal components analysis and cellular automata for spatial decisionmaking and urban simulation. Science in China Series D: Earth Sciences, 45(6): 521-529.

Liang Y, Liu L, Huang J. 2017. Integrating the SD-CLUE-S and InVEST models into assessment of oasis carbon storage in northwestern China. Plos One, 12(2): e0172494

Liu J, Zhang Q, Hu Y. 2012. Regional differences of China's urban expansion from late 20th to early 21st century based on remote sensing information. Chinese Geographical Science, 22(1): 1-14.

Liu X, Li Z, Liao C, et al. 2015b. The development of ecological impact assessment in China. Environment International, 85: 46-53.

Liu X, Liang X, Li X, et al. 2017a. A future land use simulation model (FLUS) for simulating multiple land use scenarios by coupling human and natural effects. Landscape and Urban Planning, 168: 94-116.

Liu X, Shen Y, Guo Y, et al. 2015a. Modeling demand/supply of water resources in the arid region of northwestern China during the late 1980s to 2010. Journal of Geographical Sciences, 25(5): 573-591.

Liu Y, Zhang X, Lei J, et al. 2010. Urban expansion of oasis cities between 1990 and 2007 in Xinjiang, China. International Journal of Sustainable Development and World Ecology, 17(3): 253-262.

Liu Z, He C, Wu J. 2016. General spatiotemporal patterns of urbanization: An examination of 16 World cities. Sustainability, 8(1): 41.

Liu Z, Verburg P, Wu J, et al. 2017b. Understanding land system change through scenario-based simulations: A case study from the drylands in northern China. Environmental management, 59(3): 440-454.

Maimaiti B, Ding J, Simayi Z, et al. 2017. Characterizing urban expansion of Korla city and its spatial-temporal patterns using remote sensing and GIS methods. Journal of Arid Land, 9(3): 458-470.

Marghade D, Malpe D, Zade A. 2012. Major ion chemistry of shallow groundwater of a fast growing city of Central India. Environmental Monitoring and Assessment, 184(4): 2405-2418.

McDonald R, Forman R, Kareiva P, et al. 2009. Urban effects, distance, and protected areas in an urbanizing world. Landscape and Urban Planning, 93(1): 63-75.

McDonald R, Kareiva P, Forman R. 2008. The implications of current and future urbanization for global protected areas and biodiversity conservation. Biological Conservation, 141(6): 1695-1703.

McDonald R, Weber K, Padowski J, et al. 2014. Water on an urban planet: Urbanization and the reach of urban water infrastructure. Global Environmental Change, 27(1): 96-105.

MEA. 2005a. Ecosystems and human well-being: Synthesis. Washington DC: Island Press.

MEA. 2005b. Ecosystems and human well-being: Current state and trends. Washington: Island Press.

Meadows D. 1998. Indicators and Information Systems for Sustainable Development. http: //www. comitatoscientifico. org/temi%20SD/documents.

Middel A, Brazel A, Hagen B, et al. 2011. Land cover modification scenarios and their effects on daytime heating in the inner core residential neighborhoods of Phoenix, Arizona. Journal of Urban Technology, 18(4): 61-79.

Middleton N, Thomas D. 1992. World Atlas of Desertification. http: //www. citeulike. org/group/342/article/423461.

Mirhosseini M, Farshchi P, Noroozi A, et al. 2018. Changing land use a threat to surface water quality: A vulnerability assessment approach in Zanjanroud Watershed, central Iran. Water Resources, 45(2): 268-279.

Moiwo J P, Yang Y, Li H, et al. 2010. Impact of water resource exploitation on the hydrology and water storage in Baiyangdian Lake. Hydrological Processes, 24(21): 3026-3039.

Myint S, Wentz E, Brazel A, et al. 2013. The impact of distinct anthropogenic and vegetation features on urban warming. Landscape Ecology, 28(5): 959-978.

Nahiduzzaman K, Aldosary A, Rahman M. 2015. Flood induced vulnerability in strategic plan making process of Riyadh city. Habitat International, 49: 375-385.

Norman L, Feller M, Guertin D. 2009. Forecasting urban growth across the United States-Mexico border. Computers Environment and Urban Systems, 33(2): 150-159.

Pan T, Lu D, Zhang C, et al. 2017. Urban land-cover dynamics in arid China based on high-resolution urban land mapping products. Remote Sensing, 9(7): 730.

Ranatunga T, Tong S, Sun Y, et al. 2014. A total water management analysis of the Las Vegas Wash watershed, Nevada. Physical Geography, 35(3): 220-244.

Reynolds J, Smith D, Lambin E, et al. 2007. Global desertification: Building a science for dryland development. Science, 316(5826): 847-851.

Safriel U, Adeel Z, Niemeijer D et al. 2006. Dryland systems, Ecosystems and Human Well-being. Current State and Trends, 1: 625-656.

Safriel U. 1999. The Concept of Sustainability in Dryland Ecosystems. Urbana: University of Illinois Press.

Salamanca F, Georgescu M, Mahalov A, et al. 2013. Assessing summertime urban air conditioning consumption in a semiarid environment. Environmental Research Letters, 8(3): 034022.

Salehi E, Zebardast L. 2016. Application of driving force-pressure-state-impact-response (DPSIR) framework for integrated environmental assessment of the climate change in city of Tehran. Pollution, 2(1): 83-92.

Salvati L, Karamesouti M, Kosmas K. 2014. Soil degradation in environmentally sensitive areas driven by urbanization: An example from Southeast Europe. Soil Use and Management, 30(3): 382-393.

Scolozzi R, Geneletti D. 2012. A multi-scale qualitative approach to assess the impact of urbanization on natural habitats and their connectivity. Environmental Impact Assessment Review, 36: 9-22.

Seto K, Guneralp B, Hutyra L. 2012. Global forecasts of urban expansion to 2030 and direct impacts on biodiversity and carbon pools. Proceedings of the National Academy of Sciences of the United States of America, 109(40): 16083-16088.

Sharp R, Tallis H, Ricketts T, et al. 2016. InVEST 3. 2. 0 User's Guide. The Natural Capital Project, Stanford University, University of Minnesota, The Nature Conservancy, and World Wildlife Fund.

Song W, Zhang Y. 2015. Expansion of agricultural oasis in the Heihe River Basin of China: Patterns, reasons and policy implications. Physics and Chemistry of the Earth, 89-90(7): 46-55.

Sörensen L. 2007. spatial analysis approach to the global delineation of dryland areas of relevance to the CBD Programme of Work on Dry and Subhumid Lands. UK, Cambridge.

Tang Z, Cao J, Dang J. 2014. Interaction between urbanization and eco-environment in arid area of northwest China with constrained water resources: A case of Zhangye city. Arid Land Geography, 37(3): 520-531.

Tian G, Ouyang Y, Quan Q, et al. 2011. Simulating spatiotemporal dynamics of urbanization with multi-agent systems—A case study of the Phoenix metropolitan region, USA. Ecological Modelling, 222(5): 1129-1138.

Tian G, Qiao Z. 2014. Assessing the impact of the urbanization process on net primary productivity in China in 1989-2000. Environmental Pollution, 184: 320-326.

Turner B, Kasperson R, Matson P, et al. 2003. A framework for vulnerability analysis in sustainability science. Proceedings of the National Academy of Sciences, 100(14): 8074-8079.

Turner M. 1987. Spatial simulation of landscape changes in Georgia: A comparison of 3 transition models. Landscape Ecology, 1(1): 29-36.

Turner V, Galletti C. 2015. Do sustainable urban designs generate more ecosystem services? A case study of civano in Tucson, Arizona. Professional Geographer, 67(2): 204-217.

United Nations. 2018. 2018 Revision of World Urbanization Prospects. https: //esa. un. org/unpd/wup/.

Vliet J. 2019. Direct and indirect loss of natural area from urban expansion. Nature Sustainability, 2(8): 755-763.

World Commission on Environment and Development. 1987. Our Common Future. New York: Oxford University Press.

Wu J, Zhang Q, Li A, et al. 2015. Historical landscape dynamics of Inner Mongolia: patterns, drivers, and impacts. Landscape Ecology, 30(9): 1579-1598.

Wu J. 2010. Urban sustainability: An inevitable goal of landscape research. Landscape ecology, 25(1): 1-4.

Wu J. 2013. Landscape sustainability science: ecosystem services and human well-being in changing landscapes. Landscape Ecology, 28(6): 999-1023.

Wu J. 2014. Urban ecology and sustainability: The state-of-the-science and future directions. Landscape and Urban Planning, 125: 209-221.

Wu T, Li X, Yang T, et al. 2017. Multi-elements in source water (drinking and surface water) within five cities from the semi-arid and arid region, NW China: Occurrence, spatial distribution and risk assessment. International Journal of Environmental Research and Public Health, 14(10): 1168.

Xie Y, Fan S. 2012. Multi-city sustainable regional urban growth simulation—MSRUGS: A case study along the mid-section of Silk Road of China. Stochastic Environmental Research and Risk Assessment, 28(4): 829-841.

Xu G, Kang M, Metzger M, et al. 2014. Vulnerability of the human-environment system in arid regions: The case of Xilingol grassland in Northern China. Polish Journal of Environmental Studies, 23(5): 1773-1785.

Yan Y, Kuang W, Zhang C, et al. 2015. Impacts of impervious surface expansion on soil organic carbon-a spatially explicit study. Scientific Reports, 5: 17905.

Yan Y, Zhang C, Hu Y, et al. 2016. Urban land-cover change and its impact on the ecosystem carbon storage in a dryland city. Remote Sensing, 8(1): 6.

Yang X, Ci L, Zhang X. 2008. Dryland characteristics and its optimized eco-productive paradigms for sustainable development in China. Natural Resources Forum, 32(3): 215-227.

Zhang G, Dong J, Xiao X, et al. 2012. Effectiveness of ecological restoration projects in Horqin Sandy Land, China based on SPOT-VGT NDVI data. Ecological Engineering, 38(1): 20-29.

第 3 章　全球旱区城市景观过程和可持续性

3.1　城市景观过程和趋势

1. 问题的提出

量化全球旱区历史城市景观过程和未来城市景观变化趋势是评估其对生态环境影响的基础。本节的目的是认识和理解全球旱区 1992～2016 年城市景观过程和 2016～2050 年在不同共享社会经济路径(SSPs)下的城市景观变化趋势。为此，首先采用全球历史城市土地数据(He et al., 2019)在不同尺度上分析全球旱区 1992～2016 年城市土地动态。然后，结合 SSPs 情景和 LUSD-urban 模型模拟研究区 2016～2050 年不同情景下城市土地变化。最后，比较和评价不同情景下的城市土地动态。研究结果可以为探讨全球旱区城市扩展的环境影响及可持续发展提供基础。

2. 研究区和数据

研究区为全球旱区(图 2.1)。所使用的城市土地数据来自 He 等(2019)提取的全球 1992～2016 年城市土地数据，空间分辨率为 1 km。该城市土地数据是基于全卷积网络方法提取的，平均总体精度为 90.89%，平均 Kappa 系数为 0.47。因此，该数据可以很好地反映全球城市土地空间格局信息。

城市人口空间分布数据来自于荷兰环境评估机构(PBL Netherlands Environmental Assessment Agency)发布的全球环境历史数据集(history database of the global environment, HYDE)(Goldewijk et al., 2010, 2017)。研究从 HYDE 数据集中获取了全球旱区 1990 年、2000 年、2006 年、2010 年和 2016 年历史城市人口数据以及基于 SSPs 情景的 2020 年、2030 年、2040 年和 2050 年未来城市人口模拟数据(https://easy.dans. knaw.nl/ui/datasets/id/easy-dataset:74467/tab/2)，数据空间分辨率为 0.083°。

土地利用/覆盖数据为欧洲空间局(European Space Agency, ESA)在全球气候变化计划网站上发布的空间分辨率为 300 m 的 1992～2015 年气候变化倡议-土地覆盖(climate change initiative-land cover, CCI-LC)数据(http://maps.elie.ucl.ac.be/CCI/viewer/ index.php)。

高程数据来自美国地质调查局(US Geological Survey, USGS)和国家地理空间情报局(National Geospatial-Intelligence Agency, NGA)共同发布的 2010 年全球多分辨率地形高程数据集(global multi-resolution terrain elevation data 2010, GMTED 2010)(https://lta.cr.usgs.gov/GMTED2010)。

河流密度(drainage density)数据来自全球河流网络(global river network, GRIN)数据集(https://www.metis.upmc.fr/en/node/375)(Schneider et al., 2017)。该数据为空间分辨率

为 7.5′的栅格数据，各像元的值为像元内河流总长度除以该像元中陆地面积。

道路数据来自国际地球科学信息网络中心(Center for International Earth Science Information Network, CIESIN)发布的全球道路公开数据集(global roads open access data set version 1)(http://ciesin.columbia.edu/data/set/groads-global-roads-data-v1)。

生态保护区数据来自 UNEP 和世界自然保护联盟(International Union for Conservation of Nature, IUCN)2015 年联合发布的全球保护区边界数据集(world database on protected areas Version 2)(http://www.protectedplanet.net.)。

全球国家及城市边界矢量数据来自全球行政区域数据库(the database of global administrative areas Version 3.6)(https: //gadm.org/metadata.html)。

3. 方法

1)分析历史城市景观过程

参考 He 等(2017)研究，主要采用城市土地年均扩展面积及年均扩展率两个指标，在全球旱区、不同类型旱区及不同国家旱区三个尺度上分析 1992～2016 年城市景观过程。城市土地年均扩展面积(Gao et al., 2015)及城市土地年均扩展率(Li et al., 2013)的具体计算方法为

$$\mathrm{AI}=\frac{(\mathrm{Ur}_{t+n}-\mathrm{Ur}_{t})}{n} \tag{3.1}$$

$$\mathrm{AR}=\left(\sqrt[n]{\frac{\mathrm{Ur}_{t+n}}{\mathrm{Ur}_{t}}}-1\right)\times 100\% \tag{3.2}$$

式中，AI 为城市土地年均扩展面积；AR 城市土地年均扩展率；Ur_{t+n} 及 Ur_{t} 分别为第 $t+n$ 年和第 t 年的城市土地面积。

2)模拟不同情景下城市土地需求

基于 SSPs 设定了旱区未来城市景观过程情景。SSPs 是 2010 年由政府间气候变化专门委员会(Intergovernmental Panel on Climate Change, IPCC)提出的一种重要的社会经济情景框架，以“减缓气候变化挑战性”和“适应气候变化挑战性”为标准，基于人口、城市化、教育、政策与机构、经济发展、科技和能源等多个方面定义了 5 种情景(O’Neill et al., 2012，2014)。这 5 种情景分别是可持续发展路径 SSP1、适度路径 SSP2、区域竞争发展路径 SSP3、不平等发展路径 SSP4 和基于化石燃料的快速发展路径 SSP5(O’Neill et al., 2012，2017)。利用这些情景，可以有效实现对全球以及各大经济区 2000～2100 年社会自然系统发展过程的可能趋势的定性及定量描述(O’Neill et al., 2012，2017)。目前，SSPs 情景已被正式应用于 IPCC 第五次评估报告(AR5)，并被广泛应用于全球大尺度上的可持续发展、气候变化及城市化相关研究(O’Neill et al., 2017)。例如，Dellink 等(2017)基于 SSPs 情景框架，对 184 个国家 2010～2100 年的 GDP 及收入水平变化进行了多情景模拟研究。Samir 和 Lutz(2017)结合 SSPs 情景框架和多维度数理人口学方法，模拟了全球各个国家 2010～2100 年不同 SSPs 路径下的人口特征。Jiang 和 O’ Neill(2017)

基于 SSPs 情景，在国家尺度上模拟了全球 2010～2100 年在不同社会经济发展路径下的城市化趋势。

参考 He 等(2016)，首先建立了 5 种 SSPs 情景下区域 1992～2016 年城市人口和城市土地之间的定量关系(图 3.1)。然后，利用 5 种 SSPs 情景下的区域 2016～2050 年的城市人口数据，得到了区域 2016～2050 年不同 SSPs 情景下的城市土地需求，同时，还设置了一种基准情景。在该情景下区域 2016～2050 年的城市土地将以 1992～2016 年的趋势继续扩展。

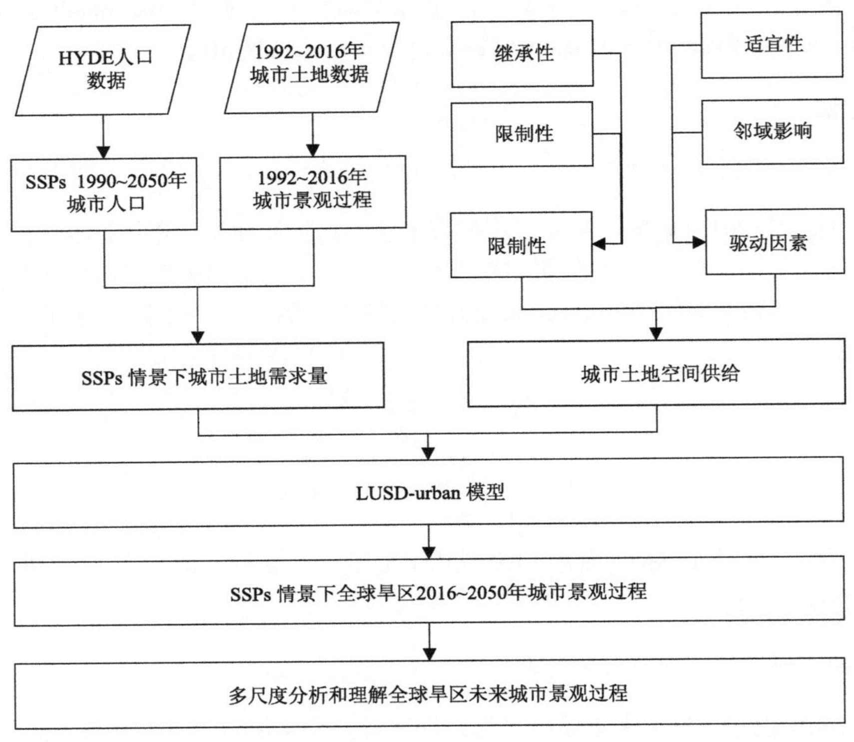

图 3.1　流程图

3) 校正 LUSD-urban 模型

使用 LUSD-urban 模型模拟全球旱区城市景观过程时，主要考虑了城市扩展适宜性(suitability)、邻域(neighborhood)、继承性(inheritance)和限制性(constraint)等影响因素。其中，城市扩展适宜性因素包括高程、坡度、坡向、距 1000 万人口城市距离、距 500 万人口城市距离、距 300 万人口城市距离、距 100 万人口城市距离以及距道路距离。参照 He 等(2017)的研究，基于 1992～2016 年的全球旱区历史城市扩展数据，对 LUSD-urban 模型参数进行校正。

4) 模拟不同情景下城市土地需求量

采用可持续发展路径 SSP1、适度路径 SSP2、区域竞争发展路径 SSP3、不平等发展路径 SSP4 和基于化石燃料的快速发展路径 SSP5 共 5 种 SSPs 模拟未来城市土地需求量(O'Neill et al., 2014, 2017; Jiang and O'Neill, 2017)。在 SSP1 可持续发展路径下，区域将经历快速城市化及经济稳定健康发展，城市化水平高且城市管理良好。在 SSP2 适度路径下，区域将经历中等城市化过程，城市化及社会经济发展过程基本维持历史趋势。在 SSP3 区域竞争发展路径下，区域城市化速度较慢，城市与乡村地区经济发展较慢。在 SSP4 不平等发展路径下，区域中不同地区的发展具有明显差异，高收入水平地区将经历中等速度城市化过程，中低收入水平地区将经历快速城市化过程。在 SSP5 基于化石燃料的快速发展路径下，区域将经历快速城市化及社会经济发展过程，部分地区城市景观过程明显(表 3.1)。

基于 100 km×100 km 栅格单元，建立城市土地线性回归模型，模拟未来城市土地需求。基于全球旱区的各个 100 km×100 km 栅格单元，采用 1992～2016 年城市土地数据和城市人口数据，建立统计模型：

$$D_{\text{urb},i} = a_i \times D_{\text{urbc},i} + b_i \tag{3.3}$$

式中，$D_{\text{urb},i}$ 和 $D_{\text{urbc},i}$ 为第 i 个栅格单元中的城市土地面积和城市人口数量；a_i 和 b_i 分别为第 i 个栅格单元的回归模型斜率与截距。然后，基于上述模型，利用 SSP_S 情景下未来城市人口数据(Goldewijk et al., 2010)，得到全球旱区各 100 km×100 km 栅格单元 2020～2050 年 SSPs 情景下的城市土地需求量。

部分栅格单元由于城市人口数据存在空值等而无法建立城市土地回归模型。对于这些栅格单元，基于式(3.4)可以计算其未来城市土地需求量：

$$\text{Urb}_{i,t} = \begin{Bmatrix} \text{Urb}_{i,t} \times \text{UP}_{i,t} / \text{UP}_{i,2016} & \text{UP}_{i,2016} \neq 0 \\ \text{Urb}_{i,2016} & \text{UP}_{i,2016} = 0 \end{Bmatrix} \tag{3.4}$$

式中，$\text{Urb}_{i,t}$ 和 $\text{UP}_{i,t}$ 分别为第 i 个栅格单元中第 t 年的城市土地面积和城市人口数量；$\text{Urb}_{i,2016}$ 和 $\text{UP}_{i,2016}$ 分别为第 i 个栅格单元中 2016 年的城市土地面积和城市人口数量。

此外，参考 He 等(2016，2017)，研究还设置了一种基准情景(business as usual, BAU)。在 BAU 情景下全球旱区 2020～2050 年的城市土地将以 1992～2016 年趋势继续扩展。

5) 计算城市土地像元概率

基于校正后的 LUSD-urban 模型，计算 1 km×1 km 像元的城市土地概率。像元 r 在 t 时刻为城市的概率表示为

$$_c^tP_r = \left(\sum_i^{m-2} W_i \times {}^tS_{i,r} + W_{m-1} \times {}^tN_r - W_m \times {}_c^tI_r \right) \times \prod_{x=1} {}^tC_{x,r} \times {}^tV_r \tag{3.5}$$

式中，$_c^tP_r$ 为土地利用类型为 c 的像元 r 在 t 时刻为城市的概率；${}^tS_{i,r}$ 和 W_i 分别为像元 r 在第 t 时刻为城市的适宜性因素 i 及其权重；${}^tN_r$ 和 W_{m-1} 分别为 t 时刻像元 r 受到的邻域影响及其权重；${}_c^tI_r$ 和 W_m 分别为像元 r 在 t 时刻保持原有土地利用类型的继承性及其权重；${}^tC_{x,r}$ 为城市扩展的 x 项强制性限制因素；${}^tV_r$ 为随机干扰因素。

表 3.1　SSPs 框架中对于人口增加和城市化相关要素的描述（O'Neill et al., 2014，2017）

SSP			SSP 1			SSP 2			SSP 3			SSP 4			SSP 5		
			基于人口统计要素的国家分组*														
			高生育率*	低生育率*	高收入OECD**	高生育率*	低生育率*	高收入OECD**	高生育率*	低生育率*	高收入OECD**	高生育率*	低生育率*	高收入OECD**	高生育率*	低生育率*	高收入OECD**
要素	人口	增长率		较低			中		高		低	较高		低		较低	
		生育率	低	低	中		中		高	高	低	高	低	低	低	低	高
		死亡率		低			中			高		高	中	中		低	
		迁徙		中			中			—			中			高	
	城市化	水平		高			中			低		高	高	中		高	
		类型		管理良好			延续历史格局			管理不善			城市间和城市内部存在差异			管理随时间而改善，存在蔓延扩展	
挑战			缓解气候变化挑战低；适应气候变化挑战低			中等缓解气候变化挑战；中等适应气候变化挑战			缓解气候变化挑战高；适应气候变化挑战高			缓解气候变化挑战低；适应气候变化挑战高			缓解气候变化挑战高；适应气候变化挑战低		
情景概述			可持续发展速度快，不公平现象减少，技术变革迅速并向环境友好型转变，包括低碳能源和高土地生产力			介于SSP1和SSP3之间的中间情景			由于经济适度增长、人口迅速增长以及能源技术变革缓慢，碳排放量大且减排困难。人力资本投入低，不平等程度高。世界分区化导致贸易量减少。公共机构发展不利，因而大量人口易受气候变化影响，世界许多地区适应气候变化的能力低下			一个混合的世界。主要排放区域的低碳能源技术发展相对较快，因此对全球排放最重要的地方具有相对较大的缓解能力。然而，在其他地区，发展进展缓慢，不平等程度仍然很高，经济相对孤立，使这些地区适应能力有限易受到气候变化的影响			在没有气候政策的情况下，能源需求高，主要采用碳基燃料。对替代能源技术的投资少，而且少有现成的缓解方案。尽管如此，经济发展快，而且经济发展本身也是由对人力资本的高投入所推动的。人力资本的提升会使资源分配更平等、机构更强大和人口增长减缓，从而使世界脆弱性降低，能够更好地适应气候影响		

* 参考自 Samir 和 Lutz(2014)；** 世界银行对于高中低收入国家的分类。

权重参数 W_i、W_{m-1} 及 W_m 的具体设置参考 LUSD-urban 模型的校对结果(表 3.2)；不同土地利用类型的继承性参考 He 等(2016)。

表 3.2　LUSD-urban 模型的权重参数

因素	权重		
	1992～2000 年	2000～2010 年	2010～2016 年
高程	19	9	3
坡度	3	14	12
距海岸线距离	5	1	2
河流密度	7	3	14
距高速路距离	2	8	4
距一般道路距离	6	8	11
距人口 100 万～300 万人城市中心距离	3	8	3
距人口 300 万～500 万人城市中心距离	3	8	2
距人口 500 万～1000 万人城市中心距离	4	2	4
距人口超过 1000 万人城市中心距离	1	1	5
邻域影响	46	27	37
继承性	1	11	3

6)模拟不同情景下城市土地空间格局

对于 100 km×100 km 模拟单元，基于该模拟单元在不同情景下城市土地需求量以及其中 1 km×1 km 像元的城市土地概率，对城市土地空间分布进行模拟。每次转换 100 个像元，循环模拟直到模拟单元内的城市土地面积符合需求量。模拟结果即空间分辨率为 1 km×1 km 全球旱区城市土地空间格局。

4. 结果

1)全球旱区 1992～2016 年城市景观过程

1992～2016 年全球旱区城市土地大规模增加。城市土地面积从 1992 年的 94583 km^2 增加至 2016 年的 207406 km^2，增加了 1.19 倍(图 3.2、表 3.3)。同期全球旱区城市土地所占比例从 1992 年的 1.55%增加至 2016 年的 3.41%。与全球平均水平相比，旱区城市土地年均扩展面积为 4700.96 km^2，占全球城市土地年均扩展总面积的 32.57%；旱区城市土地年均扩展率为 3.33%，略低于全球平均水平 3.50%(表 3.3)。

半干旱区域城市土地年均扩展面积大于其他类型旱区。半干旱区域城市土地从 1992 年的 48655 km^2 增加到 2016 年的 99432 km^2，总扩展面积为 50777 km^2，约占全球旱区城市土地扩展总面积的 45%(图 3.3、表 3.3)。半干旱区城市土地年均扩展面积为 2115.71 km^2，是其他类型旱区城市土地年均扩展面积的 1.40～5.56 倍(图 3.3、表 3.3)。干燥型亚湿润区域城市土地面积从 1992 年的 32919 km^2 增加至 2016 年的 69194 km^2，增加

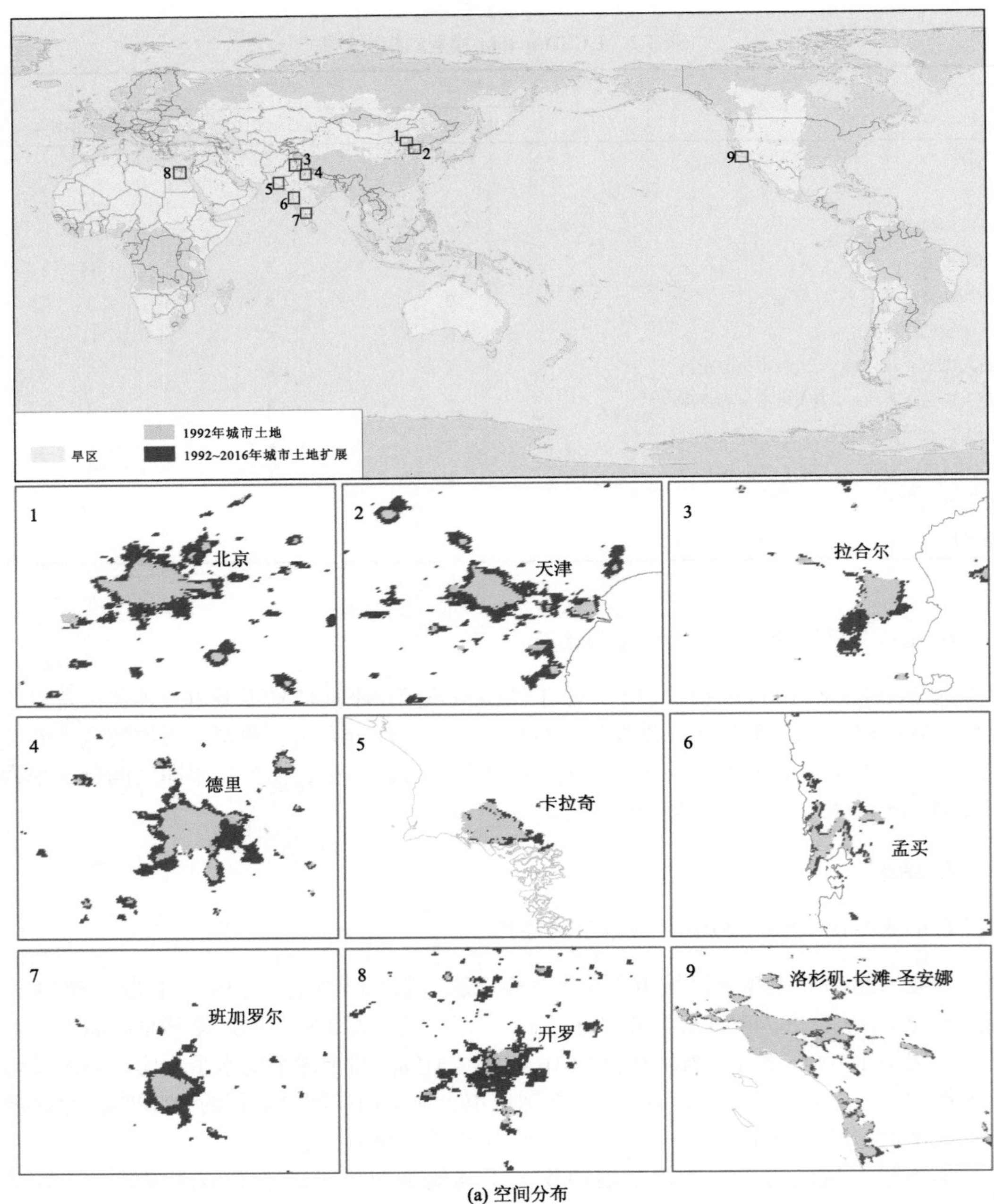
1992年城市土地
旱区
1992~2016年城市土地扩展
北京
天津
拉合尔
德里
卡拉奇
孟买
班加罗尔
开罗
洛杉矶-长滩-圣安娜

(a) 空间分布

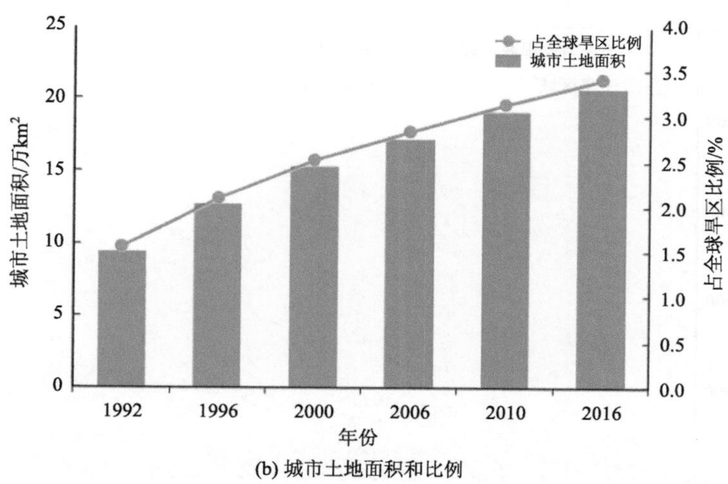

(b) 城市土地面积和比例

图 3.2　全球旱区 1992～2016 年城市景观过程

注：图(a)中为全球旱区人口超过 1000 万人的 9 个城市。

表 3.3　全球旱区 1992～2016 年城市土地扩展面积

类型	城市土地面积/km²						1992～2016 年		
	1992 年	1996 年	2000 年	2006 年	2010 年	2016 年	扩展面积/km²	AI*/km²	AR**/%
干燥型亚湿润	32919	44851	52863	58921	64806	69194	36275	1511.46	3.14
半干旱	48655	62831	75541	83532	91089	99432	50777	2115.71	3.02
干旱	10047	13827	17628	20542	24394	26693	16646	693.58	4.16
极端干旱	2962	5868	7653	9292	11005	12087	9125	380.21	6.03
总计	94583	127377	153685	172287	191294	207406	112823	4700.96	3.33

* 城市土地年均扩展面积；** 城市土地年均扩展率。

了 36275km²，城市土地扩展面积占全球旱区城市土地扩展总面积的 32.15%。区域城市土地年均扩展面积为 1511.46 km²，年均扩展率为 3.14%(图 3.3、表 3.3)。同期，干旱区域城市土地面积从 1992 年的 10047 km² 增加至 2016 年的 26693 km²，增加了 16646 km²，城市土地扩展面积占全球旱区城市土地扩展总面积的 14.75%。区域城市土地年均扩展面积为 693.58 km²，年均扩展率为 4.16%(图 3.3、表 3.3)。极端干旱区域城市扩展面积最小，仅占全球旱区城市土地扩展量的 8.09%。该区域城市土地面积从 1992 年的 2962 km² 增加到 2016 年的 12087 km²，共扩展了 9125 km²，仅为其他类型旱区年均增加量的 17.97%～54.82%(图 3.3、表 3.3)。区域城市土地年均扩展面积为 380.21 km²，年均扩展率为 6.03%(图 3.3、表 3.3)。

中国旱区城市土地扩展面积最大。中国旱区城市土地面积从 1992 年的 4809 km² 增加至 2016 年的 22514 km²，共计增加 17705 km²，占全球旱区城市土地增加量的 15.69%；城市地年均扩展面积为 737.71 km²，超过其他国家(图 3.4、表 3.4)。中国旱区城市土地年均扩展率为 6.64%，是全球旱区整体城市年均扩展率的 1.99 倍(表 3.4)。美国旱区城

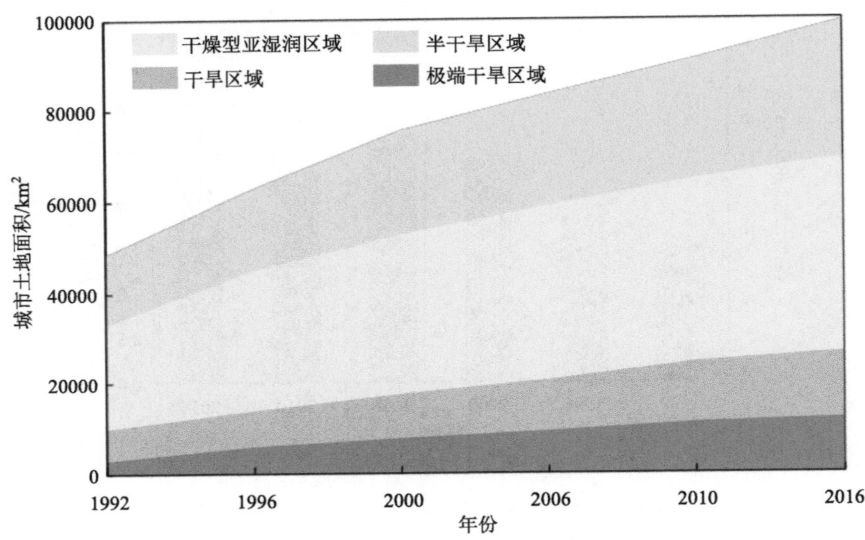

图 3.3　全球不同类型旱区 1992～2016 年城市景观过程

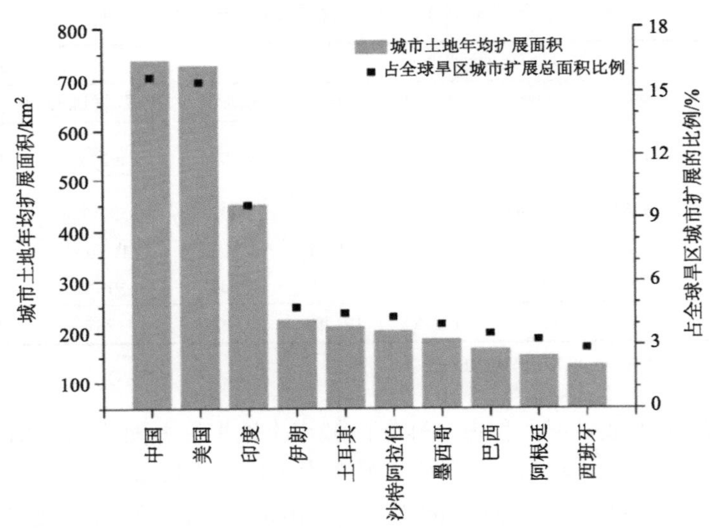

图 3.4　不同国家 1992～2016 年旱区城市景观过程

1992～2016 年旱区城市土地扩展面积最大的 10 个国家。

市土地面积从 1992 年的 24732 km^2 增加至 2016 年的 42186 km^2，共计增加 17454 km^2，占全球旱区城市土地增加量的 15.47%；城市土地年均扩展面积为 727.25 km^2，低于中国旱区城市年均扩展面积(图 3.4、表 3.4)。美国旱区城市土地年均扩展率为 2.25%，仅为中国旱区城市年均扩展率的 33.87%(表 3.4)。印度旱区城市土地面积从 1992 年的 6766 km^2 增加至 2016 年的 17590 km^2，共计增加 10824 km^2，占全球旱区城市土地增加量的 9.59%；城市土地年均扩展面积为 451.00 km^2，为中国旱区城市年均扩展面积的 61.14%(图 3.4、表 3.4)。印度旱区城市土地年均扩展率为 4.06%，为中国旱区城市土地年均扩展率的 61.13%(表 3.4)。伊朗和土耳其城市土地扩展面积分别为 5387 km^2、5089 km^2。1992～2016

表 3.4　不同国家旱区 1992～2016 年城市土地扩展面积

国家*	城市土地面积/km^2						1992～2016 年		
	1992 年	1996 年	2000 年	2006 年	2010 年	2016 年	扩展面积/km^2	AI**/km^2	AR***/%
中国	4809	9670	13814	17876	21318	22514	17705	737.71	6.64
美国	24732	28276	33011	36289	38763	42186	17454	727.25	2.25
印度	6766	8970	11318	13325	14869	17590	10824	451.00	4.06
伊朗	2739	4053	6110	7082	7665	8126	5387	224.46	4.64
土耳其	1141	2657	3886	4503	5369	6230	5089	212.04	7.33
沙特阿拉伯	1623	2861	3366	4252	5732	6498	4875	203.13	5.95
墨西哥	2372	3653	4340	5008	5975	6858	4486	186.92	4.52
巴西	1711	3145	3686	4092	4688	5715	4004	166.83	5.15
阿根廷	1334	3552	4056	4463	4857	5024	3690	153.75	5.68
西班牙	1991	2912	4022	4665	5167	5228	3237	134.88	4.10

* 1992～2016 年旱区城市土地扩展面积最大的 10 个国家；** 城市土地年均扩展面积；*** 城市土地年均扩展率。

年，伊朗和土耳其旱区城市土地面积分别从 2739 km^2 和 1141 km^2 增加至 8126 km^2 和 6230 km^2；城市土地年均扩展面积分别为 224.46 km^2 和 212.04 km^2，分别是中国旱区城市土地扩展面积的 30.43%和 28.74%。伊朗和土耳其旱区城市土地年均扩展率分别为 4.64%和 7.33%。沙特阿拉伯、墨西哥和巴西城市土地扩展面积分别为 4875km^2、4486km^2、4004km^2。1992～2016 年沙特阿拉伯、墨西哥和巴西城市土地面积依次从 1623 km^2、2372 km^2 和 1711 km^2 增至 6498 km^2、6858 km^2 和 5715 km^2，扩展面积为 4004～4875 km^2，约为中国旱区城市土地扩展面积的 22.62%～27.53%。其他国家旱区 1992～2016 年城市土地扩展面积不足 4000 km^2。

2) 全球旱区不同 SSPs 情景下 2016～2050 年城市景观过程

在 SSP1 情景下，全球旱区城市土地面积从 2016 年的 207406 km^2 增至 2050 年的 338481 km^2，年均增加 3855.15 km^2，年均扩展速度为 1.45%(图 3.5、表 3.5)。不同类型旱区中，半干旱类型区城市土地增加最多，从 9.94 万 km^2 增至 16.29 万 km^2，年均增加 1867.18 km^2，是其他类型区城市土地年均增加面积的 1.76～5.65 倍(图 3.6、表 3.6)。极端干旱区域城市土地增加最少，城市土地面积从 2016 年的 1.21 万 km^2 增加到 2050 年的 2.33 万 km^2，年均增加 330.50 km^2，仅为其他类型区城市土地年均增加面积的 17.70%～55.42%(图 3.6、表 3.6)。印度和美国 2016～2050 年旱区城市土地扩展面积大于其他国家，年均分别增加 694.91 km^2 和 608.18 km^2，分别占全球旱区城市土地年均增加面积的 18.03% 和 15.78%(表 3.7)。

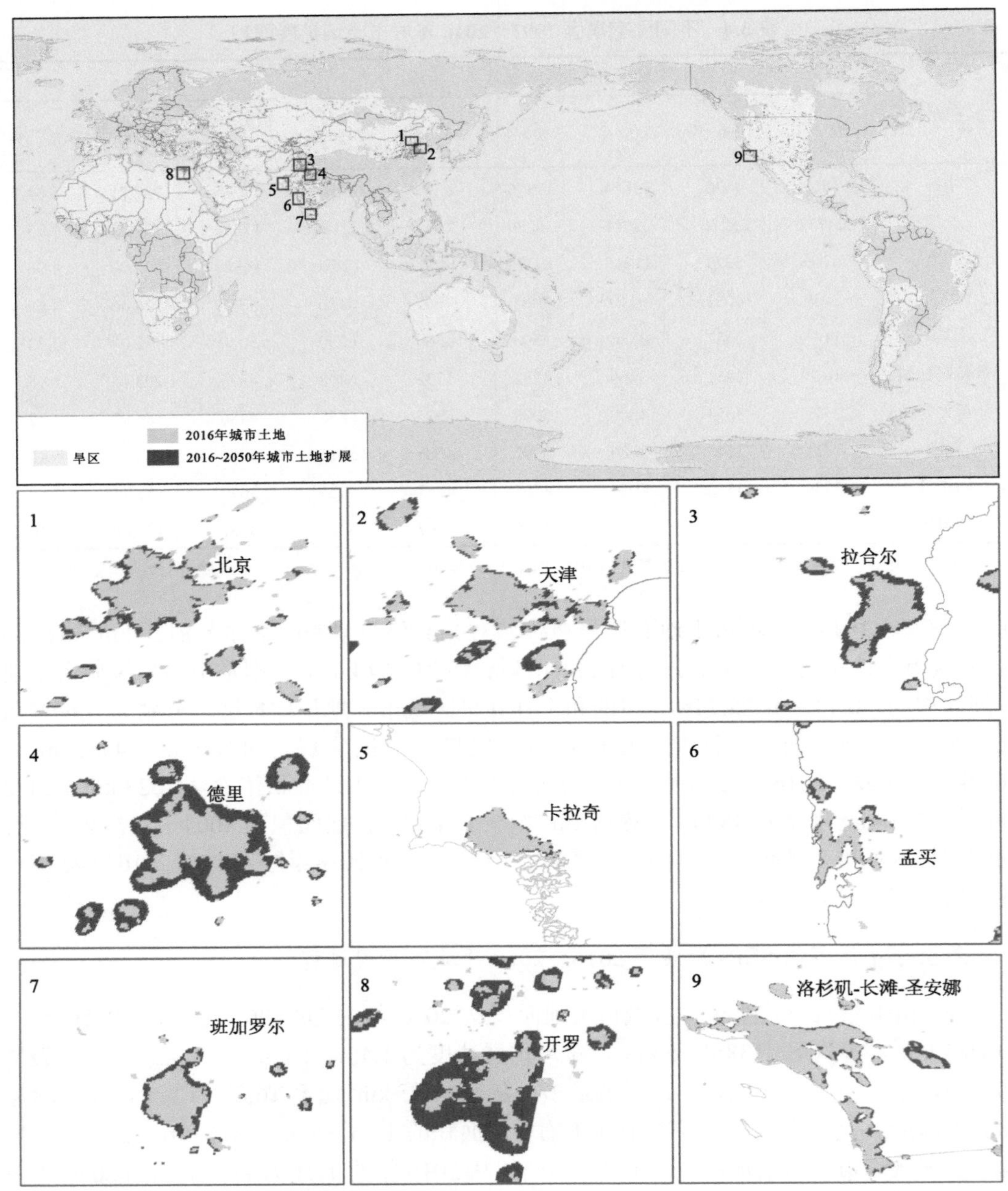

图 3.5　SSP1 情景下的城市景观过程

表 3.5　SSPs 和 BAU 情景下全球旱区 2016～2050 年城市土地扩展面积

情景	城市土地面积/km²					2016～2050 年		
	2016 年	2020 年	2030 年	2040 年	2050 年	扩展面积/km²	AI*/km²	AR**/%
SSP1	207406	225601	271919	311269	338481	131075	3855.15	1.45
SSP2	207406	222463	263681	301074	330794	123388	3629.06	1.38

续表

情景	城市土地面积/km²					2016～2050 年		
	2016 年	2020 年	2030 年	2040 年	2050 年	扩展面积/km²	AI*/km²	AR**/%
SSP3	207406	216939	246995	274643	298071	90665	2666.62	1.07
SSP4	207406	225546	272809	313507	343847	136441	4012.97	1.50
SSP5	207406	226278	276655	321212	354783	147377	4334.62	1.59
BAU	207406	221130	261793	303215	344227	136821	4024.15	1.50

* 城市土地年均扩展面积；** 城市土地年均扩展率。

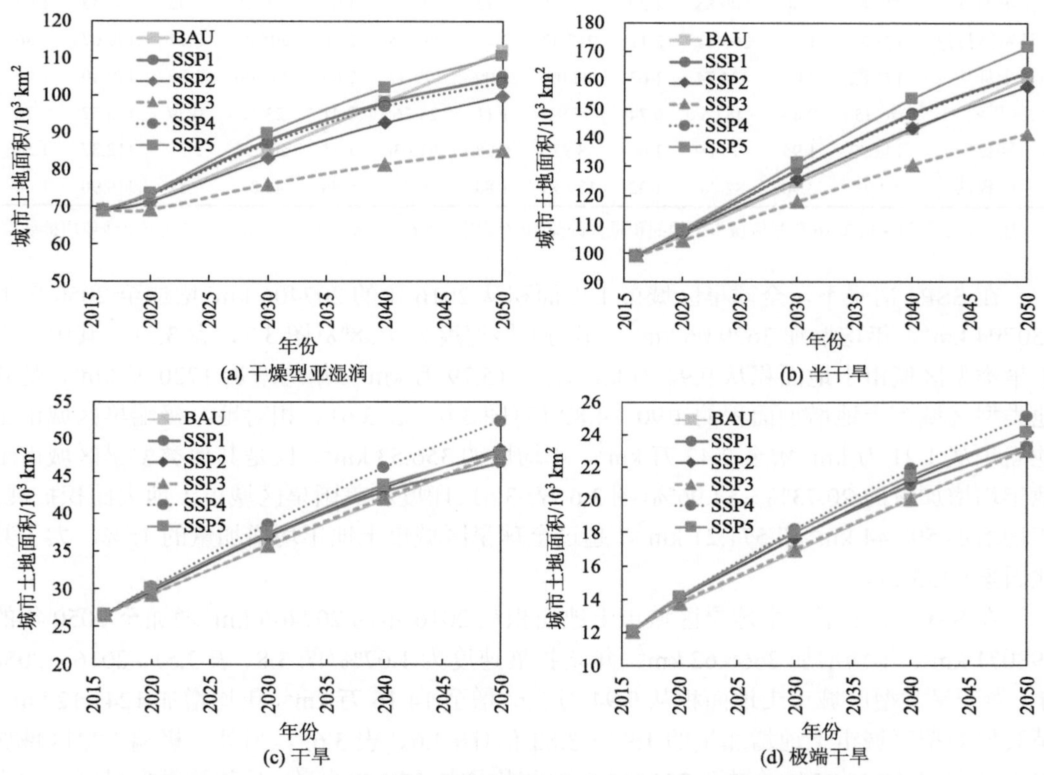

图 3.6　SSPs 和 BAU 情景下不同类型旱区 2016～2050 年城市景观过程

表 3.6　SSPs 和 BAU 情景下不同类型旱区 2016～2050 年城市土地扩展面积

类型	2016～2050 年	SSP1	SSP2	SSP3	SSP4	SSP5	BAU
干燥型亚湿润	AI* /km²	1061.15	903.74	472.09	1007.35	1223.26	1259.68
	AR**/%	1.24	1.09	0.62	1.19	1.39	1.43
半干旱	AI* /km²	1867.18	1720.06	1241.12	1861.76	2123.56	1810.56
	AR**/%	1.46	1.37	1.05	1.46	1.62	1.43
干旱	AI* /km²	596.32	648.74	629.32	759.38	632.91	626.03
	AR**/%	1.68	1.79	1.75	2.01	1.75	1.74
极端干旱	AI* /km²	330.50	356.53	324.09	384.47	354.88	327.88
	AR**/%	1.95	2.06	1.92	2.18	2.06	1.94

* 城市土地年均扩展面积；** 城市土地年均扩展率。

表 3.7　SSPs 和 BAU 情景下不同国家旱区 2016～2050 年城市土地扩展面积

国家	SSP1		SSP2		SSP3		SSP4		SSP5		BAU	
	AI* /km²	AR** /%	AI* /km²	AR** /%	AI* /km²	AR** /%	AI* /km²	AR** /%	AI* /km²	AR** /%	AI* /km²	AR** /%
美国	608.18	1.18	571.21	1.12	267.88	0.58	462.50	0.94	902.21	1.62	634.60	1.18
中国	345.47	1.22	249.06	0.92	121.24	0.48	300.26	1.08	345.38	1.22	650.24	1.75
印度	694.91	2.54	598.44	2.29	406.82	1.72	734.12	2.63	691.68	2.53	400.40	1.65
伊朗	121.24	1.21	147.32	1.42	138.74	1.36	133.15	1.31	119.44	1.20	194.47	1.62
墨西哥	87.09	1.06	109.85	1.29	157.91	1.72	88.97	1.08	73.82	0.92	161.43	1.67
沙特阿拉伯	173.35	1.92	205.32	2.17	217.32	2.26	265.65	2.60	205.85	2.17	179.07	1.86
土耳其	175.82	2.00	134.74	1.63	82.09	1.09	179.47	2.03	176.06	2.00	179.40	1.91
巴西	26.35	0.43	48.06	0.74	76.94	1.11	25.26	0.41	23.71	0.39	135.57	1.70
西班牙	142.97	1.95	115.09	1.66	3.97	0.08	97.03	1.45	207.97	2.55	113.37	1.51
阿根廷	52.91	0.90	82.76	1.32	130.53	1.88	56.76	0.96	46.85	0.81	119.90	1.60

注：表中的国家指 2016 年旱区城市土地面积最大的前 10 个国家。*城市土地年均扩展面积；**城市土地年均扩展率。

在 SSP2 情景下，全球旱区城市土地面积从 2016 年的 207406 km^2 增加至 2050 年的 330794 km^2，年均增加 3629.06 km^2，年均扩展速度为 1.38%(图 3.7、表 3.5)。其中，半干旱类型区城市土地面积从 9.94 万 km^2 增至 15.79 万 km^2，年均增加 1720.06 km^2，是其他类型区城市土地增加面积的 1.90～4.82 倍(图 3.6、表 3.6)。相对地，极端旱区城市土地面积从 1.21 万 km^2 增至 2.42 万 km^2，年均增加 356.53 km^2，仅是其他类型旱区城市土地年均增加量的 20.73%～54.96%(图 3.6、表 3.6)。印度和美国旱区城市土地大面积扩展，年均增加 598.44 km^2 和 571.21 km^2，超过全球旱区城市土地年均增加量的 15%，大于其他国家(表 3.7)。

在 SSP3 情景下，全球旱区城市土地面积从 2016 年的 207406 km^2 增加至 2050 年的 298071 km^2，年均增加 2666.62 km^2，年均扩展速度为 1.07%(图 3.8、表 3.5)。2016～2050 年，半干旱类型区城市土地面积从 9.94 万 km^2 增至 14.16 万 km^2，年均增加 1241.12 km^2，是其他类型区城市土地增加量的 1.97～3.83 倍(图 3.6、表 3.6)。另外，极端干旱区域城市土地面积从 12087 km^2 增至 23106 km^2，年均增加 324.09 km^2，是其他类型旱区城市土地年均增加量的 26.11%～68.65%(图 3.6、表 3.6)。印度和美国旱区城市土地年均增加 406.82 km^2 和 267.88 km^2，分别占全球旱区城市土地年均增加面积的 15.26%和 10.05%，高于其他国家(表 3.7)。

在 SSP4 情景下，全球旱区城市土地面积从 2016 年的 207406 km^2 增加至 2050 年的 343847 km^2，年均增加 4012.97 km^2，年均扩展速度为 1.50%(图 3.9、表 3.5)。半干旱类型区城市土地从 9.94 万 km^2 增至 16.27 万 km^2，年均增加 1861.76 km^2，是其他类型区城市土地增加量的 1.85～4.84 倍(图 3.6、表 3.6)。同期，极端干旱区域城市土地面积从 1.21 万 km^2 增至 2.52 万 km^2，年均增加 384.47 km^2，为其他类型区城市土地年均增加面积的 20.65%～50.63%(图 3.6、表 3.6)。2016～2050 年印度和美国旱区城市土地年均增加 406.82 km^2 和 267.88 km^2，分别占全球旱区城市土地增加量的 18.29%和 11.53%(表 3.7)。

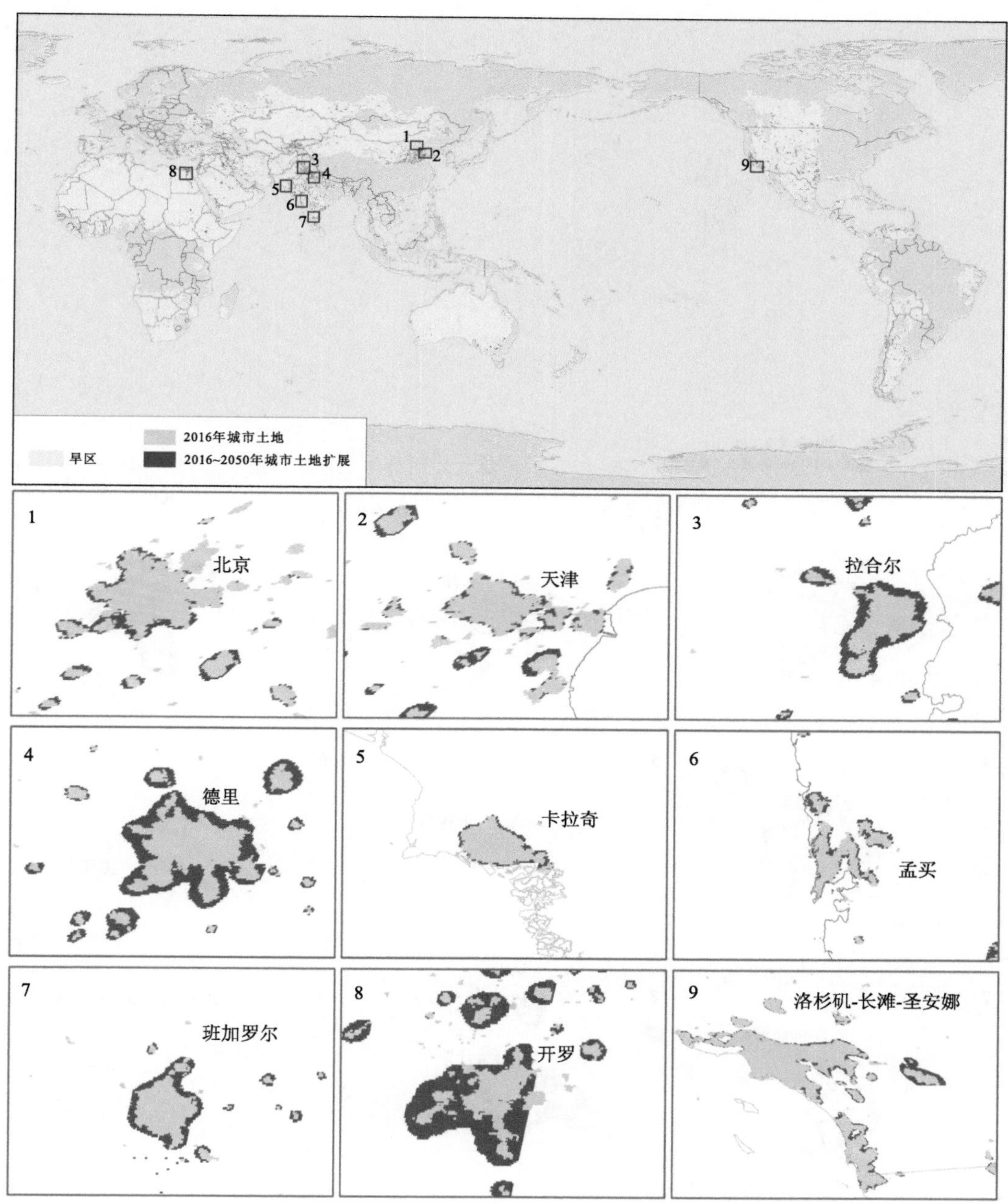

图 3.7　SSP2 情景下的城市景观过程

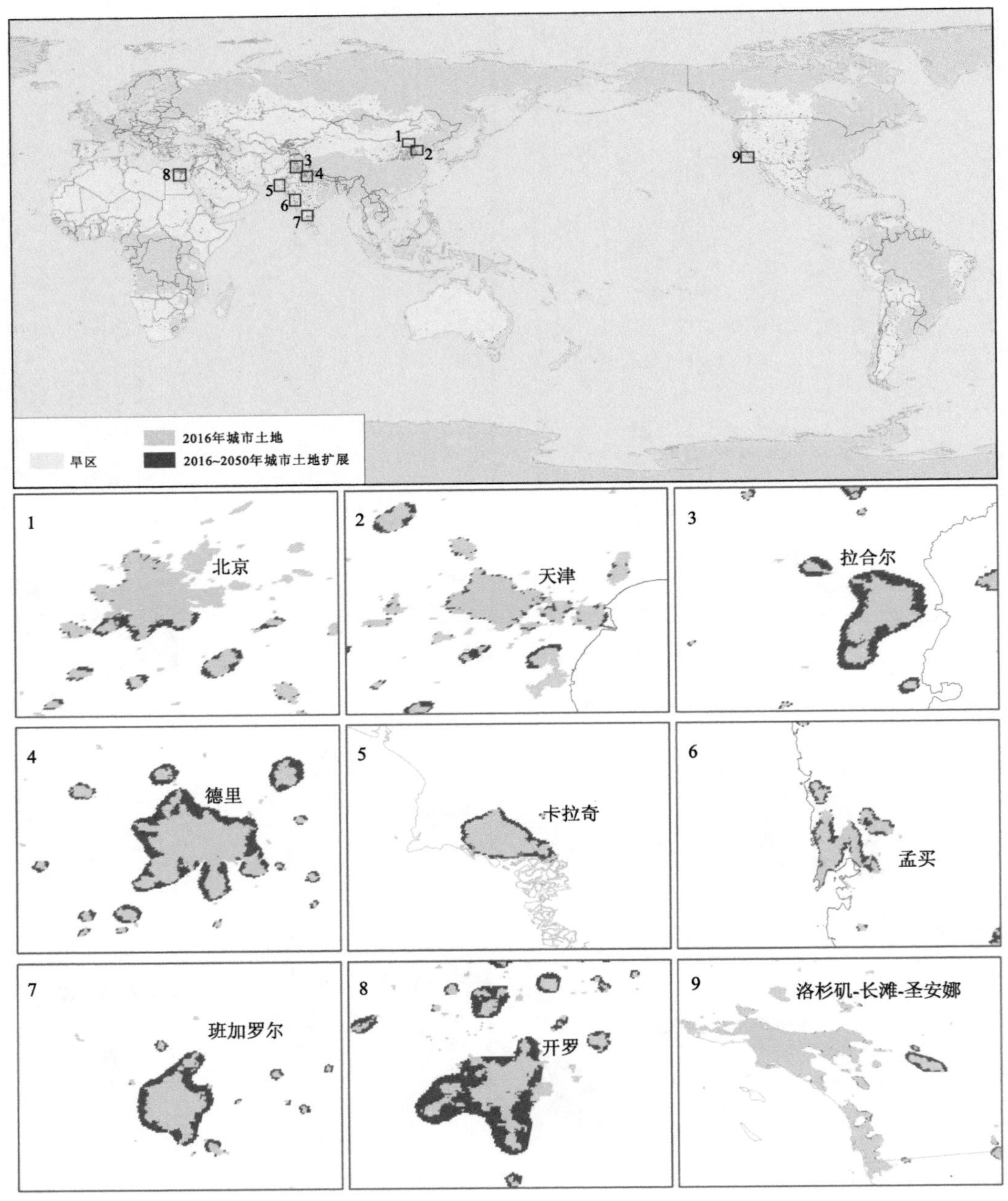

图 3.8　SSP3 情景下的城市景观过程

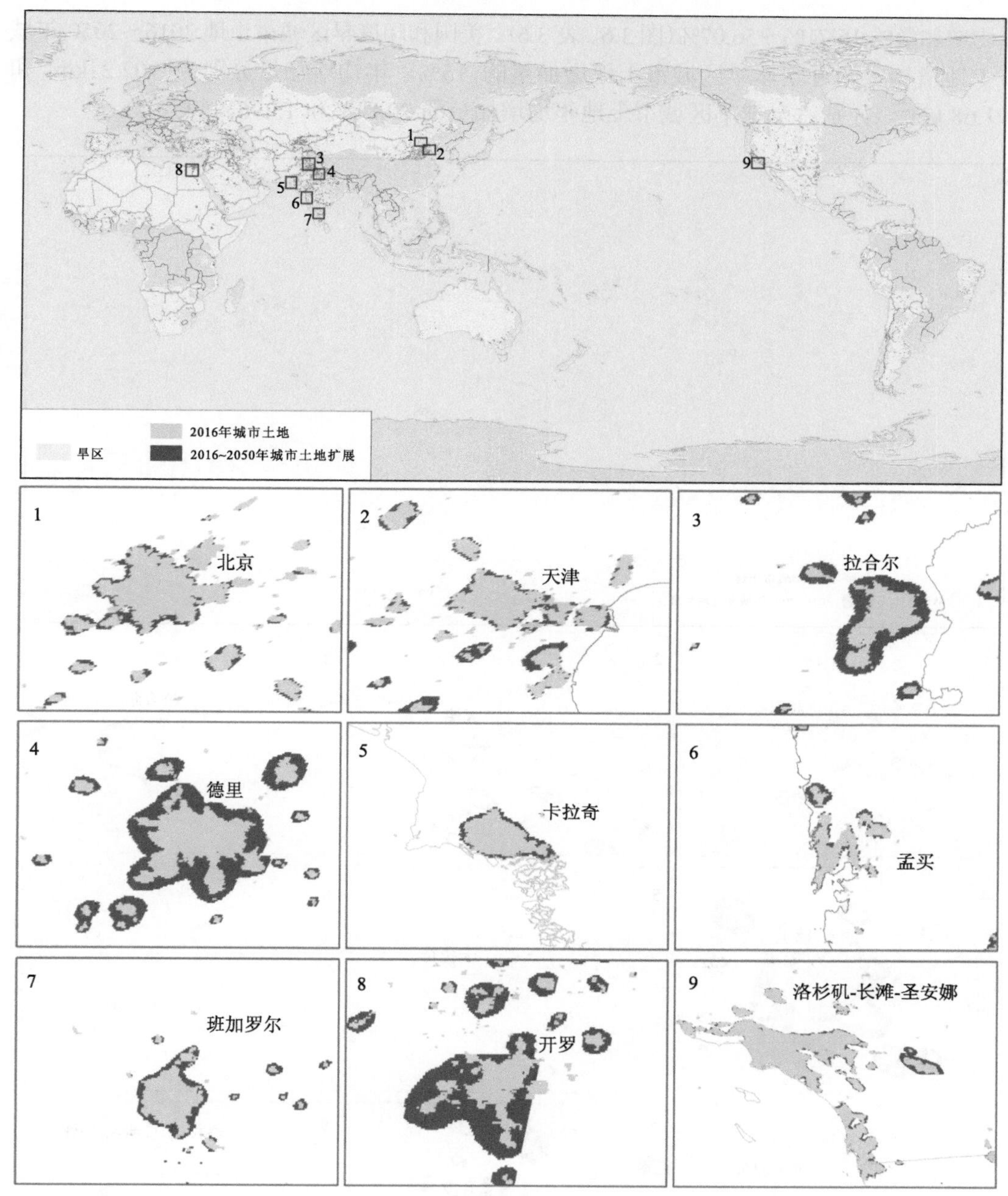

图 3.9　SSP4 情景下的城市景观过程

在 SSP5 情景下，全球旱区城市土地面积从 2016 年的 207406 km^2 增加至 2050 年的 354783 km^2，年均增加 4334.62 km^2，年均扩展速度为 1.59 %(图 3.10、表 3.5)。2016～2050 年，半干旱类型区城市土地面积从 9.94 万 km^2 增至 17.16 万 km^2，年均增加 1810.56 km^2，是其他类型旱区城市土地年均增加量的 1.44～5.52 倍(图 3.6、表 3.6)。极端干旱区域城市土地从 1.21 万 km^2 增至 2.42 万 km^2，年均增加 327.88 km^2，是其他类型旱区城市土地年均增加量的 16.71%～56.07%（图 3.6、表 3.6）。美国和印度旱区城市土地 2016～2050 年城市土地增加量超过全球旱区城市土地增加量的 15%，年均增加量分别为 902.21km^2 和 691.68 km^2，分别占全球旱区城市土地年均增加量的 20.81%和 15.96%（表 3.7）。

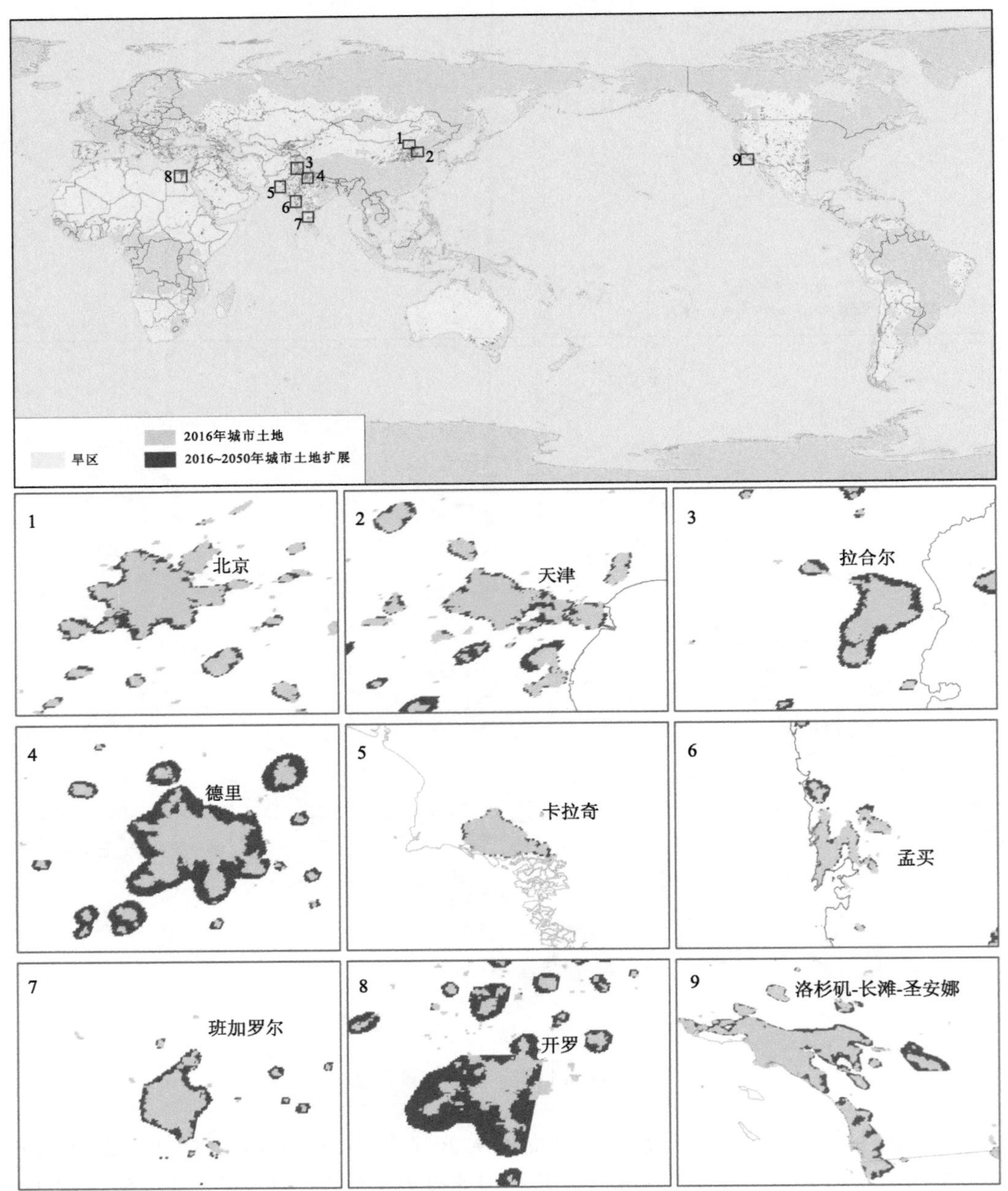

图 3.10　SSP5 情景下的城市景观过程

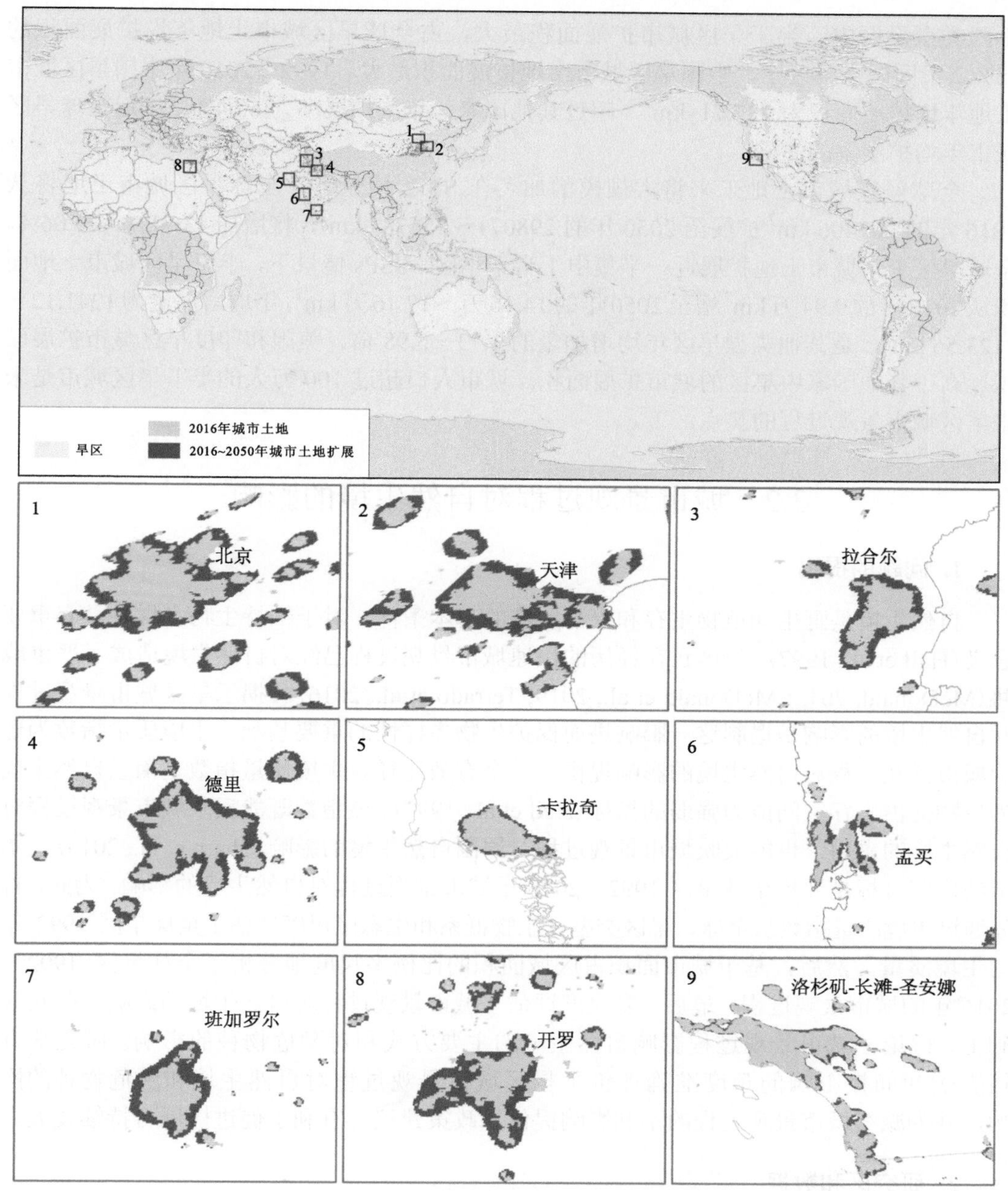

图 3.11　BAU 情景下的城市景观过程

5. 结论

1992～2016 年，全球旱区经历了快速的城市景观过程。城市土地面积从 94583 km^2 增至 207406 km^2，共增加 1.19 倍。城市土地年均增加 4700.96 km^2，约占全球城市土地年均增加量的 33%。全球旱区城市土地年均扩展率为 3.33%，与世界整体平均水平接近。

不同类型旱区中，半干旱区城市扩展面积最大，占全球旱区城市土地年均扩展面积的45%。不同国家旱区中，中国旱区城市土地扩展面积最大。1992～2016 年中国旱区城市土地年均扩展面积为 737.71 km^2，超过其他国家；年均扩展率为 6.64%，接近全球旱区城市年均扩展率的 2 倍。

全球旱区城市土地未来将大规模增加。在 SSPs 情景下，全球旱区城市土地将从 2016 年的 207406 km^2 扩展至 2050 年的 298071～354783 km^2，将增加 43.71%～71.06%。全球旱区未来城市土地扩展近一半集中于半干旱区。SSPs 情景下，半干旱区城市土地面积从2016年的9.94万km^2增至2050年的14.16万～17.16万km^2，年均增加量为1241.12～2123.56 km^2，是其他类型旱区年均增加量的 1.73～5.98 倍。美国和印度旱区城市扩展面积远高于其他国家中旱区的城市扩展面积。城市人口超过 100 万人的半干旱区城市是未来旱区城市景观过程的热点。

3.2 城市景观过程对自然生境的影响*

1. 问题的提出

自然生境是野生动植物生存和繁衍所需的基本条件，对于维持生物多样性具有重要意义(Hall et al., 1997)。旱区正在经历的快速城市景观过程已经对自然生境造成了严重威胁(McDonald, 2013; McDonald et al., 2019; Terrado et al., 2016)。揭示旱区城市景观过程对自然生境的影响是遏制这一影响进而保护生物多样性的重要基础。生境质量指数为评价城市景观过程对自然生境的影响提供了一个有效途径。生境质量指数是衡量自然生境为生物提供生存空间能力强弱的指标(Hall et al., 1997)。该指数既能反映城市景观过程对自然生境的占用，也能反映城市景观过程对周围自然生境的影响(Sharp et al., 2015)。本节的研究目标是评价全球旱区 1992～2016 年城市景观过程对自然生境的影响。为此，首先通过生境质量指数从全球、旱区类型、生物群系和生态区尺度评估了全球旱区 1992 年的生境质量。然后，基于城市面积占区域面积的比例多尺度地分析了全球旱区 1992～2016 年的城市景观过程。最后，多尺度评估了城市景观过程对自然生境的影响。在此基础上，讨论了城市景观过程影响自然生境的主要方式和对濒危物种的影响。研究从直接影响和间接影响的角度准确评价了旱区城市景观过程对自然生境和濒危物种的影响，并为减缓城市景观过程的不利影响提供了政策建议，有利于促进区域可持续发展。

2. 研究区和数据

研究区为全球旱区(图 2.1)。采用的 1992 年的土地利用/覆盖数据获取自欧洲空间局，空间分辨率为 300 m，总体精度为 71%(ESA, 2017)。为和其他数据空间分辨率保持一致，将该数据重采样为 1 km 分辨率。参考世界自然保护联盟的自然生境分类标准，将林地、草地、灌丛、湿地和未利用地作为自然生境(Salafsky et al., 2008)。1992 年和 2016 年的

---

* 本节内容主要基于 Ren Q, He C, Huang Q, et al. 2022. Impacts of urban expansion on naturl habitats in global drylands. Nature Sustainability. doi:10.1038/s41893-022-00930-8.

城市土地数据获取自基于深度学习提取的全球城市土地数据集，空间分辨率为 1 km，总体精度为 91%，Kappa 系数为 0.47(He et al., 2019)。道路数据获取自国际地球科学信息网络中心发布的第一版全球道路公开数据集(CIESIN, 2010)。为和其他数据空间分辨率保持一致，排除了长度小于 1 km 的道路。生物群系和生态区边界数据以及物种数据获取自世界野生动物基金会的陆地生态区数据库(IUCN, 2017)。濒危物种数据获取自世界自然保护联盟濒危物种红色名录数据库(IUCN, 2017)。

3. 方法

1)评估 1992 年自然生境的质量

生境质量表征了自然生境为生物提供生存空间的能力，与自然生境的类型、威胁因子的类型、自然生境与威胁因子的距离以及自然生境对威胁因子的敏感性相关(Sharp et al., 2015)。依据图 3.12，首先评估了全球旱区 1992 年自然生境的质量。参考 Sharp 等(2015)的研究，生境质量的计算公式如下：

$$\mathrm{HQ}_x = H_x\left(1-\frac{D_x^{\ z}}{D_x^{\ z}+k^z}\right) \tag{3.6}$$

式中，HQ_x 为自然生境第 x 个像元的生境质量，取值范围是 0～1；HQ_x 取值越高，说明自然生境的质量越好；H_x 为自然生境第 x 个像元的生境适宜性；D_x 为自然生境第 x 个像元的退化程度，具体计算公式见 Sharp 等(2015)的研究；k 为半饱和常数；z 为归一化常数。参考 Lyu 等(2018)的研究，选择城市、农田和道路作为威胁因子，并确定了相关参数(表 3.8)。

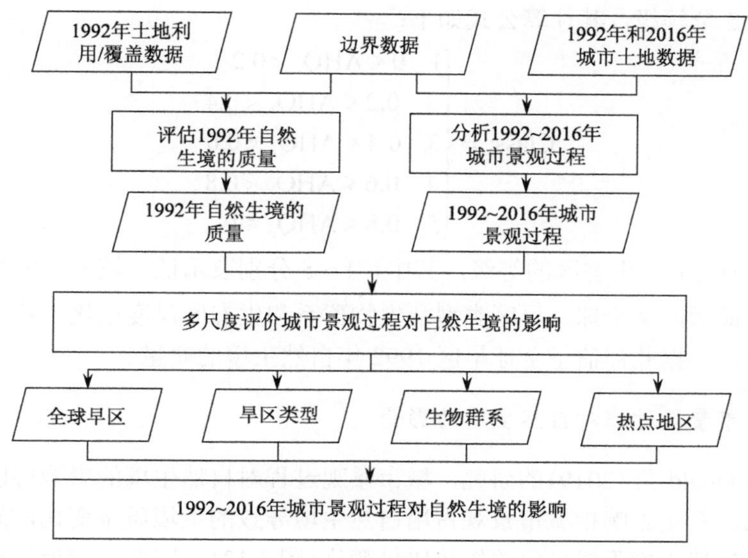

图 3.12　流程图

表 3.8　计算生境质量的主要参数

土地利用类型	生境适宜性	对威胁因子的敏感性		
		城市	农田	道路
林地	1.0	0.8	0.6	0.5
草地	0.8	0.5	0.2	0.2
灌丛	0.9	0.7	0.6	0.4
裸地	0.1	0.4	0.1	0.3
湿地	0.6	0.9	0.7	0.6
水体	0.6	0.9	0.7	0.6
永久冰雪	0.1	0.6	0.1	0.3
威胁因子属性	最大影响距离/km	10.0	1.0	2.0
	相对权重	1.0	0.25	1.0
	距离衰减形式	指数	线性	线性

参考 McDonald 等(2018)的研究，以生态区为基本单元，评估了全球旱区 1992 年自然生境的质量。首先，计算了各生态区的平均生境质量，其公式如下：

$$\mathrm{AHQ}_e = \frac{\sum_{x=1}^{n} \mathrm{HQ}_x}{n} \tag{3.7}$$

式中，AHQ_e 为第 e 个生态区的平均生境质量，取值范围为 0～1，AHQ_e 取值越高，说明生态区的生境质量越高；HQ_x 为第 e 个生态区第 x 个像元的生境质量，可以通过式(3.6)获得；n 为第 e 个生态区的像元数量。然后，参考 He 等(2017)的研究，使用等比分割法将生态区分成 5 个等级，其计算公式如下：

$$\mathrm{Class}_e = \begin{cases} 1 & 0 \leqslant \mathrm{AHQ}_e < 0.2 \\ 2 & 0.2 \leqslant \mathrm{AHQ}_e < 0.4 \\ 3 & 0.4 \leqslant \mathrm{AHQ}_e < 0.6 \\ 4 & 0.6 \leqslant \mathrm{AHQ}_e < 0.8 \\ 5 & 0.8 \leqslant \mathrm{AHQ}_e \leqslant 1 \end{cases} \tag{3.8}$$

式中，Class_e 为第 e 个生态区的等级，其中，1～5 分别表示低、较低、中等、较高和高质量生态区。最后，从全球、旱区类型、生物群系和生态区尺度量化了各等级生态区自然生境的面积，并据此评估了全球旱区 1992 年自然生境的质量。

2) 评价城市景观过程对自然生境的影响

参考 McDonald 等(2019)的研究，城市景观过程对自然生境的影响可以分为直接影响和间接影响。直接影响指城市景观占用自然生境导致的生境质量变化，间接影响指城市景观对周边自然生境干扰导致的生境质量变化(图 3.13)。因此，城市景观过程对自然生境影响的计算公式如下：

$$\mathrm{UTI}_e = \mathrm{UDI}_e + \mathrm{UII}_e \tag{3.9}$$

式中，UTI_e 为第 e 个区域城市景观过程对自然生境的影响；UDI_e 和 UII_e 分别为第 e 个区域城市景观过程对自然生境的直接影响和间接影响。UDI_e 的计算公式如下：

$$\mathrm{UDI}_e = \sum_{i=1}^{m} \mathrm{HQ}_i \tag{3.10}$$

式中，HQ_i 为自然生境第 i 个像元被城市景观占用前的生境质量，可以通过式(3.5)得到；m 为第 e 个区域城市景观过程直接影响的生境像元。UII_e 的计算公式如下：

$$\mathrm{UII}_e = \sum_{j=1}^{n} H_j \left[\frac{(D_j + \mathrm{UD}_j)^z}{(D_j + \mathrm{UD}_j)^z + k^z} - \frac{D_j^{\ z}}{D_j^{\ z} + k^z} \right] \tag{3.11}$$

式中，H_j 为自然生境第 j 个像元的生境适宜性；D_j 为自然生境第 j 个像元城市景观过程前的退化程度；UD_j 为新增城市导致的自然生境第 j 个像元的退化程度；n 为第 e 个区域城市景观过程间接影响的生境像元。UD_j 的计算公式如下：

$$\mathrm{UD}_j = \sum_{y=1}^{y} \omega_u S_j \exp\left[-\left(\frac{2.99}{d_{u\max}} \right) d_{yj} \right] \tag{3.12}$$

式中，y 为城市景观的像元数量；ω_u 为城市在所有威胁因子中的权重；S_j 为自然生境第 j 个像元对城市的敏感性；$d_{u\max}$ 为城市的最大影响距离；d_{yj} 为新增城市第 y 个像元与自然生境第 j 个像元之间的距离。

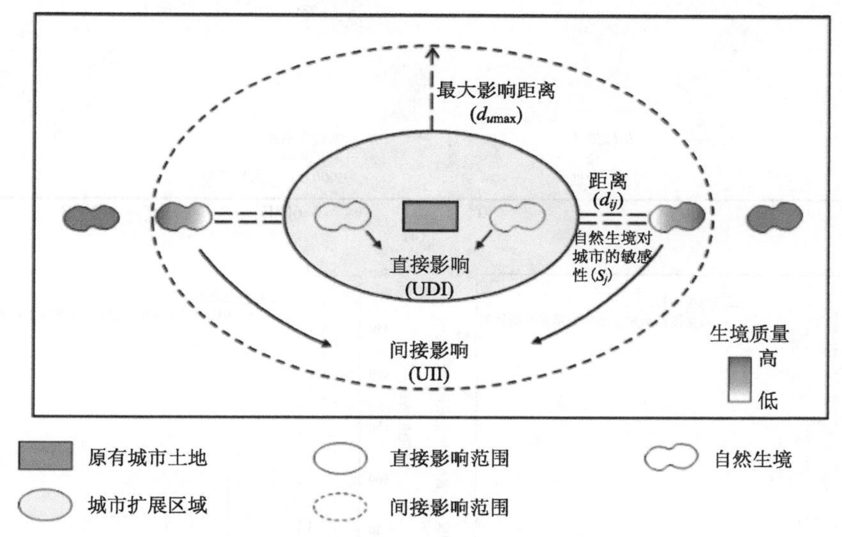

图 3.13　城市景观过程对自然生境影响概念图

以生态区为基本单元，使用空间自相关分析法(Getis-Ord Gi)对生境质量损失进行了空间聚类，进而确定了城市景观过程影响自然生境的热点地区(Goodchild, 1986)。然后，分别在全球、旱区类型、生物群系和热点地区尺度计算了城市景观过程导致的生境质量变化，并据此评价了全球旱区 1992～2016 年城市景观过程对自然生境的影响。

4. 结果

1) 1992 年旱区自然生境状况

全球旱区 1992 年自然生境的质量普遍较低。低质量生态区自然生境的面积最大，为 1667.30 万 km^2，占旱区自然生境总面积的 34.35%。较低质量、中等质量、较高质量和高质量生态区自然生境的面积分别为 1079.28 万 km^2、657.63 万 km^2、723.50 万 km^2 和 726.50 万 km^2，分别占旱区自然生境总面积的 22.23%、13.55%、14.90%和 14.97%(表 3.9)。低质量生态区主要分布在极端干旱区。极端干旱区低质量生态区自然生境的面积为 1012.47 万 km^2，占旱区低质量生态区自然生境面积的 60.73%。干旱区、半干旱区和干燥型亚湿润区低质量生态区自然生境的面积分别为 417.03 万 km^2、196.27 万 km^2 和 41.53 万 km^2，分别占旱区低质量自然生境总面积的 25.01%、11.77%和 2.49%(图 3.14、表 3.9)。

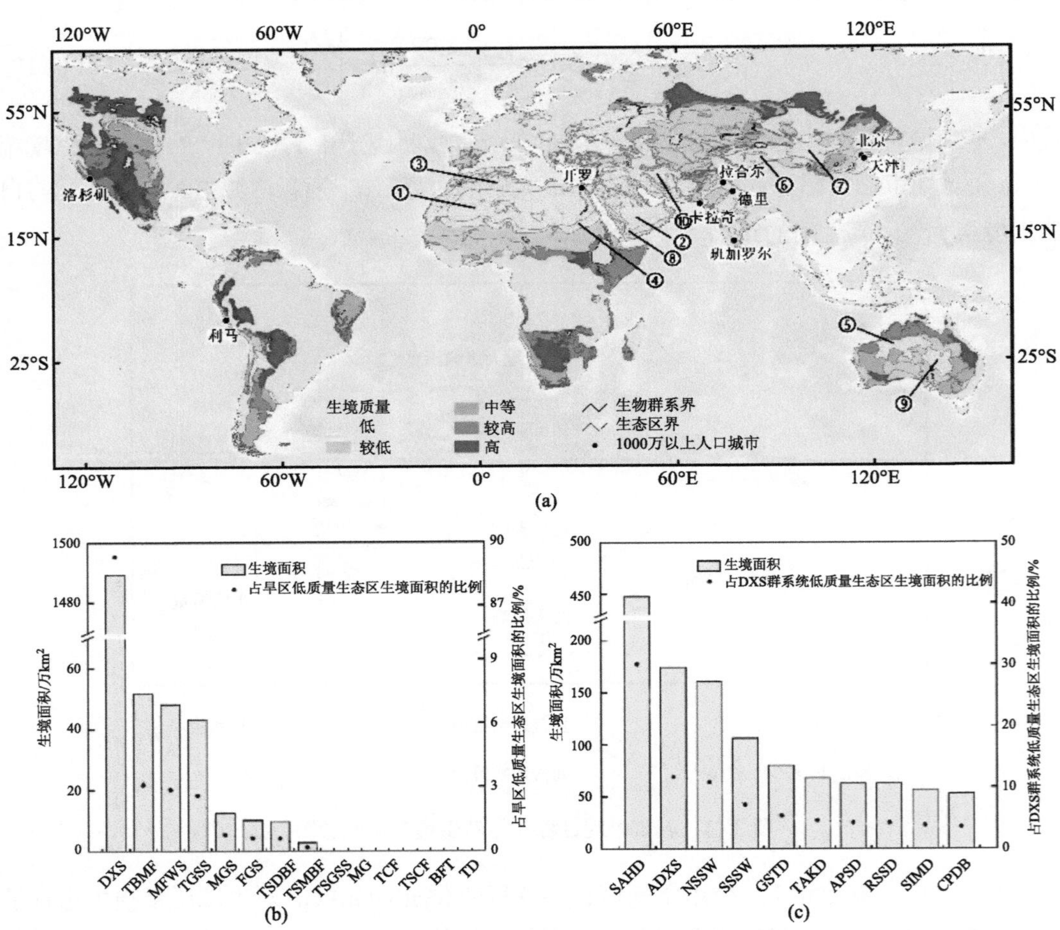

图 3.14　全球旱区 1992 年自然生境分布

(a) 各质量生态区空间分布；(b) 各群系低质量生态区自然生境的面积；

(c) 沙漠与荒漠灌丛群系 (DXS) 主要低质量生态区自然生境的面积

各生物群系的全称见表 3.9。(c)列举了沙漠与荒漠灌丛群系自然生境面积最大的 10 个低质量生态区，分别为：①撒哈拉沙漠生态区(Sahara Desert, SAHD)；②阿拉伯沙漠和东萨赫勒阿拉伯干旱灌木生态区(Arabian Desert and East Sahero-Arabian Xeric Shrublands, ADXS)；③撒哈拉北部草原和林地生态区(North Saharan Steppe and Woodlands, NSSW)；④撒哈拉南部草原和林地生态区(South Saharan Steppe and Woodlands, SSSW)；⑤北有大沙地沙漠生态区(Great Sandy-Tanami Desert, GSTD)；⑥塔克拉玛干沙漠生态区(Taklimakan Desert, TAKD)；⑦阿拉善高原半沙漠生态区(Alashan Plateau Semi-Desert, APSD)；⑧红海热带沙漠和半沙漠生态区(Red Sea Nubo-Sindian Tropical Desert and Semi-Desert, RSSD)；⑨辛普森沙漠生态区(Simpson Desert, SIMD)；⑩波斯中部沙漠盆地生态区(Central Persian Desert Basins, CPDB)

表 3.9　全球旱区 1992 年自然生境分布格局　(单位：万 km^2)

区域	低质量生态区	较低质量生态区	中等质量生态区	较高质量生态区	高质量生态区	合计
全球旱区	1667.30	1079.28	657.63	723.50	726.50	4854.22
极端干旱区	1012.47	14.92	24.07	0	0	1051.47
干旱区	417.03	679.23	187.52	144.92	22.55	1451.25
半干旱区	196.27	329.48	368.42	358.16	427.05	1679.37
干燥型亚湿润区	41.53	55.66	77.62	220.42	276.91	672.13
DXS	1489.53	472.47	218.61	113.76	167.75	2462.11
TBMF	51.71	16.55	18.75	27.03	0.71	114.75
MFWS	48.14	27.53	41.06	10.34	13.08	140.14
TGSS	43.19	160.73	231.99	62.79	0	498.71
MGS	12.47	32.89	75.57	22.01	1.45	144.39
FGS	9.92	4.67	2.49	17.10	16.92	51.10
TSDBF	9.52	9.03	6.30	44.97	13.49	83.30
TSMBF	2.71	11.96	27.52	28.63	79.38	150.22
TSGSS	0.07	337.76	15.38	373.72	136.16	863.09
MG	0.04	0.53	4.05	0.23	0	4.85
BFT	0	0	0	11.88	182.30	194.18
TCF	0	5.17	15.47	1.30	86.83	108.77
TSCF	0	0	0.44	0.76	28.01	29.21
TD	0	0	0	8.98	0.41	9.40

注：生物群系的缩写为：TSMBF——Tropical and Subtropical Moist Broadleaf Forests(热带亚热带湿润阔叶林群系)；TSDBF——Tropical and Subtropical Dry Broadleaf Forests(热带亚热带干燥阔叶林群系)；TSCF——Tropical and Subtropical Coniferous Forests(热带亚热带针叶林群系)；TBMF——Temperate Broadleaf and Mixed Forests(温带阔叶混交林群系)；TCF——Temperate Conifer Forests(温带湿润森林群系)；BFT——Boreal Forests/Taiga(阔叶林和针叶林群系)；TSGSS——Tropical and Subtropical Grasslands, Savannas and Shrublands(热带亚热带草原和灌丛群系)；TGSS——Temperate Grasslands, Savannas and Shrublands(温带草原和灌丛群系)；FGS——Flooded Grasslands and Savannas(水淹草原群系)；MGS——Montane Grasslands and Shrublands(山区草原和灌丛群系)；TD——Tundra(苔原群系)；MFWS——Mediterranean Forests, Woodlands and Scrub(地中海森林群系)；DXS——Deserts and Xeric Shrublands(沙漠与荒漠灌丛群系)；MG——Mangroves(红树林群系)。

从群系尺度看，低质量生态区主要集中在沙漠与荒漠灌丛群系。沙漠与荒漠灌丛群系低质量生态区自然生境的面积为 1489.53 万 km^2，占全球旱区低质量生态区自然生境面积的 89.34%。温带阔叶混交林群系、地中海森林群系、温带草原和灌丛群系低质量生态区自然生境的面积介于 40 万～60 万 km^2，占全球旱区低质量生态区自然生境面积的 2.59%～3.10%。山区草原群系等 10 个群系的低质量生态区自然生境面积小于 15 万 km^2，占全球旱区低质量生态区自然生境面积的 0.75%以内。阔叶林和针叶林群系、水淹草原、热带亚热带针叶林群系和苔原群系无低质量生态区（图 3.14、表 3.9）。

在沙漠与荒漠灌丛群系中，低质量生态区主要集中在撒哈拉沙漠生态区等 10 个生态区中。这 10 个生态区自然生境的面积均在 50 万 km^2 以上，总共为 1489.53 万 km^2，占沙漠与荒漠灌丛群系低质量生态区自然生境面积的 85.32%。其中，撒哈拉沙漠生态区自然生境的面积最大。撒哈拉沙漠生态区自然生境的面积为 447.93 万 km^2，占沙漠与荒漠灌丛群系低质量生态区自然生境面积的 26.87%。阿拉伯沙漠生态区、撒哈拉北部草原生态区和撒哈拉南部草原生态区的自然生境面积在 100 万～180 万 km^2，占沙漠与荒漠灌丛群系低质量生态区自然生境面积的 7%～12%。塔纳米沙漠生态区等 6 个生态区自然生境的面积在 50 万～100 万 km^2，占沙漠与荒漠灌丛群系低质量生态区自然生境面积的 3%～6%（图 3.14）。

2）1992～2016 年城市景观过程对自然生境的影响

全球旱区 1992～2016 年城市景观过程导致自然生境质量下降。全球旱区的平均生境质量从 1992 年的 0.3981 下降到 2016 年的 0.3951，下降了 0.76%（图 3.15、表 3.10）。其中，干燥型亚湿润区城市景观过程对自然生境的影响最大。干燥型亚湿润区平均生境质量从 1992 年的 0.5517 下降到 2016 年的 0.5466，下降了 0.93%。半干旱区、极端干旱区和干旱区的平均生境质量分别下降了 0.89%、0.77%和 0.26%（图 3.15，表 3.10）。

表 3.10　全球旱区城市景观过程对自然生境的影响　　（单位：%）

区域	总影响	直接影响	间接影响
全球旱区	0.76	0.05	0.71
干燥性亚湿润区	0.93	0.06	0.87
半干旱区	0.89	0.05	0.84
极端干旱区	0.77	0.07	0.70
干旱区	0.26	0.02	0.24

各群系城市景观过程对自然生境的影响存在差异。有 7 个群系城市景观过程导致的生境质量损失高于全球旱区平均水平。其中，红树林群系城市景观过程对自然生境的影响最大。红树林群系城市景观过程导致生境质量从 1992 年的 0.4686 下降到 2016 年的 0.4452，下降了 4.99%，是旱区生境质量损失的 6.6 倍。温带阔叶混交林群系和地中海森林群系的平均生境质量分别下降了 2.80%和 2.71%，分别为旱区生境质量损失的 3.7 倍和 3.6 倍。热带亚热带干燥阔叶林群系等 4 个群系生境质量损失了 0.85%～1.35%。此外，

山区草原和灌丛群系等 7 个群系生境质量损失小于 0.70%，低于全球旱区生境质量平均损失(图 3.15、表 3.11)。

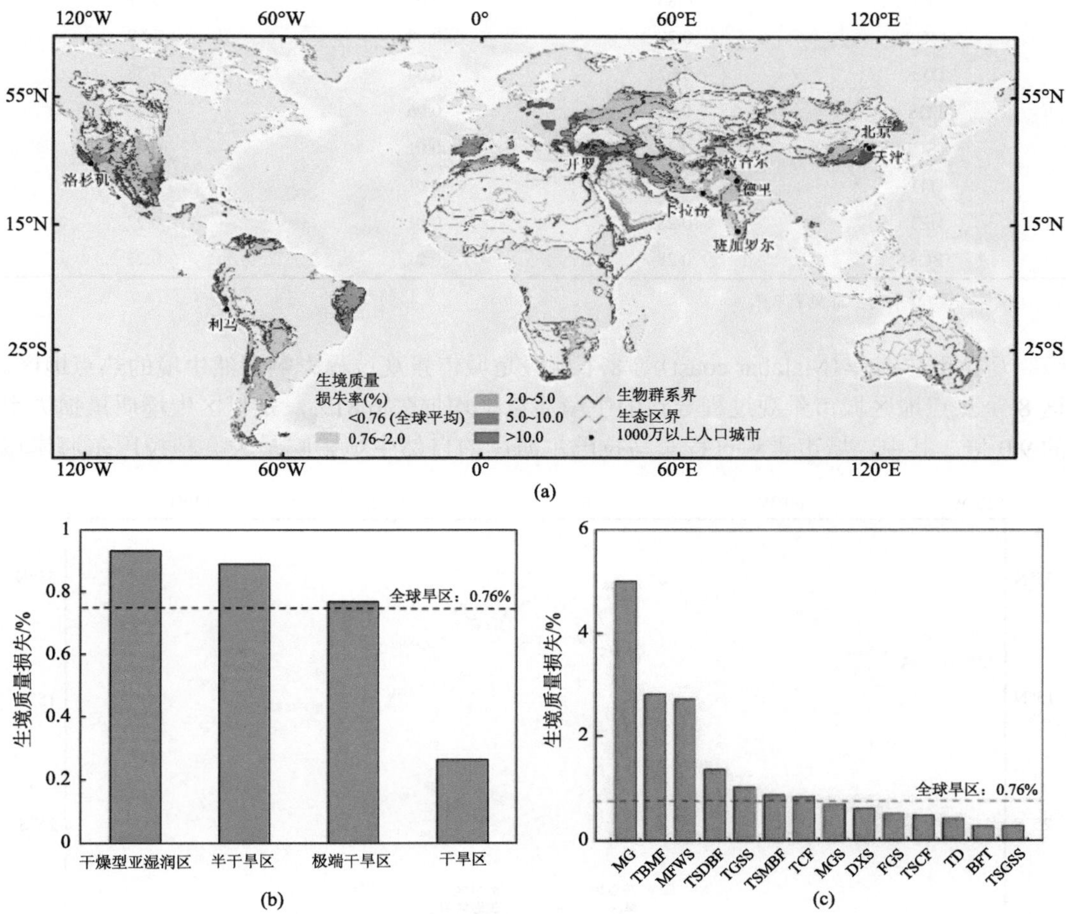

图 3.15　全球旱区 1992～2016 年城市景观过程对自然生境的影响

(a) 城市景观过程对自然生境影响的空间格局；(b) 各类型旱区城市景观过程对自然生境的影响；(c) 各群系城市景观过程对自然生境的影响。

各生物群系的全称见表 3.9。(b) 和 (c) 中虚线表示全球旱区城市景观过程导致的生境质量损失。

表 3.11　各群系城市景观过程对自然生境的影响　(单位：%)

生物群系	总影响	直接影响	间接影响
MG	4.99	0.49	4.50
TBMF	2.80	0.21	2.59
MFWS	2.71	0.14	2.57
TSDBF	1.35	0.07	1.28
TGSS	1.03	0.06	0.97
TSMBF	0.87	0.04	0.83

续表

生物群系	总影响	直接影响	间接影响
TCF	0.85	0.04	0.81
MGS	0.70	0.08	0.62
DXS	0.62	0.04	0.58
FGS	0.52	0.06	0.46
TSCF	0.48	0.01	0.47
TD	0.43	0.01	0.42
BFT	0.28	0.01	0.27
TSGSS	0.28	0.01	0.27

注：各生物群系的全称见表 3.9。

马拉巴尔海岸(Malabar coast)等 8 个地区是城市景观过程影响自然生境的热点地区。这 8 个热点地区城市景观过程导致的生境质量平均损失 6.81%，是旱区生境质量损失率的 9.0 倍。其中，城市景观过程对马拉巴尔海岸的自然生境影响最大。马拉巴尔海岸城

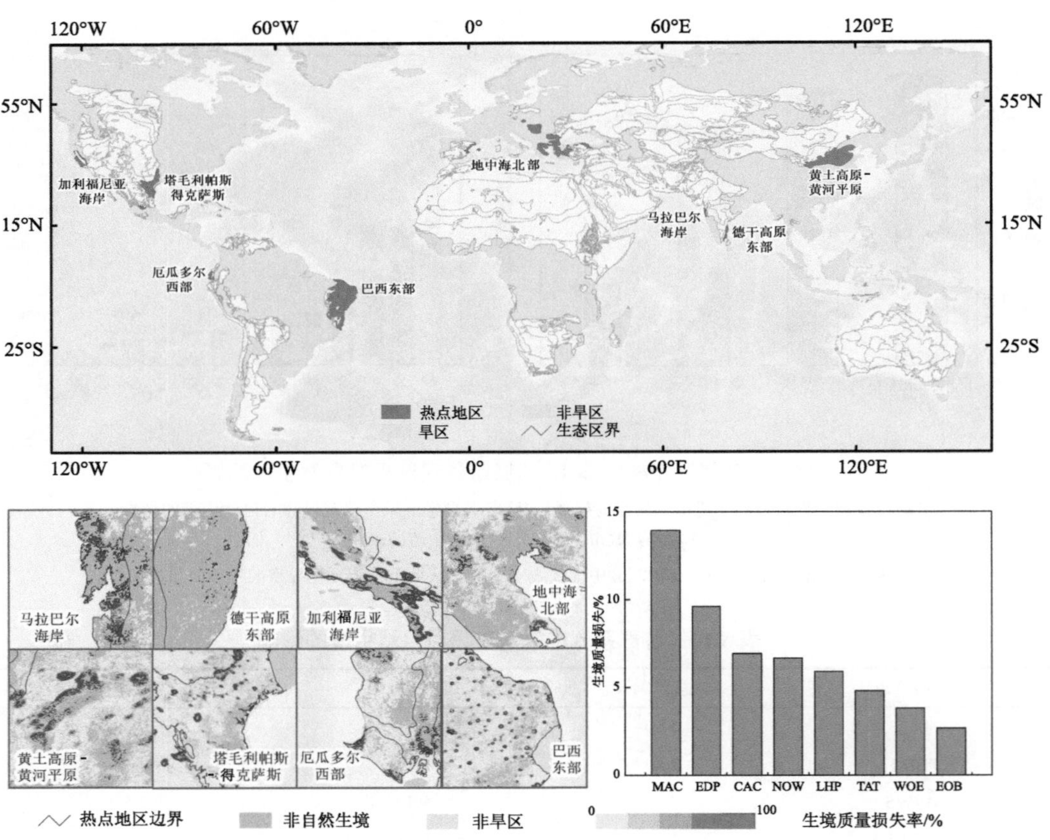

图 3.16 热点地区 1992～2016 年城市景观过程对自然生境的影响

各热点地区的全称见表 3.12。

市景观过程导致生境质量从 1992 年的 0.2124 下降到 2016 年的 0.1828，下降了 13.97%，是旱区生境质量损失的 18.4 倍。在德干高原东部、加利福尼亚海岸、地中海北部和黄土高原-黄河平原地区，城市景观过程导致生境质量损失减少了 5%～10%。在塔毛利帕斯-得克萨斯、厄瓜多尔西部和巴西东部，城市景观过程导致生境质量减少了 2.7%～4.9%(图 3.16、表 3.12)。

表 3.12　热点地区城市景观过程对自然生境的影响　　(单位：%)

热点地区	总影响	直接影响	间接影响
MAC	13.97	0.98	12.99
EDP	9.60	1.22	8.39
CAC	6.94	0.29	6.65
NOM	6.67	0.24	6.43
LHP	5.91	0.91	5.00
TAT	4.81	0.38	4.43
WOE	3.84	0.26	3.58
EOB	2.70	0.11	2.59

注：热点地区的缩写为：MAC——Malabar Coast(马拉巴尔海岸)；EDP——East of Deccan Plateau(德干高原东部)；CAC——Californian Coast(加利福尼亚海岸)；NOM——North of Mediterranean(地中海北部)；LHP——Loess Plateau-Huanghe Plain(黄土高原-黄河平原)；TAT——Tamaulipas and Texas(塔毛利帕斯-得克萨斯)；WOE——West of Ecuador(厄瓜多尔西部)；EOB——East of Brazil(巴西东部)。

5. 讨论

1) 生境质量指数可以有效反映城市景观过程对自然生境的影响

目前，全球尺度上常用自然生境面积和城市面积的变化评估城市景观过程对自然生境的影响(McDonald et al., 2018; Güneralp and Seto, 2013)。然而，自然生境面积变化只能反映城市景观过程的直接影响，不能反映城市景观过程对周围自然生境的间接影响(McDonald et al., 2019)。城市面积变化更是忽略了城市景观过程对自然生境的占用，不能准确量化城市景观过程对自然生境的影响。为了进一步验证使用生境质量指数评价城市景观过程对自然生境影响的有效性，参考 Terrado 等(2016)的研究，采用空间代替时间和分组分析的方法(Alberti et al., 2017; Li et al., 2017)，在生态区尺度计算了全球旱区 1992 年生境质量指数、自然生境面积、城市面积与物种数量之间的相关性。研究发现，生境质量指数与物种数量呈显著正相关关系，相关系数为 0.68($P<0.01$)。自然生境面积和城市面积与物种数量之间没有显著相关关系。自然生境面积和城市面积与物种数量的相关系数分别为 0.11($P>0.01$)和−0.14($P>0.01$)(图 3.17)。这说明与自然生境面积和城市面积相比，生境质量指数能够更有效地评价城市景观过程对自然生境的影响。

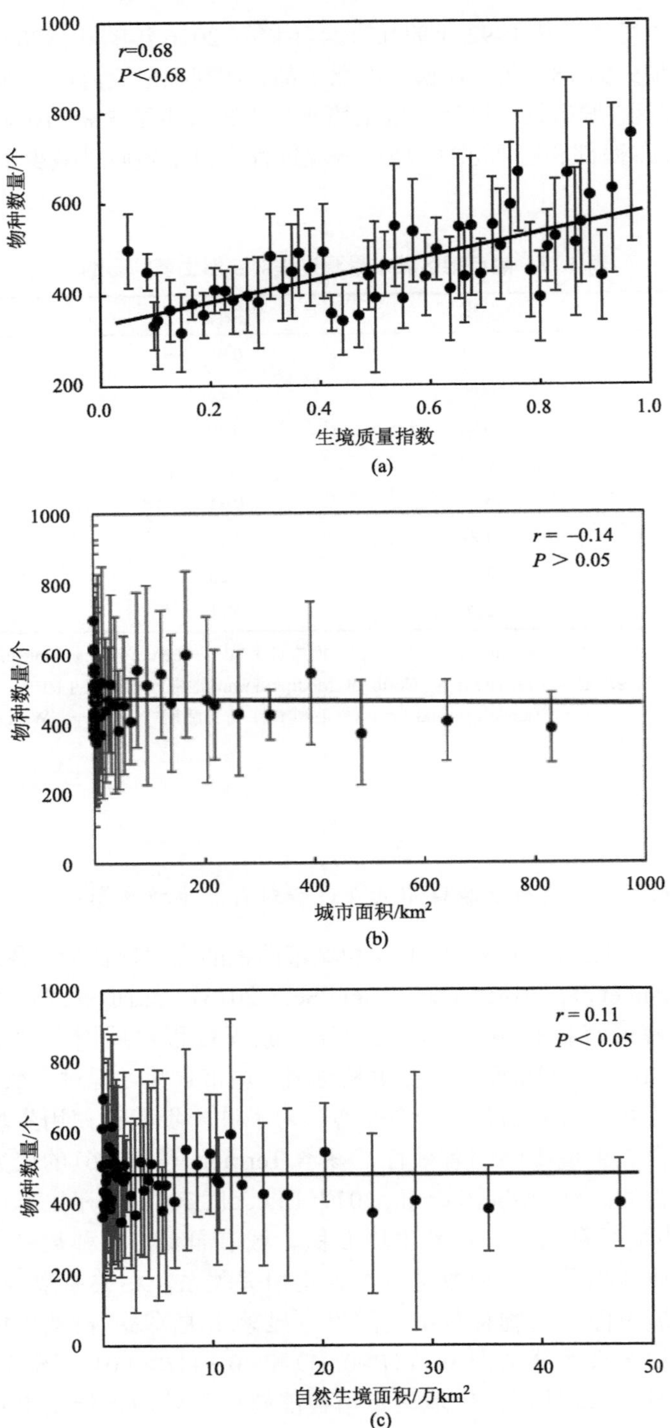

图 3.17　城市景观过程影响自然生境常用评价指标的有效性评估

(a) 生境质量指数的有效性评估；(b) 城市面积的有效性评估；(c) 自然生境面积的有效性评估

生境质量指数能够有效反映城市景观过程对自然生境影响的原因主要体现在两个方面。首先，生境质量指数考虑了不同类型自然生境的适宜性，可以量化城市景观占用不同类型自然生境而产生的直接影响。其次，生境质量指数考虑了自然生境对城市干扰的敏感性，可以量化城市景观过程对周围生境干扰而产生的间接影响。已有研究也分别从大洲、国家和局地尺度，发现生境质量指数能够有效反映城市景观过程对自然生境的影响(Leh et al., 2013; Sallustio et al., 2017; Terrado et al., 2016)。此外，生境质量指数还可以用于有效评估其他威胁因子变化对自然生境的影响。例如，van Vliet(2019)分析了全球 1992～2015 年耕地扩张对自然生境的影响。但是，van Vliet(2019)只计算了耕地扩张占用的自然生境面积，没有考虑耕地扩张对周围自然生境的间接影响。基于生境质量指数，可以准确评估耕地扩张对自然生境的影响。

2)城市景观过程造成的生境质量损失会影响濒危物种的生存

自然生境是维持生物多样性的重要保障(Salafsky et al., 2008; Oliver et al., 2015b)。城市景观过程引起的生境质量损失会降低自然生境为生物提供生存空间的能力，进而威胁物种的生存(IPBES et al., 2018)。研究发现，城市景观过程造成全球旱区生境质量下降了 0.78%。这种生境质量的下降影响了 1595 种濒危物种的生存，占全球旱区濒危物种总数的 57.6%。在不同的尺度上，城市景观过程对濒危物种生存造成的影响同样明显。在各类型旱区，城市景观过程影响的濒危物种占各自濒危物种总数的 54.1%～72.9%(图 3.18)。在旱区的 14 个群系中，有 8 个群系城市景观过程对濒危物种的影响高于旱区平均水平。温带草原群系是城市景观过程对濒危物种影响最严重的群系，城市景观过程影响了 83.4%的濒危物种(图 3.18)。在识别的 8 个热点地区，有 68.9%的濒危物种受到城市景观过程的影响。其中，在地中海北岸热点地区，这一比例更是高达 83.3%。从物种类别角度同样可以体现城市景观过程对濒危物种的影响。热点地区城市景观过程对各类濒危物种的影响在 57.9%～90.0%。其中，热点地区城市景观过程对濒危哺乳动物的影响最大，超过 90%的濒危哺乳动物受到城市景观过程的影响。热点地区影响的濒危爬行动物、两栖动物和鸟类分别占各自物种数量的 82.6%、76.8%和 57.1%。

旱区水资源短缺，城市景观过程和濒危物种的生存都趋向于水源丰富的地区，这导致旱区城市景观过程对濒危物种影响严重(Pautasso, 2007; Luck, 2007)。已有研究和调查结果也显示，旱区以城市景观过程为代表的人类活动对濒危物种生存产生威胁。例如，McDonald 等(2018)研究发现，旱区中厄瓜多尔干燥森林等生态区 2000～2030 年城市景观过程会对濒危物种产生威胁。Powers 和 Jet(2019)研究发现，全球旱区 2015～2020 年城市景观过程将不断缩小濒危物种的适宜生境，进而威胁濒危物种的生存。世界自然保护联盟等(2017)实地调查发现，位于识别的热点地区的加利福尼亚海岸树丛生态区，以梅里厄姆鼠(Merriam Kangaroo rat)为代表的濒危物种受到城市景观过程的影响而濒临灭绝。

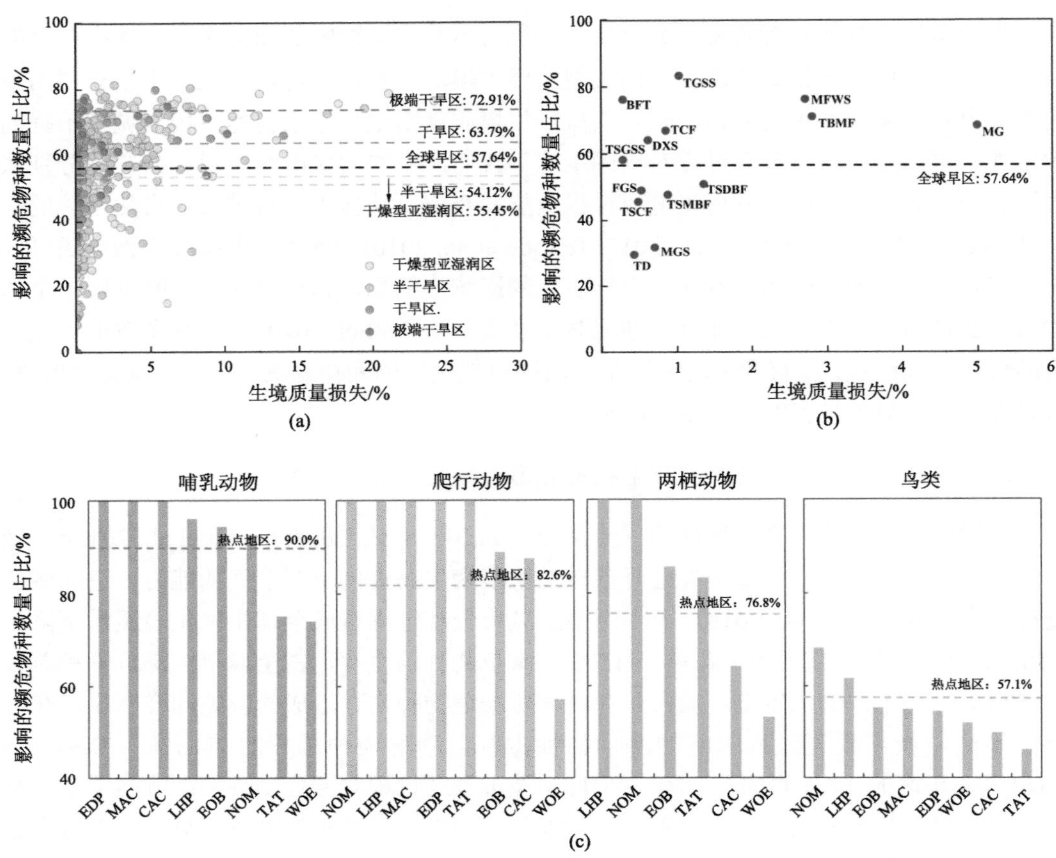

图 3.18　城市景观过程对濒危物种的影响

(a) 全球尺度；(b) 群系尺度；(c) 热点地区

各生物群系的全称见表 3.9。各热点地区的全称见表 3.12。(a)～(c) 中虚线表示不同尺度城市景观过程影响的濒危物种数量占该尺度物种总数的比例。

3）城市景观过程对自然生境的间接影响不容忽视

城市景观过程通过占用自然生境直接降低生境质量，也会对周围自然生境产生干扰，间接降低生境质量(McDonald et al., 2019)。研究发现，间接影响是全球旱区城市景观过程影响自然生境的主要方式。全球旱区城市景观过程间接影响导致生境质量损失 0.71%，而直接影响导致生境质量损失了 0.05%，间接影响是直接影响的 14.2 倍。各类型旱区间接影响是直接影响的 10～15 倍(图 3.19)。从群系尺度看，各群系间接影响都是直接影响的 7 倍以上。其中，苔原群系间接影响和直接影响的差距最大，间接影响是直接影响的 42 倍(图 3.19)。在城市景观过程影响自然生境的热点地区，间接影响也是城市景观过程影响自然生境的主要方式。其中，地中海北部、巴西东部和加利福尼亚海岸的间接影响均为直接影响的 20 倍以上。在厄瓜多尔西部、马拉巴尔海岸和塔毛利帕斯-得克萨斯地区，间接影响是直接影响的 10～20 倍。在德干高原东部和黄土高原-黄河平原地区，间接影响分别为直接影响的 6.9 倍和 5.5 倍(图 3.19)。

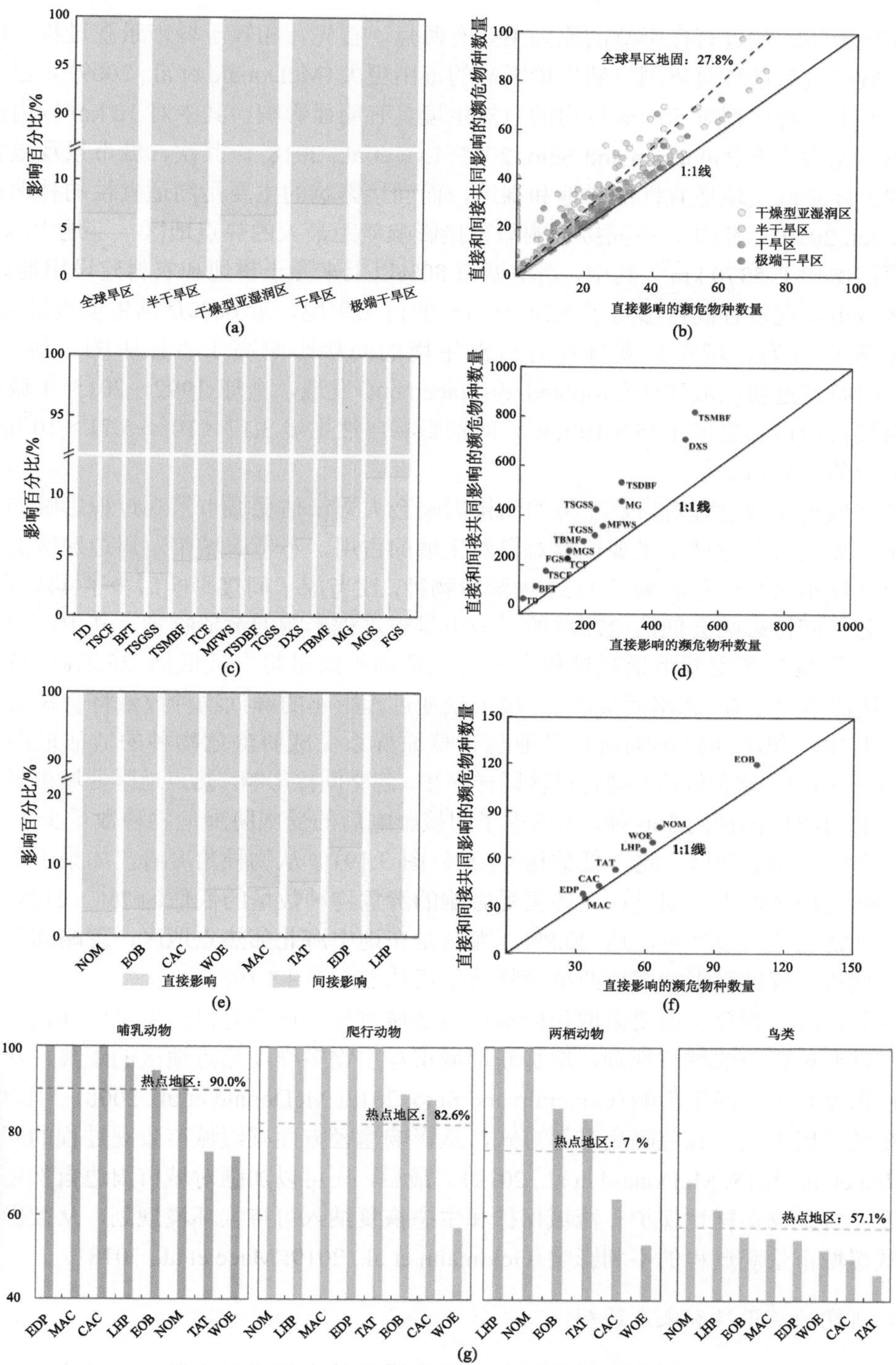

图 3.19　城市景观过程对自然生境间接影响的重要性

(a)、(c)和(e)分别为全球、群系和热点地区城市景观过程对自然生境的直接和间接影响的差距；(b)、(d)和(f)分别为忽略间接影响的情况下全球、群系和热点地区城市景观过程对濒危物种影响的低估；(g)为忽略间接影响的情况下各热点地区城市景观过程对不同类别濒危物种影响的低估。

各生物群系全称见表 3.9。各热点地区全称见表 3.12。(b)和(g)中虚线表示热点地区对濒危物种低估的均值。

间接影响远超过直接影响的原因主要有两点。首先，相较于城市景观过程占用自然生境，城市景观过程对周围自然生境影响的范围更大(McDonald et al., 2009)。已有研究发现，城市景观过程对 50 km 以内的自然生境具有明显影响，其中对 10 km 以内的自然生境影响尤为严重(Güneralp and Seto, 2013; Lyu et al., 2018)。其次，城市景观过程直接占用的主要是低生境适宜性的耕地和裸地，而间接影响的主要是高适宜性的林地和灌丛(van Vliet, 2019)。例如，在间接影响与直接影响差距最大的热点地区——地中海北部，城市面积增加了 5370 km^2。其中，新增城市 80%以上来源于耕地和农村建设用地。但是，该地区城市景观过程间接影响了 3.24 万 km^2 的自然生境，近 60%是高生境质量的林地。已有研究也认为，城市景观过程对自然生境的间接影响高于直接影响。例如，van Vliet(2019)通过耕地取代法(cropland displacement)发现，全球 1992～2015 年城市景观过程直接占用自然生境 $1.35\times10^7hm^2$，间接影响自然生境 3.17×10^7～$5.71\times10^7hm^2$，后者是前者的 2.3～4.2 倍。

忽视城市景观过程对自然生境的间接影响会大幅低估受城市景观过程影响的濒危物种数量。如果只考虑城市景观过程对自然生境的占用，不考虑城市对周边地区的干扰，全球旱区城市景观过程影响了 1151 种濒危物种，比考虑了间接影响后少了 444 种。也就是说，忽视间接影响会低估 27.8%的受城市景观过程影响的濒危物种。其中，忽略间接影响，各类型旱区受城市景观过程影响的濒危物种数量将会被低估 25.2%～31.5%(图 3.19)。从群系尺度看，忽略间接影响，城市景观过程影响的濒危物种数量将会被低估 20%以上。其中，忽略间接影响对热带亚热带草原群系受威胁濒危物种的低估最严重，达 42.1%(图 3.19)。这种低估在热点地区同样存在。忽略间接影响，热点地区受城市景观过程直接影响的濒危物种为 366 种，比考虑了间接影响后的受威胁濒危物种数量少了 11.6%。在地中海北岸热点地区，这一低估达 17.5%(图 3.19)。从物种角度看，如果不考虑间接影响，热点地区城市景观过程对各类受影响的濒危物种数量的低估为 7%～21%。其中，对两栖动物的低估最严重，达 20.8%。尤其是在地中海北部热点地区，忽略间接影响会导致受城市景观过程影响濒危两栖动物数量低估 50%(图 3.19)。

因此，政策管理者需要采取相应举措减缓城市景观过程对自然生境的间接影响。首先，可以通过合理的城市规划，增加新增城市与生物多样性热点地区的距离，从城市景观过程角度减少其间接影响(Güneralp and Seto, 2013; McDonald et al., 2008)。其次，可以采取在城市周围设立绿色隔离带等方式，从影响途径方面减缓城市景观过程的间接影响(Arlidge et al., 2018; McDonald et al., 2019)。最后，还可以加强对城市周边自然生境的监管力度，将生物多样性保护、流域保护和生态恢复纳入可持续环境规划，从被影响生境角度减缓城市景观过程的不利影响(Geldmann et al., 2019; Mace et al., 2018)。

4) 研究的局限性和未来展望

相较于传统的生境面积和城市面积，研究采用的生境质量指数能够从直接影响和间接影响两个方面更全面地定量评价城市景观过程对自然生境的影响。全球旱区 1992～2016 年城市景观过程导致生境质量损失 0.76%。其中，90%以上的生境质量损失是间接影响导致的。城市景观过程造成的生境质量损失已经影响了全球旱区近六成的濒危物种的生存。如果忽略间接影响，受城市景观过程影响的濒危物种数量将会被低估 27.8%。决策制定者需要关注城市景观过程的间接影响，通过在城市周围设立绿色隔离带等方式减缓城市景观过程对自然生境和濒危物种的不利影响，为区域的可持续发展提供帮助。

研究也存在不足。首先，假设全球各地区计算生境质量所需参数是一致的，并基于文献综述的方法确定了相关参数，从而导致生境质量计算结果存在不确定性。但是，全球旱区自然生境的特征相似，综述的文献也是以旱区为研究区，经过实地调研和访谈验证的文献。因此，模拟参数具有一定的代表性，模拟结果也通过了可靠性检验。其次，研究只考虑了城市土地变化对自然生境的影响，没有考虑城市土地变化引起的耕地变化、道路建设和保护区设立等因素变化对自然生境的影响。

在未来研究中，可以将全球分成多个区域，然后通过复杂生态模型、专家打分法和实地调研的方法，确定不同区域计算生境质量指数所需的参数(Terrado et al., 2016; Sallustio et al., 2017)。同时，还可以结合交通道路等土地利用/覆盖数据，更全面地评估城市景观过程对自然生境的影响(Moreira et al., 2018)。

6. 结论

全球旱区 1992～2016 年城市景观过程导致生境质量损失 0.76%。在马拉巴尔海岸、德干高原东部和加利福尼亚海岸等 8 个热点地区，城市景观过程导致生境质量损失 2.7%～14.0%，是旱区平均水平的 3～19 倍。

城市景观过程造成的生境质量损失已经影响了全球旱区近六成濒危物种的生存。在热点地区，这一比例更是高达 68.9%。地中海北部是城市景观过程对濒危物种影响最严重的热点地区，83.4%的濒危物种受到城市景观过程的影响。

全球旱区城市景观过程间接影响导致的生境质量损失是直接影响的 10～15 倍。忽视间接影响，全球旱区城市景观过程影响的濒危物种数量会被低估 25.2%～31.5%。因此，政策制定者需要关注城市景观过程的间接影响，通过在城市周围设立绿色隔离带等方式减少城市景观过程对自然生境和濒危物种的不利影响。

参 考 文 献

刘雅轩, 张小雷, 雷军, 等. 2011. 新疆绿洲城市空间扩展特征及其驱动力分析. 中国沙漠, 31(4): 1015-1021.

余慧容, 蒲春玲, 刘志有, 等. 2012. 基于 TM/ETM+绿洲城市土地利用时空演变分析——以新疆奎屯市为例. 水土保持研究, 19(6): 147-151.

Alberti M, Correa C, Marzluff J, et al. 2017. Global urban signatures of phenotypic change in animal and plant populations. Proceedings of the National Academy of Sciences of the United States of America, 114(34): 8951-8956.

Arlidge W, Bull J, Addison P, et al. 2018. A global mitigation hierarchy for nature conservation. Bioscience, 68(5): 336-347.

Bonkoungou E. 2001. Biodiversity in the Drylands: Challenges and Opportunities for Conservation and Sustainable Use. Challenge Paper. Nairobi, Kenya: The Global Drylands Initiative, UNDP Drylands Development Centre.

Buyantuyev A, Wu J, Gries C. 2010. Multiscale analysis of the urbanization pattern of the Phoenix metropolitan landscape of USA: Time, space and thematic resolution. Landscape and Urban Planning, 94(3-4): 206-217.

CIESIN. 2010. Global Roads Open Access Data Set, Version 1(gROADS). https://sedac.ciesin.columbia.edu/data/set/groads-global-roads-open-access-v1.

Dellink R, Chateau J, Lanzi E, et al. 2017. Long-term economic growth projections in the Shared Socioeconomic Pathways. Global Environmental Change-Human and Policy Dimensions, 42: 200-214.

ESA. 2017. Land Cover CCI—Product User Guide Version 2. 0. http: //maps. elie. ucl. ac. be/CCI/viewer/index. php.

Esch T, Heldens W, Hirner A, et al. 2017. Breaking new ground in mapping human settlements from space-The Global Urban Footprint. ISPRS Journal of Photogrammetry and Remote Sensing, 134: 30-42.

Fan P, Chen J, John R. 2016. Urbanization and environmental change during the economic transition on the Mongolian Plateau: Hohhot and Ulaanbaatar. Environmental Research, 144(Pt B): 96-112.

Gao B, Huang Q, He C, et al. 2015. Dynamics of urbanization levels in China from 1992 to 2012: Perspective from DMSP/OLS Nighttime Light Data. Remote Sensing, 7(2): 1721-1735.

Geist H, Lambin E. 2004. Dynamic causal patterns of desertification. Bioscience, 54(9): 817-829.

Geldmann J, Manica A, Burgess N, et al. 2019. A global-level assessment of the effectiveness of protected areas at resisting anthropogenic pressures. Proceedings of the National Academy of Sciences of the United States of America, 116(46): 23209-23215.

Gober P. 2010. Desert urbanization and the challenges of water sustainability. Current Opinion in Environmental Sustainability, 2(3): 144-150.

Goldewijk K, Beusen A, Doelman J, et al. 2017. Anthropogenic land use estimates for the Holocene-HYDE 3. 2. Earth System Science Data, 9(2): 927-953.

Goldewijk K, Beusen A, Janssen P. 2010. Long-term dynamic modeling of global population and built-up area in a spatially explicit way: HYDE 3. 1. Holocene, 20(4): 565-573.

Goodchild M. 1986. Spatial Autocorrelation. Norwich: Geo Books.

Güneralp B, Seto K. 2013. Futures of global urban expansion: Uncertainties and implications for biodiversity conservation. Environmental Research Letters, 8(1): 014025.

Hall L, Krausman P, Morrison M. 1997. The habitat concept and a plea for standard terminology. Wildlife Society Bulletin, 25(1): 173-182.

He C, Li J, Zhang X et al. 2017. Will rapid urban expansion in, the drylands of northern China continue: A scenario analysis based on the Land Use Scenario Dynamics-urban model and the Shared Socioeconomic Pathways. Journal of Cleaner Production, 165: 57-69.

He C, Liu Z, Gou S, et al. 2019. Detecting global urban expansion over the last three decades using a fully convolutional network. Environmental Research Letters, 14(3): 034008.

He C, Liu Z, Tian J, et al. 2014. Urban expansion dynamics and natural habitat loss in China: A multiscale landscape perspective. Global Change Biology, 20(9): 2886-2902.

He C, Okada N, Zhang Q, et al. 2006. Modeling urban expansion scenarios by coupling cellular automata model and system dynamic model in Beijing, China. Applied Geography, 26(3-4): 323-345.

He C, Zhang D, Huang Q, et al. 2016. Assessing the potential impacts of urban expansion on regional carbon storage by linking the LUSD-urban and InVEST models. Environmental Modelling & Software, 75: 44-58.

He C, Zhao Y, Huang Q, et al. 2015. Alternative future analysis for assessing the potential impact of climate change on urban landscape dynamics. Science of Total Environment, 532: 48-60.

He C, Zhao Y, Tian J, et al. 2013. Modeling the urban landscape dynamics in a megalopolitan cluster area by incorporating a gravitational field model with cellular automata. Landscape and Urban Planning, 113: 78-89.

He J, Huang J, Li C. 2017. The evaluation for the impact of land use change on habitat quality: A joint contribution of cellular automata scenario simulation and habitat quality assessment model. Ecological Modelling, 366: 58-67.

Huang Q, He C, Liu Z, et al. 2014. Modeling the impacts of drying trend scenarios on land systems in northern China using an integrated SD and CA model. Science China-Earth Sciences, 57 (4): 839-854.

Huang Q, Liu Z, He C, et al. 2020. The occupation of cropland by global urban expansion from 1992 to 2016 and its implications. Environmental Research Letters, 15 (8): 084037.

Hurtt G, Chini L, Frolking S, et al. 2011. Harmonization of land-use scenarios for the period 1500–2100: 600 years of global gridded annual land-use transitions, wood harvest, and resulting secondary lands. Climatic Change, 109 (1-2): 117-161.

IPBES. 2018. Summary for policymakers of the assessment report on land degradation and restoration of the Intergovernmental Science-Policy Platform on Biodiversity and Ecosystem Services.

IUCN. 2017. The IUCN Red List of Threatened Species, Version 2017-3. https: //www. iucnredlist. org/resources/spatial-data- download.

Jiang L, O'Neill B. 2017. Global urbanization projections for the Shared Socioeconomic Pathways. Global Environmental Change-Human and Policy Dimensions, 42: 193-199.

Kriegler E, O'Neill B, Hallegatte S, et al. 2012. The need for and use of socio-economic scenarios for climate change analysis: A new approach based on shared socio-economic pathways. Global Environmental Change-Human and Policy Dimensions, 22 (4): 807-822.

Leh M, Matlock M, Cummings E, et al. 2013. Quantifying and mapping multiple ecosystem services change in West Africa. Agriculture, Ecosystems & Environment, 165: 6-18.

Li C, Li J, Wu J. 2013. Quantifying the speed, growth modes, and landscape pattern changes of urbanization: A hierarchical patch dynamics approach. Landscape Ecology, 28 (10): 1875-1888.

Li X, Chen G, Liu X, et al. 2017a. A new global land-use and land-cover change product at a 1-km resolution for 2010 to 2100 based on human-environment interactions. Annals of the American Association of Geographers, 107 (5): 1040-1059.

Li X, Yu L, Sohl T, et al. 2016. A cellular automata downscaling based 1 km global land use datasets (2010-2100). Science Bulletin, 61 (21): 1651-1661.

Li X, Zhou Y, Asrar G, et al. 2017b. Response of vegetation phenology to urbanization in the conterminous United States. Global Change Biology, 23 (7): 2818-2830.

Luck G. 2007. A review of the relationships between human population density and biodiversity. Biological reviews of the Cambridge Philosophical Society, 82 (4): 607-645.

Lyu R, Zhang J, Xu M, et al. 2018. Impacts of urbanization on ecosystem services and their temporal relations: A case study in Northern Ningxia, China. Land Use Policy, 77: 163-173.

Mace G, Barrett M, Burgess N, et al. 2018. Aiming higher to bend the curve of biodiversity loss. Nature Sustainability, 1 (9): 448-451.

Maimaiti B, Ding J, Simayi Z, et al. 2017. Characterizing urban expansion of Korla city and its spatial-temporal patterns using remote sensing and GIS methods. Journal of Arid Land, 9 (3): 458-470.

McDonald R, Forman R T, Kareiva P, et al. 2009. Urban effects, distance, and protected areas in an urbanizing world. Landscape and Urban Planning, 93 (1): 63-75.

McDonald R, Güneralp B, Huang C, et al. 2018. Conservation priorities to protect vertebrate endemics from global urban expansion. Biological Conservation, 224: 290-299.

McDonald R, Kareiva P, Forman R. 2008. The implications of current and future urbanization for global protected areas and biodiversity conservation. Biological Conservation, 141(6): 1695-1703.

McDonald R, Mansur A, Ascensão F, et al. 2019. Research gaps in knowledge of the impact of urban growth on biodiversity. Nature Sustainability, 3: 16-24.

McDonald R. 2013. Implications of urbanization for conservation and biodiversity protection. Encyclopedia of Biodiversity, 231-244.

MEA. 2005. Ecosystems and Human Well-Being: Current State and Trends. Washington: Island Press.

Middleton N, Thomas D. 1997. World Atlas of Desertification. London: Arnold.

Moreira M, Fonseca C, Vergílio M, et al. 2018. Spatial assessment of habitat conservation status in a Macaronesian island based on the InVEST model: A case study of Pico Island (Azores, Portugal). Land Use Policy, 78: 637-649.

O'Neill B, Carter T, Ebi K, et al. 2012. "Meeting Report of the workshop on the nature and use of new socioeconomic pathways for climate change research, Boulder, CO, November 2–4, 2011. " //Workshop Report, Boulder: National Center for Atmospheric Research.

O'Neill B, Kriegler E, Ebi K, et al. 2017. The roads ahead: Narratives for shared socioeconomic pathways describing world futures in the 21st century. Global Environmental Change, 42: 169-180.

O'Neill B, Kriegler E, Riahi et al. 2014. A new scenario framework for climate change research: The concept of shared socioeconomic pathways. Climatic Change, 122(3): 387-400.

Oliver T H, Heard M, Isaac N et al. 2015a. Biodiversity and resilience of ecosystem functions. Trends in Ecology & Evolution, 30(11): 673-684.

Oliver T H, Isaac N J, August T A, et al. 2015b. Declining resilience of ecosystem functions under biodiversity loss. Nature Communications, 6: 10122.

Pautasso M. 2007. Scale dependence of the correlation between human population presence and vertebrate and plant species richness. Ecology Letters, 10(1): 16-24.

Powers R, Jetz W. 2019. Global habitat loss and extinction risk of terrestrial vertebrates under future land-use-change scenarios. Nature Climate Change, 9(4): 323-329.

Reynolds J, Smith D, Lambin E, et al. 2007. Global desertification: Building a science for dryland development. Science, 316(5826): 847-851.

Safriel U, Adeel Z, Niemeijer D et al. 2006. Dryland systems. //Ecosystems and Human Well-Being: Current State and Trends. Washington: World Resources Institute: 623-662.

Salafsky N, Salzer D, Stattersfield A, et al. 2008. A standard lexicon for biodiversity conservation: Unified classifications of threats and actions. Conservation Biology, 22(4): 897-911.

Sallustio L, de Toni A, Strollo A, et al. 2017. Assessing habitat quality in relation to the spatial distribution of protected areas in Italy. Journal of Environmental Management, 201: 129-137.

Samir K, Lutz W. 2017. The human core of the shared socioeconomic pathways: Population scenarios by age, sex and level of education for all countries to 2100. Global Environmental Change, 42: 181-192.

Schneider A, Jost A, Coulon C, et al. 2017. Global-scale river network extraction based on high-resolution topography and constrained by lithology, climate, slope, and observed drainage density. Geophysical Research Letters, 44(6): 2773-2781.

Scolozzi R, Geneletti D. 2012. A multi-scale qualitative approach to assess the impact of urbanization on natural habitats and their connectivity. Environmental Impact Assessment Review, 36: 9-22.

Seto K, Guneralp B, Hutyra L. 2012. Global forecasts of urban expansion to 2030 and direct impacts on biodiversity and carbon pools. Proceedings of the National Academy of Sciences of the United States of America, 109(40): 16083-16088.

Sharp R, Tallis H, Ricketts T, et al. 2015. InVEST 3. 2. 0 User's Guide. Stanford: The Natural Capital Project.

Terrado M, Sabater S, Chaplin-Kramer B et al. 2016. Model development for the assessment of terrestrial and aquatic habitat quality in conservation planning. Science of the Total Environment, 540: 63-70.

UN. 2015. Transforming Our World: The 2030 Agenda for Sustainable Development. New York: United Nations.

van Vliet J. 2019. Direct and indirect loss of natural area from urban expansion. Nature Sustainability, 2 (8): 755-763.

Wu J, Zhang Q, Li A, et al. 2015. Historical landscape dynamics of Inner Mongolia: Patterns, drivers, and impacts. Landscape Ecology, 30 (9): 1579-1598.

Xie W, Huang Q, He C, et al. 2018. Projecting the impacts of urban expansion on simultaneous losses of ecosystem services: A case study in Beijing, China. Ecological Indicators, 84: 183-193.

第 4 章　中国旱区城市景观过程和可持续性

4.1　城市景观过程和趋势*

1. 问题的提出

认识和理解中国旱区城市景观过程和趋势是评价中国旱区城市景观过程对区域可持续性影响的基础。本节的研究目的是揭示中国旱区 2016～2050 年不同社会经济发展路径下的城市景观过程。为此，首先分析中国旱区 1992～2016 年不同尺度的城市景观过程。然后，结合 SSPs 情景和 LUSD-urban 模型模拟中国旱区 2016～2050 年不同社会经济发展路径下的城市景观过程。最后，比较和评估中国旱区未来不同情景下的城市景观过程。

2. 研究区和数据

研究区为中国旱区。中国旱区位于 32°52′～53°19′N，73°29′～129°25′E，面积为 395 万 km^2，占中国国土总面积的 41.14%，详见 2.1 节。城市土地数据来自 He 等(2019)提取的全球 1992～2016 年城市土地数据。该数据是基于全卷积网络方法提取的，空间分辨率为 1 km。基于该数据集获取的城市扩展动态信息平均总体精度为 90.89%，平均 Kappa 系数为 0.47。

城市人口空间分布数据的来源是“荷兰环境评估机构”(PBL Netherlands Environmental Assessment Agency)发布的“HYDE”(Goldewijk et al., 2010，2017)。从 HYDE 数据集中获取了全球旱区 1990 年、2000 年、2006 年、2010 年和 2016 年历史城市人口数据以及 SSPs 情景下的 2020 年、2030 年、2040 年和 2050 年未来城市人口模拟数据(https://easy.dans.knaw.nl/ui/datasets/id/easy-dataset:74467/tab/2)，空间分辨率为 0.083°。利用 GIS 手段，进一步获取了中国旱区 5 种 SSPs 情景下空间分辨率为 10 km 的 1990～2050 年城市人口数据(表 4.1)。

表 4.1　中国旱区 SSPs 情景下 1990～2050 年城市人口　　(单位：10^6 人)

年份	城市人口				
	SSP1	SSP2	SSP3	SSP4	SSP5
1990*	84.79	84.79	84.79	84.79	84.79
2000*	123.35	123.35	123.35	123.35	123.35
2005*	146.64	146.64	146.64	146.64	146.64

* 本节内容主要基于 He C, Li J, Zhang X, et al. 2017. Will rapid urban expansion in the drylands of northern China continue: A scenario analysis based on the Land Use Scenario Dynamics-urban model and the Shared Socioeconomic Pathways. Journal of Cleaner Production, 165: 57-69.

续表

年份	城市人口				
	SSP1	SSP2	SSP3	SSP4	SSP5
2010*	171.05	171.05	171.05	171.05	171.05
2016**	194.91	188.17	181.74	194.74	194.9
2020**	218.64	205.05	192.65	218.26	218.6
2030**	251.96	229.05	206.33	250.19	251.9
2040**	267.74	240.56	210.67	263.03	267.69
2050**	267.81	240.38	207.27	258.83	267.81

* 基于 HYDE 的历史城市人口数据；** 基于 HYDE 的不同 SSPs 情景下未来城市人口数据。

土地利用/覆盖数据为 ESA 发布的空间分辨率为 300 m 的 1992～2015 年 CCI-LC 数据（http://maps.elie.ucl.ac.be/CCI/viewer/index.php）。道路数据来自 CIESIN 发布的第一版全球道路公开数据集（Global Roads Open Access Data Set Version1）（http://ciesin.columbia.edu/data/set/groads-global-roads-data-v1）。生态保护区数据来自 UNEP 和 IUCN 在 2015 年联合发布的全球保护区边界数据集（World Database on Protected Areas Version 2）（http://www.protectedplanet.net）。辅助数据主要有国家科学数据共享平台共享的空间分辨率为 90 m SRTM（shuttle radar topography mission）数字高程模型（Digital Elevation Model, DEM）数据（http://datamirror.csdb.cn/dem/files/ys.jsp），以及来源于国家测绘局的公路和铁路等数据。

3. 方法

依据图 4.1，首先使用城市年均扩展面积（Gao et al., 2015）及城市年均扩展率（Li et al., 2013）两个指标，在中国旱区、不同类型旱区和城市群三个尺度分析 1992～2016 年城市景观过程。然后，利用 LUSD-urban 模型模拟中国旱区不同情景下的未来城市景观趋势。情景设置和模拟过程同 3.1.3 节。为了校正和验证模型，分别以 1992 年、2000 年和 2010 年的城市土地数据作为初始数据输入 LUSD-urban 模型，模拟出 1992～2000 年、2000～2010 年和 2010～2016 年的城市景观过程。具体地，首先将初始城市土地数据及城市扩展适宜性因素及继承性因素输入 LUSD-urban 模型，模拟 1992～2000 年、2000～2010 年和 2010～2016 年三个时段的城市景观过程，并将不同权重参数组合下的模拟结果与真实城市土地数据进行对比，以 Kappa 系数最高时的权重作为最佳权重，并应用于模拟未来城市景观过程。模型校正结果显示，1992～2000 年、2000～2010 年和 2010～2016 年模拟结果的最高 Kappa 系数分别为 0.58、0.83 和 0.93（图 4.2）。这表明 LUSD-urban 模型能够比较可靠地模拟出中国旱区城市景观过程。在此基础上，对于中国旱区中的各个网格，基于该网格在不同情景下城市景观需求量以及其中非城市像元转化为城市像元的概率，对城市土地空间分布进行模拟。模拟结果即为中国旱区未来城市景观空间格局。

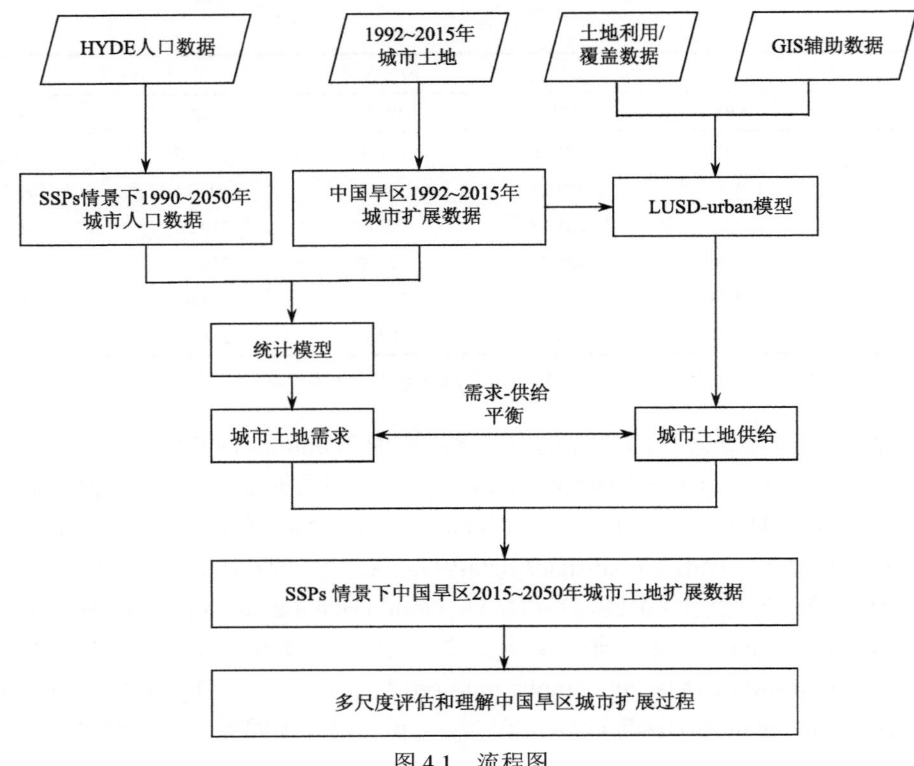

图 4.1　流程图

4. 结果

1) 中国旱区 1992～2016 年城市景观过程

中国旱区 1992～2016 年经历了快速城市景观过程。该区城市土地从 1992 年的 4809 km^2 增加到 2016 年的 22514 km^2，共增加 17705 km^2。城市土地年均增加 737.71 km^2，年均扩展率为 6.54%(图 4.3、表 4.2)。

表 4.2　中国旱区 1992～2016 年城市景观过程

类型	城市土地面积/km^2						城市扩展		
	1992 年	1996 年	2000 年	2006 年	2010 年	2016 年	面积/km^2	AI*/km^2	AR**/%
干燥型亚湿润	4140 (0.38%)	8222 (0.76%)	11366 (1.06%)	14630 (1.36%)	17606 (1.64%)	18567 (1.73%)	14427	601.13	6.45
半干旱	513 (0.06%)	1107 (0.13%)	1834 (0.21%)	2439 (0.28%)	2788 (0.32%)	2981 (0.34%)	2468	102.83	7.61
干旱	152 (0.01%)	335 (0.02%)	592 (0.04%)	763 (0.06%)	874 (0.06%)	912 (0.07%)	760	31.67	7.75
极端干旱	4 (0.001%)	6 (0.001%)	22 (0.004%)	44 (0.01%)	50 (0.01%)	54 (0.01%)	50	2.08	11.45
总计	4809 (0.12%)	9670 (0.24%)	13814 (0.35%)	17876 (0.45%)	21318 (0.54%)	22514 (0.57%)	17705	737.71	6.54

注：括号内为不同类型旱区内城市土地所占比例。

* 城市土地年均扩展面积；**城市土地年均扩展率。

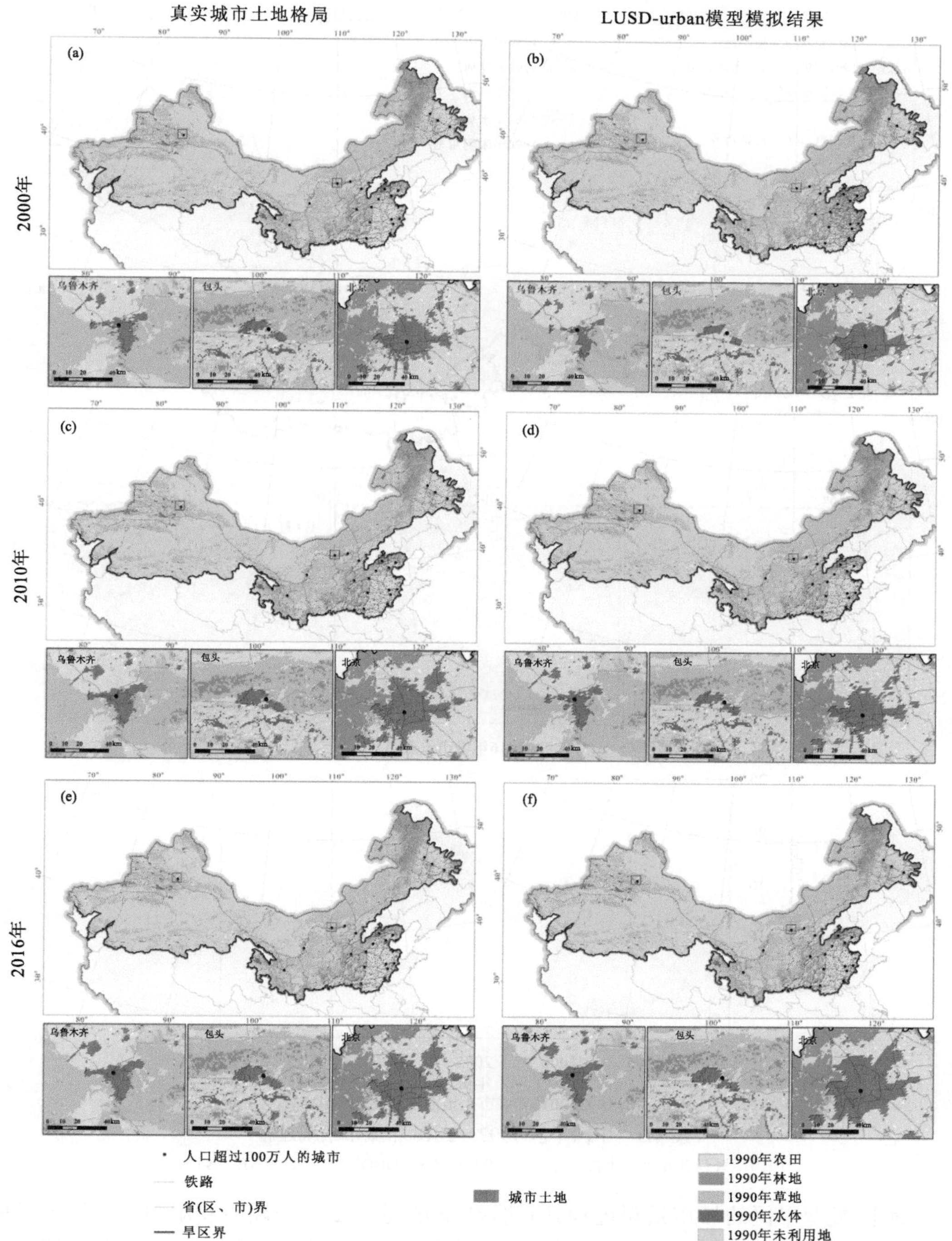

图 4.2　基于 1992～2016 年城市土地数据校正 LUSD-urban 模型

(a) 2000 年真实城市土地；(b) 2000 年城市土地模拟结果 (Kappa = 0.58)；(c) 2010 年真实城市土地；(d) 2010 年城市土地模拟结果 (Kappa = 0.83)；(e) 2016 年真实城市土地；(f) 2016 年城市土地模拟结果 (Kappa = 0.93)

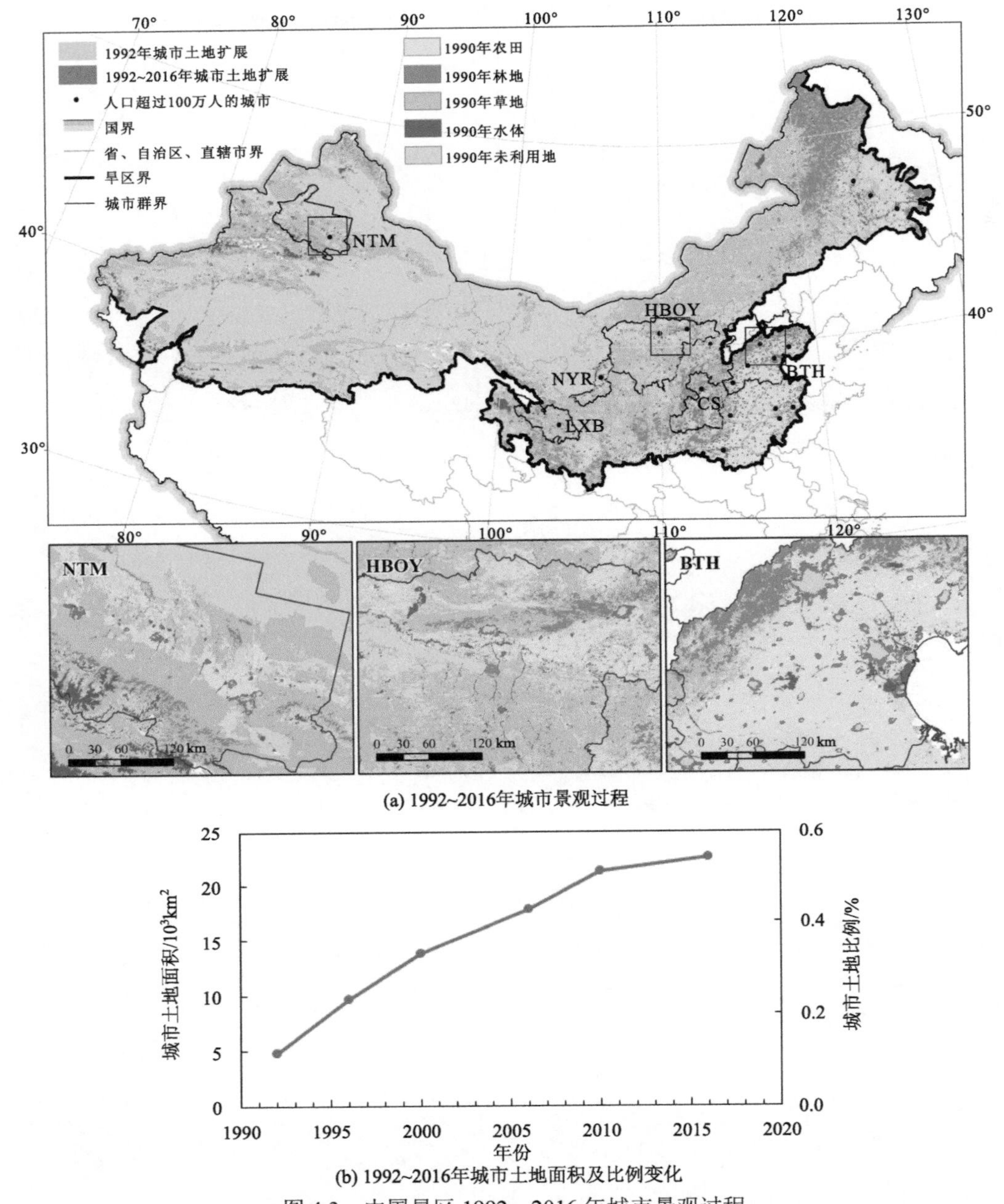

(a) 1992~2016年城市景观过程

(b) 1992~2016年城市土地面积及比例变化

图 4.3　中国旱区 1992～2016 年城市景观过程

中国旱区包含 6 个城市群，分别是：BTH、CS、HBOY、NYR、LXB、NTM。

不同类型旱区的城市景观过程具有明显差异(表 4.2)。干燥型亚湿润区域城市扩展面积明显大于其他类型旱区。干燥型亚湿润地区城市土地从 1992 年的 4140 km^2 增加到 2016 年的 18567 km^2，年均扩展率为 6.45%。扩展面积为 14427 km^2，占同期中国旱区城市扩展总面积的 81.49%(表 4.2)。干燥型亚湿润区城市土地年均扩展面积为 601.13 km^2，是半干旱类型、干旱类型和极端干旱类型区域城市土地年均扩展面积的 5.86 倍、18.98 倍和 288.54 倍。半干旱区城市土地从 1992 年的 513 km^2 增加到 2016 年的 2981 km^2，共增加了 2468 km²，占中国旱区城市土地总增加面积的 13.94%。该类型旱区城市土地年均扩展面积为 102.83 km²，年均扩展率为 7.61%。干旱区城市土地从 1992 年的 152 km² 增加到 2016 年的 912 km²，共增加了 760 km²，占中国旱区城市土地总增加面积的 4.29%。该类型旱区城市土地年均扩展面积为 31.67 km²，年均扩展率为 7.75%。极端干旱区城市扩展面积最小，城市土地从 1992 年的 4 km² 增加到 2016 年的 54 km²，共增加 50 km²，仅为同期中国旱区城市扩展总面积的 0.28%(表 4.2)。极端干旱区域城市土地年均扩展面积为 2.08 km²，远低于其他类型旱区的城市土地年均扩展面积(表 4.2)。

1992～2016 年，京津冀等 6 个城市群城市扩展迅速。对于城市群地区，城市土地从 1992 年的 2696km² 增加到 2016 年的 1.01 万 km²，扩展面积为 0.74 万 km²，占同期中国旱区城市扩展总面积的 41.79%(表 4.3)。城市土地年均扩展面积为 308.28 km²，年均扩展率为 5.66%。1992～2016 年，京津冀城市群城市扩展面积最大，城市土地从 1699 km² 增加到 5801 km²，扩展面积为 4102 km²，占中国旱区同期城市扩展总量的 23.17%。京津冀城市群城市土地年均扩展 170.95 km²，是其他城市群年均扩展面积的 3.94～9.90 倍。晋中城市群 1992～2016 年城市土地从 433 km² 增加到 1476 km²，增加 1043 km²，占中国旱区同期城市扩展总量的 5.89%。晋中城市群城市土地年均扩展 43.43 km²，年均扩展率为 5.24%。天山北麓城市群和呼和浩特-包头-鄂尔多斯-榆林城市群的城市土地面积分别从 1992 年的 156 km² 和 204 km² 增加至 2016 年的 886 km² 和 894 km²，扩展面积分别为 730 km² 和 690 km²，占中国旱区同期城市扩展总面积的 4.12%和 3.90%。天山北麓城市群和呼和浩特-包头-鄂尔多斯-榆林城市群城市土地年均扩展面积分别为 30.42 km² 和 28.77 km²，年均扩展率分别为 7.51%和 6.35%。宁夏沿黄城市群和兰州-西宁-白银城市群城市扩展面积最小，1992～2016 年城市土地分别从 35 km² 和 169 km² 增加到 454 km² 和 583 km²，扩展面积分别为 419 km² 和 414 km²，仅占中国旱区同期城市扩展总量的 2.3%左右。宁夏沿黄城市群和兰州-西宁-白银城市群城市土地年均扩展量分别为 17.46 km² 和 17.27 km²，年均扩展率分别为 11.27%和 5.30%(表 4.3)。

表 4.3　中国旱区城市群 1992～2016 年城市景观过程

城市群	城市土地面积/km²						城市扩展		
	1992 年	1996 年	2000 年	2006 年	2010 年	2016 年	面积/km²	AI*/km²	AR**/%
京津冀城市群	1699	2845	3709	4447	5608	5801	4102	170.95	5.25
晋中城市群	433	796	1022	1254	1439	1476	1043	43.43	5.24
天山北麓城市群	156	361	630	791	857	886	730	30.42	7.51
呼和浩特-包头-鄂尔多斯-榆林城市群	204	328	552	654	848	894	690	28.77	6.35
宁夏沿黄城市群	35	98	189	349	401	454	419	17.46	11.27
兰州-西宁-白银城市群	169	271	386	511	550	583	414	17.27	5.30
总计	2696	4699	6488	8007	9704	10095	7399	308.28	5.66

* 城市土地年均扩展面积；** 城市土地年均扩展率。

2) 中国旱区不同 SSPs 情景下 2016～2050 年城市景观过程

在发展趋势类似的 SSP1 和 SSP5 情景下，中国旱区城市土地从 2016 年的 22515 km² 分别增加到 2050 年的 34048 km² 和 34057 km²，均增加约 1.15 万 km²，年均扩展约 340

km²，年均扩展率为 1.22%(图 4.4、图 4.5、表 4.4)。各类型旱区中，干燥型亚湿润区城市扩展面积最大，城市土地从 2016 年的约 1.86 万 km² 增加到 2050 年的约 2.86 万 km²，扩展面积约达到 1.01 万 km²，约占同期中国旱区城市扩展总量的 87%。干燥型亚湿润区城市土地年均扩展面积为 296.18 km²，年均扩展率为 1.28%。其次，半干旱区和干旱区城市土地分别从 2016 年的 2981 km² 和 912 km² 增加至 2050 年的 4079 km² 和 1278 km²，分别增加 1098 km² 和 366 km²。极端干旱区城市扩展最慢，2016～2050 年城市土地增长 54～63 km²，扩展面积很小(图 4.6、表 4.5)。

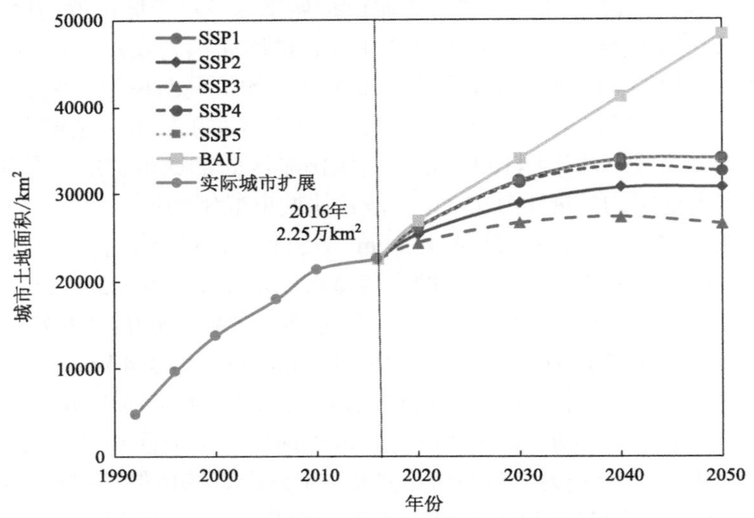

图 4.4　中国旱区 1992～2050 年城市景观过程

SSP1 和 SSP5 情景下的城市景观过程基本一致。

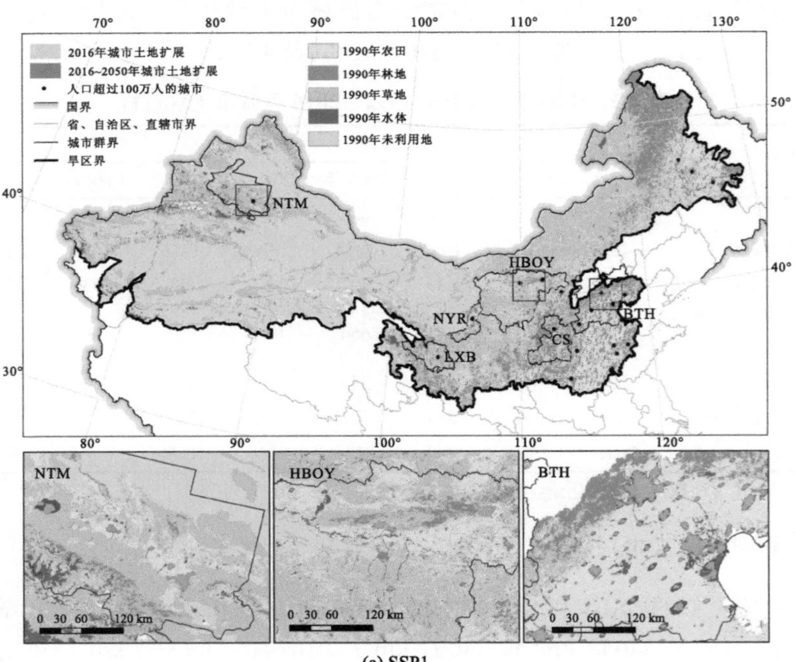

(a) SSP1

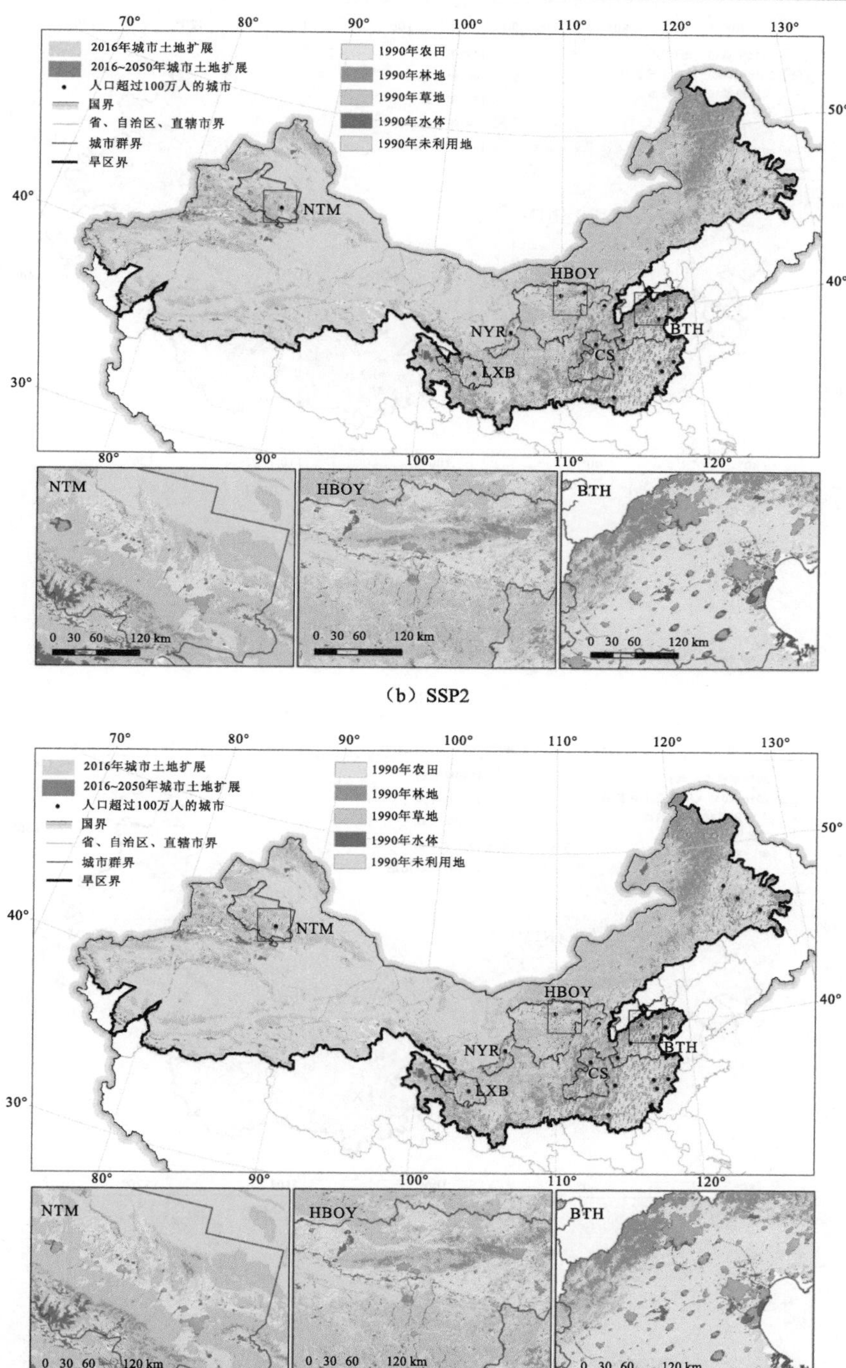
2016年城市土地扩展
2016~2050年城市土地扩展
人口超过100万人的城市
国界
省、自治区、直辖市界
城市群界
旱区界
1990年农田
1990年林地
1990年草地
1990年水体
1990年未利用地
NTM
HBOY
NYR
LXB
CS
BTH
0 30 60 120 km

(b) SSP2

(c) SSP3

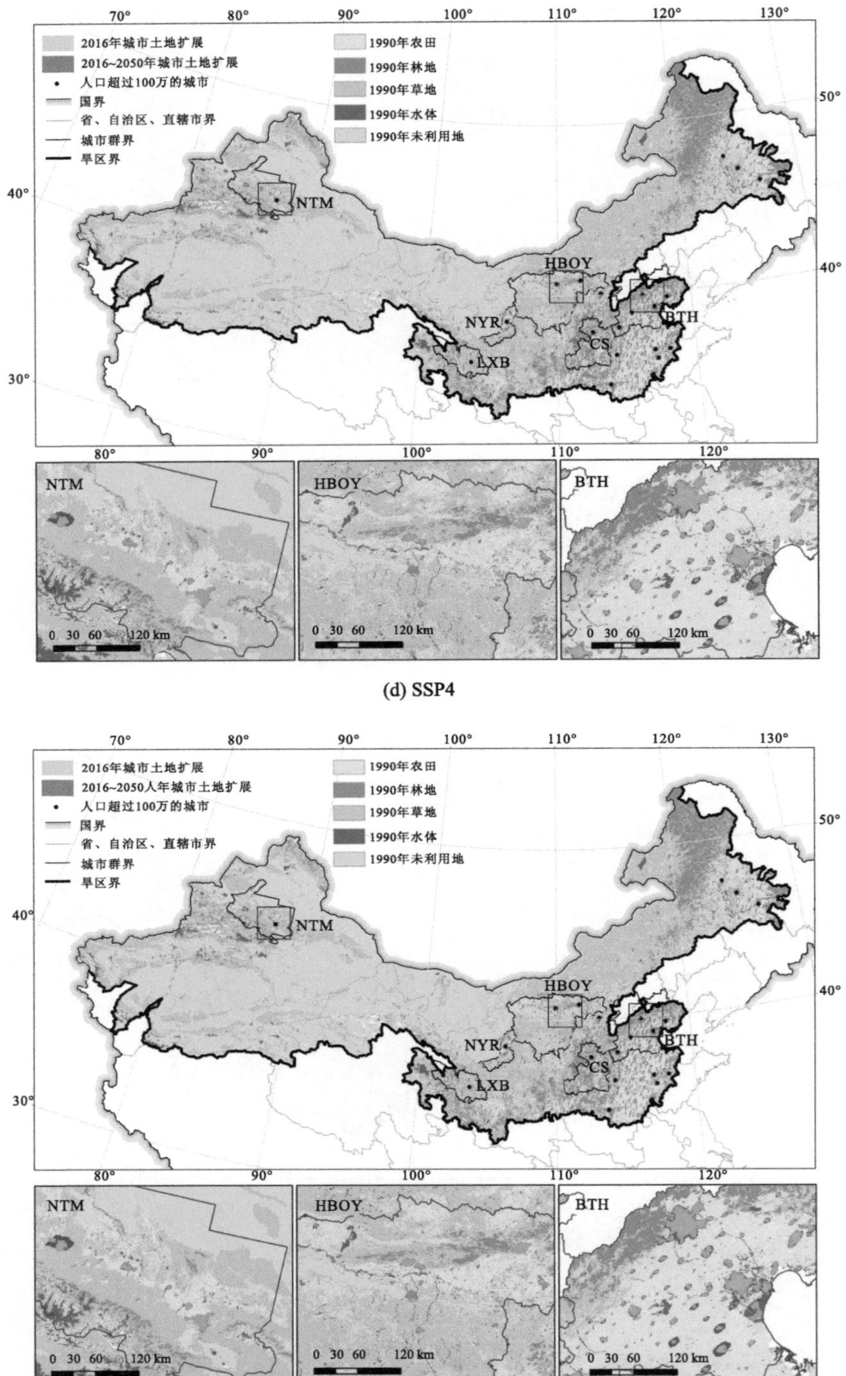
2016年城市土地扩展
2016~2050年城市土地扩展
人口超过100万的城市
国界
省、自治区、直辖市界
城市群界
旱区界
1990年农田
1990年林地
1990年草地
1990年水体
1990年未利用地
NTM
HBOY
NYR
CS
LXB
BTH
0 30 60 120 km
2016~2050人年城市土地扩展

(d) SSP4

(e) SSP5

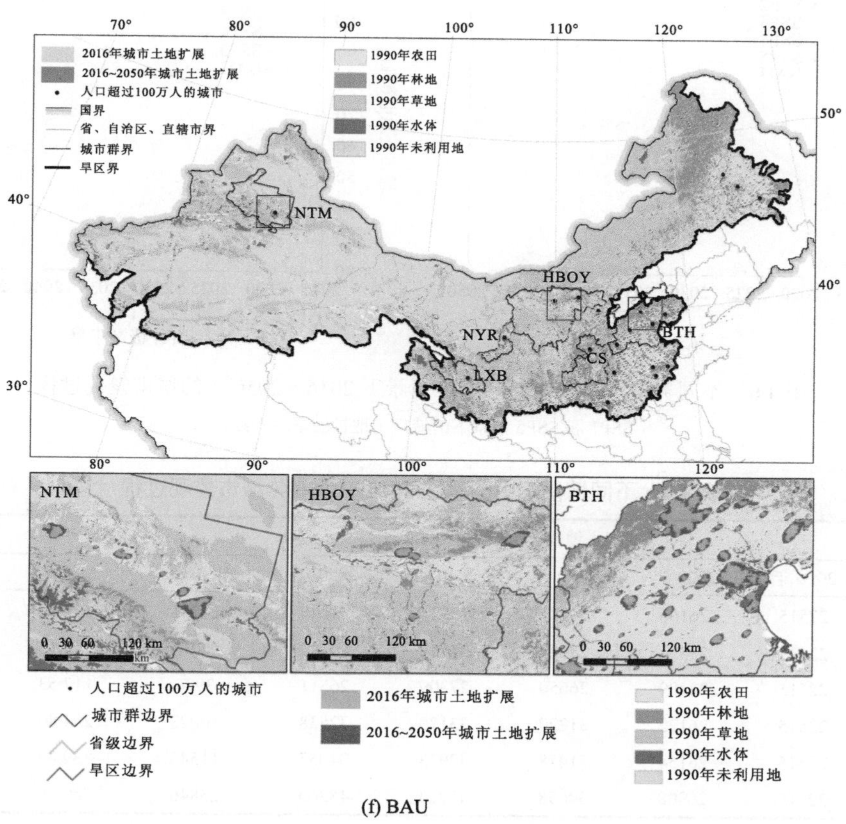

(f) BAU

图 4.5　SSPs 和 BAU 情景下 2016～2050 年城市景观过程

城市群名称参见图 4.3

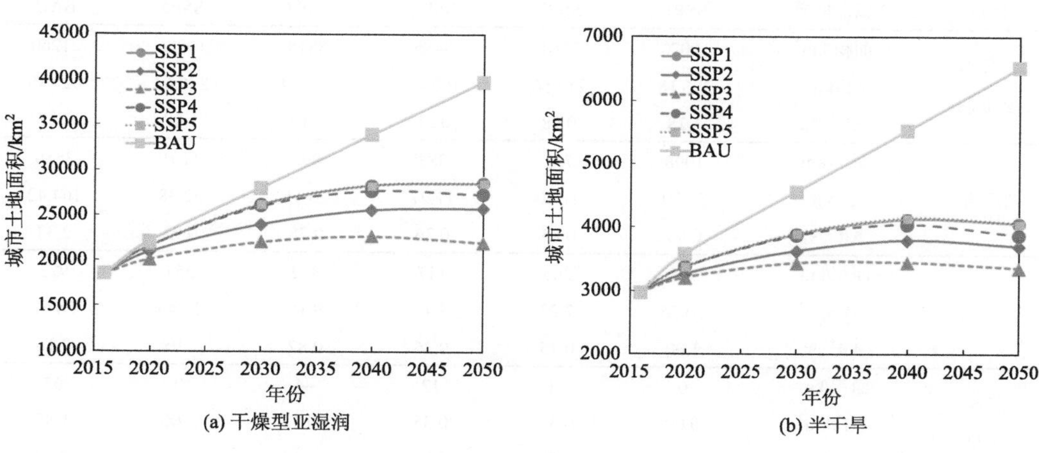

(a) 干燥型亚湿润　　(b) 半干旱

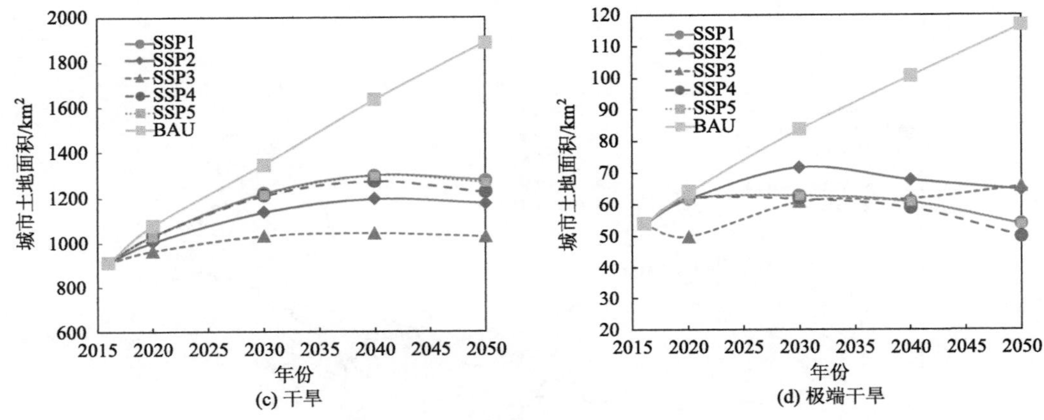

图 4.6 不同类型旱区 SSPs 和 BAU 情景下 2016～2050 年的城市景观过程

SSP1 和 SSP5 情景下的城市土地扩展基本一致。

表 4.4 不同情景下中国旱区 2016～2050 年城市景观过程

情景	城市土地面积/km²					城市扩展		
	2016 年	2020 年	2030 年	2040 年	2050 年	面积/km²	AI*/km²	AR**/%
SSP1	22515	26166	31481	33927	34048	11533	339.22	1.22
SSP2	22515	25374	28925	30737	30782	8267	243.15	0.92
SSP3	22515	24409	26650	27309	26511	3996	117.53	0.48
SSP4	22515	26122	31229	33170	32538	10023	294.80	1.09
SSP5	22515	26154	31478	33933	34057	11543	339.49	1.22
BAU	22515	26908	34058	41224	48360	25846	760.16	2.27

* 城市土地年均扩展面积；** 城市土地年均扩展率。

表 4.5 各类型旱区不同情景下 2016～2050 年城市景观过程

区域	城市扩展	SSP1	SSP2	SSP3	SSP4	SSP5	BAU
干燥型亚湿润	面积/km²	10070	7261	3485	8818	10086	21260
	AI*/km²	296.18	213.56	102.49	259.34	296.64	625.30
	AR**/%	1.28	0.98	0.51	1.15	1.28	2.27
半干旱	面积/km²	1098	731	383	898	1101	3550
	AI*/km²	32.30	21.50	11.27	26.41	32.38	104.42
	AR**/%	0.93	0.65	0.36	0.78	0.93	2.33
干旱	面积/km²	366	265	117	312	357	973
	AI*/km²	10.76	7.79	3.44	9.18	10.49	28.62
	AR**/%	1.00	0.75	0.36	0.87	0.98	2.16
极端干旱	面积/km²	0	11	12	–4	0	63
	AI*/km²	0.00	0.32	0.35	–0.12	0.00	1.85
	AR**/%	0.00	0.53	0.58	–0.23	0.00	2.30

* 城市土地年均扩展面积；** 城市土地年均扩展率。

SSP1 和 SSP5 情景下，在 6 个城市群地区，城市土地从 2016 年的 1.01 万 km^2 增加到 2050 年的 1.41 万 km^2，增加 0.4 万 km^2，占同期中国旱区城市扩展总面积的 35%。其中，京津冀城市群城市扩展最多，从 0.58 万 km^2 增加到 0.86 万 km^2，扩展面积约为 0.27 万 km^2，占中国旱区同期城市扩展总量的 24%。京津冀城市群城市土地年均扩展 80 km^2，是其他城市群年均扩展面积的 6.39～40.47 倍；年均扩展率为 1.15%，高于其他城市群。其次，晋中城市群、天山北麓城市群、兰州-西宁-白银城市群和呼和浩特-包头-鄂尔多斯-榆林城市群 2016～2050 年城市扩展面积为 180～430 km^2，占中国旱区同期城市扩展总量的 1.88%～3.73%。晋中城市群城市、天山北麓城市群、兰州-西宁-白银城市群和呼和浩特-包头-鄂尔多斯-榆林城市群年均扩展面积为 5.28～12.65 km^2，年均扩展率为 0.64%～1.09%。宁夏沿黄城市群扩展最少，2016～2050 年城市土地扩展面积约为 70 km^2，仅占中国旱区同期城市扩展总量的 0.6%(图 4.7、表 4.6)。

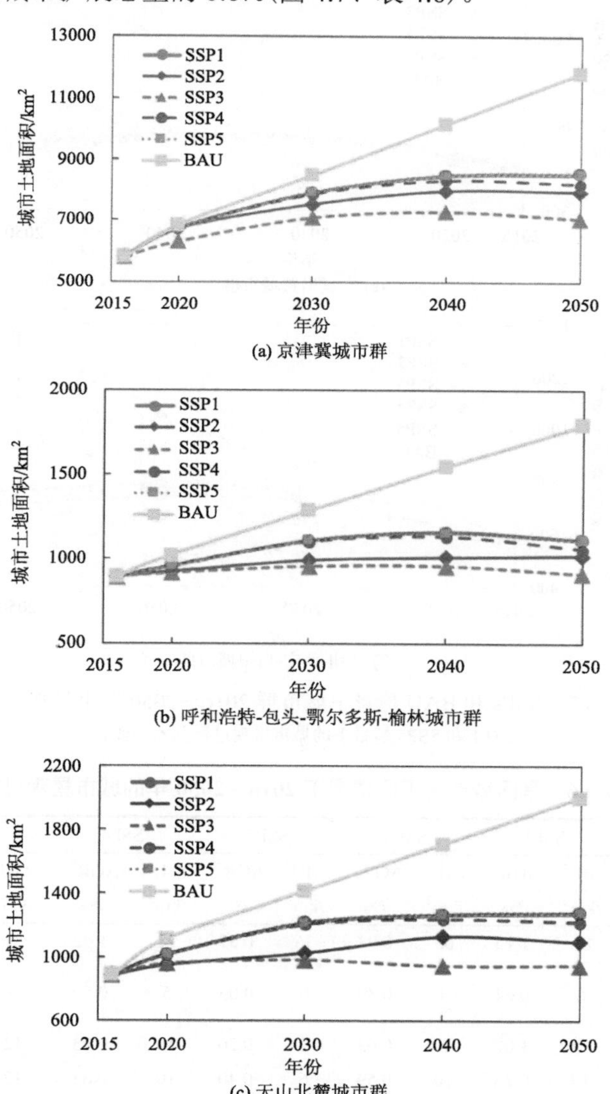

(a) 京津冀城市群

(b) 呼和浩特-包头-鄂尔多斯-榆林城市群

(c) 天山北麓城市群

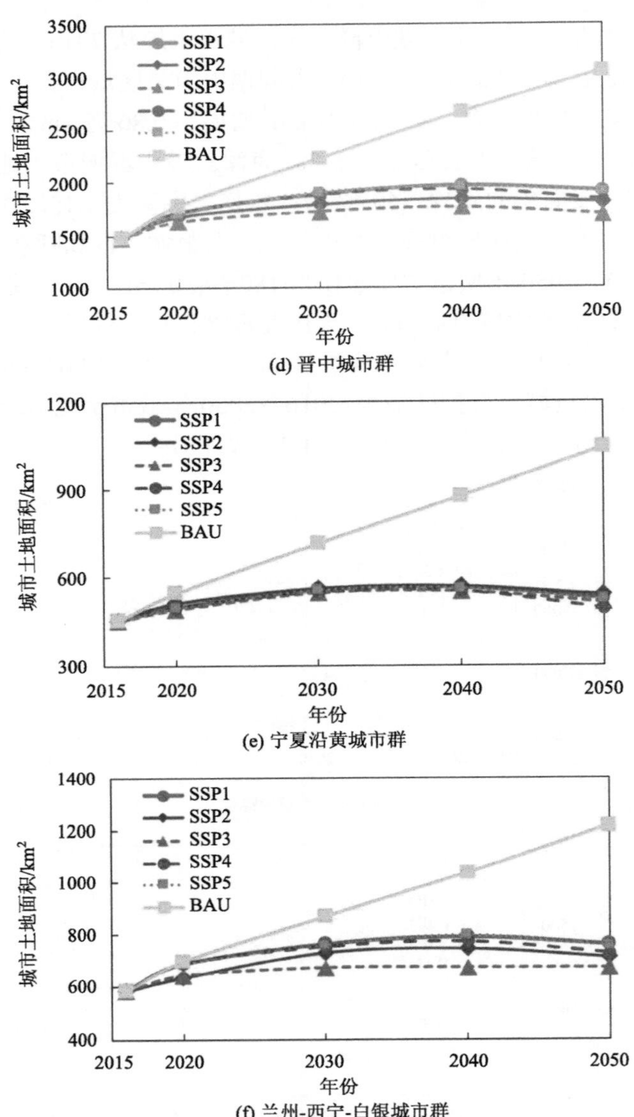

(d) 晋中城市群

(e) 宁夏沿黄城市群

(f) 兰州-西宁-白银城市群

图 4.7　SSPs 和 BAU 情景下城市群 2016～2050 城市景观过程

SSP1 和 SSP5 情景下的城市景观过程基本一致。

表 4.6　旱区城市群不同情景下 2016～2050 年的城市景观过程

城市群名称	SSP1		SSP2		SSP3		SSP4		SSP5		BAU	
	AIU* /km²	AGR** /%	AIU* /km²	AGR** /%	AIU* /km²	AGR** /%	AIU* /km²	AGR** /%	AIU* /km²	AGR** /%	AIU* /km²	AGR** /%
京津冀城市群	81	1.15	63	0.93	36	0.57	71	1.02	81	1.15	177	2.12
呼和浩特-包头-鄂尔多斯-榆林城市群	6	0.64	4	0.39	0	0.05	5	0.50	6	0.64	26	2.06
天山北麓城市群	12	1.09	6	0.63	2	0.20	10	0.95	12	1.09	33	2.42
晋中城市群	13	0.76	10	0.59	6	0.40	10	0.63	13	0.75	46	2.16

续表

城市群名称	SSP1		SSP2		SSP3		SSP4		SSP5		BAU	
	AIU* /km²	AGR** /%	AIU* /km²	AGR** /%	AIU* /km²	AGR** /%	AIU* /km²	AGR** /%	AIU* /km²	AGR** /%	AIU* /km²	AGR** /%
宁夏沿黄城市群	2	0.43	3	0.51	2	0.36	1	0.24	2	0.41	17	2.48
兰州-西宁-白银城市群	5	0.79	4	0.59	3	0.41	4	0.66	5	0.77	19	2.18
合计	119	1.00	89	0.77	49	0.45	101	0.87	119	0.99	318	2.17

* 城市土地年均扩展面积；** 城市土地年均扩展率。

SSP2 情景下，中国旱区城市土地从 2016 年的 22515km^2 增加到 2050 年的 30782km^2，共增加 8267 万 km^2，年均扩展面积为 243.15 km^2，年均扩展率为 0.92 %(图 4.4、图 4.5、表 4.4)。干燥型亚湿润区城市扩展最多，城市土地从 2016 年的 1.86 万 km^2 增加到 2050 年的 2.58 万 km^2，扩展面积达到 0.73 万 km^2，占同期中国旱区城市扩展总量的 87.83%。干燥型亚湿润区城市土地年均扩展面积为 213.56 km^2，年均扩展率为 0.98%。其次，半干旱区和干旱区城市土地从 2016 年的 2981 km^2 和 912 km^2 增加至 2050 年的 3712 km^2 和 1172 km^2，分别增加 731 km^2 和 265 km^2，占同期中国旱区城市扩展总量的 8.84%和 3.21%。极端干旱区城市扩展最慢，2016～2050 年城市土地从 54 km^2 增加至 65 km^2，扩展 11 km^2，仅为同期中国旱区城市扩展总面积的 0.13%(图 4.6、表 4.5)。

SSP2 情景下，在 6 个城市群地区，城市土地从 2016 年的 1.01 万 km^2 增加到 2050 年的 1.31 万 km^2，增加 3018 km^2，占同期中国旱区城市扩展总面积的 36.50%(表 4.6)。其中，京津冀城市群城市扩展最多，从 5801 km^2 增加到 7939 km^2，扩展面积约为 2137 km^2，占中国旱区同期城市扩展总量的 25.86%。京津冀城市群城市土地年均扩展 62.87 km^2，是其他城市群年均扩展面积的 6.51～25.15 倍；年均扩展率为 0.93%，高于其他城市群(表 4.3)。晋中城市群、天山北麓城市群、兰州-西宁-白银城市群和呼和浩特-包头-鄂尔多斯-榆林城市群同期城市扩展面积为 127～328 km^2，占中国旱区同期城市扩展总量的 1.53%～3.97%。晋中城市群、天山北麓城市群、兰州-西宁-白银城市群和呼和浩特-包头-鄂尔多斯-榆林城市群年均扩展面积为 3.73～9.66 km^2，年均扩展率为 0.39%～0.63%。宁夏沿黄城市群城市扩展面积最少，仅为 85 km^2，仅占中国旱区同期城市扩展总量的 1.03%(图 4.7、表 4.6)。

SSP3 情景下，中国旱区城市土地从 2016 年的 22515 km^2 增加到 2050 年的 26511 km^2，共增加 3996 km^2，年均扩展面积为 117.53 km^2，年均扩展率为 0.48 %(图 4.4、图 4.5、表 4.4)。干燥型亚湿润区城市扩展最多，城市土地从 2016 年的 1.86 万 km^2 增加到 2050 年的 2.21 万 km^2，扩展面积达到 0.35 万 km^2，约占同期中国旱区城市扩展总量的 87.19%。干燥型亚湿润区城市土地年均扩展面积为 102.49 km^2，年均扩展率为 0.51%。半干旱区和干旱区城市土地从 2016 年的 2981 km^2 和 912 km^2 增加至 2050 年的 3364 km^2 和 1029 km^2，分别增加 383 km^2 和 117 km^2，占同期中国旱区城市扩展总量的 9.59%和 2.92%。极端干旱区城市扩展最少，2016～2050 年城市土地从 54 km^2 增加至 66 km^2，扩展 12 km^2，占同期中国旱区城市扩展总量的 0.30%(图 4.6、表 4.5)。

SSP3 情景下，在 6 个城市群地区，城市土地从 2016 年的 1.01 万 km^2 增加到 2050 年的 1.18 万 km^2，将增加 1675 km^2，占同期中国旱区城市扩展总面积的 41.91%。京津冀城市群城市扩展最多，从 5801 km^2 增加到 7041 km^2，扩展面积为 1240 km^2，占中国旱区同期城市扩展总量的 31.02%。京津冀城市群城市土地年均扩展 36.46 km^2，是其他城市群年均扩展面积的 5.82～80.52 倍；年均扩展率为 0.57%，高于其他城市群。晋中城市群、天山北麓城市群、兰州-西宁-白银城市群和宁夏沿黄城市群同期城市扩展面积为 59～213 km^2，占中国旱区城市扩展总量的 1.48%～5.33%。晋中城市群、天山北麓城市群、兰州-西宁-白银城市群和宁夏沿黄城市群年均扩展面积为 1.74～6.26 km^2，年均扩展率为 0.20%～0.41%。呼和浩特-包头-鄂尔多斯-榆林城市群城市扩展最少，2016～2050 年城市扩展面积仅为 15 km^2，仅占中国旱区同期城市扩展总量的 0.39%(图 4.7、表 4.6)。

SSP4 情景下，中国旱区城市土地从 2016 年的 22515km^2 增加到 2050 年的 32538km^2，将增加 10023km^2，年均扩展面积为 294.80 km^2，年均扩展率为 1.09 %(图 4.4、图 4.5、表 4.4)。干燥型亚湿润区城市扩展最快，城市土地从 2016 年的 1.86 万 km^2 增加到 2050 年的 2.74 万 km^2，扩展面积达到 0.88 万 km^2，约占同期中国旱区城市扩展总量的 87.97%。干燥型亚湿润区城市土地年均扩展面积为 259.34 km^2，年均扩展率为 1.15%。其次，半干旱区和干旱区城市土地从 2016 年的 2981 km^2 和 912 km^2 增加至 2050 年的 3879 km^2 和 1224 km^2，分别增加 898 km^2 和 312 km^2，占同期中国旱区城市扩展总量的 8.96%和 3.12%。极端干旱区城市土地面积略微下降，从 2016 年的 54 km^2 减少至 50 km^2，减少了 4 km^2(图 4.6、表 4.5)。

SSP4 情景下，在 6 个城市群地区，城市土地从 2016 年的 1.01 万 km^2 增加到 2050 年的 1.35 万 km^2，增加 3439 km^2，占同期中国旱区城市扩展总面积的 34.31%。京津冀城市群城市扩展最快，从 5801 km^2 增加到 8205 km^2，扩展面积为 2404 km^2，占中国旱区同期城市扩展总量的 23.98%。京津冀城市群城市土地年均扩展 70.70 km^2，是其他城市群年均扩展面积的 6.86～61.64 倍；年均扩展率为 1.02%，高于其他城市群。晋中城市群、天山北麓城市群、兰州-西宁-白银城市群和呼和浩特-包头-鄂尔多斯-榆林城市群同期城市扩展面积为 146～350 km^2，占中国旱区同期城市扩展总量的 1.45%～3.50%。晋中城市群、天山北麓城市群、兰州-西宁-白银城市群和呼和浩特-包头-鄂尔多斯-榆林城市群年均扩展面积为 4.29～10.31 km^2，年均扩展率为 0.50%～0.95%。宁夏沿黄城市群 2016～2050 年城市土地扩展面积最少，仅为 39 km^2，占中国旱区同期城市扩展总量的 0.24%(图 4.7、表 4.6)。

5. 讨论

1) 中国旱区未来城市景观过程还将继续

在 BAU 情景下，区域城市土地将从 2016 年的 22515 km^2 增加至 2040 年的 41224 km^2，年均增加 779.57 km^2，共增加 18709 km^2(图 4.4)。其中，干燥型亚湿润区是未来城市景观过程的主要地区。该类型区 2016～2050 年城市土地将从 1.86 万 km^2 增加到 3.39 万 km^2，总扩展面积达到 1.54 万 km^2，占中国旱区同期城市扩展总量的 82.21%，年均扩展

640.90 km^2。特别地，位于干燥型亚湿润区中的京津冀城市群地区城市扩展最显著，城市土地将从 2016 年的 5801km^2 增加到 2050 年的 1.02 万 km^2，共增加 4358 km^2，占全区城市土地扩展量的 23.29%，年均扩展 181.57 km^2(图 4.7)。

在 5 种 SSPs 情景下，2016～2050 年城市景观过程都将继续。城市土地将从 2016 年的 2.25 万 km^2 增加到 2050 年的 2.73 万～3.39 万 km^2，平均每年扩展 199.76～475.77 km^2(图 4.4、表 4.4)。其中，干燥型亚湿润类型区城市景观过程明显，城市土地将从 2016 年的 1.86 万 km^2 增加到 2050 年的 2.28 万～2.84 万 km^2，年均扩展 174.32～410.64 km^2(图 4.6)。在京津冀城市群地区，城市土地将从 2016 年的 5801 km^2 增加到 2050 年的 7259～8493 km^2，年均扩展 60.71～112.16 km^2(图 4.7)。因此，在 1992～2016 年城市快速扩展过程的基础上，中国旱区未来城市景观过程还将继续。

2) 中国旱区城市发展应在 2030 年前完成向“可持续发展”路径转型

在 5 种 SSPs 情景中，SSP1 情景代表广泛认可的高城市化水平、高社会发展水平及高资源利用效率的绿色可持续发展路径(O' Neill et al., 2014)。要实现 SSP1 情景，首先应该提高区域城市化水平，并通过高效的城市管理控制城市蔓延问题。其次，应该增加教育水平和医疗投资，减缓不平等问题。再次，保障快速的科技发展，推广高效能源利用技术及可再生能源科技，促进低碳产业的发展。最后，还应改善环境质量和规范土地利用类型，确保对环境和自然资源的合理利用与保护。

当前中国旱区的实际发展情况与 SSP1 路径还存在明显差距(表 4.7)。首先，该区域大部分地方社会经济发展有限，城市化水平较低(Gao et al., 2015)，内蒙古、甘肃和新疆等地区 2010 年人类发展指数均低于全国平均水平(United Nations Development Program, 2013)。其次，该区域目前的产业发展主要依赖化石能源，北京、天津、内蒙古及山东等地区碳足迹占其生态足迹 50%以上(China-ASEAN Environmental Cooperation Center and World Wild Fund for Nature, 2014)。同时，该区域能源利用效率还比较有限。例如，内蒙

表 4.7　中国旱区 SSP1 情景和实际状态对比

类别		SSP 1	实际状态
城市化	水平	高	中等，不均衡
	种类	管理优良	部分蔓延
人类发展	教育	高	中等，不均衡
	健康投资	高	中等，不均衡
科技	发展	快速	中等，不均衡
	能源技术变革	脱离化石燃料，转向效率和可再生能源	投资了可再生能源，但仍依赖化石燃料
	碳和能源消耗	低	拥有化石燃料资源的地区较高
环境和自然资源	环境	逐渐改善	持续恶化
	土地利用	强制规定避免环境破坏	土地竞争和城市景观过程等导致持续农田损失
挑战		减缓气候变化挑战低；适应气候变化挑战低	减缓气候变化挑战高；适应气候变化挑战高

古和山西等地区 2005 年万元 GDP 能耗值接近全国平均水平的 2 倍(United Nations Development Program, 2013)。此外，该区域生态环境还比较脆弱，水资源短缺、空气污染和草地退化等生态环境问题突出(Zhang and Zhao, 2014; Han L et al., 2015; Jiang et al., 2015; Ebi et al., 2016)。

同时，2016～2050 年中国旱区 BAU 情景和 SSP1 情景下的城市景观过程差别逐渐增加(图 4.4、图 4.5、表 4.4)。BAU 情景和 SSP1 情景下的城市景观过程差异明显，2016～2050 年两种情景下城市年均扩展面积分别为 760.16 km^2 和 339.22 km^2，即 BAU 情景下的城市扩展面积是 SSP1 情景下城市扩展面积的 2.24 倍。BAU 情景和 SSP 情景下的城市土地年均扩展率分别为 2.27%和 1.22%，前者是后者的 1.86 倍。未来，BAU 情景和 SSP1 情景下城市土地面积差异将从 2020 年的 742 km^2 增加至 2050 年的 14312 km^2，增加 18.29 倍(图 4.4、表 4.4)。

因此，建议中国旱区应该积极借鉴可持续发展 SSP1 路径，尽早完成向“可持续发展”路径的转变。特别是在未来城市扩展迅速的干燥型亚湿润区，应该积极采用 SSP1 路径中的优化城市格局、发展绿色低碳经济和提高能源利用率等措施，努力实现城市的可持续发展。

3)研究的局限性和未来展望

本书研究还有一些不足。首先，由于数据可获取性原因，研究中使用的城市土地数据空间分辨率为 1 km，在反映中国旱区城市扩展细节信息方面具有一定局限性(Xu et al., 2016)。其次，城市景观过程是由不同尺度自然、社会经济因素共同驱动的复杂过程，基于城市用地面积和城市人口数据建立的线性回归模型只是一个简化模型，不能完全反映城市土地需求的内在驱动因素(He et al., 2016)。因此，模拟结果并不是对未来城市景观过程的实际预测。但是，对不同情景下的未来中国旱区可能城市景观过程进行情景模拟，既可以为评估未来城市化环境影响提供数据基础，也可以为探讨区域可持续城市发展路径提供依据，具有一定的实际价值(Verburg et al., 1999, 2013)。

在以后的研究中，可以利用空间分辨率为 500 m 的 NPP-VIIRS 夜间灯光数据(Zhang et al., 2013)来提取更高分辨率的城市土地信息；同时，也可以从城市景观过程的多尺度驱动机理入手，进一步完善 LUSD-urban 模型，更准确地模拟不同情景下的城市景观过程(He et al., 2013)。另外，还可以耦合 LUSD-urban 模型和相关生态环境模型，进一步评价旱区城市景观过程的环境影响，如对水资源短缺、生物多样性损失和绿洲地区生态安全的影响等(Ebi et al., 2016; Ives et al., 2016; Jiang et al., 2015)。

6. 结论

1992～2016 年中国旱区经历了快速的城市景观过程。城市土地从 4809 km^2 增加到 22514 km^2，共增加 3.68 倍，年均扩展率达 6.64%。不同类型旱区中，干燥型亚湿润区域城市扩展最多，扩展面积为 14427 km^2，接近全区城市扩展总量的 81.49%。特别地，位于干燥型亚湿润区的京津冀城市群地区城市扩展最多，扩展面积为 4103 km^2，占中国旱区城市扩展总量的 23.17%。

未来中国旱区城市景观过程还将继续。在 5 种 SSPs 情景下，区域城市土地将从 2016 年的 22515 km^2 增加到 2050 年的 2.73 万～3.39 万 km^2，年均扩展 199.76～475.77 km^2。在 4 种旱区类型中，干燥型亚湿润类型区城市扩展最快，城市土地将从 2016 年的 1.86 万 km^2 增加到 2050 年的 2.28 万～2.84 万 km^2，年均增加 174.32～410.64 km^2。在 6 个城市群中，京津冀城市群地区城市扩展最快，城市土地将从 2016 年的 5801 km^2 增加到 2050 年的 7259～8493 km^2，年均增加 60.71～112.16 km^2。

4.2　城市景观过程对水资源的影响*

1. 问题的提出

水资源胁迫是指一个地区的水资源供给不足以满足人类社会和生态系统的水资源需求，从而导致该地区社会经济发展与生态环境的潜在用水需求之间竞争加剧的现象(World Meteorological Organization, 1997)。揭示中国旱区水资源胁迫动态以及城市景观过程对其的影响是缓解该影响，进而提高区域可持续性的基本条件。水胁迫指数(water stress index, WSI)是由世界气象组织(World Meteorological Organization, WMO)于 1997 年发展的一个用于评价区域水胁迫程度的指标(WMO, 1997; Zhao et al., 2015)。该指数同时考虑了可用水资源量和水资源消耗量，其原理简单明确便于计算，可以快速有效地评价区域水资源胁迫程度(WMO, 1997; Vörösmarty et al., 2000)。目前，WSI 已被广泛用于评价全球和区域尺度的水资源胁迫情况(Oki and Kanae, 2006; Sabo et al., 2010; Wada et al., 2011)。因此，WSI 可以作为评价中国旱区整体水资源胁迫格局的有效方法。本节的研究目的是认识和理解 2003～2014 年中国旱区整体水资源胁迫时空动态，评价城市景观过程对水资源胁迫的影响。为此，本节首先计算了中国旱区各集水区 2003 年和 2014 年的 WSI。然后，在全区、流域及城市三个尺度上分析了 2003～2014 年中国旱区不同等级水资源胁迫的时空动态。最后，进一步讨论了中国旱区城市景观过程对水资源胁迫变化的影响以及水资源对城市发展的胁迫作用。

2. 研究区和数据

研究区同 4.1.2 节。使用的径流量数据来自于世界资源研究所(World Resources Institute)于 2014 年发布的 Aqueduct Global Maps 2.1 (Gassert et al., 2014; Luck et al., 2015)中的 1950～2010 年全球集水区平均径流量数据集。使用的用水量数据来自于中国水利部发布的《水资源公报》(中国水利部, 2004～2015)。其主要包含各省 2003～2014 年农业用水、生活用水及工业用水等指标。其中，农业用水包括农田灌溉和林、果、草地灌溉及鱼塘补水。生活用水包括城镇生活用水、农村生活用水以及人为措施供给的城镇环境用水和部分河湖、湿地补水。工业用水指工矿企业在生产过程中制造、加工、冷却、净

* 本节内容主要基于 Li J, Liu Z, He C, et al. 2017. Water shortages raised a legitimate concern over the sustainable development of the drylands of northern China: Evidence from the waterstress index. Science of the Total Environment, 590-591:739-750.

化及洗涤等用水(中国水利部, 2004～2015)。

使用的土地利用/覆盖数据是来自于中国科学院地球系统科学数据共享平台的2000年、2005年和2010年国家土地利用/覆盖数据(http://www.geodata.cn/Portal/index.jsp)。该数据基于Landsat Thematic Mapper(TM)遥感影像，由人机交互解译方式生成，空间分辨率为1 km，数据精度在90%以上，可以较为准确地表示中国土地利用/覆盖状况(Liu et al., 2014)。使用的灌溉区空间分布数据来自于FAO发布的空间分辨率为5弧分的2000～2008年《全球灌溉区域地图集》(第5版)(*Global Map of Irrigation Areas* V.50)(http://www.fao.org/nr/water/aquastat/irrigationmap/index60.stm)(Siebert et al., 2013)。使用的社会经济统计数据主要包括《中国区域经济统计年鉴》中的2003年和2013年县级工业产值数据及县级人口数据(中国国家统计局, 2004～2015)。

使用的1992～2015年城市土地数据来自于Xu等(2016)研究。该数据空间分辨率为1 km，总体精度为92.62%，数量误差为1.49%，位置误差为5.89%，可以比较准确地反映中国近20年的城市景观过程(Xu et al., 2016)。使用的集水区(catchment)数据来自Masutomi等(2009)发布的Global Drainage Basin Database数据库，流域边界及行政边界等数据来自中国国家地理中心。

3. 方法

1)计算集水区尺度的水胁迫指数

依据图4.8，首先计算了中国旱区2003年和2014年的WSI。参考Gassert等(2014)和Wang等(2016)的研究，以集水区为基本单元来计算WSI。具体地，一个集水区第t年WSI的计算过程为

$$\mathrm{WSI}^t = \frac{\mathrm{TW}^t}{\mathrm{Ba}^t} \tag{4.1}$$

式中，WSI^t为集水区第t年的水胁迫指数，值越大，表示区域所面临的水资源胁迫越大。TW^t和Ba^t分别为集水区第t年的总用水量与可用水资源量。

第t年的总用水量TW^t可以表示为

$$\mathrm{TW}^t = \sum_i (\mathrm{AW}_i^t + \mathrm{DW}_i^t + \mathrm{IW}_i^t) \tag{4.2}$$

式中，AW_i^t、DW_i^t及IW_i^t分别为集水区内第i个像元第t年的农业、生活和工业用水量。

参考Wang等(2016)的研究，基于耕地灌溉数据将农业用水量数据空间化，可以得到1 km空间分辨率的像元i的农业用水量数据AW_i^t，其具体计算过程为

$$\mathrm{AW}_i^t = \mathrm{AW}_p^t \cdot \frac{\mathrm{IA}_{i,p}^t}{\sum_i \mathrm{IA}_{i,p}^t} \tag{4.3}$$

式中，AW_i^t为第i个像元第t年的农业用水量；AW_p^t为p省第t年农业用水量；$\mathrm{IA}_{i,p}^t$为p省第i个像元第t年的实际耕地灌溉面积，可以表示为

$$\mathrm{IA}_{i,p}^t = \mathrm{AEI}_{i,p}^t \cdot \mathrm{AAI}_{i,p}^t \tag{4.4}$$

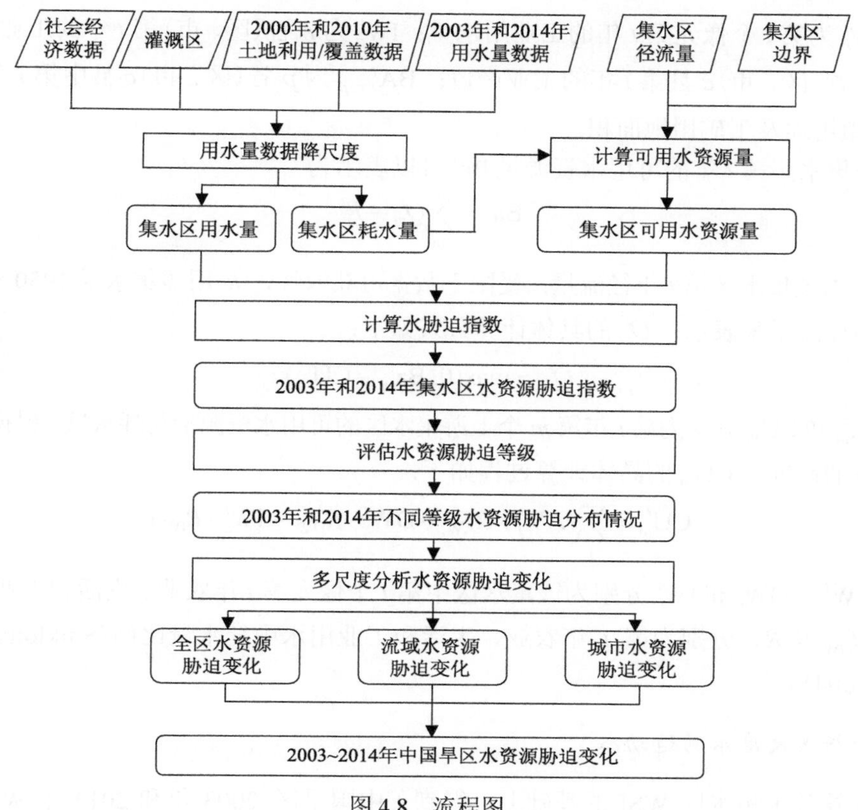

图 4.8　流程图

式中，$\mathrm{AEI}_{i,p}^{t}$ 为 p 省(区、市)第 i 个像元第 t 年具备灌溉设施的区域面积(area equipped for irrigation)；$\mathrm{AAI}_{i,p}^{t}$ 为 p 省(区、市)第 i 个像元第 t 年具备灌溉设施的区域中实际灌溉的比例(area actually irrigated expressed as percentage of area equipped for irrigation)。

参考 Wang 等(2016)的研究，基于县级人口数据及居住区(settlement area)栅格数据将生活用水量数据空间化，得到 1 km 空间分辨率的像元 i 的生活用水量 DW_{i}^{t}，其具体计算过程为

$$\mathrm{DW}_{i}^{t}=\mathrm{DW}_{p}^{t}\cdot\frac{\mathrm{Pop}_{c,p}^{t}}{\sum_{c}\mathrm{Pop}_{c,p}^{t}}\cdot\frac{\mathrm{SA}_{i,c,p}^{t}}{\sum_{i}\mathrm{SA}_{i,c,p}^{t}} \tag{4.5}$$

式中，DW_{i}^{t} 为第 i 个像元中第 t 年的生活用水量；DW_{p}^{t} 为 p 省(区、市)居民生活用水量；$\mathrm{Pop}_{c,p}^{t}$ 为 p 省(区、市) c 县第 t 年的人口数；$\mathrm{SA}_{i,c,p}^{t}$ 为 p 省(区、市) c 县第 i 个像元中第 t 年的居住区面积。

参考 Wang 等(2016)的研究，基于县级工业产值数据及建成区栅格数据，将工业用水量进行空间化，得到空间分辨率为 1 km 的像元 i 的工业用水量 IW_{i}^{t}，其具体计算过程为

$$\mathrm{IW}_{i}^{t}=\mathrm{IW}_{p}^{t}\cdot\frac{\mathrm{IP}_{c,p}^{t}}{\sum_{c}\mathrm{IP}_{c,p}^{t}}\cdot\frac{\mathrm{BA}_{i,c,p}^{t}}{\sum_{i}\mathrm{BA}_{i,c,p}^{t}} \tag{4.6}$$

式中，IW_i^t 为第 i 个像元第 t 年的工业用水量；IW_p^t 为 p 省(区、市)第 t 年的工业用水量；$IP_{c,p}^t$ 为 p 省(区、市) c 县第 t 年的工业产值；$BA_{i,c,p}^t$ 为 p 省(区、市) c 县中第 i 个像元第 t 年的城镇用地及工矿用地面积。

一个集水区第 t 年的可用水资源量 Ba^t 可以表示为

$$Ba^t = \sum_m Q_m^t + R^t \tag{4.7}$$

式中，R^t 为该集水区第 t 年径流量，受限于数据可获取性，R^t 用该集水区 1950～2008 年多年平均径流量来表示；Q_m^t 的具体计算公式如下：

$$Q_m^t = \max(0, Ba_m^t - CU_m^t) \tag{4.8}$$

式中，Ba_m^t 和 CU_m^t 分别为第 t 年第 m 个上游集水区的可用水资源量与耗水量。根据 Gassert 等(2014)的研究，CU_m^t 的具体计算过程如下：

$$CU_m^t = \sum_i (AW_i^t \cdot R_{AW}^t + DW_i^t \cdot R_{DW}^t + IW_i^t \cdot R_{IW}^t) \tag{4.9}$$

式中，AW_i^t、DW_i^t 和 IW_i^t 分别为该集水区中第 i 个像元第 t 年农业、生活和工业用水量。R_{AW}^t、R_{DW}^t 及 R_{IW}^t 分别为第 t 年农业、生活和工业用水中耗水量比例(Shiklomanov and Rodda, 2004)。

2)分析多尺度水胁迫动态

在计算各个集水区 WSI 的基础上，得到了中国旱区 2003 年和 2014 年 WSI。依据 WMO(1997)，WSI≥0.4 的区域即为水胁迫区。为了进一步反映区域水胁迫的严重程度，首先参考 WMO (1997)及 Vörösmarty 等(2000)的研究，将水胁迫区划分为一般水胁迫、高水胁迫和极高水胁迫三个等级，具体过程如下：

$$WSL^t = \begin{cases} 1 & 0.4 \leqslant WSI^t < 0.8 \\ 2 & 0.8 \leqslant WSI^t < 1.2 \\ 3 & WSI^t \geqslant 1.2 \end{cases} \tag{4.10}$$

式中，WSL^t 为第 t 年的水胁迫等级；WSI^t 为第 t 年的水胁迫指标。1 代表一般水胁迫；2 代表高水胁迫；3 代表极高水胁迫。然后，在 GIS 的支持下，分别在全区、流域以及城市三个尺度上分析了 2003～2014 年的水胁迫动态。

4. 结果

1)2014 年水胁迫情况

2014 年中国旱区面临严重水胁迫。水胁迫总面积为 2.05×10^6 km^2，占中国旱区总面积的 52.13%。极高水胁迫面积最大，为 1.55×10^6 km^2，占中国旱区水胁迫总面积的 75.65%。高水胁迫和一般水胁迫的面积分别为 3.64×10^5 km^2 和 1.36×10^5 km^2，分别占中国旱区水胁迫总面积的 17.73%和 6.62%(图 4.9、表 4.8)。

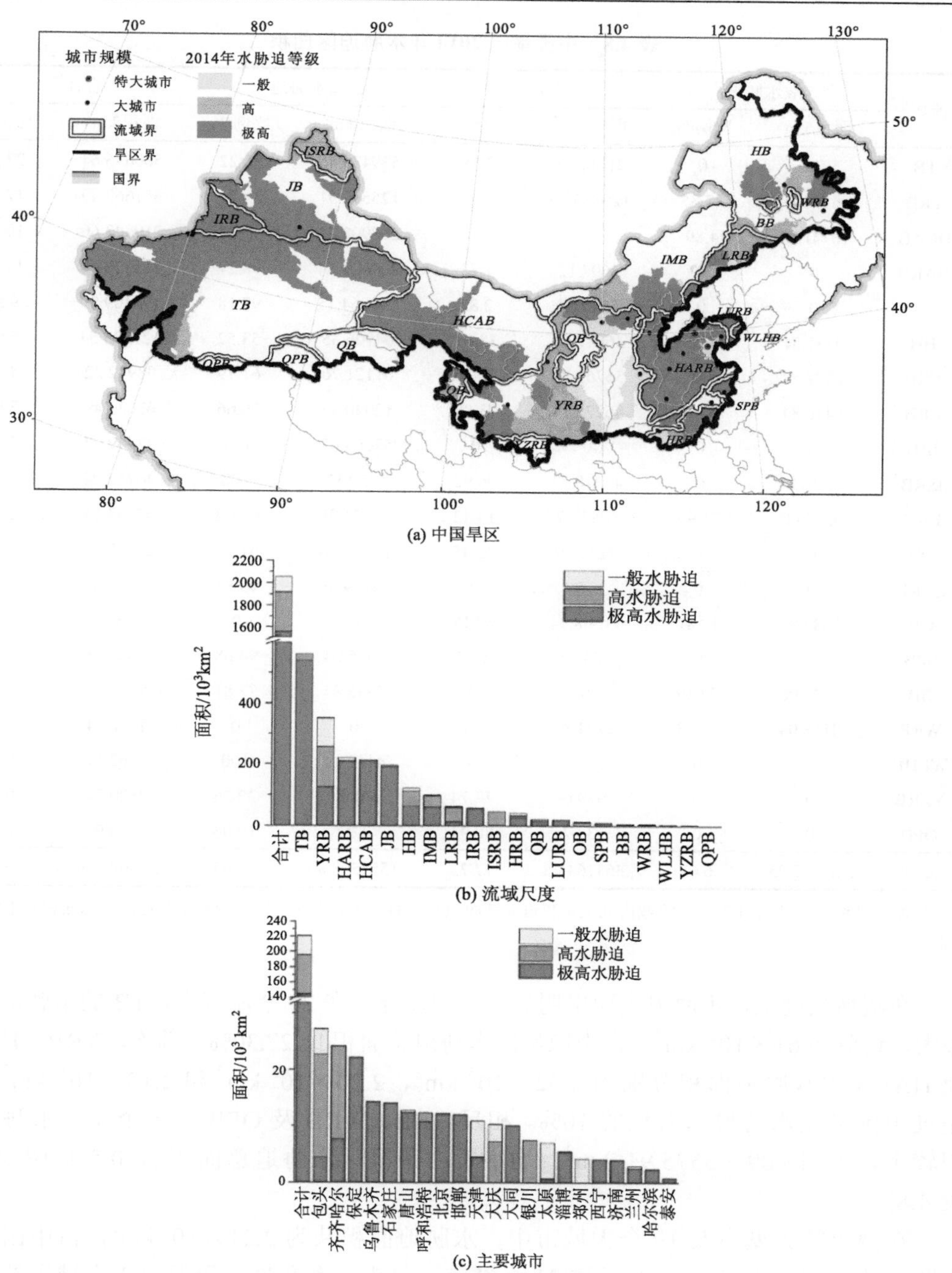

图 4.9　中国旱区 2014 年水资源胁迫

主要包括 20 个流域，即塔里木内流区(Tarim Basin, TB)；河西走廊-阿拉善内流区(Hexi Corridor-Alxa Basin, HCAB)；准噶尔内流区(Jungar Basin, JB)；黄河流域(Yellow River Basin, YRB)；海河流域(Hai River Basin, HARB)；黑龙江流域(Heilongjiang Basin, HB)；内蒙古内流区(Inner Mongolia Basin, IMB)；额尔齐斯河流域(Irtysh River Basin, ISRB)；淮河流域(Huai River Basin, HRB)；辽河流域(Liao River Basin, LRB)；滦河流域(Luan River Basin, LURB)；伊犁河内流区(Yili River Basin, YRB)；柴达木内流区(Qaidam Basin, QB)；白城内流区(Baicheng Basin, BB)；辽西与河北沿海诸河流域(Western Liao-Hebei Basin, WLHB)；乌裕尔河内流区(Wuyuer River Basin, WRB)；鄂尔多斯内流区(Ordos Basin, OB)；长江流域(Yangtze River Basin, YZRB)；羌塘高原内流区(Qiangtang Plateau Basin, QPB)；山东半岛诸河流域(Shandong Peninsula Basin, SPB)

表 4.8　中国旱区 2014 年水胁迫区面积

流域*	一般水胁迫**		高水胁迫**		极高水胁迫**		合计***	
	面积/km²	比例/%	面积/km²	比例/%	面积/km²	比例/%	面积/km²	比例/%
TB	0	0	21217.18	3.78	539479.46	96.22	560696.64	27.30
YRB	96190.79	27.35	129883.79	36.93	125592.91	35.71	351667.49	17.12
HCAB	10741.27	4.89	0	0	208902.33	95.11	219643.60	10.70
HARB	0	0	3697.12	1.73	209623.54	98.27	213320.67	10.39
JB	0	0	5545.84	2.82	190864.15	97.18	196409.99	9.56
HB	9531.51	7.86	46847.67	38.63	64906.35	53.52	121285.53	5.91
IMB	2027.57	2.05	35762.89	36.16	61121.76	61.79	98912.22	4.82
LRB	3416.84	5.46	46275.19	73.88	12940.46	20.66	62632.49	3.05
IRB	0	0	0	0	57669.67	100	57669.67	2.81
ISRB	0	0	45278.77	96.92	1439.17	3.08	46717.94	2.27
HRB	9277.60	21.96	6091.67	14.42	26874.01	63.62	42243.28	2.06
QB	0	0	7232.29	32.45	15055.66	67.55	22287.94	1.09
LURB	0	0	30.37	0.15	20189.06	99.85	20219.43	0.98
OB	1386.57	10.87	11368.94	89.13	0	0	12755.50	0.62
SPB	0	0	554.35	5.32	9875.04	94.68	10429.39	0.51
BB	1237.06	22.19	0	0	4338.85	77.81	5575.91	0.27
WRB	2118.04	46.83	2404.80	53.17	0	0	4522.84	0.22
WLHB	0	0	0	0	4162.11	100	4162.11	0.20
YZRB	0	0	1959.69	77.74	561.05	22.26	2520.74	0.12
QPB	0	0	13.67	80.94	3.22	19.06	16.89	0.001
总计	135927.25	6.62	364164.25	17.73	1553598.80	75.65	2053690.30	100

* 流域名称请参见图 4.9；** 流域内此类水胁迫区域面积与水胁迫区总面积之比；*** 水胁迫区域总面积与中国旱区总面积之比。

在流域尺度上，水胁迫表现出明显的空间差异。在 20 个流域中，TB 的水胁迫面积最大，达到 5.61×10^5 km²，占中国旱区水胁迫总面积的 27.30%。其次，YRB、HCAB 及 HARB 的水胁迫面积分别为 3.52×10^5 km²、2.20×10^5 km² 和 2.13×10^5 km²，均超过中国旱区水胁迫总面积的 10%。相反，BB、WRB 及 QPB 等 5 个流域水胁迫面积较小，为 16.89～5575.91 km²，均小于中国旱区水胁迫总面积的 0.5%(图 4.9、表 4.8)。

在两个特大城市及 19 个大城市中，水胁迫面积共为 2.21×10^5 km²，占中国旱区水胁迫总面积的 10.74%。对于这 21 个城市，包头、齐齐哈尔和保定 3 个城市的水胁迫面积最大，分别为 2.72×10^4 km²、2.42×10^4 km² 和 2.22×10^4 km²，占中国旱区水胁迫总面积的比例均超过 1%。相反，济南、兰州、哈尔滨和泰安 4 个城市的水胁迫面积较小，仅为 802.09～3949.84 km²，不足中国旱区水胁迫总面积的 0.2%(图 4.9、表 4.9)。

表 4.9　中国旱区城市 2014 年水胁迫区面积

城市*	高水胁迫**		极高水胁迫**		合计***	
	面积/km²	比例/%	面积/km²	比例/%	面积/km²	比例/%
包头	18230.26	67.04	4470.31	16.44	27193.94	1.32
齐齐哈尔	16528.46	68.25	7662.54	31.64	24217.49	1.18
保定	0	0	22221.00	100	22221.00	1.08
乌鲁木齐	0	0	14325.29	100	14325.29	0.70
石家庄	0	0	14059.31	100	14059.31	0.68
唐山	0	0	12446.83	97.34	12787.19	0.62
呼和浩特	1637.24	13.25	10699.64	86.56	12360.71	0.60
北京	0	0	12201.15	100	12201.15	0.59
邯郸	0	0	11967.00	100	11967.00	0.58
天津	0	0	4487.87	41.35	10853.20	0.53
大庆	7169.10	69.93	11.07	0.11	10251.89	0.50
大同	0	0	10054.00	100	10054.00	0.49
银川	7430.67	100	0	0	7430.67	0.36
太原	0	0	696.23	9.94	7002.74	0.34
淄博	145.57	2.66	5317.20	97.34	5462.77	0.27
郑州	0.01	0	0	0	4162.03	0.20
西宁	0	0	4108.35	100	4108.35	0.20
济南	0	0	3949.84	100	3949.84	0.19
兰州	0	0	2602.86	91.29	2851.15	0.14
哈尔滨	0	0	2368.20	99.65	2376.56	0.12
泰安	0	0	802.09	100	802.09	0.04
总计	51141.29	23.18	144450.78	65.47	220638.37	10.74

* 2014 年万人口超过 100 万人的城市；** 城市内此类水胁迫区面积与水胁迫区总面积之比；*** 水胁迫区域总面积与中国旱区总面积之比。

2）2003～2014 年水胁迫变化

2003～2014 年中国旱区水胁迫明显加剧。增加的水胁迫区总面积为 3.14×10^5 km²，占中国旱区总面积的 7.98%。其中，极高水胁迫、高水胁迫和一般水胁迫增加面积分别为 1.53×10^5 km²、1.30×10^5 km² 和 31547.39 km²（图 4.10、表 4.10）。

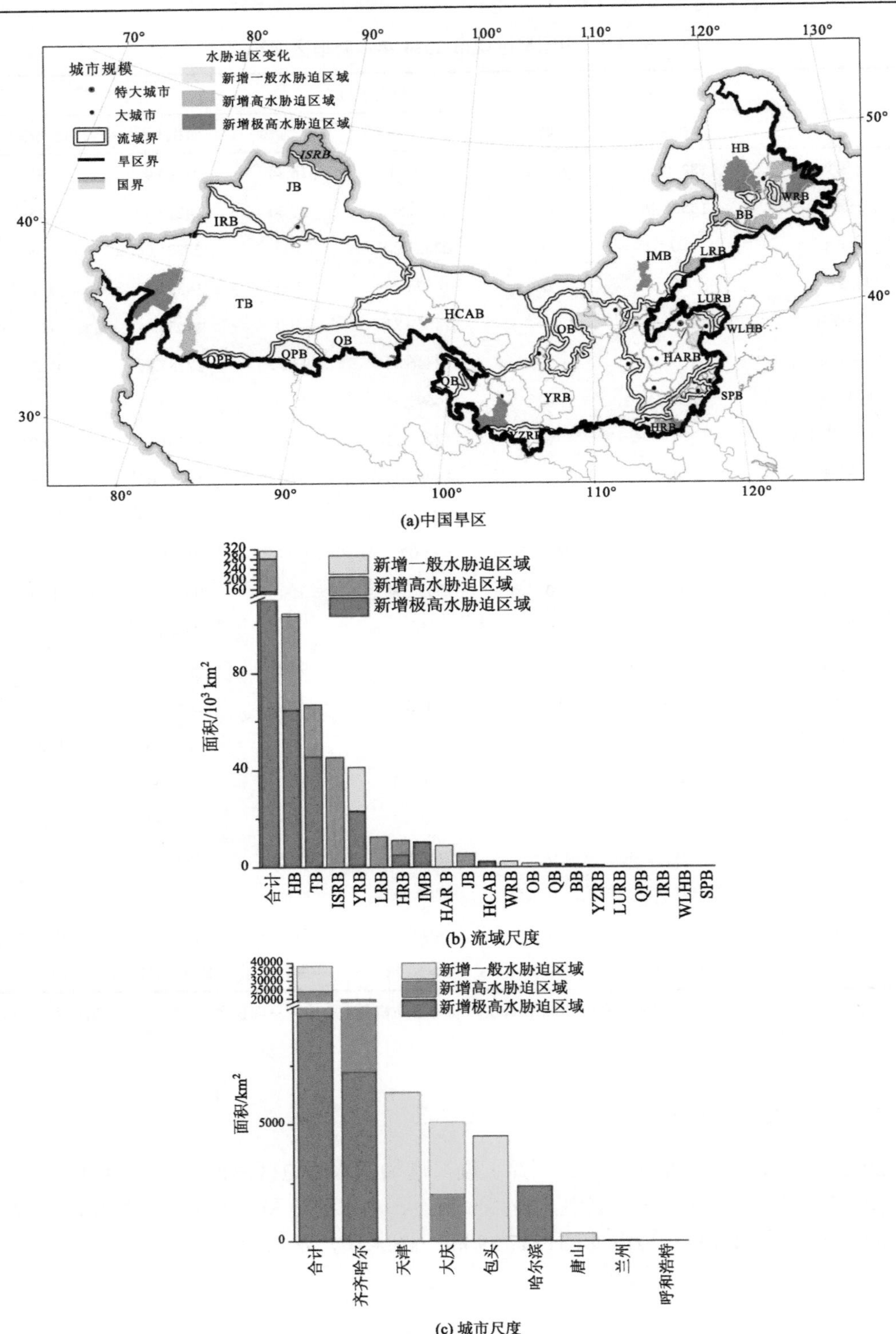

(a)中国旱区

(b) 流域尺度

(c) 城市尺度

图 4.10　中国旱区 2003～2014 年水胁迫动态

流域名称参见图 4.9

表 4.10　中国旱区 2003～2014 年水胁迫区变化

流域*	新增一般水胁迫区域/km²	新增高水胁迫区域/km²	新增极高水胁迫区域/km²	合计**	
				面积/km²	比例/%
HB	953.69	38931.72	64568.98	104454.39	33.21
TB	0	21217.18	45571.31	66788.49	21.24
ISRB	0	45278.77	0	45278.77	14.40
YRB	18215.62	0	23015.62	41231.24	13.11
LRB	0	12514.67	0	12514.67	3.98
HRB	0	5949.02	5100.56	11049.58	3.51
IMB	0	132.13	10158.17	10290.3	3.27
HARB	8816.79	0	0	8816.79	2.80
JB	0	5545.84	0	5545.84	1.76
HCAB	0	0	2243.35	2243.35	0.71
WRB	2118.04	20.45	0	2138.49	0.68
OB	1384.1	0	0	1384.1	0.44
QB	0	0	1157.98	1157.98	0.37
BB	59.15	0	922.47	981.62	0.31
YZRB	0	0	561.05	561.05	0.18
LURB	0	30.21	0	30.21	0.01
QPB	0	13.67	0	13.67	0.00
IRB	0	0	0	0	0
WLHB	0	0	0	0	0
SPB	0	0	0	0	0
总计	31547.39	129633.67	153299.50	314480.55	100

* 流域名称请参见图 4.9；** 流域内新增水胁迫区面积与中国旱区新增水胁迫区总面积之比。

在 20 个流域中，HB 流域中水胁迫加剧最明显，其增加的水胁迫面积为 104454.39 km²，占中国旱区增加的水胁迫区总量的 33.21%。其次，TB、ISRB 及 YRB 3 个流域增加的水胁迫面积分别为 66788.49 km²、45278.77 km² 和 41231.24 km²，均超过中国旱区增加的水胁迫总面积的 10%。此外，QPB 等 4 个流域中增加的水胁迫区面积均不足 15 km²，不到中国旱区增加的水胁迫区总面积的 0.01%(图 4.10、表 4.10)。

在两个特大城市及 19 个大城市中，增加的水胁迫区总面积为 3.84×10^4 km²，占中国旱区增加的水胁迫区总面积的 12.21%。其中，齐齐哈尔水胁迫明显加剧，增加的水胁迫区面积为 19669.77 km²，占中国旱区增加的水胁迫区总面积的 6.25%。其次，天津、大庆和包头增加的水胁迫区面积分别为 6365.34km²、5093.39 km² 和 4493.36 km²，均大于中国旱区增加的水胁迫区总面积的 1%。兰州和呼和浩特水胁迫变化不大，增加的水胁迫区面积均小于 60 km²，不到中国旱区增加的水胁迫区总面积的 0.1%。济南等 13 个城市水胁迫区没有明显增加，不足中国旱区增加的水胁迫区总面积的 0.01%(图 4.10、表 4.11)。

表 4.11　中国旱区城市 2003～2014 年水胁迫区变化

城市*	新增一般水胁迫区域/km²	新增高水胁迫区域/km²	新增极端水胁迫区域/km²	合计**	
				面积/km²	比例/%
齐齐哈尔	0	12441.95	7227.82	19669.77	6.25
天津	6365.34	0	0	6365.34	2.02
大庆	3071.73	2010.59	11.07	5093.39	1.62
包头	4493.36	0	0	4493.36	1.43
哈尔滨	0	0	2368.2	2368.2	0.75
唐山	340.36	0	0	340.36	0.11
兰州	0	0	52.09	52.09	0.02
呼和浩特	23.84	0	0	23.84	0.01
总计	14295	14452.55	9659.18	38406.36	12.21

* 新增水胁迫区域超过中国旱区新增水胁迫区域总面积 0.01%的城市（人口超过 100 万人）；** 城市内新增水胁迫区域面积与中国旱区新增水胁迫区域总面积之比。

3）城市景观过程与水资源胁迫的关系

首先，区域水胁迫加剧的主要原因是用水量变化。2014 年，中国旱区共有 142 个集水区存在水胁迫（图 4.9）。通过对比这些集水区的用水量和可用水资源量，发现有 137 个集水区（占全区 96.48%）的用水量变化大于可用水资源量变化。特别地，有 2 个集水区的用水变化量达到可用水资源变化量的 5 倍及以上；4 个集水区的用水变化量达到可用水资源变化量的 1～5 倍；另有 131 个集水区仅用水量发生变化，而可用水资源量几乎不变（图 4.11）。

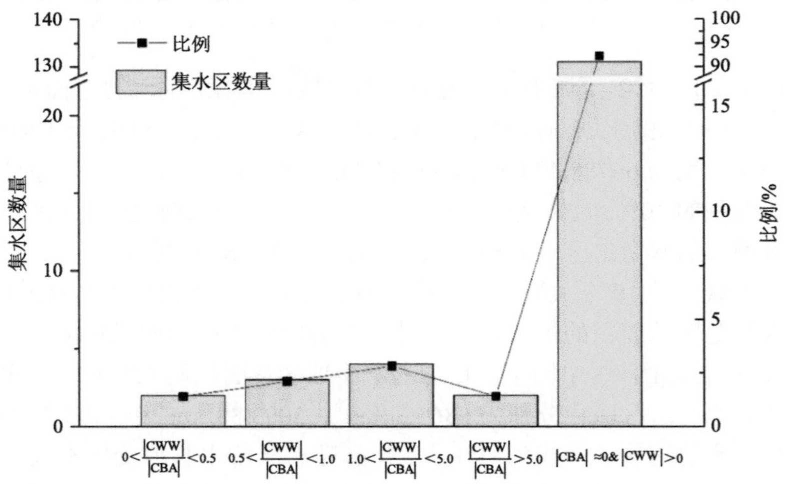

图 4.11　中国旱区 2003～2014 年水胁迫流域的用水量及可用水资源量变化

CWW 指 2003～2014 年用水量变化；CBA 指 2003～2014 年可用水资源量变化。

进一步通过多元线性回归分析发现，中国旱区快速的城市化与区域用水量增加相关。2003～2014 年中国旱区城市人口及城市化率与用水量的相关系数达到 0.98($P < 0.001$)，并且城市人口变化对于中国旱区用水量变化的贡献率为 5.00%($P < 0.05$)(表 4.12)。其原因在于城市化进程中，社会经济结构和居民生活方式的转变将会导致区域生活用水量明显增加，从而增大区域用水量(Lyons, 2014; Jiang, 2015)。2003～2014 年，中国旱区城市人口从 1.83 亿人增加到 2.83 亿人，年均增长 3.73%；城市人口占总人口比例从 36.63%增加至 53.01%(中国国家统计局, 2004～2015)。在城市化的影响下，中国旱区生活用水量从 2.27×10^{10} m^3 增加到 2.67×10^{10} m^3，增加量占总用水增加量的 13.74%(中国水利部, 2004～2015)。

表 4.12　中国旱区用水量及驱动因子的相关性分析和 MGLR 分析

方法	变量	R	P
相关性分析	灌溉农田	0.93	<0.001***
	总人口	0.96	<0.001***
	城市人口	0.97	<0.001***
	城市化率	0.97	<0.001***
	建成区	0.98	<0.001***
	变量	MS	SS %
一般线性回归分析	灌溉农田	83421.23	86.62***
	总人口	4567.56	4.74
	城市人口	4816.84	5.00*
	城市化率	277.60	0.29
	建成区	1822.25	1.89
	残差	466.22	1.45

注：MS 指均方误差；SS 指变量的解释率。

5. 讨论

1) 水资源对城市发展的胁迫作用

中国旱区水胁迫区中的城市土地面积增加明显。基于 Xu 等(2016)的城市土地数据分析了中国旱区 2003～2014 年水胁迫区中的城市景观过程。2003～2014 年，中国旱区水胁迫区的城市土地从 3150 km^2 增至 15654 km^2，增长了 3.97 倍，增加量为 12504 km^2。特别地，HARB 和 HB 流域中水胁迫区城市土地增加量明显大于其他流域，分别为 5272 km^2 和 2806 km^2，分别达到中国旱区水胁迫区城市土地总增加量的 42.16%和 22.44%。其次，HRB、JB 和 TB 流域中水胁迫区城市土地增加量分别为 945 km^2、820 km^2 和 813 km^2，分别占中国旱区水胁迫区城市土地面积增加总量的 7.56%、6.57%和 6.50%。在 2 个特大城市及 19 个大城市中，天津水胁迫区的城市土地增加量最大，为 1402 km^2，占中国旱区水胁迫区中城市土地面积增加量的 11.21%(图 4.12)。

因此，中国旱区水资源短缺已经影响区域可持续发展。在中国旱区未来快速的社会经济发展过程中，有必要采取有效措施，积极应对区域的水资源短缺问题。例如，在主要受农业用水导致的水资源胁迫流域 HB、TB 及 ISRB 中提高农业用水效率以控制用水量增加，如优先种植小米和莜麦等节水抗旱作物，采取渠道防渗、喷灌和滴灌等节水灌溉措施(Shangguan et al., 2001; MEA, 2005)。在天津、北京和邯郸等主要由生活用水导致水资源受胁迫的城市，采取节水型发展方式，制定合理的用水价格，提高水资源循环利用率以及鼓励节水设施等(Liu and Yang, 2012)。

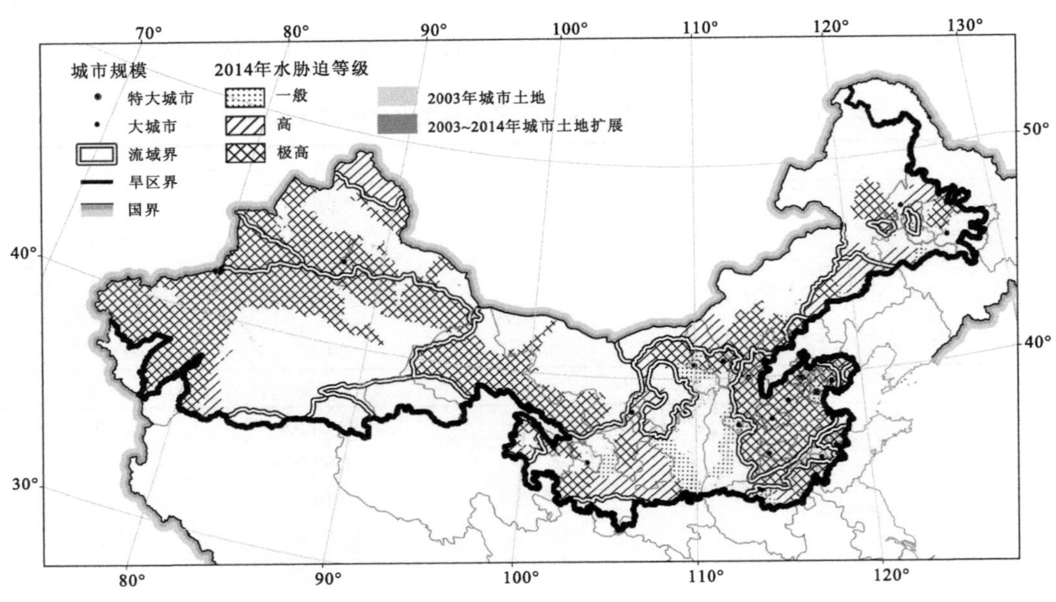

(a) 中国旱区水资源胁迫区域的城市土地变化

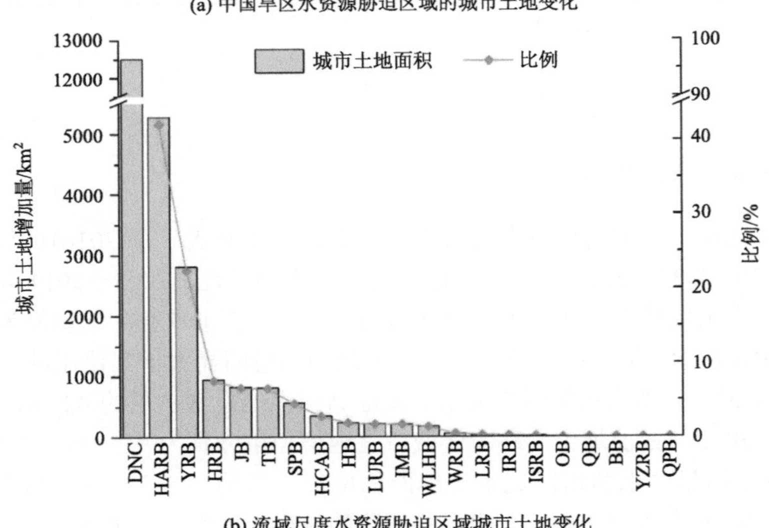

(b) 流域尺度水资源胁迫区域城市土地变化

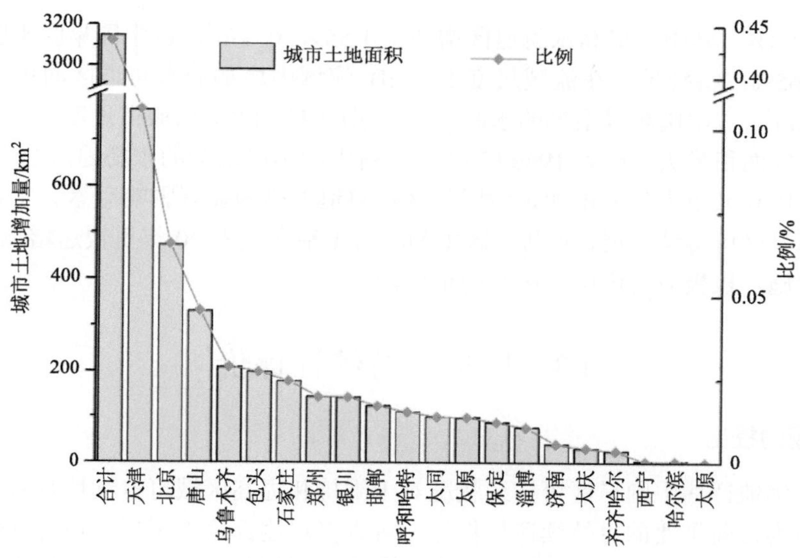

(c) 主要城市水资源胁迫区域的城市土地变化

图 4.12　中国旱区水资源胁迫区域的城市土地变化

流域名称参见图 4.9；(b) 和 (c) 中的比例指城市土地增加量占中国旱区水资源胁迫区域城市土地增加总量的比例。

2) 未来展望

由于数据可获取性的限制，中国旱区水胁迫评估结果还存在不确性。一是利用 1950～2008 年的多年平均水资源量来反映中国旱区的区域水资源量供给量，忽略了区域水资源供给的动态变化。二是采用 2000 年和 2010 年的土地利用/覆盖数据来进行降尺度、空间化 2003 年和 2014 年的用水量，这将在一定程度上造成计算误差。但关于区域水胁迫加剧的结论基本上可靠的，因为根据中国政府发布的区域水资源量数据 (Ministry of Water Resource of China, 2004～2015)，2003～2014 年中国旱区水资源量总体呈下降趋势。这表明该区域实际上的水胁迫可能比本评估结果更强。在未来的研究中，将参考 Schewe 等 (2014) 及 Luck 等 (2015) 研究，揭示和预测人类活动和气候变化共同影响下的中国旱区水胁迫时空动态，并结合实地调查和用水量模型等方法，分析中国旱区水胁迫机理 (Wada et al., 2016a, 2016b)。

6. 结论

2014 年中国旱区面临严重水胁迫。水胁迫区总面积为 2.05×10^6 km²，占中国旱区总面积的 52.13%，其中极高水胁迫区占中国旱区水胁迫区总面积的 75.65%。在流域尺度上，TB 流域水胁迫区面积最大，为 560696.64 km²，占中国旱区水胁迫区总面积的 27.30%。两个特大城市及 19 个大城市的水胁迫区面积共计 220638.37 km²，占中国旱区水胁迫区总面积的 10.74%。其中，包头的水胁迫区面积最大，为 27193.94 km²，占中国旱区水胁迫区总面积的 1.35%。

2003～2014 年区域水胁迫加剧，增加的水胁迫区面积为 3.14×10^5 km²，占中国旱区总面积的 7.98%。其中，极高水胁迫区增加了 1.55×10^6 km^2，占中国旱区水胁迫区总增加量的 75.65%。特别地，在流域尺度上，HB 流域中增加的水胁迫区面积最大，达到 104454.39 km^2，占中国旱区增加的水胁迫区总量的 33.21%。在城市尺度上，齐齐哈尔增加的水胁迫区面积最大，达到 19669.77 km^2，占中国旱区增加的水胁迫区总量的 6.25%。

灌溉农田和城市人口的增加是中国旱区水胁迫加剧的显著影响因素。水资源短缺已经影响中国旱区可持续发展，水胁迫区中的城市土地在过去 20 年里快速增加。因此，有必要采取措施，积极应对中国旱区水胁迫问题。

4.3 区域可持续性评价*

1. 问题的提出

及时准确地评估中国旱区可持续状况对于维持和提高区域可持续性具有重要意义。生态足迹作为目前重要的可持续评价指标，可为多尺度评价中国旱区可持续性提供有效方法。生态足迹是指维持某人口资源消耗和吸收其所排放废物等所需要的生物生产性土地总面积(Wackernagel et al., 2002; Galli et al., 2007; Kitzes et al., 2009)。比较生态足迹与区域可用的生物生产性土地面积(即生物承载力)，可以得到国家或地区的生态赤字或生态盈余，从而对区域可持续发展状况进行评价(Wackernagel et al., 2005)。全球足迹网络(global footprint network, GNF)及世界自然基金会(World Wide Fund For Nature, WWF)等已在全球、国家及区域多个尺度上基于生态足迹进行了区域可持续性评价研究(Wackernagel et al., 1999a, 1999b; Borucke et al., 2013)。生态足迹在不同尺度上的可持续性评价能力已获得广泛认可。本节的研究目的是认识和理解中国旱区近 20 年的可持续性状况。为此，首先在不同尺度上分析中国旱区 1990～2010 年生态足迹动态，然后进一步结合 HDI，深入讨论中国旱区的可持续状况。

2. 研究区和数据

研究区同 4.1.2 节。社会经济数据主要包括来自《中国统计年鉴》的地区生产总值、地区农村居民主要食品消费量、城镇居民主要消费支出以及地区农作物价格等，来自《中国能源统计年鉴》的煤、原油、汽油、柴油、燃料油及天然气等主要能源消耗量，以及来自《中国人类发展报告 1997》《中国人类发展报告 2013》《中国人口普查资料》《中国统计年鉴》的总人口数、平均预期寿命、每十万人拥有的各种受教育程度人口、分年龄人口与文盲率等。用水量数据来自于中国水利部发布的《水资源公报》(中国水利部，2004～2015)，主要包含各省 2003～2014 年农业用水、工业用水及生活用水量。土地利用/覆盖数据是中国科学院地球系统科学数据共享平台发布的中国 1990～2010 年土地利用/覆盖数据(http://www.geodata.cn/Portal/index.jsp)。该数据集主要基于 Landsat TM 遥感影像进行目视解译而获取得到，数据空间分辨率为 1 km(Liu et al., 2005; He et al., 2014)。

---

* 本节内容主要基于 Li J, Liu Z, He C, et al. 2016. Are the drylands in northern China sustainable? A perspective from ecological footprint dynamics from 1990 to 2010. Science of the Total Environment, 553: 223-231.

此外，辅助数据主要是国家基础地理信息中心发布的 1∶400 万矢量行政界线(http://ngcc.sbsm.gov.cn)。

3. 方法

1)计算生态足迹

参考 Wackernagel 等(2005)的研究，生态足迹的计算包括可再生资源足迹、化石能源足迹以及建设用地足迹三项。其中，可再生资源足迹指的是人们对于耕地、草地、林地和渔业用地等生物生产性土地的占用面积，通过谷物、油料、蔬菜、水果、牛肉、羊肉、猪肉、家禽、鲜奶及奶制品、蛋类和水产品 11 项可再生产品的消耗量进行计算。化石能源足迹指的是为吸收人们消耗化石能源过程中排放的 CO_2 所需要的土地面积，通过煤、燃料油、柴油、汽油、原油和天然气等能源消耗量进行计算。建设用地足迹则是指人类居住区和建筑设施所占用的生物生产性土地面积(假设建设用地占用耕地)(Wackernagel et al., 2005)。具体计算方法如下(Wackernagel et al., 2005; Wiedmann and Barrett, 2010; Huang et al., 2015)：

$$\mathrm{EF} = \sum P_i / \mathrm{YN}_i \times R_j \times Q_j \tag{4.11}$$

式中，EF 单位为全球公顷(ghm^2)，表征人类对资源的消耗量；P_i 为第 i 项产品消费量；YN_i 为第 i 项产品所对应生物生产性土地的全球平均单位面积产量，或 CO_2 吸收能力(对应化石能源的计算)；R_j 为产量因子，是第 j 种生物生产性土地的中国平均生产力与其世界平均生产力之比；Q_j 为均衡因子，是第 j 种生物生产性土地的平均生产力与全球生物生产性土地的平均生产力之比，用于将不同类型生物生产性土地进行标准化。产量因子和均衡因子引自谢高地等(2001)和 Wackernagel 和 Rees(1997)的研究。

2)计算生物承载力

生物承载力(biocapacity, BC)是指区域所能提供的生物生产性土地面积总和，单位同 EF。BC 的计算方法如下(Wackernagel et al., 2005; Borucke et al., 2013)：

$$\mathrm{BC} = \sum L_i \times R_j \times Q_j \tag{4.12}$$

式中，L_i 为区域内第 i 种生物生产性土地的面积，包含耕地、草地、化石能源用地、森林、建筑用地和水域 6 类。在计算区域生物承载力时，将扣除总量的 12%用于生物多样性保护(Wackernagel et al., 1999b)。

3)计算生态赤字

对比 EF 和 BC 可反映区域的资源消耗是否超出环境可承载空间，进而反映是否可持续(Wackernagel et al., 2005)。当 EF 超过 BC 时，称为"生态赤字"(ecological deficit, ED)，即不可持续，表示如下：

$$\mathrm{ED} = \mathrm{EF} - \mathrm{BC} \tag{4.13}$$

式中，ED 越大表示资源过度消耗情况越严重，即越不可持续。当 EF 小于 BC 时，ED 为负值，环境承载状况为"生态盈余"，即区域可持续。

4. 结果

1)全区生态足迹动态

中国旱区生态足迹总量大，人均水平高。2010 年，旱区生态足迹总量为 1260.39×10^6 ghm^2，占全国生态足迹总量的 35.47%；人均生态足迹为 3.58 ghm^2，是全国平均水平的 1.34 倍。旱区生态足迹已明显超过生物承载力，人均生态赤字高于全国平均水平。2010 年生态赤字总量达到 $9.63\times10^8ghm^2$，是其生物承载力的 3.23 倍；人均生态赤字 2.73 ghm^2，是全国平均水平的 1.38 倍(表 4.13)。

表 4.13　中国旱区 2010 年生态足迹和生态赤字

类型	省份	2010 年生态足迹		2010 年生态赤字	
		总量/10^6 ghm^2	人均/ghm^2	总量/10^6 ghm^2	人均/ghm^2
干燥型亚湿润	山东	332.70	3.47	288.64	3.01
	河北	197.10	2.74	155.55	2.16
	山西	178.35	4.99	151.42	4.24
	陕西	101.60	2.72	71.92	1.93
	天津	57.56	4.43	54.42	4.19
	北京	49.24	2.51	45.97	2.34
	合计	916.55	3.35	767.92	2.81
干旱/半干旱	内蒙古	171.32	6.93	98.80	4.00
	甘肃	52.48	2.05	22.29	0.87
	宁夏	37.22	5.88	30.14	4.76
	合计	261.02	4.61	151.22	2.67
极端干旱	新疆	82.82	3.79	43.73	2.00
总计		1260.39	3.58	962.87	2.73

1990～2010 年旱区生态足迹快速增加，生态赤字情况加剧。生态足迹总量从 1990 年的 3.48×10^8 ghm^2 增加到 2010 年的 12.60×10^8 ghm^2，增加了 2.63 倍，其占全国生态足迹总量比例从 29.97%上升到 35.46%。人均生态足迹不断增大，1990 年、2000 年和 2010 年分别为 1.19 ghm^2、1.58 ghm^2 和 3.58 ghm^2。1990～2010 年增加量为 2.39 ghm^2，即生态足迹增加了 2.01 倍。旱区 1990～2010 年生态赤字总量从 0.63×10^8 ghm^2 增加到 9.63×10^8 ghm^2，增加了 9.00×10^8 ghm^2，即 14.38 倍；人均生态赤字从 0.22 ghm^2 上升至 2.73 ghm^2，增加了 11.41 倍(表 4.14)。

表 4.14　中国旱区 1990～2010 年生态足迹和生态赤字变化

类型	省份	生态足迹变化		生态赤字变化	
		总量/10^6 ghm²	人均/ghm²	总量/10^6 ghm²	人均/ghm²
干燥型亚湿润	山东	252.86 (316.74%)*	2.53 (269.15%)*	250.93 (665.31%)*	2.57 (584.09%)*
	河北	131.82 (201.91%)*	1.68 (158.49%)*	130.95 (532.31%)*	1.76 (440.00%)*
	山西	128.78 (259.77%)*	3.28 (191.81%)*	129.24 (582.83%)*	3.48 (457.89%)*
	陕西	76.73 (308.52%)*	1.97 (262.67%)*	76.87 (1552.97%)*	2.08 (1386.67%)*
	天津	37.40 (185.58%)*	2.15 (94.30%)*	37.32 (218.14%)*	2.25 (115.98%)*
	北京	23.29 (89.72%)*	0.12 (5.02%)*	23.28 (102.56%)*	0.25 (11.96%)*
	合计	650.88 (244.99%)*	2.19 (188.79%)*	648.58 (543.45%)*	2.29 (440.38%)*
干旱/半干旱	内蒙古	140.17 (450.04%)*	5.49 (381.25%)*	135.76 (367.29%)*	5.71 (333.92%)*
	甘肃	31.06 (144.97%)*	1.10 (115.79%)*	30.99 (356.24%)*	1.26 (323.08%)*
	宁夏	30.40 (446.12%)*	4.43 (305.52%)*	29.76 (7954.69%)*	4.68 (5850.00%)*
	合计	201.63 (339.54%)*	3.40 (280.99%)*	196.51 (433.92%)*	3.60 (387.10%)*
极端干旱	新疆	60.19 (265.97%)*	2.31 (156.08%)*	55.20 (481.26%)*	2.75 (366.67%)*
总计		912.70 (262.51%)*	2.39 (200.84%)*	900.28 (1438.42%)*	2.51 (1140.91%)*

* 变化量与 1990 年值之比。

2）不同类型旱区生态足迹动态

2010 年各类型旱区生态足迹总量及人均量存在明显差异。一方面，干燥型亚湿润区生态足迹总量明显大于其他类型旱区。2010 年，干燥型亚湿润区、干旱/半干旱区及极端干旱区生态足迹分别为 9.1655×10^8ghm²、2.6102×10^8ghm² 和 8.282×10^7ghm²，占中国旱区生态足迹总量的 72.78%、20.71%和 6.51%（表 4.13）。另一方面，干旱/半干旱区人均生态足迹高于其他类型旱区。2010 年，干燥型亚湿润区、干旱/半干旱区和极端干旱区人均生态足迹分别为 3.35 ghm²、4.61 ghm² 和 3.79 ghm²，是全国平均水平的 1.25 倍、1.73 倍和 1.42 倍（表 4.13）。

各类旱区普遍呈现生态赤字，其中干燥型亚湿润区生态赤字较大。干燥型亚湿润区、干旱/半干旱区以及极端干旱区生态赤字总量分别为 7.6792×10^8ghm^2、1.51×10^8ghm^2 和 0.4373×10^8ghm^2。其中，干燥型亚湿润区生态赤字总量约占旱区总量的 80%，明显高于其他类型旱区(表 4.13)。同时，干燥型亚湿润区人均生态赤字为 2.81 ghm^2，相较于干旱/半干旱区及极端干旱区分别高出 0.14 ghm^2 和 0.81 ghm^2(表 4.13)。

1990～2010 年，不同类型旱区中，干燥型亚湿润区生态足迹总量增加相对明显，从 1990 年的 2.66×10^8ghm^2 增加到 9.17×10^8ghm^2，增加了 6.51×10^8ghm^2，增加量分别是干旱/半干旱区和极端干旱区的 3.23 倍和 10.85 倍。此外，干旱/半干旱区人均生态足迹上升迅速，人均生态足迹从 1.21 ghm^2 增加至 4.61 ghm^2，增加了 3.40 ghm^2。同期干燥型亚湿润区和极端干旱区人均生态足迹分别增加了 2.19 ghm^2 和 2.31 ghm^2，增加速度均慢于干旱/半干旱区(表 4.14)。

随着生态足迹的增加，干燥型亚湿润区生态赤字总量以及干旱/半干旱区人均生态赤字均快速增加。干燥型亚湿润区域生态赤字总量从 1990 年的 1.19×10^8ghm^2 增加到 7.68×10^8ghm^2，增加了 6.49×10^8ghm^2，即 5.43 倍。同期干旱/半干旱区和极端干旱区生态赤字总量分别增加了 1.97×10^8ghm^2 和 0.55×10^8ghm^2，增加量明显较小(表 4.14)。干旱/半干旱区人均生态赤字增加量相对较大，从–0.93 ghm^2 增加至 2.67 ghm^2，增加量为 3.60 ghm^2，分别是同期干燥型亚湿润区域和极端干旱类型区人均生态赤字增加量的 1.57 倍和 1.31 倍(表 4.14)。

3) 省级生态足迹动态

2010 年中国旱区生态足迹存在明显的省间差异，内蒙古生态足迹总量及人均生态足迹均较大，北京生态足迹总量和人均生态足迹均较小。从总量上看，山东和内蒙古等 4 个地区生态足迹均超过 1.5×10^8 ghm^2，达到旱区生态足迹总量的 10%以上。陕西、新疆、甘肃及天津生态足迹介于 5.0×10^7～1.5×10^8 ghm^2。北京和宁夏生态足迹低于 5×10^7 ghm^2，不足旱区总量的 4%。其中，内蒙古生态足迹总量为 1.7132×10^8 ghm^2，达到北京生态足迹总量的 3.49 倍。从人均水平来看，内蒙古和宁夏人均生态足迹均超过 5 ghm^2，分别为 6.93 ghm^2 和 5.88 ghm^2，是旱区人均生态足迹的 1.94 倍和 1.64 倍。天津、山西、新疆和山东人均生态足迹介于 3～5 ghm^2。甘肃和北京等 4 个地区人均生态足迹均低于 3.0 ghm^2，占旱区人均生态足迹的 57.26%～76.54%(图 4.13、表 4.13)。内蒙古人均生态足迹达到北京人均生态足迹的 2.76 倍。

从生态赤字结果来看，山东、内蒙古及山西生态赤字总量及人均生态赤字较大，陕西、北京、新疆和甘肃生态赤字总量及人均生态赤字较小。一方面，山东、内蒙古及山西 3 个省份生态赤字大于旱区生态赤字总量的 10%，同时人均生态赤字高于旱区人均生态赤字。另一方面，陕西、北京、新疆和甘肃 4 个省份生态赤字总量及人均生态赤字都相对较低，这 4 个省份生态赤字小于旱区生态赤字总量的 10%，人均生态赤字低于旱区平均水平。此外，宁夏和天津生态赤字总量分别为 3.014×10^7 ghm^2 和 5.442×10^7 ghm^2，低于旱区生态赤字的 10%，人均生态赤字分别为 4.76 ghm^2 和 4.19 ghm^2，分别高出旱区人均生态赤字 74.36%和 53.48%。河北总生态赤字较大而人均生态赤字较小，总生态赤

字达到 1.5555×10^8 ghm^2，占旱区生态赤字总量的 16.15%；人均赤字为 2.16 ghm^2，相比旱区平均值低 0.57 ghm^2(表 4.13)。

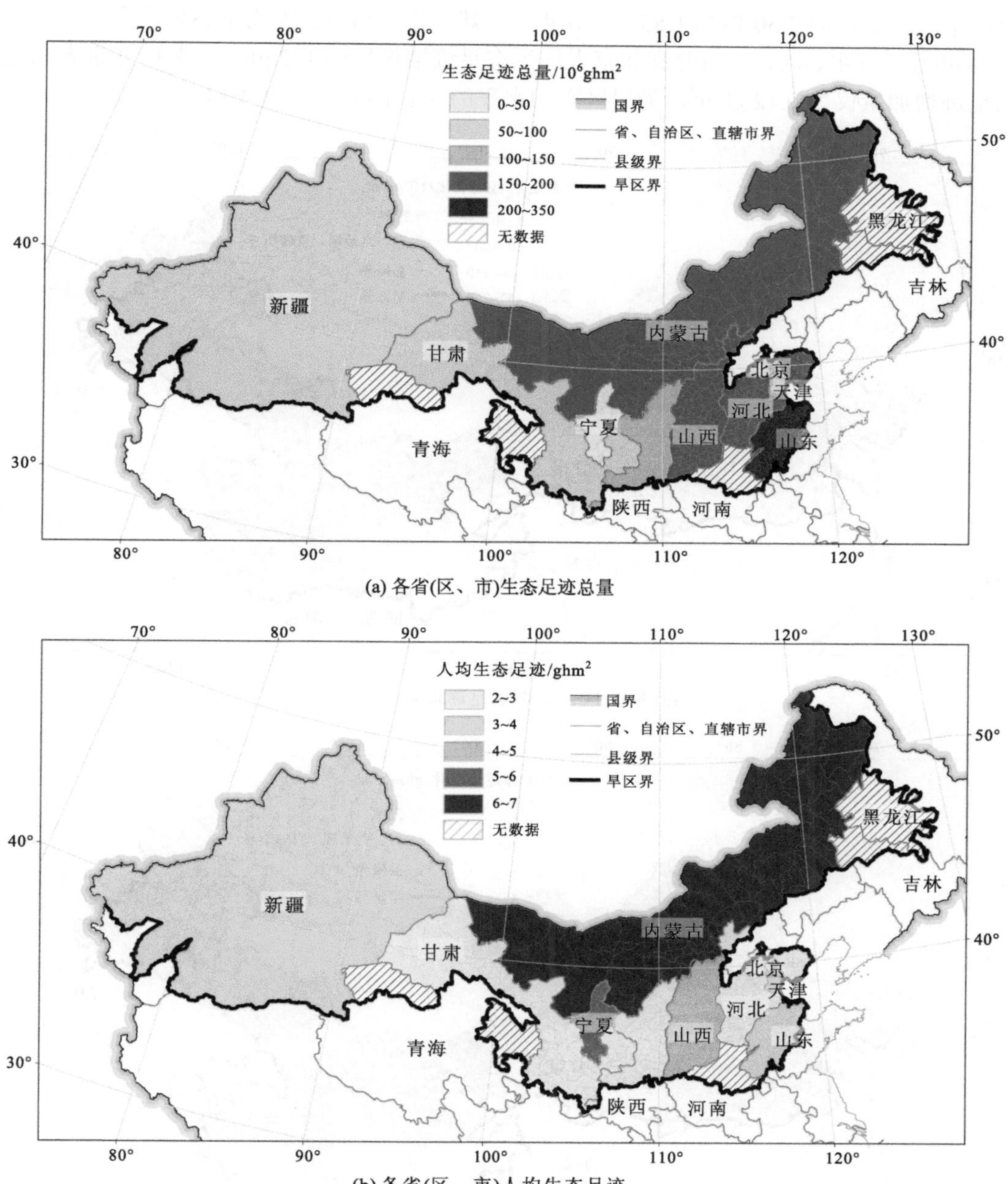

(a) 各省(区、市)生态足迹总量

(b) 各省(区、市)人均生态足迹

图 4.13　中国旱区 2010 年生态足迹

1990～2010 年，内蒙古生态足迹总量及人均生态足迹明显增加，而北京生态足迹总量及人均生态足迹增加较慢。从总量上来看，内蒙古和山东等 4 个地区生态足迹增加尤为明显，增加量大于 1.00×10^8ghm^2，相对增长率均超过 2 倍。新疆及陕西等其余 6 个地区的生态足迹增加量相对较小，均低于 1×10^8ghm^2，其中北京生态足迹增加 2.329×10^7ghm^2。从人均水平来看，内蒙古和宁夏人均生态足迹增加量均大于 4 ghm^2，分别为旱区平均增加量的 2.30 倍和 1.85 倍。山西、天津、新疆和山东人均生态足迹增加量介于 2～4 ghm^2。甘肃、陕西、河北和北京人均生态足迹增加量小于 2 ghm^2。其中北京人均生态足迹增加量仅为 0.12 ghm^2，为旱区平均水平的 5%(图 4.14、表 4.14)。

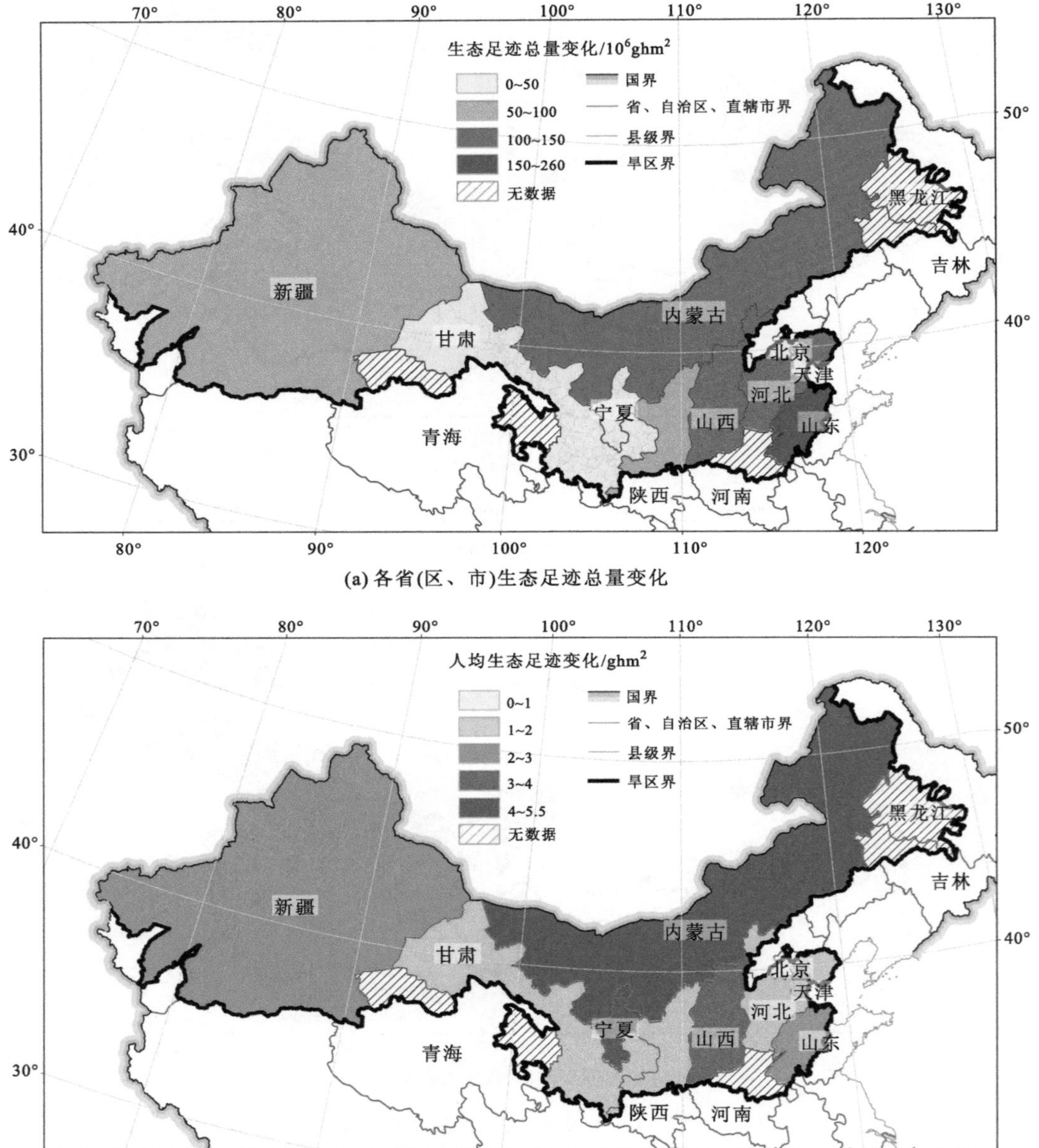

(a) 各省(区、市)生态足迹总量变化

(b) 各省(区、市)人均生态足迹变化

图 4.14　中国旱区 1990～2010 年生态足迹变化

内蒙古生态赤字总量及人均生态赤字均迅速增加，北京和甘肃生态赤字总量及人均生态赤字增加相对较慢。从总量动态来看，山东和内蒙古生态赤字增加量分别为 2.5093 $\times 10^8$ghm^2 和 1.3576 $\times 10^8$ghm^2，占旱区生态赤字总增加量的比例均超过 15%。河北、山西、新疆和陕西 4 个地区生态赤字总量增加量介于 5.0 $\times 10^7$～1.31 $\times 10^8$ ghm^2，占旱区生态赤字总增加量的比例为 6%～15%。北京和甘肃等 4 个地区生态赤字增加量小于 0.5 $\times 10^8$ghm^2，不足旱区生态赤字总增加量的 4%。从人均生态赤字动态来看，内蒙古和宁夏人均生态赤字增加量分别为 5.71 ghm^2 和 4.68 ghm^2，是旱区平均增加量的 2.27 倍和 1.86 倍。山西及陕西等 5 个地区人均生态赤字增加量介于 2～4 ghm^2。甘肃、北京和河北人均生态赤字增加量小于 2 ghm^2。其中，北京和甘肃的人均生态赤字分别增加了 0.25 ghm^2 和 1.26 ghm^2，仅为旱区平均增加量的 9.96%和 50.20%(表 4.14)。

5. 讨论

1) 生态足迹与用水量的关系

中国旱区可持续发展的关键因素之一是水资源限制性(陈亚宁等, 2012)。随着人口增加和经济发展，中国旱区水资源需求量持续上升，水资源供需矛盾日益突出，可持续发展压力持续增大(Liu et al., 2015)。人口的增加将不断增大区域对于能源和水等自然资源的需求量。同时，经济发展与城市化将提高居民生活水平，改变居民生活方式，从而影响各种资源的利用和消费情况(Hubacek et al., 2009; Wu, 2010; McDonald et al., 2014; Wu J and Wu T, 2015)。通过进一步分析发现，中国旱区生态足迹与用水量两者变化过程关系密切。

随着生态足迹的不断增加，旱区用水量也呈增加趋势。旱区 1990 年、2000 年及 2010 年生态足迹分别为 3.48 $\times 10^8$ghm^2、5.09 $\times 10^8$ghm^2 和 12.60 $\times 10^8$ghm^2，同期用水量分别为 133.29 km^3、143.52 km^3 和 153.23 km^3。1990～2010 年生态足迹及用水量分别增加了 2.63 倍和 14.96%。进一步地，在干燥型亚湿润区域，生态足迹和用水量分别增加了 2.45 倍和 8.28%，干旱/半干旱类型区生态足迹与用水量分别增加了 3.40 倍和 12.61%，极端干旱类型区生态足迹和用水量增加了 2.66 倍和 25.80%(表 4.14、表 4.15)。

表 4.15　中国旱区 1990～2010 年用水量变化

类型	省份	用水量/km^3			1990～2010 年
		1990 年	2000 年	2010 年	用水量变化/km^3
干燥型亚湿润	山东	20.56	21.38	22.25	1.69 (8.22%)*
	河北	21.20	20.39	19.37	−1.83 (−8.65%)*
	山西	4.53	5.31	6.38	1.85 (40.86%)*
	陕西	5.89	7.21	8.34	2.45 (41.71%)*
	天津	1.86	2.10	2.25	0.39 (21.08%)*
	北京	3.32	3.42	3.52	0.20 (6.02%)*
	合计	57.36	59.81	62.11	4.75 (8.28%)*

续表

类型	省份	用水量/km³			1990～2010 年用水量变化/km³
		1990 年	2000 年	2010 年	
干旱/半干旱	内蒙古	14.33	16.37	18.19	3.86（26.90%）*
	甘肃	12.35	12.25	12.18	–0.17（–1.38%）*
	宁夏	6.71	7.06	7.24	0.53（7.83%）*
	合计	33.40	35.68	37.61	4.21（12.61%）*
极端干旱	新疆	42.54	48.03	53.51	10.97（25.80%）*
总计		133.29	143.52	153.23	19.94（14.96%）*

在省级尺度上，人均生态足迹的变化率和人均用水量的变化率显著相关，相关系数为 0.65（$P<0.05$）。内蒙古人均生态足迹与人均用水量均快速增加，1990～2010 年人均生态足迹增加了 3.81 倍，同期人均用水量增加了 11.03%，人均生态足迹与人均用水量的变化率明显高于其他省份（图 4.15）。

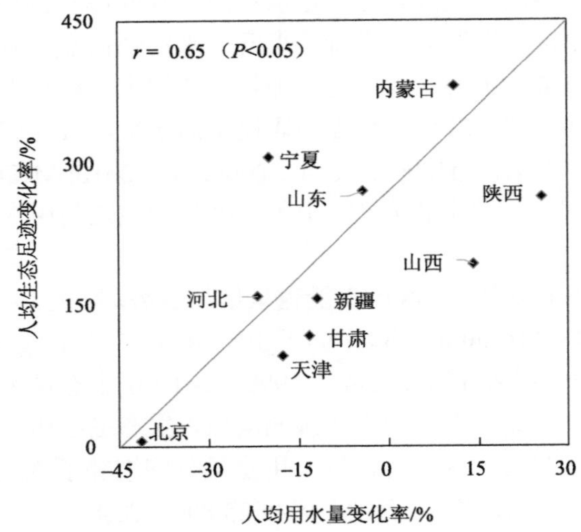

图 4.15　1990～2010 年中国旱区人均生态足迹变化与人均用水量变化之间的相关性

2）生态足迹与人类发展指数（HDI）的关系

通过进一步分析中国旱区 1990～2010 年生态足迹动态与 HDI 变化的关系发现，中国旱区生态足迹快速增加的过程中 HDI 也明显增加。1990～2010 年，中国旱区人均生态足迹增加了 2.01 倍，HDI 从 0.62 增加到 0.79，增加了 27.42%。对于不同类型旱区，干燥型亚湿润区域的人均生态足迹增加了 1.89 倍，同期 HDI 从 0.63 增加到 0.80，增加了 26.98%。干旱/半干旱类型区人均生态足迹增加了 2.81 倍，其 HDI 从 0.58 增加到 0.76，增加了 31.03%。极端干旱类型区人均生态足迹增加了 1.56 倍，HDI 从 0.61 增加至 0.76，增加了 24.59%（表 4.14、表 4.16）。可见，人均生态足迹增长迅速的干旱/半干旱类型区，

HDI 的增长也快于其他类型旱区。

表 4.16　1990～2010 年中国旱区 HDI 变化

类型	省份	HDI			1990～2010 年 HDI 变化
		1990 年	2000 年	2010 年	
干燥型亚湿润	山东	0.64	0.73	0.81	0.17 (26.56%)*
	河北	0.62	0.71	0.77	0.15 (24.19%)*
	山西	0.64	0.69	0.78	0.14 (21.88%)*
	陕西	0.59	0.67	0.78	0.19 (32.20%)*
	天津	0.73	0.80	0.89	0.16 (21.92%)*
	北京	0.73	0.84	0.87	0.14 (19.18%)*
	合计	0.63	0.72	0.80	0.17 (26.98%)*
干旱/半干旱	内蒙古	0.60	0.67	0.81	0.21 (35.00%)*
	甘肃	0.55	0.63	0.72	0.17 (30.91%)*
	宁夏	0.58	0.66	0.77	0.19 (32.76%)*
	合计	0.58	0.65	0.76	0.18 (31.03%)*
极端干旱	新疆	0.61	0.70	0.76	0.15 (24.59%)*
总计		0.62	0.71	0.79	0.17 (27.42%)*

在省级尺度上，人均生态足迹增长速度与 HDI 增长速度呈显著正相关，相关系数为 0.80($P<0.05$)。如人均生态足迹增长速度排名首位和第二位的内蒙古和宁夏，其 HDI 增长速度也明显快于其他地区(图 4.16)。

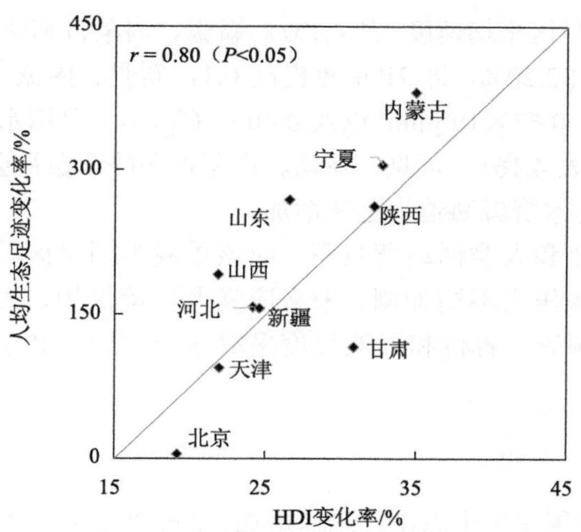

图 4.16　1990～2010 年中国旱区生态足迹变化与 HDI 变化之间的相关性

3) 中国旱区可持续性

区域可持续性是指既能满足区域当代人的需要，又不对后代或其他区域的人满足其需要的能力构成损害的一种特征或状态(Wu, 2013；邬建国等, 2014)。而环境、社会和经济则是评价区域可持续性时所要考虑的三个重要“基线”(Wu, 2013；邬建国等, 2014)。目前，理解三者之间相互联系的前沿理念主要分为“强可持续性”和“弱可持续性”两种(Wu, 2013；邬建国等, 2014)。在强可持续性(strong sustainability)观点中，人造资本(human-made capital)和自然资本(natural capital)是互补且不可相互替代的，以损害环境为代价来发展社会和经济是不可持续的，即认为环境是区域可持续发展的基础，只有保障环境可持续性才能真正实现区域可持续发展(Daly, 1997；邬建国等, 2014)。因此，基于强可持续性理念，从环境可持续性出发，进一步探讨了中国旱区可持续状况。1990～2010 年，旱区虽然社会经济可持续性增加，HDI 提高了 27.42%，但环境可持续性下降明显，生态足迹和用水量增长迅速，分别增加了 2.63 倍和 14.96%，总体上不可持续。

不同类型旱区中，极端旱区类型区环境可持续性下降较快。1990～2010 年，极端干旱类型区资源消耗和水资源压力迅速增加，生态足迹及用水量分别增加了 2.66 倍和 25.80%，均高于旱区平均水平。此外，干燥型亚湿润区域及干旱/半干旱类型区环境可持续性也有不同程度的下降，生态足迹总量分别增加了 6.5088×10^8 ghm^2 和 2.0163×10^8 ghm^2，用水量分别增加了 4.75 km^3 和 4.21 km^3(表 4.14、表 4.15)。

在省级尺度上，新疆、内蒙古及陕西环境可持续性下降较为明显。从生态足迹动态来看，内蒙古、宁夏、山东、陕西和新疆 5 个地区总生态足迹增长速度高于旱区平均值(表 4.14)。从用水量来看，新疆、内蒙古及陕西 3 个地区总用水量分别增加了 25.80%、26.90%及 41.71%，明显超过旱区平均速度(表 4.15)。新疆、内蒙古和陕西同期 HDI 分别增加了 24.59%、35.00%及 32.20%，即 HDI 每提高 0.1，新疆、内蒙古和陕西总生态足迹平均增加 $0.40\times10^8ghm^2$、$0.67\times10^8ghm^2$ 以及 $0.40\times10^8ghm^2$，总用水量平均增加 7.31 km^3、1.84 km^3 及 1.29 km^3(表 4.16)。可见，新疆、内蒙古和陕西在社会经济可持续性提高的过程中，资源消耗量与水资源胁迫均迅速增加。

因此，在气候变化和人类活动背景下，应该重视中国旱区的可持续发展问题。目前，旱区资源消耗和水压力不断加剧，未来应强调环境保护，依据区域资源环境承载能力，因地制宜，在国家、省份和局地尺度采取适应性管理和引导措施，促进旱区可持续发展。

6. 结论

1990～2010 年，中国旱区生态足迹迅速增加，足迹总量从 $3.48\times10^8ghm^2$ 增加到 $12.6\times10^8ghm^2$，增加了 2.63 倍。人均生态足迹从 1.19 ghm^2 增加到 3.58 ghm^2，增加了 2.01 倍。随着生态足迹的增加，旱区生态赤字总量增加了 14.38 倍，人均生态赤字增加了 11.41 倍。不同类型旱区中，干燥型亚湿润区域生态足迹总量及生态赤字总量明显增加，而干旱/半干旱类型区人均生态足迹及人均生态赤字增加量较大。在省级尺度上，内蒙古生态足迹及生态赤字的增加较明显。

1990～2010 年，旱区生态足迹变化与用水量变化之间呈现显著的相关性，从总量上看生态足迹与用水量总体上呈增加趋势。从人均量来看，两者的变化速度显著正相关。同时，中国旱区生态足迹快速增加的过程中，HDI 也明显增加，且人均生态足迹增长率与 HDI 增长率相关系数为 0.80($P<0.05$)。

基于强可持续性观点，1990～2010 年中国旱区总体来看不可持续。虽然旱区社会经济可持续性增加，但环境可持续性明显下降，总生态足迹与总用水量分别增加了 2.63 倍和 14.96%。其中，极端旱区类型区环境可持续性下降明显，总生态足迹和用水量分别增加了 2.66 倍和 25.80%，均超过旱区平均速度。在省级尺度上，新疆、内蒙古和陕西环境可持续性下降相对较快。今后需重点关注中国旱区的可持续发展，积极采取适应性措施，维护和改善区域环境可持续性。

参 考 文 献

陈亚宁, 李稚, 范煜婷, 等. 2014. 西北干旱区气候变化对水文水资源影响研究进展. 地理学报, 69(9): 1295-1304.

陈亚宁, 杨青, 罗毅, 等. 2012. 西北干旱区水资源问题研究思考. 干旱区地理, 35(1): 1-9.

鄂子骥, 阿里木江 · 卡斯木, 买买提江 · 买提尼亚孜, 等. 2018. 基于网格单元的西北干旱区城市土地覆被/土地利用时空变化研究——以新疆喀什市为例. 干旱区地理, 41(3): 625-633.

方创琳, 孙心亮. 2005. 河西走廊水资源变化与城市化过程的耦合效应分析. 资源科学, (2): 2-9.

李骞国, 石培基, 魏伟. 2015. 干旱区绿洲城市扩展及驱动机制——以张掖市为例. 干旱区研究, (3): 598-605.

李俊, 董锁成, 李宇, 等. 2015. 宁蒙沿黄地带城镇用地扩展驱动力分析与情景模拟. 自然资源学报, 30(9): 1472-1485.

李晓文, 方创琳, 黄金川, 等. 2003. 西北干旱区城市土地利用变化及其区域生态环境效应——以甘肃河西地区为例. 第四纪研究, (3): 280-290, 348-349.

马轩凯, 高敏华. 2017. 西北干旱地区绿洲城市土地生态安全动态评价——以新疆库尔勒市为例. 干旱区地理, (1): 172-180.

乔标, 方创琳, 李铭. 2005. 干旱区城市化与生态环境交互胁迫过程研究进展及展望. 地理科学进展, (6): 31-41.

宋彦华, 薛莲荣, 王玉梅, 等. 2009. 半干旱地区城市用地生态适宜性评价——以呼和浩特市为例. 中国沙漠, (5): 942-947.

田龙, 张青峰, 张翔, 等. 2015. 基于改进生态足迹模型的西北地区生态可持续性评价. 干旱区资源与环境, 29(8): 78-81.

邬建国, 郭晓川, 杨劼, 等. 2014. 什么是可持续性科学? 应用生态学报, 25(1): 1-11.

谢高地, 鲁春霞, 成升魁, 等. 2001. 中国的生态空间占用研究. 资源科学, (6): 20-23.

杨艳, 牛建明, 张庆, 等. 2011. 基于生态足迹的半干旱草原区生态承载力与可持续发展研究——以内蒙古锡林郭勒盟为例. 生态学报, (17): 5096-5104.

杨勇, 任志远, 赵昕, 等. 2006. 西部资源型城市生态安全评价与对策——以铜川市为例. 生态学杂志, (9): 1109-1113.

喻忠磊, 杨新军, 石育中. 2012. 关中地区城市干旱脆弱性评价. 资源科学, 34(3): 581-588.

张新焕, 祁毅, 杨德刚, 等. 2009. 基于 CA 模型的乌鲁木齐都市圈城市用地扩展模拟研究. 中国沙漠, 29(5): 820-827.

赵先贵, 肖玲, 兰叶霞, 等. 2005. 陕西省生态足迹和生态承载力动态研究. 中国农业科学, (4): 746-753.
郑晖, 石培基, 何娟娟. 2013. 甘肃省生态足迹与生态承载力动态分析. 干旱区资源与环境, (10): 13-18.
中国国家统计局. 2004—2015. 中国区域经济统计年鉴. 北京: 中国统计出版社.
中国国家统计局. 2004—2015. 中国统计年鉴. 北京: 中国统计出版社.
中国国务院人口普查办公室和中国国家统计局人口预就业统计司. 2002. 中国2000年人口普查资料. 北京: 中国统计出版社.
中国国务院人口普查办公室和中国国家统计局人口预就业统计司. 2012. 中国2010年人口普查资料. 北京: 中国统计出版社.
中国水利部. 2004—2015. 水资源公报. 北京: 中国水利水电出版社.
Bao C, Fang C. 2007. Water resources constraint force on urbanization in water deficient regions: A case study of the Hexi Corridor, arid area of NW China. Ecological Economics, 62(3-4): 508-517.
Borucke M, Moore D, Cranston G, et al. 2013. Accounting for demand and supply of the biosphere's regenerative capacity: The National Footprint Accounts' underlying methodology and framework. Ecological Indicators, 24: 518-533.
China-ASEAN Environmental Cooperation Center, World Wild Fund for Nature. 2014. Ecological Footprint and Sustainable Consumption in China 2014. Retrieved from Beijing.
Daly H. 1997. Georgescu-Roegen versus Solow/Stiglitz. Ecological Economics, 22(3): 261-266.
Deng X, Huang J, Lin Y, et al. 2013. Interactions between climate, socioeconomics, and land dynamics in Qinghai province, China: A LUCD Model-Based Numerical Experiment. Advances in Meteorology, 2013: 1-9.
Ebi K, Fant C, Schlosser C, et al. 2016. Projections of water stress based on an ensemble of socioeconomic growth and climate change scenarios: A Case Study in Asia. Plos One, 11(3): e0150633.
Fang C, Xie Y. 2010. Sustainable urban development in water-constrained Northwest China: A case study along the mid-section of Silk-Road - He-Xi Corridor. Journal of Arid Environments, 74(1): 140-148.
Galli A, Kitzes J, Wermer P, et al. 2007. An Exploration of the Mathematics Behind the Ecological Footprint. Billerica, MA, USA: Wit Press.
Gao B, Huang Q, He C, et al. 2015. Dynamics of urbanization levels in China from 1992 to 2012: Perspective from DMSP/OLS nighttime light data. Remote Sensing, 7(2): 1721-1735.
Gassert F, Luck M, Landis M, et al. 2014. Aqueduct Global Maps 2. 1: Constructing Decision-Relevant Global Water Risk Indicators. Washington, DC: World Resources Institute.
Goldewijk K, Beusen A, Doelman J, et al. 2017. Anthropogenic land use estimates for the Holocene–HYDE 3. 2. Earth System Science Data, 9(1): 927-953.
Goldewijk K, Beusen A, Janssen P. 2010. Long-term dynamic modeling of global population and built-up area in a spatially explicit way: HYDE 3. 1. Holocene, 20(4): 565-573.
Han H, Yang C, Song J. 2015. Scenario simulation and the prediction of land use and land cover change in Beijing, China. Sustainability, 7(4): 4260-4279.
Han L, Zhou W, Li W. 2015. City as a major source area of fine particulate ($PM_{2.5}$) in China. Environmental Pollution, 206: 183-187.
He C, Li J, Zhang X, et al. 2017. Will rapid urban expansion in the drylands of northern China continue: A scenario analysis based on the Land Use Scenario Dynamics-urban model and the Shared Socioeconomic Pathways. Journal of Cleaner Production, 165: 57-69.
He C, Liu Z, Gou S, et al. 2019. Detecting global urban expansion over the last three decades using a fully convolutional network. Environmental Research Letters, 14(3): 034008.
He C, Liu Z, Tian J, et al. 2014. Urban expansion dynamics and natural habitat loss in China: A multiscale

landscape perspective. Global Change Biology, 20(9): 2886-2902.

He C, Okada N, Zhang Q, et al. 2006. Modeling urban expansion scenarios by coupling cellular automata model and system dynamic model in Beijing, China. Applied Geography, 26(3-4): 323-345.

He C, Zhang D, Huang Q, et al. 2016. Assessing the potential impacts of urban expansion on regional carbon storage by linking the LUSD-urban and InVEST models. Environmental Modelling & Software, 75: 44-58.

He C, Zhao Y, Huang Q, et al. 2015. Alternative future analysis for assessing the potential impact of climate change on urban landscape dynamics. Science of the Total Environment, 532: 48-60.

He C, Zhao Y, Tian J, et al. 2013. Modelling the urban landscape dynamics in a megalopolitan cluster area by incorporating a gravitational field model with cellular automata. Landscape and Urban Planning, 113: 78-89.

Huang L, Wu J, Yan L. 2015. Defining and measuring urban sustainability: A review of indicators. Landscape Ecology, 30(7): 1175-1193.

Hubacek K, Guan D, Barrett J, et al. 2009. Environmental implications of urbanization and lifestyle change in China: Ecological and Water Footprints. Journal of Cleaner Production, 17(14): 1241-1248.

Ives C, Lentini P, Threlfall C, et al. 2016. Cities are hotspots for threatened species. Global Ecology and Biogeography, 25(1): 117-126.

Jiang L, O'Neill B. 2017. Global urbanization projections for the Shared Socioeconomic Pathways. Global Environmental Change, 42: 193-199.

Jiang P, Cheng L, Li M, et al. 2015. Impacts of LUCC on soil properties in the riparian zones of desert oasis with remote sensing data: A case study of the middle Heihe River basin, China. Scienceof the Total Environment, 506-507: 259-271.

Jiang Y. 2015. China's water security: Current status, emerging challenges and future prospects. Environmental Science & Policy, 54: 106-125.

Kitzes J, Galli A, Bagliani M, et al. 2009. A research agenda for improving national Ecological Footprint accounts. Ecological Economics, 68(7): 1991-2007.

Li C, Li J, Wu J. 2013. Quantifying the speed, growth modes, and landscape pattern changes of urbanization: A hierarchical patch dynamics approach. Landscape Ecology, 28(10): 1875-1888.

Liu J, Kuang W, Zhang Z, et al. 2014. Spatiotemporal characteristics, patterns, and causes of land-use changes in China since the late 1980s. Journal of Geographical Sciences, 24(2): 195-210.

Liu J, Liu M, Tian H, et al. 2005. Spatial and temporal patterns of China's cropland during 1990-2000: An analysis based on Landsat TM data. Remote Sensing of Environment, 98(4): 442-456.

Liu J, Yang W. 2012. Water sustainability for China and beyond. Science, 337(6095): 649-650.

Liu X, Shen Y, Guo Y, et al. 2015. Modeling demand/supply of water resources in the arid region of northwestern China during the late 1980s to 2010. Journal of Geographical Sciences, (5): 573-591.

Luck M, Landis M, Gassert F. 2015. Aqueduct Water Stress Projections: Decadal Projections of Water Supply and Demand Using CMIP5 GCMs. Technical Note. Washington, DC: World Resources Institute.

Lyons W. 2014. Water and urbanization. Environmental Research Letters, 9(11): 111002.

Masutomi Y, Inui Y, Takahashi K, et al. 2009. Development of highly accurate global polygonal drainage basin data. Hydrological Processes, 23(4): 572-584.

McDonald R, Weber K, Padowski J, et al. 2014. Water on an urban planet: Urbanization and the reach of urban water infrastructure. Global Environmental Change, 27: 96-105.

MEA. 2005. Ecosystems and Human Well-being: Synthesis. Washington DC: Island Press.

Ministry of Water Resource of China. 2004-2015. China Water Resources Bulletin. Beijing: China

Water&Power Press,

Munia H, Guillaume J, Mirumachi N, et al. 2016. Water stress in global transboundary river basins: Significance of upstream water use on downstream stress. Environmental Research Letters, 11(1).

O'Neill B, Carter T, Ebi K, et al. 2012. Meeting Report of the Workshop on The Nature and Use of New Socioeconomic Pathways for Climate Change Research. Boulder, CO: Integrated Science Program at the National Center for Atmospheric Research.

O'Neill B, Kriegler E, Ebi K, et al. 2017. The roads ahead: Narratives for shared socioeconomic pathways describing world futures in the 21st century. Global Environmental Change, 42: 169-180.

O'Neill B, Kriegler E, Riahi K et al. 2014. A new scenario framework for climate change research: The concept of shared socioeconomic pathways. Climatic Change, 122(3): 387-400.

Oki T, Kanae S. 2006. Global hydrological cycles and world water resources. Science, 313(5790): 1068-1072.

Sabo J, Sinha T, Bowling L, et al. 2010. Reclaiming freshwater sustainability in the Cadillac Desert. Proceedings of the National Academy of Sciences of the United States of America, 107(50): 21263-21270.

Samir K, Lutz W. 2017. The human core of the shared socioeconomic pathways: Population scenarios by age, sex and level of education for all countries to 2100. Global Environmental Change, 42: 181-192.

Schewe J, Heinke J, Gerten D, et al. 2014. Multimodel assessment of water scarcity under climate change. Proceedings of the National Academy of Sciences of the United States of America, 111(9): 3245-3250.

Shangguan Z, Lei T, Shao M, Jia Z. 2001. Water management and grain production in dryland farming areas in China. International Journal of Sustainable Development and World Ecology, 8(1): 41-45.

Shiklomanov I, Rodda J. 2004. World Water Resources at the Beginning of the Twenty-First Century. Cambridge: Cambridge University Press.

Siebert S, Henrich V, Frenken K, et al. 2013. Global Map of Irrigation Areas version 5.

Tao S, Fang J, Zhao X, et al. 2015. Rapid loss of lakes on the Mongolian Plateau. Proceedings of the National Academy of Sciences, 112(7): 2281-2286.

United Nations Development Program. 2013. China Human Development Report 2013: Sustainable and Liveable Cities: Toward Ecological Urbanization.

Verburg P, van Asselen S, van der Zanden E, et al. 2013. The representation of landscapes in global scale assessments of environmental change. Landscape Ecology, 28(6): 1067-1080.

Verburg P, Veldkamp A, Fresco L. 1999. Simulation of changes in the spatial pattern of land use in China. Applied Geography, 19(3): 211-233.

Vörösmarty C, Green P, Salisbury J, et al. 2000. Global water resources: Vulnerability from climate change and population growth. Science: 289(5477): 284-288.

Wackernagel M, Lewan L, Hansson C. 1999a. Evaluating the use of natural capital with the ecological footprint- Applications in Sweden and subregions. Ambio, 28(7): 604-612.

Wackernagel M, Monfreda C, Moran D. 2005. National Footprint and Biocapacity Accounts 2005.

Wackernagel M, Onisto L, Bello P, et al. 1999b. National natural capital accounting with the ecological footprint concept. Ecological Economics, 29(3): 375-390.

Wackernagel M, Rees W. 1997. Perceptual and structural barriers to investing in natural capital: Economics from an ecological footprint perspective. Ecological Economics, 20(1): 3-24.

Wackernagel M, Schulz N, Deumling D, et al. 2002. Tracking the ecological overshoot of the human economy. Proceedings of the national Academy of Sciences, 99(14): 9266-9271.

Wada Y, de Graaf I, van Beek L. 2016a. High-resolution modeling of human and climate impacts on global water resources. Journal of Advances in Modeling Earth Systems, 8(2): 735-763.

Wada Y, Floerke M, Hanasaki N et al. 2016b. Modeling global water use for the 21st century: The Water Futures and Solutions（WFaS）initiative and its approaches. Geoscientific Model Development, 9(1): 175-222.

Wada Y, van Beek L, Bierkens M. 2011. Modelling global water stress of the recent past: On the relative importance of trends in water demand and climate variability. Hydrology and Earth System Sciences, 15(12): 3785-3808.

Wang J, Zhong L, Long Y. 2016. "Baseline Water Stress: China" Technical Note. Beijing: World Resources Institute.

Wiedmann T, Barrett J. 2010. A review of the ecological footprint indicator—perceptions and methods. Sustainability, 2(6): 1645-1693.

WMO. 1997. Comprehensive assessment of the freshwater resources of the world. Stockholm, Sweden.

World Wide Fund for Nature, China Council for International Cooperation on Environment and Development. 2010. Report on Ecological Footprint in China.

Wu J, Wu T. 2015. Response to the United Nations' Sustainable Development Goals（SDG #7）: Ensure access to affordable, reliable, sustainable and modern energy for all. The United Nations Chronicle,（4）: 17-18.

Wu J. 2010. Urban sustainability: An inevitable goal of landscape research. Landscape Ecology, 25(1): 1-4.

Wu J. 2013. Landscape sustainability science: Ecosystem services and human well-being in changing landscapes. Landscape Ecology, 28(6): 999-1023.

Xie Y, Fan S. 2012. Multi-city sustainable regional urban growth simulation—MSRUGS: A case study along the mid-section of Silk Road of China. Stochastic Environmental Research and Risk Assessment, 28(4): 829-841.

Xu M, He C, Liu Z, et al. 2016. How did urban land expand in China between 1992 and 2015? A multi-scale landscape analysis. PLoS One, 11(5): e0154839.

Zhang Q, Liu B, Zhang W, et al. 2015. Assessing the regional spatio-temporal pattern of water stress: A case study in Zhangye City of China. Physics and Chemistry of the Earth, 79-82: 20-28.

Zhang Q, Schaaf C, Seto K. 2013. The Vegetation Adjusted NTL Urban Index: A new approach to reduce saturation and increase variation in nighttime luminosity. Remote Sensing of Environment, 129: 32-41.

Zhang X, Zhao Q. 2014. Water supply and sanitation in China: A review. Proceedings of the Institution of Civil Engineers-Municipal Engineer, 167(3): 154-156.

Zhao X, Liu J, Liu Q, et al. 2015. Physical and virtual water transfers for regional water stress alleviation in China. Proceedings of the National Academy of Sciences of the United States of America, 112(4): 1031-1035.

第5章 中国北方农牧交错带城市景观过程和可持续性

5.1 城市景观过程和趋势*

1. 问题的提出

中国北方农牧交错带是指将我国东北、华北农区与天然草地牧区分割的生态过渡带，即年平均降水量为250～500 mm的半干旱地区（王静爱等, 1999；史培军等, 2009），其是中国旱区的重要组成部分。该地区面临着水资源短缺、生态环境恶化和对气候变化敏感等问题，而且随着社会经济的快速发展，该地区正在经历快速的城市景观过程（Hao et al., 2017）。这一过程正面临气候变化的严峻挑战（IPCC, 2013）。气候变化过程将影响区域水资源量，进而成为影响区域城市景观过程的一个重要因素。评价气候变化对区域城市景观过程的影响可以为合理规划新增城市用地提供帮助，对于区域城市可持续发展具有重要意义。本节的目的是定量评估和理解气候变化对中国北方农牧交错带城市景观过程的影响。为此，首先设置了气候变化情景，然后通过分区应用 LUSD-urban 模型模拟了不同气候变化情景下中国北方农牧交错带2015～2050年城市景观过程，最后通过对比不同情景下的模拟结果评价了气候变化对区域城市景观过程的影响。

2. 研究区和数据

1）研究区

中国北方农牧交错带位于100°～125°E和34°～49°N，总面积为72.6万km^2，占国土总面积的8.11%（图5.1）。该区域地处半湿润大陆性季风气候向干旱典型大陆性气候过渡的地区，年平均气温 2～8℃，年平均降水量 250～500 mm，中心地带降水量 400～450 mm。中国北方农牧交错带是东北、华北平原和黄土高原向内蒙古高原、青藏高原的过渡带，海拔由东北向西南递增，最低处不及 200 m，最高处接近 4500 m（赵哈林等, 2002）。土壤类型主要包括灰钙土、栗钙土、黑钙土和风沙土。自然景观表现为森林草原与灌木草原向荒漠草原过渡，人文景观表现为农区向牧区过渡。

中国北方农牧交错带地跨内蒙古、山西和陕西等10个省级行政区，涉及39个城市。2010年全区总人口为6681万人，约占全国总人口的4.98%（中华人民共和国国家统计局, 2016）。区域城镇人口为2965万人，城市化率为44.38%。全区39个城市中，齐齐哈尔市的城镇人口超过300万人，兰州、张家口和呼和浩特等5个城市的城镇人口在200～300万，榆林、鄂尔多斯和西宁等11个城市的城镇人口在100万～200万（图5.1）。

---

* 本节内容主要基于 Liu Z, Yang Y, He C, et al. 2019. Climate change will constrain the rapid urban expansion in drylands: A scenario analysis with the zoned land use scenario dynamics-urban model. Science of The Total Environment, 651: 2772-2786.

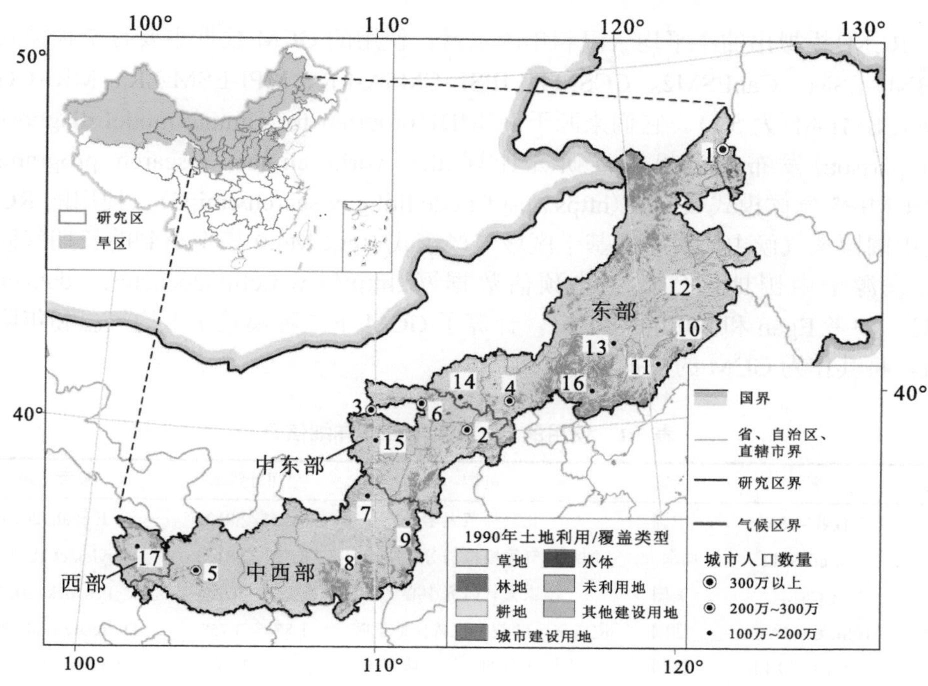

图 5.1　研究区示意图

图中数字表示 2010 年城镇人口超过 100 万人的城市，它位是：1—齐齐哈尔，2—大同，3—包头，4—张家口，5—兰州，6—呼和浩特，7—玉林，8—延安，9—吕梁，10—阜新，11—朝阳，12—通辽，13—赤峰，14—乌兰察布，15—鄂尔多斯，16—承德，17—西宁。

2）数据

1992～2015 年城市土地数据来自于 He 等（2014）和 Xu 等（2016）建立的中国城市土地信息数据集。该数据空间分辨率为 1 km，平均总体精度为 92.62%，数量误差为 1.49%，位置误差为 5.89%，Kappa 系数为 0.60。这套数据可以在大尺度上准确地反映中国北方农牧交错带 1992～2015 年城市景观过程。

1990 年土地利用/覆盖数据来自中国土地利用/覆盖数据集（National Land Use/Cover Datasets）（http://www.geodata.cn/Portal/index.jsp）。该数据集是以 Landsat TM/ETM+和 HJ-1/1B 等影像为基础建立起来的，其分类系统包含耕地、林地、草地、水体、建设用地和未利用地六大类。数据空间分辨率为 1 km，总体分类精度在 90%以上，可以准确表示中国北方农牧交错带土地利用覆盖状况（Liu et al., 2014）。

气象观测数据来源于中国气象数据网（http://data.cma.cn），包括研究区内各站点 2000～2015 年年平均气温和年降水量数据。在获得各站点各项气象指标的值后，利用克里金插值法对站点数据进行了空间插值，得到了空间分辨率为 1 km 的逐年平均气温和降水量数据（Pei et al., 2013）。

使用的气候模式模拟数据包括 RCP2.6、RCP4.5 和 RCP8.5 三种排放情景下 2006～2050 年全球气候模式（global climate model，GCM）数据和区域气候模式（regional climate model，RCM)模拟出的年平均气温和年降水量。使用的 GCM 数据主要有 7 种模式，分别为 BNU-ESM、CanESM2、CCSM4、IPSL-CM5A-LR、MPI-ESM-LR、MRI-CGCM3 以及 NorESM1-M(表 5.1)。它们来源于 PCMDI(program for climate model diagnosis and intercomparison)发布的世界气候研究计划(the world climate research programme，WCRP)CMIP5 气候模式数据集(https://esgf-node.llnl.gov/search/cmip5)。使用的 RCM 数据是由中国国家气候中心发布的基于区域气候模式 RegCM4.0 模拟得到的长期气候变化数据，来源于中国地区气候变化预估数据网(http://www.climatechange- data.cn/en/)(表 5.1)。参考 Egan 和 Mullin (2016)，计算了 GCM 下 7 种模式年平均气温和年降水量的均值，将其作为 GCM 的模拟结果。

表 5.1　使用的 GCM 和 RCM 详细信息

模式	名称	国家	机构	空间分辨率	参考文献
GCM	BNU-ESM	中国	北京师范大学	2.8125°×2.8125°	Ji et al., 2014
	CanESM2	加拿大	加拿大气候模拟与分析中心	2.8125°×2.8125°	Chylek et al., 2011
	CCSM4	美国	国家大气研究中心	0.9375°×1.25°	Peacock, 2012
	IPSL-CM5A-LR	法国	皮埃尔·西蒙·拉普拉斯学院	1.875°×3.75°	Dufresne et al., 2013
	MPI-ESM-LR	德国	马克斯·普朗克气象研究所	1.875°×1.875°	Stevens et al., 2013
	MRI-CGCM3	日本	气象研究所	1.125°×1.125°	Yukimoto et al., 2012
	NorESM1-M	挪威	挪威气候中心	1.875°×2.5°	Bentsen et al., 2013
RCM	RegCM4.0	中国	国家气候中心	1°×1°	Giorgi et al., 2012

2000～2015年社会经济统计数据包括来源于各省统计年鉴的城市人口和地区生产总值以及来源于各省(区、市)《水资源公报》的水资源量与用水量。DEM 数据来源于中国科学院计算机网络信息中心的地理空间数据云平台(http://www.gscloud.cn)。基础地理信息数据来源于国家基础地理信息中心(http://ngcc.sbsm.gov.cn)，包括中国北方农牧交错带的行政边界、行政中心、国道、省道、高速公路和铁路数据。

3. 方法

1)设置气候变化情景

参考 IPCC AR5，基于 RCP2.6、RCP4.5 和 RCP8.5 三种温室气体排放路径设置了气候变化情景(图 5.2)(van Vuuren et al., 2011; IPCC, 2014)。其中，RCP2.6 是指辐射强迫在 2010～2020 年达到峰值，之后开始下降，2100 年辐射强迫相对于工业革命前的增幅控制在 2.6 W/m^2 的温室气体排放路径，该路径下全球 2006～2100 年预计增温 1.0℃(IPCC, 2014)。RCP2.6 是 RCPs 中温室气体排放量和增温幅度最小的路径，代表了采取极严格减排政策的气候变化情景。RCP4.5 是指辐射强迫大约在 2040 年达到峰值，而后下降，2100 年辐射强迫相对于工业革命前的增幅稳定在 4.5 W/m^2 的温室气体排放路径，该路径下全球 2006～2100 年预计增温 1.8℃(IPCC, 2014)。RCP4.5 代表了采取适度减排政策的气候变化情景。RCP 8.5 是指未来辐射强迫持续增长，2100 年辐射强迫相对于工业革命前的增幅达到 8.5 W/m^2 的温室气体排放路径，该路径下全球 2006～2100 年预计增温 3.7℃(IPCC, 2014)。RCP8.5 是 RCPs 中温室气体排放量和增温幅度最大的路径，代表了未采取减排措施的气候变化情景。

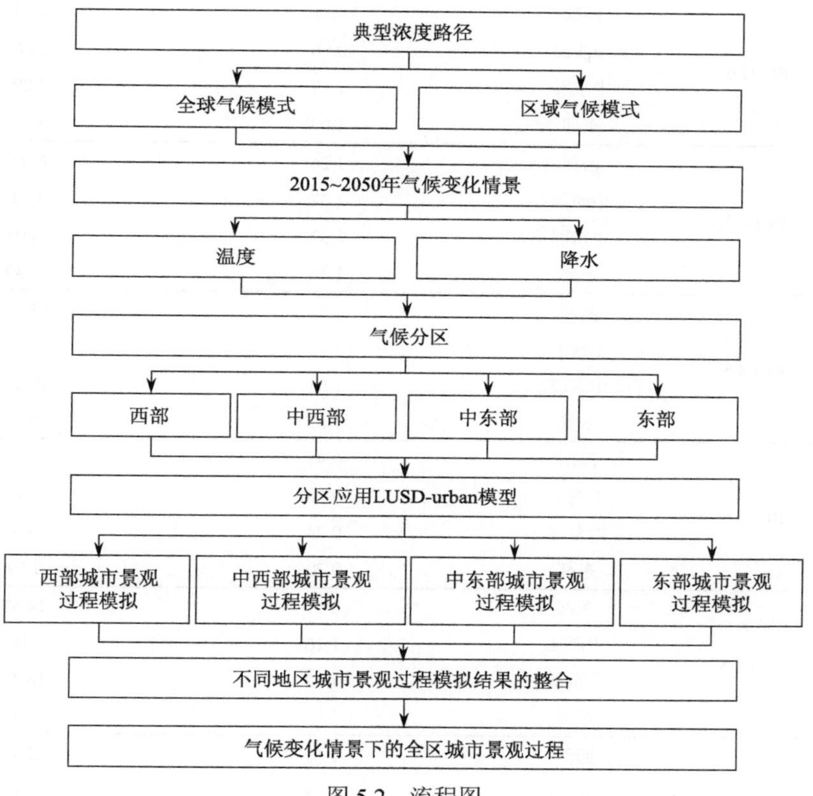

图 5.2　流程图

气候模式是根据基本的物理和化学定律建立的描述气候系统变化的数学物理方程组，已成为模拟不同情景下气候变化的主要工具(IPCC, 2014)。根据模拟尺度的差异，气候模式通常被分为 GCM 和 RCM 两类(Giorgi et al., 2012; IPCC, 2014)。其中，GCM 可以比较综合地反映全球气候变化过程，RCM 则可以更为有效地描述区域气候特征。考虑到两类气候模式的模拟结果均存在不确定性，参考 He 等(2015)，RCP2.6、RCP4.5 和 RCP8.5 三种情景下均采用了 GCM 与 RCM 的模拟结果。最终，共设置了 GCM-RCP2.6、GCM-RCP4.5、GCM-RCP8.5、RCM-RCP2.6、RCM-RCP4.5 和 RCM-RCP8.5 六种气候变化情景(表 5.2)。

2) 分区应用 LUSD-urban 模型

考虑到不同地区的气候变化特征存在明显差异，基于 He 等(2015)的研究，通过分区应用 LUSD-urban 模型来模拟气候变化影响下的中国北方农牧交错带城市景观过程(图 5.2)。首先，根据区域气候变化特征，将整个研究区划分为若干个子区域。然后，在每个子区域，分别利用 LUSD-urban 模型模拟了不同情景下的城市景观过程。最后，整合了各子区域的模拟结果，获得了全区不同情景下的城市景观过程。

表 5.2　气候变化情景

气候模式	情景	气候分区	2015～2050 年 年均气温变化/℃*	2015～2050 年 年降水量变化率/%*
GCM	RCP2.6	西部	0.81	7.04
		中西部	0.98	2.26
		中东部	1.12	4.29
		东部	1.09	8.46
	RCP4.5	西部	1.26	6.04
		中西部	1.37	4.83
		中东部	1.37	13.04
		东部	1.30	15.49
	RCP8.5	西部	1.75	13.77
		中西部	1.72	13.46
		中东部	1.68	10.22
		东部	1.82	10.91
RCM	RCP2.6	西部	0.98	–11.77
		中西部	0.70	2.67
		中东部	0.74	–3.61
		东部	0.70	2.59
	RCP4.5	西部	0.91	14.57
		中西部	1.16	5.09
		中东部	1.02	18.41
		东部	0.98	18.37
	RCP8.5	西部	1.82	22.75
		中西部	1.68	9.04
		中东部	1.51	13.27
		东部	1.61	10.22

* 根据 Shi 等(2014)的线性趋势分析，计算了年平均温度的变化和年降水量的变化。

(1)基于气候变化特征的分区。参考 Shi 等(2014)，根据中国北方农牧交错带 1961～2010 年气候变化特征，将该区域划分为西部、中西部、中东部和东部四个子区域(图 5.1)。这四个区域在 2015～2050 年的气候变化特征也将具有明显差异(表 5.2)。其中，西部年平均气温将上升 0.81～1.82 ℃，年降水量变化率为–11.77%～22.75%(表 5.2)。中西部年平均气温将上升 0.70～1.72 ℃，年降水量将增加 2.26%～13.46%(表 5.2)。中东部年平均气温将上升 0.74～1.68 ℃，年降水量变化率在–3.61%～18.41%(表 5.2)。东部年平均气温将增加 0.70～1.82 ℃，年降水量将增加 2.59%～18.37%(表 5.2)。

(2)基于 LUSD-urban 模型分区模拟城市景观过程。LUSD-urban 模型由基于 SD 模型的城市土地需求模拟模块和基于 CA 模型的城市土地空间分配模拟模块两个部分构成，其基本思路是根据城市土地供需平衡的原理，先模拟区域城市土地需求，再模拟区域城市土地的空间分配(He et al., 2008，2015)。首先，参考 He 等(2015)，假设气候变化会通过影响区域水资源量进而影响城市土地需求。根据此假设，在四个子区域分别构建了 LUSD-urban 模型的城市土地需求模拟模块以模拟气候变化影响下的城市土地需求量(图 5.3)。该模块基于区域城市人口增长趋势和 GDP 变化趋势以及水资源约束下的区域城市人口承载力和经济承载力，模拟区域城市人口数量和 GDP 总量，进而利用区域城市人口和 GDP 总量模拟区域城市土地需求(图 5.3)。其中，水资源限制下的最大城市人口承载力的计算过程可表示为

$$\mathrm{UPCC}_i = \frac{w_i \varepsilon_i \mathrm{WR}_i}{\mathrm{WC}_i} \tag{5.1}$$

式中，UPCC_i 为第 i 个子区域水资源约束下的最大城市人口承载力；WR_i 为第 i 个子区域的水资源量；WC_i 为该区域人均耗水量；w_i 和 ε_i 分别为该区域城市用水占总用水量的比例与该区域供水能力因子(即用水量占水资源量的比例)。水资源限制下的最大经济承载力的计算过程可表示为

$$\mathrm{ECC}_i = \frac{\varepsilon_i \mathrm{WR}_i}{\mathrm{WC}_{\mathrm{GDP},i}} \tag{5.2}$$

式中，ECC_i 为第 i 个子区域水资源约束下的最大经济承载力；$\mathrm{WC}_{\mathrm{GDP},i}$ 为该区域单位 GDP 耗水量。区域水资源量的计算过程可表示为

$$\mathrm{WR}_i = a_i P_i + b_i T_i + c_i \tag{5.3}$$

式中，P_i 和 T_i 表示该区域的年平均气温和年降水量；a_i、b_i 和 c_i 为回归系数。

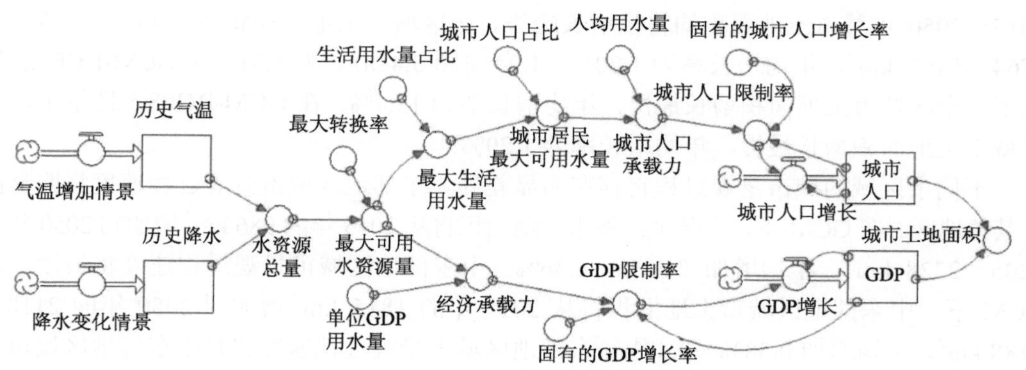

图 5.3　城市土地需求模拟模块

然后，参考 He 等(2006，2015)，假设城市土地的空间分配主要受到适宜性、继承性和邻域的影响。基于该假设，在四个子区域分别利用 LUSD-urban 模型模拟了城市土地的空间分配。具体地，在四个子区域分别计算了所有作为非城市像元转为城市像元的概率。计算公式同式(5.3)。在此基础上，在各子区域以一年为一个模拟周期，在一个模拟周期内先选出转为城市像元概率最高的非城市像元，将该像元转为城市像元。再重复此转换过程，直到城市土地的总量满足气候变化影响下的城市土地需求为止。

3）模拟结果的整合

在分别模拟出各子区域的城市景观过程之后，对模拟结果进行整合，以获取全区城市景观过程信息。整合过程可表示为

$$
{}^{t}\mathrm{UL}_j=\begin{cases}{}^{t}\mathrm{UL}_j^{\mathrm{Western}} & \text{当 } R_j^{\mathrm{Western}}=1\\ {}^{t}\mathrm{UL}_j^{\mathrm{Mid\text{-}western}} & \text{当 } R_j^{\mathrm{Mid\text{-}western}}=1\\ {}^{t}\mathrm{UL}_j^{\mathrm{Mid\text{-}eastern}} & \text{当 } R_j^{\mathrm{Mid\text{-}eastern}}=1\\ {}^{t}\mathrm{UL}_j^{\mathrm{Eastern}} & \text{当 } R_j^{\mathrm{Eastern}}=1\end{cases} \tag{5.4}
$$

式中，${}^{t}\mathrm{UL}_j$ 表示第 j 个像元在 t 时刻是否为城市土地；R_j^{Western}、$R_j^{\mathrm{Mid\text{-}western}}$、$R_j^{\mathrm{Mid\text{-}eastern}}$ 和 R_j^{Eastern} 分别表示该像元是否属于西部、中西部、中东部和东部四个子区域，1 表示属于，0 表示不属于，${}^{t}\mathrm{UL}_j^{\mathrm{Western}}$、${}^{t}\mathrm{UL}_j^{\mathrm{Mid\text{-}western}}$、${}^{t}\mathrm{UL}_j^{\mathrm{Mid\text{-}eastern}}$ 和 ${}^{t}\mathrm{UL}_j^{\mathrm{Eastern}}$ 用于表示该像元在归属的子区域中是否为城市土地。

4. 结果

1）GCM 下的区域未来城市景观过程

在 GCM-RCP2.6、GCM-RCP4.5 和 GCM-RCP8.5 三种情景下，中国北方农牧交错带 2015～2050 年城市土地面积均将呈增长趋势。全区城市土地面积将从 3800 km^2 增加到 5764～5857 km^2，年均增长率为 1.20%～1.24%[图 5.4(a)、表 5.3]。在 GCM-RCP4.5 情景下，全区城市土地面积增长最快，年均增长率为 1.24%。在 GCM-RCP8.5 情景下，全区城市土地面积增长最慢，年均增长率为 1.20%。

不同子区域的城市景观过程将存在明显差异。东部地区城市景观过程速度将明显高于其他地区。在 GCM 下，东部地区城市土地面积将从 2015 年的 986 km^2 增加到 2050 年的 2205～2228 km^2，年均增加 2.33%～2.36%。中东部地区城市景观过程速度将最慢。在 GCM 下，中东部地区城市土地面积将从 2015 年的 1855 km^2 增加到 2050 年的 2118～2188 km^2，年均增加 0.38%～0.47%。东部地区城市景观过程速度将是中东部地区城市景观过程速度的 5～6 倍(图 5.4、图 5.5、表 5.3)。

阜新、通辽、铜川和张家口 2015～2050 年的城市景观过程速度将明显高于其他城市。阜新的城市景观过程速度将最快。在 GCM 下，阜新城市土地面积将从 2015 年的 64 km^2 增加到 2050 年的 245 km^2，年均增加 3.91%。在 GCM 下，通辽、铜川和张家口 2015～2050 年城市土地面积年均增长率也将超过 3%。其他城市的年均城市土地面积增长率将不足 2%(图 5.5)。

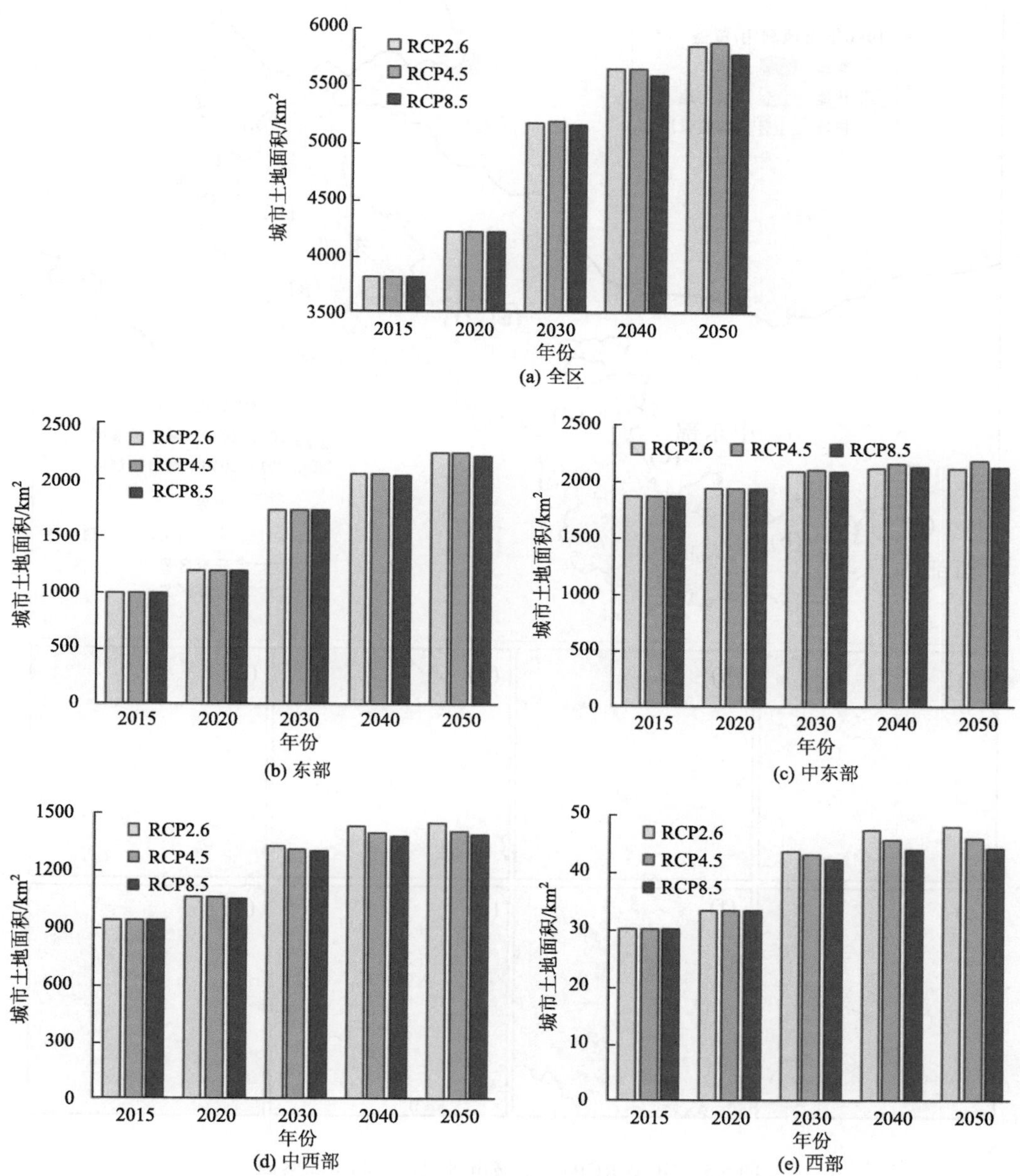

图 5.4　基于 GCM 的气候变化情景下的全区城市景观过程

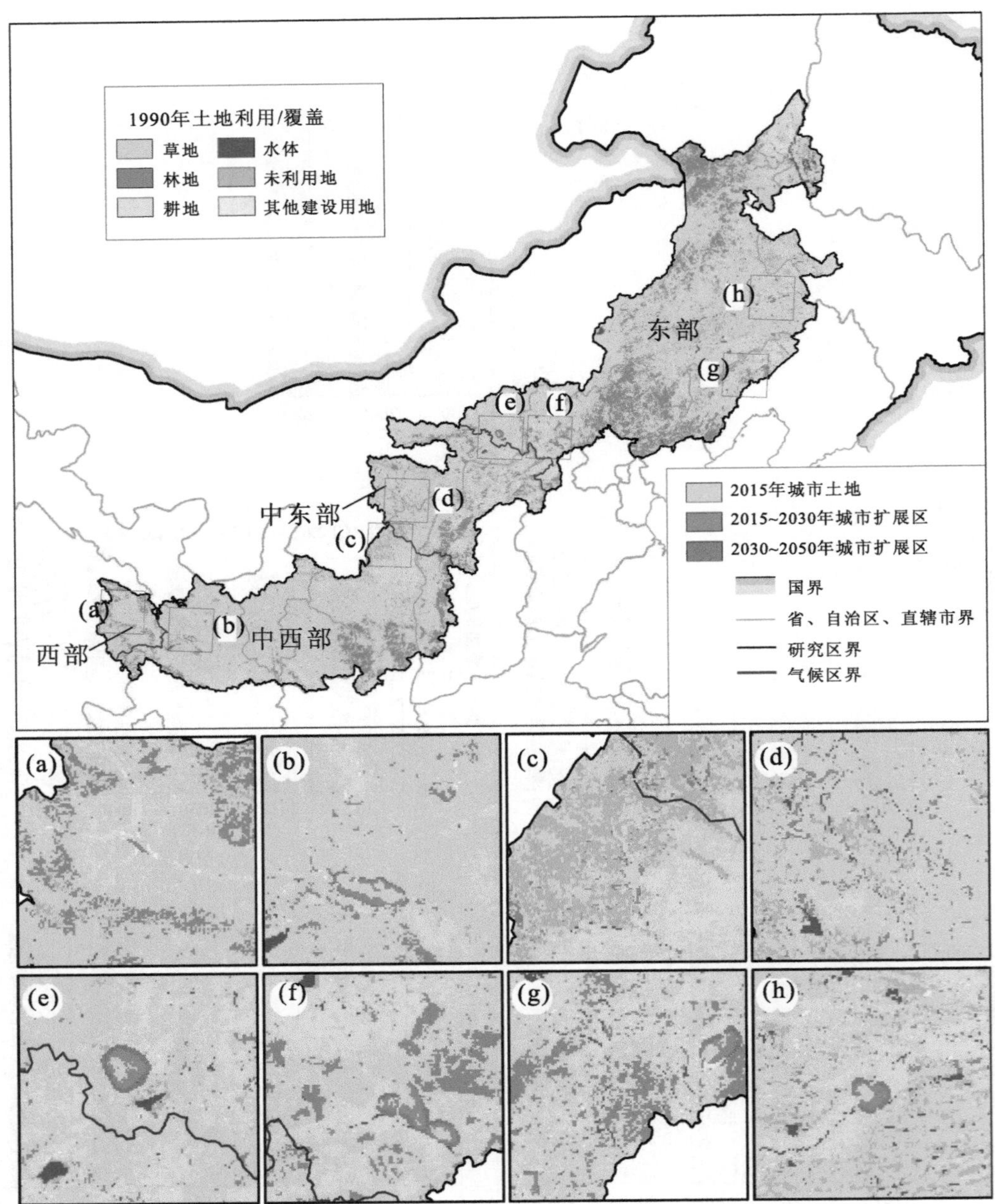

图 5.5　GCM-RCP4.5 下城市景观过程的空间格局

列出城市扩展面积最大的 8 个城市，包括：(a)西宁，(b)兰州，(c)榆林，(d)鄂尔多斯，(e)乌兰察布，(f)张家口，(g)阜新，(h)通辽。

表 5.3　气候变化情景下的城市土地面积变化

气候模式	情景	气候分区	城市土地面积/km^2					2015～2050 年
			2015 年	2020 年	2030 年	2040 年	2050 年	年变化率/%
GCM	RCP2.6	西部	30	33	43	47	48	1.33
		中西部	929	1052	1317	1425	1446	1.27
		中东部	1855	1933	2085	2116	2118	0.38
		东部	986	1184	1719	2043	2226	2.35
		全区	3800	4201	5164	5631	5837	1.23
	RCP4.5	西部	30	33	43	45	46	1.21
		中西部	929	1049	1300	1388	1395	1.17
		中东部	1855	1935	2106	2162	2188	0.47
		东部	986	1184	1719	2044	2228	2.36
		全区	3800	4201	5169	5640	5857	1.24
	RCP8.5	西部	30	33	42	44	44	1.10
		中西部	929	1049	1295	1376	1380	1.14
		中东部	1855	1933	2091	2129	2136	0.40
		东部	986	1184	1716	2031	2205	2.33
		全区	3800	4199	5144	5580	5764	1.20
RCM	RCP2.6	西部	30	33	43	46	46	1.24
		中西部	929	1051	1324	1447	1486	1.35
		中东部	1855	1932	2080	2106	2106	0.36
		东部	986	1184	1720	2046	2232	2.36
		全区	3800	4200	5167	5645	5870	1.25
	RCP4.5	西部	30	33	43	47	48	1.34
		中西部	929	1050	1309	1409	1424	1.23
		中东部	1855	1938	2130	2214	2269	0.58
		东部	986	1184	1722	2052	2243	2.38
		全区	3800	4205	5204	5722	5984	1.31
	RCP8.5	西部	30	33	42	44	44	1.11
		中西部	929	1049	1292	1368	1371	1.12
		中东部	1855	1935	2104	2158	2180	0.46
		东部	986	1184	1717	2034	2211	2.33
		全区	3800	4200	5155	5604	5806	1.22

2) RCM 下的区域未来城市景观过程

在 RCM-RCP2.6、RCM-RCP4.5 和 RCM-RCP8.5 三种情景下，全区城市土地面积在 2015～2050 年将明显增加。2015～2050 年，全区城市土地面积将从 3800 km^2 增加到 5806～5984 km^2，年均增长 1.22%～1.31%。在 RCM-RCP4.5 情景下，全区城市景观过程速度最快，城市土地面积的年均增长率将达到 1.31%。在 RCM-RCP8.5 情景下，全区城市景观过程速度最慢，城市土地面积的年均增长率为 1.22%[图 5.6(a)、表 5.3]。

东部地区城市景观过程速度将明显快于其他地区。在 RCM 下，东部地区 2015～2050 年城市土地面积将从 986 km^2 增加到 2211～2243 km^2，年均增加 2.33%～2.38%[图 5.6(b)、表 5.3]。中东部地区城市景观过程速度将最慢，2015～2050 年城市土地面积将从 1855 km^2 增加到 2106～2269 km^2，年均增加 0.36%～0.58%[图 5.6(c)、表 5.3]。东部地区城市景观过程速度将是中东部地区城市景观过程速度的 4～7 倍。

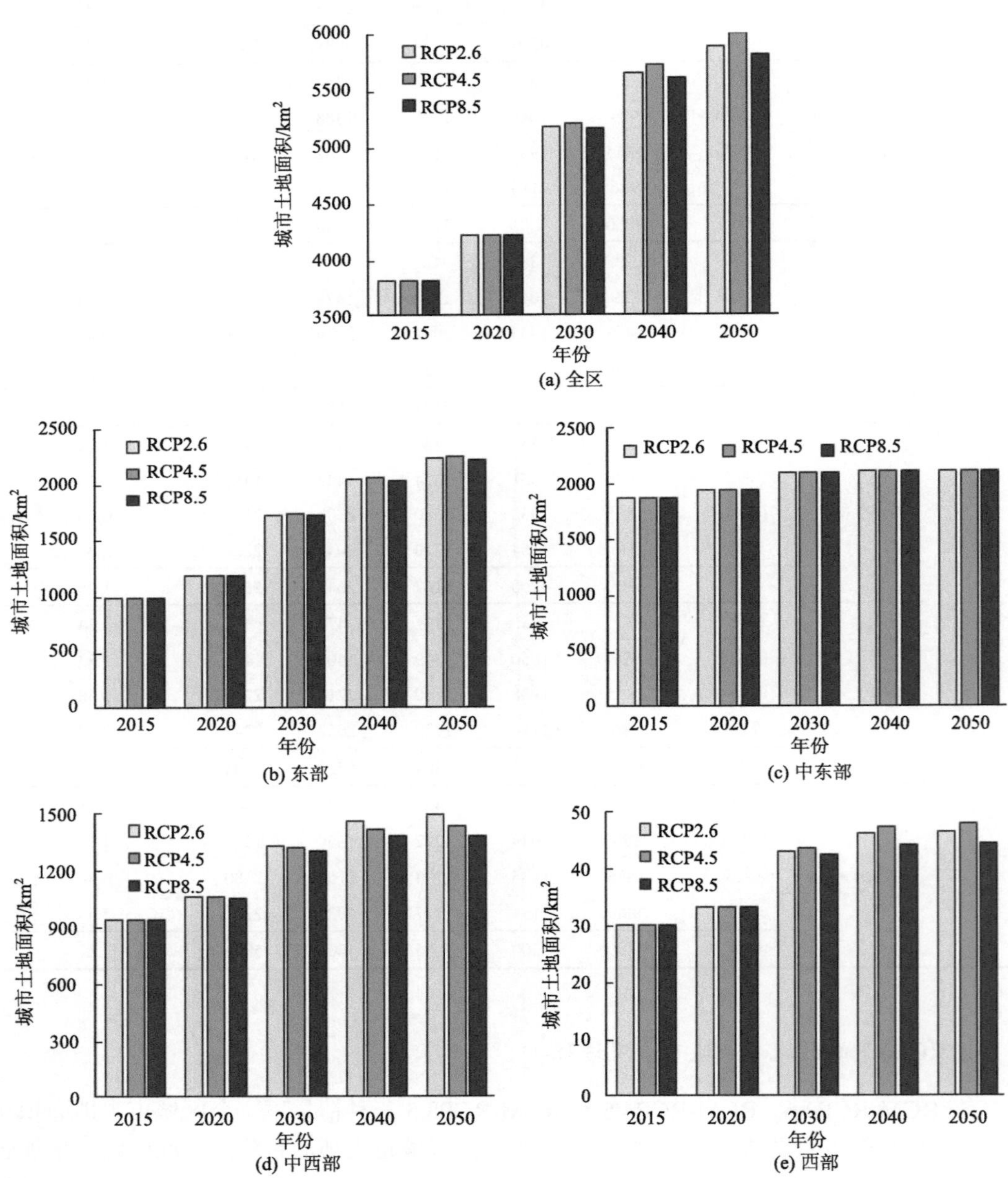

图 5.6　基于 RCM 的气候变化情景下的城市景观过程

阜新、通辽、铜川、张家口和乌兰察布年均城市面积增长率将明显高于其他城市。其中，阜新年均城市面积增长率将最大，为 3.91%～3.96%。通辽和铜川年均城市面积增长率将在 3.5%左右；张家口和乌兰察布的年均城市面积增长率将约为 3%。其他城市的年均城市土地面积增长率将低于 2%(图 5.7)。

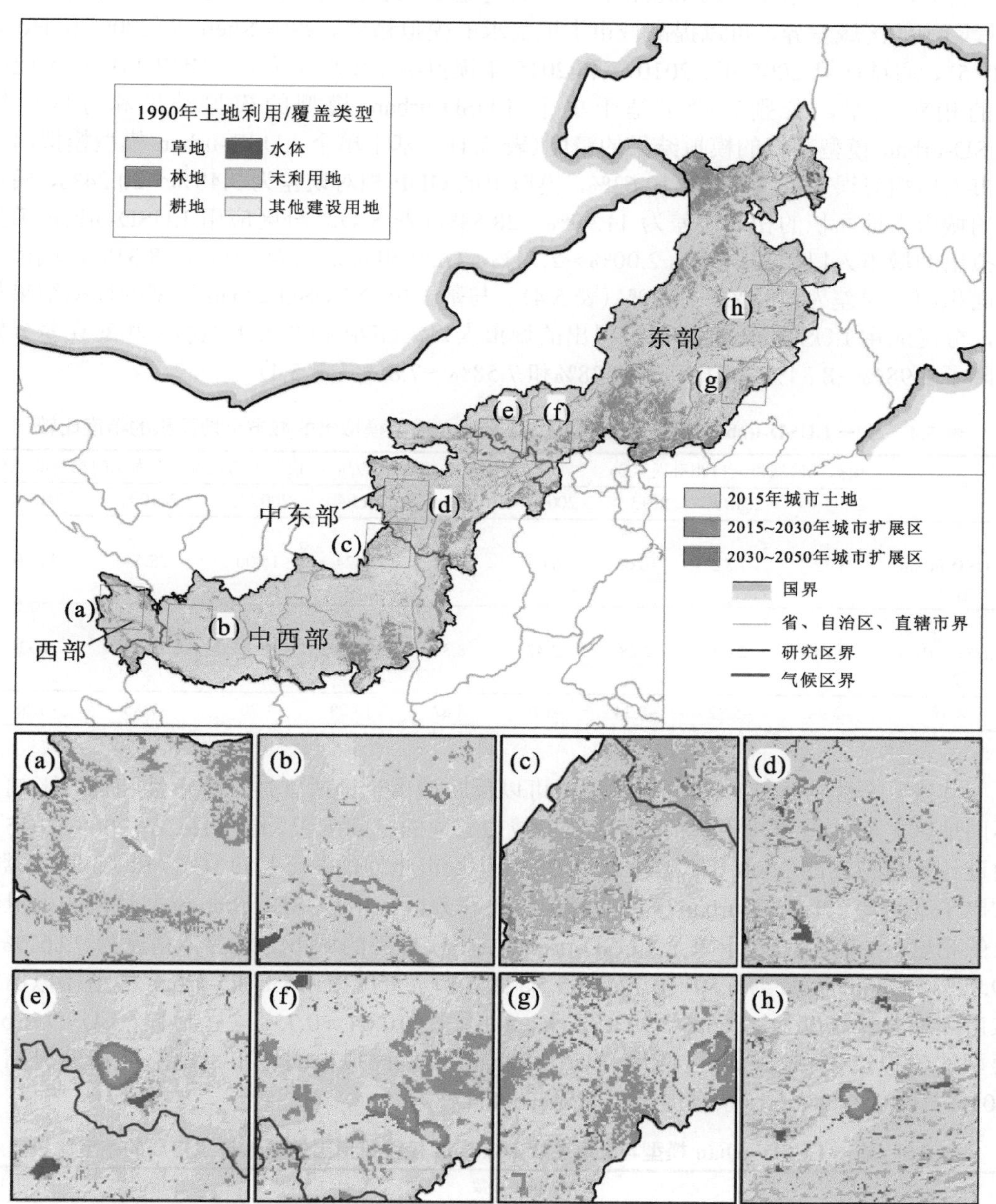

图 5.7　RCM-RCP4.5 下的城市景观过程空间格局

列出城市扩展面积最大的 8 个城市：(a)西宁，(b)兰州，(c)榆林，(d)鄂尔多斯，(e)乌兰察布，(f)张家口，(g)阜新，(h)通辽。

5. 讨论

1) 分区应用LUSD-urban模型可以更加有效地模拟气候变化影响下的区域城市景观过程

首先，分区应用 LUSD-urban 模型综合考虑了社会经济发展和气候变化对城市景观过程影响的区域差异，可以提高城市土地需求的模拟精度。参考 Shen 等(2009)和 He 等(2015)，通过计算 2005 年、2010 年和 2015 年模拟结果中城市人口、GDP 和城市土地面积的相对误差，分别评价了基于单个 LUSD-urban 模型的模拟结果和分区应用 LUSD-urban 模型获得的模拟结果的精度(表 5.4)。基于单个 LUSD-urban 模型模拟出的城市人口相对误差为 5.72%～10.63%，模拟出的 GDP 相对误差为 3.48%～20.24%，模拟出的城市土地面积的相对误差为 11.90%～28.54%(表 5.4)。分区应用 LUSD-urban 模型模拟出的城市人口相对误差为 2.00%～2.74%，GDP 相对误差为 0.96%～8.31%，城市土地面积相对误差为 4.33%～20.69%(表 5.4)。与基于单个 LUSD-urban 模型的模拟结果相比，分区应用 LUSD-urban 模型模拟出的城市人口、GDP 和城市土地面积相对误差分别下降了 2.98%～8.34%、6.19%～19.28%和 7.58%～7.85%(表 5.4)。

表 5.4 单一 LUSD-urban 模型与分区 LUSD-urban 模型模拟出的城市土地面积的精度比较

项目	模拟出的城市人口相对误差/%			模拟出的 GDP 相对误差/%			模拟出的城市土地面积的相对误差/%		
	2005 年	2010 年	2015 年	2005 年	2010 年	2015 年	2005 年	2010 年	2015 年
单一 LUSD-urban 模型	5.72	7.82	10.63	8.66	3.48	20.24	15.00	28.54	11.90
分区 LUSD-urban 模型	2.74	2.00	2.28	2.47	8.31	0.96	16.71	20.69	4.33
差异	−2.98	−5.82	−8.34	−6.19	4.82	−19.28	1.70	−7.85	−7.58

其次，分区应用 LUSD-urban 模型可以反映城市土地适宜性、继承性和邻域影响在不同地区之间的差异，能更加准确地模拟城市土地的空间配置。参考 He 等(2008，2015)，通过计算模拟出的 2000 年、2010 年和 2015 年城市土地的总体精度(OA)和 Kappa 系数，对比了基于单个LUSD-urban模型的模拟结果和分区应用LUSD-urban模型获得的模拟结果的精度。结果显示，基于单个 LUSD-urban 模型模拟出的城市土地总体精度为 99.62%～99.92%，Kappa 系数为 0.59～0.72(表 5.5、图 5.8)。分区应用 LUSD-urban 模型模拟出的城市土地总体精度为99.63%～99.95%，Kappa系数为0.64～0.75。与基于单个LUSD-urban模型的模拟结果相比，分区应用 LUSD-urban 模型模拟出的城市土地总体精度提高了 0.01%～0.03%，Kappa 系数提高了 1.56%～8.47%。

表 5.5 单一 LUSD-urban 模型与分区 LUSD-urban 模型模拟出的城市景观格局的精度比较

项目	Kappa 系数			总体精度/%		
	2000 年	2010 年	2015 年	2000 年	2010 年	2015 年
单一 LUSD-urban 模型	0.72	0.59	0.64	99.92	99.74	99.62
分区 LUSD-urban 模型	0.75	0.64	0.65	99.95	99.77	99.63
差异/%	4.17	8.47	1.56	0.03	0.03	0.01

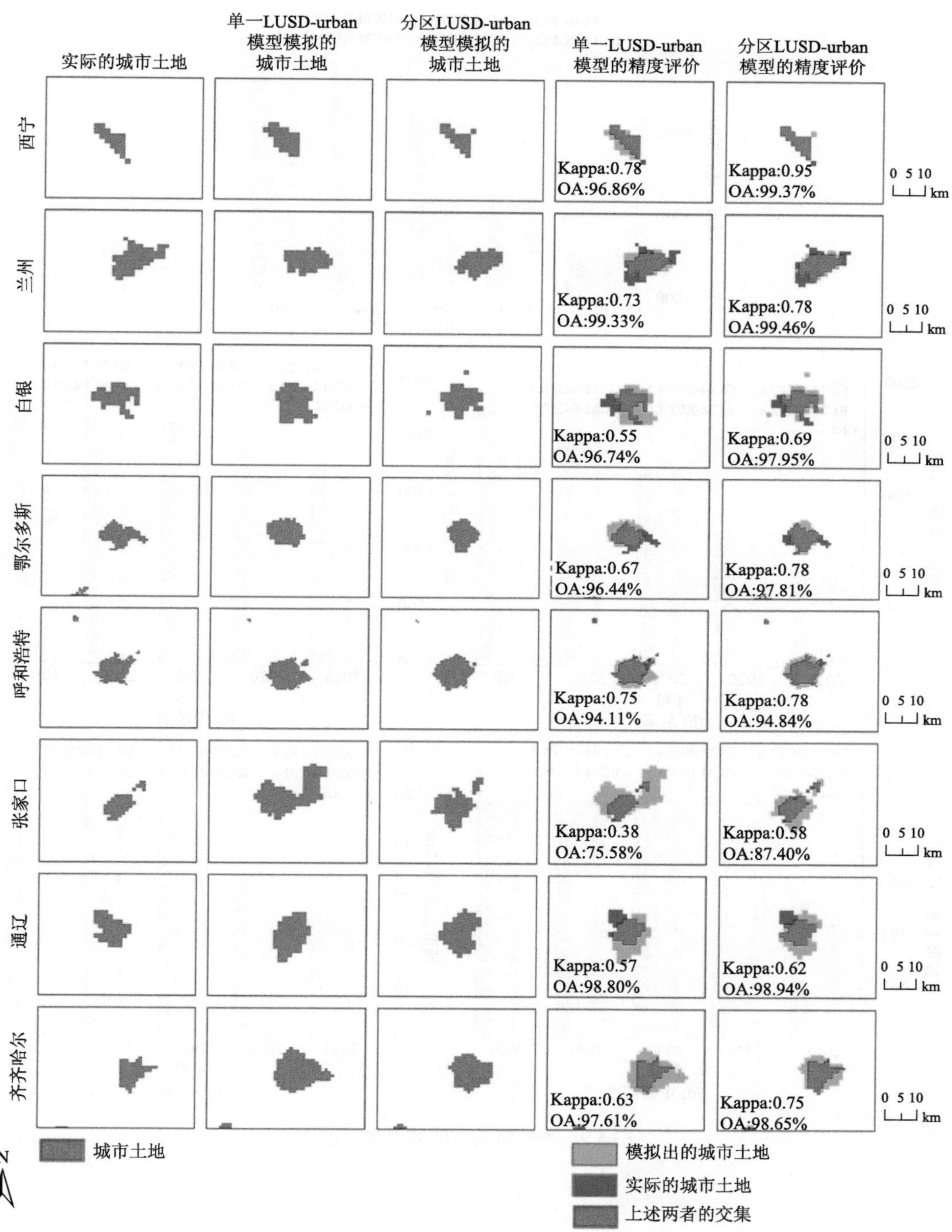

图 5.8　单一 LUSD-urban 模型与分区 LUSD-urban 模型之间的精度比较

以 2010 年精度差异明显的 8 个城市为例，不同年份整个区域的精度请参阅表 5.5。

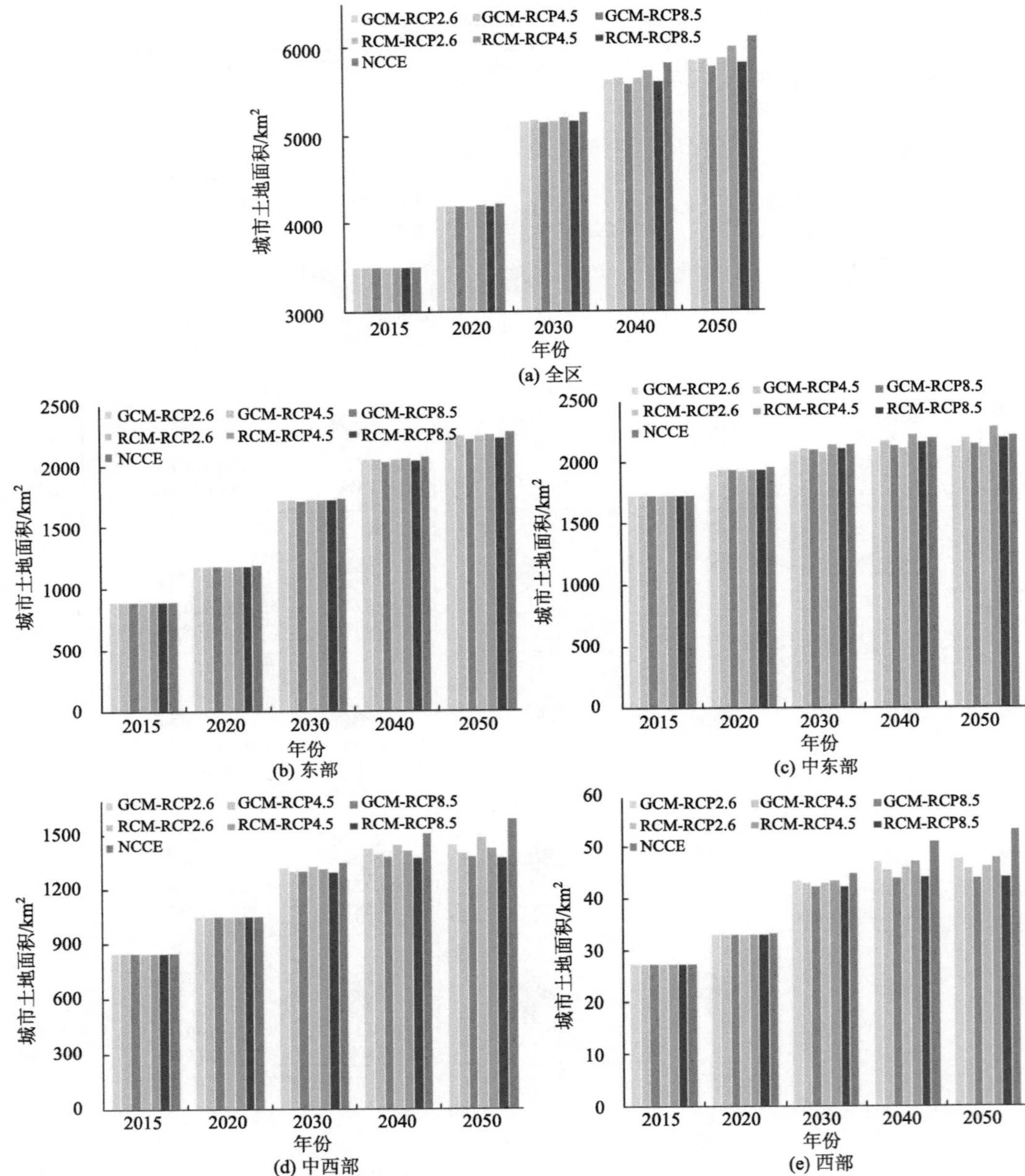

图 5.9　不同情景下的城市景观过程

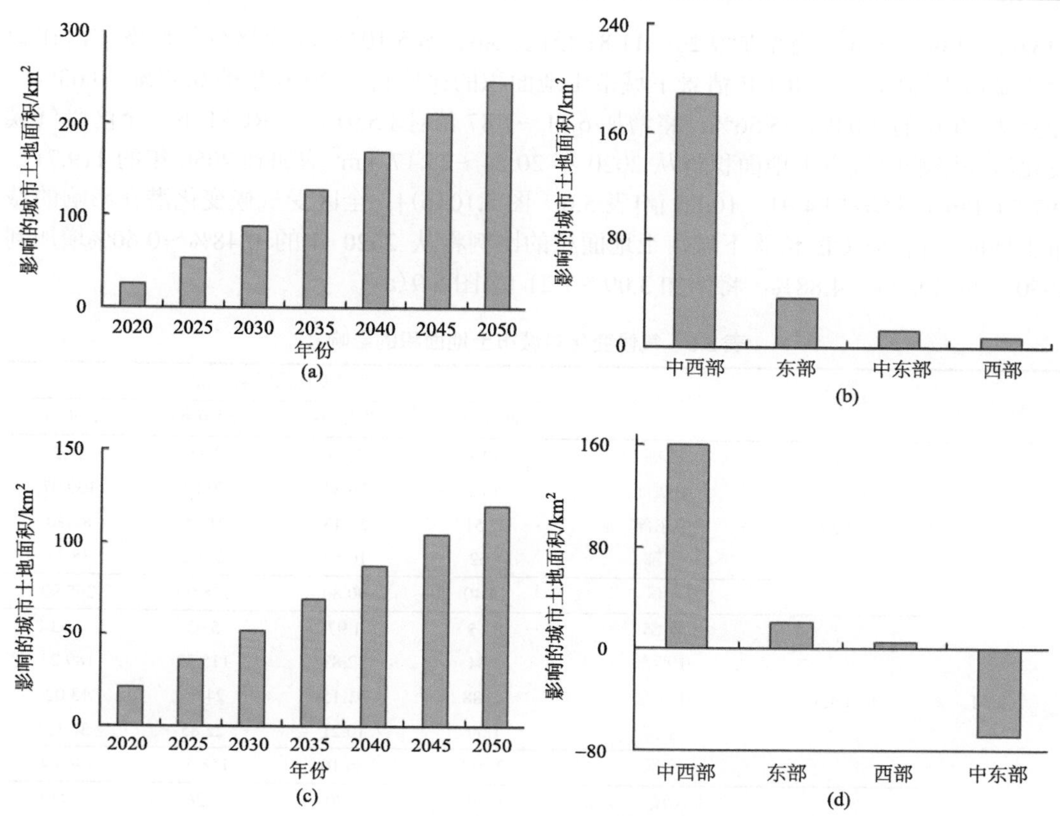

图 5.10　气候变化对城市土地面积的影响

(a) 在 GCM-RCP4.5 下，2015～2050 年全区受影响的城市土地面积；(b) 在 GCM-RCP4.5 下，2050 年不同地区受影响的城市土地面积；(c) 在 RCM-RCP4.5 下，2015～2050 年全区受影响的城市土地面积；(d) 在 RCM-RCP4.5 下，2050 年不同地区受影响的城市土地面积。

$I = UL_{An} - UL_{Accs}$，式中，I 为气候变化的影响；UL_{An} 为无气候变化影响情景下的城市土地面积；UL_{Accs} 为气候变化情景下的城市土地面积。

因此，分区应用 LUSD-urban 模型可以更加有效地模拟气候变化影响下的中国北方农牧交错带城市景观过程。而且，考虑到自然条件、社会经济状况和城市景观过程特征在不同地区之间普遍存在差异(Shi et al., 2014; Liu et al., 2016a, 2017)，该方法在不同尺度的城市景观过程模拟研究中具有良好的推广应用潜力。

2) 气候变化将成为影响中国北方农牧交错带城市可持续性的重要因素之一

为了评价气候变化对中国北方农牧交错带城市景观过程的潜在影响，参考 He 等(2015)，首先基于 2015 年的气温和降水状况，模拟了“无气候变化效应”(no-climate-change-effect, NCCE)情景下的区域 2015～2050 年城市景观过程(图 5.9)。然后在全区和各子区域通过对比各气候变化情景下城市景观过程与 NCCE 情景下城市景观过程之间的差异，量化了气候变化的影响(表 5.6、图 5.10)。

2015～2050 年气候变化对区域城市景观的潜在影响将不断增加。在 GCM 下，全区受气候变化潜在影响的城市土地面积将从 2020 年 23.97～26.48 km^2 增加到 2050 年的

246.04～339.26 km^2，将增加 9.26～11.81 倍[表 5.6、图 5.10(a)]。全区受气候变化潜在影响的城市土地面积占 NCCE 情景下城市土地面积的比例将从 2020 年的 0.57%～0.63%增加到 2050 年的 4.03%～5.56%，将增加 6.11～7.87 倍(图 5.9)。在 RCM 下，全区受气候变化潜在影响的城市土地面积将从 2020 年 20.24～25.17 km^2 增加到 2050 年的 119.71～297.54 km^2，将增加 4.91～10.86 倍[表 5.6、图 5.10(b)]。全区受气候变化潜在影响的城市土地面积占 NCCE 情景下城市土地面积的比例将从 2020 年的 0.48%～0.60%增加到 2050 年的 1.96%～4.88%，将增加 3.09～7.21 倍[图 5.9(a)]。

表 5.6 气候变化对城市土地面积的影响

气候模式	情景	气候分区	气候变化的影响*/km^2			
			2020 年	2030 年	2040 年	2050 年
GCM	RCP2.6	西部	0.15	1.46	3.85	5.62
		中西部	0.12	26.34	79.17	139.07
		中东部	22.51	52.43	71.05	82.90
		东部	1.62	10.57	24.02	38.31
		全区	24.40	90.80	178.09	265.90
	RCP4.5	西部	0.15	1.97	5.63	7.63
		中西部	2.34	42.83	115.53	189.27
		中东部	19.88	31.15	24.66	13.02
		东部	1.60	10.21	22.85	36.12
		全区	23.97	86.16	168.67	246.04
	RCP8.5	西部	0.20	2.70	7.26	9.41
		中西部	2.78	48.07	128.10	205.04
		中东部	21.75	46.30	57.84	64.86
		东部	1.75	14.11	35.56	59.95
		全区	26.48	111.18	228.76	339.26
RCM	RCP2.6	西部	0.16	1.88	5.15	7.09
		中西部	0.32	18.95	56.52	98.70
		中东部	23.11	57.30	81.37	94.72
		东部	1.58	9.71	21.22	33.07
		全区	25.17	87.84	164.26	233.58
	RCP4.5	西部	0.14	1.43	3.77	5.52
		中西部	1.62	34.29	94.74	160.55
		中东部	16.97	7.67	–26.77	–68.08
		东部	1.51	7.85	15.17	21.72
		全区	20.24	51.24	86.91	119.71
	RCP8.5	西部	0.19	2.58	6.99	9.12
		中西部	3.03	51.14	135.47	213.88
		中东部	20.16	33.40	29.61	20.81
		东部	1.71	13.10	32.25	53.73
		全区	25.09	100.22	204.32	297.54

* $I = UL_{An}–UL_{Accs}$，式中，I 为气候变化的影响；UL_{An} 为无气候变化影响情景下的城市土地面积；UL_{Accs} 为气候变化情景下的城市土地面积。

中西部地区城市景观过程受气候变化的潜在影响最为明显。在 GCM 下，中西部地区 2050 年受气候变化潜在影响的城市土地面积为 139.07～205.04 km^2，占全区受气候变化潜在影响的城市土地面积的 52.30%～76.93%[表 5.6、图 5.10(a)]。中西部地区 2050 年受气候变化潜在影响的城市土地面积占 NCCE 情景下城市土地面积的比例为 8.78%～12.94%，是全区平均水平的 2.01～2.96 倍(图 5.9)。在 RCM 下，中西部地区 2050 年受气候变化潜在影响的城市土地面积为 98.70～213.88 km^2，为全区受气候变化潜在影响的城市土地面积的 42.26%～134.12%[表 5.6、图 5.10(b)]。中西部地区 2050 年受气候变化潜在影响的城市土地面积占 NCCE 情景下城市土地面积的比例为 6.23%～13.50%，是全区平均水平的 1.63～2.77 倍[图 5.9(d)]。

在中国北方农牧交错带的发现与在全球旱区中其他区域开展的相关研究结果基本一致。例如，Magadza(2000)发现，气候变化将导致非洲旱区的水资源短缺状况进一步加剧，对城市景观过程造成严重影响。He 等(2015)发现，中国京津唐地区受气候变化潜在影响的城市土地将占区域城市土地总量的 20%。

因此，气候变化将成为影响旱区城市景观过程的一个重要因素。建议在全球旱区快速的城市景观过程中，应该高度重视气候变化的减缓和适应问题。一方面，需要增加城市绿地面积、优化城市交通、推广清洁能源使用和提高能源使用效率，以减少温室气体的排放，减缓气候变化(Hamin and Gurran, 2009; Shan et al., 2018)。另一方面，需要改善城市形态、增加雨水收集与储存设施、完善水资源循环利用系统和提高水资源利用效率，适应气候变化对区域水资源的影响(Dhar and Khirfan, 2016)。

3)展望

本节的结果仍存在不确定性。首先，在同一温室气体排放路径下，GCM 和 RCM 的模拟结果存在明显差异。其次，本节仅基于气温和降水数据，采用线性回归分析模拟出的水资源量会存在误差。再次，主要根据历史城市景观过程的趋势来模拟未来城市景观过程，未考虑社会经济驱动机制和城市土地适宜性在未来可能发生改变。因此，本节的模拟结果并不是对未来城市景观过程的实际预测，而只是可能发生的情景模拟结果。而且，本节仅考虑了气候变化通过影响水资源量对城市景观面积产生的影响，没有考虑气候变化对城市景观空间格局的影响。但本节的模拟结果揭示了气候变化对研究区城市景观过程的潜在影响，为合理制定气候变化减缓与适应措施、促进区域城市景观可持续性提供了支持。

在未来的研究中，将结合天气研究与预测(weather research and forecasting, WRF)模型与土壤和水评价模型(soil and water assessment tool, SWAT)等过程模型，提高水资源量的模拟精度，从机理上揭示气候变化与旱区城市景观过程之间的关系(Blečić et al., 2014; Cao et al., 2018)。此外，将通过模拟气候变化对城市土地适宜性和限制性的影响，进一步评价气候变化对旱区城市景观空间格局的影响(Hamin and Gurran, 2009; Dhar and Khirfan, 2016)。

6. 结论

本节通过分区应用 LUSD-urban 模型模拟了气候变化影响下的中国北方农牧交错带城市景观过程。该方法综合考虑了社会经济发展和气候变化对城市景观过程影响的区域差异以及城市土地适宜性、继承性和邻域影响在不同地区之间的差异，有效模拟了城市土地需求和城市土地的空间配置，在气候变化影响下的旱区城市景观过程模拟方面具有良好的推广应用价值。

气候变化将成为影响中国北方农牧交错带城市景观过程的重要因素之一。2015～2050 年，气候变化对区域城市景观过程的影响将不断增加。全区受气候变化潜在影响的城市土地面积将从 2020 年 20.24～26.48 km^2 增加到 2050 年的 119.71～339.26 km^2，将增加 4.91～11.81 倍。中西部地区城市景观过程受气候变化的影响将最大。中西部地区 2050 年受气候变化潜在影响的城市土地面积为 98.70～213.88 km^2，为全区受气候变化潜在影响的城市土地面积的 42.26%～134.12%。

因此，建议在中国北方农牧交错带的城市景观过程中，应该高度重视气候变化的潜在影响。通过调整城市的组成与空间配置、优化能源结构和改善城市基础设施，有效减缓和适应气候变化，提高城市可持续性。

5.2　城市景观过程对环境可持续性的影响*

1. 问题的提出

环境可持续性是指保持自然资本(即自然环境)的能力，维持环境可持续性是实现可持续发展的基本条件(Goodland, 1995; Goodland and Daly, 1996; Wu, 2013)。区域环境可持续性评价一般是对某一区域水、土地、大气和生物多样性 4 项自然环境的基本要素在自然禀赋、污染程度和环境管理等多个方面的综合评价(Esty et al., 2005; United Nations, 2007)。有效评估中国北方农牧交错带城市景观过程对区域环境可持续性的影响具有重要意义。本节的研究目的是定量评估和理解中国北方农牧交错带城市景观过程对环境可持续性的影响。为此，本节量化了区域 2000～2015 年的城市景观过程和环境可持续性的动态。在此基础上，利用结构方程模型评估了中国北方农牧交错带 2000～2015 年城市景观过程对环境可持续性的综合影响。

2. 研究区和数据

研究区同 5.1.2 节。2000～2015 年城市土地数据来自于 He 等(2014)和 Xu 等(2016)建立的中国城市土地信息数据集。该数据空间分辨率为 1km，平均总体精度为 92.62%，数量误差为 1.49%，位置误差为 5.89%，Kappa 系数为 0.60。这套数据可以在大尺度上准确地反映中国北方农牧交错带 2000～2015 年城市景观过程动态。

* 本节内容主要基于 Liu Z, Ding M, He C, et al. 2019. The impairment of environmental sustainability due to rapid urbanization in the dryland region of northern China. Landscape & Urban Planning, 187: 165-180.

2000 年土地利用/覆盖数据来自中国土地利用/覆盖数据集(National Land Use/Cover Datasets)(http://www.geodata.cn/Portal/index.jsp)。该数据集是以 Landsat TM/ETM+和 HJ-1/1B 等影像为基础建立起来的，其分类系统包含耕地、林地、草地、水体、建设用地和未利用地六大类。数据空间分辨率为 1 km，总体分类精度在 90%以上，可以准确表示中国北方农牧交错带土地利用覆盖状况(Liu et al., 2014)。

2000 年归一化植被指数(normalized difference vegetation index，NDVI)数据来源于美国国家航空航天局(NASA)发布的 MODIS 16 天合成 NDVI 时间序列数据，下载自 LAADS 网站(https://ladsweb.nascom.nasa.gov/data/search.html)。该数据在合成过程中，已经经过了辐射定标、几何精校准和大气校正等处理，空间分辨率是 1 km。在此基础上，通过选取每个像元在一个月内多个 NDVI 值中的最大值合成了各月的 NDVI 数据。这种最大值合成方法可以进一步去除云和大气对 NDVI 数据的影响(Holben, 1986)。

气象数据来源于中国气象数据网(http://data.cma.cn)，包括研究区内各站点 2000 年月平均气温和降水量数据以及太阳辐射总量数据。在获得各站点各项气象指标的月平均值后，利用克里金插值法对站点数据进行了空间插值，得到了空间分辨率为 1km 的逐月平均气温、降水和太阳辐射空间分布数据(Pei et al., 2013)。

2000 年和 2015 年前后的社会经济统计数据包括来自于各省统计年鉴的人口数据、地区生产总值数据、地区城镇居民和农村居民主要食品消费量数据以及能源消费量数据，来自于《中国水资源公报》的工业用水量和生活用水量数据，来自于《中国城市统计年鉴》的污水排放量和工业烟尘产生量数据。受数据可获取性的限制，中国北方农牧交错带只有 25 个城市具有完整的统计数据。基础地理信息数据来源于国家基础地理信息中心(http://ngcc.sbsm.gov.cn)，包括中国北方农牧交错带的行政边界和行政中心。

3. 方法

1)分析区域城市景观过程

参考 Wu 等(2011)、Li 等(2013)和 Liu 等(2016)，首先基于复合多源遥感数据获取的区域 2000～2015 年城市土地数据，利用城市土地面积、斑块密度、景观形状指数和平均斑块面积共 4 项指标在全区和城市两个尺度上量化了中国北方农牧交错带 2000～2015 年城市景观过程。然后，利用 Liu 等(2010)提出的景观扩展指数(landscape expansion index，LEI)分析了区域 2000～2015 年城市扩展的模式。城市扩展模式包括蛙跃型、边缘型和内填型三种类型(Liu et al., 2010)。蛙跃型是指新增的城市建成区与已有城市建成区之间没有直接接触的扩展模式(Liu et al., 2010)。边缘型是指在已有城市建成区的边缘继续扩展的模式(Liu et al., 2010)。内填型是指新增城市建成区位于被已有城市建成区包围的区域的扩展模式(Liu et al., 2010)。三种模式可通过式(5.5)区分：

$$\mathrm{UEM}_{i,j}=\begin{cases}1 & 50<\mathrm{LEI}_{i,j}\leqslant 100\\ 2 & 0<\mathrm{LEI}_{i,j}\leqslant 50\\ 3 & \mathrm{LEI}_{i,j}=0\end{cases} \tag{5.5}$$

式中，$\mathrm{UEM}_{i,j}$ 为第 j 年第 i 个新增城市斑块的扩展模式；1 表示内填型；2 表示边缘型；

3 表示蛙跃型。$\mathrm{LEI}_{i,j}$ 为该斑块的 LEI 值，可通过式(5.6)计算：

$$\mathrm{LEI}_{i,j} = \frac{\mathrm{IA}_{i,j}}{\mathrm{TA}_{i,j}} \times 100\% \tag{5.6}$$

式中，$\mathrm{TA}_{i,j}$ 为该斑块的缓冲区面积；$\mathrm{IA}_{i,j}$ 为缓冲区中已有城市土地的面积。参考 Liu 等(2010)，将生成缓冲区的距离设为 1 m 以提高精度。

2) 量化区域环境可持续性动态

参考联合国制定的环境可持续性指标框架(United Nations, 2007)，构建了综合环境可持续性评价指数。该指数等于水、土、气、生四个方面可持续性指数的几何平均值，其计算公式可以表示为(UNDP, 2014; Gan et al., 2017; He et al., 2017a)

$$\mathrm{CESI} = \sqrt[4]{\mathrm{WESI} \cdot \mathrm{LESI} \cdot \mathrm{AESI} \cdot \mathrm{BESI}} \tag{5.7}$$

式中，CESI 为综合环境可持续性评价指数；WESI、LESI、AESI 和 BESI 分别为水、土、气、生四个方面的可持续性指数，值越大表示可持续性越高。为了避免计算几何平均值时任何一个指标为 0 均会导致计算结果为 0，参考 He 等(2017a)，将这些指标的取值范围设为 1～101。分别选取了 11 项与城市景观过程相关的指标计算了 WESI、LESI、AESI 和 BESI (Luck et al., 2001; Huang et al., 2015, 2016) (表 5.7)。其中，WESI 的计算公式可表示为

$$\mathrm{WESI} = \sqrt[3]{\prod_{n} \left(\mathrm{WESI}_n^{\mathrm{s}} + 1\right)} \tag{5.8}$$

式中，$\mathrm{WESI}_n^{\mathrm{s}}$ 为标准化后的第 n 项水环境可持续指标，包括工业用水量、生活用水量和工业污水排放量。LESI 的计算公式可表示为

$$\mathrm{LESI} = \mathrm{EF}^{\mathrm{s}} + 1 \tag{5.9}$$

式中，EF^{s} 为标准化后的生态足迹。AESI 的计算公式可表示为

$$\mathrm{AESI} = \mathrm{IF}^{\mathrm{s}} + 1 \tag{5.10}$$

式中，IF^{s} 为标准化后的工业烟尘产生量。BESI 的计算公式可表示为

$$\mathrm{BESI} = \sqrt[6]{\prod_{n} \left(\mathrm{BESI}_n^{\mathrm{s}} + 1\right)} \tag{5.11}$$

式中，$\mathrm{BESI}_n^{\mathrm{s}}$ 为标准化后的第 n 项生物多样性的可持续性评价指标，包括自然栖息地的面积、净初级生产力(NPP)、斑块密度、景观形状指数、平均斑块面积和聚集度。工业用水量、生活用水量、工业污水排放量、生态足迹、工业烟尘产生量以及自然栖息地的斑块密度和景观形状指数的标准化过程可以表示为

$$I^{\mathrm{s}} = \frac{\mathrm{Max} - I}{\mathrm{Max} - \mathrm{Min}} \times 100 \tag{5.12}$$

自然栖息地的面积、NPP、平均斑块面积和聚集度的标准化过程可以表示为

$$I^{\mathrm{s}} = \frac{I - \mathrm{Min}}{\mathrm{Max} - \mathrm{Min}} \times 100 \tag{5.13}$$

式中，I^s 为标准化后的指标值；I 为指标的原始值；Max 和 Min 分别为各城市中该指标的最大值和最小值。

最后，基于统计数据、土地利用/覆盖数据、NDVI 数据和气象观测数据，量化了区域各城市 2000 年和 2015 年各项可持续性指标，计算出了各市综合环境可持续性评价指数(表 5.7)。

表 5.7　区域环境可持续性评价指标体系

类别	指标	计算方法/公式	数据源
水	工业用水量	直接获取自统计数据	《中国水资源公报》
	生活用水量	直接获取自统计数据	《中国水资源公报》
	工业污水排放量	直接获取自统计数据	《中国城市统计年鉴》
土地	生态足迹*	$\mathrm{EF} = \sum P_i / \mathrm{YN}_i \times R_j \times Q_j$	各省(区、市)统计年鉴
大气	工业烟尘产生量	直接获取自统计数据	《中国城市统计年鉴》
生物多样性	自然栖息地面积	空间统计	土地利用/覆盖数据
	自然栖息地净初级生产力	CASA 模型***	土地利用/覆盖数据、NDVI 数据和气象观测数据
	自然栖息地斑块密度**	$\mathrm{PD} = \frac{N}{A}$	土地利用/覆盖数据
	自然栖息地景观形状指数**	$\mathrm{LSI} = \frac{0.25E}{\sqrt{A}}$	土地利用/覆盖数据
	自然栖息地平均斑块面积**	$\mathrm{MPS} = \frac{a}{N}$	土地利用/覆盖数据
	自然栖息地聚集度**	$\mathrm{Cohesion} = \left[1 - \frac{\sum_{i=1}^{m}\sum_{j=1}^{n} p_{ij}}{\sum_{i=1}^{m}\sum_{j=1}^{n} p_{ij}\sqrt{a_{ij}}}\right] \cdot \left[1 - \frac{1}{\sqrt{A}}\right]^{-1}$	土地利用/覆盖数据

* EF 表示生态足迹，单位为全球公顷(ghm²)，值越大表示人类对资源的消耗量越大；P_i 为第 i 项产品消费量；YN_i 为第 i 项产品所对应生物生产性土地的中国平均单位面积产量；R_j 为产量因子，是第 j 种生物生产性土地的中国平均生产力与其世界平均生产力之比；Q_j 为均衡因子，是第 j 种生物生产性土地平均生产力与全球生物生产性土地平均生产力的比值，用于将不同类型生物生产性土地进行标准化。产量因子和均衡因子来源于 Xie 等(2001)和 Wackernagel 等(2005)的研究。

** 参考世界自然保护联盟制定的栖息地分类体系，将林地、草地、湿地和未利用地作为自然栖息地，进而参考 He 等(2014)，基于区域 2000 年土地利用/覆盖数据和 2000～2015 年城市土地数据提取出了区域 2000 年和 2015 年自然栖息地。PD 为自然栖息地的斑块密度；N 为自然栖息地的斑块数量；A 为景观总面积；LSI 为自然栖息地景观形状指数；E 为自然栖息地所有斑块的边长之和；a 为自然栖息地总面积；Cohesion 表示自然栖息地聚集度；p_{ij} 为自然栖息地斑块的边长；a_{ij} 为自然栖息地斑块的面积。

*** 详见：Potter et al., 1993.

3) 基于结构方程模型评价城市景观过程对环境可持续性的影响

城市景观过程会导致城市土地面积增加和城市形态变化，从而改变区域自然和社会经济过程并影响环境可持续性(Muñiz and Galindo, 2005; Rickwood et al., 2008; He et al., 2017b)(图 5.11)。具体来说，城市土地面积的增加会导致自然栖息地面积和质量的下降、植被覆盖度的减少以及污染物、能源使用量、地表径流量和区域气温的增加(Yu and Wen,

2010; Pei et al., 2013; He et al., 2014)。而且，城市形态的变化可以直接影响自然栖息地的破碎化以及居住用地、商业用地、工业用地和基础设施的空间配置(Bach et al., 2013; Liu et al., 2016b; Romein, 2016)。这些影响会间接地改变居民行为、城市交通与通勤、能源消费、水文过程和区域气候，进而影响环境可持续性(Camagni et al., 2002; Shandas and Parandvash, 2010; Chen et al., 2011; Farmani and Butler, 2013; Wang et al., 2016; Song et al., 2017)。基于上述原理，主要提出了三个假设并利用结构方程模型验证了这些假设。首先，假设中国北方农牧交错带城市景观过程对环境可持续性产生了负面影响，进而利用城市景观过程与环境可持续性的相关指标构建了相应的结构方程模型。其次，假设城市土地面积的增加和城市形态变化均会影响环境可持续性，而且两者的影响强度存在差异。为验证该假设，以城市土地面积和城市形态相关指标为自变量，以环境可持续性指标为因变量，基于路径分析构建了结构方程模型。最后，假设三种城市扩展模式对环境可持续性的影响强度存在差异，并利用不同城市扩展模式下的相关指标与环境可持续性评价指标构建了结构方程模型。

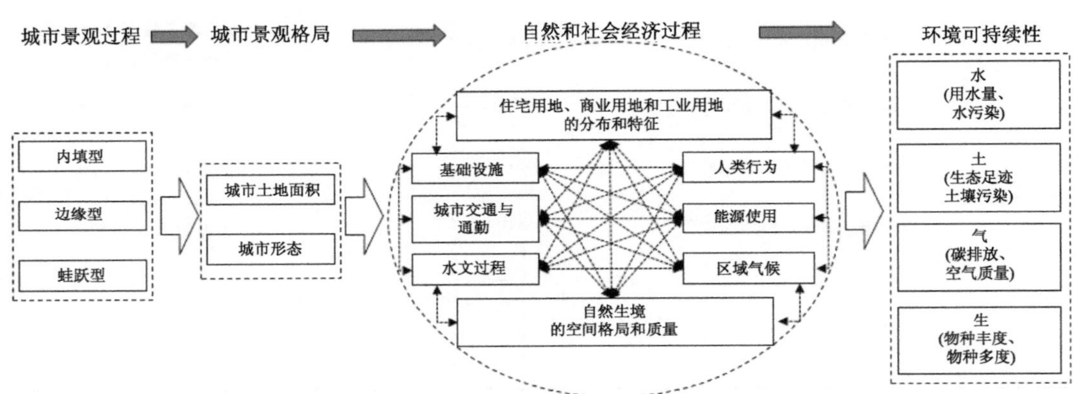

图 5.11　城市景观过程对环境可持续性影响的基本原理

参考 Johnson 等(2013)、Ramalho 等(2014)和 Jiao 等(2016)，首先采用结构方程模型来评价城市景观过程对环境可持续性的综合影响。该模型由一个结构模型和两个测量模型组成[图 5.12(a)]。其中，结构模型可表示为

$$\eta = \beta_o\eta + \gamma_o\xi + \zeta_o \tag{5.14}$$

式中，η 表示环境可持续性的变化；ξ 表示城市景观过程，两者均为潜在变量，潜在变量是指不能被直接量化，但能通过相对应的可测变量表达的假设变量(Grace et al., 2012)；β_o 和 γ_o 为路径系数；ζ_o 为随机干扰项。

潜在变量 η 的测量模型可表示为

$$\boldsymbol{Y} = \boldsymbol{\Lambda}_y\eta + \boldsymbol{\varepsilon} \tag{5.15}$$

式中，$\boldsymbol{Y}$ 为基于 11 项环境可持续性评价指标组成的向量；$\boldsymbol{\Lambda}_y$ 为评价指标的因子负荷矩阵，表示评价指标与潜在变量 η 的关系；$\boldsymbol{\varepsilon}$ 为残差矩阵。潜在变量 ξ 的测量模型可表示为

$$\boldsymbol{X} = \boldsymbol{\Lambda}_x\xi + \boldsymbol{\delta} \tag{5.16}$$

式中，$\boldsymbol{X}$ 为基于城市土地面积、斑块密度、景观形状指数和平均斑块面积 4 项指标组成的向量；$\boldsymbol{\Lambda}_x$ 为评价指标的因子负荷矩阵；$\boldsymbol{\delta}$ 为残差矩阵。基于该结构方程模型，进一步利用路径分析模型评价了各城市景观过程指标对各项环境可持续性指标的影响[图 5.12(b)]。路径分析模型可表示为

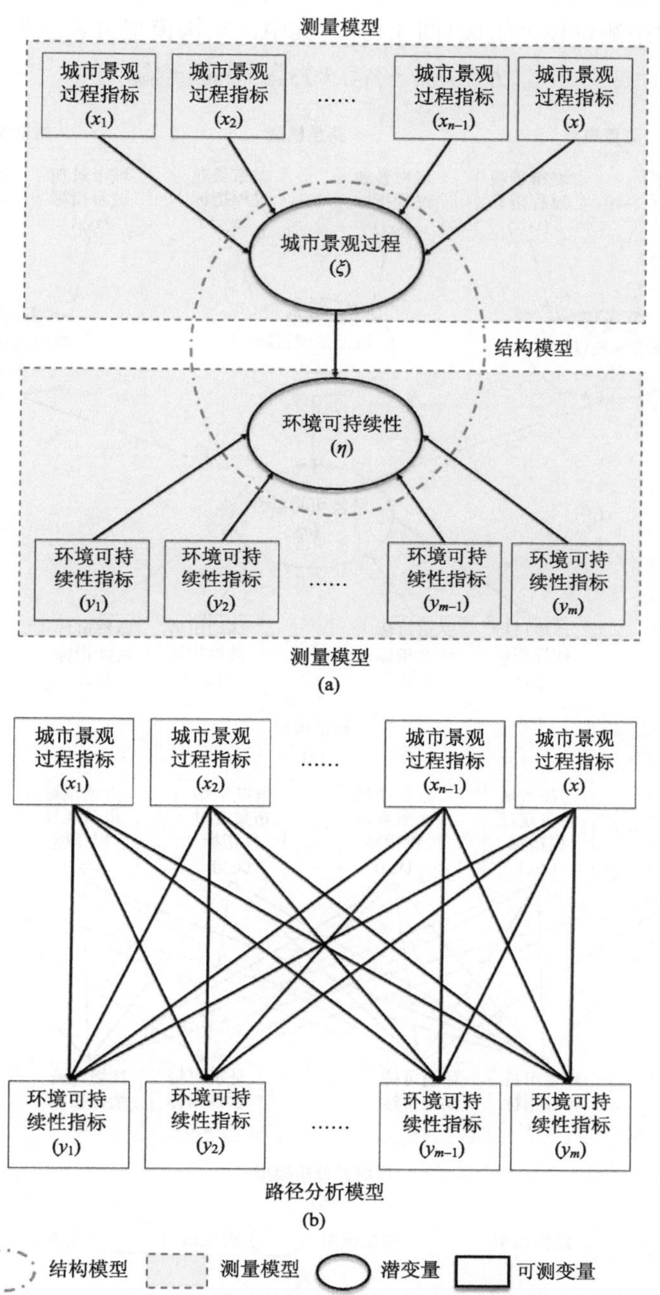

图 5.12　城市景观过程对环境可持续性影响的结构方程模型框架

(a) 总体影响；(b) 各城市景观过程指标对各环境可持续性指标的影响。

$$y_m = \boldsymbol{a}x + \boldsymbol{b}_{\text{o}} \tag{5.17}$$

式中，y_m 为第 m 项环境可持续性评价指标；$\boldsymbol{a}$ 为城市景观过程指标的路径系数矩阵；$\boldsymbol{b}_{\text{o}}$ 为随机干扰项矩阵。

进一步，利用结构方程模型来评价城市扩展模式对环境可持续性影响。该模型由一个结构模型和四个测量模型组成(图 5.13)。其中，结构模型可表示为

$$\eta = \beta_m \eta + \gamma_1 \xi_1 + \gamma_2 \xi_2 + \gamma_3 \xi_3 + \zeta_m \tag{5.18}$$

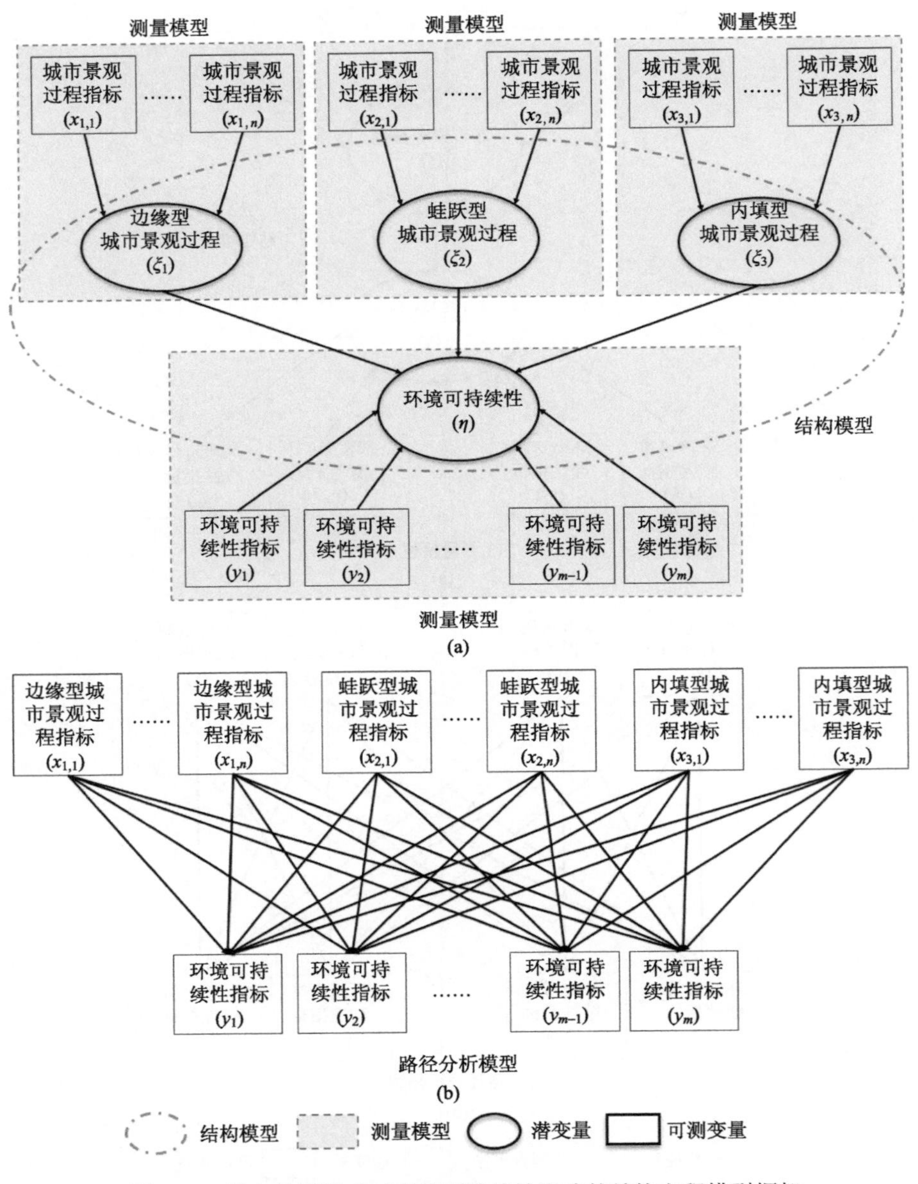

图 5.13　城市扩展模式对环境可持续性影响的结构方程模型框架

(a) 总体影响；(b) 各城市景观过程指标对各环境可持续性指标的影响。

式中，η 表示环境可持续性的变化；ξ_1、ξ_2 和 ξ_3 分别表示边缘型、蛙跃型和内填型城市扩展模式；β_m、γ_1、γ_2 和 γ_3 为路径系数；ζ_m 为随机干扰项。潜在变量 η 的测量模型同式(5.15)。表征城市扩展模式的测量模型共有三个，第 n 种城市扩展模式下潜在变量 ξ_n 的测量模型可表示为

$$\boldsymbol{X}_n = \boldsymbol{\Lambda}_{x,n}\xi_n + \boldsymbol{\delta}_n \tag{5.19}$$

式中，$\boldsymbol{X}_n$ 为基于第 n 种城市扩展模式下城市土地面积、斑块密度、景观形状指数和平均斑块面积 4 项指标组成的向量；$\boldsymbol{\Lambda}_{x,n}$ 为评价指标的因子负荷矩阵；$\boldsymbol{\delta}_n$ 为残差矩阵。评价三种城市扩展模式下各城市景观过程指标对各项环境可持续性指标影响的路径分析模型可表示为[图 5.13(b)]

$$\boldsymbol{Y}_m = \sum_n \boldsymbol{a}_n x_n + \boldsymbol{b}_m \tag{5.20}$$

式中，$\boldsymbol{Y}_m$ 为第 m 项环境可持续性评价指标；$\boldsymbol{a}_n$ 为第 n 种城市扩展模式下城市景观过程指标的路径系数矩阵；$\boldsymbol{b}_m$ 为随机干扰项矩阵。

在 AMOS(analysis of moment structures)软件平台(Arbuckle, 2011)上，基于构建的结构方程模型量化了中国北方农牧交错带 2000～2015 年城市景观过程对环境可持续性的总体影响以及城市扩展模式对环境可持续性的影响。

4. 结果

1)2000～2015 年区域城市景观过程

中国北方农牧交错带 2000～2015 年经历了快速的城市景观过程，城市扩展速度已超过全国平均水平。中国北方农牧交错带地跨的地级行政区城市土地总面积从 2169 km^2 增加到 6128 km^2，年均增长率为 7.17%[图 5.14(b)、表 5.8]。全国同期城市土地面积的年均增长率为 6.82%，中国北方农牧交错带城市土地面积的年均增长率比全国平均水平高 0.35%。区域城市景观过程中，城市景观的破碎化程度明显增加。城市斑块密度从 2000 年的 0.0001 个/hm^2 增加到 2015 年的 0.0008 个/hm^2，增加了 7 倍[图 5.14(c)]；景观形状指数从 11.03 增加到 27.86，增加了 1.53 倍[图 5.14(d)]；平均斑块面积从 2000 年的 2105.83 hm^2 降低到 2015 年的 750.98 hm^2，减少了 64.34%[图 5.14(e)]。

区域城市景观过程存在明显的空间差异。鄂尔多斯市城市景观过程最快。2000～2015 年，该市城市土地面积从 62 km^2 增加到 848km^2[图 5.14(g)、表 5.8]，城市土地的年均增长率为 19.05%，是全区城市土地年均增长率的 2.66 倍。西宁市城市景观过程最慢。2000～2015 年，西宁市城市土地面积从 20 km^2 增加到 24 km^2，城市土地的年均增长率为 1.22%，约为全区城市土地年均增长率的 1/6[图 5.14(g)、表 5.8]。

区域城市扩展模式以边缘型和蛙跃型为主。区域 2000～2015 年边缘型城市扩展的面积为 2370 km^2，占全区城市扩展总面积的 58.72%；蛙跃型城市扩展的面积为 1465 km^2，占全区城市扩展总面积的 36.30%(表 5.9)。鄂尔多斯市边缘型城市扩展面积最大，为

457 km²，占该市城市扩展总面积的 58.14%(表 5.9)。榆林市蛙跃型城市扩展面积最大，为 3595 km²，占该市城市扩展总面积的 51.95%(表 5.9)。

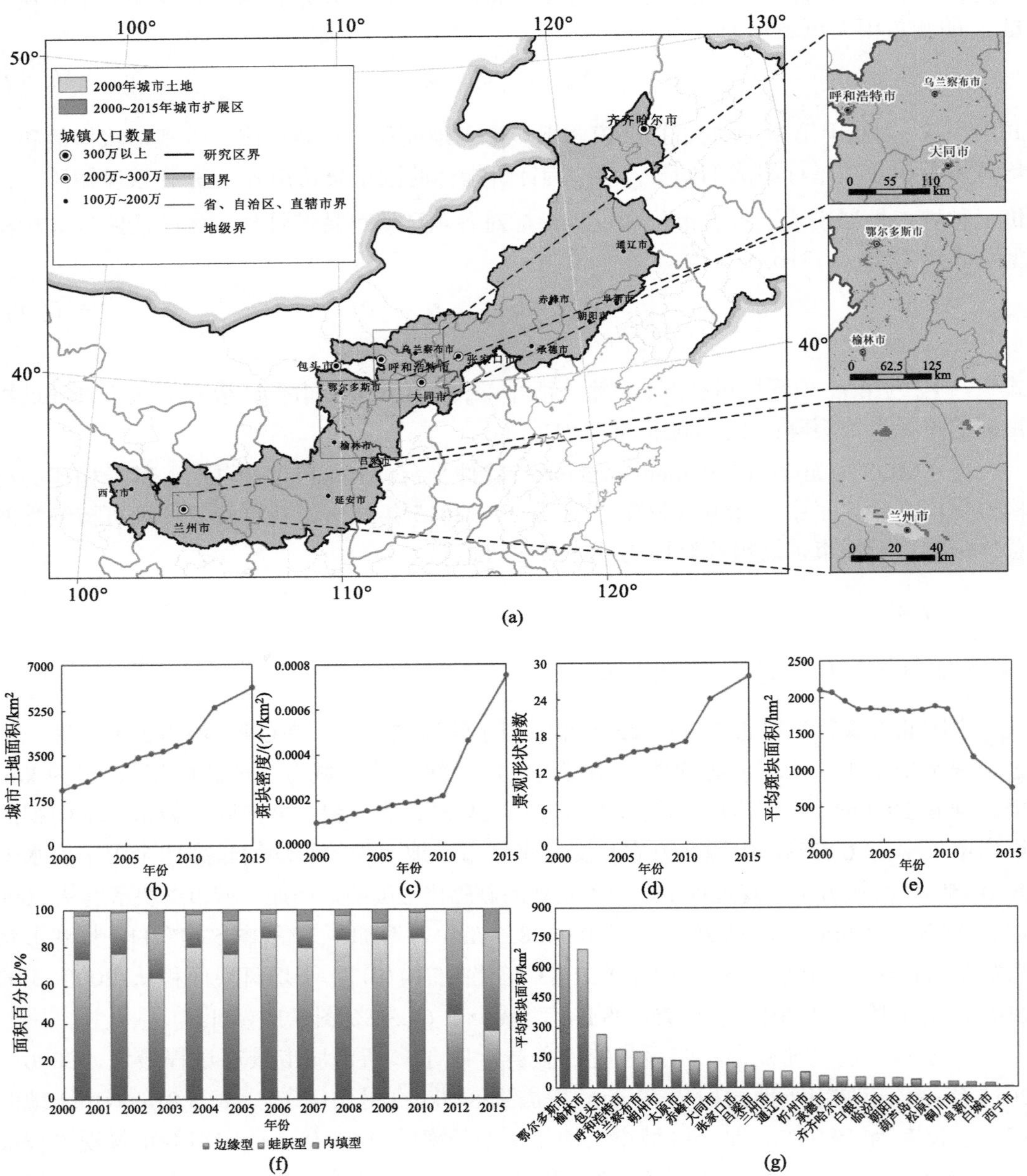

图 5.14　区域 2000～2015 年城市景观过程

(a) 城市景观过程的空间格局；(b) 城市土地面积的变化；(c) 斑块密度的变化；(d) 景观形状指数的变化；(e) 平均斑块面积的变化；(f) 城市扩展模式的变化；(g) 各市的扩展面积

注：图 (a) 中的人口数据为 2010 年数据。

表 5.8　区域 2000～2015 年城市景观过程

地区	城市土地面积/km^2		扩展面积/km^2	占全区的比例/%	城市土地年均增长率/%
	2000 年	2015 年			
全区	2169	6128	4036	100	8.32
鄂尔多斯市	62	848	786	22.30	19.05
榆林市	74	765	691	19.60	16.85
包头市	232	498	266	7.55	5.22
呼和浩特市	161	352	191	5.42	5.35
乌兰察布市	30	210	180	5.11	13.85
朔州市	49	197	148	4.20	9.72
太原市	235	371	136	3.86	3.09
赤峰市	43	177	134	3.80	9.89
大同市	146	276	130	3.69	4.34
张家口市	95	222	127	3.60	5.82
吕梁市	77	185	108	3.06	6.02
兰州市	157	239	82	2.33	2.84
通辽市	22	103	81	2.30	10.84
忻州市	14	90	76	2.16	13.21
承德市	5	62	57	1.62	18.28
齐齐哈尔市	77	129	52	1.48	3.50
白银市	29	79	50	1.42	6.91
临汾市	49	96	47	1.33	4.59
朝阳市	32	78	46	1.30	6.12
葫芦岛市	47	84	37	1.05	3.95
松原市	40	67	27	0.77	3.50
铜川市	9	34	25	0.71	9.27
阜新市	40	64	24	0.68	3.18
白城市	25	45	20	0.57	4.00
西宁市	20	24	4	0.11	1.22

表 5.9　区域 2000～2015 年城市扩展模式

地区	边缘型		蛙跃型		内填型	
	扩展面积/km^2	占该区域城市扩展总面积的比例/%	扩展面积/km^2	占该区域城市扩展总面积的比例/%	扩展面积/km^2	占该区域城市扩展总面积的比例/%
全区	2370	58.72	1465	36.30	201	4.98
鄂尔多斯市	457	58.14	325	41.35	4	0.51
榆林市	324	46.89	359	51.95	8	1.16
包头市	151	56.77	75	28.20	40	15.04
呼和浩特市	136	71.20	24	12.57	31	16.23
乌兰察布市	120	66.67	57	31.67	3	1.67
朔州市	89	60.14	57	38.51	2	1.35

续表

地区	边缘型		蛙跃型		内填型	
	扩展面积/km²	占该区域城市扩展总面积的比例/%	扩展面积/km²	占该区域城市扩展总面积的比例/%	扩展面积/km²	占该区域城市扩展总面积的比例/%
太原市	80	58.82	24	17.65	32	23.53
赤峰市	80	59.70	50	37.31	4	2.99
大同市	84	64.62	41	31.54	5	3.85
张家口市	87	68.50	39	30.71	1	0.79
吕梁市	55	50.93	48	44.44	5	4.63
兰州市	47	57.32	27	32.93	8	9.76
通辽市	53	65.43	28	34.57	0	0
忻州市	44	57.89	32	42.11	0	0
承德市	37	64.91	20	35.09	0	0
齐齐哈尔市	29	55.77	16	30.77	7	13.46
白银市	33	66.00	17	34.00	0	0
临汾市	21	44.68	26	55.32	0	0
朝阳市	40	86.96	5	10.87	1	2.17
葫芦岛市	32	86.49	4	10.81	1	2.70
松原市	21	77.78	5	18.52	1	3.70
铜川市	13	52.00	7	28.00	5	20.00
阜新市	19	79.17	5	20.83	0	0
白城市	18	90.00	2	10.00	0	0
西宁市	1	25.00	3	75.00	0	0

2) 2000～2015 年区域环境可持续性动态

中国北方农牧交错带 2000～2015 年环境可持续性明显下降，大气环境可持续性下降最快。全区综合环境可持续性指标从 64.22 下降到 50.77，下降了 20.93%[图 5.15(b)、表 5.10]。水、土地、大气和生物多样性四个环境要素的可持续性均呈下降趋势。其中，全区大气环境可持续性指标从 93.12 下降到 57.70，下降了 38.04%，大气环境可持续性下降幅度是综合环境可持续性指标下降幅度的 2.63 倍。全区土地可持续性指标从 93.93 下降到 70.97，下降了 24.44%[图 5.15(b)、表 5.10]。水环境可持续性指标从 71.46 下降到 67.77，下降了 5.16%。生物多样性的可持续性指标从 33.36 下降到 33.19，下降了 0.51%。

全区逾 90%的城市的环境可持续性呈下降趋势，鄂尔多斯市和榆林市环境可持续性下降较快。2000～2015 年，全区共有 24 个城市的综合环境可持续性指标呈下降趋势，占有统计数据的城市总数的 96%。其中，鄂尔多斯市综合环境可持续性指标下降最快，从 76.03 下降到 5.53，下降了 92.72%[图 5.15(c)、表 5.10]。鄂尔多斯市综合环境可持续性下降幅度是全区综合环境可持续性指标下降幅度的 5.24 倍。其次是榆林市，该市综合环境可持续性指标从 55.66 下降到 24.19，下降了 56.55%，下降幅度是全区的 2.34 倍

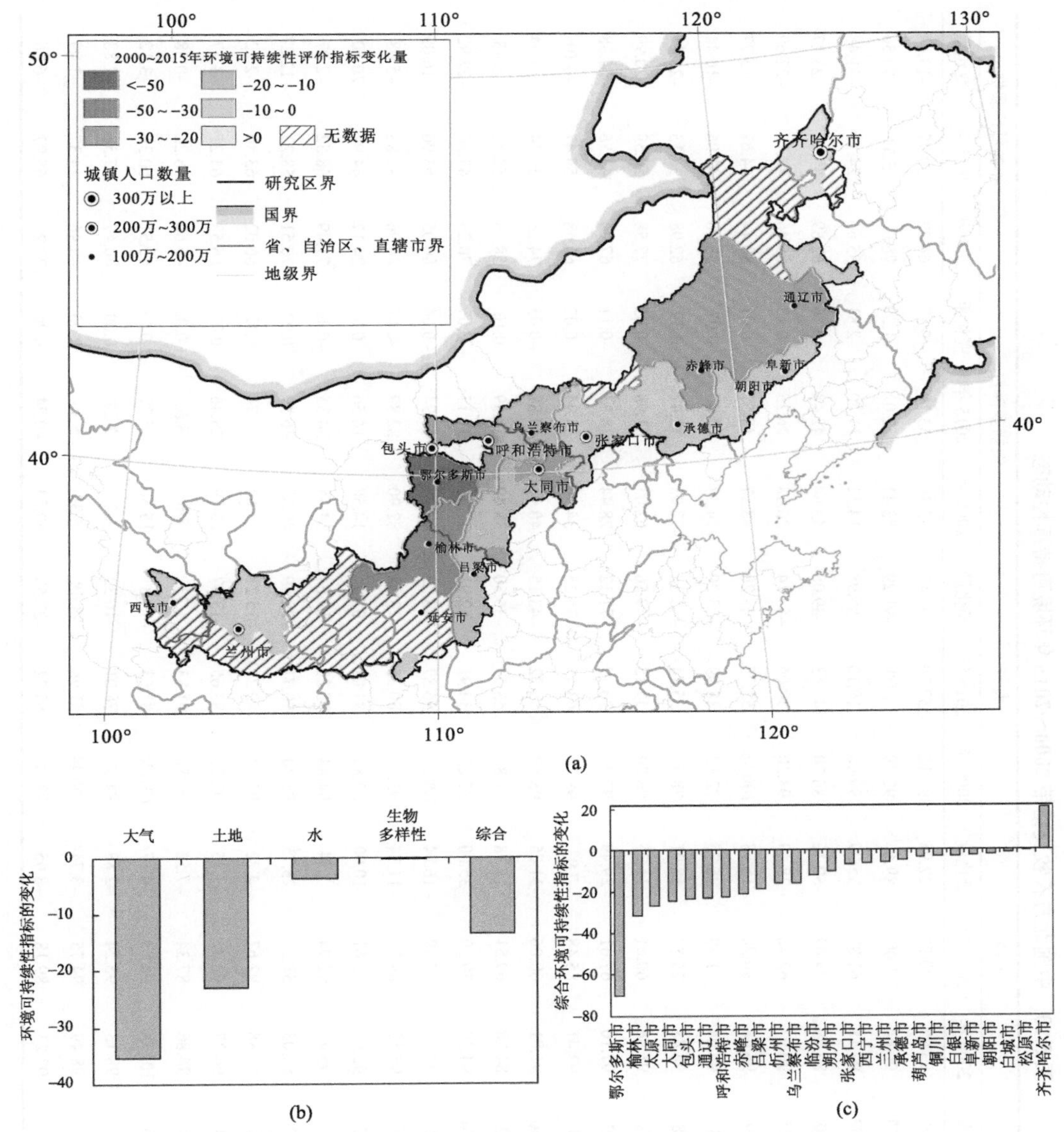

图 5.15　区域 2000～2015 年环境可持续性动态

(a) 区域环境可持续性时空格局；(b) 区域环境可持续动态；(c) 各市环境可持续性动态

注：图 (a) 中的城镇人口数据为 2010 年数据。

[图 5.15(c)、表 5.10]。呼和浩特市、包头市和太原市等 6 个城市的综合环境可持续性下降幅度在 20～30，乌兰察布市、朔州市和临汾市等 5 个城市的综合环境可持续性下降幅度在 10～20，兰州市、西宁市和承德市等 11 个城市的综合环境可持续性下降幅度不及 10[图 5.15(c)、表 5.10]。

表 5.10　中国北方农牧交错带 2000～2015 年环境可持续性动态

地区	水			土地			大气			生物多样性			综合环境可持续性		
	2000 年	2015 年	变化量	2000 年	2015 年	变化量	2000 年	2015 年	变化量	2000 年	2015 年	变化量	2000 年	2015 年	变化量
全区	71.46	67.77	−3.69	93.93	70.97	−22.96	93.12	57.70	−35.42	33.36	33.19	−0.17	64.22	50.77	−13.44
鄂尔多斯市	74.80	18.03	−56.77	90.64	1.00	−89.64	92.29	1.00	−91.29	53.41	52.02	−1.39	76.03	5.53	−70.50
榆林市	68.71	46.79	−21.92	97.18	61.89	−35.29	99.08	10.10	−88.98	14.51	11.70	−2.81	55.66	24.19	−31.48
包头市	49.26	48.47	−0.80	84.79	24.62	−60.16	86.70	47.63	−39.08	42.64	42.48	−0.16	62.69	39.42	−23.27
呼和浩特市	82.10	67.84	−14.25	90.97	62.48	−28.49	93.20	30.06	−63.14	26.38	26.25	−0.13	65.46	42.76	−22.69
乌兰察布市	88.49	84.41	−4.09	96.48	80.90	−15.58	100.96	52.75	−48.20	48.57	48.57	−0.01	80.44	64.67	−15.77
朔州市	80.78	85.90	5.13	98.04	71.29	−26.75	72.19	38.99	−33.20	14.33	14.40	0.07	53.50	43.06	−10.44
太原市	65.90	57.52	−8.38	94.48	25.57	−68.91	78.88	35.74	−43.14	32.03	32.42	0.39	62.98	36.13	−26.85
赤峰市	65.74	57.92	−7.82	91.86	60.61	−31.25	96.70	47.15	−49.56	62.03	61.98	−0.05	77.58	56.59	−20.99
大同市	79.26	71.77	−7.49	97.10	67.61	−29.49	97.31	26.19	−71.12	28.44	28.33	−0.11	67.94	43.56	−24.38
张家口市	60.59	65.99	5.39	93.41	85.48	−7.93	98.70	63.45	−35.25	34.96	34.94	−0.02	66.48	59.47	−7.01
吕梁市	81.96	68.56	−13.40	91.81	60.06	−31.75	98.87	55.72	−43.15	40.91	40.88	−0.03	74.28	55.34	−18.94
兰州市	38.34	49.87	11.53	84.28	69.51	−14.78	91.83	55.53	−36.30	38.49	38.59	0.10	58.13	52.21	−5.93
通辽市	78.90	65.14	−13.76	94.30	59.30	−35.00	87.82	34.91	−52.91	37.23	37.13	−0.09	70.23	47.30	−22.92
忻州市	90.42	79.14	−11.28	94.43	77.59	−16.84	100.26	56.87	−43.39	47.98	47.94	−0.04	80.05	63.96	−16.09
承德市	76.83	80.11	3.28	95.59	84.25	−11.34	93.92	80.35	−13.58	82.90	82.89	−0.01	86.96	81.88	−5.08
齐齐哈尔市	3.13	41.96	38.83	92.61	82.61	−10.00	80.83	81.02	0.19	14.58	14.56	−0.02	24.17	44.97	20.80
白银市	83.73	91.84	8.11	95.48	92.94	−2.54	94.84	75.20	−19.64	34.45	34.35	−0.10	71.49	68.52	−2.97
临汾市	69.44	60.16	−9.29	84.03	58.28	−25.75	91.30	70.71	−20.59	46.39	46.39	0.00	70.51	58.23	−12.27
朝阳市	65.00	70.23	5.24	96.88	92.67	−4.22	95.42	80.21	−15.21	31.62	31.74	0.12	66.02	63.80	−2.22
葫芦岛市	75.54	72.62	−2.91	94.27	92.32	−1.95	97.22	83.65	−13.57	28.39	28.46	0.07	66.58	63.21	−3.37
松原市	63.50	65.89	2.39	94.86	87.34	−7.52	90.51	91.83	1.33	8.65	8.63	−0.02	46.60	46.22	−0.38
铜川市	100.92	99.37	−1.55	101.00	96.83	−4.17	101.00	87.63	−13.37	15.80	15.77	−0.03	63.51	60.39	−3.12
阜新市	88.61	82.14	−6.47	98.13	95.24	−2.88	94.33	78.01	−16.32	3.27	3.27	0.00	40.47	37.58	−2.88
白城市	80.91	83.37	2.46	98.49	94.75	−3.74	100.44	91.96	−8.48	5.33	5.33	0.00	45.46	44.37	−1.09
西宁市	73.65	79.33	5.68	97.23	89.18	−8.05	93.30	65.72	−27.58	40.74	40.74	0.00	72.23	65.97	−6.26

3）区域城市景观过程对环境可持续性的总体影响

中国北方农牧交错带 2000～2015 年城市景观过程对环境可持续性有显著的负面影响，表征该影响程度的路径系数为–0.98（P<0.001）（表 5.11）。区域城市土地面积的增加和城市景观的破碎化均对环境可持续性有显著影响。其中，城市土地面积的增加对工业用水量、生态足迹、工业烟尘产生量和自然栖息地面积等 8 项环境可持续性指标有显著影响，路径系数的绝对值均大于 0.5（P<0.001）。城市土地的斑块密度和景观形状指数的变化对生活用水量、工业污水排放量和自然栖息地斑块密度等 9 项环境可持续性指标有显著影响，路径系数的绝对值均大于 0.08（P<0.05）。

区域城市景观过程对各项环境可持续性指标均有显著影响，该过程对自然栖息地、生态足迹和工业用水量的影响较大。城市景观过程对自然栖息地面积、NPP 和景观形状指数的影响的路径系数绝对值大于 0.9（P<0.001）（表 5.11）。城市景观过程对生态足迹和工业用水量的影响的路径系数在 0.7～0.9（P<0.001）。城市景观过程对生活用水量和工业烟尘产生量的影响的路径系数在 0.5～0.7（P<0.001）。城市景观过程对工业污水排放量的影响的路径系数为 0.46（P<0.01）。

表 5.11　区域城市景观过程对环境可持续性的影响

项目		城市景观过程指标			
		城市扩展面积	斑块密度	景观形状指数	平均斑块面积
环境可持续性指标	工业用水量	0.73***	–0.24**	–0.20	0.08
	生活用水量	0.30**	0.54***	–0.37**	–0.02
	工业污水排放量	–0.11	0.08	0.46**	0.12
	生态足迹	0.81***	0.04	–0.36***	–0.07
	工业烟尘产生量	0.52***	0.16	0.38**	–0.17
	自然栖息地面积	–0.97***	0.15***	0.05	–0.02
	自然栖息地 NPP	–0.98***	0.03	0.08*	–0.04
	自然栖息地斑块密度	0.23	–0.46***	0.50***	0.19
	自然栖息地景观形状指数	0.90***	0.01	–0.11	0.07
	自然栖息地平均斑块面积	0.08	0.38**	–0.67***	–0.20
	自然栖息地聚集度	–0.65***	0.14	0.17	–0.06
总体影响		**–0.98*****			

注：表中列出的值为表示影响程度的路径系数，每一行中绝对值最大的路径系数已用红色标出。
*** $P < 0.001$；** $P < 0.01$；* $P < 0.05$。

4）区域城市扩展模式对环境可持续性的影响

区域不同城市扩展模式对环境可持续性的影响存在差异。蛙跃型城市景观过程对环境可持续性的影响最大，路径系数为–0.82（P<0.001）（表 5.12）。边缘型城市景观过程对环境可持续性影响的路径系数为–0.51（P<0.001）。内填型城市景观过程对环境可持续性

影响的路径系数为 0.01，未通过 0.05 水平的显著性检验。

蛙跃型城市景观过程对自然栖息地 NPP、生态足迹和工业烟尘产生量的影响较大。蛙跃型城市扩展面积对自然栖息地 NPP 影响的路径系数达–0.83（$P<0.001$）（表 5.12）。该扩展模式对生态足迹、工业烟尘产生量以及自然栖息地的斑块密度、景观形状指数和平均斑块面积影响的路径系数绝对值的最大值达到 0.6～0.8（$P<0.001$）。对生活用水量和自然栖息地聚集度影响的路径系数绝对值的最大值达到 0.5～0.6（$P<0.001$）。蛙跃型城市景观过程对这 8 项环境可持续性指标的影响均大于其他扩展模式的影响。

边缘型城市景观过程对自然栖息地面积、工业用水量和工业污水排放量的影响较大。边缘型城市扩展面积对自然栖息地面积影响的路径系数为–0.71（$P<0.001$）（表 5.12）。该扩展模式对工业用水量和工业污水排放量的影响的路径系数分别为 0.57（$P<0.001$）和 0.46（$P<0.001$）。边缘型城市景观过程对上述三项环境可持续性指标的影响明显大于其他扩展模式的影响。

5. 讨论

1）城市景观过程中环境可持续性的下降已经对居民健康构成了威胁

环境可持续性下降是威胁居民健康的关键要素（Cohen et al., 2017）。在环境可持续性下降的过程中，有毒物质和致病菌的增加会导致心血管疾病、呼吸道疾病和癌症等疾病的患病人数增加以及畸形儿出生率上升，甚至会直接引起急性或慢性中毒，导致大量人口死亡（Lelieveld et al., 2015; Forouzanfar et al., 2016; Cohen et al., 2017）。

研究发现，中国北方农牧交错带 2000～2015 年城市景观过程中环境可持续性的下降已经影响了居民健康。首先，中国北方农牧交错带快速的城市景观过程已经导致环境可持续性明显下降。2000～2015 年，区域综合环境可持续性指标下降了约 20%。水、土地、大气和生物多样性 4 项环境要素的可持续性均明显下降。其中，大气环境和土地可持续性指标下降较快，分别下降了 38%和 24%。具体来看，全区各市工业烟尘产生量的平均值从 64.64 万 t 增加到 350.73 万 t，年均增长率为 19.71%。全区各市生态足迹的平均值从 425.15 万 gha 增加到 1718.71 万 gha，年均增长率为 9.01%。

其次，2000～2015 年区域居民健康水平呈显著的下降趋势。参考 Cao 等（2009）、Wu 等（2017）以及 Chaabouni 和 Saidi（2017），利用死亡人口、死亡率、人均医疗保健消费量和诊疗人数共 4 项指标评估了区域居民健康水平的变化。结果表明，全区各市平均死亡人口从 2000 年的 9355 人增加到 2015 年的 18376 人，增长了 96.43%。全区各市平均死亡率从 2000 年的 0.51%增加到 2015 年的 0.63%，增加了 23.92%。全区各市平均医疗保健消费量从 2000 年的 300.72 元增加到 2015 年的 1310.95 元，增加了 3.36 倍。全区各市平均诊疗人数由 2004 年的 459.76 万人增加到 2015 年的 1347.01 万人，增加了 1.93 倍。上述 4 项指标均呈显著的线性增长趋势，R^2 均大于 0.60，通过了 0.01 水平的显著性检验。

表 5.12　区域城市扩展模式对环境可持续性的影响

项目		边缘型城市景观过程指标				蛙跃型城市景观过程指标				内填型城市景观过程指标			
		城市扩展面积	斑块密度	景观形状指数	平均斑块面积	城市扩展面积	斑块密度	景观形状指数	平均斑块面积	城市扩展面积	斑块密度	景观形状指数	平均斑块面积
环境可持续性指标	工业用水量	0.57***	0.03	–0.20***	–0.17***	–0.56***	–0.10**	0.41***	0.17***	0.09*	–0.01	–0.11**	–0.17***
	生活用水量	0.08	0.25***	0.23***	0.29***	0.37***	0.10	–0.57***	–0.31***	0.11	–0.08	–0.30***	–0.14*
	工业污水排放量	–0.17**	0.46***	–0.32***	0.32***	0.33***	–0.41***	0.34***	–0.19***	–0.14**	0.16**	0.01	0.11*
	生态足迹	0.20***	0.03	–0.35***	–0.23***	–0.38***	–0.03	0.72***	0.17***	0.21***	–0.02	–0.02	–0.14***
	工业烟尘产生量	0.17***	0.34***	–0.26***	0.27***	–0.36***	–0.18***	0.63***	–0.29***	–0.11**	0.05	0.16***	–0.01
	自然栖息地面积	–0.71***	–0.08***	0.36***	–0.04*	–0.30***	0.26***	–0.40***	–0.02	–0.13***	0.10***	0.05**	–0.03*
	自然栖息地 NPP	–0.27***	–0.14***	0.22***	–0.14***	–0.83***	0.23***	–0.21***	0.03	–0.15***	0.06***	–0.07***	–0.13***
	自然栖息地斑块密度	–0.36***	0.22***	–0.27***	0.26***	0.27***	–0.42***	0.61***	–0.13***	0.07*	–0.03	0.09**	0.08**
	自然栖息地景观形状指数	–0.33***	0.19***	–0.26***	0.29***	0.66***	–0.25***	0.35***	–0.21***	0.07**	–0.09***	0.14***	0.06**
	自然栖息地平均斑块面积	–0.16***	–0.10**	0.37***	0.24***	0.26***	0.25***	–0.69***	–0.35***	–0.05	0.08*	–0.04	–0.04
	自然栖息地聚集度	0.37***	–0.35***	0.01	–0.29***	–0.53***	0.40***	–0.04	0.12*	–0.06	–0.003	–0.30***	–0.25***
总体影响		–0.51***				–0.82***				0.01			

注：表中列出的值为表示影响程度的路径系数，每一行中绝对值最大的路径系数已用红色标出。

*** P<0.001；** P<0.01；* P<0.05。

再次，环境可持续性的下降与居民健康水平的下降呈显著的正相关关系。2000～2015 年，工业烟尘产生量、生态足迹、工业用水量、自然栖息地 NPP 和自然栖息地聚集度 5 项环境可持续性指标与居民健康具有显著的相关性。其中，工业烟尘产生量与 4 项居民健康指标均呈显著的正相关关系，工业烟尘产生量与死亡人口以及工业烟尘产生量与诊疗人数的相关系数均大于 0.60，通过了 0.01 水平的显著性检验(图 5.16)。工业烟尘产生量与死亡率以及工业烟尘产生量与医疗保健消费量的相关系数为 0.40～0.50，通过了 0.05 水平的显著性检验。生态足迹与死亡人口以及诊疗人数呈显著的正相关关系，相关系数均大于 0.60，通过了 0.01 水平的显著性检验。自然栖息地聚集度也与死亡人口以及诊疗人数呈显著的正相关关系，相关系数均大于 0.50，通过了 0.05 水平的显著性检验。工业用水量与死亡人口以及自然栖息地 NPP 损失量与诊疗人数的相关系数在 0.50～0.80，通过了 0.05 水平的显著性检验(图 5.16)。

而且，在中国北方农牧交错带不同地区开展的相关研究也表明，在区域城市景观过程中，环境可持续性的下降导致了居民健康水平的降低。例如，Ma 等(2017)发现，兰州市空气污染程度的增加导致患心血管疾病的住院人员数量显著上升。Tao 等(2014)和 An 等(2015)的研究均表明，兰州市空气污染的加剧还导致患呼吸道疾病的住院人数显著增加。Zhang 等(2010)发现，太原市 2000～2010 年空气污染程度的上升会导致每年因空气污染致死的人数从约 2200 人增加到接近 2500 人。

2)展望

基于结构方程模型开展了中国北方农牧交错带城市景观过程对环境可持续性影响的综合评价研究。虽然结构方程模型存在共线性问题，但该方法考虑了测量误差并纠正了衰减路径，因此结构方程模型在量化因果关系时明显优于回归分析等其他统计方法(Grewal et al., 2004; Grace et al., 2012)。受数据可获取性的影响，在利用结构方程模型评价城市景观过程对环境可持续性影响时仅有 25 个样本城市，导致模型的配适度受到限制。但该方法仍然为量化城市景观过程与环境可持续性的因果关系提供了有效途径。

在未来的研究中，将会利用基于中高分辨率遥感数据获取的城市土地信息，更加准确地量化城市景观过程，同时，会结合统计数据和遥感数据，如地表温度、植被覆盖度和 $PM_{2.5}$ 浓度等数据(He et al., 2017a)，以更加全面地量化区域环境可持续性，另外将结合物质代谢模型从机理上评价城市景观过程对环境可持续性的影响(Lavers et al., 2017)。

6. 结论

中国北方农牧交错带快速的城市景观过程对区域可持续发展带来了挑战。2000～2015 年，区域城市土地面积从 2169 km^2 增加到 6128 km^2。城市土地年均增长率为 7.17%，比全国平均水平高 0.35%。这一过程导致环境可持续性显著下降，影响了区域居民健康。同期，区域综合环境可持续性指标从 64.22 下降到 50.77，下降了 20.93%。区域城市景观过程对环境可持续性影响的路径系数为–0.98($P<0.001$)。区域环境可持续性与死亡人口、死亡率、医疗保健消费量和诊疗人数均显著相关。

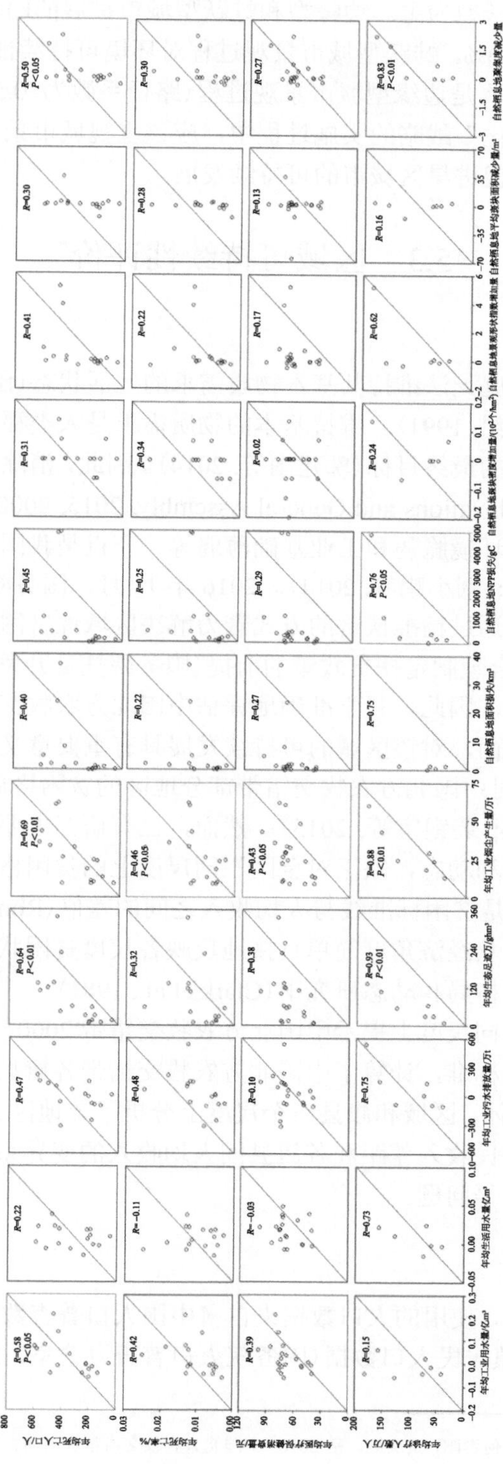

图 5.16　区域环境可持续性与居民健康的关系

本图为环境可持续性指标和人类健康指标之间相关性的散点图，其中显著相关性标红，浅红色表示 0.05 显著性水平，深红色表示 0.01 显著性水平。

不同城市扩展模式对环境可持续性的影响存在明显差异。区域 2000～2015 年的城市扩展模式以边缘型和蛙跃型为主。边缘型和蛙跃型城市扩展的面积分别占全区城市扩展总面积的 58.72%和 36.30%。蛙跃型城市景观过程对环境可持续性的影响最大(路径系数为–0.82，P<0.001)；其次是边缘型城市景观过程(路径系数为–0.51，P<0.001)。

在中国“新型城镇化”战略的实施过程中，应该重视城市景观过程中的生态环境影响问题，采取有效措施促进旱区城市的可持续发展。

5.3　区域可持续性评价*

1. 问题的提出

贫困是指个人或家庭无法维持其基本物质需求的生活状态(国家统计局《中国城镇居民贫困问题研究》课题组, 1991)。维持基本的物质需求是人类福祉的基本方面，而提高人类福祉是可持续发展的最终目标(邬建国等, 2014)。因此，消除贫困一直是可持续发展目标的重要内容(United Nations and General Assembly, 2015, 2000; MEA, 2005)。中国北方农牧交错带由于生态环境脆弱和工业基础薄弱等，一直是我国贫困人口比较集中的地区之一(裴银宝等, 2015; 刘小鹏等, 2014)。2016 年 11 月，国务院印发的《“十三五”脱贫攻坚规划》指出，要通过精准扶贫的方式着力解决区域性贫困问题。而精准识别是精准扶贫的基础，是科学合理制定扶贫政策的前提(国务院扶贫开发领导小组办公室，2016; 汪三贵和郭子豪, 2015)。因此，科学准确地评估中国北方农牧交错带的贫困动态是区域可持续性评价的重要方面，对该区域的可持续发展具有重要意义。

近年来，已有学者对中国北方农牧交错带部分地区的贫困格局和动态开展了研究(马丽, 2001; 袁媛等, 2014; 裴银宝等, 2015)。然而，已有研究主要关注中国北方农牧交错带局部地区的贫困格局和动态，缺乏对全区不同尺度上的贫困格局和动态的整体和系统的认识。贫困距离指数是贫困标准线与人均收入之间的差值(Roman, 1996)。由于贫困距离指数易于计算，可以从经济角度简单直接地反映各尺度贫困状况，因此已经被广泛应用于不同尺度上的贫困格局和动态研究中(Clark et al., 1981)。

本节的目的是从不同尺度上揭示中国北方农牧交错带 2000～2010 年的贫困动态。为此，首先基于国际贫困标准，计算了中国北方农牧交错带各旗县 2000 年和 2010 年贫困距离指数。然后，在整体、区域和旗县三个尺度上分析了该地区 2000～2010 年的贫困动态。最后，基于城乡居民收入差距和各旗县间人均收入的变异系数，讨论了该地区在脱贫过程中收入分配的公平问题。

2. 研究区和数据

研究区同 5.1.2 节。使用的人口数据来自《中国人口普查数据集》，包括 2000 年和 2010 年农村居民和城镇居民人口数据(国务院人口普查办公室，2002，2012)。社会经济

* 本节内容主要基于任强，何春阳，黄庆旭，等. 2018. 中国北方农牧交错带贫困动态——基于贫困距离指数的分析. 资源科学, 40(2): 404-416.

统计数据来自《中国统计年鉴》及各省（区、市）统计年鉴(http://tongji.cnki.net/kns55/)，主要采用了研究区 205 个县 2000 年和 2010 年的农村居民人均纯收入数据及城镇居民人均可支配收入数据。基础地理信息数据为中国国家测绘中心(http://ngcc.sbsm.gov.cn)发布的中国行政边界矢量数据。

3. 方法

1) 换算可比价

为了消除价格变动对评估结果的影响，参考 Bernanke 和 Mihov(1998)的研究，利用价格平减指数将 2000 年现价人均收入转化为以 2010 年为基期的可比价人均收入，其公式表示如下：

$$I_{2010}^{2000} = I_{\text{real}}^{2000} \cdot D_{2010}^{2000} \tag{5.21}$$

式中，I_{2010}^{2000} 为以 2010 年为基期的 2000 年可比价人均收入；I_{real}^{2000} 为 2000 年现价人均收入；D_{2010}^{2000} 为以 2010 年为基期的 2000 年价格平减指数。D_{2010}^{2000} 的计算公式如下：

$$D_{2010}^{2000} = \frac{\text{GDP}_{\text{real}}^{2000}}{\text{GDP}_{2010}^{2000}} \tag{5.22}$$

式中，$\text{GDP}_{\text{real}}^{2000}$ 为 2000 年的现价国内生产总值(gross domestic product, GDP)；GDP_{2010}^{2000} 为 2000 年相对于 2010 年的可比价 GDP。

2) 计算贫困距离指数

根据 Roman(1994)的研究，贫困距离指数的计算公式可表示为

$$G_q = Z - I_q \tag{5.23}$$

式中，G_q 为旗县 q 的贫困距离指数；Z 为国际贫困标准。参考联合国千年发展目标，本节采用人均 1 美元/天的国际贫困标准(United Nations and General Assembly, 2015; World Bank, 1990)，并将其换算为 2492 元/年(中国银行 2010 年 1 月 1 日外管局中间价，一年按 365 天计算)；I_q 表示旗县 q 的人均收入。I_q 的计算过程可以表示为

$$I_q = \frac{I_q^{\text{rural}} \cdot P_q^{\text{rural}} + I_q^{\text{urban}} \cdot P_q^{\text{urban}}}{P_q^{\text{rural}} + P_q^{\text{urban}}} \tag{5.24}$$

式中，I_q^{rural} 和 I_q^{urban} 分别为旗县 q 的农村居民人均纯收入和城镇居民人均可支配收入。P_q^{rural} 和 P_q^{urban} 分别为旗县 q 的农村人口和城镇人口。

3) 分析 2000～2010 年贫困动态

参考联合国千年发展目标(United Nations and General Assembly, 2015)，首先依据贫困距离指数，对中国北方农牧交错带 205 个旗县的贫困状态进行了划分，具体过程可以表示为

$$\text{Class}_q = \begin{cases} 0 & G_q \leqslant 0 \\ 1 & G_q > 0 \end{cases} \tag{5.25}$$

式中，Class_q 表示旗县 q 的贫困状态，0 表示非贫困，1 表示贫困。为了深入了解该地区贫困情况，对贫困程度进行划分：

$$\text{Class}_q^{\text{poverty}} = \begin{cases} 2 & 0 < G_q/Z \leqslant 25\% \\ 3 & 25\% < G_q/Z \leqslant 50\% \\ 4 & 50\% < G_q/Z \end{cases} \tag{5.26}$$

式中，$\text{Class}_q^{\text{poverty}}$ 表示贫困县 q 的贫困程度；2 表示轻微贫困；3 表示中等贫困；4 表示特别贫困。然后，分别在整体、局部和旗县尺度上分析了 2000 年中国北方农牧交错带的贫困格局，以及 2000～2010 年该地区的贫困动态。

4. 结果

1) 2000 年中国北方农牧交错带的贫困格局

2000 年，中国北方农牧交错带近半数旗县处于贫困状态。全区贫困县的数量达 91 个，占全区旗县总数的 44.39%。贫困县拥有人口 2454.38 万人，占全区人口总量的 37.92%。其中，城镇人口 284.30 万人，农村人口 2470.08 万人(表 5.13)。

贫困县数量呈现从东向西递增格局。研究区东段共有 11 个贫困县，占全区贫困县总数的 12.09%。东段贫困县拥有人口 476.90 万人，占全区贫困县人口总量的 19.43%。中段共有 32 个贫困县，占全区贫困县总数的 35.16%。中段贫困县拥有人口 653.45 万人，占全区贫困县人口总量的 26.62%。西段共有 48 个贫困县，占全区贫困县总数的 52.75%。西段贫困县拥有人口 1324.03 万人，占全区贫困县总人口的 53.95%(图 5.17、表 5.13)。

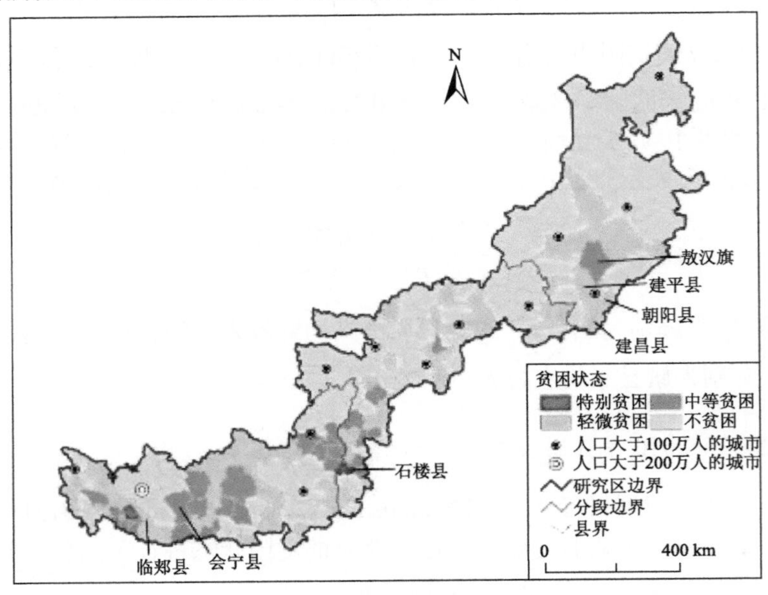

图 5.17　2000 年中国北方农牧交错带贫困格局

注：人口数据为 2010 年数据。

全区 91 个贫困县中，轻微贫困县数量最多。轻微贫困县数量为 58 个，占贫困县总数的 63.74%。轻微贫困县共有 1563.67 万人，占贫困县人口总量的 63.71%。其中，城镇人口 207.68 万人，农村人口 1355.99 万人。中等贫困县和特别贫困县的数量分别为 31 个和 2 个，分别占贫困县总数的 34.07%和 2.20%(表 5.13)。

表 5.13　2000 年中国北方农牧交错带居民贫困状态

贫困状态		东段	中段	西段	全区
特别贫困	贫困县数量/个(比例)*	0(0)	1(3.12%)	1(2.09%)	2(2.20%)
	贫困县总人口/万人(比例)**	0(0)	55.34(8.47%)	25.68(1.94%)	81.02(3.30%)
	贫困县城镇人口/万人	0	4.74	0.34	5.08
	贫困县农村人口/万人	0	50.60	25.34	75.94
中等贫困	贫困县数量(比例)*	1(9.09%)	8(25.00%)	22(45.83%)	31(34.07%)
	贫困县总人口(比例)**	58.08(12.18%)	131.29(20.09%)	620.32(46.85%)	809.69(32.99%)
	贫困县城镇人口/万人	6.10	19.50	455.94	71.54
	贫困县农村人口/万人	51.98	111.79	574.38	738.15
轻微贫困	贫困县数量(比例)*	10(90.91%)	23(71.88%)	25(52.08%)	58(63.73%)
	贫困县总人口(比例)**	418.82(87.82%)	466.82(71.44%)	678.03(51.21%)	1563.67(63.71%)
	贫困县城镇人口/万人	60.34	69.52	77.82	207.68
	贫困县农村人口/万人	358.48	397.30	600.21	1355.99
合计	贫困县数量/个	11	32	48	91
	贫困县总人口/万人	476.90	653.45	1324.03	2454.38
	贫困县城镇人口/万人	66.44	93.76	124.10	284.30
	贫困县农村人口/万人	410.46	559.69	1199.93	2170.08

* 括号中的比例表示贫困状态 i 下的旗县数量占对应区域旗县总数的比例 A_i，计算公式可表示为 $A_i = N_i / \sum_{i=1}^{n} N_i$，式中，$N_i$ 表示贫困状态 i 下的旗县数量。

** 括号中的比例表示贫困状态 i 下的旗县人口占对应区域旗县总人口的比例 B_i，计算公式可表示为 $B_i = P_i / \sum_{i=1}^{n} P_i$，式中，$P_i$ 表示贫困状态 i 下的旗县人口。

有 7 个贫困县人口超过了 50 万人。这 7 个贫困县共有 390.28 万人，占贫困县人口总数的 15.90%。其中，特别贫困县有 1 个，为山西省石楼县，包含人口 55.34 万人。中等贫困县有 2 个，分别为内蒙古自治区敖汉旗和甘肃省会宁县，分别包含人口 58.08 万人和 56.86 万人。轻微贫困县有 4 个，分别为辽宁省朝阳县、建昌县、建平县以及甘肃省临洮县，分别包含 58.50 万人、55.51 万人、54.34 万人和 51.65 万人(图 5.17)。

2)2000～2010 年中国北方农牧交错带的贫困动态

2000～2010 年中国北方农牧交错带脱贫成效显著。全区贫困县从 91 个减少到 1 个，减少了 90 个，减少率为 98.90%。贫困县人口从 2454.38 万人减少到 23.57 万人，减少了 2430.81 万人，减少率为 99.04%。其中，城镇人口减少了 282.43 万人，减少率为 99.34%;

农村人口减少了 2148.38 万人，减少率为 99.00%(图 5.18)。

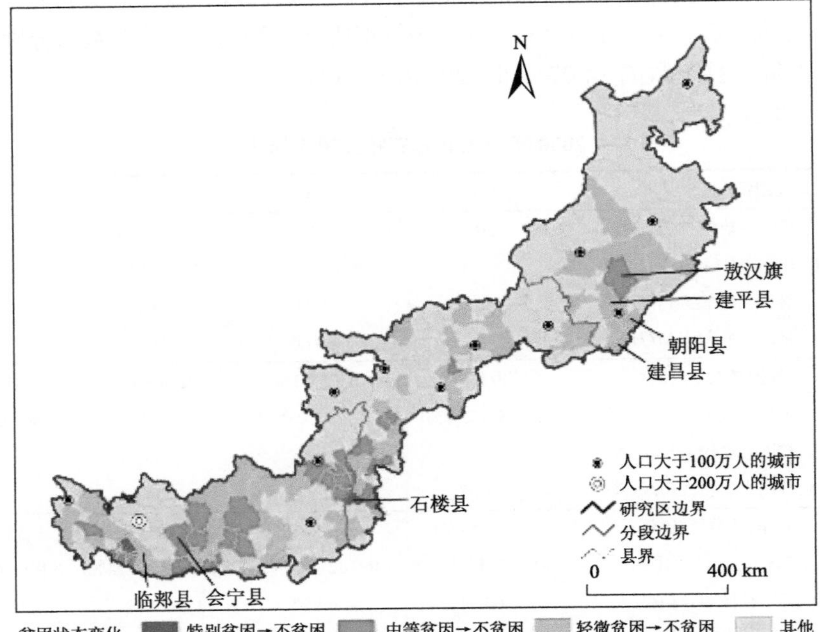

图 5.18　2000～2010 年中国北方农牧交错带脱贫过程

研究区东段和中段所有贫困县全部脱贫，只有西段尚存贫困县。西段贫困县数量从 48 个减少到 1 个，减少了 47 个，减少了 97.92%。西段贫困县的人口从 1324.03 万减少到 23.57 万人，减少了 1300.46 万人，减少了 98.22%。其中，城镇人口减少了 122.23 万人，减少了 98.49%；农村人口减少了 1178.23 万人，减少了 98.19%(表 5.14)。

表 5.14　2000～2010 年中国北方农牧交错带居民脱贫过程

贫困状态	项目	东段	中段	西段	全区
特别贫困	贫困县减少量/个	0	1	1	2
	贫困县总人口减少量/万人	0	55.34	25.68	81.02
	贫困县城镇人口减少量/万人	0	4.74	0.34	5.08
	贫困县农村人口减少量/万人	0	50.60	25.34	75.94
中等贫困	贫困县减少量/个	1	8	22	31
	贫困县总人口减少量/万人	58.08	131.29	620.32	809.69
	贫困县城镇人口减少量/万人	6.10	19.50	455.94	71.54
	贫困县农村人口减少量/万人	51.98	111.79	574.38	738.15
轻微贫困	贫困县减少量/个	10	23	24	57
	贫困县总人口减少量/万人	418.82	466.82	656.34	1540.10
	贫困县城镇人口减少量/万人	60.34	69.52	76.82	205.81
	贫困县农村人口减少量/万人	358.48	397.30	579.52	1334.29

续表

贫困状态	项目	东段	中段	西段	全区
合计	贫困县减少量/个	11	32	47	90
	贫困县总人口减少量/万人	476.90	653.45	1300.46	2430.81
	贫困县城镇人口减少量/万人	66.44	93.76	122.23	282.43
	贫困县农村人口减少量/万人	410.46	559.69	1178.23	2148.38

从旗县尺度看，中国北方农牧交错带的特别贫困县和中等贫困县数量均减少到 0，轻微贫困县数量从 58 个减少到 1 个，减少了 57 个，减少率为 98.28%。轻微贫困县人口从 1563.67 万人减少到 23.57 万人，减少了 1540.10 万人，减少率为 98.49%。2000 年人口超过 50 万人的 7 个贫困县均脱贫。

5. 讨论

1) 贫困标准的变化对评估结果的影响

贫困标准的确定是使用贫困距离指数的基础(王萍萍, 2006)。目前，除本节采用的 1 美元/天贫困标准外，仍有多个国际贫困标准在其他相关研究中得到应用(Ferreira et al., 2016; Dzanku et al., 2015)。例如，世界银行提出过 1.25 美元/天和 1.9 美元/天的国际贫困标准(Ravallion et al., 2008; World Bank, 2015)。同时，中国政府每年也会根据国情不断提出中国的国家贫困标准(王小林, 2012)。为此，选取较为常用的五种贫困标准进一步衡量中国北方农牧交错带 2000～2010 年贫困动态。通过对比发现，贫困标准的变化对贫困动态的评估影响很大。其中，采用 1.9 美元/天国际贫困标准评估的结果与本评估的结果差距最大。在该标准下，2000 年贫困县的数量和人口分别比本评估结果多 92 个和 2540.35 万人。2010 年贫困县的数量和人口分别比本评估结果多 26 个和 701.47 万人(表 5.15)。由此可见，科学选择贫困标准对于客观理解贫困格局和动态十分重要。

表 5.15　不同贫困标准对评估结果的影响*

贫困标准	2000 年贫困状态差异		2010 年贫困状态差异		2000～2010 年贫困动态差异	
	数量/个	人口/万人	数量/个	人口/万人	数量/个	人口/万人
2000～2007 年中国贫困标准**	–91	–2454.38	–1	–23.57	–90	–2430.81
2008～2010 年中国贫困标准***	–89	–2373.35	–1	–23.57	–88	–2349.78
2011 年中国贫困标准	–24	–676.70	–1	–23.57	–23	–653.13
1.25 美元/天的国际贫困标准	50	1452.95	4	102.89	46	1350.06
1.9 美元/天的国际贫困标准	92	2540.35	26	701.47	66	1838.88

* 使用不同贫困标准评估结果与 1 美元/天贫困标准评估结果的差值来反映不同贫困标准对评估结果的影响。

** 因 2000～2007 年中国国家标准变动较小，将其视为一个贫困标准，即该时段贫困线均值。

*** 因 2008～2010 年中国国家标准变动较小，将其视为一个贫困标准，即该时段贫困线均值。

1 美元/天国际贫困标准是世界银行通过计算 10 个最贫困国家居民满足自身最低食品需求时所需支出确定的，并被广泛应用于评估绝对贫困人口(Klasen et al., 2016)。同时，该贫困标准是联合国千年发展目标及 2000～2008 年世界发展报告采用的国际贫困标准，是本节时间范围内(2000～2010 年)国际上最广泛使用的贫困标准之一(Ravallion et al., 2008)。因此，选取 1 美元/天的贫困标准来进行中国北方农牧交错带的贫困评估是具有合理性的。

2) 脱贫过程中的收入分配不公平加剧

收入分配公平有利于优化经济结构、保障脱贫过程中社会健康持续发展(王雪妮和孙才志, 2011；罗楚亮, 2012)。为此，采用了城乡居民收入差距(田亚平等, 2011；陈培阳和朱喜钢，2012；陈晓等, 2010)和各旗县间人均收入的变异系数(陈培阳和朱喜钢, 2012；冯长春等, 2015；王芳和高晓路, 2014)两个指标进一步考察了中国北方农牧交错带脱贫过程中的收入公平问题。

中国北方农牧交错带脱贫过程中的城乡居民收入差距在增加。脱贫县的城乡居民人均收入差距从 2000 年的 3855 元增加到 2010 年的 8686 元，增加了 4831 元，增长率为 125.31%。脱贫县的城乡居民收入差距增长率从东向西呈递增格局。东段的城乡居民收入差距从 2000 年的 584 元增加到 2010 年的 987 元，增加了 403 元，增长率为 69.92%。中段的收入差距从 2000 年的 4432 元增加到 2010 年的 8531 元，增加了 4099 元，增加了 92.49%。西段的收入差距从 2000 年的 3391 元增加到 2010 年的 9573 元，增加了 6182 元，增加了 182.32%(表 5.16)。

表 5.16　中国北方农牧交错带 2000～2010 年脱贫地区城乡居民收入差距变化

区域	城乡居民收入差距		城乡居民收入差距变化	
	2000 年/元	2010 年/元	2000～2010 年变化量/元	变化率/%
全区	3855	8686	4831	125.31
东段	584	987	403	69.92
中段	4432	8531	4099	92.49
西段	3391	9573	6182	182.32

此外，中国北方农牧交错带脱贫过程中旗县间的人均收入差异在增加。脱贫旗县人均收入的变异系数从2000年的0.17增长到2010年的0.33，增长了0.16，增长率为92.36%。其中，西段脱贫县人均收入的变异系数从 2000 年的 0.17 增加到 2010 年的 0.41，增加了 0.24，增长率为 135.87%。东段和中段的变异系数略微下降，分别下降了 26.38% 和 20.03%。由此可见，在快速脱贫过程中，中国北方农牧交错带居民的收入分配不公平正在加剧(表 5.17)。

表 5.17 中国北方农牧交错带 2000～2010 年脱贫地区居民人均收入的差异变化

区域	变异系数		变异系数变化	
	2000 年	2010 年	2000～2010 年变化量	变化率/%
全区	0.17	0.33	0.16	92.36
东段	0.12	0.09	−0.03	−26.38
中段	5.82	4.66	−1.17	−20.03
西段	0.17	0.41	0.24	135.87

注：参考陈培阳和朱喜钢(2012)的研究，采用各旗县人均收入的变异系数衡量不同旗县之间的人均收入差异。变异系数 C_v 的公式为：$C_v = \frac{1}{\overline{y}} \cdot \sqrt{\sum_{i=1}^{n}(y_i - \overline{y})^2 / (n-1)}$。式中，$y_i$ 为第 i 个县的人均收入；$\overline{y}$ 为 y_i 的平均值；n 为旗县个数。

3)展望

受限于数据的可获取性，本节以旗县为最小单元评估区域的贫困状态，难以准确地揭示区域居民个体的实际贫困特征，同时，仅分析了区域贫困的动态变化，没有进一步挖掘贫困动态变化的影响因素和驱动机制。在未来研究中，将通过实地调研、遥感监测等多种方法和手段，进一步取得更为精准的居民贫困数据。同时，将区域脱贫过程与城市化、工业化和生态建设等有机集合起来，以更加深入地揭示区域脱贫过程的驱动机制。

6. 结论

中国北方农牧交错带是我国贫困人口的主要分布区域之一。2000 年，该区近半数旗县处于贫困状态，贫困县的数量达 91 个，占全区旗县总数的 44.39%。贫困人口 2454.38 万人，占全区人口总量的 37.92%。其中，城镇人口 284.30 万人，农村人口 2470.08 万人。东段共有 11 个贫困县，拥有人口 476.90 万人，占全区贫困县人口总量的 19.43%；中段共有 32 个贫困县，拥有人口 653.45 万人，占全区贫困县人口总量的 26.62%。西段共有 48 个贫困县，拥有人口 1324.03 万人，占全区贫困县总人口的 53.95%。

2000～2010 年中国北方农牧交错带脱贫工作成效显著。该区贫困县从 91 个减少到 1 个。贫困县人口从 2454.38 万人减少到 23.57 万人，共减少 2430.81 万人。其中，城镇人口减少了 282.43 万人，减少率为 99.34%。农村人口减少了 2148.38 万人，减少了 99.00%。目前，仅有西段还存在贫困人口。

在 2000～2010 年快速脱贫的过程中，中国北方农牧交错带居民收入分配不公平加剧。脱贫地区城乡居民收入差距从 2000 年的 3855 元增加到 2010 年的 8686 元，增加了 4831 元，增长了 125.31%。同时，脱贫地区各旗县间人均收入差距在增大。各旗县人均收入的变异系数从 0.17 增加到 0.33，增加了 0.16，增长了 92.36%。因此，建议在中国北方农牧交错带居民整体脱贫的同时，应该注意缩小贫富差距，改善社会财富分配方式，从而实现区域真正的可持续发展。

5.4　城市土地系统设计*

1. 问题的提出

当前，中国北方农牧交错带的可持续性正面临气候变化的严峻挑战(Liu et al., 2019a)。气候变化不仅改变了陆地生态系统的结构和功能，对区域粮食安全和生态安全构成了威胁，而且影响了水文过程，加剧了区域水资源短缺并增加了区域洪水风险(Deng et al., 2013; Huo et al., 2013; Chen et al., 2015; Fu et al., 2017)。同时，快速的城市景观过程造成了用水量上升、耕地损失、自然栖息地丧失和破碎化以及洪水暴露性增加等问题，进一步影响了区域可持续性(Peng et al., 2016; Li et al., 2016，2017)。在气候变化压力下，如何通过主动设计来优化和改造中国北方农牧交错带城市景观组成与空间配置以提高区域可持续性已成为亟待解决的重要科学问题。本节的目的是提出气候变化压力下的中国北方农牧交错带2015～2050年城市土地系统设计方案，以维持和提高区域可持续性。为此，提出了一套可持续城市土地系统设计途径，首先量化了气候变化影响下的水资源量和水资源承载力约束下的城市土地需求，然后量化了城市景观过程的空间限制性，最后结合城市土地需求和空间限制性，基于城市土地供需平衡的原理模拟了区域城市景观过程。本节提出的可持续城市土地系统设计途径可以同时缓解水资源短缺状况、保障粮食安全和生态安全并减少洪水风险，为提高中国北方农牧交错带城市可持续性提供帮助。

2. 研究区和数据

研究区同 5.1.2 节。用于量化水资源量的气象观测数据来源于中国气象数据网(http://data.cma.cn)，包括研究区内各站点 2000～2015 年年平均气温和年降水量数据。在获得各站点各项气象指标的值后，利用克里金插值法对站点数据进行了空间插值，得到了空间分辨率为 1 km 的逐年平均气温和降水量数据。气候模式模拟数据包括 RCP4.5 情景下 2006～2050 年 RCM 模拟出的年平均气温和年降水量。该数据是由中国国家气候中心发布的基于区域气候模式 RegCM4.0 模拟得到的长期气候变化数据，来源于中国地区气候变化预估数据网(http://www.climatechange-data.cn/en/)。用于量化城市土地需求的 2000～2015 年社会经济统计数据包括来源于各省统计年鉴的城市人口和地区生产总值以及来源于各省(区、市)《水资源公报》的水资源量与用水量。

用于量化城市景观过程空间限制性的2015年土地利用/覆盖数据来自中国土地利用/覆盖数据集(http://www.geodata.cn/Portal/index.jsp)。该数据集是以 Landsat TM/ETM+和 HJ-1/1B 等影像为基础建立起来的，其数据空间分辨率为 1km，总体分类精度在90%以上(Liu et al., 2014)。洪泛区数据来源于 Rudari 等(2015)基于水文模

* 本节内容主要基于 Liu Z, He C, Yang Y, et al. 2020. Planning sustainable urban landscape under the stress of climate change in the drylands of northern China: A scenario analysis based on LUSD-urban model. Journal of Cleaner Production. 244: 118709.

型模拟得到的百年一遇洪水的最大淹没范围数据集，空间分辨率为 1km(Du et al., 2018)。2015 年 NDVI 数据来源于 NASA 发布的 MODIS(moderate resolution imaging spectroradiometer)的 NDVI 产品(https://ladsweb.nascom.nasa.gov/data/search.html)，空间分辨率是 1 km。2015 年的植被净初级生产力(net primary productivity，NPP)数据来源于美国地质勘探局发布的 MODIS NPP 产品(MOD17A3)(https://www.usgs. gov/)，空间分辨率为 1 km。2015 年夜间灯光数据来源于美国国家海洋和大气管理局国家(NOAA)地球物理数据中心发布的 Suomi national polar-orbiting partnership-visible infrared imaging radiometer suite (NPP-VIIRS) 夜间灯光数据集 (http://ngdc.noaa.gov/eog/viirs/)，原始数据空间分辨率为 15 弧秒，相当于 742 m。为了便于计算，获取数据后将其空间分辨率重采样为 1 km。

用于模拟城市景观过程的 1992～2015 年城市土地数据来自于 He 等(2014)和 Xu 等(2016)建立的中国城市土地信息数据集。该数据空间分辨率为 1 km，平均总体精度为 92.62%，Kappa 系数为 0.60。DEM 数据来源于中国科学院计算机网络信息中心的地理空间数据云平台(http://www.gscloud.cn)。基础地理信息数据来源于国家基础地理信息中心(http://ngcc.sbsm.gov.cn)，包括中国北方农牧交错带的行政边界、行政中心、国道、省道、高速公路和铁路数据。

3. 方法

目前，区域城市景观过程主要通过增加用水量以及占用耕地、自然栖息地和洪泛区，从加剧水资源短缺、威胁粮食安全、降低生态安全和增加洪水风险四个方面影响区域可持续性(Liu et al., 2019b)。为此，可持续城市土地系统设计的基本思路是首先在水资源承载力的约束下调整城市景观的规模，然后通过调整城市景观的空间格局以避免占用优质耕地、重要自然栖息地和廊道以及洪泛区，其目的在于缓解水资源短缺状况、保障粮食安全和生态安全并减少洪水风险，最终提高区域可持续性(图 5.19)。具体包括量化水资源承载力约束下的城市土地需求、量化城市景观过程的空间限制性和模拟城市景观过程三个主要步骤(图 5.20)。

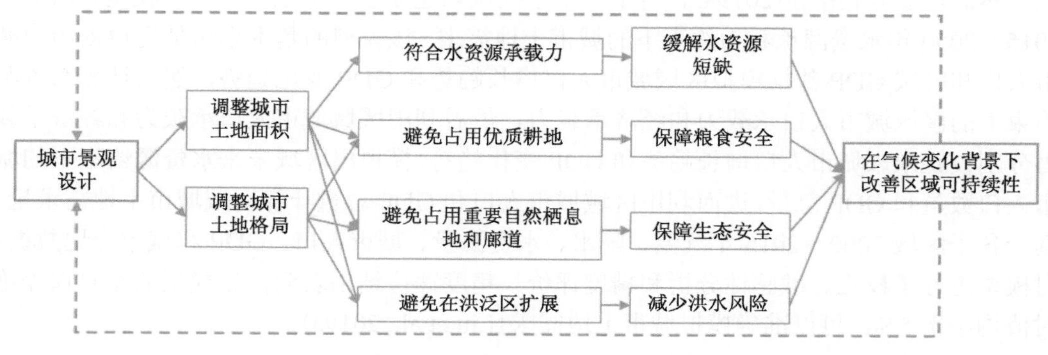

图 5.19 气候变化下的可持续城市土地系统设计框架

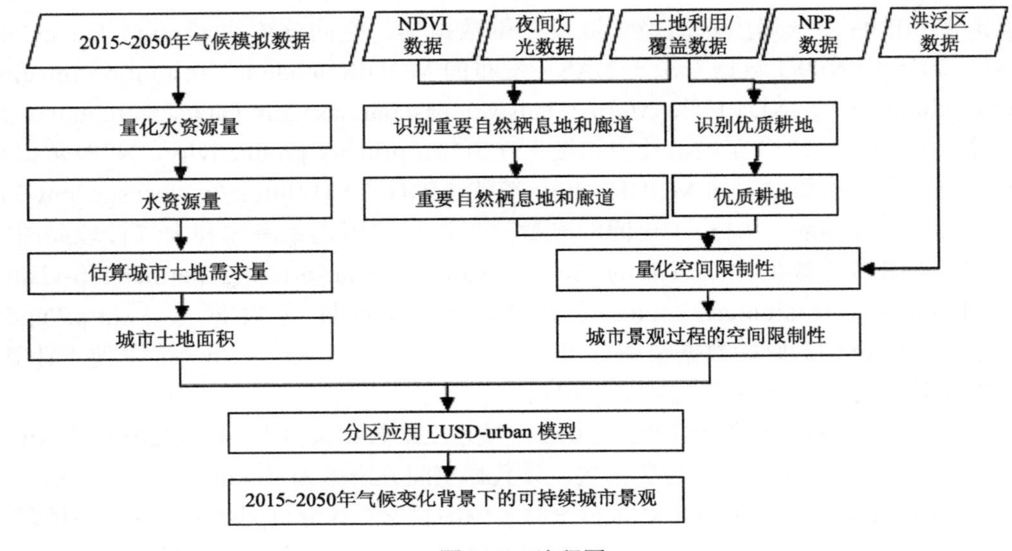

图 5.20　流程图

1) 量化水资源承载力约束下的城市土地需求

参考 He 等(2015)，首先基于气候变化影响下的区域 2015～2050 年平均气温和降水量模拟结果计算了区域水资源量。考虑到中国北方农牧交错带的水资源分布和气候变化特征均具有明显的空间异质性(Shi et al., 2014; Liu et al., 2019a)，分别在中国北方农牧交错带西部、中西部、中东部和东部共四个子区域建立了多元线性回归方程，以更加准确地量化区域水资源量。各子区域水资源量的计算过程可表示为

$$\mathrm{WR}_{i,t} = a_i P_{i,t} + b_i T_{i,t} + c_i \tag{5.27}$$

式中，$\mathrm{WR}_{i,t}$ 为第 i 个子区域第 t 年的水资源量；$P_{i,t}$ 和 $T_{i,t}$ 为该区域第 t 年的平均气温和降水量；a_i、b_i 和 c_i 为回归系数。上述回归系数均基于区域 2000～2015 年水资源统计数据以及气温和降水观测数据通过回归分析获得。

然后，参考 Liu 等(2019a)，对于每个子区域均建立了一个系统动力学模型，以量化 2015～2050 年水资源承载力约束下的城市土地需求。该模型的基本思路是先根据历史城市人口和区域 GDP 数据模拟区域城市人口增长趋势和 GDP 变化趋势，然后计算水资源约束下的区域城市人口承载力和经济承载力，最后利用区域城市人口承载力和经济承载力分别校正未来城市人口增长趋势和 GDP 变化趋势，模拟出区域未来水资源约束下的城市人口数量和 GDP 总量，进而利用区域城市人口和 GDP 总量计算区域城市土地需求量。基于各子区域 2000～2015 年气温、降水、水资源量、城市人口、GDP 和城市土地数据，对模型进行了校正、敏感性分析和精度评价。精度评价结果表明，该模型的相对误差绝对值均小于 5%，可以准确模拟城市土地需求(Liu et al., 2019a)。

2) 量化城市景观过程的空间限制性

首先，参考 Zhang 等(2017)，利用最小累积阻力模型量化了中国北方农牧交错带 2015

年重要自然栖息地和廊道(图 5.21)。该方法是在利用土地利用/覆盖数据和 NDVI 数据提取重要自然栖息地的基础上，通过利用夜间灯光数据构建生态阻力面识别出重要廊道。参考 He 等(2014)，将区域内的林地、草地、湿地和未利用地均作为自然栖息地。重要自然栖息地的识别过程可表示为

$$\mathrm{HI}_i = \frac{(\mathrm{BI}+\mathrm{CI})_i - (\mathrm{BI}+\mathrm{CI})_{\min}}{(\mathrm{BI}+\mathrm{CI})_{\max} - (\mathrm{BI}+\mathrm{CI})_{\min}} \tag{5.28}$$

式中，HI_i 表示自然栖息地中第 i 个像元的重要性；BI_i 表示该像元生物多样性的重要性程度；CI_i 表示该像元连接度的重要性程度；max 和 min 分别为区域中的最大值和最小值。BI_i 和 CI_i 的值均是 1～5 的整数，分别由第 i 个像元生物多样性价值 BV_i 和连接度价值 CV_i 通过分位数分级得到。BV_i 的计算过程可表示为

$$\mathrm{BV}_i = \frac{\mathrm{NDVI}_i}{\mathrm{NDVI}_t} \times \mathrm{EV}_t \tag{5.29}$$

式中，NDVI_i 为第 i 个像元的 NDVI 值；NDVI_t 为该像元所属的 t 种土地利用/覆盖类型的 NDVI 均值；EV_t 为该种地类的平均生物多样性价值，林地、草地、湿地和未利用地分别为 9.59、3.21、7.35 和 1 (Zhang et al., 2017)。CV_i 的计算过程可表示为(Pascual-Hortal and Saura, 2006; Saura and Torne, 2009; Carranza et al., 2012)

$$\mathrm{CV}_i = \frac{\mathrm{LC} - \mathrm{LC}_{\mathrm{remove},i}}{\mathrm{LC}} \times 100 \tag{5.30}$$

$$\mathrm{LC} = \frac{\sum_{i=0}^{n}\sum_{j=0}^{n} a_i a_j p_{i,j}}{A_{\mathrm{L}}^2} \tag{5.31}$$

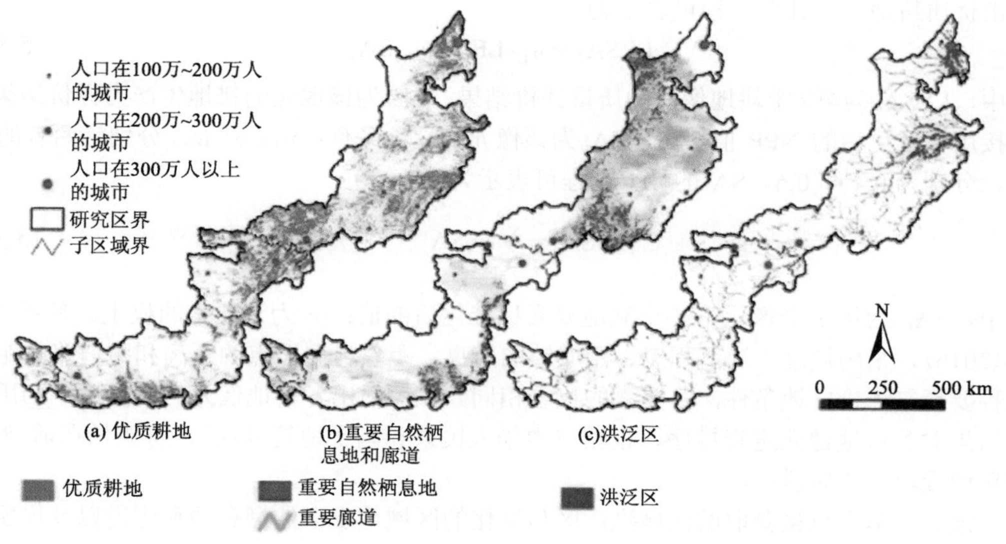

图 5.21　优质耕地、重要自然栖息地和廊道以及洪泛区的空间格局

注：人口数据为 2010 年数据。

式中，LC 表示景观连通性；$LC_{remove,i}$ 表示去除第 i 个像元后的景观连通性；n 为景观中的斑块数量；a_i 和 a_j 分别为第 i 个和第 j 个斑块的面积；A_L 为景观总面积；$P_{i,j}$ 为物种在第 i 个和第 j 个斑块间直接扩散的概率。该计算过程在 Conefor Sensinode 2.6 软件中完成。在计算出 HI_i 后，参考 Zhang 等(2017)，对 HI_i 进行分位数分级，得到五类自然栖息地，将重要性等级最高的自然栖息地提取为重要自然栖息地。

用于提取重要廊道的最小累积阻力值的计算过程可表示为(Knaapen et al., 1992)

$$\text{MCR} = f \min \sum_{j=n}^{i=m} D_{i,j} \times R_i \tag{5.32}$$

式中，MCR 为最小累积阻力值；$D_{i,j}$ 为物种从第 i 个像元到第 j 个像元的距离；R_i 为第 i 个像元对物种运动的阻力系数；f 表示最小累积阻力与生态过程的正相关关系。R_i 的计算过程可表示为

$$R_i = \frac{\text{NTL}_i}{\text{NTL}_t} \times R_t \tag{5.33}$$

式中，NTL_i 为该像元的夜间灯光强度值；NTL_t 为该像元所属的 t 种土地利用/覆盖类型的夜间灯光强度均值；R_t 为该种地类的基本生态阻力值，耕地、林地、草地、湿地、建设用地和未利用地分别为 30、1、10、50、500 和 300(Zhang et al., 2017)。基于 ArcGIS 中的 Distance 模块，构建了最小累积阻力面模型，进而计算出区域中最小耗费路径网络，并将其作为重要廊道。

然后，利用美国农业部发展的土地评估与位置评价(land evaluation and site assessment, LESA)方法(Williams, 1985; Xia et al., 2016)，量化了区域 2015 年优质耕地(图 5.21)。该方法通过结合耕地生产力和立地条件的评价结果来量化耕地质量，从而提取出优质耕地。其计算过程可表示为

$$\text{LESA}_i = w_{\text{LE}}\text{LE}_i + w_{\text{SA}}\text{SA}_i \tag{5.34}$$

式中，$LESA_i$ 为第 i 个耕地像元的质量评价结果；LE_i 为该像元的耕地生产力评价结果，直接用标准化后的 NPP 值表示；SA_i 为该像元的立地条件；w_{LE} 和 w_{SA} 分别为两者的权重，分别为 0.4 和 0.6。SA_i 的计算过程可表示为

$$\text{SA}_i = \sum_{j=1}^{n} w_j \text{SA}_{i,j} \tag{5.35}$$

式中，$SA_{i,j}$ 为第 i 个像元第 j 个立地要素标准化后的值；w_j 为该要素的权重。参考 Xia 等(2016)，采用坡度、灌溉程度、距城镇的距离、距农村居民点的距离和距道路的距离五种要素来评价立地条件，各要素的权重相同。在评估出各耕地像元的质量后，利用评价结果对各耕地像元进行排序，根据《中华人民共和国土地管理法》，将质量在前 80% 的耕地提取为优质耕地。

最后，基于直接获取的区域洪泛区与量化的区域重要自然栖息地和廊道以及优质耕地，确定了区域城市景观过程的空间限制性(图 5.21)。其处理过程可表示为

$$\text{UC}_i = \begin{cases} 1 & (\text{IHC}_i = 1)\text{or}(\text{PC}_i = 1)\text{or}(\text{FP}_i = 1) \\ 0 & \text{其他} \end{cases} \tag{5.36}$$

式中，UC_i 为第 i 个像元是否为限制城市占用的像元；IHC_i、PC_i 和 FP_i 分别表示该像元是否为重要自然栖息地和廊道、优质耕地和洪泛区，1 为是，0 为否。

3) 模拟城市景观过程

参考 Liu 等(2019a)，分区应用 LUSD-urban 模型模拟了可持续城市土地系统设计情景下的区域 2015～2050 年城市景观过程。模拟过程同 5.1.3 节。参考 He 等(2008)，基于区域 1992～2015 年城市土地数据，利用 Monte Carlo 方法对模型进行了校正和精度评价。精度评价表明，该模型模拟出的城市土地 Kappa 系数均在 0.6 以上，说明该模型可以准确模拟城市土地的空间配置。

为了评估可持续城市土地系统设计对区域城市景观过程的影响，还分区应用 LUSD-urban 模型模拟了趋势情景下区域 2015～2050 年城市景观过程。在趋势情景下，假设区域 2015～2050 年城市土地的增长速率与 1992～2015 年保持一致，而且城市景观过程不受到重要自然栖息地和廊道、优质耕地以及洪泛区的限制。在模拟出趋势情景下，城市景观过程后，量化了全区、各子区域和主要城市 2015～2050 年趋势情景下城市土地面积与可持续城市土地系统设计情景下城市土地面积的差异，以评估可持续城市土地系统设计的影响。

4. 结果

1) 趋势情景下的区域未来城市景观过程

在趋势情景下，全区 2015～2050 年将经历快速的城市景观过程。全区城市土地面积将从 2015 年的 3800 km^2 增加到 2050 年的 9665 km^2，将增加 1.54 倍(图 5.22、表 5.18)。中东部地区的城市扩展面积最大。该区域城市土地面积将从 1855 km^2 增加到 4951 km^2，将增加 1.67 倍。该区域城市扩展面积将达到 3096 km^2，占全区城市扩展面积的 52.79%。东部和中西部城市扩展面积在 1000～1500 km^2，分别为 1413 km^2 和 1335 km^2，占全区城市扩展面积的比例分别为 24.09%和 22.76%。西部地区城市扩展面积最小，为 21 km^2，仅占全区城市扩展面积的 0.36%。

鄂尔多斯市 2015～2050 年城市扩展面积将最大。鄂尔多斯市城市土地面积将从 607 km^2 增加到 1547 km^2，将增加 1.55 倍(图 5.22、表 5.18)。鄂尔多斯市城市扩展面积将达 940 km^2，占全区城市扩展面积的 16.03%。其次是大同市，该市城市扩展面积将达 715 km^2，占全区城市扩展面积的 12.19%。张家口市、兰州市、呼和浩特市和乌兰察布市城市扩展面积将在 400～600 km^2，分别为 580 km^2、575 km^2、511 km^2 和 481 km^2，分别占全区城市扩展面积的 9.89%、9.80%、8.71%和 8.20%。榆林市、吕梁市、阜新市和通辽市城市扩展面积将在 200～300 km^2，其他城市的城市扩展面积均不足 50 km^2。

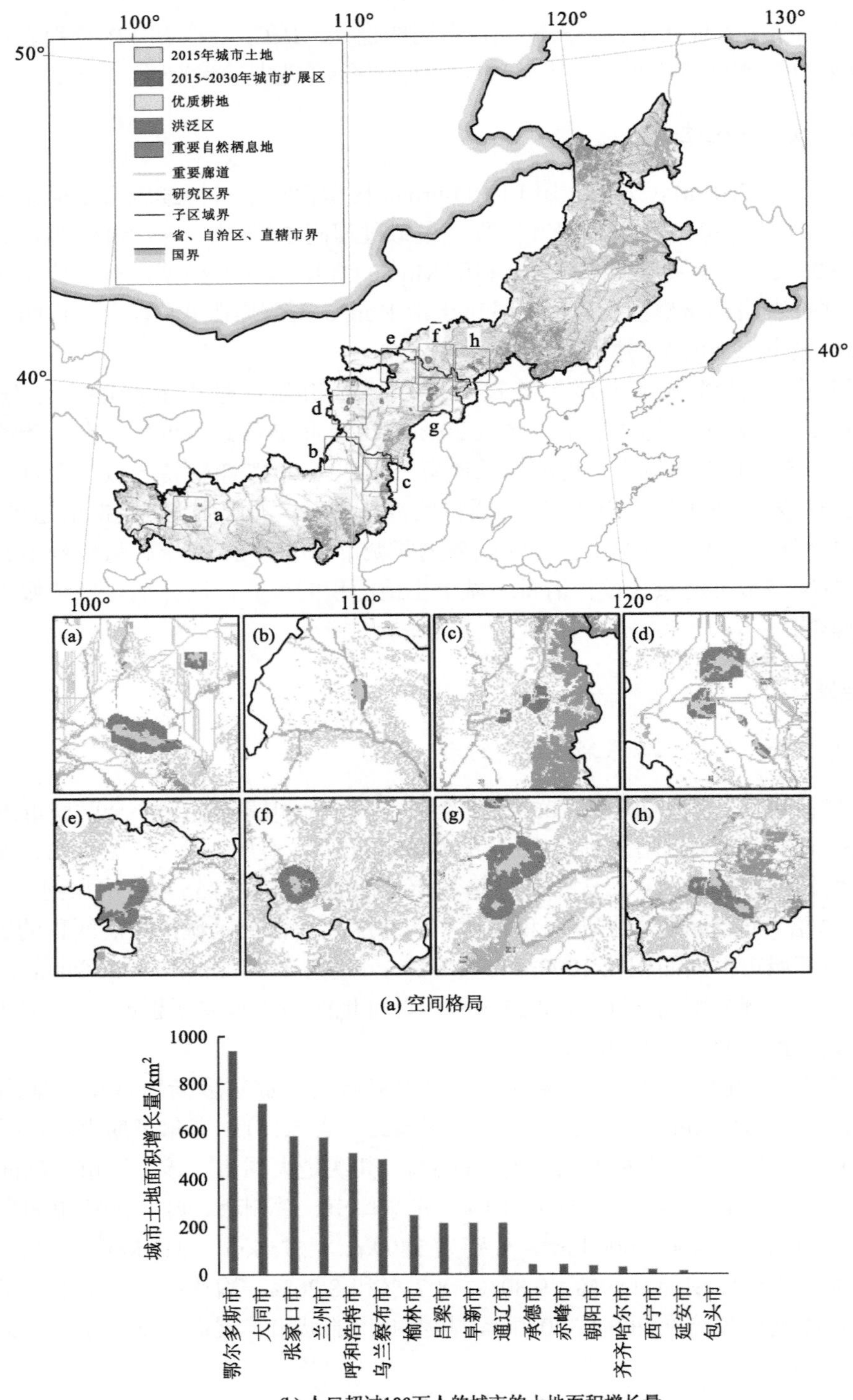

(a) 空间格局

(b) 人口超过100万人的城市的土地面积增长量

图 5.22　趋势情景下 2015～2050 年的城市景观过程

列出城市扩展面积排名前 8 的城市，包括：(a)兰州市；(b)榆林市；(c)吕梁市；(d)鄂尔多斯市；(e)呼和浩特市；(f)乌兰察布市；(g)大同市；(h)张家口市。

表 5.18　在趋势情景下 2015～2050 年的城市景观过程

区域**	2015 年城市土地/km^2	2050 年城市土地/km^2	城市扩展面积/km^2	百分比/%
张家口市	201	781	580	9.89
乌兰察布市	200	681	481	8.20
赤峰市	177	218	41	0.70
齐齐哈尔市	113	147	34	0.58
通辽市	103	319	216	3.68
朝阳市	78	114	36	0.61
阜新市	64	282	218	3.72
承德市	62	106	44	0.75
东部	**986**	**2399**	**1413**	**24.09**
鄂尔多斯市	607	1547	940	16.03
呼和浩特市	287	798	511	8.71
大同市	276	991	715	12.19
包头市	29	34	5	0.09
中东部	**1855**	**4951**	**3096**	**52.79**
榆林市	765	1016	251	4.28
兰州市	239	814	575	9.80
吕梁市	84	303	219	3.73
延安市	23	39	16	0.27
中西部	**929**	**2264**	**1335**	**22.76**
西宁市	24	45	21	0.36
西部	**30**	**51**	**21**	**0.36**
全区	**3800**	**9665**	**5865**	**100.00**

* 该地区的城市扩展面积占整个地区的城市扩展总面积的比例。

** 人口超过 100 万人的城市。

2) 可持续城市土地系统设计情景下的区域未来城市景观过程

在可持续城市土地系统设计情景下，全区城市土地面积将从 2015 年的 3800 km^2 增加到 2050 年的 5984 km^2，将增加 57.47%(图 5.23、表 5.19)。东部地区城市扩展面积将最大。该地区城市土地面积将从 986 km^2 增加到 2243 km^2，将增加 1.27 倍。该地区城市扩展面积将达到 1257 km^2，占全区城市扩展面积的 57.55%。中西部地区和中东部地区城市扩展面积在 400～500 km^2，分别为 495 km^2 和 414 km^2，占全区城市扩展面积的比例分别为 22.66%和 18.96%。西部地区城市扩展面积最小，为 18 km^2，占全区城市扩展面积的比例为 0.82%。

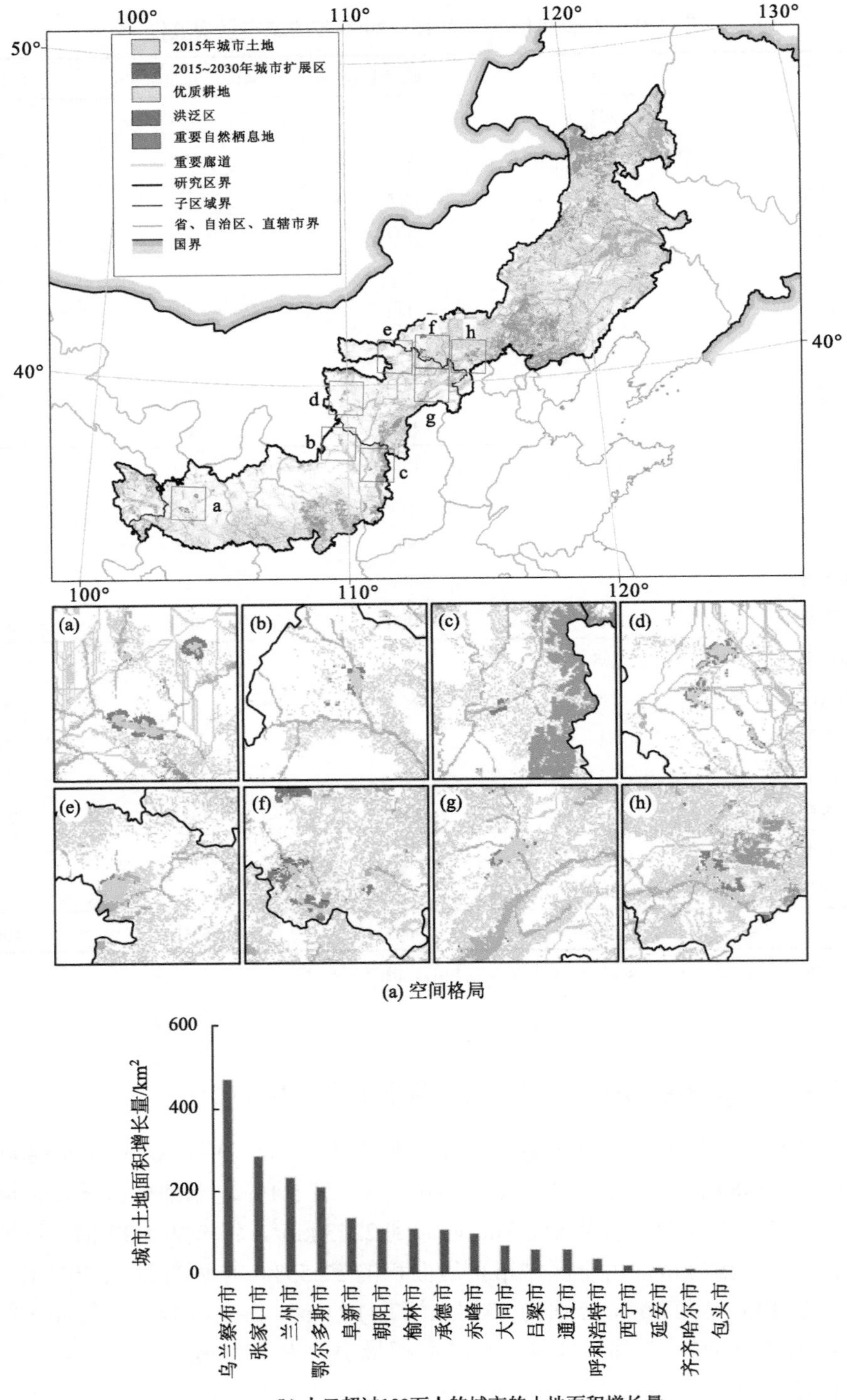

(a) 空间格局

(b) 人口超过100万人的城市的土地面积增长量

图 5.23　可持续城市土地系统设计情景下 2015～2050 年的城市景观过程

列出城市扩展面积排名前八的城市，它们是：(a) 兰州市；(b) 榆林市；(c) 吕梁市；(d) 鄂尔多斯市；(e) 呼和浩特市；(f) 乌兰察布市；(g) 大同市；(h) 张家口市。

表 5.19　可持续城市土地系统设计情景下的 2015～2050 年的城市景观过程

区域**	2015 年城市土地/km^2	2050 年城市土地/km^2	城市扩展面积/km^2	百分比*/%
张家口市	201	487	286	13.10
乌兰察布市	200	669	469	21.47
赤峰市	177	272	95	4.35
齐齐哈尔市	113	120	7	0.32
通辽市	103	159	56	2.56
朝阳市	78	188	110	5.04
阜新市	64	199	135	6.18
承德市	62	168	106	4.85
东部	986	2243	1257	57.55
鄂尔多斯市	607	816	209	9.57
呼和浩特市	287	322	35	1.60
大同市	276	343	67	3.07
包头市	29	32	3	0.14
中东部	1855	2269	414	18.96
榆林市	765	873	108	4.95
兰州市	239	472	233	10.67
吕梁市	84	142	58	2.66
延安市	23	33	10	0.46
中西部	929	1424	495	22.66
西宁市	24	41	17	0.78
西部	30	48	18	0.82
全区	3800	5984	2184	100.00

* 该地区的城市扩展面积占整个地区的城市扩展总面积的比例。

** 人口超过 100 万人的城市。

乌兰察布市城市扩展面积将最大。乌兰察布市城市土地面积将从 200 km^2 增加到 669 km^2，将增加 2.35 倍(图 5.23、表 5.19)。乌兰察布市城市扩展面积将达 469 km^2，占全区城市扩展面积的 21.47%。张家口市、兰州市和鄂尔多斯市城市扩展面积在 200～300 km^2，这三个城市的城市扩展面积分别为 286 km^2、233 km^2 和 209 km^2，分别占全区城市扩展面积的 13.10%、10.67%和 9.57%。阜新市、朝阳市、榆林市和承德市城市扩展面积在 100～150 km^2，赤峰市、大同市、吕梁市和通辽市城市扩展面积在 50～100 km^2，其他城市的城市扩展面积均小于 50 km^2。

3) 不同情景下的区域未来城市景观过程的对比

可持续城市土地系统设计情景下的城市土地面积明显小于趋势情景下的城市土地面积，而且两者的差距呈逐年增加趋势[图 5.24(a)、表 5.20]。2020 年，可持续城市土地系统设计情景下全区城市土地面积为 4205 km^2，趋势情景下全区城市土地面积为 4379 km^2，前者比后者少 174 km^2，占趋势情景下城市土地面积的 3.97%。2050 年，可持续城市土地系统设计情景下全区城市土地面积为 5984 km^2，趋势情景下全区城市土地面积为 9665 km^2，前者比后者小 3681 km^2，占趋势情景下城市土地面积的 38.09%，是 2020 年两者之间差异的 21.16 倍。

中东部地区在两种情景下的城市扩展面积差异最大。2015～2050 年，中东部地区在可持续城市土地系统设计情景下的城市扩展面积为 414 km^2，在趋势情景下的城市扩展面积为 3096 km^2，前者比后者少 2682 km^2，占全区不同情景下城市扩展面积差异的 72.86%[图 5.24(b)、表 5.20]。中西部和东部不同情景下的城市扩展面积差异在 100～1000 km^2，分别为 840 km^2 和 156 km^2，占全区不同情景下城市扩展面积差异的比例分别为 22.82%和 4.24%。

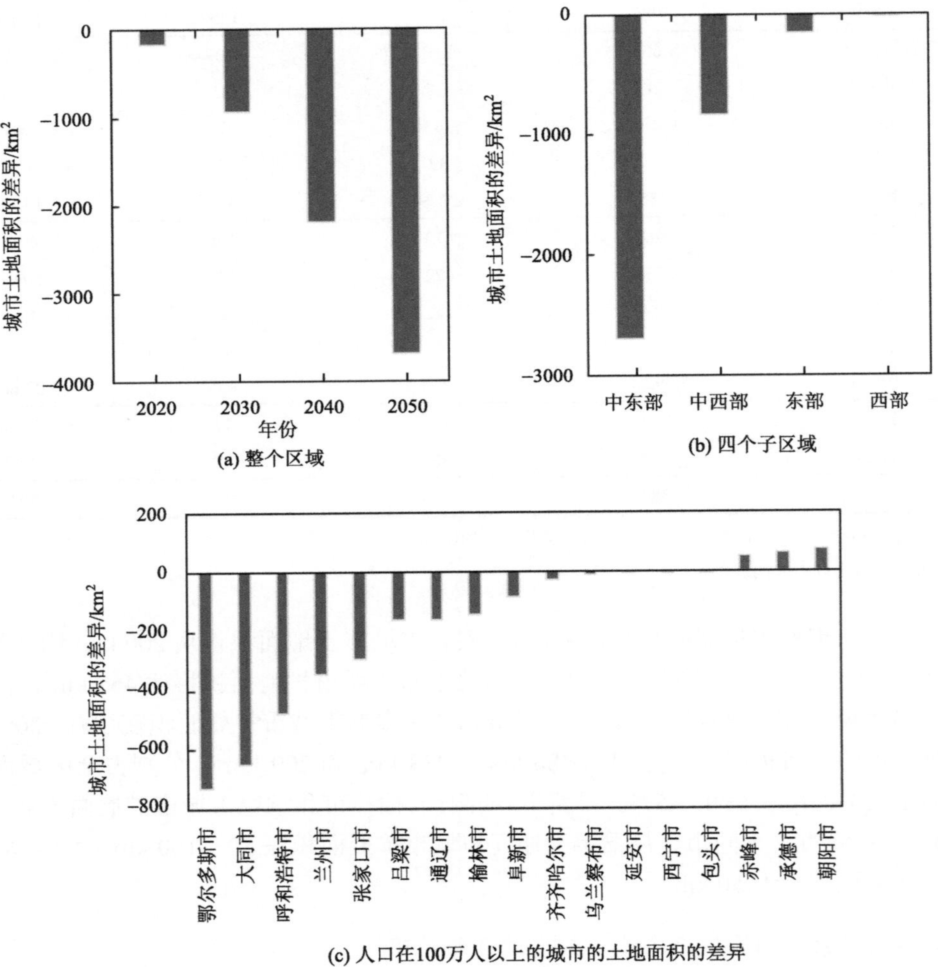

图 5.24　趋势情景与可持续城市土地系统设计情景之间 2015～2050 年城市景观过程的差异

城市土地面积的差异等于可持续城市土地系统设计情景下的城市土地面积减去趋势情景下的城市土地面积。

表 5.20　区域不同情景下城市景观过程的差异

区域*	在趋势情景下 2015～2050 年城市扩展面积/km²	在可持续城市土地系统设计情景下 2015～2050 年城市扩展面积/km²	两种情景差异/km²
张家口	580	286	–294
乌兰察布	481	469	–12
赤峰	41	95	54
齐齐哈尔	34	7	–27
通辽	216	56	–160
朝阳	36	110	74
阜新	218	135	–83
承德	44	106	62
东部	**1413**	**1257**	**–156**
鄂尔多斯	940	209	–731
呼和浩特	511	35	–476
大同	715	67	–648
包头	5	3	–2
中东部	**3096**	**414**	**–2682**
榆林	251	108	–143
兰州	575	233	–342
吕梁	219	58	–161
延安	16	10	–6
中西部	**1335**	**495**	**–840**
西宁	21	17	–4
西部	**21**	**18**	–3
全区	**5865**	**2184**	**–3681**

* 人口超过 100 万人的城市。

鄂尔多斯市在两种情景下的城市扩展面积差异明显大于其他城市。鄂尔多斯市 2015～2050 年在可持续城市土地系统设计情景下的城市扩展面积为 209 km^2，在趋势情景下的城市扩展面积为 940 km^2，前者比后者少 731 km^2，占全区不同情景下城市扩展面积差异的 19.86%[图 5.24(c)、表 5.20]。大同市和呼和浩特市不同情景下城市扩展面积差异在 400～700 km^2，分别为 648 km^2 和 476 km^2，分别占全区不同情景下城市扩展面积差异的 17.60%和 12.93%。兰州市和张家口市不同情景下城市扩展面积的差异在 200～400 km^2，吕梁市、通辽市和榆林市不同情景下城市扩展面积的差异在 100～200 km^2，其他城市不同情景下城市扩展面积的差异均不足 100 km^2。

5. 讨论

1) 旱区可持续的城市土地系统设计需要综合考虑区域生态安全与灾害风险因素

目前，在旱区开展的城市土地系统设计通常以保护生态环境、保持生态系统服务、保障优质耕地或降低洪水风险为目标，根据其目标，通过控制城市景观过程规模和空间格局避免城市土地占用自然保护区、优质耕地或洪泛区（Yin et al., 2016; Kong et al., 2017; Yue et al., 2017; Lu et al., 2018; Zhang et al., 2019）。这些城市土地系统设计通常可以实现既定目标，但忽略了城市景观过程对水资源、粮食安全、生态安全和洪水风险的综合影响，往往顾此失彼。

为了评估基于不同目标的城市土地系统设计对区域可持续性的影响，参考 Zhang 等(2019)，利用多情景分析技术对比了不同目标情景下中国北方农牧交错带 2015～2050 年城市景观过程占用重要自然栖息地和廊道、优质耕地以及洪泛区的情况（图 5.25）。在趋势情景下，全区城市景观过程将占用的优质耕地面积为 2187 km^2，将占用的洪泛区面积为 750 km^2，将占用的重要自然栖息地和廊道面积为 130 km^2，三者分别占城市扩展总面积的 37.29%、12.79%和 2.22%。在仅保护重要自然栖息地和廊道的情景下，全区城市景观过程将占用的优质耕地和洪泛区分别为 2316 km^2 和 774 km^2，分别占全区城市扩展总面积的 39.49%和 13.20%。在仅保护优质耕地的情景下，全区城市景观过程占用的洪泛区以及重要自然栖息地和廊道分别为 549 km^2 和 405 km^2，分别占全区城市扩展面积的 9.36%和 6.91%。在仅减少洪水风险的情景下，全区城市景观过程将占用优质耕地以及重要自然栖息地和廊道分别达 2257 km^2 和 131 km^2，分别占全区城市扩展面积的 38.48%和 2.23%。在水资源承载力约束情景下，全区城市景观过程将占用的优质耕地、洪泛区以及重要自然栖息地和廊道分别为 847 km^2、416 km^2 和 23 km^2，分别占全区城市扩展面积的 38.78%、19.05%和 1.05%。在综合考虑上述目标的可持续城市土地系统设计情景下，区域城市景观过程将不占用优质耕地、洪泛区以及重要自然栖息地和廊道。

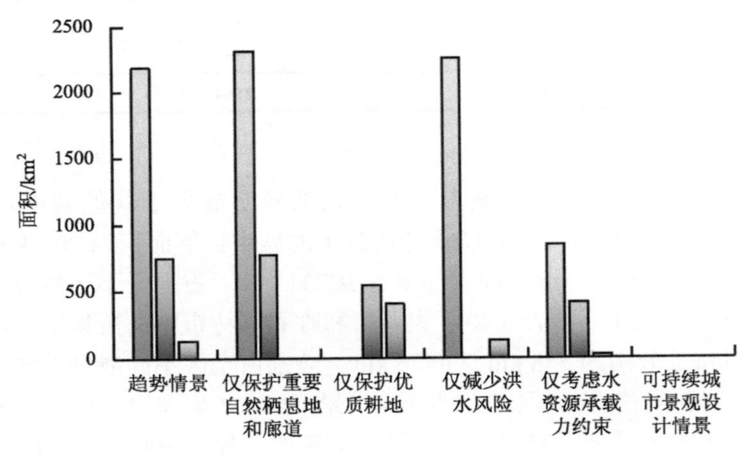

图 5.25　不同情景下优质耕地、洪泛区以及重要自然栖息地和廊道被占用比较

因此，建议在旱区进行可持续的城市土地系统设计需要综合考虑区域水资源短缺、粮食安全、生态安全和洪水风险等问题。在旱区的城市景观过程中，应首先基于水资源

承载力控制城市规模，然后通过调整城市景观的空间格局，避免城市土地占用重要自然栖息地和廊道、优质耕地和洪泛区，以减少城市景观过程对区域可持续性的综合影响(Malek et al., 2018)。

2) 须将应对气候变化影响纳入旱区的城市景观规划中

我国城市景观规划相关政策主要包括《中国城市规划法》《全国土地利用总体规划纲要(2006～2020 年)》《中华人民共和国城乡规划法》《国家新型城镇化规划(2014～2020 年)》和《全国国土规划纲要(2016～2030 年)》。其中，1989 年颁布的《中国城市规划法》未涉及城市景观过程的调控，2008 年发布的《全国土地利用总体规划纲要(2006～2020 年)》和《中华人民共和国城乡规划法》均明令禁止城市景观过程占用优质耕地，2014 年发布的《国家新型城镇化规划(2014～2020 年)》和 2017 年发布的《全国国土规划纲要(2016～2030 年)》均要求城市景观过程需要在水资源承载力下进行，并且不得占用重要生物多样性保护地、优质耕地和洪泛区(表 5.21)。这些政策在减少我国旱区城市景观过程对生态环境影响的过程中发挥着重要作用，但是已有政策均未考虑未来气候变化的潜在影响。

表 5.21　与中国城市景观规划有关的主要政策

发布年份	法律/法规/规划	气候变化下的可持续城市土地系统设计措施				
		应对气候变化影响	符合水资源承载力	避免占用优质耕地	避免占用重要自然栖息地和廊道	避免在洪泛区扩展
1989	《中国城市规划法》	未列出	未列出	未列出	未列出	未列出***
2008	《全国土地利用总体规划纲要(2006～2020 年)》	未列出	未列出	已列出	未列出*	未列出
2008	《中华人民共和国城乡规划法》	未列出	未列出	已列出	未列出*	未列出***
2014	《国家新型城镇化规划(2014～2020 年)》	未列出	已列出	已列出	已列出**	已列出
2017	《全国国土规划纲要(2016～2030 年)》	未列出	已列出	已列出	已列出	已列出

* 提倡生态保护。

** 仅保护区、森林公园和湿地公园不能被占用。

*** 倡导防洪。

未来气候变化将通过影响水资源量加剧区域水胁迫程度，从而影响区域可持续性。参考 Li 等(2017)，计算了中国北方农牧交错带全区和各子区域 2015 年和 2050 年不同情景下的水胁迫指数。该指数表示区域用水量与水资源之比，当该指数大于 0.4 时，说明该区域存在水胁迫问题；当该指数大于 1.0 时，说明区域用水量已经超过水资源量(WMO, 1997; Vörösmarty et al., 2000)。2015 年，中国北方农牧交错带全区和各子区域均面临水胁迫问题，全区水胁迫指数为 0.62，中东部水胁迫指数最高为 0.86，中西部、东部和西部水胁迫指数依次为 0.73、0.56 和 0.51(图 5.26)。在未考虑气候变化的趋势情景下，全区水胁迫指数将增至 0.67，各子区域水胁迫指数也均呈增长趋势(图 5.26)。在气候变化的进一步影响下，全区水胁迫指数将从 0.67 增至 0.69。中西部水胁迫指数增加最明显，将从 0.79 增至 0.92，用水量将超过水资源量的 90%(图 5.26)。

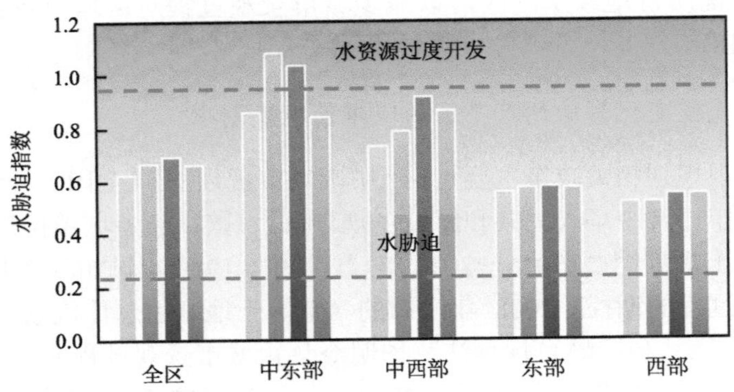

图 5.26　不同情景之间的水分胁迫比较

通过调控城市规模可以有效应对气候变化对水资源量的影响、降低水胁迫程度。在考虑气候变化的可持续城市土地系统设计情景下，中国北方农牧交错带全区和各子区域水胁迫指数均明显下降。全区 2050 年水胁迫指数从 0.69 下降到 0.66，中西部水胁迫指数从 0.92 下降至 0.87(图 5.26)。

该发现与在旱区的已有相关研究结果基本一致。例如，Chang 等(2015)发现，在气候变化和城市景观过程的影响下，乌鲁木齐市水胁迫指数将在 2020～2030 年快速增加。Liu 等(2019a)通过综合分析六种气候变化情景下气候变化对中国北方农牧交错带城市景观过程的影响，发现气候变化将成为限制区域城市景观过程的重要因素。

因此，建议将应对气候变化影响纳入旱区的城市景观规划中。在规划城市景观时应首先综合不同情景下未来气候变化预估结果量化气候变化对区域水资源的影响，然后根据气候变化影响下的水资源量量化区域水资源承载力，进而在水资源承载力的约束下调控城市规模和城市景观的空间格局以适应气候变化(Liu et al., 2019a)，同时，还应通过增加城市绿地面积和优化城市交通布局、减少温室气体排放，以减缓气候变化(Shan et al., 2018)。

3)展望

本节提出了一条气候变化压力下的旱区可持续城市土地系统设计途径。该途径可以有效减少城市景观过程对水资源、粮食安全、生态安全和洪水风险的综合影响，从而为维持和提高区域可持续性提供帮助。但该结果仍存在不确定性。首先，未考虑气候变化影响下未来优质耕地、关键自然栖息地和廊道以及洪泛区范围的变化。其次，仅考虑了城市景观过程对优质耕地、关键自然栖息地和廊道以及洪泛区的局地影响，未考虑城市景观过程与区域生态环境的远程耦合关系。

在未来的研究中，将结合 WRF 模型、SWAT 模型和 Biome-BGC 模型等过程模型，评价气候变化对城市土地适宜性的影响，并从机理上揭示气候变化、城市景观过程与优质耕地、关键自然栖息地和廊道以及洪泛区之间的远近程耦合机制，减少城市土地系统设计的不确定性(Chen et al., 2019)。

6. 结论

本节提出了一种气候变化压力下的可持续城市土地系统设计途径。该途径主要包括两个步骤，即首先量化气候变化影响下的水资源量并在水资源承载力的约束下调控城市规模，然后调整城市景观的空间格局以避免占用重要自然栖息地和廊道、优质耕地以及洪泛区，从而减少城市景观过程对区域可持续性的影响。

在中国北方农牧交错带的实践应用表明，本节提出的可持续城市土地系统设计途径可以有效降低区域城市景观过程对水资源、粮食安全、生态安全和洪水风险的综合影响。2015～2050 年，通过可持续城市土地系统设计可以避免城市景观过程占用的优质耕地、洪泛区以及重要自然栖息地和廊道的面积分别为 2187 km^2、750 km^2 和 130 km^2。

此外，气候变化将通过影响区域水资源对区域城市的可持续发展构成威胁。因此，建议将应对气候变化影响纳入旱区的城市景观规划中。在规划城市景观时需采取有效措施适应和减缓气候变化带来的影响。

参 考 文 献

陈培阳, 朱喜钢. 2012. 基于不同尺度的中国区域经济差异. 地理学报, 67(8): 1085-1097.

陈晓, 陈雯, 王丹. 2010. 江苏省工业经济时空差异及增长趋同. 地理研究, 29(7): 1305-1316.

冯长春, 曾赞荣, 崔娜娜. 2015. 2000 年以来中国区域经济差异的时空演变. 地理研究, 34(2): 234-246.

国家统计局《中国城镇居民贫困问题研究》课题组. 1991. 中国城镇居民贫困问题研究. 统计研究, (6): 12-18.

国务院扶贫开发领导小组办公室. 2016. http: //www. cpad. gov. cn/art/2016/12/3/art_46_56101. html.

国务院人口普查办公室. 2002. 中国 2000 年人口普查资料. 北京: 中国统计出版社.

国务院人口普查办公室. 2012. 中国 2010 年人口普查资料. 北京: 中国统计出版社.

梁汉媚, 方创琳. 2011. 中国城市贫困人口动态变化与空间分异特征探讨. 经济地理, 31(10): 1610-1617.

刘小鹏, 苏胜亮, 王亚娟, 等. 2014. 集中连片特殊困难地区村域空间贫困测度指标体系研究. 地理科学, 34(4): 447-453.

罗楚亮. 2012. 经济增长、收入差距与农村贫困. 经济研究, (2): 15-27.

罗正文, 薛东前. 2015. 陕西省农村贫困的动态变化研究. 干旱区资源与环境, 29(6): 39-44.

马丽. 2001. 黄土高原地区贫困范围变化与脱贫机制分析. 经济地理, 21(1): 23-27.

裴银宝, 刘小鹏, 李永红, 等. 2015. 六盘山特困片区村域空间贫困调查与分析——宁夏西吉县为例. 农业现代化研究, 36(5): 748-754.

史培军, 李晓兵, 宋炳煜. 2009. 中国北方农牧交错带土地利用时空格局与优化模. 北京: 科学出版社.

史培军. 2009. 中国北方农牧交错带土地利用时空格局与优化模拟. 北京: 科学出版社.

田亚平, 李伯华, 李吟, 等. 2011. 湖南省城乡居民收入分配差距分析与对策. 经济地理, 31(10): 1703-1709.

汪三贵, 郭子豪. 2015. 论中国的精准扶贫. 贵州社会科学, (5): 147-150.

王芳, 高晓路. 2014. 内蒙古县域经济空间格局演化研究. 地理科学, 34(7): 818-824.
王静爱, 徐霞, 刘培芳. 1999. 中国北方农牧交错带土地利用与人口负荷研究. 资源科学, 21(5): 19-24.
王萍萍. 2006. 中国贫困标准与国际贫困标准的比较. 中国农村经济, (12): 62-68.
王小林. 2012. 贫困标准及全球贫困状况. 经济研究参考, (55): 41-50.
王雪妮, 孙才志. 2011. 1996-2008 年中国县级市减贫效应分解与空间差异分析. 经济地理, 31(6): 888-894.
邬建国, 郭晓川, 杨劼, 等. 2014. 什么是可持续性科学?. 应用生态学报, 25(1): 1-11.
谢高地, 鲁春霞, 成升魁, 等. 2001. 中国的生态空间占用研究. 资源科学, 23(6): 20-23.
袁媛, 王仰麟, 马晶, 等. 2014. 河北省县域贫困度多维评估. 地理科学进展, 33(1): 124-133.
赵哈林, 赵学勇, 张铜会, 等. 2002. 北方农牧交错带的地理界定及其生态问题. 地球科学进展, 17(5): 739-747.
中华人民共和国国家统计局. 2016. 2016 年中国统计年鉴. 中国统计出版社.
An X, Tao Y, Mi S, et al. 2015. Association between PK10 and respiratory hospital admissions in different seasons in heavily polluted Lanzhou City. Journal of Environmental Health, 77(6): 64-71.
Arbuckle J. 2010. IBM SPSS Amos 19 User's Guide. Crawfordville, FL: Amos Development Corporation, SPSS.
Bach P, Deletic A, Urich C, et al. 2013. Modelling interactions between lot-scale decentralised water infrastructure and urban form-a case study on infiltration systems. Water Resources Management, 27(14): 4845-4863.
Bai X, Chen J, Shi P. 2012. Landscape urbanization and economic growth in China: Positive feedbacks and sustainability dilemmas. Environmental Science & Technology, 46(1): 132-139.
Bernanke B, Mihov I. 1998. Measuring monetary policy. The Quarterly Journal of Economics, 113(3): 869-902.
Blečić I, Cecchini A, Falk M, et al. 2014. Urban metabolism and climate change: A planning support system. International Journal of Applied Earth Observation and Geoinformation, 26: 447-457.
Camagni R, Cristina Gibelli M, Rigamonti P. 2002. Urban mobility and urban form-the social and environmental costs of different patterns of urban expansion. Ecological Economics, 40(2): 199-216.
Cao J, Li W, Tan J, et al. 2009. Association of ambient air pollution with hospital outpatient and emergency room visits in Shanghai, China. Science of the Total Environment, 407(21): 5531-5536.
Cao Q, Yu D, Georgescu M, et al. 2018. Impacts of future urban expansion on summer climate and heat-related human health in eastern China. Environment International, 112: 134-146.
Carranza M, d'Alessandro E, Saura S, et al. 2012. Connectivity providers for semi-aquatic vertebrates: The case of the endangered otter in Italy. Landscape Ecology, 27(2): 281-290.
Chaabouni S, Saidi K. 2017. The dynamic links between carbon dioxide（CO_2）emissions, health spending and GDP growth: A case study for 51 countries. Environmental Research, 158: 137-144.
Chen Y, Li X, Zheng Y, et al. 2011. Estimating the relationship between urban forms and energy consumption: A case study in the Pearl River Delta, 2005-2008. Landscape and Urban Planning, 102(1): 33-42.
Chen Y, Li Z, Fan Y, et al. 2015. Progress and prospects of climate change impacts on hydrology in the arid region of northwest China. Environmental Research, 139: 11-19.
Clark S, Hemming R, Ulph D. 1981. On indices for the measurement of poverty. The Economic Journal, 91(362): 515-526.
Cohen A, Brauer M, Burnett R, et al. 2017. Estimates and 25-year trends of the global burden of disease attributable to ambient air pollution: An analysis of data from the Global Burden of Diseases Study 2015. The Lancet, 389(10082): 1907-1918.

Deng X, Huang J, Lin Y, et al. 2013. Interactions between climate, socioeconomics, and land dynamics in Qinghai Province, China: A LUCD model-based numerical experiment. Advances in Meteorology, 297926: 1-9.

Dhar T, Khirfan L. 2016. Climate change adaptation in the urban planning and design research: Missing links and research agenda. Journal of Environmental Planning and Management, 60(4): 602-627.

Du S, He C, Huang Q, et al. 2018. How did the urban land in floodplains distribute and expand in China from 1992-2015? Environmental Research Letters, 13(3): 034018.

Dzanku F, Jirström M, Marstorp H. 2015. Yield gap-based poverty gaps in rural sub-saharan Africa. World Development, 67: 336-362.

Egan P, Mullin M. 2016. Recent improvement and projected worsening of weather in the United States. Nature, 532(7599): 357-360

Esty D, Levy M, Srebotnjak T, et al. 2005. Environmental Sustainability Index: Benchmarking National Environmental Stewardship. New Haven: Yale Center for Environmental Law & Policy.

Fan P, Chen J, John R. 2016. Urbanization and environmental change during the economic transition on the Mongolian Plateau: Hohhot and Ulaanbaatar. Environmental Research, 144(pt. B): 96-112.

Fan P, Ouyang Z, Basnou C, et al. 2017. Nature-based solutions for urban landscapes under post-industrialization and globalization: Barcelona versus Shanghai. Environmental Research, 156: 272-283.

Fan P, Qi J. 2010. Assessing the sustainability of major cities in China. Sustainability Science, 5(1): 51-68.

Farmani R, Butler D. 2013. Implications of urban form on water distribution systems performance. Water Resources Management, 28(1): 83-97.

Ferreira F, Chen S, Dabalen A, et al. 2016. A global count of the extreme poor in 2012: Data issues, methodology and initial results. The Journal of Economic Inequality, 7432(2): 1-32.

Forouzanfar M, Afshin A, Alexander L, et al. 2016. Global, regional, and national comparative risk assessment of 79 behavioural, environmental and occupational, and metabolic risks or clusters of risks, 1990-2015: A systematic analysis for the Global Burden of Disease Study 2015. The Lancet, 388(10053): 1659.

Fu Q, Li B, Hou Y, et al. 2017. Effects of land use and climate change on ecosystem services in Central Asia's arid regions: A case study in Altay Prefecture, China. Science of The Total Environment, 607: 633-646.

Gan X, Fernandez I, Guo J, et al. 2017. When to use what: Methods for weighting and aggregating sustainability indicators. Ecological Indicators, 81: 491-502.

Giorgi F, Coppola E, Solmon F, et al. 2012. RegCM4: Model description and preliminary tests over multiple CORDEX domains. Climate Research, 52: 7-29.

Goodland R, Daly H. 1996. Environmental sustainability: Universal and non-negotiable. Ecological Applications, 6(4): 1002-1017.

Goodland R. 1995. The concept of environmental sustainability. Annual Review of Ecology and Systematics, 26(1): 1-24.

Grace J, Keeley J. 2006. A structural equation model analysis of postfire plant diversity in California shrublands. Ecological Applications, 16(2): 503-514.

Grace J, Schoolmaster D, Guntenspergen G, et al. 2012. Guidelines for a graph-theoretic implementation of structural equation modeling. Ecosphere, 3(8): 1-44.

Grewal R, Cote J, Baumgartner H. 2004. Multicollinearity and measurement error in structural equation models: Implications for theory testing. Marketing Science, 23(4): 519-529.

Hamin E, Gurran N. 2009. Urban form and climate change: Balancing adaptation and mitigation in the U. S. and Australia. Habitat International, 33(3): 238-245.

Hao R, Yu D, Wu J. 2017. Relationship between paired ecosystem services in the grassland and agro-pastoral transitional zone of China using the constraint line method. Agriculture, Ecosystems & Environment, 240: 171-181.

He C, Gao B, Huang Q, et al. 2017a. Environmental degradation in the urban areas of China: Evidence from multi-source remote sensing data. Remote Sensing of Environment, 193: 65-75.

He C, Li J, Zhang X, et al. 2017b. Will rapid urban expansion in the drylands of northern China continue: A scenario analysis based on the Land Use Scenario Dynamics-urban model and the Shared Socioeconomic Pathways. Journal of Cleaner Production, 165: 57-69.

He C, Liu Z, Tian J, et al. 2014. Urban expansion dynamics and natural habitat loss in China: A multiscale landscape perspective. Global Change Biology, 20(9): 2886-2902.

He C, Okada N, Zhang Q, et al. 2008. Modelling dynamic urban expansion processes incorporating a potential model with cellular automata. Landscape and Urban Planning, 86(1): 79-91.

He C, Shi P, Chen J, et al. 2005. Developing land use scenario dynamics model by the integration of system dynamics model and cellular automata model. Science in China Series D-Earth Sciences, 48(11): 1979-1989.

He C, Zhao Y, Huang Q, et al. 2015. Alternative future analysis for assessing the potential impact of climate change on urban landscape dynamics. Science of the Total Environment, 532: 48-60.

Holben B. 1986. Characteristics of maximum-value composite images from temporal AVHRR data. International Journal of Remote Sensing, 7(11): 1417-1434.

Huang L, Wu J, Yan L. 2015. Defining and measuring urban sustainability: A review of indicators. Landscape Ecology, 30: 1175-1193.

Huang L, Yan L, Wu J. 2016. Assessing urban sustainability of Chinese megacities: 35 years after the economic reform and open-door policy. Landscape and Urban Planning, 145: 57-70.

Huang Q, He C, Liu Z, et al. 2014. Modeling the impacts of drying trend scenarios on land systems in northern China using an integrated SD and CA model. Science China Earth Sciences, 57(4): 839-854.

Huo Z, Dai X, Feng S, et al. 2013. Effect of climate change on reference evapotranspiration and aridity index in arid region of China. Journal of Hydrology, 492: 24-34.

IPCC. 2013. Climate Change 2013: The Physical Science Basis. Geneva: IPCC WGI Fifth Assessment Report.

IPCC. 2014. Climate Change 2014: Synthesis Report. Contribution of Working Groups I, II and III to the Fifth Assessment Report of the Intergovernmental Panel on Climate Change. Cambridge: Cambridge University Press.

Jiang Q, Deng X, Ke X, et al. 2014. Prediction and simulation of urban area expansion in Pearl River Delta Region under the RCPs climate scenarios. Journal of Applied Ecology, 25(12): 3627-3636.

Jiao L, Shen L, Shuai C, et al. 2016. A novel approach for assessing the performance of sustainable urbanization based on structural equation modeling: A China case study. Sustainability, 8(9): 910.

Johnson P, Hoverman J, McKenzie V, et al. 2013. Urbanization and wetland communities: Applying met community theory to understand the local and landscape effects. Journal of Applied Ecology, 50(1): 34-42.

Klasen S, Krivobokova T, Greb F, et al. 2016. International income poverty measurement: which way now? The Journal of Economic Inequality, 14(2): 199-225.

Knaapen J, Scheffer M, Harms B. 1992. Estimating habitat isolation in landscape planning. Landscape and Urban Planning, 23: 1-16.

Kong L, Tian G, Ma B, et al. 2017. Embedding ecological sensitivity analysis and new satellite town construction in an agent-based model to simulate urban expansion in the beijing metropolitan region,

China. Ecological Indicators, 82: 233-249.

Lavers A, Kalmykova Y, Rosado L, et al. 2017. Selecting representative products for quantifying environmental impacts of consumption in urban areas. Journal of Cleaner Production, 162 (2017): 34-44.

Lelieveld J, Evans J, Fnais M, et al. 2015. The contribution of outdoor air pollution sources to premature mortality on a global scale. Nature, 525(7569): 367-371.

Li C, Li J, Wu J. 2013. Quantifying the speed, growth modes, and landscape pattern changes of urbanization: A hierarchical patch dynamics approach. Landscape Ecology, 28(10): 1875-1888.

Li J, Liu Z, He C, et al. 2016. Are the drylands in northern China sustainable? A perspective from ecological footprint dynamics from 1990 to 2010. Science of the Total Environment, 553(C): 223-231.

Li J, Liu Z, He C, et al. 2017. Water shortages raised a legitimate concern over the sustainable development of the drylands of northern China: Evidence from the water stress index. Science of the Total Environment, 590-591: 739-750.

Li S, Juhasz-Horvath L, Pedde S, et al. 2017. Integrated modelling of urban spatial development under uncertain climate futures: A case study in Hungary. Environmental Modelling & Software, 96: 251-264.

Li X, Yu L, Sohl T, et al. 2016. A cellular automata downscaling based 1 km global land use datasets (2010-2100). Science Bulletin, 61(21): 1651-1661.

Liu J, Kuang W, Zhang Z, et al. 2014. Spatiotemporal characteristics, patterns, and causes of land-use changes in China since the late 1980s. Journal of Geographical Sciences, 24(2): 195-210.

Liu X, Li X, Chen Y, et al. 2010. A new landscape index for quantifying urban expansion using multi-temporal remotely sensed data. Landscape Ecology, 25(5): 671-682.

Liu X, Liang X, Li X, et al. 2017. A future land use simulation model (FLUS) for simulating multiple land use scenarios by coupling human and natural effects. Landscape and Urban Planning, 168: 94-116.

Liu Y, Li J, Qin K, et al. 2018. Simulating and analyzing the change of land use and ecosystem services in Guanzhong plain based on scenarios, Journal of Shaanxi Normal University. Natural Science Edition, 46(2): 95-103.

Liu Z, Ding M, He C, et al. 2019b. The impairment of environmental sustainability due to rapid urbanization in the dryland region of northern China. Landscape and Urban Planning, 187: 165-180.

Liu Z, He C, Wu J. 2016a. General spatiotemporal patterns of urbanization: An examination of 16 world cities. Sustainability, 8(1): 41.

Liu Z, He C, Wu J. 2016b. The relationship between habitat loss and fragmentation during urbanization: An empirical evaluation from 16 world cities. Plos One, 11(4): e0154613.

Liu Z, Ma J, Chai Y. 2017. Neighborhood-scale urban form, travel behavior, and CO_2 emissions in Beijing: Implications for low-carbon urban planning. Urban Geography, 38(3): 381-400.

Liu Z, Yang Y, He C, et al. 2019a. Climate change will constrain the rapid urban expansion in drylands: A scenario analysis with the zoned Land Use Scenario Dynamics-urban model. Science of the Total Environment, 651: 2772-2786.

Lu Q, Chang N, Joyce J. 2018. Predicting long-term urban growth in Beijing (China) with new factors and constraints of environmental change under integrated stochastic and fuzzy uncertainties. Stochastic Environmental Research and Risk Assessment, 32: 2025-2044.

Luck M, Jenerette G, Wu J, et al. 2001. The urban funnel model and the spatially heterogeneous ecological footprint. Ecosystems, 4: 782-796.

Ma Y, Zhang H, Zhao Y, et al. 2017. Short-term effects of air pollution on daily hospital admissions for cardiovascular diseases in western China. Environmental Science and Pollution Research, 1-9.

Magadza C. 2000. Climate change impacts and human settlements in Africa: Prospects for adaptation.

Envionmental Monitoring and Assessment, 61: 193-205.

Malek Z, Verburg P, Geijzendorffer I, et al. 2018. Global change effects on land management in the Mediterranean region. Global Environmental Change-Human and Policy Dimensions, 50: 238-254.

MEA. 2005. Ecosystems and Human Well-being: Synthesis. Washington DC: Island Press.

Moss R, Edmonds J, Hibbard K, et al. 2010. The next generation of scenarios for climate change research and assessment. Nature, 463 (7282): 747-756.

Muñiz I, Galindo A. 2005. Urban form and the ecological footprint of commuting. The case of Barcelona, Ecological Economics, 55 (4): 499-514.

Pascual-Hortal L, Saura S. 2006. Comparison and development of new graph-based landscape connectivity indices: Towards the priorization of habitat patches and corridors for conservation. Landscape Ecology, 21: 959-967.

Pei F, Li X, Liu X, et al. 2013. Assessing the differences in net primary productivity between pre-and post-urban land development in China. Agricultural and Forest Meteorology, 171: 174-186.

Peng J, Shen H, Wu W, et al. 2016. Net primary productivity（NPP）dynamics and associated urbanization driving forces in metropolitan areas: a case study in Beijing City, China. Landscape Ecology, 31 (5): 1077-1092.

Potter C, Rerson J, Field C, et al. 1993. Terrestrial ecosystem production: A process model based on global satellite and surface data. Global Biogeochemical Cycles, 7: 811-841.

Ramalho C, Laliberté E, Poot P, et al. 2014. Complex effects of fragmentation on remnant woodland plant communities of a rapidly urbanizing biodiversity hotspot. Ecology, 95 (9): 2466-2478.

Ravallion M, Chen S, Sangraula P. 2008. Dollar a day revisited. Social Science Electronic Publishing, 23 (2): 163-184.

Rickwood P, Glazebrook G, Searle G. 2008. Urban structure and energy-a review. Urban Policy & Research, 26 (1): 57-81.

Roman E. 1996. Hungary and the Victor Powers, 1945-1950. New York: Palgrave Macmillan US.

Romein A. 2016. Industrial energy use and interventions in urban form: Heavy manufacturing versus new service and creative industries. Journal of Settlements and Spatial Planning,（Special Issue, no. 5）: 67-76.

Rudari R, Campo L, Rebora N, et al. 2015. Improvement of the global food model for the GAR 2015.

Saura S, Torne J. 2009. Conefor Sensinode 2. 2: A software package for quantifying the importance of habitat patches for landscape connectivity. Environmental Modelling & Software, 24: 135-139.

Shan Y, Guan D, Hubacek K, et al. 2018. City-level climate change mitigation in China. Science Advances, 4 (6): eaaq0390.

Shandas V, Parandvash G. 2010. Integrating urban form and demographics in water-demand management: An empirical case study of Portland, Oregon. Environment and Planning B: Planning and Design, 37: 112-128.

Shen Q, Chen Q, Tang B, et al. 2009. A system dynamics model for the sustainable land use planning and development. Habitat International, 33 (1): 15-25.

Shi P, Sun S, Wang M, et al. 2014. Climate change regionalization in China（1961–2010）. Science China Earth Sciences, 57 (11): 2676-2689.

Song Y, Shao G, Song X, et al. 2017. The Relationships between urban form and urban commuting: An empirical study in china. Sustainability, 9 (7): 1150.

Tang Z, Cao J, Dang J. 2014. Interaction between urbanization and eco-environment in arid area of northwest China with constrained water resources: A case of Zhangye city. Arid land geography, 37 (3): 520-531.

Tao Y, Mi S, Zhou S, et al. 2014. Air pollution and hospital admissions for respiratory diseases in Lanzhou,

China. Environmental Pollution, 185: 196-201.

UNDP. 2014. Human Development Report 2014: Sustaining Human Progress: Reducing Vulnerabilities and Building Reseilence. http: //hdr. undp. org/en/content/human-development-report-2014

UNDP-DDC（United Nations Development Programme-Drylands Development Centre）. 2007. Working with People to Fight Poverty in the Dry Areas of the World: UNDP Drylands Development Centre Activity Report 2002-2006. http: //web. undp. org/drylands.

United Nations, General Assembly. 2000. United Nations Millennium Declaration. New York: United Nations.

United Nations, General Assembly. 2015. Transforming Our World: the 2030 Agenda for Sustainable Development. New York: United Nations.

van Vuuren, D, Edmonds J, Kainuma M, et al. 2011. The representative concentration pathways: An overview. Climatic Change, 109(1): 5.

Vörösmarty C, Green P, Salisbury J, et al. 2000. Global water resources: Vulnerability from climate change and population growth. Science, 289 (5477): 284-288.

Wackernagel M, Monfreda C, Moran D, et al. 2005. National Footprint and Biocapacity Accounts 2005. The Underlying Calculation Method Oakland: Global Footprint Network. www. footprintnetwork. org.

Wang Q, Wu S, Zeng Y, et al. 2016. Exploring the relationship between urbanization, energy consumption, and CO 2 emissions in different provinces of China. Renewable and Sustainable Energy Reviews, 54: 1563-1579.

Williams T. 1985. Implementing Lesa on a Geographic Information-System-a Case-Study. Photogrammetric Engineering and Remote Sensing, 51: 1923-1932.

WMO（World Meteorological Organization）. 1997. Comprehensive Assessment of the Freshwater Resources of the World. Stockholm, Sweden: World Meteorological Organization.

World Bank. 1990. World Development Report 1990: Poverty. New York: Oxford University Press.

World Bank. 2015. Poverty in a Rising Africa. Washington DC: World Bank Publications.

Wu J, Jenerette G, Buyantuyev A, et al. 2011. Quantifying spatiotemporal patterns of urbanization: The case of the two fastest growing metropolitan regions in the United States. Ecological Complexity, 8(1): 1-8.

Wu J. 2013. Landscape sustainability science: Ecosystem services and human well-being in changing landscapes. Landscape Ecology 28: 999-1023.

Wu R, Dai H, Geng Y, et al. 2017. Economic impacts from PM2. 5 pollution-related health effects: A case study in shanghai. Environmental Science & Technology, 51(9): 5035-5042.

Xia N, Wang Y, Xu H, et al. 2016. Demarcation of prime farmland protection areas around a metropolis based on high-resolution satellite imagery. Scientific Reports, 6: 37634.

Xie Y, Fan S. 2014. Multi-city sustainable regional urban growth simulation-MSRUGS: A case study along the mid-section of Silk Road of China. Stochastic Environmental Research and Risk Assessment, 28: 829-841.

Xu M, He C, Liu Z, et al. 2016. How did urban land expand in China between 1992 and 2015? A multi-scale landscape analysis. PloS one, 11(5): e0154839.

Yang W, Lee Y, Hu J. 2016. Urban sustainability assessment of Taiwan based on data envelopment analysis, Renewable & Sustainable Energy Reviews, 61: 341-353.

Yin H, Kong F, Hu Y, et al. 2016. Assessing growth scenarios for their landscape ecological security impact using the SLEUTH urban growth model. Journal of Urban Planning and Development, 142(2): 05015006.

Yu Y, Wen Z. 2010. Evaluating China's urban environmental sustainability with Data Envelopment Analysis. Ecological Economics, 69(9): 1748-1755.

Yue Y, Ye X, Zou X, et al. 2017. Research on land use optimization for reducing wind erosion in sandy desertified area: A case study of Yuyang County in Mu Us Desert, China. Stochastic Environmental Research and Risk Assessment, 31: 1371-1387.

Zhang D, Aunan K, Seip H, et al. 2010. The assessment of health damage caused by air pollution and its implication for policy making in Taiyuan, Shanxi, China. Energy Policy, 38(1): 491-502.

Zhang D, Huang Q, He C, et al. 2019. Planning urban landscape to maintain key ecosystem services in a rapidly urbanizing area: A scenario analysis in the Beijing-Tianjin-Hebei urban agglomeration, China. Ecological Indicators, 96: 559-571.

Zhang L, Peng J, Liu Y, et al. 2017. Coupling ecosystem services supply and human ecological demand to identify landscape ecological security pattern. Urban Ecosystems, 20: 701-714.

第 6 章　呼包鄂榆城市群城市景观过程和可持续性

6.1　城市景观过程*

1. 问题的提出

呼包鄂榆城市群地处中国旱区中部，是中国旱区城市扩展速度最快的地区之一。量化呼包鄂榆城市群城市景观过程及其区位因素特征是合理规划区域城市土地、减缓城市景观过程对生态环境负面影响和促进区域可持续发展的基础。鉴于此，本节的目的是定量分析呼包鄂榆城市群近四十年城市景观过程及其区位因素特征。首先，量化区域1980～2017 年城市景观过程的时空格局。然后，利用随机森林方法分析影响区域城市景观过程的区位因素。最后，根据区位因素的特征，为区域未来城市扩展提出政策建议，以期为区域可持续发展提供帮助。

2. 研究区和数据

1) 研究区

呼包鄂榆城市群位于 36°48′50″～42°44′5″N，106°28′16″～112°18′7″E，总面积为 17.46 万 km^2(图 6.1)。该地区平均海拔约 1300 m。气候类型为温带大陆性季风气候，多年平均气温约为 8 ℃，多年平均降水量约为 320 mm (孙泽祥等, 2016)。根据 2017 年人口数据，参考 Huang 等(2019)的城市规模认定方法，该地区有 2 个大城市(总人口为 100 万～500 万人)、2 个中等城市(总人口为 50 万～100 万)和 26 个小城市(总人口小于 50 万人)。

区域生产总值从 1980 年的 25.32 亿元增长到 2017 年的 13722.25 亿元，年均增长 370.19 亿元，年均增长率为 14.62%。其中，第二产业和第三产业分别由 12.62 亿元和 6.07 亿元增长到 6635.86 亿元和 6600.76 亿元，年均增长率分别为 14.18%和 29.36%(国家发改委, 2018; Liu et al., 2017; 丁美慧等, 2017)。该地区非农人口从 1990 年的 239.87 万人增加到 2010 年的 462.13 万人，增长了 92.66%(孙泽祥等, 2017)。城市土地面积从 1990 年的 151.29 km^2 增加到 2017 年的 1230.86 km^2，增长了 8.14 倍(Song et al., 2020)。途经研究区的高速公路主要有北京—拉萨高速公路、荣成—乌海高速公路和包头—茂名高速公路，国道主要包括 109 和 110 国道，铁路主要有包头—兰州、包头—西安和北京—包头等铁路线，还包括呼和浩特—包头高铁和呼和浩特—鄂尔多斯动车等。未来，区域将建设呼

---

* 本节内容主要基于宋世雄，张金茜，刘志锋，等. 2021. 基于随机森林方法的旱区城市扩展过程区位因素研究——以中国呼包鄂榆城市群为例. 自然资源学报, 36(4): 1021—1035.

和浩特-准格尔—鄂尔多斯、准格尔—朔州、蒙西—华中和神木—瓦塘等铁路，以及保德—榆林、呼和浩特—朔州、赛罕塔拉—二连浩特等高速公路(国家发改委, 2018)。

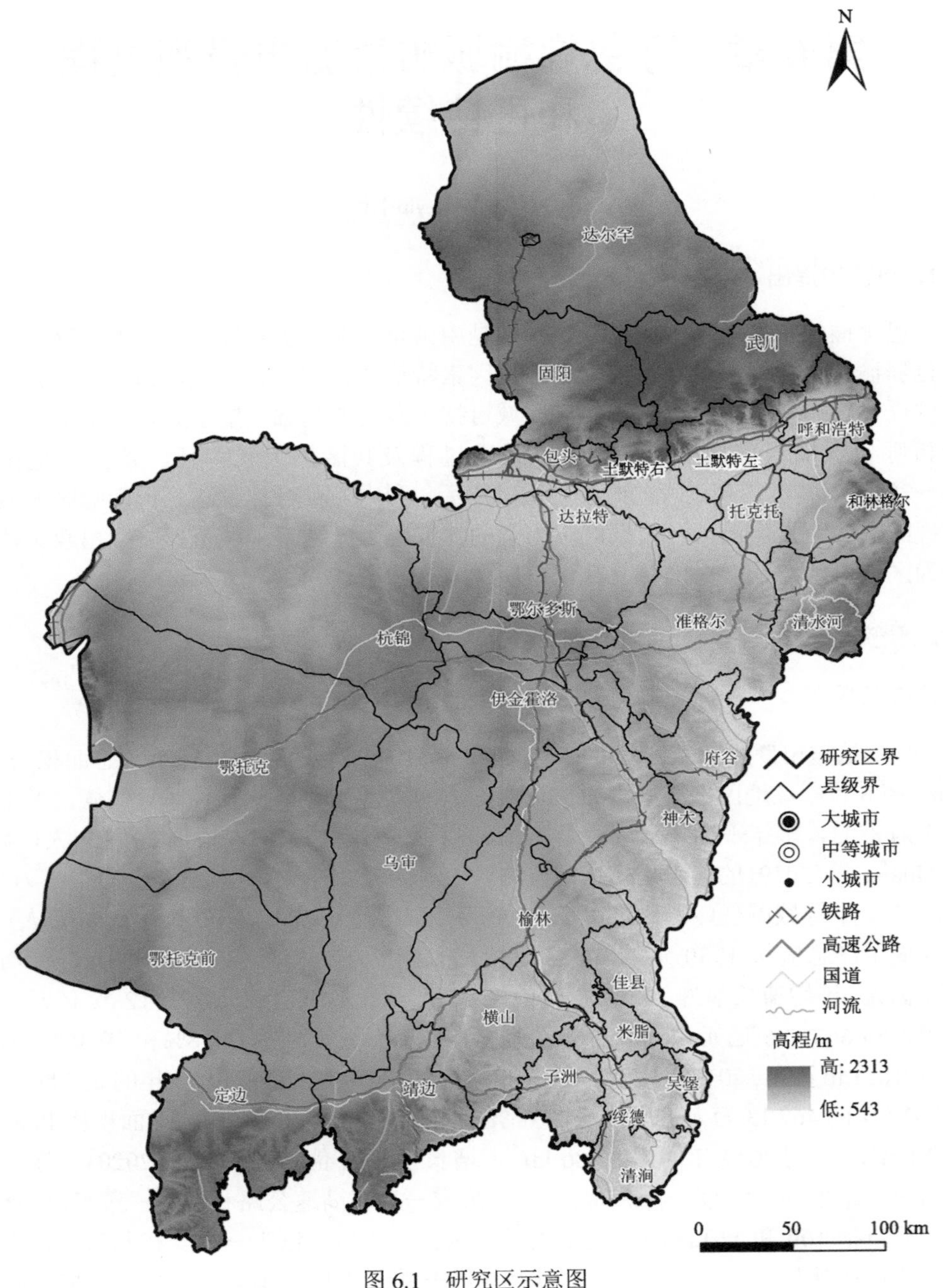

图 6.1　研究区示意图

2) 数据来源

研究使用的数据主要包括 Landsat 遥感影像、DEM、气象数据和地理信息辅助数据。

Landsat 遥感影像来源于美国地质调查局(https://earthexplorer.usgs.gov/)。其中，1980 年的影像数据来源于 Landsat MSS 传感器，空间分辨率为 60 m；1990 年、2000 年、2010 年和 2017 年的影像数据来源于 Landsat TM/OLI 传感器，空间分辨率为 30 m。DEM 数据来源于 NASA 和国防部国家测绘局(NIMA)发布的 SRTM DEM 数据(http://srtm.csi.cgiar.org/SELECTION/inputCoord.asp)，空间分辨率为 90m。研究区周边 29 个气象观测站数据来自于中国气象数据网(http://data.cma.cn/site/index.html)，主要包括气温和相对湿度数据。降水量来自中国科学院资源环境科学与数据中心(http://www.resdc.cn/data.aspx?DATAID=229)。基础地理信息数据包括研究区的行政边界、县级驻地和河流等，数据来源于国家基础地理信息中心(http://ngcc.sbsm.gov.cn/)。2000 年、2009 年和 2016 年的高速公路、铁路、国道等交通数据来源于北京大学城市与环境学院地理数据平台(http://geodata.pku.edu.cn)。区域 1990 年交通数据基于已有交通数据结合谷歌地球高分影像目视解译获取。为了保证数据一致性，所有数据统一采用 Albers 投影，并重采样为 30 m。

3. 方法

1)提取区域 1980～2017 年城市土地信息

基于 Google Earth Engine 平台在线获取 Landsat MSS/TM/OLI 影像，通过目视解译提取呼包鄂榆城市群 1980～2017 年城市土地信息(图 6.2)。其主要包括以下三个步骤：首先，提取潜在的城市土地信息。参考 Liu 等(2018)的研究，基于预处理后的 Landsat 影像分别计算 NDVI、归一化建筑指数(normalized difference built-up index, NDBI)和归一化水体指数(normalized difference water index, NDWI)，然后采用阈值法提取该区域潜在的城市土地信息，具体公式如下：

$$\mathrm{UL}_{(n,i)}=\begin{cases}1, & [\mathrm{NDVI}_{(n,i)}\leqslant 0.15]\,\&\,[\mathrm{NDBI}_{(n,i)}\geqslant -0.1]\,\&\,[\mathrm{NDWI}_{(n,i)}\leqslant 0.05]\\ 0, & \text{其他}\end{cases}\tag{6.1}$$

式中，$\mathrm{UL}_{(n,i)}$ 表示第 i 个像元第 n 年是否为潜在城市，1 表示潜在城市，0 表示非潜在城市；$\mathrm{NDVI}_{(n,i)}$ 为第 i 个像元第 n 年的 NDVI 值；$\mathrm{NDWI}_{(n,i)}$ 表示第 i 个像元第 n 年的 NDWI 值；$\mathrm{NDBI}_{(n,i)}$ 为第 i 个像元第 n 年的 NDBI 值。其次，获取 1980 年、1990 年、2000 年、2010 年和 2017 年的城市土地数据。在潜在城市土地信息的基础上，结合 Landsat 假彩色影像，进行目视解译获取城市土地数据。最后，获取 1980～2017 年城市土地动态信息。参考 He 等(2014)的研究，对城市土地数据进行时间序列订正。时间序列订正的基本假设是城市土地为持续增长的，通过订正可得到区域 1980～2017 年的城市土地动态信息，具体公式如下：

$$\mathrm{UL}_{(n,i)}=\begin{cases}0, & \mathrm{UL}_{(n+1,i)}=0\\ 1, & \mathrm{UL}_{(n+1,i)}=1\,\&\,\mathrm{UL}_{(n-1,i)}=1\\ \mathrm{UL}, & \text{其他}\end{cases}\tag{6.2}$$

式中，$\mathrm{UL}_{(n,i)}$、$\mathrm{UL}_{(n+1,i)}$ 和 $\mathrm{UL}_{(n-1,i)}$ 分别表示第 i 个像元第 n 年、第 n+1 年和第 n–1 年是否为城市；1 表示城市，0 表示非城市。

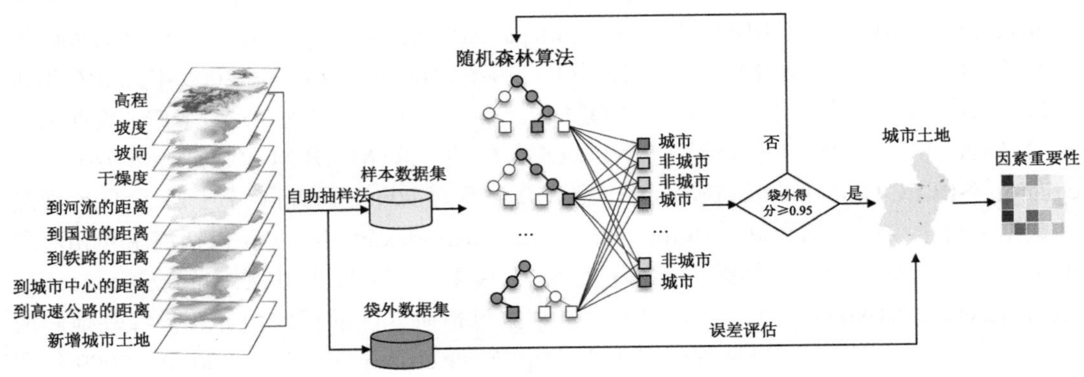

图 6.2　随机森林结构

2) 分析区域 1980～2017 年城市景观过程

参照董宁等 (2012) 的研究，选择斑块密度 (patch density, PD)、景观形状指数 (landscape shape index, LSI) 和 LEI 三个指标来表征城市景观的破碎度和形状以及城市扩展模式。其中 PD 的计算公式如下：

$$PD = N/A \tag{6.3}$$

式中，N 为景观中斑块的总数 (个)；A 为景观总面积 (hm^2)。PD 值越大，表示斑块的破碎化程度越高。

LSI 的计算公式如下：

$$LSI = 0.25E/\sqrt{A} \tag{6.4}$$

式中，E 为景观中斑块边界的总长度 (m)；A 为景观总面积 (hm^2)。LSI 值越大，表示斑块的形状越不规则。

LEI 的计算公式如下：

$$LEI = \frac{A_o}{A_o + A_v} \times 100\% \tag{6.5}$$

式中，A_o 为新增城市用地的缓冲区与已有城市用地相交的面积 (m^2)；A_v 为该缓冲区与非城市用地相交的面积 (m^2)。参考 Liu 等 (2010) 的研究，新增城市用地缓冲区设置为 1m。根据 LEI 值的不同，可将城市扩展模式分成蛙跃型、边缘型和内填型三种类型 (Liu et al., 2010)。蛙跃型是指新增的城市土地与已有城市土地之间没有直接接触的扩展模式，即 LEI=0。边缘型是指在已有城市土地的边缘继续扩展的模式，即 LEI 值为 0～50。内填型是指新增城市土地位于被已有城市土地包围的区域的扩展模式，即 LEI 值为 50～100 (Liu et al., 2010)。

3) 分析区域 1980～2017 年城市景观过程的区位因素

随机森林模型可以通过计算袋外数据错误率来得到因素的重要性评分 (Breiman, 2001; Kamusoko and Gamba, 2015; Zhang et al., 2018)。首先，随机森林模型通过有放回的随机抽样法在原始数据中随机选择部分数据作为样本数据集，未被选择的数据称为袋外数据。然后，针对样本数据进行多个决策树建模，并通过众数投票的方式得到样本数据的训练结果。最后，通过与袋外数据进行比较，计算模型的预测错误率来得到影响因素的重要性评分。

参考相关研究(黄庆旭等, 2009；翟涌光等, 2020)，首先从自然和人文两个方面选择 9 个影响区域城市景观过程的区位因素，分别是高程、坡度、坡向、到河流(主要河流)的距离、干燥度、到高速公路的距离、到铁路的距离、到国道的距离和到城市中心的距离，并使用 ArcGIS 进行空间化(表 6.1)。然后，通过四个步骤构建随机森林模型以分析区位因素对城市景观过程的影响(图 6.2)。第一，随机选择 66%的区位因素数据为样本数据集，34%为袋外数据。第二，构建 100 个决策树对样本数据集进行训练，并与袋外数据进行对比计算袋外得分，以此评估模型的精度。一般得分越高代表模型精度越好，在研究中，袋外得分大于 0.95 时认为模型精度符合要求。第三，利用袋外数据与每个决策树计算误差(e_1)，然后随机调换袋外数据中的某一个因素 j 的顺序得到新的袋外数据，并再次计算误差(e_2)。第四，将每个决策树 e_1 和 e_2 的差值标准化后求均值即可得到因素 j 的重要性。研究将因素的重要性得分作为判断某一因素对城市景观过程影响程度的指标，得分越高说明该因素对城市景观过程的影响越大。

表 6.1　区位因素选取及其空间化方法

类别	指标	空间化方法
自然因素	高程 坡度 坡向 到河流的距离	基于 DEM 数据，利用 ArcGIS 的地表分析模型计算坡度和坡向；利用 ArcGIS 的距离分析模型计算到河流的距离
	干燥度	参考相关研究(MEA, 2005)，利用多年平均降水量与多年平均潜在蒸散量之比计算
人文因素	到城市中心的距离 到高速公路的距离 到铁路的距离 到国道的距离	利用 ArcGIS 的距离分析模型计算到城市中心、高速公路、铁路和国道距离

4. 结果

1) 区域城市景观过程

区域 1980～2017 年经历了快速的城市景观过程(图 6.3)。全区城市土地面积由 81.57 km^2 增加到 1231.33 km^2，年均增长率为 7.61%[图 6.4(a)、表 6.2]。区域 1980～2017 年新增城市土地主要分布在大城市，大城市新增城市土地占全区扩展总面积的 49.10%。在大城市中，包头城市土地扩展面积最大，为 338.43 km^2，占全区城市土地扩展总面积的 29.43%(表 6.2)。

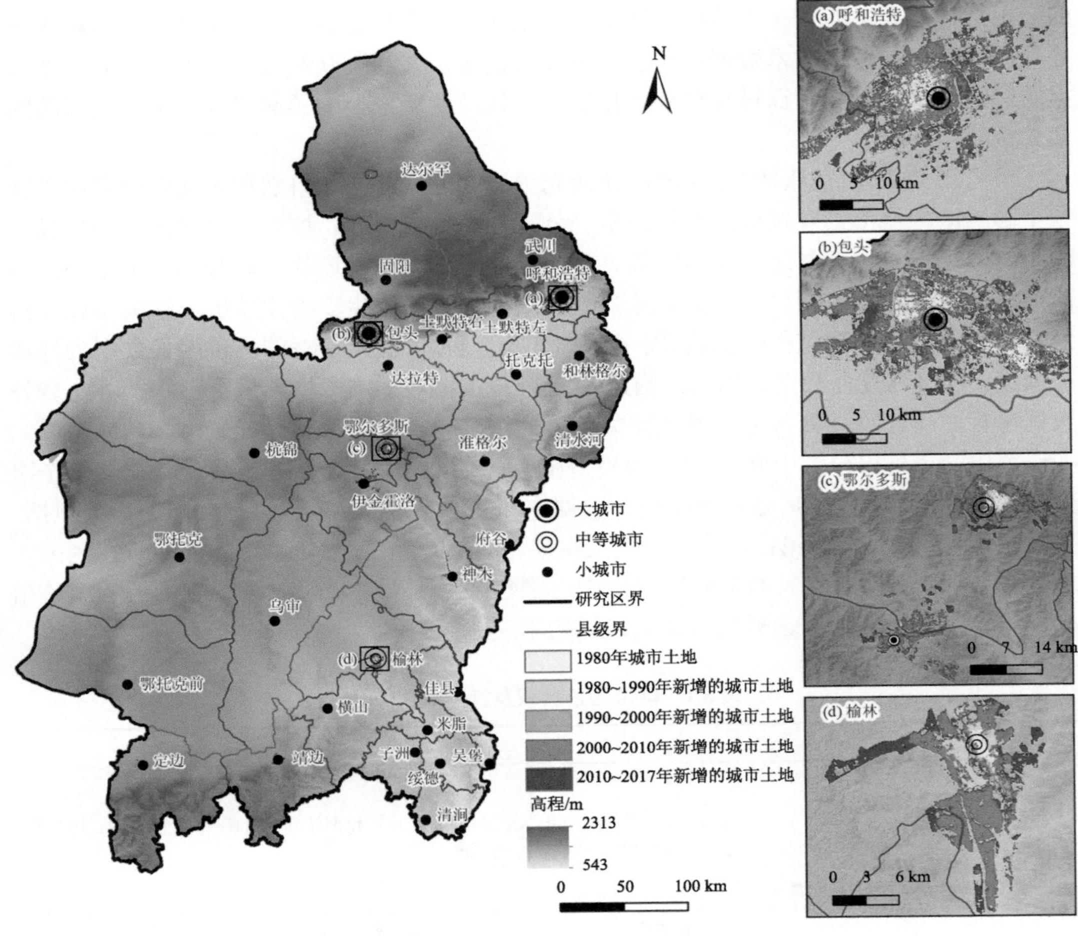

图 6.3　区域 1980～2017 年城市土地的空间格局

表 6.2　区域 1980～2017 年城市景观过程

地区	城市景观过程			城市扩展模式					
	面积/km²	占全区比例/%	年均增长率/%	边缘型		蛙跃型		内填型	
				面积/km²	百分比/%	面积/km²	百分比/%	面积/km²	百分比/%
呼包鄂榆	1149.76	100	7.61	721.73	62.77	296.91	25.82	131.12	11.40
大城市	564.55	49.10	6.91	343.99	60.45	137.51	24.16	87.58	15.39
呼和浩特	226.12	19.67	7.39	139.60	59.00	71.35	30.15	25.67	10.85
包头	338.43	29.43	6.64	204.39	61.48	66.16	19.90	61.91	18.62
中等城市	211.80	18.42	9.18	173.36	75.13	45.21	19.59	12.18	5.28
鄂尔多斯	120.76	10.50	8.60	96.84	72.23	32.58	24.30	4.66	3.48
榆林	91.03	7.92	10.21	76.52	79.16	12.63	13.07	7.52	7.78
小城市	373.41	32.48	8.25	204.38	58.41	114.19	32.63	31.36	8.96
土默特左	37.93	3.30	10.31	10.98	37.30	16.01	54.38	2.45	8.32

续表

地区	城市景观过程			城市扩展模式					
	面积/km²	占全区比例/%	年均增长率/%	边缘型		蛙跃型		内填型	
				面积/km²	百分比/%	面积/km²	百分比/%	面积/km²	百分比/%
托克托	15.44	1.34	11.55	10.95	70.97	3.13	20.29	1.35	8.75
和林格尔	9.63	0.84	7.22	6.04	62.59	2.80	29.02	0.81	8.39
清水河	3.85	0.34	8.40	2.50	63.94	1.06	27.11	0.35	8.95
武川	8.73	0.76	6.36	7.14	80.50	1.17	13.19	0.56	6.31
土默特右	32.21	2.80	8.06	20.63	64.09	8.38	26.03	3.18	9.88
固阳	8.58	0.75	6.44	6.35	72.41	1.78	20.30	0.64	7.30
达尔罕	7.92	0.69	7.61	0.98	12.36	6.67	84.11	0.28	3.53
达拉特	27.83	2.42	7.20	18.81	66.94	4.38	15.59	4.91	17.47
准格尔	13.86	1.21	8.60	6.00	43.01	6.80	48.75	1.15	8.24
鄂托克前	7.03	0.61	6.26	4.27	60.83	1.93	27.49	0.82	11.68
鄂托克	12.30	1.07	7.60	7.09	57.83	3.60	29.36	1.57	12.81
杭锦	9.86	0.86	4.05	7.32	72.69	1.43	14.20	1.32	13.11
乌审	11.57	1.01	6.88	6.56	56.65	4.45	38.43	0.57	4.92
伊金霍洛	35.93	3.13	10.81	11.98	49.79	11.51	47.84	0.57	2.37
靖边	30.95	2.69	12.77	21.50	69.13	7.06	22.70	2.54	8.17
定边	20.99	1.83	8.00	14.08	67.30	5.27	25.19	1.57	7.50
府谷	9.13	0.79	7.32	6.05	65.05	2.37	25.48	0.88	9.46
神木	36.18	3.15	11.83	15.83	42.85	17.79	48.16	3.32	8.99
佳县	1.26	0.11	10.17	1.12	83.58	0.15	11.19	0.07	5.22
横山	11.21	0.98	10.85	3.95	64.54	1.56	25.49	0.61	9.97
米脂	6.58	0.57	8.97	4.22	63.36	1.72	25.83	0.72	10.81
子洲	3.15	0.27	6.81	2.16	69.90	0.88	28.48	0.05	1.62
绥德	6.65	0.58	8.09	4.92	74.89	0.70	10.65	0.95	14.46
吴堡	2.38	0.21	5.76	1.70	72.03	0.61	25.85	0.05	2.12
清涧	2.27	0.20	8.41	1.25	54.35	0.98	42.61	0.07	3.04

同期，区域城市景观过程以边缘型为主。在全区尺度上，边缘型城市扩展面积为 721.73 km²，占城市扩展总面积的 62.77%。蛙跃型和内填型城市扩展面积分别为 296.91 km² 和 131.12 km²，分别占城市扩展总面积的 25.82%和 11.40%[图 6.4(b)、表 6.2]。对于不同规模等级城市，城市景观过程均以边缘型为主。其中，大城市边缘型扩展面积最大，为 343.99 km²，占大城市扩展总面积的 60.45%(表 6.2)。在大城市中，包头边缘型扩展面积最大，为 204.39 km²，占包头城市扩展总面积的 61.48%(表 6.2)。

区域 1980～2017 年城市景观越来越破碎，形状越来越复杂。在全区尺度上，斑块密度在 1980～2017 年呈现不断增长趋势，由 0.0014 增长至 0.0057。对于大中小城市，斑块密度均呈现增加趋势，其中大城市增加最多，由 0.0639 增加到 0.1957[图 6.4(c)]。同时，在全区尺度上，城市景观的形状指数在 1980～2017 年也不断增加，由 33.88 增长至

54.78。对于大中小城市，景观形状指数都呈现增加趋势，其中小城市增加最多，由 17.72 增加到 39.23[图 6.4(d)]。

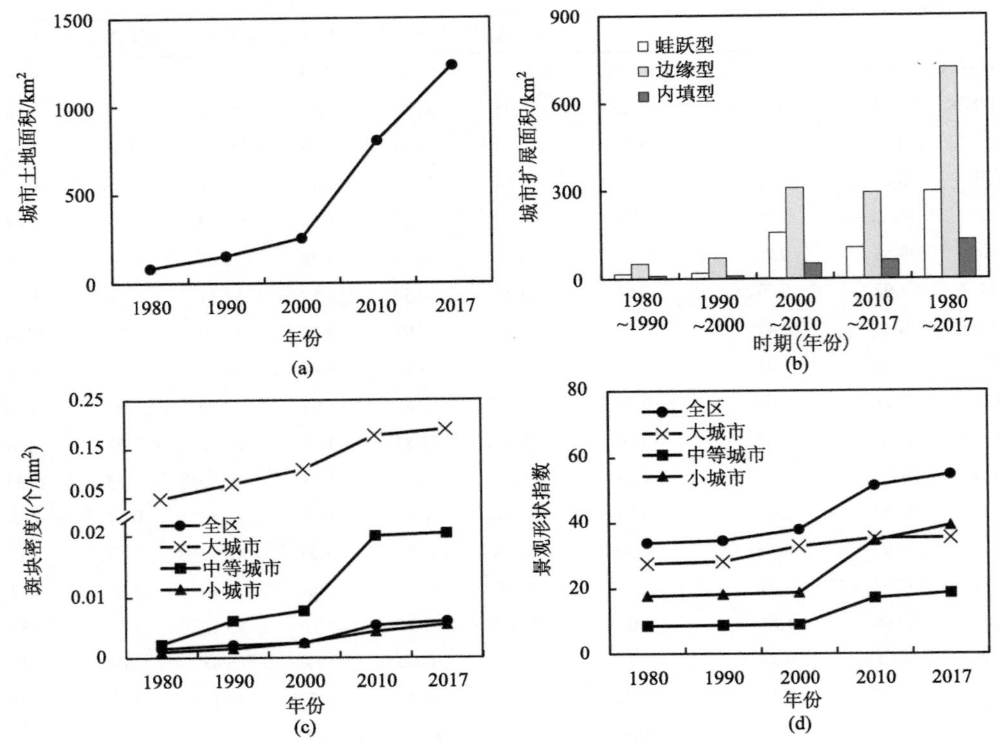

图 6.4　区域 1980～2017 年城市景观过程

(a) 城市土地面积的变化；(b) 不同模式的城市扩展面积；(c) 城市景观的斑块密度变化；(d) 城市景观的形状指数变化

2) 区域城市景观过程的区位因素

在全区尺度上，到城市中心的距离的重要性最高，为 42.62%。到国道、高速公路和铁路的距离的重要性也比较高，分别为 16.20%、14.15%和 11.80%。不同规模等级城市的区位因素的重要性存在明显差异。对于大城市，到城市中心的距离、高程和干燥度都比较重要，重要性分别为 21.27%、20.33%和 20.23%；其次到国道和河流的距离的重要性也比较大，分别为 8.73%和 8.12%。对于中等城市，到城市中心的距离重要性最大，为 46.71%；到国道、铁路和高速公路以及河流的距离都比较重要，重要性分别为 18.09%、12.08%、8.13%和 8.15%。对于小城市，到城市中心的距离的重要性最高，为 53.37%；到国道、高速公路和铁路的距离的重要性也比较高，分别为 11.34%、10.03%和 9.89%[图 6.5(a)]。

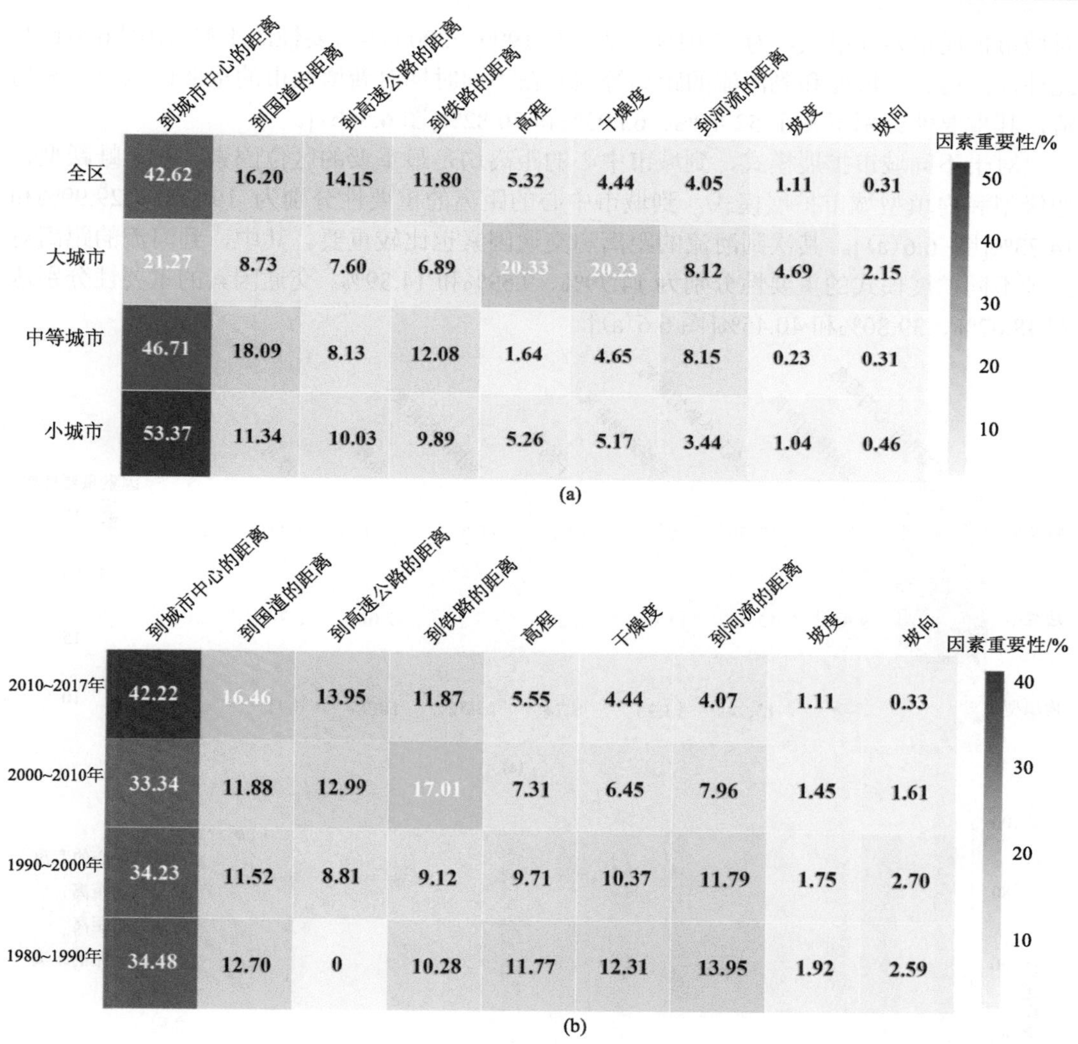

图 6.5　区位因素的重要性

(a) 1980～2017 年区位因素的重要性；(b) 全区不同时间段区位因素的重要性

不同区位因素对区域城市景观过程的重要性均存在尺度效应，其中地形、干燥度和到河流的距离等因素的尺度效应相对比较明显。高程、坡度和坡向对大中小城市的扩展过程的重要性分别为 27.17%、2.18%和 6.96%，其对大城市的重要性是对小城市的 4.02 倍。干燥度对大中小城市的重要性分别为 20.23%、4.65%和 5.17%，其对大城市的重要性是对小城市的 3.91 倍。到河流的距离对大中小城市的重要性分别为 8.12%、8.15%和 3.44%，其对大城市的重要性是对小城市的 2.36 倍。此外，到城市中心的距离和交通因素，其对大城市的重要性分别是对小城市的 40%和 74%[图 6.5(a)]。

城市景观过程区位因素的重要性在不同时间段存在明显的变化。到国道和高速公路的距离对新增城市土地的重要性在 2010～2017 年最大，分别为 16.46%和 13.95%，为其在 1990～2000 年重要性的 1.43 倍和 1.58 倍[图 6.5(b)]。到铁路的距离在 2000～2010 年对城市扩展重要性最大，为 17.01%，是其在 1990～2000 年重要性的 1.87 倍[图 6.5(b)]。此外，高程、干燥度和到河流的距离等因素在不同时期对新增城市的重要性呈现递减趋势，其重要性分别下降了 52.85%、63.93%和 70.82%[图 6.5(b)]。

对于不同城市扩展模式，到城市中心的距离均是最重要的区位因素。对于蛙跃型、边缘型和内填型城市扩展模式，到城市中心的距离的重要性分别为 19.52%、29.99%和 14.73%[图 6.6(a)]。其次到河流的距离和交通因素也比较重要。其中，到河流的距离对三种不同扩展模式的重要性分别为 14.79%、9.59%和 14.39%。交通因素的重要性分别达到 38.07%、39.80%和 40.45%[图 6.6(a)]。

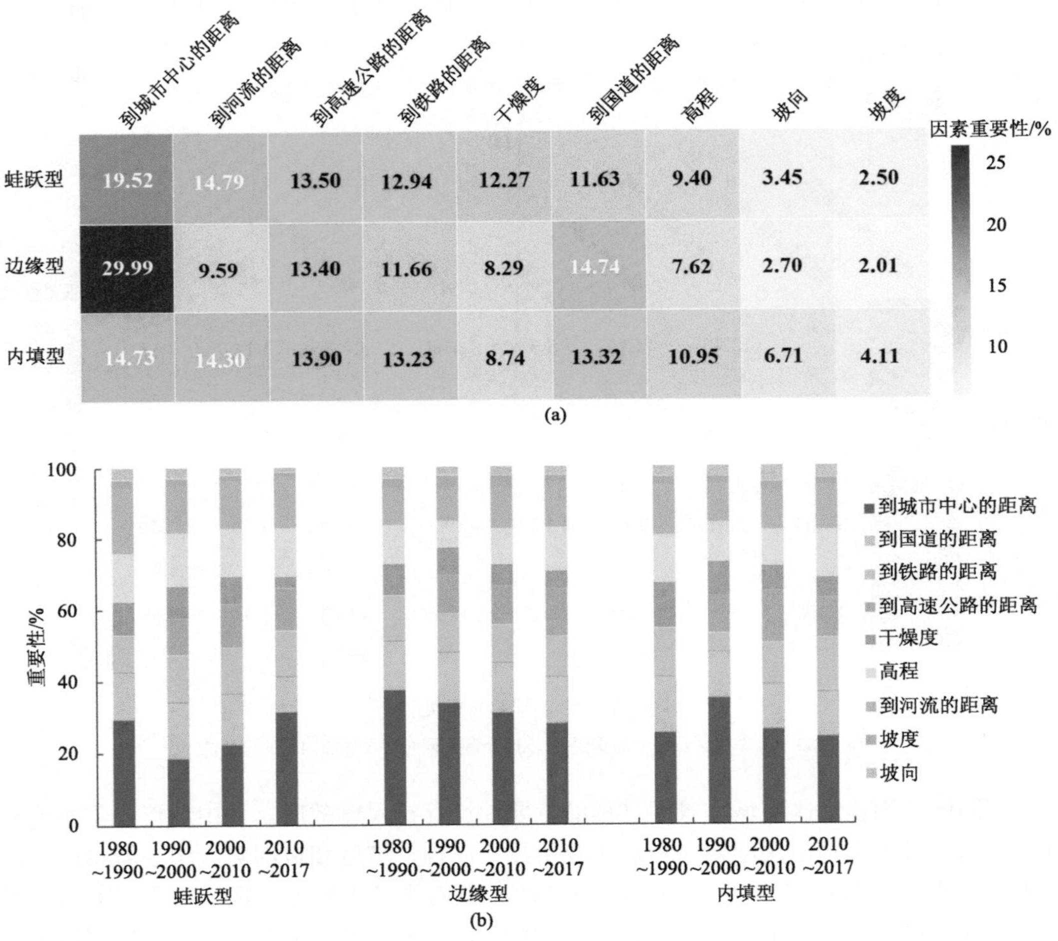

图 6.6　不同城市扩展模式的区位因素重要性

(a) 1980～2017 年区位因素的重要性；(b) 不同时间段区位因素的重要性

区位因素对于不同扩展模式的重要性随时间的变化而变化。对于蛙跃型扩展模式，到城市中心的距离的重要性在 1990～2017 年呈增长趋势，由 18.64%增长到 31.43%。干燥度和高程因素的重要性呈减少趋势，分别由 8.93%和 15.25%下降到 3.03%和 13.73%[图 6.6(b)]。

对于边缘型扩展模式，1990～2017 年，到城市中心的距离对区域城市扩展的重要性呈下降趋势，由 33.85%下降到 28.07%。高程和到河流的距离重要性呈现增加趋势，分别由 7.77%和 9.51%增加到 12.42%和 13.14%[图 6.6(b)]。对于内填型扩展模式，到国道、高速公路和铁路的距离等交通因素的重要性呈现增加趋势，由 29.07%增长到 38.70%。到城市中心的距离在 1990～2017 年呈下降趋势，由 35.01%下降到 24.13%[图 6.6(b)]。

5. 讨论

1) 城市土地数据可靠性评价

研究中目视解译获取的城市土地数据能够准确地反映区域城市土地的实际状况。首先，参考相关研究（Liu et al., 2012; Xu et al., 2016)，分别利用区域 GDP 年均增长量和城镇人口年均增长量与城市土地年均增长量进行相关分析。结果显示，研究提取的城市土地信息与区域 GDP 和城镇人口数据有显著相关性，相关系数分别为 0.85 和 0.96，都通过了 0.001 的显著性检验(图 6.7)。其次，采用等量分层随机抽样(equalized stratified random sampling)的方法选取 1000 个样本点，结合 Google Earth 高分辨率(4m)影像计算误差矩阵。结果显示，1980 年、1990 年、2000 年、2010 年和 2017 年的城市土地数据 Kappa 系数分别为 0.86、0.87、0.87、0.85 和 0.86，总体精度分别为 92.80%、93.30%、93.40%、92.60%和 92.80%。此外，以 1990～2010 年的数据为例，将研究获取的城市土地数据与已有的长时间序列且同分辨率的数据(Liu et al., 2018)进行对比发现，研究的城市土地数据明显地减少了漏分和错分，更符合区域城市土地的实际状况(图 6.8)。

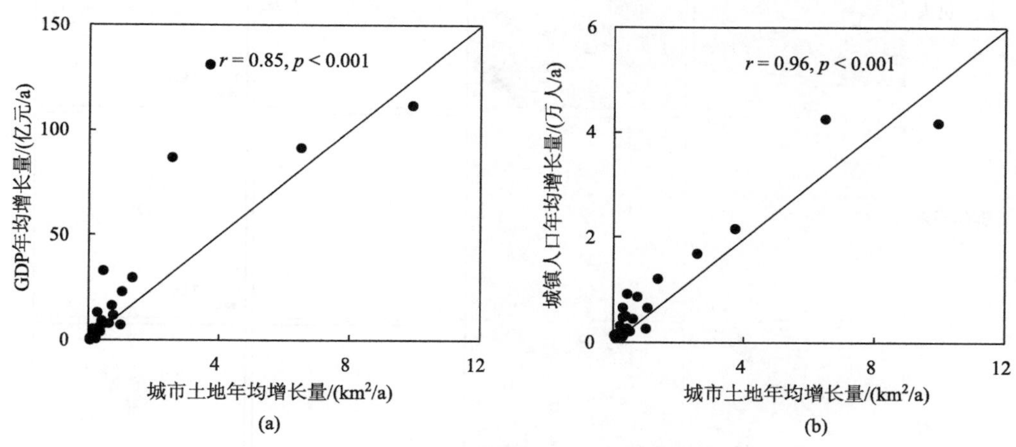

图 6.7　区域 1980～2017 年城市土地数据的数量精度验证

(a)城市土地面积与 GDP 相关分析；(b)城市土地面积与城镇人口相关分析

2) 随机森林方法比 Logistic 回归更有利于揭示区位因素的基本特征

ROC(receiver operating characteristic)曲线和 AUC(area under curve)指标是判断机器学习二分类预测模型优劣的常用方法，AUC 值越大表示该算法精度越高(Kamusoko and

Gamba, 2015; Pontius and Schneider, 2001）。为此，基于相同的区位因素，分别利用随机森林方法和 Logistic 回归模拟区域 1980～2017 年的城市景观过程。通过与实际的城市土地数据对比，随机森林方法的 AUC 值为 0.97，而 Logistic 回归的 AUC 值为 0.88（图 6.9），表明随机森林方法在呼包鄂榆城市群的实践应用上表现更好、精度更高。这主要是因为随机森林方法更适宜于解决非线性问题。一方面，相较于 Logistic 回归，随机森林方法可以处理非线性特征，而且考虑了各特征变量之间的相互作用，能够很好地解决特征变量之间的多重共线性影响（Breiman, 2001; Pontius and Schneider, 2001）。另一方面，随机森林模型在数据训练的过程中采用有放回的随机抽样，同时在选取特征变量时也是随机选取，这样保证了决策树之间的独立性，提高了模型的模拟能力（Breiman, 2001; Biau, 2012）。

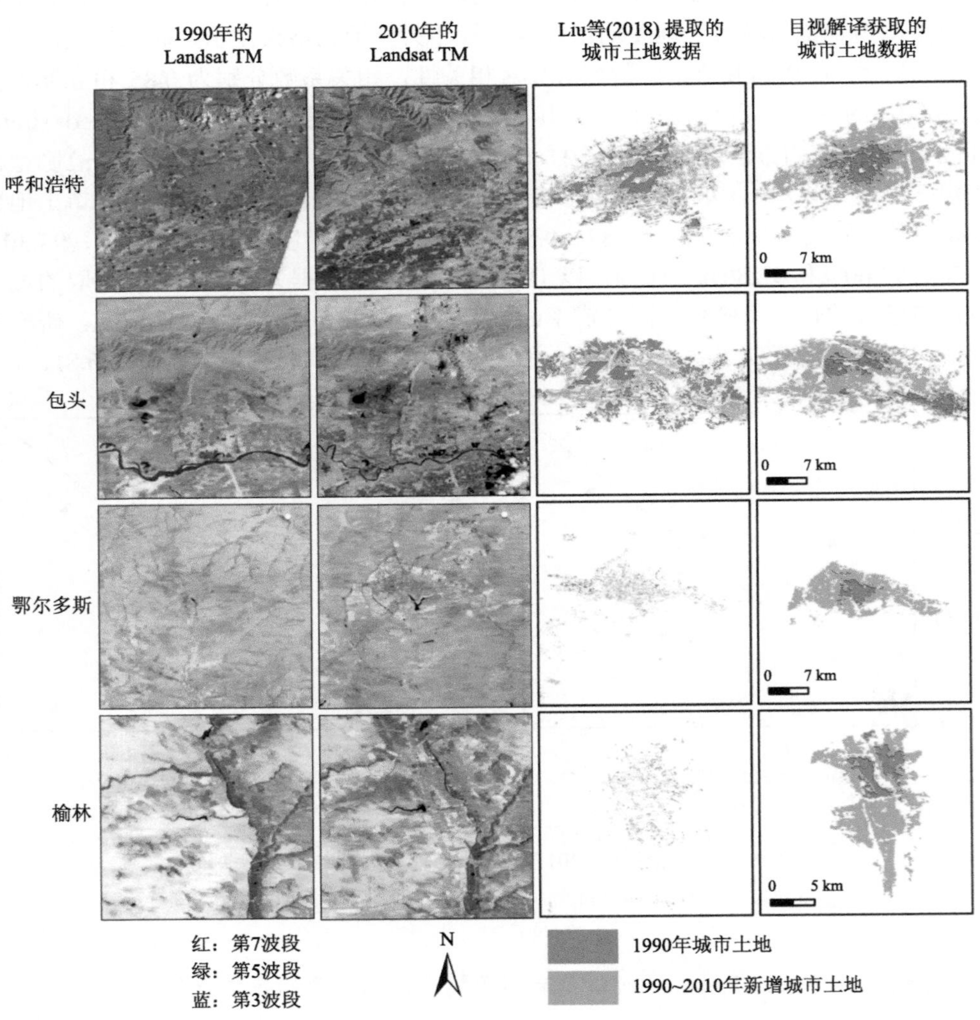

图 6.8　目视解译获取的区域 1990～2010 年城市土地数据与已有数据对比

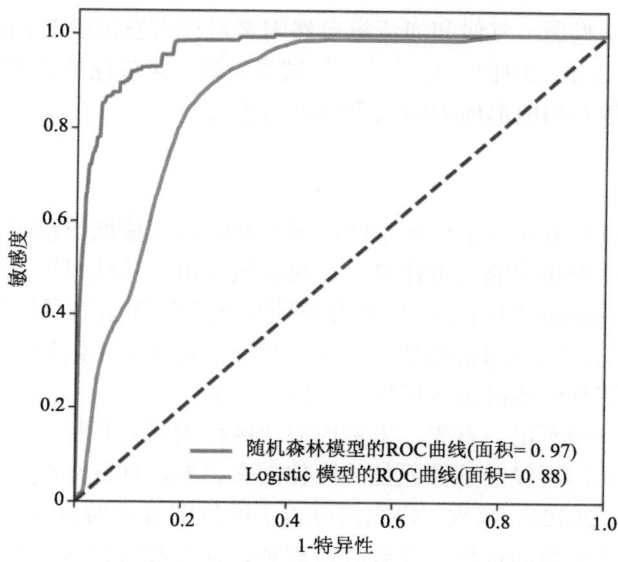

图 6.9　随机森林方法和 Logistic 回归的 ROC 曲线

3)政策启示

在呼包鄂榆城市群地区，地形、气候和河流等自然区位因素对城市发展有明显的制约作用，同时，这种影响还存在明显的尺度效应。为此，建议在该区域未来的城市规划和建设中，应继续高度重视地形、气候和河流等自然要素的制约作用。

对于大城市，应结合区域高精度的地形数据制定城市规划，同时将气候条件纳入城市规划中，充分考虑气候对新增城市土地的制约影响，此外，也需要考虑河流对新增城市土地的影响。例如，在制定《包头市城市总体规划(2021～2035 年)》的过程中，应将地形、干燥度和到河流的距离作为优先考虑的限制条件，引导城市向地形条件相对较好、水资源丰富以及相对湿润的南部扩展。对于中等城市，应主要依托交通网络进行城市规划，充分发挥交通因素对城市的带动作用。同时，也要注意河流对新增城市土地的影响。例如，鄂尔多斯市未来城市建设应充分考虑呼包鄂榆城市群规划“三纵三横”交通网络中“鄂-准-乌交通运输大通道”和“包茂综合运输大通道”的影响，借助城市群综合交通运输网带动区域城市发展(Liu et al., 2017)。对于小城市，需要紧密依托现有的城市格局，充分发挥老城区的辐射带动作用。例如，土默特左旗未来应该继续围绕现有城市格局在东、南和西三个方向上发展，根据现有格局，东边以发展科技和教育为主，南边以工业建设为主，西边以居住区建设为主。此外，在未来的城市规划中对于不同模式的城市扩展也应该采取针对性的措施。例如，对于蛙跃型和内填型扩展模式，除了关注到距城市中心的距离和交通因素之外，在城市规划过程中还应该重点考虑河流对新增城市的影响。对于边缘型扩展模式，应该以现有城市格局和交通网络为主要依据制定城市规划。

旱区的生态环境脆弱，气候和河流等自然因素对城市发展的制约作用比湿润地区更明显(Biau, 2012; Li et al., 2018)。对于旱区的城市发展，应该保持高度的谨慎态度，特别要注意在水资源承载力和地形地貌的约束范围内进行。

4)展望

本节运用随机森林方法定量分析了区位因素对呼包鄂榆城市群不同规模等级城市景观过程的影响，并提出相应的政策建议，这对区域城市可持续发展具有重要意义。随机森林方法相较于 Logistic 回归可以更加有效地量化区位因素对旱区城市景观过程的影响，能够更准确地认识区位因素的基本特征。此外，对区域不同规模等级的城市提出针对性的政策建议能够有效地促进区域城市可持续发展。

但研究也存在一些不足。首先，未考虑周边区位因素对目标像元的影响。目标像元是否转化为城市像元，不仅受该像元处的区位因素影响，往往还受到一定邻域范围内的区位因素影响(Biau, 2012)。其次，研究只分析了区位因素对城市景观过程的影响。城市景观过程是一个极其复杂的过程，受到政策规划、社会经济发展和微观区位等多方面因素的影响(方创琳等, 2010; Li et al., 2018)。

在未来的研究中，可以使用深度卷积神经网络，通过设置卷积核参数来分析目标像元一定邻域范围内区位因素对城市景观过程的影响。此外，还可以整合社会经济、规划政策以及地理区位等多因素综合分析区域城市景观过程的驱动机制(潮洛濛等, 2010)。

6. 结论

区域 1980～2017 年经历了快速的城市景观过程。全区城市土地面积由 81.57 km^2 增加到 1231.33 km^2，年均增长率为 7.61%。同期，区域城市景观过程以边缘型为主，并且景观越来越破碎，形状越来越复杂。

随机森林方法能够更加有效地量化城市景观过程区位因素的基本特征。随机森林方法的 AUC 值达到了 0.97，明显高于 Logistic 回归的 AUC 值。基于该方法发现，在呼包鄂榆城市群地区，到城市中心的距离对区域 1980～2017 年城市景观过程影响最大，重要性为 42.62%。交通、高程、气候以及到河流的距离等因素对区域城市景观过程也起着重要的作用。其次，不同区位因素对区域城市景观过程的影响都存在尺度效应，其中地形、气候以及到河流的距离的尺度效应最为明显。此外，不同城市扩展模式区位因素的重要性也存在明显差异。

旱区的生态环境脆弱，自然要素对城市发展的制约作用比湿润地区更明显。对于旱区的城市发展，应该保持高度的谨慎态度，重视地形、气候和河流等自然要素的约束作用，对不同规模等级城市和扩展模式制定针对性的规划，因地制宜地进行城市建设。

6.2　城市景观过程对自然生境质量的影响*

1. 问题的提出

评估呼包鄂榆城市群未来城市景观过程对自然生境质量的影响对于保护区域的生物多样性和可持续发展具有重要的意义。本节的目的是耦合本地化的 SSPs 和 LUSD-urban 模型，评估呼包鄂榆城市群未来城市景观过程对自然生境质量的影响。首先，基于 InVEST 模型量化呼包鄂榆 1990 年的自然生境质量。其次，耦合本地化的 SSPs 和 LUSD-urban 模型模拟呼包鄂榆 2017～2050 年不同情景下的城市景观过程。最后，评估呼包鄂榆 2017～2050 年城市景观过程对自然生境质量的影响，以期为呼包鄂榆城市群城市的可持续发展提供帮助。

2. 研究区和数据

研究区同 6.1.2 节。1990 年土地利用数据来源于中国科学院资源环境科学与数据中心(www.resdc.cn/data.aspx?DATAID=283)，分辨率为 30 m。该数据以 Landsat 影像为数据源，采用目视解译的方式获得，包括耕地、林地、草地、水域、建设用地和未利用地 6 个一级地类，数据精度在 90%以上(Liu et al., 2005, 2010)。

在 Google Earth Engine 平台上，下载 Landsat TM 影像和 ETM+影像，通过目视解译的方式获取呼包鄂榆城市土地数据。该数据集包括 1990 年、2000 年、2010 年和 2017 年四期城市土地数据，分辨率为 30 m，平均 Kappa 系数为 0.86(表 6.3)。

表 6.3　1990～2017 年城市土地数据精度

年份	Kappa 系数	总体精度/%	数量差异/%	位置差异/%
1990	0.87	93.30	1.50	5.20
2000	0.87	93.40	3.80	2.80
2010	0.85	92.60	0.40	7.00
2017	0.86	92.80	2.20	5.00

本地化 SSPs 的人口数据来源于姜彤等(2017)基于原始 SSPs 估算的中国 2010～2050 年人口数据，该数据分辨率为 0.5°。本地化 SSPs 的 GDP 数据来源于姜彤等(2018)估算的中国 2010～2050 年 GDP 数据，该数据分辨率为 0.5°。

1990～2017 年地区生产总值和人口等社会经济数据来自于《呼和浩特统计年鉴 2017》《包头统计年鉴 2017》《鄂尔多斯统计年鉴 2017》和《榆林统计年鉴 2017》。

研究区的行政边界、高速公路、铁路和国道等基础地理信息辅助数据来源于国家基

* 本节内容主要基于 Song S, Liu Z, He C, et al. 2020. Evaluating the effects of urban expansion on natural habitat quality by coupling localized shared socioeconomic pathways and the land use scenario dynamics-urban model. Ecological Indicators, 112: 106071.

础地理信息中心(http://ngcc.sbsm.gov.cn/)。为了保证数据一致性，所有数据统一采用 Albers 投影，并重采样为 300 m。

3. 方法

1)量化 1990 年自然生境质量

首先，基于国际自然保护联盟(International Union for Conservation of Nature and Natural Resources, IUCN)发布的栖息地分类标准(IUCN, 2013)，利用 1990 年土地利用数据提取呼包鄂榆城市群当年的自然生境。然后，采用 InVEST 模型生境质量模块量化自然生境质量(图 6.10)，公式如下：

$$Q_{xj} = H_j \left(1 - \frac{D_{xj}^z}{D_{xj}^z - k^2} \right) \tag{6.6}$$

式中，Q_{xj} 为土地利用/覆盖类型 j 中像元 x 上的生境质量；H_j 为土地利用/覆盖类型 j 的生境适宜性；D_{xj} 为土地利用/覆盖类型 j 中像元 x 受到总的胁迫水平；k 为半饱和常数；z 为归一化系数。其中，生境适宜性和胁迫水平等参数通过整理相关文献获取(Sharp et al., 2016; Lyu et al., 2018)(表 6.4)。最后，参考 He 等(2017)和 Moreria 等(2018)的研究，本书研究将自然生境质量划分为低(0～0.3)、中(0.3～0.6)和高(0.6～1)3 个等级。

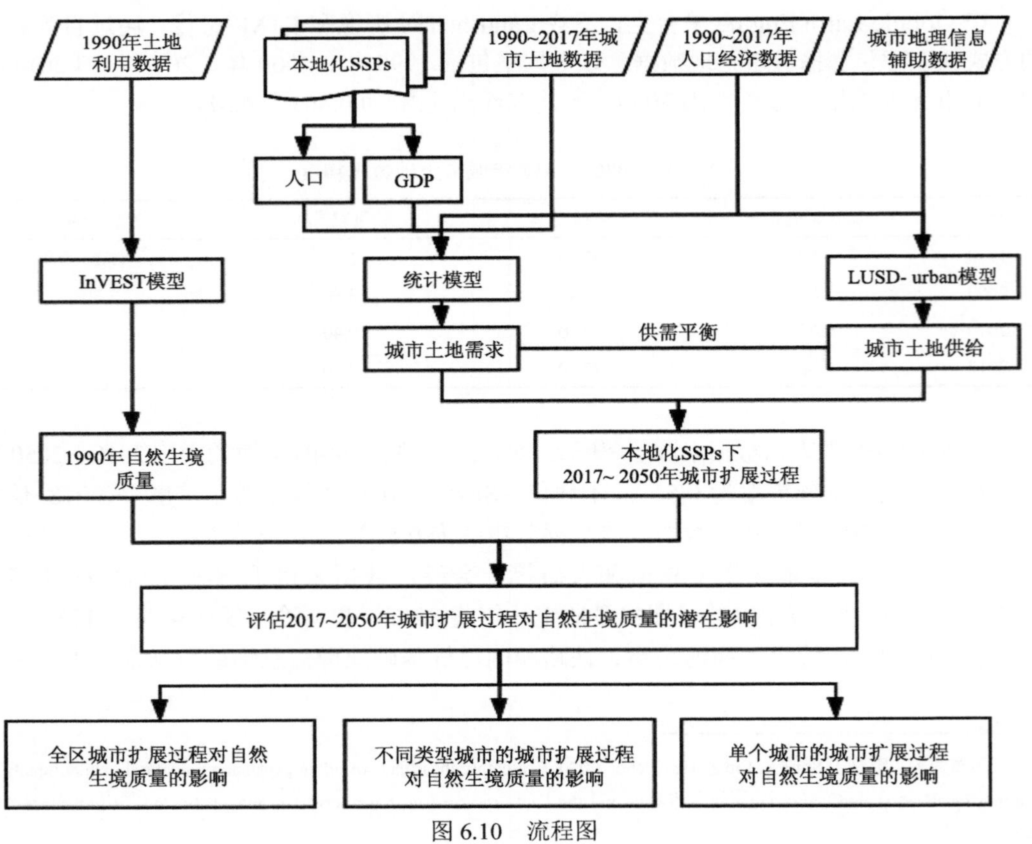

图 6.10　流程图

表 6.4　InVEST 模型参数

威胁因子	最大影响距离/km	相对重要性	衰减类型	自然生境对威胁因子的相对敏感性			
				森林	草地	湿地	荒漠
城市	10	1	指数	0.80	0.50	0.90	0.10
耕地	0.90	0.25	线性	0.60	0.20	0.70	0.10
铁路	4	1	线性	0.70	0.40	0.80	0.40
高速公路	3	1	线性	0.60	0.30	0.70	0.40
国道	1.80	1	线性	0.50	0.20	0.60	0.30

2) 模拟本地化 SSPs 情景下区域 2017～2050 年的城市景观过程

耦合本地化SSPs和LUSD-urban模型模拟城市景观过程的基本思路是先基于本地化SSPs 的人口和 GDP 数据，通过构建多元线性回归方程计算未来城市土地需求量，然后根据供需平衡的原理，利用 LUSD-urban 模型模拟城市土地的时空格局。

(1) 量化本地化 SSPs 情景下的城市土地需求量

参照 O'Neill 等(2017)和姜彤等(2017)的研究，采用 5 种 SSPs 来描述未来社会经济发展情景。SSP1 表示区域社会经济发展速度快，社会公平性高，温室气体排放减少并且土地生产力显著提升，朝着可持续方向发展。SSP2 表示区域城市化水平适中，社会经济以历史趋势增长，实现部分可持续发展目标。SSP3 表示区域经济增长相对较慢，社会不公平性加剧，未能实现发展目标。SSP4 表示区域内部和区域之间高度不平等，人数相对少且富裕的群体产生大部分的排放量。SSP5 表示区域经济、科学和技术发展快速，但能源需求量大，技术投资少导致没有可用的减排技术。

参考 He 等(2016)和 Zhang 等(2017)的研究，首先以呼包鄂榆城市群 1990～2017 年的人口和 GDP 数据为自变量，以历史的城市土地面积为因变量，建立多元回归方程。然后，基于本地化的SSPs 分别计算不同社会经济发展情景下 2017～2050 年的人口和GDP。最后，利用多元回归方程计算 2017～2050 年不同社会经济情景下的城市土地需求量(表 6.5)。

表 6.5　本地化 SSPs 情景下呼包鄂榆 2020～2050 年城市土地需求量

项目	年份	情景				
		SSP1	SSP2	SSP3	SSP4	SSP5
人口/10^6 人	2020	59.82	60.02	60.21	59.74	59.82
	2030	65.64	66.18	66.64	65.14	65.64
	2040	68.80	69.50	70.22	67.39	68.77
	2050	70.17	70.97	72.12	67.40	70.10
GDP/10^9 元	2020	1.81	1.79	1.83	2.00	1.75
	2030	2.53	2.57	2.43	3.10	2.51
	2040	3.03	3.03	2.51	3.70	3.14
	2050	3.34	3.42	2.81	3.88	3.78

续表

项目	年份	情景				
		SSP1	SSP2	SSP3	SSP4	SSP5
城市土地需求量/km^2	2020	1515.00	1506.69	1533.31	1630.51	1480.90
	2030	1999.36	2029.87	1943.38	2342.11	1984.77
	2040	2328.05	2331.41	2021.48	2730.21	2395.25
	2050	2530.50	2582.21	2219.45	2835.83	2800.53

(2)利用 LUSD-urban 模型模拟区域 2017～2050 年的城市景观过程

LUSD-urban 模型是先通过城市扩展的适宜性、继承性、邻域效应和随机干扰等因素来计算非城市像元转化为城市像元的概率，再按照转换概率由高到低依次将非城市像元转化为城市像元，直至城市土地面积与城市土地需求量相等(He et al., 2006，2008)。为保证 LUSD-urban 模型模拟结果的有效性，需要使用历史数据对模型的相关参数进行校正(He et al., 2006，2013)。参考相关研究(Chen et al., 2002; He et al., 2008)，选择“自适应 Monte Carlo”方法来校正 LUSD-urban 模型中的权重参数。该方法的具体思路是，通过反复模拟历史的城市景观过程，从所有的模拟结果中找出最符合实际的结果，把此时的权重参数作为最佳权重。根据已有研究，确定最佳权重过程中的模拟次数为 500 次(He et al., 2008)。

以 1990 年土地利用数据为初始输入，模拟 1990～2010 年城市景观过程。然后，以 2010 年实际的城市土地数据为真值校正 LUSD-urban 模型。具体地，将 1990 年土地利用数据输入 LUSD-urban 模型中并进行 500 次模拟。然后，将模拟结果与 2010 年实际的城市土地数据对比，并挑选出 Kappa 系数最高时对应的权重组合。其中，2010 年的模拟结果中最佳的 Kappa 系数是 0.81，总体精度是 99.91%(表 6.6)。类似地，以 2010 年的数据为输入，模拟 2010～2017 年的城市景观过程。然后，以 2017 年实际的城市土地数据为真值检验 LUSD-urban 模型。其中，2017 年的模拟结果中最佳 Kappa 系数是 0.78，总体精度是 99.76%(表 6.6)。

通过以上对 LUSD-urban 模型的校正和检验，表明 LUSD-urban 模型能够可靠地模拟呼包鄂榆城市群的城市景观过程。最后，利用校正和检验后的 LUSD-urban 模型模拟呼包鄂榆城市群 2017～2050 年本地化 SSPs 情景下的城市景观过程。

表 6.6　LUSD-urban 模型的校正和验证

因子	权重	
	1990～2010 年	2010～2017 年
到城市中心的距离	20	12
高程	3	4
到铁路的距离	5	5
到高速公路的距离	3	24
坡度	15	1
到国道的距离	9	12

续表

因子	权重	
	1990～2010 年	2010～2017 年
邻域影响	42	41
继承性	3	1
Kappa 系数	0.81	0.78
总体精度/%	99.91	99.76
数量误差/%	0	0
位置误差/%	0.09	0.24

3) 评估城市景观过程对自然生境质量的影响

参考 McDonald 等(2018)的研究，通过计算城市景观过程导致的自然生境质量变化率来评估城市景观过程对自然生境质量的影响，其公式如下：

$$\Delta Q_x^{i-j} = \frac{Q_x^i - Q_x^j}{Q_x^i} \times 100\% \tag{6.7}$$

式中，ΔQ_x^{i-j} 为区域 x 第 i 年到第 j 年城市景观过程导致的自然生境质量变化率；Q_x^i 和 Q_x^j 分别为区域 x 第 i 年和第 j 年的自然生境质量。然后，参考 Terrado 等(2016)和 He 等(2017)的研究，将城市景观过程导致的自然生境质量变化率划分为 3 类，其公式如下：

$$C_x = \begin{cases} 1 & 0\% \leqslant \Delta Q_x^{i-j} < 1\% \\ 2 & 1\% \leqslant \Delta Q_x^{i-j} < 2\% \\ 3 & 2\% \leqslant \Delta Q_x^{i-j} \end{cases} \tag{6.8}$$

式中，C_x 表示区域 x 自然生境质量变化率的等级；1 表示城市景观过程对自然生境质量造成轻度影响；2 表示城市景观过程对自然生境质量造成中度影响；3 表示城市景观过程对自然生境质量造成重度影响。

利用式(6.7)和式(6.8)，在全区、不同规模的城市和城市三个尺度上，首先评估 1990～2017 年城市景观过程对自然生境质量的历史影响。然后，评估本地化 SSPs 情景下 2017～2050 年城市景观过程对自然生境质量的可能影响。

4. 结果

1) 区域 1990 年的自然生境质量

呼包鄂榆城市群 1990 年自然生境质量总体较高。其中，高质量自然生境的面积最大，为 103667.13km^2，占全区自然生境总面积的 73.29%(图 6.11、表 6.7)。在大中小三类城市中，大城市高质量自然生境的面积占比最高。大城市高质量自然生境面积为 2440.26 km^2，占大城市自然生境总面积为 78.56%(表 6.7)。在大城市中，呼和浩特高质量自然生境面积占比最高。呼和浩特市高质量自然生境面积为 1131.94 km^2，占该市自然生境总面积的 79.36%(表 6.7)。

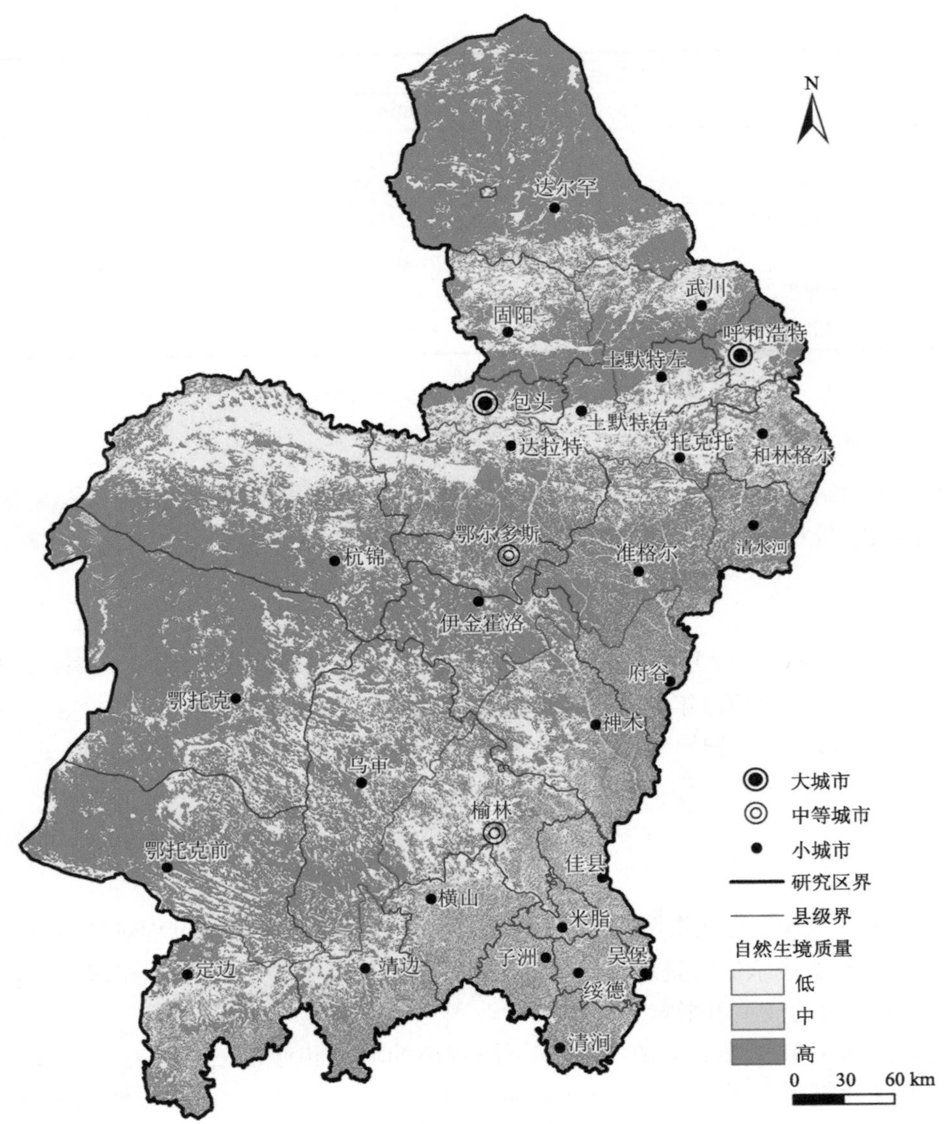

图 6.11　呼包鄂榆城市群 1990 年自然生境质量

表 6.7　呼包鄂榆城市群 1990 年自然生境质量

地区	自然生境面积/km^2	自然生境质量					
		低		中		高	
		面积/km^2	占比/%	面积/km^2	占比/%	面积/km^2	占比/%
呼包鄂榆	141444.33	35748.81	25.27	2028.39	1.43	103667.13	73.29
大城市	3106.12	529.60	17.05	136.26	4.39	2440.26	78.56
呼和浩特	1426.25	239.67	16.80	54.64	3.83	1131.94	79.36
包头	1679.87	289.93	17.26	81.62	4.86	1308.32	77.88

续表

地区	自然生境面积/km^2	自然生境质量					
		低		中		高	
		面积/km^2	占比/%	面积/km^2	占比/%	面积/km^2	占比/%
中等城市	7412.53	2949.24	39.79	156.90	2.12	4306.39	58.10
鄂尔多斯	2156.37	291.74	13.53	120.09	5.57	1744.54	80.90
榆林	5256.16	2657.50	50.56	36.81	0.70	2561.85	48.74
小城市	130925.68	32269.97	24.65	1735.23	1.33	96920.48	74.03
土默特左	1714.42	276.44	16.12	34.02	1.98	1403.96	81.89
托克托	732.86	215.75	29.44	26.82	3.66	490.29	66.90
和林格尔	1687.37	285.74	16.93	57.78	3.42	1343.85	79.64
清水河	2107.46	107.44	5.10	29.89	1.42	1970.13	93.48
武川	2922.07	265.27	9.08	87.25	2.99	2569.55	87.94
土默特右	1214.82	258.15	21.25	68.07	5.60	888.60	73.15
固阳	3194.06	416.74	13.05	75.28	2.36	2702.04	84.60
达尔罕	16548.58	1716.96	10.38	37.69	0.23	14793.93	89.40
达拉特	6924.43	2272.17	32.81	420.07	6.07	4232.19	61.12
准格尔	6158.63	977.81	15.88	134.42	2.18	5046.40	81.94
鄂托克前	12205.66	3555.66	29.13	4.19	0.03	8645.81	70.83
鄂托克	19953.33	4233.76	21.22	50.74	0.25	15668.83	78.53
杭锦	18039.38	7887.87	43.73	224.07	1.24	9927.44	55.03
乌审	11435.56	4953.53	43.32	2.70	0.02	6479.33	56.66
伊金霍洛	5093.23	1018.93	20.01	78.42	1.54	3995.88	78.45
靖边	3207.89	811.31	25.29	54.80	1.71	2341.78	73.00
定边	3828.80	609.86	15.93	32.86	0.86	3186.08	83.21
府谷	2107.67	81.99	3.89	65.91	3.13	1959.77	92.98
神木	5412.15	1520.44	28.09	138.16	2.55	3753.55	69.35
佳县	849.87	76.62	9.02	25.75	3.03	747.50	87.95
横山	2163.19	554.80	25.65	38.12	1.76	1570.27	72.59
米脂	454.09	25.67	5.65	5.41	1.19	423.01	93.16
子洲	921.69	39.74	4.31	1.51	0.16	880.44	95.52
绥德	804.25	55.02	6.84	13.77	1.71	735.46	91.45
吴堡	194.72	10.92	5.61	10.29	5.28	173.51	89.11
清涧	1049.50	41.38	3.94	17.24	1.64	990.88	94.41

2) 区域 1990～2017 年城市景观过程对自然生境质量的影响

呼包鄂榆城市群 1990～2017 年经历了快速的城市景观过程。全区城市土地面积由 151.29 km^2 增长到 1230.86 km^2，年均增长率为 19.29%(图 6.12、表 6.8)。呼包鄂榆 1990～2017 年新增城市土地主要分布在大城市。大城市 1990～2017 年城市土地扩展面积为

535.68 km^2，占全区城市土地扩展总面积的 49.62%。在大城市中，包头城市扩展面积最大，为 320.91 km^2，占全区城市土地扩展总面积的 29.73%(图 6.12、表 6.8)。

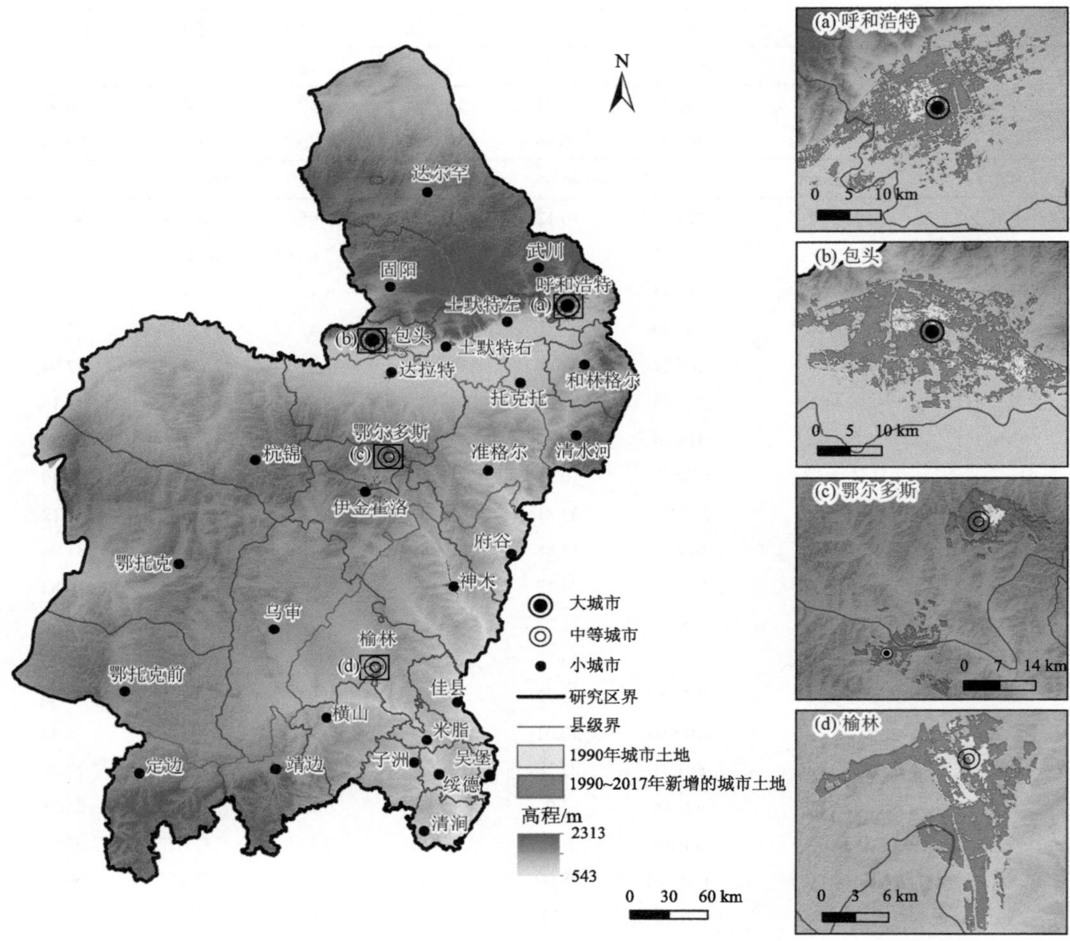

图 6.12　呼包鄂榆城市群 1990～2017 年城市景观过程

表 6.8　呼包鄂榆城市群 1990～2017 年城市景观过程及其对自然生境质量的影响

地区	城市土地面积/km^2		城市扩展面积		城市景观过程对自然生境质量的影响/%	影响等级
	1990 年	2017 年	1990～2017 年/km^2	增长率/%		
呼包鄂榆	151.29	1230.86	1079.57	713.58	0.39	轻度
大城市	81.01	616.69	535.68	661.25	6.47	重度
呼和浩特	29.19	243.96	214.77	735.77	4.60	重度
包头	51.82	372.73	320.91	619.28	8.10	重度
中等城市	25.95	220.23	194.28	748.67	2.01	重度
鄂尔多斯	12.91	126.69	113.78	881.33	3.48	重度
榆林	13.04	93.54	80.5	617.33	1.12	中度

续表

地区	城市土地面积/km²		城市扩展面积		城市景观过程对自然生境质量的影响/%	影响等级
	1990 年	2017 年	1990～2017 年/km²	增长率/%		
小城市	44.33	393.94	349.61	788.65	0.15	轻度
土默特左	2.21	39.02	36.81	1665.61	1.45	中度
托克托	0.61	15.67	15.06	2468.85	0.34	轻度
和林格尔	0.93	10.37	9.44	1015.05	0.19	轻度
清水河	0.54	4.07	3.53	653.70	0.10	轻度
武川	2.24	9.81	7.57	337.95	0.06	轻度
土默特右	1.81	34.00	32.19	1778.45	0.65	轻度
固阳	1.93	9.46	7.53	390.16	0.04	轻度
达尔罕	1.10	8.41	7.31	664.55	0.04	轻度
达拉特	5.38	30.18	24.8	460.97	0.23	轻度
准格尔	1.56	14.39	12.83	822.44	0.12	轻度
鄂托克前	2.25	7.83	5.58	248.00	0.03	轻度
鄂托克	3.31	13.25	9.94	300.30	0.05	轻度
杭锦	4.20	12.84	8.64	205.71	0.06	轻度
乌审	1.96	12.51	10.55	538.27	0.08	轻度
伊金霍洛	1.78	36.72	34.94	1962.92	0.62	轻度
靖边	2.21	31.35	29.14	1318.55	0.31	轻度
定边	3.05	22.25	19.2	629.51	0.18	轻度
府谷	1.44	9.90	8.46	587.50	0.23	轻度
神木	2.38	36.78	34.4	1445.38	0.32	轻度
佳县	0.24	1.36	1.12	466.67	0.06	轻度
横山	0.47	11.51	11.04	2348.94	0.30	轻度
米脂	0.77	6.85	6.08	789.61	0.21	轻度
子洲	0.40	3.38	2.98	745.00	0.11	轻度
绥德	0.91	7.00	6.09	669.23	0.30	轻度
吴堡	0.44	2.70	2.26	513.64	0.68	轻度
清涧	0.21	2.33	2.12	1009.52	0.13	轻度

呼包鄂榆城市群 1990～2017 年城市景观过程导致区域自然生境质量下降(图 6.13)。从全区来看，城市景观过程导致自然生境质量下降了 0.39%(表 6.8)。从不同规模城市来看，大城市的城市景观过程对自然生境质量的影响最为严重，导致区域自然生境质量下降了 6.47%，中等城市和小城市城市景观过程导致的自然生境质量分别下降了 2.01%和 0.15%(表 6.8)。在大城市中，包头城市景观过程对自然生境质量的影响最为严重，导致自然生境质量下降了 8.10%，为全区平均水平的 20.77 倍(表 6.8)。

3) 区域 2017～2050 年城市景观过程

呼包鄂榆城市群 2017～2050 年仍将经历快速的城市景观过程。在 5 种本地化的 SSPs 情景中，SSP4 情景下城市土地扩展面积最大(图 6.14、表 6.9)。在本地化 SSP4 情景下，城市土地将由 1231.33 km^2 增长到 2835.83 km^2，增加 1604.97 km^2，年均增长率为 3.95%。

SSP3 情景下城市土地扩展面积最小(图 6.14、表 6.9)。在本地化 SSP3 情景下，城市土地将从 1231.33 km^2 增长到 2219.92 km^2，增加 988.59 km^2，年均增长率为 2.43%。

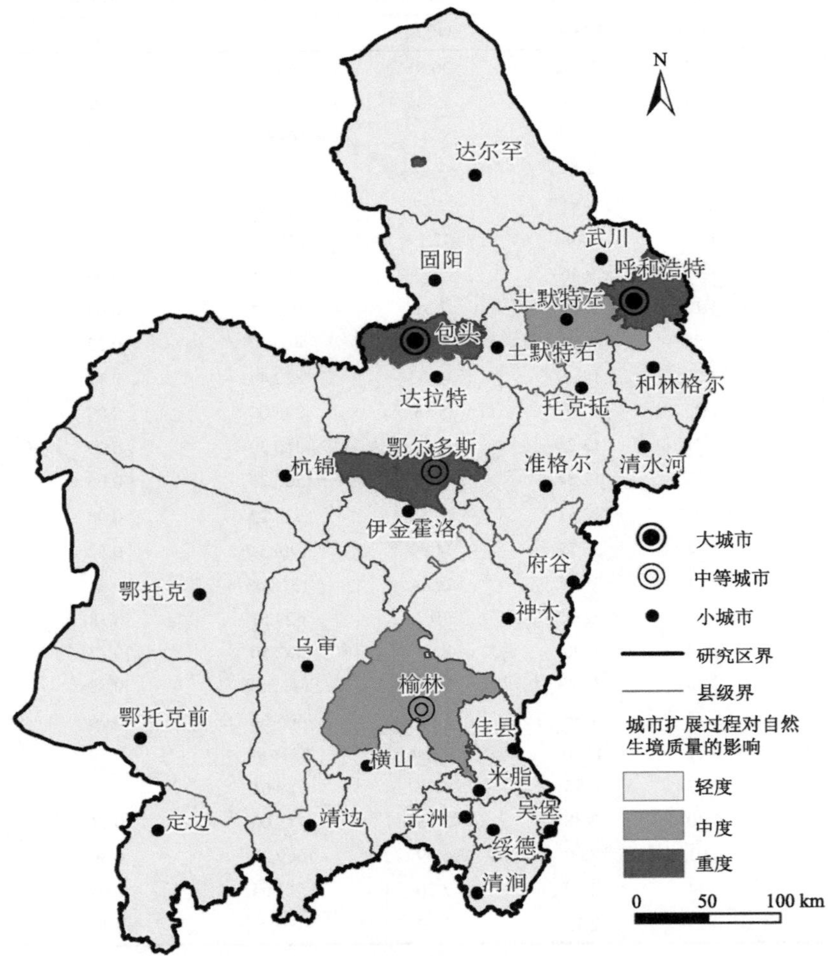

图 6.13　呼包鄂榆城市群 1990～2017 年城市景观过程对自然生境质量的影响

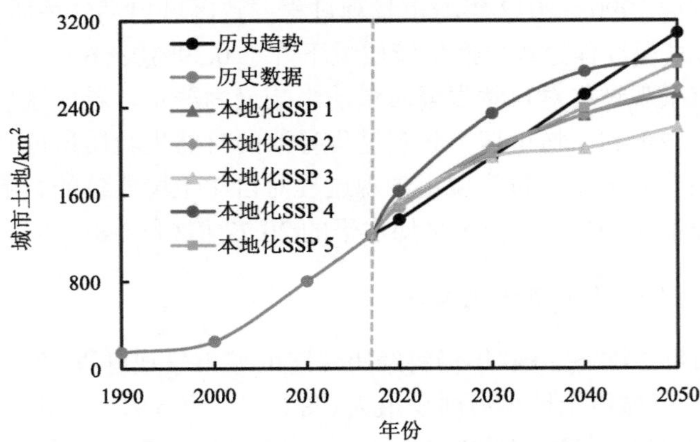

图 6.14　呼包鄂榆城市群 1990～2050 年城市土地面积动态

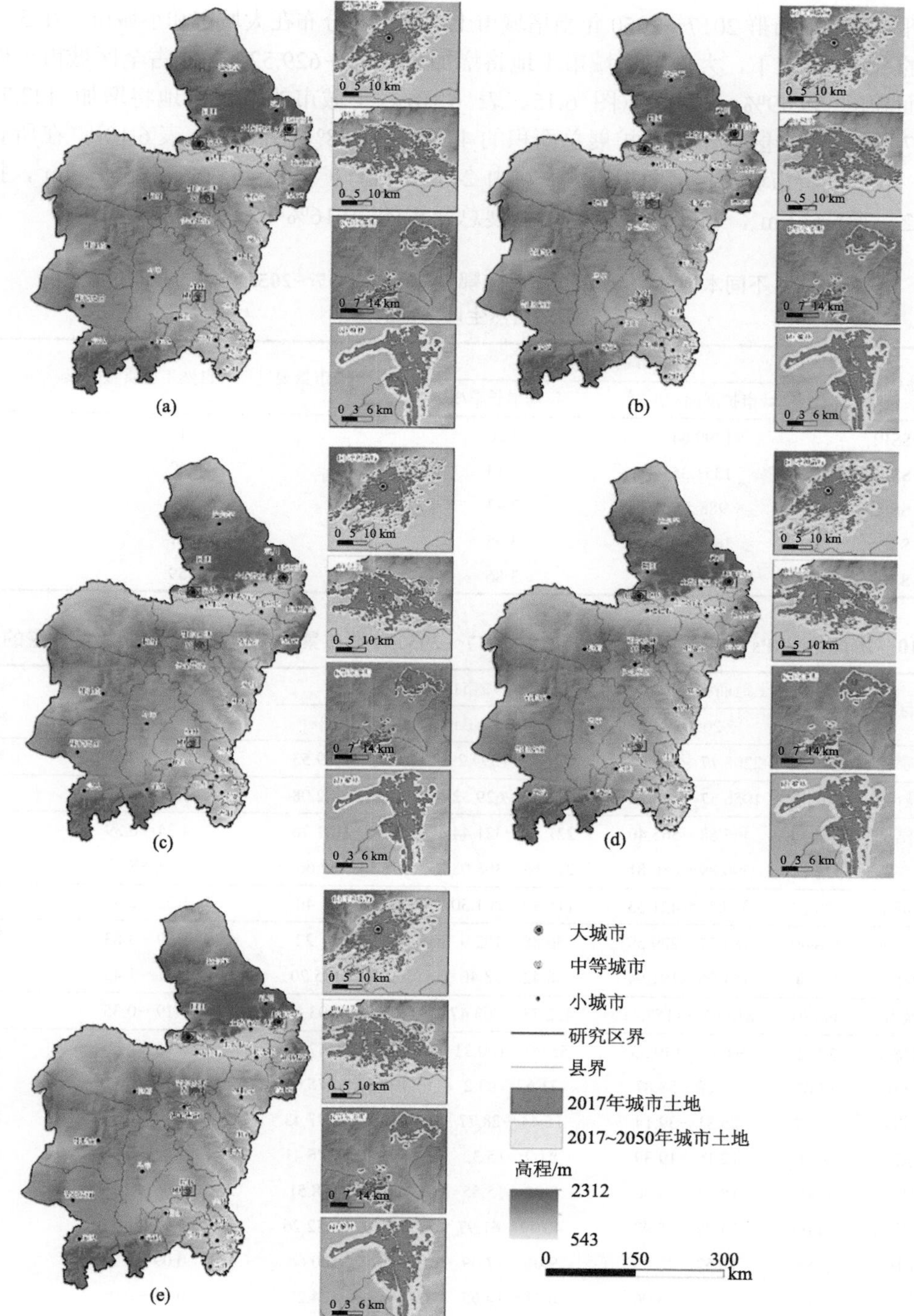

图 6.15　本地化 SSPs 情景下呼包鄂榆城市群 2017～2050 年城市景观过程

(a) 本地化 SSP1 情景；(b) 本地化 SSP2 情景；(c) 本地化 SSP3 情景；(d) 本地化 SSP4 情景；(e) 本地化 SSP5 情景

呼包鄂榆城市群 2017～2050 年新增城市土地将主要分布在大城市和小城市。在 5 种本地化的 SSPs 情景下，大城市的城市土地将增加 439.88～629.52 km^2，占全区城市土地扩展总面积的 39.49%～44.98%(图 6.15、表 6.10)。小城市的城市土地将增加 422.73～763.47 km^2，占全区城市土地扩展总面积的 43.23～47.88%(图 6.15、表 6.10)。在所有城市中，呼和浩特市城市扩展面积最大，将由 243.96 km^2 扩展到 465.68～565.40 km^2，扩展 221.72～321.44 km^2，占全区城市土地扩展总面积的 20.16%～22.67%(表 6.10)。

表 6.9　不同本地化 SSPs 情景下呼包鄂榆城市群 2017～2050 年城市景观过程及其对自然生境质量的影响

本地化 SSPs	城市景观过程		城市景观过程对自然生境质量的影响/%
	城市扩展面积/km^2	年均增长率/%	
SSP1	1299.64	3.20	0.47
SSP2	1351.35	3.33	0.49
SSP3	988.59	2.43	0.33
SSP4	1604.97	3.95	0.61
SSP5	1569.67	3.86	0.59

表 6.10　本地化 SSPs 情景下呼包鄂榆城市群 2017～2050 年城市景观过程及其对自然生境质量的影响

地区	城市土地面积/km^2		城市扩展面积		城市景观过程对自然生境质量的影响/%	影响等级*
	2017 年	2050 年	2017～2050 年/km^2	增长率/%		
呼包鄂榆	1230.86	2208.77～2825.15	977.91～1594.29	79.45～129.53	0.33～0.61	轻度
大城市	616.69	1056.57～1246.21	439.88～629.52	71.33～102.08	4.85～7.32	重度
呼和浩特	243.96	465.68～565.40	221.72～321.44	90.88～131.76	4.34～6.39	重度
包头	372.73	590.89～680.81	218.16～308.08	58.53～82.66	5.35～8.57	重度
中等城市	220.23	335.53～421.53	115.30～201.30	52.35～91.40	1.23～2.37	重度
鄂尔多斯	126.69	183.57～229.59	56.88～102.9	44.90～81.22	1.89～3.83	重度
榆林	93.54	151.96～191.94	58.42～98.40	62.45～105.20	0.81～1.45	中度
小城市	393.94	816.67～1157.41	422.73～763.47	107.31～193.80	0.19～0.35	轻度
土默特左	39.02	94.92～139.33	55.90～100.31	143.26～257.07	1.60～2.68	重度
托克托	15.67	37.29～58.87	21.62～43.2	137.97～275.69	0.77～2.12	重度
和林格尔	10.37	25.81～39.14	15.44～28.77	148.89～277.43	0.35～0.68	轻度
清水河	4.07	12.16～19.39	8.09～15.32	198.77～376.41	0.22～0.40	轻度
武川	9.81	18.73～25.36	8.92～15.55	90.93～158.51	0.06～0.16	轻度
土默特右	34.00	74.49～95.97	40.49～61.97	119.09～182.26	0.62～1.25	中度
固阳	9.46	18.52～26.55	9.06～17.09	95.77～180.66	0.09～0.22	轻度
达尔罕	8.41	15.12～23.06	6.71～14.65	79.79～174.20	0.03～0.06	轻度
达拉特	30.18	61.20～83.22	31.02～53.04	102.78～175.75	0.19～0.31	轻度
准格尔	14.39	26.09～36.93	11.70～22.54	81.31～156.64	0.12～0.24	轻度
鄂托克前	7.83	12.49～16.80	4.66～8.97	59.51～114.56	0.03～0.07	轻度
鄂托克	13.25	25.10～37.79	11.85～24.54	89.43～185.21	0.05～0.12	轻度

续表

地区	城市土地面积/km^2		城市扩展面积		城市景观过程对自然生境质量的影响/%	影响等级*
	2017 年	2050 年	2017～2050 年/km^2	增长率/%		
杭锦	12.84	20.94～29.59	8.10～16.75	63.08～130.45	0.06～0.13	轻度
乌审	12.51	23.02～33.13	10.51～20.62	84.01～164.83	0.08～0.16	轻度
伊金霍洛	36.72	73.12～104.37	36.40～67.65	99.13～184.23	0.64～1.22	中度
靖边	31.35	57.38～73.07	26.03～41.72	83.03～133.08	0.26～0.48	轻度
定边	22.25	40.15～53.49	17.90～31.24	80.45～140.4	0.26～0.49	轻度
府谷	9.90	21.70～30.45	11.80～20.55	119.19～207.58	0.31～0.60	轻度
神木	36.78	74.20～99.82	37.42～63.04	101.74～171.4	0.38～0.75	轻度
佳县	1.36	3.72～5.89	2.36～4.53	173.53～333.09	0.16～0.31	轻度
横山	11.51	23.13～33.20	11.62～21.69	100.96～188.44	0.24～0.45	轻度
米脂	6.85	16.08～24.92	9.23～18.07	134.74～263.8	0.21～0.38	轻度
子洲	3.38	10.65～16.90	7.27～13.52	215.09～400.00	0.32～0.63	轻度
绥德	7.00	15.96～24.76	8.96～17.76	128.00～253.71	0.69～1.37	中度
吴堡	2.70	6.72～11.25	4.02～8.55	148.89～316.67	1.32～2.50	重度
清涧	2.33	7.98～14.16	5.65～11.83	242.49～507.73	0.28～0.57	轻度

* 根据本地化 SSPs 情景中城市扩展对自然生境质量造成的最大影响划分影响等级。

4) 区域 2017～2050 年城市景观过程对自然生境质量的影响

呼包鄂榆城市群未来城市景观过程将导致区域自然生境质量继续下降。呼包鄂榆 2017～2050 年城市景观过程将导致自然生境质量下降 0.33%～0.61%。在 5 种本地化的 SSPs 情景中，城市景观过程在 SSP4 情景下对自然生境质量影响最严重，将导致自然生境质量下降 0.61%，是 1990～2017 年城市景观过程导致的自然生境质量变化率的 1.56 倍(图 6.16、表 6.9)。

大城市 2017～2050 年城市景观过程对自然生境质量的影响仍将最为严重。在 5 种本地化的 SSPs 情景中，大城市城市景观过程将导致区域自然生境质量下降 4.85%～7.32%，而中等城市和小城市分别为 1.23%～2.37%和 0.19%～0.35%(表 6.10)。在大城市中，包头城市景观过程对自然生境质量的影响最为严重，将导致自然生境质量下降 5.35%～8.57%，是全区水平的 14.05～16.21 倍(表 6.10)。

5) 区域 2017～2050 年自然生境质量下降的主要原因

呼包鄂榆城市群 2017～2050 年城市景观过程占用大量的草地将是导致自然生境质量下降的主要原因。在全区尺度上，城市景观过程占用草地的面积为 292.77～524.16 km^2，是全区城市景观过程占用自然生境总面积的 60.57%～62.28%(表 6.11)。这将导致呼包鄂榆城市群 2017～2050 年自然生境质量下降 0.26%～0.47%，占全区自然生境质量下降的 76.47%～77.42%。

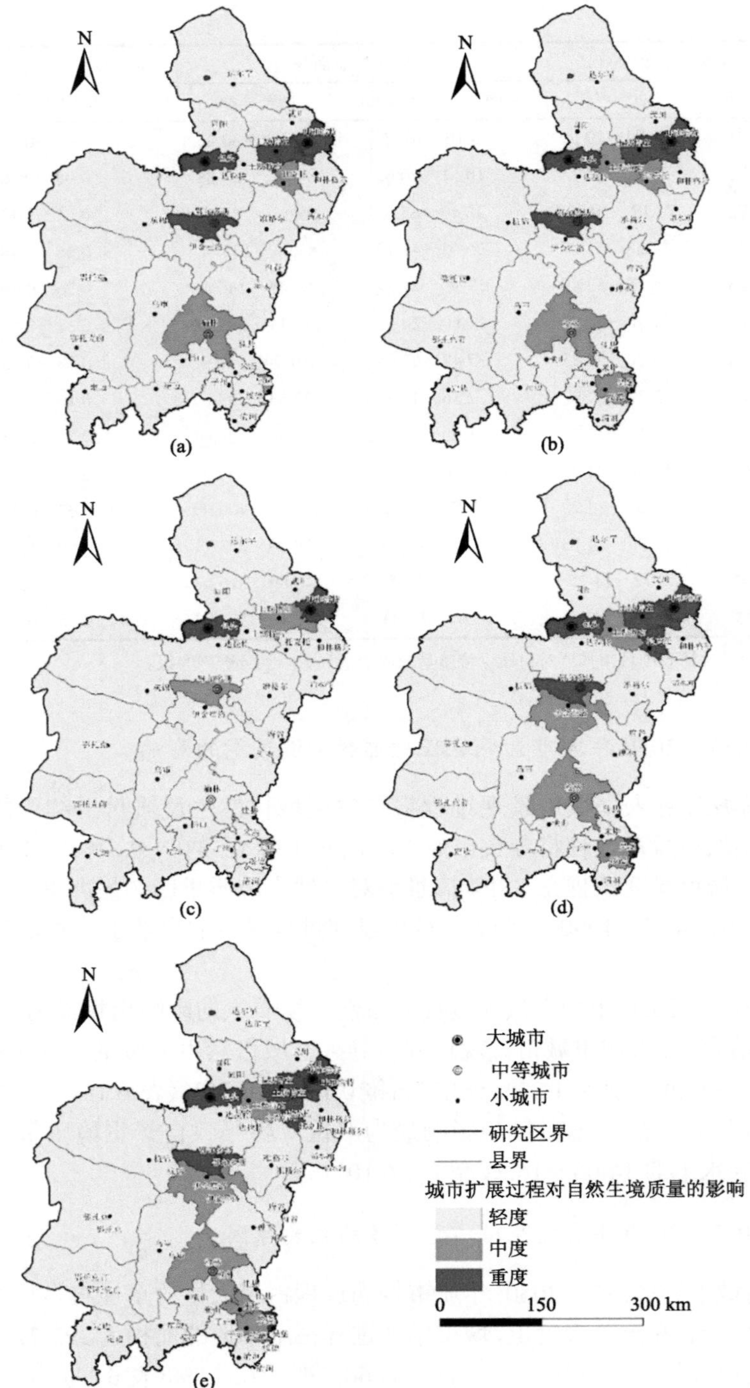

图 6.16　本地化 SSPs 情景下呼包鄂榆城市群 2017～2050 年城市景观过程对自然生境质量的影响

(a)本地化 SSP1 情景；(b)本地化 SSP2 情景；(c)本地化 SSP3 情景；(d)本地化 SSP4 情景；(e)本地化 SSP5 情景

表 6.11 本地化 SSPs 情景下呼包鄂榆城市群 2017～2050 年城市景观过程占用的自然生境

地区	森林		草地		湿地		荒漠	
	面积/km²	占比/%	面积/km²	占比/%	面积/km²	占比/%	面积/km²	占比/%
呼包鄂榆	29.68～55.96	6.14～6.65	292.77～524.16	60.57～62.28	28.15～55.25	5.82～6.56	132.74～206.24	24.51～27.46
大城市	5.75～9.41	3.22～3.56	102.87～155.83	57.59～58.98	10.06～22.48	5.63～8.51	59.93～76.48	28.95～33.55
呼和浩特	3.58～4.89	4.32～4.49	40.67～59.46	51.04～52.51	5.57～10.74	6.99～9.48	29.87～38.15	33.69～37.48
包头	2.17～4.52	2.19～2.99	62.20～96.37	62.88～63.84	4.49～11.74	4.54～7.78	30.06～38.33	25.39～30.39
中等城市	3.97～8.70	5.59～6.22	50.31～93.24	66.70～70.85	2.94～7.72	4.14～5.52	13.79～30.13	19.42～21.55
鄂尔多斯	2.11～4.82	5.65～6.36	30.25～58.89	77.66～81.06	1.69～5.41	4.53～7.13	3.27～6.71	8.76～8.85
榆林	1.86～3.88	5.52～6.07	20.06～34.35	53.71～59.54	1.25～2.31	3.61～3.71	10.52～23.42	31.23～36.62
小城市	19.96～37.85	8.54～8.65	139.59～275.09	59.73～62.86	15.15～25.05	5.72～6.48	59.02～99.63	22.77～25.25
土默特左	0.66～1.18	2.09～2.25	23.26～38.32	73.05～73.82	0.87～1.89	2.76～3.60	6.72～11.07	21.10～21.33
托克托	0.34～1.51	3.51～7.33	2.92～8.58	30.13～41.65	0.30～0.45	2.18～3.10	6.13～10.06	48.83～63.26
和林格尔	1.15～2.17	17.22～17.40	3.36～6.87	50.30～55.09	0.64～1.28	9.58～10.26	1.53～2.15	17.24～22.90
清水河	0.59～0.76	8.08～10.67	3.35～6.88	60.58～73.11	0.56～0.68	7.23～10.13	1.03～1.09	11.58～18.63
武川	0.71～1.14	18.27～21.85	1.02～2.16	31.38～34.62	0.16～1.07	4.92～17.15	1.36～1.87	29.97～41.85
土默特右	1.29～1.51	9.50～17.25	4.15～9.44	55.48～59.41	0.69～1.73	9.22～10.89	1.35～3.21	18.05～20.20
固阳	1.21～3.27	41.30～46.45	0.86～1.94	27.56～29.35	0.01～0.22	0.34～3.13	0.85～1.61	22.87～29.01
达尔罕	0.52～0.75	5.74～8.84	3.30～7.17	54.86～56.12	0.02～0.07	0.34～0.54	2.04～5.08	34.69～38.87
达拉特	3.81～5.93	24.70～27.19	3.70～6.66	26.41～27.74	0～0.06	0～0.25	6.5～11.36	46.40～47.31
准格尔	1.82～3.26	20.04～20.31	3.97～7.60	43.72～47.35	0.25～0.58	2.75～3.61	3.04～4.61	28.72～33.48
鄂托克前	0.01～0.01	0.14～0.25	2.69～5.10	66.42～69.96	0.01～0.01	0.14～0.25	1.34～2.17	29.77～33.09
鄂托克	0.85～2.30	7.86～10.25	7.31～16.25	67.56～72.42	0.02～0.05	0.18～0.22	2.64～3.84	17.11～24.40
杭锦	0	0	6.34～13.6	87.33～89.71	0.05～0.06	0.40～0.69	0.87～1.50	9.89～11.98
乌审	0	0	5.24～10.24	65.64～68.86	0	0	2.37～5.36	31.14～34.36
伊金霍洛	1.23～1.77	3.25～4.22	25.53～48.39	87.52～88.74	0.38～0.92	1.30～1.69	2.03～3.45	6.33～6.96
靖边	0.95～1.38	7.13～8.30	4.63～8.63	40.47～44.58	0.59～1.03	5.16～5.32	5.27～8.32	42.98～46.07
定边	1.37～2.45	13.01～14.27	6.09～12.58	63.44～66.81	0.02～0.02	0.11～0.21	2.12～3.78	20.07～22.08
府谷	0.08～0.22	1.06～1.54	4.86～9.88	64.20～68.99	1.78～2.86	19.97～23.51	0.85～1.36	9.50～11.23
神木	1.00～2.06	4.01～4.62	10.10～21.06	40.51～47.25	5.28～8.00	17.95～21.18	8.55～13.45	30.18～34.30
佳县	0.21～0.86	13.82～31.05	0.68～1.17	42.24～44.74	0.21～0.21	7.58～13.82	0.42～0.53	19.13～27.63
横山	0.12～0.25	2.14～2.44	4.28～7.60	74.22～76.16	0.02～0.04	0.36～0.39	1.20～2.35	21.35～22.95
米脂	0.01～0.10	0.35～1.69	2.07～4.95	73.14～83.61	0.63～0.73	12.33～22.26	0.12～0.14	2.36～4.24
子洲	0.52～1.22	17.05～20.23	2.43～4.70	77.94～79.67	0.04～0.05	0.83～1.31	0.06～0.06	1.00～1.97
绥德	1.14～2.84	18.54～24.93	3.69～6.97	60.00～61.19	0.90～1.03	9.04～14.63	0.42～0.55	4.83～6.83
吴堡	0.07～0.20	2.36～3.64	1.32～3.14	44.59～57.09	1.46～1.75	31.82～49.32	0.11～0.41	3.72～7.45
清涧	0.30～0.71	9.68～11.04	2.44～5.21	78.71～81.03	0.26～0.26	4.04～8.39	0.10～0.25	3.23～3.89

在不同规模城市中，大城市 2017～2050 年城市景观过程占用草地的面积为 102.87～155.83 km^2，是大城市城市景观过程占用自然生境总面积的 57.59%～58.98%(表 6.11)。这将导致大城市 2017～2050 年自然生境质量下降 4.00%～6.06%，占大城市自然生境质量下降的 80.51%～82.46%。在大城市中，包头城市景观过程占用的草地面积为 62.20～96.37 km^2，是包头城市景观过程占用自然生境总面积的 62.88%～63.84%(表 6.11)。这将导致包头 2017～2050 年自然生境质量下降 4.62%～7.16%，占包头自然生境质量下降的 83.54%～86.40%。

5. 讨论

1) 耦合本地化的 SSPs 和 LUSD-urban 模型能够有效模拟未来城市景观过程对自然生境质量的影响

首先，本地化 SSPs 描述的社会经济状况更符合区域的实际情况。一方面，本地化 SSPs 使用了最新的人口普查数据作为基础数据。这样使得与人口估算模型相关的生育率、死亡率、迁移率和教育水平等核心参数更加准确。另一方面，本地化 SSPs 能够考虑区域当前的发展状况和人口政策等对模型核心参数的影响。例如，本地化 SSPs 考虑中国的二孩政策、户籍政策以及不同省市经济发展状况等对模型参数进行了修正(表 6.12)。

表 6.12　本地化 SSPs 和原始 SSPs 对比

项目	本地化 SSPs	原始 SSPs
人口基础数据	2010 年第六次全国人口普查	2000 年第五次全国人口普查
发展情况与人口政策	二孩政策、户籍政策以及区域经济发展情况	未考虑新的发展情况和政策
模型参数修正	基于二孩政策修正生育率，基于户籍政策和区域经济发展情况修正迁移率	参数未修正

其次，在呼包鄂榆城市群的实践应用表明，耦合本地化的 SSPs 和 LUSD-urban 模型模拟结果误差更小，更接近真值。研究以呼包鄂榆城市群 2015 年的历史数据为真值，分别从总人口、城市土地需求量以及城市景观过程对自然生境质量的影响三个方面进行验证。参考 Shen 等(2009)和 He 等(2016)的研究，选择相对误差(relative error, RE)为指标来进行检验。

模拟值与真值的比较表明，基于本地化 SSPs 的模拟结果更接近真值。在总人口方面，原始 SSPs 模拟的总人口均大于历史数据，而本地化 SSPs 则更接近真值[图 6.17(a)]。同样地，在城市土地需求量以及城市景观过程对自然生境质量的影响方面也呈现相同情况[图 6.17(b)、图 6.17(c)]。总的来看，基于原始 SSPs 的模拟结果均存在高估现象，而基于本地化 SSPs 的模拟结果则更接近真值，也更适宜用来描述未来情景。

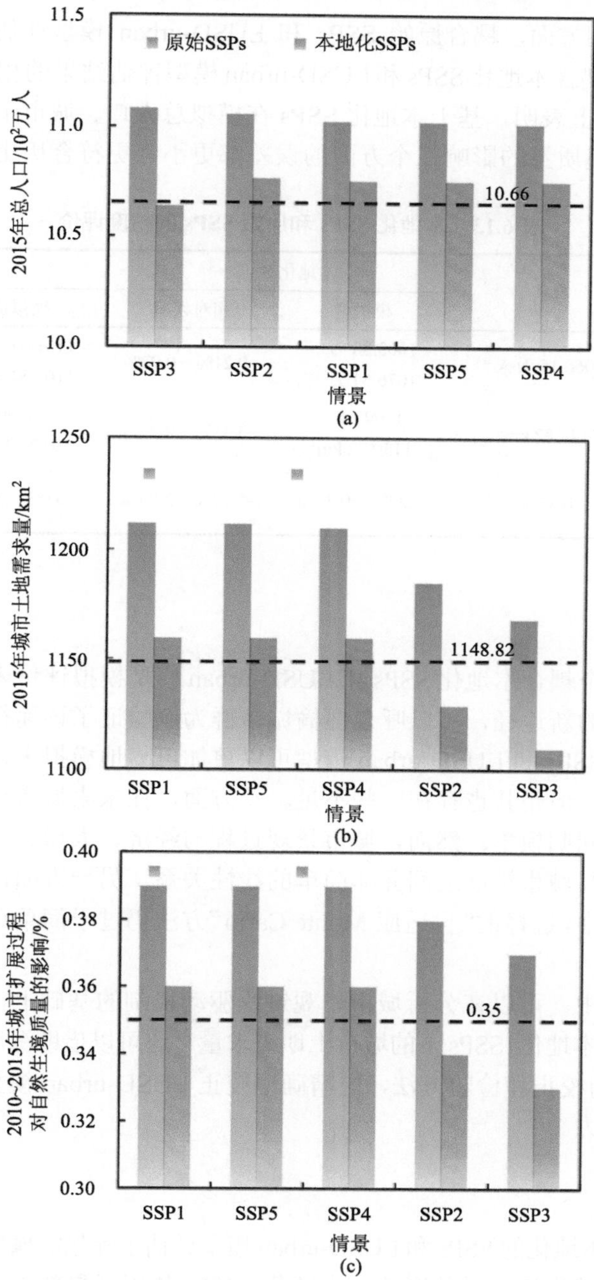

图 6.17　本地化 SSPs 和原始 SSPs 与真值的对比

(a)总人口；(b)城市土地需求量；(c)城市景观过程对自然生境质量的影响

相对误差的结果表明，基于本地化 SSPs 的模拟结果误差更小。在总人口方面，原始 SSPs 模拟结果的相对误差为 3.33%～3.98%，而本地化 SSPs 模拟结果的相对误差仅为–0.21%～0.97%。在城市土地需求量方面，基于原始 SSPs 估算的相对误差为 1.74%～5.51%，而本地化 SSPs 的相对误差为–3.41%～0.95%(表 6.13)。在评估城市景观过程对自然生境质量的影响方面，耦合原始 SSPs 和 LUSD-urban 模型评估结果的相对误差为5.17%～11.43%，而耦合本地化SSPs和LUSD-urban模型评估结果的相对误差为–5.17%～2.86%(表 6.13)。以上表明，基于本地化 SSPs 在模拟总人口、城市土地需求量以及城市景观过程对自然生境质量的影响三个方面的误差都更小、更符合历史数据(表 6.13)。

表 6.13　本地化 SSPs 和原始 SSPs 的精度评价

	真值	本地化 SSPs		原始 SSPs	
		模拟值	相对误差	模拟值	相对误差
总人口	1066.15 万人	1063.88 万～1076.54 万人	–0.21%～0.97%	1101.67 万～1108.54 万人	3.33%～3.98%
城市土地需求量	1148.82 km^2	1109.64～1159.72 km^2	–3.41%～0.95%	1168.80～1212.12 km^2	1.74%～5.51%
城市景观过程对自然生境质量的影响	0.35%	0.33%～0.36%	–5.17%～2.86%	0.37%～0.39%	5.17%～11.43%

2) 展望

本节提出了一个耦合本地化SSPs和LUSD-urban模型模拟评价未来城市景观过程对自然生境质量影响的新途径，并以呼包鄂榆城市群为例验证了该途径的有效性。结果表明，耦合本地化的 SSPs 和 LUSD-urban 模型可以更加可靠地模拟未来城市景观过程对自然生境质量的影响。但是其也存在一些不足。一方面，在未来城市土地需求量预测时，采用的是多元线性回归模型。然而，城市景观过程与经济、人口、环境以及政策等诸多因素相关，各因素与城市扩展之间并非简单的线性关系。另一方面，在 LUSD-urban 模型校正和检验过程中，选择的“自适应 Monte Carlo”方法仍过于简单(Bhat, 2001; He et al., 2016)。

在未来的研究中，可以在分析城市景观过程驱动机制的基础上，利用系统动力学模型更加准确地模拟本地化 SSPs下的城市土地需求量。还可以借助深度学习等方法来优化LUSD-urban 模型的校正和检验方法，更精确地校正 LUSD-urban 模型中的相关参数，以提高模型的模拟能力。

6. 结论

本节通过耦合本地化的SSPs和LUSD-urban模型评估了呼包鄂榆城市群2017～2050年城市景观过程对自然生境质量的影响。本地化 SSPs 使用了最新人口普查数据并考虑了区域发展状况和人口政策的影响，能够更加准确地刻画区域社会经济状况，因此耦合本地化的SSPs和LUSD-urban模型能够更有效地模拟未来城市景观过程对自然生境质量的影响。相较于耦合原始的 SSPs 和 LUSD-urban 模型，耦合本地化的 SSPs 和 LUSD-urban 模型的模拟结果误差明显下降，城市景观过程对自然生境质量的影响的评价结果误差的绝对值从 5.17%～11.43%下降到 2.86%～5.17%。

在所有本地化 SSPs 情景下，呼包鄂榆城市群 2017～2050 年城市景观过程均将导致自然生境质量下降。在不同规模城市中，大城市城市景观过程对自然生境质量的影响最为严重，将导致区域自然生境质量下降 4.85%～7.32%。未来城市景观过程大量占用草地将是导致呼包鄂榆城市群自然生境质量下降的主要原因。因此，建议在呼包鄂榆城市群未来的城市景观过程中，通过控制城市规模和优化城市空间格局减少对自然生境的占用，以保护生物多样性和促进区域可持续发展。

6.3　城市景观过程对植被净初级生产力的影响*

1. 问题的提出

植被净初级生产力(net primary productivity, NPP)是指绿色植物在单位时间单位面积上积累的有机干物质总量，即植物光合作用所生产的有机质总量扣除自养呼吸消耗有机质后的剩余部分(Field et al., 1998)。NPP 作为表征生态系统过程与功能的关键因子，已成为在不同尺度上评价城市景观过程对生态系统影响的一个重要指标。本节的研究目的是揭示呼包鄂地区城市景观过程对 NPP 的影响。为此，参考 Buyantuyev 和 Wu(2009)的研究思路，基于空间分辨率为 30 m 的 2000 年和 2015 年土地利用/覆盖数据，以及空间分辨率为 250 m 的归一化植被指数数据，首先分析了该地区 2015 年城市土地 NPP 的时空格局及其与其他地类 NPP 的差异，然后通过对比 2000～2015 年城市扩展区域内 NPP 的变化评价了区域城市景观过程对 NPP 的影响。

2. 研究区和数据

1)研究区

呼包鄂地区位于 37°38′37″～42°44′5″N、106°28′16″～112°16′27″E，包括内蒙古自治区呼和浩特市、包头市和鄂尔多斯市，共有 18 个县级行政单元，总面积约 13.25 万 km^2(图 6.18)(燕群等, 2011)。呼包鄂地区地势从西北向东南微倾，平均海拔约 1300m。地貌类型主要包括山地、平原、沙漠和丘陵等。该地区草地面积占全区总面积近三分之二，主要以沙地、砂砾质为基底的草原和草原荒漠为主，未利用地面积占全区总面积近五分之一。气候类型为温带大陆性季风气候，干旱少雨，多年平均气温约为 8℃，降水量约为 350mm(孙泽祥等, 2016; 国务院人口普查办公室, 2012)。

近年来，呼包鄂地区经历了快速的城市化进程。2000～2013 年，该地区城市人口从 247.81 万人增加到了 441.05 万人，增加了 77.98%。城市人口占总人口的比例从 45.83%增加到了 67.74%，增加了 21.91 个百分点。区域 GDP 从 2000 年的 268.19 亿元增加到 2013 年的 2978.63 亿元(按照 1990 年不变价格计算)，增加了 10 余倍。其中，第二、第三产业的比重从 2000 年的 88.18%增加到了 2013 年的 96.65%，增加了 8.47 个百分点(内蒙古自治区统计局, 2014；刘纪远等, 2014)。

---

* 本节内容主要基于丁美慧，刘志锋，何春阳，孙泽祥. 2017. 中国北方农牧交错带城市扩展过程对植被净初级生产力影响研究——以呼包鄂地区为例. 干旱区地理, 40(3): 614-621.

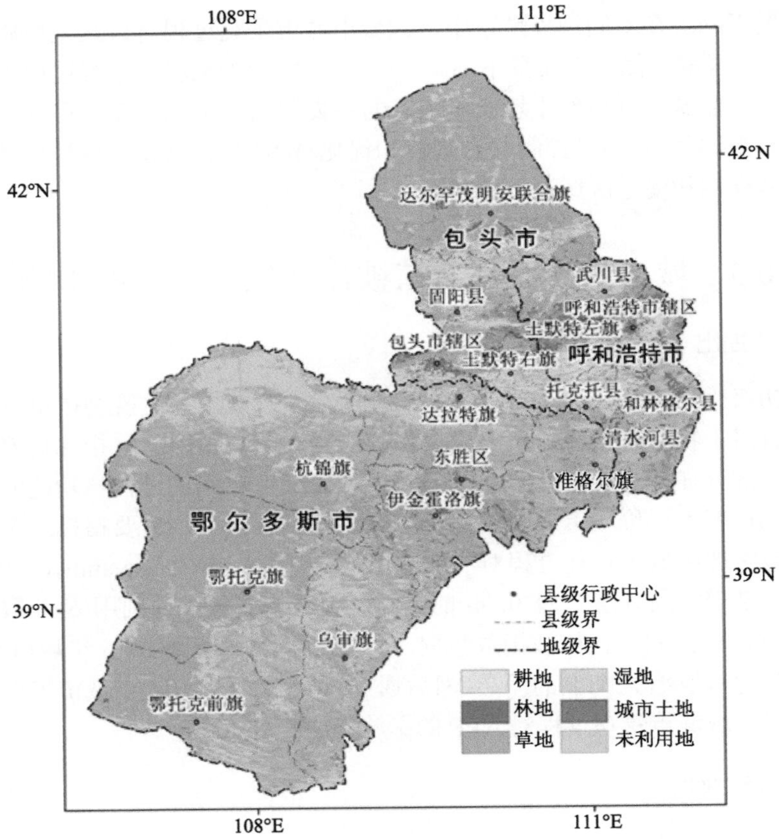

图 6.18　呼包鄂地区 2015 年土地利用/覆盖状况

2) 数据

研究使用的 2000 年土地利用/覆盖数据来源于中国科学院地理科学与资源研究所发布的中国土地利用/覆盖数据集。该数据是以 Landsat 遥感影像和中国环境减灾卫星(HJ-1)的多光谱影像为主要数据源，在参考大量辅助数据的基础上通过遥感分类获得，空间分辨率为 30 m。数据包含耕地、林地、草地、湿地、建设用地和未利用地 6 类土地利用/覆盖类型(Liu et al., 2005，2010)。使用的 2015 年土地利用/覆盖数据是通过对 Landsat Operational Land Imager (OLI) 遥感影像进行目视判读获得的。Landsat 数据来源于地理空间数据云平台(http://www.gscloud.cn/)。

2000～2015 年 NDVI 数据来源于美国 Level 1 and Atmosphere Archive and Distribution System (LAADS) 发布的 MODerate-resolution Imaging Spectroradiometer (MODIS) 植被指数产品 MOD13Q1 (https://ladsweb.nascom.nasa.gov/)。该数据在合成过程中，已经经过了辐射定标、几何精校准和大气校正等处理，空间分辨率是 250m。在此基础上，参考 Holben 等(1986)，逐月对该数据进行最大值合成处理以去除云的影响，获得每月最大值的 NDVI 数据。

气象数据来源于中国气象数据网(http://data.cma.gov.cn/)，包括研究区周边 200 km 范围内 42 个气象站点 2000～2015 年间的月降水量和月太阳总辐射观测数据。获取气象站点的观测数据后，对数据进行了反距离加权(inverse distance weighted, IDW)插值，得到了研究区月降水量和月太阳总辐射的空间分布数据。统计数据来自中国统计出版社出版的 2011～2015 年《内蒙古统计年鉴》，包括呼包鄂地区 2011～2015 年各县级行政区城镇居民人均可支配收入数据。基础地理信息数据来源于国家基础地理信息中心(http://ngcc.sbsm.gov.cn/)，包括研究区的行政边界和行政中心等。

3. 方法

参考 Buyantuyev 和 Wu (2009)的研究，在采用光合利用率模型模拟出 NPP 的基础上，分析了城市土地 NPP 的时空格局以及城市土地 NPP 与其他地类 NPP 的差异，并通过结合 NPP 数据和城市扩展数据评估了呼包鄂地区城市景观过程对 NPP 的影响。

首先，基于 2000～2015 年 NDVI 数据和总的太阳辐射数据，利用光合利用率模型模拟了呼包鄂地区 2000～2015 年生长季(4～10 月)各月 NPP。光合利用率模型的基本原理是利用植被冠层吸收的光合有效辐射和植被光能利用率来估算陆地植被净初级生产力(任志远和武永峰, 2004)。其具体计算公式如下：

$$\mathrm{NPP}=\varepsilon\cdot\left[\int \mathrm{PAR}\cdot\mathrm{FPAR}\right] \tag{6.9}$$

式中，ε 为光能利用率；PAR 为植被所能利用的太阳有效辐射，约为太阳总辐射的 47%；FPAR 为植被层对入射光合有效辐射的吸收比例，与 NDVI 呈显著正相关。由于在研究区缺少不同地类不同季节的 ε，参考 Buyantuyev 和 Wu (2009)的研究，将式(6.9)简化为

$$\mathrm{NPP}=\int \mathrm{PAR}\cdot\mathrm{NDVI} \tag{6.10}$$

Buyantuyev 和 Wu(2009)的研究表明，基于该方法计算出的 NPP 与基于生态模型的测算结果显著相关，该方法可以比较可靠地反映区域 NPP 的空间差异和相对变化程度。

然后，分析了呼包鄂地区 2015 年城市土地 NPP 与其他地类 NPP 的差异。考虑到呼包鄂地区气候年际和年内变化剧烈，根据 Buyantuyev 和 Wu(2009)的方法，基于区域 2015 年土地利用/覆盖数据，分别统计了区域城市土地、耕地、林地、草地、湿地和未利用地等 6 种地类近 5 年(2011～2015 年)的 NPP 总量和均值以及生长季内各月 NPP 的总量和均值，以分析不同气候条件下区域城市土地 NPP 与其他地类 NPP 的差异。

最后，结合呼包鄂地区 2000 年与 2015 年土地利用/覆盖数据以及 NPP 数据，通过分析城市扩展区域内 NPP 的变化，评价了呼包鄂地区 2000～2015 年城市景观过程对 NPP 的影响。

4. 结果

1) 城市土地 NPP 的空间格局

呼包鄂地区 2015 年城市土地 NPP 约占全区 NPP 总量的 3.09%(图 6.19)。城市土地

NPP 总量的 5 年平均值为 2.21×10^7 NDVI·PAR，全区 NPP 总量的 5 年平均值为 7.32×10^8 NDVI·PAR，城市土地 NPP 占全区 NPP 总量的 3.03%。区域城市土地 2014 年的 NPP 总量最大，为 2.53×10^7 NDVI·PAR ，占全区 NPP 总量的 3.13%。区域城市土地 2011 年的 NPP 总量最小，为 1.86×10^7 NDVI·PAR，占全区 NPP 总量的 3.02%。

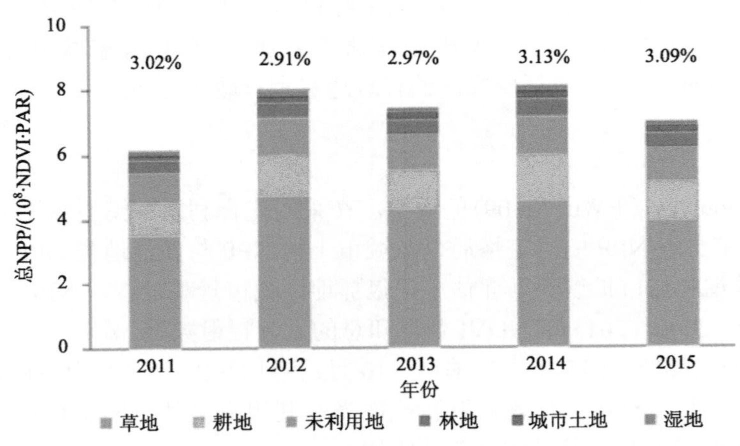

图 6.19　区域 2011～2015 年不同地类 NPP 总量

图上的百分比表示城市土地 NPP 总量占区域 NPP 总量的比例。

呼包鄂地区城市土地 NPP 在区域间存在明显差异(图 6.20)。鄂尔多斯市城市土地 NPP 总量最大，城市土地 NPP 总量的多年平均值为 7.80×10^6 NDVI·PAR，占全区城市土地 NPP 总量的 35.04%。其次是呼和浩特市，城市土地 NPP 总量的多年平均值为 7.71×10^6 NDVI·PAR，占全区城市土地 NPP 总量的 34.65%。包头市城市土地 NPP 总量最小，城市土地 NPP 总量的多年平均值为 6.75×10^6 NDVI·PAR，占全区城市土地 NPP 总量的 30.31%。

2) 城市土地 NPP 与其他地类 NPP 的差异

呼包鄂地区城市土地 2011～2015 年各年 NPP 均值明显高于草地、湿地和未利用地的 NPP 均值，总体上高于区域 NPP 的平均水平(图 6.21)。2011～2015 年，全区 NPP 均值为 583.80 NDVI·PAR。林地 NPP 均值最大，为 800.26 NDVI·PAR。其次是耕地，NPP 均值为 724.75 NDVI·PAR。城市土地 NPP 均值为 608.92NDVI·PAR。草地和湿地的 NPP 均值在 480～500 NDVI·PAR。未利用地 NPP 均值最小，为 387.51 NDVI·PAR。城市土地 NPP 均值比草地和湿地高出 20%～30%，比未利用地高 57.14%，比全区平均水平高 4.30%。2014 年，城市土地 NPP 均值最大，为 695.60 NDVI·PAR，分别比草地和湿地 NPP 高 28.53%和 26.70%，比未利用地 NPP 高 64.34%，比全区平均水平高 5.23%。2011 年，城市土地 NPP 均值最小，为 511.83 NDVI·PAR，分别比草地和湿地 NPP 高 22.78%和 23.78%，比未利用地 NPP 高 53.56%，比全区平均水平高 4.19%。

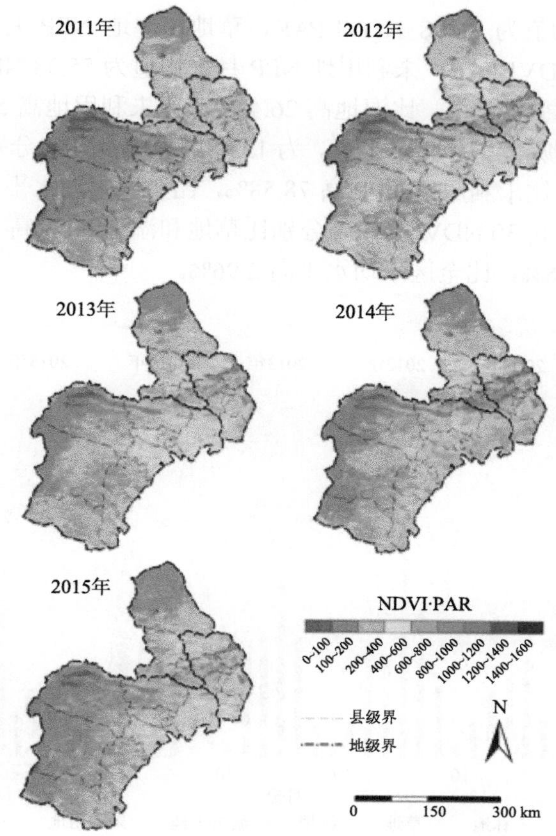

图 6.20　区域 2011～2015 年 NPP 时空格局

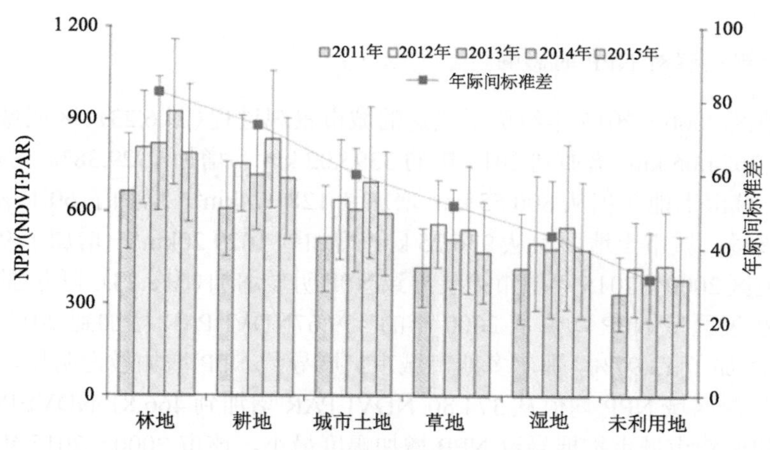

图 6.21　区域 2011～2015 年不同地类 NPP 平均值

误差线的上限和下限分别表示相应地类上所有像元 NPP 的均值加上标准差和均值减去标准差

2011～2015 年，呼包鄂地区城市土地生长季内各月 NPP 均明显高于相应月份草地、湿地和未利用地 NPP(图 6.22)。在生长季内，全区 NPP 月平均值为 83.37 NDVI·PAR，城市土地 NPP 月平均值为 86.98 NDVI·PAR，草地和湿地 NPP 月平均值分别为 71.24 NDVI·PAR 和 68.79 NDVI·PAR，未利用地 NPP 月平均值为 55.38 NDVI·PAR。城市土地 NPP 月平均值比草地高 22.09%，比湿地高 26.43%，比未利用地高 57.12%，比全区平均水平高 4.33%。7 月，城市土地 NPP 最高，为 133.82NDVI·PAR，分别比草地和湿地 NPP 高 35.14%和 26.75%，比未利用地 NPP 高 78.58%，比全区平均水平高 7.79%。10 月，城市土地 NPP 最低，为 40.30 NDVI·PAR，分别比草地和湿地 NPP 高 7.64%和 25.76%，比未利用地 NPP 高 35.58%，比全区平均水平高 2.96%。

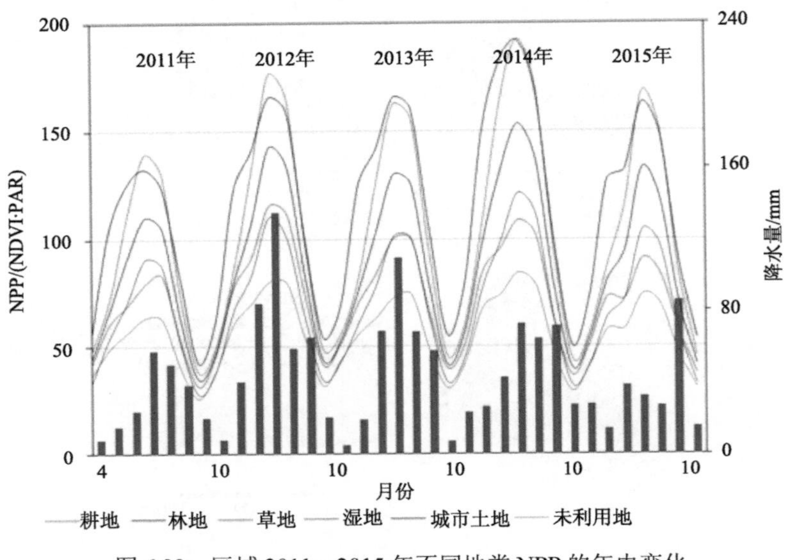

图 6.22　区域 2011～2015 年不同地类 NPP 的年内变化

3) 城市景观过程对 NPP 的影响

呼包鄂地区 2000～2015 年经历了快速的城市景观过程(图 6.23)。区域城市土地面积从 2000 年的 2624.05 km^2 增加到 2015 年的 3395.02 km^2，增加了 29.38%。鄂尔多斯市城市扩展最快，城市土地面积从 800.55 km^2 增加到 1281.74km^2，增加了 60.11%。呼和浩特市城市扩展最慢，城市土地面积从 936.25 km^2 增加到 1029.20km^2，增加了 9.92%。

呼包鄂地区 2000～2015 年城市扩展导致 NPP 明显增加(图 6.23)。呼包鄂地区 2000～2015 年城市扩展区域 NPP 均值从 2000 年的 429.67NDVI·PAR 增加到 2015 年的 489.71 NDVI·PAR，增加了 13.97%。鄂尔多斯市城市扩展导致 NPP 增加最为明显，该市 2000～2015 年城市扩展区域 NPP 均值从 374.80 NDVI·PAR 增加到 466.81 NDVI·PAR，增加了 24.55%。呼和浩特市城市扩展导致 NPP 增加幅度最小，该市 2000～2015 年城市扩展区域 NPP 均值从 576.98 NDVI·PAR 增加到 609.12 NDVI·PAR，增加了 5.58%。

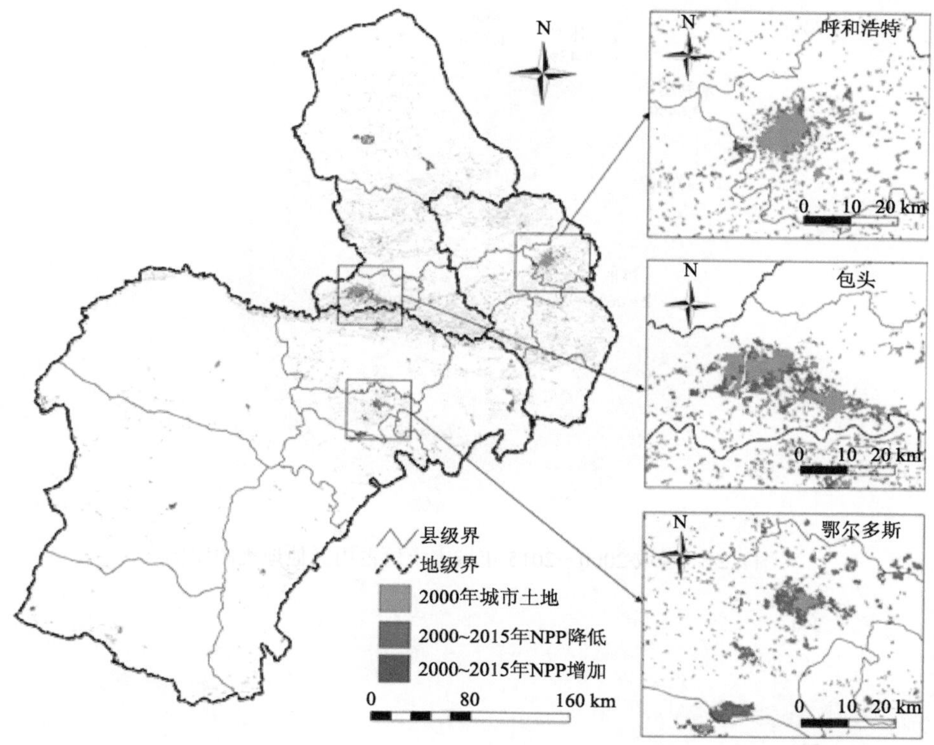

图 6.23　区域 2000～2015 年城市扩展区 NPP 变化

5. 讨论

1) 区域城市景观过程是导致 NPP 增加的原因

呼包鄂地区 2000～2015 年城市景观过程中，城市土地侵占草地是 NPP 增加的主要原因。2000～2015 年区域城市扩展以占用草地为主，城市土地占用草地的面积为 464.11 km^2，占城市扩展区域总面积的 60.15%(图 6.24)。城市土地占用草地导致 NPP 均值从 401.45 NDVI·PAR 增加到 468.51 NDVI·PAR，增加了 16.71%；导致 NPP 总量从 2.00×10^6 NDVI·PAR 增加到 2.33×10^6 NDVI·PAR，增加了 3.33×10^5 NDVI·PAR，占城市扩展区 NPP 增加总量的 67.18%。

城市绿化导致呼包鄂地区城市土地 NPP 明显高于草地 NPP。2000～2014 年，呼包鄂地区城市绿地面积从 73.22 km^2 增加到 279.59 km^2(中华人民共和国住房和城乡建设部, 2015)，增加了 3.81 倍(图 6.25)。城市绿地占城市土地面积的比例从 2.79%增加到 8.24%，增加了 5.44 个百分点。对区域绿地植被的调查表明，该地区绿地以 NPP 较高的刺槐、白蜡和樟子松为主。而且，城市绿地主要依靠人工浇灌和施肥，导致城市绿地 NPP 远高于草地。

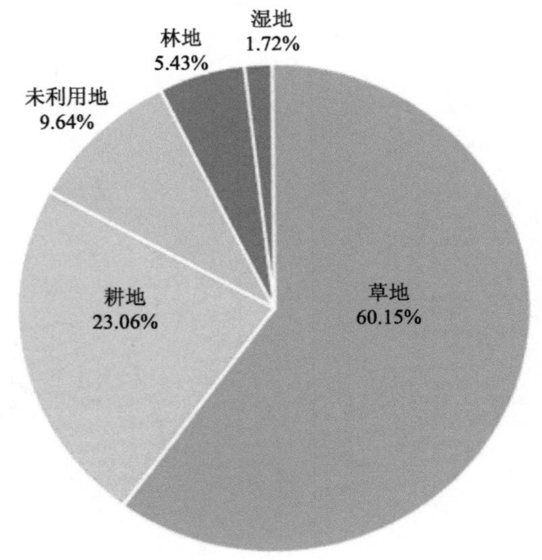

图 6.24　区域 2000～2015 年城市土地占用其他地类的比例

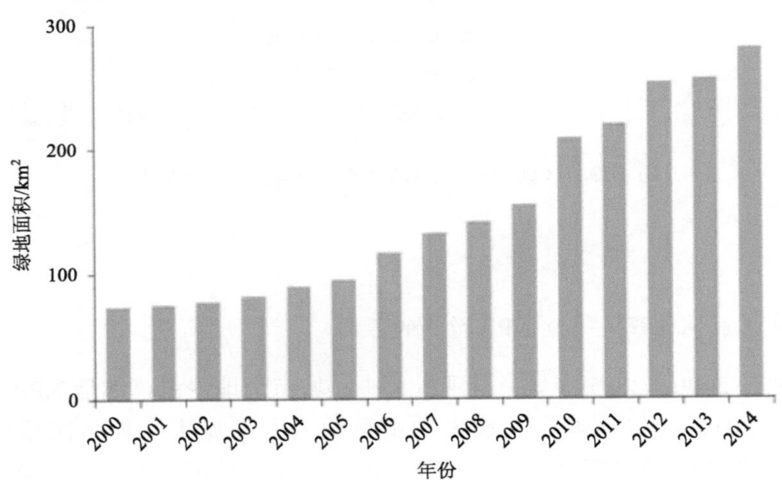

图 6.25　区域 2000～2014 年城市绿地面积动态

进一步地，在县级尺度上分析了城市土地 NPP 与降水量以及社会经济因素之间的关系，并量化了呼包鄂地区草地、林地和未利用地 NPP 与降水量之间的关系。区域城市土地 NPP 与人均收入显著相关，相关系数均通过了 0.05 水平的显著性检验(表 6.14)。区域草地、林地与未利用地 NPP 与降水量呈现显著相关，相关系数均通过了 0.01 水平的显著性检验(表 6.15)。可见，呼包鄂地区城市土地 NPP 主要受到区域社会经济因素的影响，草地、林地与未利用地 NPP 主要受降水量的影响。

表 6.14　呼包鄂地区城市土地 NPP 与降水量以及社会经济因素的相关系数

年份	降水量	人口密度	人均收入
2011	–0.01	–0.17	–0.65**
2012	0.30	–0.17	–0.59*
2013	0.60**	–0.08	–0.48*
2014	0.61**	–0.05	–0.40*

* 相关系数通过了 0.05 水平的显著性检验。

** 相关系数通过了 0.01 水平的显著性检验。

表 6.15　呼包鄂地区草地、林地和未利用地 NPP 与降水量的相关系数

年份	草地	林地	未利用地
2011	0.35	–0.29	0.47
2012	0.53	0.04	0.43
2013	0.62	0.41	0.49
2014	0.67	0.21	0.54
2015	0.52	0.36	0.49
样本量	844482	56544	276299

注：相关系数均通过了 0.01 水平的显著性检验。

2）与已有研究的对比

本研究结果与 Pei 等（2013）以及 Tian 和 Qiao（2014）的研究结果均存在差异。Pei 等（2013）认为，在中国半干旱/半湿润地区，城市景观过程会导致年 NPP 总量下降，但在春季会导致 NPP 略微升高。Tian 和 Qiao（2014）认为，中国半干旱地区城市景观过程会导致 NPP 明显下降。但我们发现，在呼包鄂地区，城市景观过程导致 NPP 总体呈上升趋势，且不同季节的变化趋势一致。

评估尺度、数据精度和评估方法不同是造成本节研究与已有研究存在差异的主要原因。首先，Pei 等（2013）以及 Tian 和 Qiao（2014）的研究尺度较大，不能有效反映区域内部的空间异质性。其次，Pei 等（2013）以及 Tian 和 Qiao（2014）采用的土地利用/覆盖数据的空间分辨率均为 1km，不能准确反映区域土地利用/覆盖状况。而且，Tian 和 Qiao（2014）在评估城市景观过程对 NPP 的影响时没有去除气候变化的干扰。与 Pei 等（2013）以及 Tian 和 Qiao（2014）相比，我们以中小尺度的呼包鄂地区为研究区，以空间分辨率为 30m 的土地利用/覆盖数据为主要数据源，通过采用多种评估方法，综合考虑了气候变化对评估结果的干扰。因此，本节研究结果可以更加可靠地揭示区域城市景观过程对 NPP 的影响。

6. 结论

与已有研究相比，以较高空间分辨率的土地利用/覆盖数据为主要数据源，综合采用了多种评估方法，考虑了气候变化对评估结果的干扰，能够比较可靠地揭示呼包鄂地区城市景观过程对 NPP 的影响。

在呼包鄂地区，城市土地的年平均 NPP 和各月 NPP 均明显高于草地、湿地和未利用地，总体上高于全区平均水平。2011～2015 年，城市土地 NPP 年平均值为 608.92 NDVI·PAR，全区 NPP 均值为 583.80NDVI·PAR，城市土地 NPP 均值比全区平均水平高 4.30%。7 月，城市土地 NPP 最高，为 133.82 NDVI·PAR，比全区平均水平高 7.79%。

2000～2015 年，呼包鄂地区快速的城市景观过程导致 NPP 明显增加。该地区城市土地面积从 2624.05 km^2 增加到 3395.02 km^2，增加了 29.38%。在城市扩展区域内，NPP 均值从 429.67 NDVI·PAR 增加到 489.71 NDVI·PAR，增加了 13.97%。这一现象在鄂尔多斯市最为明显。鄂尔多斯市城市土地面积从 800.55 km^2 增加到 1281.74 km^2，增加了 60.11%。该市城市扩展区域 NPP 均值从 374.80 NDVI·PAR 增加到 466.81 NDVI·PAR，增加了 24.55%。

呼包鄂地区城市景观过程中城市土地以侵占草地为主是导致 NPP 增加的主要原因。2000～2015 年，城市土地侵占草地 464.11 km^2，占城市扩展区域总面积的 60.15%。城市土地占用草地导致 NPP 总量从 2.00×10^6 NDVI·PAR 增加到 2.33×10^6 NDVI·PAR，增加了 3.33×10^5 NDVI·PAR，占城市扩展区 NPP 增加总量的 67.18%。

6.4　城市土地系统设计*

1. 问题的提出

模拟未来不同情景下城市土地系统变化的可能途径，探求可持续的土地系统格局对于维持和提高城市可持续性至关重要。近年来，土地利用变化模型已经成为理解和预测城市土地系统变化的常用方法(Chen et al., 2008; Huang et al., 2014; Xu et al., 2009)。但已有模型仅能模拟土地覆盖的变化，而不能模拟土地利用集约化过程。而且已有模型主要由对城市土地和农用地的需求驱动，而忽略了对其他土地资源的需求，如对林地和草地在环境保护方面的需求。由 van Asselen 和 Verburg(2013)开发的 CLUMondo 模型为土地系统变化的模拟而非简单表征土地覆盖类型变化提供了一种创新的方法。CLUMondo 模型不仅可以根据土地覆盖的需求来对土地系统变化进行分配，还可以模拟土地系统对不同生态系统服务需求的响应(van Asselen and Verburg, 2013; Ornetsmüller et al., 2016)。根据不同土地系统的区位条件、土地可用性和竞争优势，CLUMondo 模型可以对土地覆盖类型或土地利用强度的变化进行内生分配。本节旨在模拟不同社会经济发展和环境保护情景下，呼和浩特市这一典型中国旱区城市土地系统的时空变化，进而探寻能同时满足社会经济发展和环境保护的城市景观格局。为此，首先基于 2000 年的土地系统分布图对 CLUMondo 模型进行校正，然后利用 2013 年的土地系统分布图对其进行验证。之后，使用校正后的 CLUMondo 模型，在三种反映不同社会经济发展途径和环境保护目标的情景下，模拟区域 2013～2030 年土地系统变化情况。最后，对不同情景下土地系统变化的

* 本节内容主要基于 Liu Z, Verburg P, Wu J, et al. 2017. Understanding land system change through scenario-based simulations: A case study from the drylands in northern China. Environmental Management, 59(3): 440-454.

差异以及 CLUMondo 模型对于几种假设的敏感性进行评估。

2. 研究区和数据

1) 研究区

研究区为呼和浩特市(110°46′E～112°10′E, 40°51′N～41°8′N)，土地总面积 1.72 万 km^2(呼和浩特统计局, 2013)(图 6.26)，整体地势由西北部和东南部向中部倾斜，平均海拔为 1050m。呼和浩特位于中温带，属于半干旱大陆性季风气候(Zhang et al., 2013)。研究区年平均气温为 3.5～8℃，年降水量为 337～418mm，并且在每年 6～8 月气温较高时的降水量约占全年降水量的 81%(呼和浩特统计局, 2013)。呼和浩特市由市辖区、武川县、土默特左旗、托克托县、和林格尔县以及清水河县组成，2012 年当地总人口数约为 300 万人(图 6.26)。

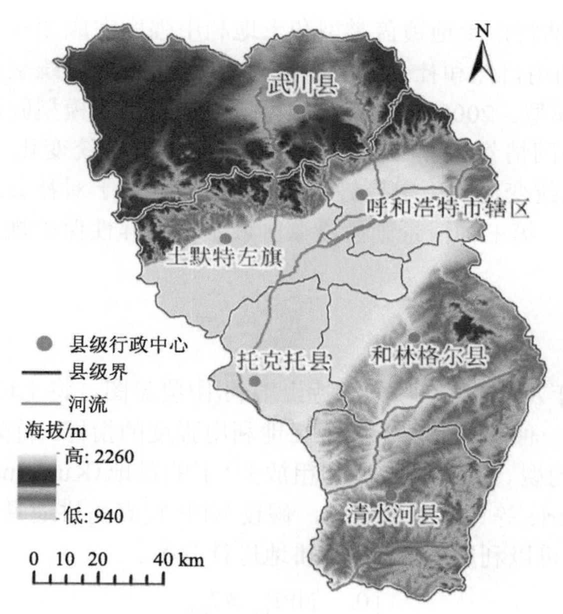

图 6.26 研究区示意图

2) 数据来源

2000 年及 2013 年的 30m 分辨率土地利用/覆盖数据来自中国科学院国家地球系统科学数据中心发布的全国土地利用/覆盖数据集(National Land Use/Cover Dataset, NLCD)(http://www.geodata.cn/Portal/index.jsp)(获取时间为 2015 年 8 月 30 日)。NLCD 数据集均由 Landsat 专题影像目视解译获得，分类精度高于 90%，包含 6 种土地利用/覆盖类别(耕地、林地、草地、水域、建设用地以及未利用土地)(Liu et al., 2010)。

基于 16 天合成的 MODIS 影像获得 2000 年及 2013 年 250m 分辨率 NDVI 数据，其中 MODIS 数据来源于 NASA(http://ladsweb.nascom.nasa.gov)(获取时间为 2015 年 8 月

30 日)。数据已经过辐射校正、几何精校正以及大气校正等处理。每幅影像均经过 NDVI 年最大值合成。

2000 年及 2013 年县级社会经济数据，包括粮食产量及载畜量，来源于《呼和浩特经济统计年鉴》(呼和浩特统计局, 2013)。30m 分辨率数字高程模型数据获取自国际科学数据服务平台(http://datamirror.csdb.cn/dem/files/ys.jsp)(获取时间为 2015 年 8 月 30 日)。2000～2013 年气温、降水和太阳辐射等气象数据来源于中国气象数据网(http://data.cma.gov.cn)(获取时间为 2015 年 8 月 30 日)。土壤特征数据来源于世界土壤数据库(1.1 版)(FAO/IIASA/ISRIC/ISSCAS/JRC, 2009)。行政边界、河流、铁路、公路、国道、省道和城市中心等地理辅助信息均获取自国家测绘局。所有数据均统一坐标系，并且重采样至 300m 空间分辨率。

3. 方法

首先，结合呼和浩特市土地覆盖类型和土地利用强度完成 2000 年及 2013 年土地系统分类制图。然后，利用自然和社会经济要素与 2000 年土地系统空间分布之间的经验关系校正 CLUMondo 模型。2000～2013 年的模拟结果被用于模型验证。之后设定三种发展情景，分别基于不同情景预测 2013～2030 年的土地系统变化。第一种情景是基于 2000～2013 年土地系统变化的历史趋势。第二种情景是基于对社会经济发展及土地利用规划相关文件的分析。第三种情景则假设该区域生物多样性保护规划政策可以得到很好的实施(图 6.27)。

1) 土地系统分类

研究基于 2000 年及 2013 年呼和浩特土地利用/覆盖图，将土地系统划分为 10 种类型(表 6.16)。NPP 是一种常见的用于表征土地利用强度的指标。首先利用 NPP 识别三种农业开发强度(即集约型、中等集约型和粗放型)下的耕地(Kuemmerle et al., 2013)(表 6.16)。参考 Kuemmerle 等(2013)的研究，假设 NPP 较高的耕地具有较高的农业开发强度。基于这一假设，可以利用式(6.11)对耕地进行分类。

$$\mathrm{Class}_{i,t}^{\mathrm{Crop}}=\begin{cases}0, & \mathrm{NPP}_{i,t}>T_{\mathrm{int}}\\ 1, & \mathrm{NPP}_{i,t}\leqslant T_{\mathrm{int}}\ \&\ \mathrm{NPP}_{i,t}>T_{\mathrm{med}}\\ 2, & \mathrm{NPP}_{i,t}\leqslant T_{\mathrm{med}}\end{cases} \tag{6.11}$$

式中，$\mathrm{Class}_{i,t}^{\mathrm{Crop}}$ 代表第 t 年耕地中第 i 个像元的土地系统类型；0、1、2 分别代表集约型、中等集约型和粗放型三种农业开发强度的土地系统类型；$\mathrm{NPP}_{i,t}$ 为第 t 年第 i 个像元的 NPP；T_{int} 与 T_{med} 为 NPP 的阈值。在呼和浩特，$\mathrm{NPP}_{i,t}$ 由 NDVI 与光合有效辐射(Photosynthetically Active Radiation，PAR)计算得来。其中，根据 Buyantuyev 和 Wu(2009)发展的公式，PAR 可以取 2000 年及 2013 年太阳辐射的固定比例值(0.47)。

$$\mathrm{NPP}=\int \mathrm{NDVI}\times\mathrm{PAR} \tag{6.12}$$

T_{int} 与 T_{med} 是对 2013 年耕地 NPP 值进行自然断点分类所得。具体而言，T_{int} 与 T_{med} 分别等于 $877\,\mathrm{NDVI}\cdot\mathrm{PAR}$ 和 $676\,\mathrm{NDVI}\cdot\mathrm{PAR}$。

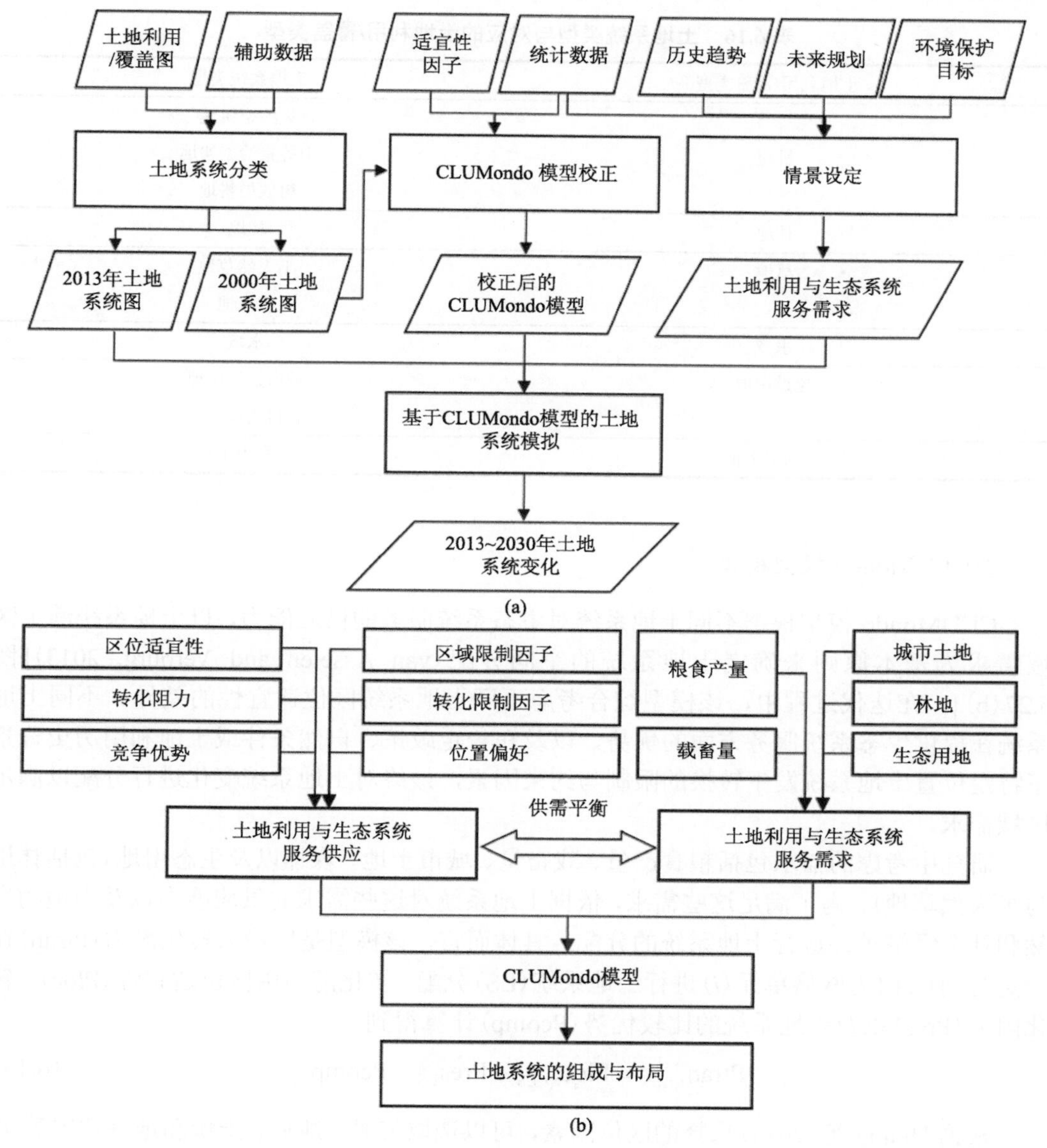

图 6.27　技术流程

(a) 土地系统变化模拟关键步骤；(b) CLUMondo 模型基本原理

其次，对草地与建设用地按照区位分类。根据保护区草地不允许放牧的政策，可以将草地分为半天然草地与牧草地。此外，基于 Angel 等 (2011) 的研究，建设用地可以划分为城市建设用地与农村建设用地。基本思路是根据建设用地的影响范围将其自动划分为多个集，然后将包含城市中心的集归为城市建设用地 (Angel et al., 2011)。2000 年及 2013 年，呼和浩特市六个区县级行政中心被定义为城市中心，用以确定城市建设用地范围 (图 6.26)，其余建设用地则被划分为农村建设用地。

表 6.16 土地系统类型与对应的土地利用/覆盖类型

土地利用/覆盖类型	土地系统类型
耕地	集约型耕地 中等集约型耕地 粗放型耕地
林地	林地
草地	半天然草地 牧草地
水域	水域
建设用地	城市建设用地 农村建设用地
未利用土地	未利用土地

2) CLUMondo 模型校正

CLUMondo 模型根据不同土地系统对生态系统服务的供应能力，以土地系统满足区域需求为基本原则来确定土地系统的空间分配(van Asselen and Verburg, 2013)[图 6.27(b)]。在迭代过程中，该模型综合考虑不同土地系统区位适宜性的差异、不同土地系统在提供生态系统服务方面的优势，以及在一定政策、自然条件或土地利用历史背景下特定位置土地系统发生转换的限制与约束因素，最终对土地系统变化进行分配以满足区域需求。

研究中考虑的需求包括粮食产量、载畜量、城市土地、森林以及生态用地(包括林地与半天然草地)。为了满足这些需求，依据土地系统对这些需求的供应能力以及当地的自然和社会经济条件进行土地系统的分配。具体而言，该模型是以最大转化潜力(Ptran)在一定时间(t)内为网格单元(i)进行土地系统(LS)分配。转化潜力由区位适宜性(Ploc)、转化阻力(Pres)以及土地系统的比较优势(Pcomp)计算得到。

$$\mathrm{Ptran}_{t,i,\mathrm{LS}} = \mathrm{Ploc}_{t,i,\mathrm{LS}} + \mathrm{Pres}_{\mathrm{LS}} + \mathrm{Pcomp}_{t,\mathrm{LS}} \tag{6.13}$$

根据 Huang 等(2014)选择的区位因素，可以选取气候、地形、土壤和地理位置等 17 个自然以及社会经济要素(S)(表 6.17)，依据式(6.14)计算区位适宜性：

$$\log[\mathrm{Ploc}_{t,i,\mathrm{LS}} / (1 - \mathrm{Ploc}_{t,i,\mathrm{LS}})] = \beta_0 + \sum_j \beta_{j,\mathrm{LS}} \cdot S_{j,t,i} \tag{6.14}$$

式中，j 为要素的个数；变量 S_j 的权重 $\beta_{j,\mathrm{LS}}$ 以及常量 β_0 是基于 Logistic 模型对 2000 年土地系统的空间分布估计而确定的。

本研究还根据转换成本以及当地的土地利用政策估算了每个土地系统的转换阻力系数(内蒙古自治区国土资源厅, 2010)(表 6.18)。其中，城市建设用地和转换成本较高的农村建设用地设为 1.0，中等集约型耕地、粗放型耕地以及转换成本较低的未利用地设为 0.8，其他土地系统的阻力系数则设为 0.9。

表 6.17　自然与社会经济要素

类别	因子
气候	多年平均气温
	多年平均降水量
	气候区
地形	海拔
	坡度
	坡向
土壤	土壤有机碳
	黏粒含量
	砂粒含量
	粉粒含量
区位	与地级行政中心的距离
	与县级行政中心的距离
	与铁路的距离
	与高速公路的距离
	与国道的距离
	与省道的距离
	与河流的距离

表 6.18　各类土地系统的阻力系数和供给能力

土地系统	阻力系数	粮食产量/(t/像元)		载畜量/(头/像元)		城市土地/(km^2/像元)		林地/(km^2/像元)		生态用地/(km^2/像元)	
集约型耕地	0.9	3	22.8	0	0	0	0	0	0	0	0
中等集约型耕地	0.8	2	18.1	0	0	0	0	0	0	0	0
粗放型耕地	0.8	1	13.5	0	0	0	0	0	0	0	0
林地	0.9	0	0	0	0	0	0	1	0.09	1	0.09
半天然草地	0.9	0	0	0	0	0	0	0	0	1	0.09
牧草地	0.9	0	0	1	53.5	0	0	0	0	0	0
水域	0.9	−1	0	−1	0	−1	0	−1	0	−1	0
城市建设用地	1.0	−1	0	−1	0	1	0.09	−1	0	−1	0
农村建设用地	1.0	−1	0	−1	0	0	0	−1	0	−1	0
未利用地	0.8	0	0	0	0	0	0	0	0	0	0

注：对于每种类型的需求，第一栏列出了土地系统的排名；第二栏列出了 2013 年各类土地系统所提供的生态系统服务的平均值。

为了将土地系统与生态系统服务的供应联系起来，创建了一个土地系统查找表，用以展示土地系统对满足某种特定需求的贡献及潜在支持能力的相对次序。在迭代过程中，模型可以基于查找表检查分配的土地系统是否满足服务需求。当供不应求时，在相同位置上处于更高位次的土地系统竞争优势增加；而在供应过剩的情况下，相应的竞争优势减少(表 6.18)。耕地的粮食产量以及牧草地的载畜量是基于统计数据计算得到的，同时 NPP 作为辅助数据用于衡量三种农业开发强度等级下不同耕地粮食产量的差异(表 6.18)。

此外，研究还借助转换矩阵来判断可能发生的土地系统转换过程。根据当地的土地利用政策(内蒙古自治区国土资源厅, 2010)，集约型耕地、林地、半天然草地、水体以及城市建设用地不允许发生转化。参考 Verburg 和 Overmars(2009)的研究，假设从粗放型耕地到中等集约型耕地以及从中等集约型耕地到集约型耕地的转化过程至少需要 5 年时间，从而避免土地系统在短时间内频繁发生转化。

3)情景设定

为探究不同社会经济发展以及环境保护水平下的土地系统变化，分别依据 2000～2013 年土地系统变化的历史趋势、2013～2030 年土地利用规划以及生物多样性保护目标，制定了三种不同的情景(表 6.19)。在三种情景下，土地系统对服务的需求量以及需要考虑的需求内容均存在差异。这些差异反映了不同情景下各类土地系统功能所被赋予的重要性。具体而言，在趋势情景下，主要包含粮食产量、载畜量以及城市土地三种需求。2013～2030 年各项需求量的数值均由 2000～2013 年呼和浩特年度供应量的变化率推算得到(表 6.19)。

在规划情景下，主要考虑了对粮食产量、载畜量、城市土地以及植树造林的需求。在该情景下，各项需求量主要来源于呼和浩特土地利用规划文件以及国家中长期粮食安全规划(内蒙古自治区国土资源厅, 2010)中所规定的 2010～2020 年预计年变化率(表 6.19)。

在保护情景下，对粮食产量、载畜量和城市土地的需求与规划情景相同，其目的是满足呼和浩特市社会经济发展的基本需求。但是，对保护区的需求取代了对森林的需求，以满足国家自然保护区规划目标。参考 Butchart 等(2015)的研究，基于现有的自然保护区以及生态区尺度上的保护区建设目标，估计了该目标在区域内的执行情况。通常认为林地与半天然草地等生态用地能够对保护区做出较大的贡献(表 6.19)。

表 6.19　情景描述

需求	2030 年目标			2013～2030 年增长率		
	趋势情景	规划情景	保护情景	趋势情景	规划情景	保护情景
粮食产量	2.1 万 t	1.6 万 t	1.6 万 t	3.0%	1.0%*	1.0%*
载畜量	4.7 万头	3.7 万头	3.7 万头	2.5%	0.9%*	0.9%*
城市土地	275.0km^2	249.5km^2	249.5km^2	2.0%	1.4%**	1.4%**
林地		3458.2km^2			2.2%**	
生态用地(包括林地与半天然草地)			4828.5km^2			2.4%

* 根据国家发改委(2008)公布的《国家中长期粮食安全规划纲要(2008～2020 年)》计算。

** 根据内蒙古自治区国土资源厅(2010)公布的《内蒙古自治区土地利用总体规划(2006～2020 年)》计算。

4. 结果

1) 土地系统分类与 CLUMondo 模型验证

利用普查数据对 2000 年及 2013 年呼和浩特市关于耕地开发强度的土地系统分类结果进行验证。通常土地开发强度根据 NPP 进行判断，而普查数据提供了另一种独立(但空间分辨率较低)的替代方案。研究对各县区统计的每公顷耕地的粮食产量与研究结果中不同开发强度耕地所占比例进行相关性分析(图 6.28)。结果显示，集约型耕地的占比与每公顷粮食产量呈正相关关系(R=0.83)，显著性水平为 0.01[图 6.28(a)]，而粗放型耕地占比与每公顷粮食产量呈显著负相关(R=−0.64, P<0.01)[图 6.28(b)]。二者之间显著的相关性表明，研究基于 NPP 制定的耕地开发强度是可靠的。

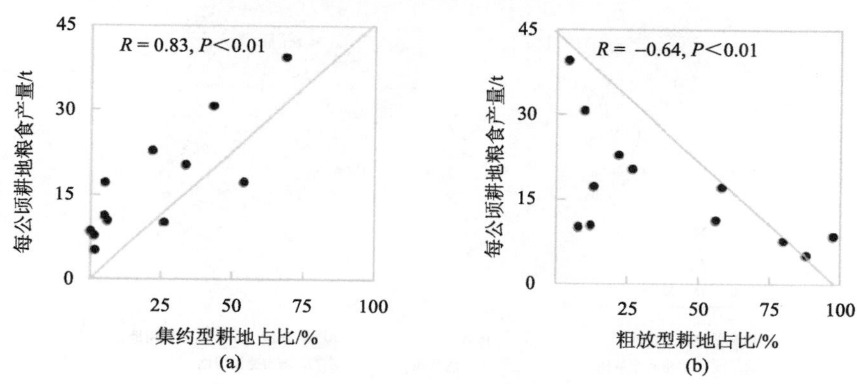

图 6.28　土地系统分类结果验证

(a) 各县区每公顷耕地粮食产量与集约型耕地比例之间的相关性分析；
(b) 各县区每公顷耕地粮食产量与粗放型耕地比例之间的相关性分析

为了验证 CLUMondo 模型，基于来自统计数据的粮食产量和载畜量需求，以及来自土地系统图的城市土地面积变化，模拟 2000～2013 年呼和浩特市的土地系统变化。将模拟得到的土地系统图与 2013 年呼和浩特市实际土地系统图进行对比。参考 van Vliet 等(2011)以及 Pontius 和 Millones 等(2011)的研究，选择了总体精度(overall accuracy，OA)、数量差异(quantity disagreement, QD)、位置差异(allocation disagreement, AD)、$K_{\text{Simulation}}$(kappa simulation)、$K_{\text{Ttransition}}$(kappa transition)和 K_{Transloc}(kappa transition location)6 项精度评价指数进行模型验证。Kappa 系数是一种常用于衡量土地系统模拟精度的指标，研究中选取的各项指标的细节可以在 van Vliet 等(2011)的研究中查阅。结果表明，土地系统变化模拟的 OA 为 76.8%，QD 为 1.5%，AD 为 21.7%，$K_{\text{Simulation}}$ 为 0.13，$K_{\text{Transition}}$ 为 0.70，K_{Transloc} 为 0.19，与其他类似的区域尺度土地利用模拟研究相比具有较高的精度。

2) 2000～2013 年土地系统变化

2000～2013 年，呼和浩特市的耕地经历了农业集约化过程，与此同时牧草地与城市建设用地也在不断扩张(图 6.29)。集约型耕地面积从 516.9 km^2 增至 2065.8 km^2，增幅近

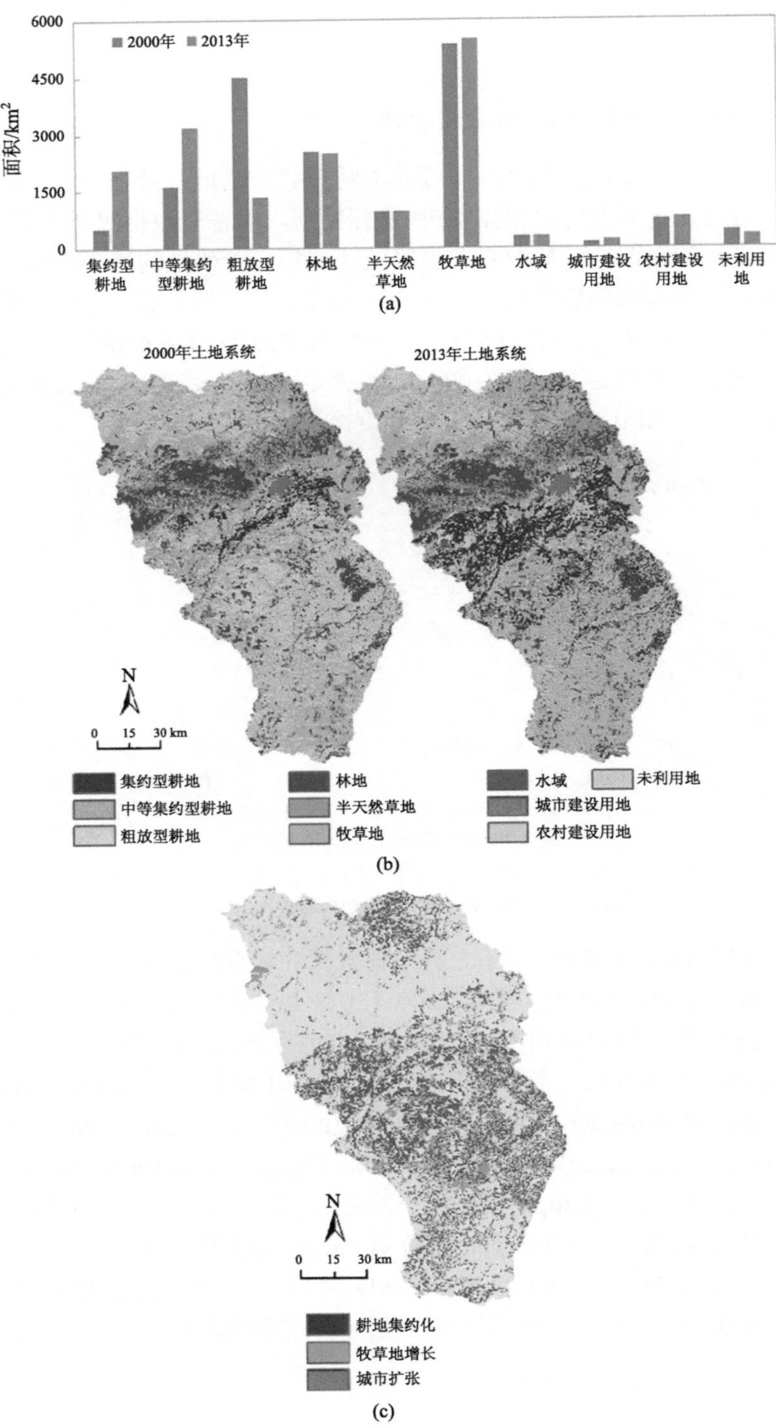

图 6.29 2000～2013 年呼和浩特市土地系统变化

(a) 2000～2013 年面积变化；(b) 2000 年与 2013 年土地系统空间格局；(c) 2000～2013 年土地系统空间格局变化

三倍[图 6.29(a)]。中等集约型耕地面积由 1623.7 km^2 增至 3205.3 km^2，增长了 97.4%[图 6.29(a)]。集约型与中等集约型耕地的扩张主要发生在呼和浩特市中南部及东北部[图 6.29(b)]。同时，牧草地面积由 5370.3 km^2 增加至 5474.2 km^2，大约增长了 2%[图 6.29(a)]。牧草地的面积增长主要发生于呼和浩特市西北部和中部[图 6.29(b)]。城市建设用地面积增长了约 37%(图 6.29)。

3)2013～2030 年不同情景下的土地系统变化

不同情景下的农业集约化程度呈现出显著的差异性(图 6.30、表 6.20)。具体而言，在趋势情景下，2013～2030 年呼和浩特将发生大规模的农业集约化过程，主要体现为集约型耕地增加 140%，中等集约型耕地减少 50%，粗放型耕地减少 90%。在保护情景下，预测结果显示出中等水平的农业集约化过程，其中集约型耕地增加 50%，中等集约型耕地减少 12%，粗放型耕地减少 66%。在规划情景下，虽然其对农产品的需求与保护情景相同，但是仅呈现出较弱的集约化趋势，主要体现为集约型和中等集约型耕地增长约 8%，粗放型耕地下降约 33%。

表 6.20　2013～2030 年不同情景下呼和浩特市土地系统变化

土地系统	2013 年面积/km^2	2030 年面积/km^2			2013～2030 年变化率/%		
		趋势情景	规划情景	保护情景	趋势情景	规划情景	保护情景
集约型耕地	2065.8	4886.5	2221.1	3040.4	136.5	7.5	47.2
中等集约型耕地	3205.3	1594.1	3493.5	2809.1	–50.3	9.0	–12.4
粗放型耕地	1339.7	130.1	896.0	454.7	–90.3	–33.1	–66.1
林地	2498.8	2498.8	3373.6	2498.8	0.0	35.0	0.0
半天然草地	957.2	957.2	957.2	2288.1	0.0	0.0	139.1
牧草地	5474.2	5530.4	4552.9	4479.4	1.0	–16.8	–18.2
水域	306.7	306.7	306.7	306.7	0.0	0.0	0.0
城市建设用地	203.1	275.0	249.6	249.7	35.4	22.9	22.9
农村建设用地	783.5	783.5	783.5	783.5	0.0	0.0	0.0
未利用地	323.2	195.0	323.2	247.1	–39.7	0.0	–23.6

在不同情景下，林地、半天然草地以及牧草地将呈现出不同的发展方向(图 6.30、表 6.20)。在趋势情景下，牧草地预计将有 1%的增长，而林地与半天然草地无明显变化。在规划情景下，对森林的需求增加将导致从牧草地向林地的转化趋势，尤其是在呼和浩特北部地区[图 6.30(c)]。在保护情景下，半天然草地预计增长 1.4 倍，主要是由呼和浩特北部牧草地与粗放型耕地转化而来[图 6.30(c)]。

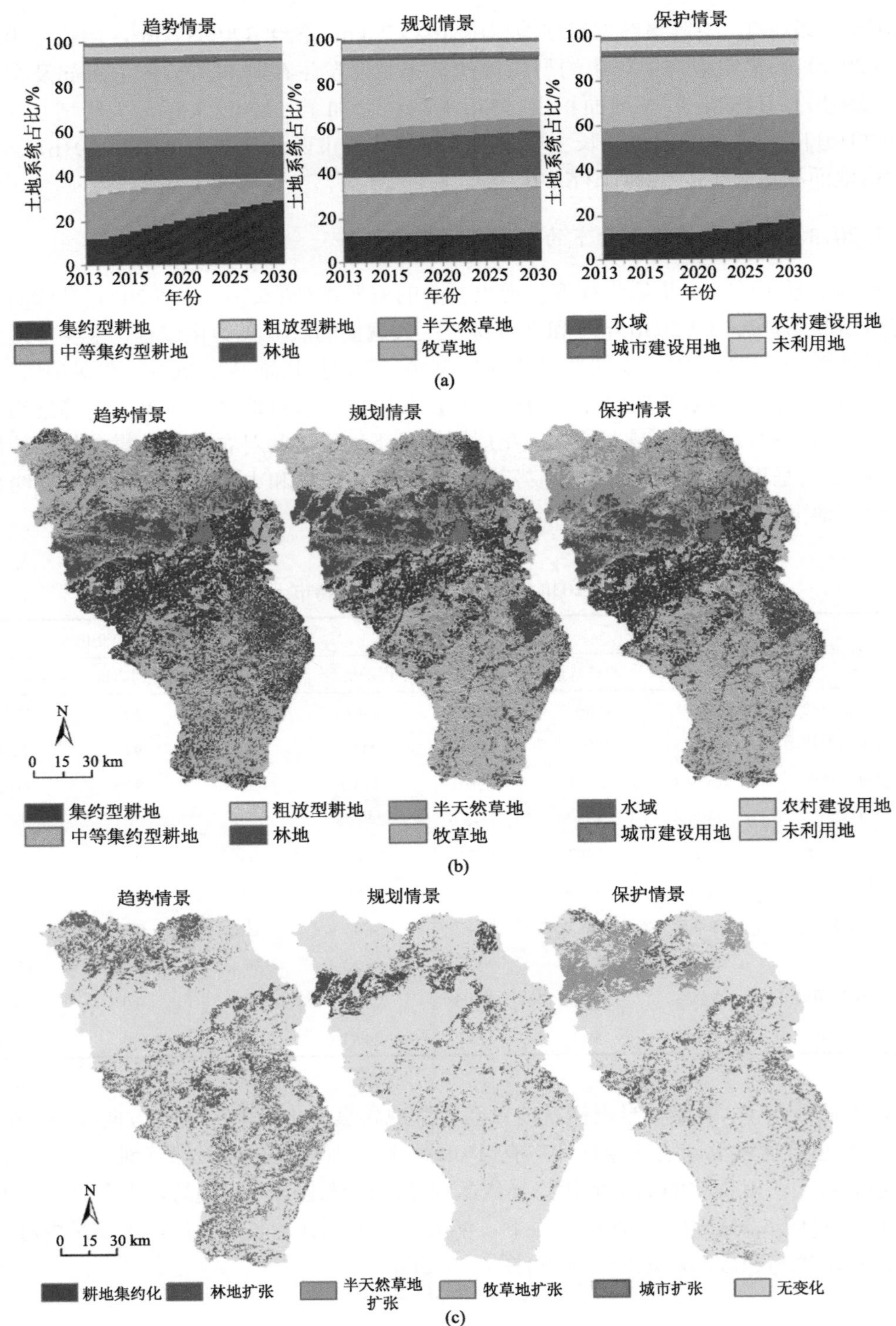

图 6.30　2013～2030 年不同情景下呼和浩特市土地系统变化

(a) 占比变化；(b) 2030 年土地系统；(c) 空间格局变化

5. 讨论

1) CLUMondo 模型验证与敏感性分析

为了评价模型的准确性，将土地系统模型的模拟结果与“无变化”模型的模拟结果进行对比是一种常用的方法(van Vliet et al., 2011)。因此，采用 2000 年的实际土地系统作为“无变化”模型的结果。然后直接将 2000 年与 2013 年的实际土地系统进行对比，依此计算“无变化”模型的精度[图 6.31(a)、表 6.21]。结果表明，CLUMondo 模型的土地系统模拟结果的 OA、$K_{Simulation}$ 以及 $K_{Transition}$ 均显著高于“无变化”模型的相同指标，而 QD 则远低于“无变化”模型的情况[表 6.21、图 6.31(a)～图 6.31(c)]。因此，各项指标均表明，CLUMondo 模型为呼和浩特市土地系统变化模拟提供了一种有效的途径。

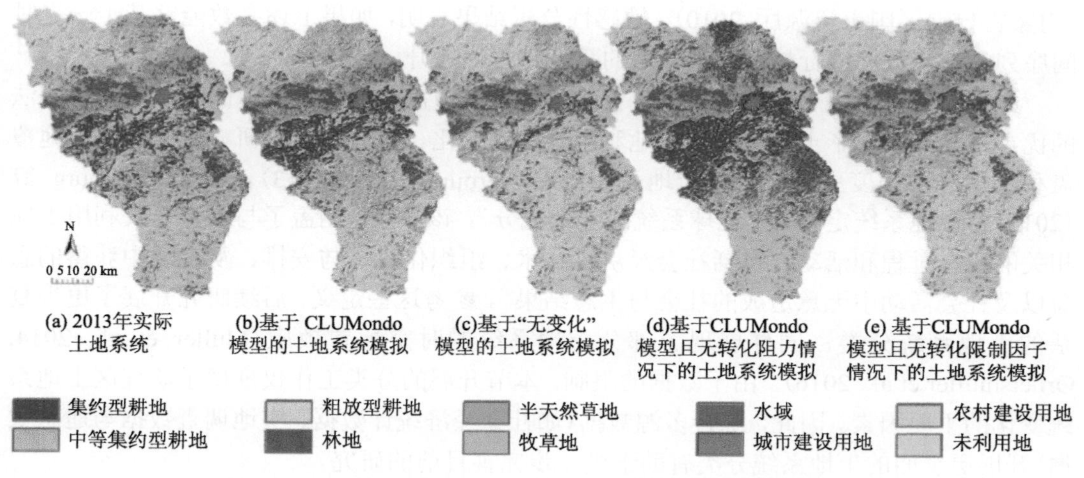

图 6.31　2013 年呼和浩特市土地系统实际情况与模拟结果对比

表 6.21　2013 年土地系统模拟精度评价

精度评价指标	CLUMondo 模型	“无变化”模型*	无转化阻力的 CLUMondo 模型**	无转化限制的 CLUMondo 模型***
总体精度(OA)/%	76.8	68.5	65.0	63.7
数量差异(QD)/%	1.5	19.5	17.3	16.2
位置差异(AD)/%	21.7	12.0	17.7	20.1
$K_{Simulation}$	0.13	0.00	0.04	0.02
$K_{Transition}$	0.70	0.00	0.34	0.12
$K_{Transloc}$	0.19		0.12	0.17

* 采用了 2000 年的土地系统图。

** 各土地系统之间的转化阻力设置为 0。

*** 允许土地系统之间自由转化。

CLUMondo 模型的部分变量由专家经验估计所得，容易受到不确定因素的影响。因此，研究测试了 CLUMondo 模型的输出结果对转化阻力系数以及转化矩化中限制因子的敏感性。如果分配过程中不包含转化阻力(Pres)这一参数，模型对土地系统的分配结果将更趋近于由区位因素计算得到的适宜性分布情况，从而形成图 6.31(d)所示的土地系统分布格局。这一结果与 2013 年土地系统实际分布情况有所不同，其 OA(65.0%)与 $K_{\text{Simulation}}$(0.04)明显降低(表 6.21)。此外，如果土地系统之间可以进行自由转化，换言之，转化的限制因素不存在，则 CLUMondo 模型将输出如图 6.31(e)的土地系统分配结果，同时该模拟结果的 OA(63.7%)与 $K_{\text{Simulation}}$(0.02)也相对较低。

原则上，如果可以获取一定时间序列的土地系统，则转化阻力系数与限制因素可以通过模型校准来设置。但是目前研究仅能获取 2000 年和 2013 年土地系统图，并且 2013 年的结果需要用于验证。因此，上述参数均基于专家经验和当地的土地利用政策而设定(内蒙古自治区国土资源厅, 2010)。敏感性分析结果表明，如果上述参数能够基于一定时间序列的观测数据进行校准，则模型的精度将大幅提升。

此外，研究采用土地系统分类代替常用的土地覆盖分类作为模拟的基础。这种方法的优点在于其兼顾了土地覆盖和土地利用强度的变化。目前，已有研究定义了比土地覆盖和土地利用强度更为广泛的土地系统概念(Verburg et al., 2013)。例如，Verburg 等(2013)将土地系统定义为“地球系统的陆地成分”，该系统“涵盖了与人类开发利用土地相关的所有过程和活动，包括社会经济、技术、组织化投资与安排、从土地中获得的惠益以及社会活动中无意造成的社会与生态结果”。参考这些定义，后续研究开展了更为复杂的土地系统分类，同样展现了部分土地系统的时空配置效应(Muller et al., 2014; Ornetsmüller et al., 2016)。由于数据的限制，本节开展的分类工作仅展现了研究区土地系统变化的主要因素。因此，综合多源数据(如社会经济统计数据、实地调查数据与遥感数据)开展更全面的土地系统分类有助于进一步完善目前的研究。

2)呼和浩特市将发生土地覆盖变化与土地利用集约化过程

在社会经济发展和环境保护的情景下，研究区在 2013～2030 年将会面临土地覆盖变化以及土地利用集约化的过程。尤其是在中国北方旱区发生大规模城市化的背景下，研究区城市建设用地在三种情景中均会呈现出迅速扩张的趋势(Li et al., 2016)。所有情景均显示，农用地覆盖的变化相当有限。因此，农产品需求的增加在很大程度上需要依靠农业生产的集约化来应对，尽管在不同情景下的集约化程度存在很大差异。在趋势情景下，粮食产量需求的年增长率约为其他情景的 3 倍(表 6.19)，因此可以预计其农业集约化程度也将远高于其他情景(表 6.20、图 6.30)。在保护情景下，大量粗放型耕地将转化为半天然草地，以满足环境保护的目标(表 6.19、表 6.20、图 6.30)。尽管与规划情景下对粮食产量的需求相同(表 6.20、图 6.30)，但保护情景下的农业集约化程度将高于规划情景，用以弥补耕地的缺失。同时，由于三种情景下需求的差异性、与其他土地系统之间的竞争以及区位适宜性，牧草地、林地以及半天然草地将呈现出不同的变化轨迹。在趋势情景下，对载畜量的需求显然更高，并且不存在任何环境方面的发展目标。因此，牧草地面积将呈现出增长趋势，同时林地与半天然草地将保持现状(表 6.19、表 6.20、图

6.30)。在规划情景下，由于呼和浩特市土地利用规划确定了植树造林的环境目标，大量牧草地可能将转化为林地(表 6.20、图 6.30)。在保护情景下，由于目标为增加包括半天然草地与林地在内的生态用地，土地系统变化将呈现出不同的轨迹。鉴于与林地相比，半天然草地更适应呼和浩特大部分区域的半干旱气候(Cao et al., 2011; Wang et al., 2007)，保护情景下的发展目标将导致牧草地向半天然草地转化(表 6.20、图 6.30)。

本节的研究结果与早期研究对土地覆盖变化的预测结果一致。例如，Hasbagen 等(2008)基于系统动力学模型探究发现，2010～2020 年呼和浩特市的草地将减少，而林地将增加，这一结果与本书研究规划情景下的预测结果一致。

3) 对环境管理和可持续城市土地系统设计的意义

本节对土地系统变化的模拟结果在指导呼和浩特市环境管理以及可持续土地系统设计方面具有较大应用潜力。通过不同情景的模拟，展现了在不同社会经济发展和环境保护水平下土地系统变化的时空格局，对于评估发展模式对生态和环境的潜在影响具有重要意义。例如，区域城市扩张将导致自然栖息地的破碎与丧失(Liu et al., 2016a, 2016b)、生物多样性下降(He et al., 2014)、碳储量的减少(He et al., 2016)，以及水体、土壤和大气污染(Chen, 2007; Han et al., 2015)。在这种情景下，剧烈的农业集约化过程可能会导致水资源短缺与土壤酸化等问题(Guo et al., 2010; Li et al., 2016)。与此同时，林地与半天然草地等生态用地的扩张可能对环境产生积极的影响(Cao et al., 2011; Wang et al., 2007, 2010)。这种评估有助于预见实现区域发展或环境目标过程中潜在的负面影响，促进呼和浩特市有效开展环境管理与土地系统设计工作。

此外，研究发现，在两种环境保护策略下，林地与半天然草地的变化呈现出明显的差异性。根据当地的土地利用规划(内蒙古自治区国土资源厅, 2010)，林地面积将会迅速增加(表 6.20、图 6.30)。然而，如果对区位适宜性考虑不足，植树造林可能会对呼和浩特市的环境产生负面影响(Cao et al., 2011; Wang et al., 2007)。呼和浩特市的多年平均降水量不足 400mm，森林覆盖率的增加将消耗大量的地下水(Cao et al., 2011)。与此同时，新生林地的植被覆盖率与 NPP 也会受到限制，无法充分发挥森林在水土保持与生态恢复方面的价值(Cao et al., 2011; Wang et al., 2007)。相反，本节的研究结果表明，在呼和浩特的大部分区域，半天然草地具有更高的适应性(图 6.30)。

6. 结论

本节利用 CLUMondo 模型模拟了呼和浩特市 2013～2030 年不同社会经济发展和环境保护情景下的土地系统变化过程。研究表明，CLUMondo 模型可以同时模拟土地覆盖变化过程和土地利用的集约化过程，为全面模拟土地系统变化过程提供了有效途径。模拟结果表明，呼和浩特市在三种情景下均将经历大规模的城市景观过程，城市对生态环境的压力将进一步增加。规划情景下的大规模植树造林可以减缓这一压力，但将加剧区域水资源的供需矛盾。在保护情景下，半天然草地的增加则可以在减缓城市景观过程影响的同时避免水资源短缺的加剧。本书研究的结果可以为该地区城市景观的设计提供科学依据。

参 考 文 献

潮洛濛, 翟继武, 韩倩倩. 2010. 西部快速城市化地区近20年土地利用变化及驱动因素分析——以呼和浩特市为例. 经济地理, 30(2): 239-243.

丁美慧, 刘志锋, 何春阳, 等. 2017. 中国北方农牧交错带城市扩展过程对植被净初级生产力影响研究——以呼包鄂地区为例. 干旱区地理, 40(3): 614-621.

董宁, 韩兴国, 邬建国. 2012. 内蒙古鄂尔多斯市城市化时空格局变化及其驱动力. 应用生态学报, 23(4): 1097-1103.

方创琳, 宋吉涛, 蔺雪芹. 2010. 中国城市群可持续发展理论与实践. 北京: 科学出版社.

国家发改委. 2018. 呼包鄂榆城市群发展规划. www. gov. cn/xinwen/2018-03/07/content_5271788. htm.

国务院人口普查办公室, 国家统计局人口与就业统计司. 2012. 中国 2010 人口普查资料. 北京: 中国统计出版社.

黄庆旭, 何春阳, 史培军, 等. 2009. 城市扩展多尺度驱动机制分析——以北京为例. 经济地理, 29(5): 714-721.

姜彤, 赵晶, 曹丽格, 等. 2018. 共享社会经济路径下中国及分省经济变化预测. 气候变化研究进展, 14(1): 50-58.

姜彤, 赵晶, 景丞, 等. 2017. IPCC 共享社会经济路径下中国和分省人口变化预估. 气候变化研究进展, 13(2): 128-137.

刘纪远, 匡文慧, 张增祥, 等. 2014. 20 世纪 80 年代末以来中国土地利用变化的基本特征与空间格局. 地理学报, 69(1): 3-14.

内蒙古自治区统计局. 2014. 内蒙古统计年鉴 2014. 北京: 中国统计出版社.

内蒙古自治区国土资源厅. 2010. 内蒙古自治区土地利用总体规划(2006—2020 年). http://www.mlr.gov.cn/tdsc/tdgh/ 201006/t20100623_152592. htm.

任志远, 武永峰. 2004. 我国北部农牧交错区城郊土地利用时空变化——以包头市为例. 干旱区地理, 27(4): 307-503.

宋世雄, 刘志锋, 何春阳, 等. 2018. 城市扩展过程对自然生境影响评价的研究进展. 地球科学进展, 33(10): 1094-1104.

孙泽祥, 刘志锋, 何春阳, 等. 2016. 中国快速城市化干旱地的生态系统服务权衡关系多尺度分析: 以呼包鄂榆地区为例. 生态学报, 36(15): 4481-4891.

孙泽祥, 刘志锋, 何春阳, 等. 2017. 中国北方干燥地区城市扩展过程对生态系统服务的影响——以呼和浩特-包头-鄂尔多斯城市群地区为例. 自然资源学报, 32(10): 1691-1704.

邬建国, 何春阳, 张庆云, 等. 2014. 全球变化与区域可持续发展耦合模型及调控对策. 地球科学进展, 29(12): 1315-1324.

燕群, 蒙吉军, 康玉芳. 2011. 中国北方农牧交错带土地集约利用评价研究——以内蒙古鄂尔多斯市为例. 干旱区地理, 34(6): 1017-1023.

翟涌光, 屈忠义, 吕萌. 2020. 西北部少数民族地区城市扩展特征分析——以呼和浩特市为例. 测绘科学, 45(4): 97-104, 124.

中华人民共和国住房和城乡建设部. 2015. 中国城市建设统计年鉴(2000～2015 年). 北京: 中国统计出版社.

祝列克. 2006. 中国荒漠化和沙化动态研究. 北京: 中国农业出版社.

Angel S, Parent J, Civco D, et al. 2011. The dimensions of global urban expansion: Estimates and projections of all countries, 2000-2050. Progress in Planning, 75(2): 53-107.

Antos M, Ehmke G, Tzaros C, et al. 2007. Unauthorised human use of an urban coastal wetland sanctuary Current and future patterns. Landscape and Urban Planning, 80(1): 173-183.

Berling-Wolff S, Wu J. 2004. Modeling urban landscape dynamics: A case study in Phoenix, USA. Urban Ecosystems, 7(3): 215-240.

Bhat C. 2001, Quasi-random maximum simulated likelihood estimation of the mixed multinomial logit model. Transportation Research Part B Methodological, 35(7): 677-693.

Biau G. 2012. Analysis of a random forests model. Journal of Machine Learning Research, 13: 1063-1095.

Breiman L. 2001. Random forests. Machine Learning, 45(1): 5-32.

Butchart S, Clarke M, Smithet R, et al. 2015. Shortfalls and solutions for meeting national and global conservation area targets. Conservation Letters, 8(5): 329-337.

Buyantuyev A, Wu J. 2009. Urbanization alters spatiotemporal patterns of ecosystem primary production: A case study of the Phoenix metropolitan region, USA. Journal of Arid Environments, 73(4): 512-520.

Cao S, Chen L, Shankman D, et al. 2011. Excessive reliance on afforestation in China's arid and semi-arid regions: Lessons in ecological restoration. Earth-Science Reviews, 104(4): 240-245.

Chen J, Gong P, He C, et al. 2002. Assessment of the urban development plan of Beijing by using a CA-based urban growth model. Photogrammetric Engineering and Remote Sensing, 68(10): 1063-1071.

Chen J. 2007. Rapid urbanization in China: A real challenge to soil protection and food security. Catena, 69(1): 1-15.

Chen Y, Li X, Su W, et al. 2008. Simulating the optimal land-use pattern in the farming-pastoral transitional zone of Northern China. Computers, Environment and Urban Systems, 32(5): 407-414.

Chu L, Sun T, Wang T, et al. 2018. Evolution and prediction of landscape pattern and habitat quality Based on CA-Markov and InVEST model in Hubei Section of Three Gorges Reservoir Area (TGRA). Sustainability, 10(11): 3854.

Clarke K, Hoppen S, Gavdos L. 1997. A self-modified cellular automaton model of historical urbanization in the San Francisco Bay Area. Environment and Planning B, 24(2): 247-261.

Dellink R, Chateau J, Lanzi E, et al. 2015. Long-term economic growth projections in the Shared Socioeconomic Pathways. Global Environmental Change, 42: 200-214.

Deng X, Huang J, Lin Y, et al. 2013. Interactions between climate, socioeconomics, and land dynamics in Qinghai province, China: A LUCD model-based numerical experiment. Advances in Meteorology, (2): 1-9.

FAO/IIASA/ISRIC/ISS-CAS/JRC. 2009. Harmonized World Soil Database (version 1. 1). FAO, Rome, Italy and IIASA, Laxenburg, Austria.

Field C, Behrenfeld M, Randerson J, et al. 1998. Primary production of the biosphere: Integrating terrestrial and oceanic components. Science, 281(5374): 237-240.

Global Land Project. 2005. Science Plan and Implementation Strategy. Stockholm: IGBP Secretariat.

Guo J, Zhang X, Vogt R, et al. 2010. Significant acidification in major Chinese croplands. Geoderma, 327(5968): 1008-1010.

Hall L, Krausman P, Morrison M. 1997. The habitat concept and a plea for standard terminology. Wildlife Society Bulletin, 25(1): 173-182.

Han L, Zhou W, Li W. 2015. City as a major source area of fine particulate ($PM_{2.5}$) in China. Environmental Pollution, 206: 183-187.

He C, Li J, Zhang X, et al. 2017. Will rapid urban expansion in the drylands of northern China continue: A scenario analysis based on the Land Use Scenario Dynamics-urban model and the Shared Socioeconomic Pathways. Journal of Cleaner Production, 165: 57-69.

He C, Liu Z, Gou S, et al. 2019. Detecting global urban expansion over the last three decades using a fully convolutional network. Environmental Research Letters, 14(3): 034008.

He C, Liu Z, Tian J, et al. 2014. Urban expansion dynamics and natural habitat loss in China: A multi-scale landscape perspective. Global Change Biology, 20(9): 2886-2902.

He C, Okada N, Zhang Q, et al. 2006. Modeling urban expansion scenarios by coupling cellular automata model and system dynamic model in Beijing, China. Applied Geography, 26(3-4): 323-345.

He C, Okada N, Zhang Q, et al. 2008. Modelling dynamic urban expansion processes incorporating a potential model with cellular automata. Landscape and Urban Planning, 86(1): 79-91.

He C, Shi P, Chen J, et al. 2005. Developing land use scenario dynamics model by the integration of system dynamics model and cellular automata model. Science in China Series D: Earth Sciences, 48(11): 1979-1989.

He C, Zhang D, Huang Q, et al. 2016. Assessing the potential impacts of urban expansion on regional carbon storage by linking the LUSD-urban and InVEST models. Environmental Modelling & Software, 75: 44-58.

He C, Zhao Y, Tian J, et al. 2013. Modeling the urban landscape dynamics in a megalopolitan cluster area by incorporating a gravitational field model with cellular automata. Landscape and Urban Planning, 113: 78-89.

He J, Huang J, Li C. 2017. The evaluation for the impact of land use change on habitat quality: A joint contribution of cellular automata scenario simulation and habitat quality assessment model. Ecological Modelling, 366: 58-67.

Holben B. 1986. Characteristics of maximum-value composite images from temporal AVHRR data. International Journal of Remote Sensing, 7(11): 1417-1434.

Huang Q, He C, Liu Z, et al. 2014. Modeling the impacts of drying trend scenarios on land systems in northern China using an integrated SD and CA model. Science China Earth Sciences, 57(4): 839-854.

Huang Q, Meng S, He C, et al. 2019. Rapid urban land expansion in earthquake-prone areas of China. International Journal of Disaster Risk Science, 10(1): 43-56.

IUCN. 2013. Habitats classification scheme (Version 3. 1). //The IUCN Red List of Threatened Species (Version 2013. 1). http: //www. iucnredlist. org.

Jiang L, O'Neill B. 2017. Global urbanization projections for the shared socioeconomic pathways. Glob. Environ. Change-Hum. Policy Dimens, 42(2): 193-199.

Kamusoko C, Gamba J. 2015. Simulating urban growth using a Random Forest-Cellular Automata (RF-CA) model. ISPRS International Journal of Geo-Information, 4(2): 447-470.

Kc S, Lutz W. 2017. The human core of the shared socioeconomic pathways: population scenarios by age, sex and level of education for all countries to 2100. Global Environmental Change, 28(1): 15-18.

Kuemmerle T, Erb K, Meyfroidt P, et al. 2013. Challenges and opportunities in mapping land use intensity globally. Current Opinion in Environmental Sustainability, 5(5): 484-493.

Li F, Wang L, Chen Z, et al. 2018. Extending the SLEUTH model to integrate habitat quality into urban growth simulation. Journal of Environmental Management, 217: 486-498.

Li G, Sun S, Fang C. 2018. The varying driving forces of urban expansion in China: Insights from a spatial-temporal analysis. Landscape and Urban Planning, 174: 63-77.

Li J, Liu Z, He C, et al. 2016. Are the drylands in northern China sustainable? A perspective from ecological footprint dynamics from 1990 to 2010. Science of the Total Environment, 553: 223-231.

Liu J, Liu M, Tian H et al. 2005, Spatial and temporal patterns of China's cropland during 1990-2000: An analysis based on Landsat TM data. Remote Sensing of Environment, 98(4): 442-456.

Liu J, Zhang Q, Hu Y. 2012. Regional differences of China's urban expansion from late 20th to early 21st century based on remote sensing information. Chinese Geographical Science, 22(1): 1-14.

Liu J, Zhang Z, Xu X, et al. 2010. Spatial patterns and driving forces of land use change in China during the early 21st century. Journal of Geographical Sciences, 20 (4) : 483-494.

Liu X, Hu G, Chen Y, et al. 2018. High-resolution multi-temporal mapping of global urban land using Landsat images based on the Google Earth Engine Platform. Remote Sensing of Environment, 209: 227-239.

Liu X, Li X, Chen Y. 2010. A new landscape index for quantifying urban expansion using multi-temporal remotely sensed data. Landscape Ecology, 25 (5) : 671-682.

Liu Z, Ding M, He C, et al. 2019. The impairment of environmental sustainability due to rapid urbanization in the dryland region of northern China. Landscape and Urban Planning, 187: 165-180.

Liu Z, He C, Wu J. 2016a. General spatiotemporal patterns of urbanization: An examination of 16 World cities. Sustainability, 8 (1) : 41.

Liu Z, He C, Wu J. 2016b. The relationship between habitat loss and fragmentation during urbanization: An empirical evaluation from 16 world cities. PLoS One, 11 (4) : e0154613.

Liu Z, He C, Zhang Q, et al. 2012. Extracting the dynamics of urban expansion in China using DMSP-OLS nighttime light data from 1992 to 2008. Landscape and Urban Planning, 106 (1) : 62-72.

Liu Z, Verburg P, Wu J, et al. 2017. Understanding land system change through scenario-based simulations: A case study from the drylands in northern China. Environmental Management, 59 (3) : 440-454.

Lyu R, Zhang J, Xu M, et al. 2018. Impacts of urbanization on ecosystem services and their temporal relations: A case study in Northern Ningxia, China. Land Use Policy, 77: 163-173.

Matthews R, Gilbert N, Roach A, et al. 2007. Agent-based land-use models: A review of applications. Landscape Ecology, 22 (10) : 1447-1459.

McDonald R, Guneralp B, Huang C, et al. 2018. Conservation priorities to protect vertebrate endemics from global urban expansion. Biological Conservation, 224: 290-299.

Millennium Ecosystem Assessment. 2005. Ecosystems and Human Well-being: Synthesis. Washington DC: Island Press.

Moreria M, Fonseca C, Vergilio M, et al. 2018. Spatial assessment of habitat conservation status in a Macaronesian island based on the InVEST model: A case study of Pico Island (Azores, Portugal). Land Use Policy, 78: 637-649.

Muller D, Sun Z, Vongvisouk T, et al. 2014. Regime shifts limit the predictability of land-system change. Global Environmental Change: Human and Policy Dimensions, 28: 75-83.

National Development and Reform Commission of China. 2008. The national planning on medium- and long-term food security (2008-2020). http: //www. gov. cn/jrzg/2008-11/13/content_1148414. htm.

O'Neill B, Carter T, Ebi K, et al. 2012. Meeting Report of the Workshop on the Nature and Use of New Socioeconomic Pathways for Climate Change Research, Boulder, CO, November 2-4, 2011. http: //www. isp. ucar. edu/socioeconomic-pathways.

O'Neill B, Kriegler E, Ebi K, et al. 2017. The roads ahead: Narratives for shared socioeconomic pathways describing world futures in the 21st century. Global Environmental Change, 42: 169-180.

Ornetsmüller C, Verburg P, Heinimann A. 2016. Scenarios of land system change in the Lao PDR: Transitions in response to alternative demands on goods and services provided by the land. Applied Geography, 75: 1-11.

Pei F, Li X, Liu X, et al. 2013. Assessing the differences in net primary productivity between pre- and post-urban land development in China. Agricultural and Forest Meteorology, 171-172 (3) : 174-186.

Pontius R, Millones M. 2011. Death to Kappa: Birth of quantity disagreement and allocation disagreement for accuracy assessment. International Journal of Remote Sensing, 32 (15-16) : 4407-4429.

Pontius R, Schneider L. 2001. Land-cover change model validation by an ROC method for the Ipswich watershed, Massachusetts, USA. Agriculture, Ecosystems and Environment, 85(1-3): 239-248.

Seto K, Guneralp B, Hutyra L. 2012. Global forecasts of urban expansion to 2030 and direct impacts on biodiversity and carbon pools. Proceedings of the National Academy of Sciences of the United States of America, 109(40): 16083-16088.

Shafizadeh-Moghadam H, Helbich M. 2015. Spatiotemporal variability of urban growth factors: A global and local perspective on the megacity of Mumbai. International Journal of Applied Earth Observation and Geoinformation, 35: 187-198.

Sharp R, Tallis H, Ricketts T, et al. 2016. InVEST 3. 2. 0 User's Guide. The Natural Capital Project, Stanford University, University of Minnesota, The Nature Conservancy, and World Wildlife Fund.

Shen Q, Chen Q, Tang B, et al. 2009. A system dynamics model for the sustainable land use planning and development. Habitat International, 33(1): 15-25.

Song S, Liu Z, He C, et al. 2020. Evaluating the effects of urban expansion on natural habitat quality by coupling localized shared socioeconomic pathways and the land use scenario dynamics-urban model. Ecological Indicators, 112: 106071.

Standing Committee of the People's Congress in Inner Mongolia. 2013. Regulations of Inner Mongolia Autonomous Region on Daqing Mountain National Nature Reserve. http: //dqs. nmglyt. gov. cn/.

Statistical Bureau in Hohhot. 2013. Hohhot Economic Statistical Yearbook. Beijing: China Statistics Press.

Terrado M, Sabater S, Chaplin-Kramer B, et al. 2016. Model development for the assessment of terrestrial and aquatic habitat quality in conservation planning. Science of the Total Environment, 540: 63-70.

Tian G, Qiao Z. 2014. Assessing the impact of the urbanization process on net primary productivity in China in 1989-2000. Environmental Pollution, 184: 320-326.

Turner B, Janetos A, Verbug P, et al. 2013. Land System Architecture: Using Land Systems to Adapt and Mitigate Global Environmental Change. Richland, WA (US): Pacific Northwest National Laboratory (PNNL).

UNPD. 2014. World Urbanization Prospects: The 2014 Revision. New York: United Nations Population Division.

van Asselen S, Verburg P. 2013. Land cover change or land-use intensification: simulating land system change with a global-scale land change model. Global Change Biology, 19(12): 3648-3667.

van Vliet J, Bregt A, Hagen-Zanker A. 2011. Revisiting Kappa to account for change in the accuracy assessment of land-use change models. Ecological Modelling, 222(8): 1367-1375.

Verburg P, Erb K, Mertz O, et al. 2013. Land System Science: Between global challenges and local realities. Current Opinion in Environmental Sustainability, 5(5): 433-437.

Verburg P, Overmars K. 2009. Combining top-down and bottom-up dynamics in land use modeling: Exploring the future of abandoned farmlands in Europe with the Dyna-CLUE model. Landscape Ecology, 24(9): 1167-1181.

Verburg P, Schulp C, Witte N, et al. 2006. Downscaling of land use change scenarios to assess the dynamics of European landscapes. Agriculture, Ecosystems & Environment, 114(1): 39-56.

Wang X, Lu C, Fang J, et al. 2007. Implications for development of grain-for-green policy based on cropland suitability evaluation in desertification-affected north China. Land Use Policy, 24(2): 417-424.

Wang X, Zhang C, Hasi E, et al. 2010. Has the Three Norths Forest Shelterbelt Program solved the desertification and dust storm problems in arid and semiarid China? Journal of Arid Environments, 74(1): 13-22.

Wu J, Zhang Q, Li A, et al. 2015. Historical landscape dynamics of Inner Mongolia: Patterns, drivers, and impacts. Landscape Ecology, 30(9): 1579-1598.

Wu J. 2013. Landscape sustainability science: Ecosystem services and human well-being in changing landscapes. Landscape Ecology, 28(6): 999-1023.

Wu W, Zhao S, Henebry G M. 2019. Drivers of urban expansion over the past three decades: A comparative study of Beijing, Tianjin, and Shijiazhuang. Environmental Monitoring and Assessment, 191(1): 34.

Xu M, He C, Liu Z, et al. 2016. How did urban land expand in China between 1992 and 2015? A multi-scale landscape analysis. PLoS One, 11(5): e0154839.

Xu X, Gao Q, Liu Y et al. 2009. Coupling a land use model and an ecosystem model for a crop-pasture zone. Ecological Modelling, 220(19): 2503-2511.

Yang X, Ci L, Zhang X. 2008. Dryland characteristics and its optimized eco-productive paradigms for sustainable development in China. Natural Resources Forum, 32(3): 215-227.

Zhang D, Huang Q, He C, et al. 2017. Impacts of urban expansion on ecosystem services in the Beijing-Tianjin-Hebei urban agglomeration, China: A scenario analysis based on the Shared Socioeconomic Pathways. Resources, Conservation & Recycling, 125: 115-130.

Zhang D, Liu X, Wu X, et al. 2018. Multiple intra-urban land use simulations and driving factors analysis: A case study in Huicheng, China. GIScience & Remote Sensing, 56(2): 282-308.

Zhang F, He J, Yao Y, et al. 2013. Spatial and seasonal variations of pesticide contamination in agricultural soils and crops sample from an intensive horticulture area of Hohhot, North-West China. Environmental Monitoring and Assessment, 185(8): 6893-6908.

第 7 章　京津冀城市群城市景观过程和可持续性

7.1　城市景观过程*

1. 问题的提出

京津冀城市群包括北京、天津以及河北的石家庄、张家口和保定等 13 个城市、178 个县级行政单元，是我国三大城市群之一，在我国城市群体系中属于国家级城市群(方创琳等, 2005)。在过去 20 多年间，京津冀城市群发展迅速，无论是经济总量还是人口规模都有了很大程度的增长。然而，该地区的高速发展也带来了一些负面影响，如“异地城镇化”“大城市病”、社会环境承载力失衡等问题(文魁和祝尔娟等, 2013)。2015 年，国家发布了《京津冀协同发展规划纲要》。2017 年，中共中央、国务院决定设立河北雄安新区。两者的核心都是有序疏解北京非首都功能，这对于优化京津冀地区城市布局具有重大意义(李峰和赵怡虹, 2018)。京津冀的协同发展已经上升到国家战略，在此背景下，量化和分析京津冀城市群的城市景观过程对于京津冀的协同发展至关重要，也能够为雄安新区建设的必要性提供理论验证和支持。

近年来，许多学者对京津冀城市群的城市景观过程开展了研究。例如，徐新良等(2012)利用 GIS 空间分析方法，分析了 1990～2008 年京津冀城市扩展的时空过程，并运用 SLEUTH 模型模拟了京津冀城市扩展的未来情景。隆学文和马新辉(2011)对 20 世纪 80 年代末、90 年代末、2008 年三个时间的首都圈京津冀三轴线城市空间结构演变进行了遥感分析，发现其沿中心向外扩展，具有辐射效应。孟丹等(2013)采用遥感和 GIS 相结合的技术方法，分析了 1990～2006 年京津冀都市圈的空间扩展特征。侯莉莉等(2016)利用遥感数据分析了 2010～2015 年北京、天津、石家庄 3 个城市的格局变化。目前，对京津冀城市群城市景观过程的研究大多以某几期遥感影像为基础，较少有完整的逐年数据，并且研究的时效性较低，2012 年以后，特别是 2015 年京津冀城市群规划出台之后的研究更少，因此难以准确揭示最新的城市扩展模式。

本节将基于 2012～2016 年 NPP-VIIRS 数据提取京津冀城市群的城市建设用地，并与基于DMSP-OLS数据提取的城市建设用地信息构成1992～2016年逐年时间序列的城市扩展数据。然后，利用景观扩展指数，分别在城市群尺度和城市尺度上分析 1992～2016 年京津冀城市群景观过程的特征。最后，利用相关分析方法，讨论社会经济发展与城市景观过程的关系，并利用 Logistic 回归方法，探讨京津冀城市建设用地和地理区位的关系，

---

* 本节内容主要基于 朱磊，岳嘉琛，陈诗音，等. 2019. 1992～2016 年京津冀城市群城市扩展过程和驱动分析. 北京师范大学学报(自然科学版), 55(2): 291-298.

并与国家政策进行对比，明确政策因素对城市景观过程的影响。

2. 研究区和数据

研究范围是由北京、天津和河北石家庄、张家口、保定等 13 个城市组成的京津冀城市群，总面积 21.8 万 km^2(图 7.1)。京津冀城市群地处华北平原北部，西邻太行山，北邻燕山，气候为暖温带大陆性季风气候。京津冀城市群与珠江三角洲城市群和长江三角洲城市群并列为三大城市群，它也是我国的政治、科技、文化的中心。2016 年京津冀城市群全年 GDP 达 75624.97 亿元，占全国 GDP 的 10.17%，常住人口达到了 1.12 亿人，占全国总人口的 8.1%(国家统计局, 1993～2017)。

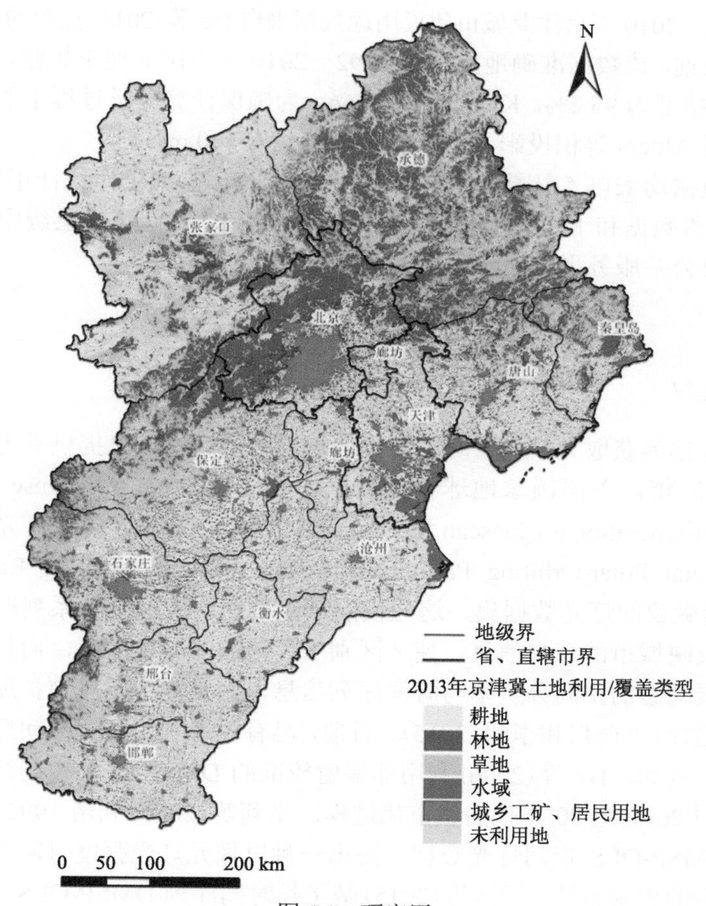

图 7.1　研究区

研究使用了五种数据。首先，NPP-VIIRS 夜间灯光数据来自美国国家地球物理数据中心(https://www.ngdc.noaa.gov/eog/viirs/)。美国国家地球物理数据中心网站自 2012 年 4 月开始每月发布一期 NPP-VIIRS 夜间灯光数据，所采用数据的时间跨度为 2012 年 4 月～2016 年 12 月。与 DMSP-OLS 夜间灯光数据相比，NPP-VIIRS 夜间灯光数据将分辨率提高到了 500 m，且其较宽的辐射探测范围不会出现灯光饱和现象，清晰度和灵敏度都得到了提高，可以更准确地进行城市建设用地的提取(Elvidge et al., 2013)。

其次，中分辨率成像光谱仪(Moderate-resolution Imaging Spectroradiometer，MODIS)NDVI 数据来自 NASA 戈达德航天中心网站(https://ladsweb.modaps.eosdis.nasa.gov)。采用 2012～2016 年 MODIS13A1 的 500m 分辨率 16 天合成的植被指数产品，可以有效地反映植被的盖度，为排除水体和未利用地提供重要的辅助信息。

地表温度(land surface temperature, LST)数据来自 NASA 戈达德航天中心网站(https://ladsweb.modaps.eosdis.nasa.gov)，采用了 2012～2016 年 MODIS11A2 的 1 km 分辨率 8 天合成的夜间地表温度数据。它可以有效地反映地表温度，为城市建设用地提取提供重要的辅助信息。

此外，1992～2010 年京津冀城市建设用地数据来自 He 等(2014)提取的 1992～2010 年中国城市土地数据。该数据准确地反映了 1992～2010 年中国的城市扩张，数据分辨率为 1km，总体平均精度为 95.2%，Kappa 值为 0.66。为确保计算分析过程中的准确性，以上空间数据均采用 Albers 等积投影，空间分辨率统一为 500 m。

社会经济数据均来自《中国统计年鉴》《北京统计年鉴》《天津统计年鉴》《河北经济年鉴》。90 m 高程数据和 1∶400 万的河流、公路、铁路、地级市和县级中心矢量数据来自国家地理信息公共服务平台(http://service.tianditu.gov.cn/)。

3. 方法

1)数据预处理

夜间灯光数据为获取大尺度长时间序列的城市扩展动态信息提供有力的数据保障。2010 年和 2012 年，美国国家地球物理数据中心先后发布了 Defense Meteorological Satellite Program-Operational Linescan System (DMSP-OLS) 稳定夜间灯光第四版数据集和 Suomi National Polar-Orbiting Partnership-Visible Infrared Imaging Radiometer Suite (NPP-VIIRS)新版夜间灯光数据集。这些夜间灯光数据均经过了一系列严格的数据预处理，能够有效反映城市的灯光信息，使之区别于黑暗的非城市地区，而且具有适合监测大尺度城市扩展动态的空间分辨率与时间序列信息，为监测中国城市扩展过程提供了一条便捷可靠的途径(李德仁和李熙, 2015)。目前，已有学者利用这些夜间灯光数据集研究城市景观过程。例如，He 等(2006)利用非辐射校准的 DMSP-OLS 夜间灯光图像和统计数据研究了中国 20 世纪 90 年代的城市化进程。卓莉等(2006)利用 1992 年、1996 年和 1998 年三期 DMSP-OLS 夜间灯光数据，提出一种以像元灯光强度时间变化特征为依据的城市扩展类型的识别方法。杨洋等(2015)基于长时间序列 DMSP-OLS 夜间灯光数据，对 1992～2010 年环渤海地区进行土地城镇化水平的时空测度分析。许伟攀等(2018)利用 NPP-VIIRS 夜间灯光数据，以中美两国为例，揭示了快速城市化国家与已完成城市化国家的城市规模分布的异同。

研究的数据预处理由三部分组成。首先，裁剪出京津冀城市群区域的 NPP-VIIRS 夜间灯光数据。其次，由于 NPP-VIIRS 夜间灯光数据并未排除夜间的火光、气体燃烧等异常光源信息，本书研究参考唐梁博和崔海山(2017)的研究，选取首都国际机场的最高灯光数据作为最大灯光阈值，用 ArcGIS 10.2 的栅格计算器工具对其进行过亮像元的过滤，即异常值的过滤。最后，参考 He 等(2014)研究，对 NPP-VIIRS 夜间灯光数据进行年平均值合成，对 NDVI 数据和 LST 数据进行年最大值合成，获得 2012～2016 年植被和温度数据。

2)提取城市建设用地

在收集并处理了 2012～2016 年的 NPP-VIIRS 夜间灯光数据、MODIS 的 LST 数据和 NDVI 数据后，基于支持向量机(support vector machine, SVM)，提取京津冀城市群 2012～2016 年的城市建设用地。需要说明的是，在利用 SVM 方法提取城市建设用地之后，参考何春阳等(2005)的研究，进行了数据的后期处理，即假设京津冀城市群的城市建设用地是连续增加的，即在前一年出现的城市建设用地斑块在下一年的图像中应该也是城市建设用地，不会消失。将城市建设用地提取结果与刘纪远等(2017)使用 Landsat TM 提取的 30 m 分辨率京津冀城市建设用地进行对比。对比结果显示，基于 NPP-VIIRS 夜间灯光数据提取的城市建设用地整体精度达到 97.62%，Kappa 系数达到 0.67，可以用于京津冀城市群的城市扩展动态研究。

3)计算景观扩展指数

采用刘小平等(2009)提出的 LEI 对京津冀城市群城市扩展模式进行定量分析，具体计算公式如下：

$$\mathrm{LEI}=\frac{A_0}{A_0+A_v}\times 100 \tag{7.1}$$

式中，A_0 为新增城市建设用地的缓冲区与已有城市建设用地相交的面积；A_v 为该缓冲区与非城市建设用地相交的面积。根据 LEI 值的不同，可将城市扩展模式分成飞地型(outlying)、边缘型(edge-expansion)和内填型(infilling)三种类型。飞地型是指新增的城市建设用地与已有城市建设用地之间没有直接接触的扩展模式，即 LEI = 0。边缘型是指在已有城市建设用地的边缘继续扩展的模式，即 LEI 值在 0～50。内填型是指新增城市建设用地被已有城市建设用地包围的区域的扩展模式，即 LEI 在 50～100。LEI 不仅可以体现景观的空间格局，还可以显示出景观格局的动态变化过程信息。

4. 结果

1)京津冀城市群城市面积扩展

京津冀城市群的城市建设用地扩展迅速(图 7.2)。城市建设用地面积从 1992 年的 1662.8 km^2 增长到了 2016 年的 9092.5 km^2，增长了 4.5 倍。1992～2016 年，京津冀城市面积年均增速为 7.3%，2008 年年均增速最小，为 2.0%，1993 年年均增速最大，达到 20.7%[图 7.3(b)]。城市建设用地占整个京津冀城市群总面积的比例从 1992 年的 0.8%增长到了 2016 年的 4.2%。Xu 等(2016)的研究表明，1992～2015 年在全国尺度上城市建设用地面积年均增速为 8.1%。因此，京津冀城市群城市建设用地面积增速略低于全国平均水平。

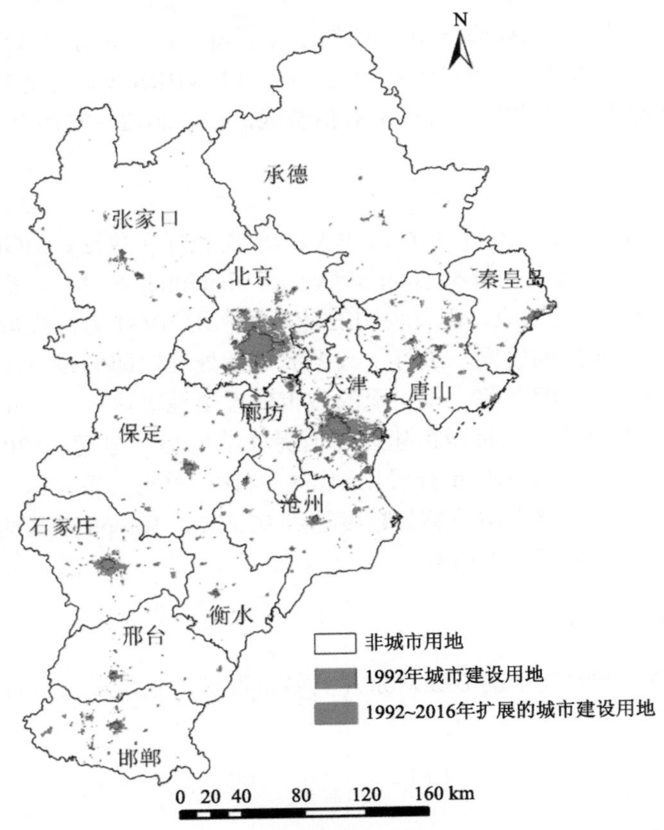

图 7.2　1992～2016 年京津冀城市群城市建设用地扩展

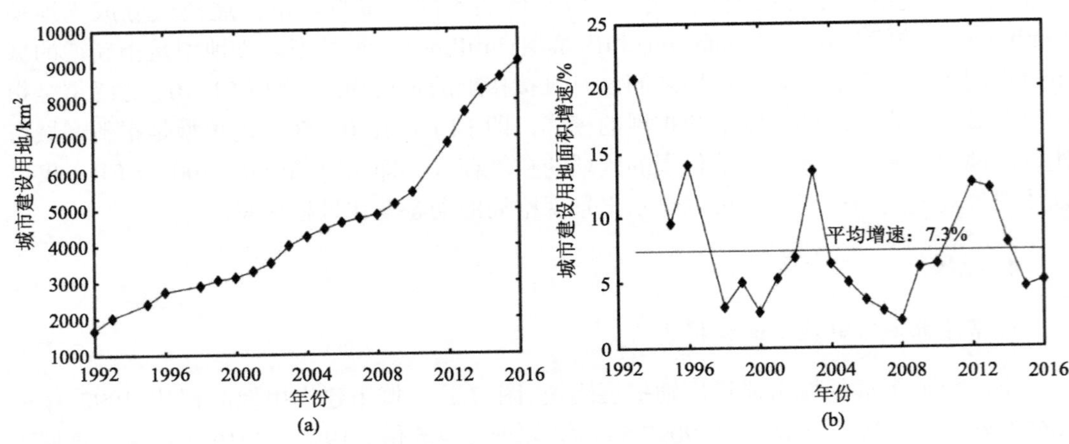

图 7.3　1992～2016 年京津冀城市建设用地面积变化

(a) 1992～2016 年京津冀城市建设用地面积；(b) 1992～2016 年京津冀城市建设用地增速

不同城市的城市扩展速度差异显著。1992～2016 年，城市建设用地年均增速最快的是承德和廊坊，年均增速分别达到了 17.4%和 17.1%。北京年均增速最慢，仅为 5.5%。其他 10 个城市年均增速均在 7.1%～10.0%(表 7.1)。从城市扩展面积上来说，北京和天津的年平均扩展面积最大，分别为 78.7km^2 和 75.8km^2。

表 7.1　1992～2016 京津冀城市群的城市景观过程

城市	年均扩展面积/(km^2/a)	城市扩展年均增速/%
承德	5.8	17.4
廊坊	18.0	17.1
衡水	4.8	10.0
唐山	32.2	9.9
邢台	8.3	9.6
保定	15.5	9.5
沧州	14.2	9.3
张家口	11.5	8.7
秦皇岛	10.2	8.3
邯郸	14.2	7.8
石家庄	20.6	7.4
天津	75.8	7.1
北京	78.7	5.5

2) 京津冀城市群的城市扩展模式

1992～2016 年京津冀城市群的城市扩展类型以边缘型为主(图 7.4)，边缘型扩展面积为 5559.9 km^2，占城市扩展总面积的 67.0%(表 7.2)。边缘型扩展面积比例在 1992～2016 年间均超过 50%。其中，最小值为 53.5%，出现在 2012～2013 年；最大值为 81.3%，出现在 1998～1999 年。

1992～2016 年京津冀城市群内填型扩展面积大于飞地型扩展面积。1992～2016 年京津冀城市群内填型扩展面积达到了 1618.3 km^2，占总扩展面积的 19.5%，而飞地型扩展面积只有 1124.0 km^2，占总扩展面积的 13.5%，是内填型扩展面积的 69.5%。

表 7.2　1992～2016 京津冀城市群逐年城市扩展类型面积及占比

时段(年份)	边缘型		飞地型		内填型		扩展总面积/km^2
	面积/km^2	比例/%	面积/km^2	比例/%	面积/km^2	比例/%	
1992～1993	267.0	77.4	37.0	10.7	41.0	11.9	345.0
1993～1995	301.0	79.0	26.0	6.8	54.0	14.2	381.0
1995～1996	211.0	62.6	40.0	11.9	86.0	25.5	337.0
1996～1998	122.0	72.6	23.0	13.7	23.0	13.7	168.0
1998～1999	113.0	81.3	7.0	5.0	19.0	13.7	139.0
1999～2000	54.0	65.1	2.0	2.4	27.0	32.5	83.0
2000～2001	127.0	77.4	10.0	6.1	27.0	16.5	164.0
2001～2002	179.0	78.9	17.0	7.5	31.0	13.7	227.0
2002～2003	356.0	73.4	62.0	12.8	67.0	13.8	485.0

续表

时段(年份)	边缘型		飞地型		内填型		扩展总面积/km²
	面积/km²	比例/%	面积/km²	比例/%	面积/km²	比例/%	
2003～2004	166.0	65.1	38.0	14.9	51.0	20.0	255.0
2004～2005	167.0	78.8	17.0	8.0	28.0	13.2	212.0
2005～2006	117.0	73.6	10.0	6.3	32.0	20.1	159.0
2006～2007	86.0	65.6	14.0	10.7	31.0	23.7	131.0
2007～2008	75.0	70.1	2.0	1.9	30.0	28.0	107.0
2008～2009	200.0	67.3	14.0	4.7	83.0	27.9	297.0
2009～2010	192.0	58.2	27.0	8.2	111.0	33.6	330.0
2010～2012	1508.3	68.1	619.0	28.0	86.8	3.9	2214.1
2012～2013	445.5	53.5	47.8	5.7	339.0	40.7	832.3
2013～2014	364.8	59.4	42.5	6.9	207.3	33.7	614.5
2014～2015	225.3	59.4	30.8	8.1	123.5	32.5	379.5
2015～2016	283.0	64.1	38.0	8.6	120.8	27.3	441.8
1992～2016	5559.9	67.0	1124.0	13.5	1618.3	19.5	8302.1

1992～2016 年京津冀城市群内各城市的扩展模式均以边缘型为主(图 7.4)。京津冀城市群内 13 个城市边缘型扩展面积比例为 61.0%～78.5%。其中，边缘型扩展面积比例最大的城市为承德，最小的城市为秦皇岛。这 13 个城市的内填型扩展面积比例为 7.8%～27.3%，超过 20%的城市仅有 3 个，分别为北京、天津和秦皇岛，其比例分别为 27.3%、22.9%和 22.5%。而这 13 个城市的飞地型扩展面积比例为 7.71%～27.2%，超过 20%的城市仅有 4 个，分别为邯郸、廊坊、邢台和张家口，其比例分别为 20.1%、20.3%、22.8%和 27.2%。飞地型扩展模式的增加会导致城市建设用地的形态变得复杂，这与王海军等(2018)研究发现的 1990～2015 年京津冀南部的邯郸和邢台比北部城市的建设用地形状更复杂、分形维数变化更大的结论相吻合。

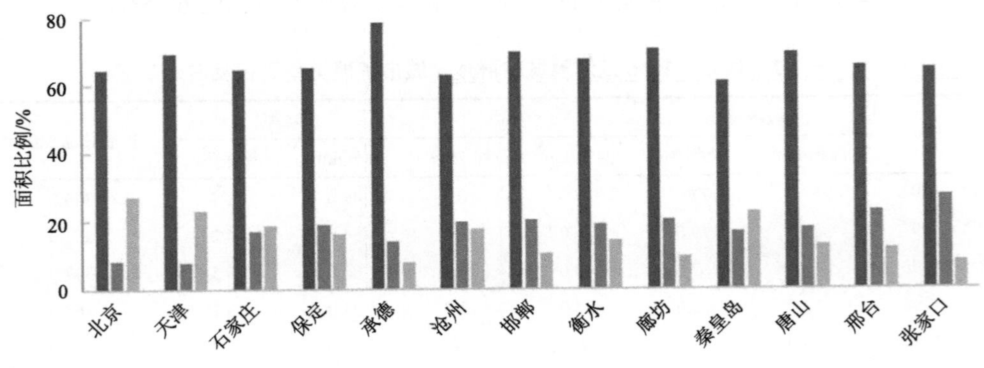

图 7.4　1992～2016 年京津冀城市群各地级市城市扩展模式对比

5. 讨论

1）社会经济发展因素对城市景观过程的影响

研究表明，城市景观过程与城市经济发展和人口增长有密切的关系(Li et al., 2003)。参考谈明洪等(2003)和黄庆旭等(2009)的研究，选择相关分析的方法，分析社会经济发展对京津冀城市景观过程的影响。具体地，选择了经济、人口、固定资产投资和人民生活水平这四类数据展开分析。其中，经济数据包括地区生产总值、第二产业增加值、第三产业增加值、建筑业增加值、工业增加值和人均地区生产总值。人口数据包括常住人口和城市人口比例。固定资产投资数据为全社会固定资产投资。人民生活水平数据包括城镇居民人均可支配收入和城镇居民家庭人均消费支出。以上数据来自《中国统计年鉴》《北京统计年鉴》《天津统计年鉴》《河北统计年鉴》。

考虑到上述数据的量纲差异，参考已有的研究(王利伟和冯长春等, 2016；曾馨漫等, 2015)，对原始数据进行了标准化处理，计算公式如下：

$$Y_t = \left[X_t - \min\left(X_i\right)\right] / \left[\max\left(X_i\right) - \min\left(X_i\right)\right] \tag{7.2}$$

式中，Y_t 为标准化处理结果；X_t 为某年度数据；$\max\left(X_i\right)$、$\min\left(X_i\right)$ 分别为同一类别数据的最大值和最小值。

结果表明，社会经济发展是促进京津冀城市群城市扩展的重要因素(表 7.3)。经济类、人口类、固定资产投资类和人民生活水平类因子与京津冀城市群城市扩展过程均显著相关，其相关关系均通过了 0.01 水平的显著性检验。其中，人民生活水平的提高对城市景观过程有很强的驱动作用，其相关系数均超过了 0.99。城市人口比例的增加与城市景观过程的相关关系在所选因子中最弱，可能是因为居住成本、户籍制度和资源承载力的限制，但相关系数仍然达到 0.929。其余因素与城市景观过程的相关系数均在 0.97 以上。今后京津冀城市群的发展可以加强对基础设施建设、产业转型和人口调控等方面的关注。

表 7.3　城市景观过程与社会经济发展的相关关系

	经济类					
相关系数	地区生产总值	第二产业增加值	第三产业增加值	建筑业增加值	工业增加值	人均地区生产总值
	0.987**	0.978**	0.987**	0.988**	0.976**	0.987**
	人口类					
	常住人口			城市人口比例		
	0.982**			0.929**		
	固定资产投资类					
	全社会固定资产投资					
	0.976**					
	人民生活水平类					
	城镇居民人均可支配收入			城镇居民家庭人均消费支出		
	0.992**			0.994**		

** 在 0.01 水平(双侧)显著相关。

2) 地理区位因素对城市景观过程的影响

地理区位因素对城市景观过程有重要的作用。参考黄庆旭等(2009)的研究，选取坡度、距市中心的距离、距铁路的距离、距河流的距离、距县中心的距离、距一般公路的距离这 6 项对城市景观过程可能有着较大影响的指标，利用 Logistic 回归分析模型，分析了 2016 年京津冀城市群城市建设用地和区位要素的关系。

结果表明，区位要素在京津冀城市景观过程中扮演重要角色(表 7.4)。结果显示，6 项指标的让步比均小于 1，说明这 6 种指标越小，城市出现的概率越大。 其中，距县中心的距离的让步比最小，小于 10^{-5}，距市中心的距离的让步比也仅为 3.02×10^{-3}，说明城市景观过程多为边缘型扩展模式，沿着已有城市建设用地的边缘扩展。这个发现与已有研究的结论也有较好的一致性。例如，王利伟和冯长春(2016)发现京津冀城市群空间扩展模式呈现出以中心城市为主，向次级中心城市圈层扩展的特征。这与本节发现的距县中心的距离让步比最小的现象相吻合。坡度的让步比为 5.67×10^{-6}，说明地形因素对京津冀城市群城市景观过程的限制效果明显。Logistic 回归分析发现，距铁路的距离和距一般公路的距离的让步比分别为 5.46×10^{-3} 和 0.06，进一步说明距交通干线的距离越近，出现城市建设用地的概率越大。研究者在京津冀城市群也有类似发现，如曾馨漫等(2015)通过缓冲区分析发现 80%以上的新增城市建设用地集中在高速公路沿线 10 km 范围内。此外，距河流的距离的让步比为 0.21，河流两侧的城市景观过程并不明显，这也与京津冀城市群的湿地保护措施相一致。

表 7.4　2016 年京津冀城市群的城市建设用地 Logistic 回归结果

指标	回归系数	标准误差	显著性	让步比 exp (β)
距县中心的距离	−12.26	0.22	0.00	4.74×10^{-6}
坡度	−12.08	0.43	0.00	5.67×10^{-6}
距市中心的距离	−5.80	0.13	0.00	3.02×10^{-3}
距铁路的距离	−5.21	0.18	0.00	5.46×10^{-3}
距一般公路的距离	−2.84	0.16	0.00	0.06
距河流的距离	−1.54	0.19	0.00	0.21
常量	1.20	0.03	0.00	3.31

3) 政策因素对城市景观过程的影响

政府政策在城市景观过程中扮演着重要的角色。本书进一步搜集了不同时期国家和省级政府的五年规划纲要(中华人民共和国国务院, 1990; 1996; 2001; 2006; 2011; 中华人民共和国住房和城乡建设部, 2006; 2011)，将规划内容和本书研究结果进行对比(表 7.5)。首先，京津冀 1992～2016 年城市建设用地的持续快速扩展与国家在全国范围内积极推进城镇化的政策一致。其次，京津冀 1992～2016 年城市建设用地扩展最快的城市均在河北，北京和天津的年均增速较小(表 7.1)。这与国家重点发展中小城市、控制大城市规模的政策紧密相关(表 7.5)。最后，在京津冀尺度上，2005 年以后城市扩展模式内填型比例明显高于 2005 年以前(表 7.2)。这也较好吻合了京津冀“十一五”“十二五”规划中整治城中村、改造棚户区等政策。

表 7.5　1992～2016 年部分政府政策

分类	年份	政策名称	相关政策
国家政策	1991～2000	《关于国民经济和社会发展十年规划和第八个五年计划纲要的报告》《国民经济和社会发展“九五”计划和 2010 年远景目标纲要》	控制大城市发展，合理发展中小城市。形成大中小城市规模适度的城镇体系
	2001～2015	《中华人民共和国国民经济和社会发展第十个五年计划纲要》《中华人民共和国国民经济和社会发展第十一个五年规划纲要》《中华人民共和国国民经济和社会发展第十二个五年规划纲要》	积极稳妥地推进城镇化，逐步改变城乡二元结构。逐步形成辐射作用大的城市群，促进大中小城市和小城镇协调发展
京津冀政策	2006～2015	《北京市国民经济和社会发展第十一个五年规划纲要》《北京市国民经济和社会发展第十二个五年规划纲要》	基本完成“城中村”整治，完成城市和国有工矿棚户区改造任务
	2006～2015	《天津市国民经济和社会发展第十一个五年规划纲要》《天津市国民经济和社会发展第十二个五年规划纲要》	全面完成城中村改造任务
	2006～2015	《河北省国民经济和社会发展第十一个五年规划纲要》《河北省国民经济和社会发展第十二个五年规划纲要》	加快城中村、旧居住区、棚户区改造

6. 结论

1992～2016 年京津冀城市群的城市建设用地逐年增加，城市建设用地面积从 1662.8km^2 增长到了 9092.5km^2。城市建设用地面积年均增速为 7.3%，年均扩展面积为 310km^2。其中，承德和廊坊年均增速最快，均超过了 17%，而北京年均增速最慢，仅为 5.5%。

1992～2016 年京津冀城市群边缘型扩展面积所占比例最高，边缘型扩展面积占城市扩展总面积的比例为 67.0%。而内填型和飞地型扩展面积占比分别为 19.5%和 13.5%。在此期间，京津冀城市群内 13 个城市的城市扩展类型也均以边缘型为主，占比在 61.0%～78.5%。

经济的发展、人口的增长、固定资产投资的增加和人民生活水平的提高均与京津冀城市群城市扩展显著相关。其中，城镇居民人均可支配收入和城镇居民家庭人均消费支出与城市扩展的相关系数最高，超过了 0.99。Logistic 回归分析进一步表明，限制城市扩展的最显著的指标是坡度，城市扩展大多沿着已有城市建设用地和交通干线发生。今后，京津冀城市群的发展应重点关注空间结构和经济结构的调整，走集约发展之路，探索出人口经济密集地区优化开发的模式，促进区域协调发展。

7.2　城市空间网络结构

1. 问题的提出

城市空间网络是指能够在功能上互补，并通过城市间人流、物流和信息流等空间联系方式产生更强经济规模的几个相互独立的城市组成的城市体系(Batten, 1995; 吴康等, 2015; 王士君等, 2019)。信息化和网络化的不断发展增强了城市间的空间联系，使城市空间网络趋于复杂化(朱顺娟和郑伯红, 2010; 赵梓渝等, 2017)。均衡和紧密的城市空间网络可以避免城市孤立化，弱化区域不平衡的发展格局，有利于推动区域一体化发展。目前，京津冀协同发展和长江三角洲一体化均上升为国家战略。因此，及时有效地测度城市空间联系，有利于分析区域城市空间结构的现状，并揭示各城市的集聚能力和影响力，为城市功能优化和区域可持续发展提供重要依据。

多源大数据为开展城市空间网络结构研究带来了新的机遇(陈映雪等, 2012; 甄峰等, 2012)。大数据是指基于传感器和网络等手段，以用户个体为信息记录单元，能够有效揭示人类行为特征的数据(甄峰和王波, 2015; 程昌秀等, 2018; 裴韬等, 2019)。一方面，大数据具有数据规模大、更新快、价值密度低和类型丰富等特征(Chen and Lin, 2014; Hashem et al., 2015)。综合多源大数据可以有效地记录丰富的人流、物流和信息流等不同类型的流要素，有助于探究城市空间网络的时空格局(董超等, 2014; 刘望保和石恩名, 2016)。另一方面，综合多源大数据可以激发新的分析方法，深化城市空间网络结构研究的内容和尺度(武前波和宁越敏, 2012; 靳诚和徐菁, 2016; 魏冶等, 2018)。

因此，本节的研究目标是综合多源大数据和城市空间网络结构的方法，分析京津冀城市群的空间网络结构特征。首先，基于多源大数据构建了城市空间联系强度和节点强度指数，并基于蒙特卡洛方法确定不同类型大数据的权重。其次，从城市节点强度和空间联系强度两方面分析京津冀城市群空间网络结构特征。最后，针对城市群空间网络结构存在的潜在问题提出建议。

2. 研究区和数据

研究区同 7.1.2 节。本节主要使用了两种大数据。第一种是来自百度公司的大数据，包括百度指数数据和百度贴吧数据。其中，百度指数平台记录了网民基于百度的搜索数据，可以用于研究关键词关注趋势和媒体舆情趋势。百度贴吧是一个基于关键词的主题交流平台，其内容涵盖教育、娱乐和生活等多方面，为网民提供了一个自由交流的网络社区。第二种是来自读秀平台的数据。读秀平台是由海量数据和资料组成的超大型数据库，记录了图书、报纸和学位论文等类型的资料，可以为用户提供文献资料的一站式检索服务。

两个地理实体之间的联系可以通过网页上的地名共现次数来衡量，共现次数越多，表明两者之间的联系越密切(Liu et al., 2014)。因此，本节基于京津冀城市群 13 个城市地名获取研究所需的数据。参考邓楚雄等(2018)的研究，通过不同地区的贴吧查找用户交流所积累的两两城市间的相关信息，从而考察城市间的空间网络联系。具体地，在百度贴吧官网（https://tieba.baidu.com）的贴吧分类里地区栏目下依次进入京津冀城市群的 13 个城市的贴吧，并在每一个城市贴吧内查找包含另外 12 个城市名的帖子数量，从而获取研究区两两城市间帖子累积量。参考 Zhang 等（2017c）的研究，从百度指数平台（http://index.baidu.com）获取研究区两两城市间多年整体日均值数据，在百度指数搜索界面，以某个城市作为搜索词，记录该城市与其他城市的整体日均搜索值。此外，从读秀平台获取研究区两两城市间中文报纸累积量，通过在读秀平台官网（https://www.duxiu.com）的报纸栏中以两两城市的地名为关键词进行搜索，记录两两城市间相关的中文报纸篇数。以上数据的获取时间均为 2019 年 10 月。由于百度贴吧数据和百度指数数据为有向数据，来源于读秀平台的报纸数据为无向数据，本节在计算空间联系时进行了不同处理，具体见方法部分公式（7.4），此外，还使用了《北京统计年鉴》、《天津统计年鉴》和《河北经济年鉴》的统计数据，包括 2010～2017 年城市总人口和 GDP。

3. 方法

本节提出一种综合多源大数据开展城市空间网络结构研究的方法（图 7.5）。首先，通过综合不同类型的大数据构建城市空间联系强度和节点强度指数。其次，基于蒙特卡洛方法确定最佳权重。最后，计算城市空间联系强度和节点强度，并分析京津冀城市群空间网络结构特征。

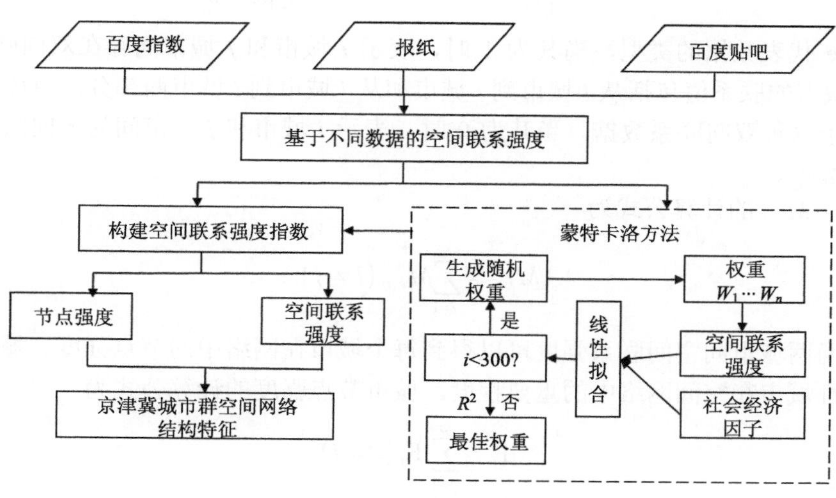

图 7.5　技术路线

1）构建城市空间联系强度和节点强度指数

本节构建了综合多源大数据的城市空间联系强度和节点强度指数（Lin et al., 2019），并用其来表征京津冀城市群城市空间网络的联系状况。其中，城市空间联系强度 IF_{ij} 可以衡量两个城市间空间联系的强弱，其计算公式为

$$\mathrm{IF}_{ij} = K\sum_{k=1}^{n} w_k \mathrm{IF}_{k,ij}\left(i \neq j\right) \tag{7.3}$$

式中，$\mathrm{IF}_{k,ij}$ 为基于第 k 类大数据的 i 城市与 j 城市的标准化空间联系强度；w_k 为基于第 k 类大数据的权重；K 为常数，为了将 IF_{ij} 拉伸到 0～100，其值为 1000。$\mathrm{IF}_{k,ij}$ 的公式可以表示为

$$\mathrm{IF}_{k,ij} = \frac{I_{k,ij}}{\sum_{i=1}^{n}\sum_{j=1}^{n} I_{k,ij}}\left(i \neq j\right) \tag{7.4}$$

式中，$I_{k,ij}$ 为基于第 k 类大数据的 i 城市与 j 城市间的空间联系强度。参考 Lin 等(2019)的研究，其计算公式为

$$I_{k,ij} = \frac{M_{k,ij}}{\sqrt{M_{k,i} \times M_{k,j}}}\left(i \neq j\right) \tag{7.5}$$

式中，$M_{k,ij}$ 为基于第 k 类大数据的 i 城市和 j 城市间的联系值；$M_{k,i}$ 为基于第 k 类大数据的 i 城市与其他所有城市的联系值；$M_{k,j}$ 为基于第 k 类大数据的 j 城市与其他所有城市的联系值。$M_{k,ij}$ 的计算公式为

$$M_{k,ij} = \begin{cases} (L_{i,j}^{\mathrm{type}} + L_{i}^{\mathrm{type}})/2 & 当\ \mathrm{type}=1 \\ L_{i,j}^{\mathrm{type}} & 当\ \mathrm{type}=0 \end{cases} \tag{7.6}$$

式中，type 代表数据的类型，当其为 1 时，表示 i 城市和 j 城市间存在双向联系，即 i 城市和 j 城市的联系值包括从 i 城市到 j 城市和从 j 城市到 i 城市两部分，百度贴吧和百度指数属于这种双向联系数据。当其为 0 时，表示 i 城市和 j 城市间为无向联系，报纸属于此类数据。

其中，$M_{k,i}$ 的计算公式为

$$M_{k,i} = \sum_{j=1}^{n} M_{k,ij}\left(i \neq j\right) \tag{7.7}$$

基于两两城市间空间联系强度可以得到每个城市在网络中的节点强度。城市节点强度可以表征城市在空间网络中的重要程度。城市节点强度的计算公式为

$$\mathrm{IF}_{i} = \sum_{j=1}^{m} \mathrm{IF}_{ij}\left(i \neq j\right) \tag{7.8}$$

2）计算不同类型数据的权重

本节采用蒙特卡洛方法计算空间联系强度的权重。蒙特卡洛方法是一种基于数据驱动来确定权值的方法，可以避免权值的主观判定。具体地，参考 He 等(2013)的研究，基于该方法确定权重的过程可以表示为

$$目标函数：\max A\left(w_1,\cdots,w_k\right) \tag{7.9}$$

$$约束函数：\sum_{k=1}^{n} w_k = 1 \tag{7.10}$$

式中，A 为基于不同权重得到的空间联系强度与真实存在的空间联系强度间的一致性。由于真实存在的空间联系强度数据无法获取，参考 Lin 等(2019)的研究，利用社会经济指标(人口和 GDP)来评估一致性。具体地，将根据不同权重得到的城市节点强度分别和城市的总人口、GDP 进行线性拟合，并利用决定系数 R^2 的均值来衡量一致性效果。由于百度贴吧数据、百度指数数据和报纸数据在时间跨度上不统一，本节采用了 2010～2017 年的平均城市人口和平均 GDP 进行线性拟合。由于百度数据和报纸数据时间跨度长，本节采用了 2010～2017 年的平均城市人口和平均 GDP 进行线性拟合。最后，将 R^2 最大值对应的权重确定为最优权重。

3) 分析京津冀城市群空间网络结构特征

本节从城市节点强度和空间联系强度两方面对京津冀城市群空间网络结构进行研究。首先，量化京津冀城市群两两城市之间的空间联系强度，以及各城市在空间网络中的节点强度。其次，参考熊丽芳等(2013)的研究，依据城市节点强度和空间联系强度的大小，利用自然断点法将京津冀城市群划分为不同的城市层级。此外，本节利用变异系数衡量京津冀城市群节点强度和空间联系强度的变异程度。变异系数是标准差与平均值的比值，变异系数越大，不均衡程度越高。变异系数的计算公式为

$$C = \frac{1}{\overline{x}}\sum_{i=1}^{n}\left(x_i - \overline{x}\right)^2 \tag{7.11}$$

式中，n 为城市数量；$\overline{x}$ 为城市节点强度(空间联系强度)的平均值。通常，$C< 0.01$ 为弱变异性，$0.01<C<1$ 为中等变异性，$C >1$ 为强变异性。

最后，从区域和城市尺度分析京津冀城市群空间网络结构特征。

4. 结果

1) 城市节点强度

京津冀城市群平均节点强度为 153.87。全区有 4 个城市的节点强度高于区域平均值，分别为北京、石家庄、天津和唐山(图 7.6)。这 4 个城市的节点强度分别为 298.67、186.03、175.72 和 158.54，是全区平均节点强度的 1.03～1.94 倍。从空间上看，节点强度高的城市主要分布于京津冀城市群的中部和西南地区(图 7.7)。全区城市节点强度的变异系数为 0.30，属于中等变异性，说明京津冀城市群城市节点强度在不同城市间存在较大差异。

不同层级的城市平均节点强度差异较大，城市层级结构差异明显(图 7.7)。依据城市节点强度的大小，将京津冀城市群的 13 个城市划分为 4 个层级。第一层级是北京，节点强度明显高于其他层级城市。第一层级的城市节点强度为 298.67，是全区平均节点强度的 1.94 倍。第二层级由石家庄和天津组成，平均节点强度达到 180.88，节点强度是全区平均节点强度的 1.18 倍。第三层级城市由唐山和保定组成，其节点强度为 155.29，略高于全区平均水平。第三层级城市均毗邻节点强度较高的第一层级和第二层级城市。其中，

保定位于北京和石家庄的连接线上。第四层级城市由邯郸、秦皇岛、张家口、沧州、廊坊、邢台、承德和衡水八个城市组成，节点强度都在 120.96～136.04。第四层级城市的平均节点强度为 128.66，是全区平均节点强度的 84%。从变异系数上看，四个层级的变异系数分别为 0、0.29、0.17 和 0.04。第二层级内的石家庄和天津仍存在较大的差异。

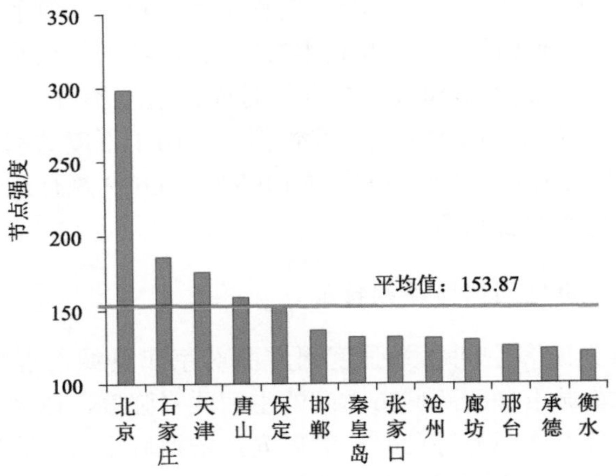

图 7.6 京津冀城市群节点强度

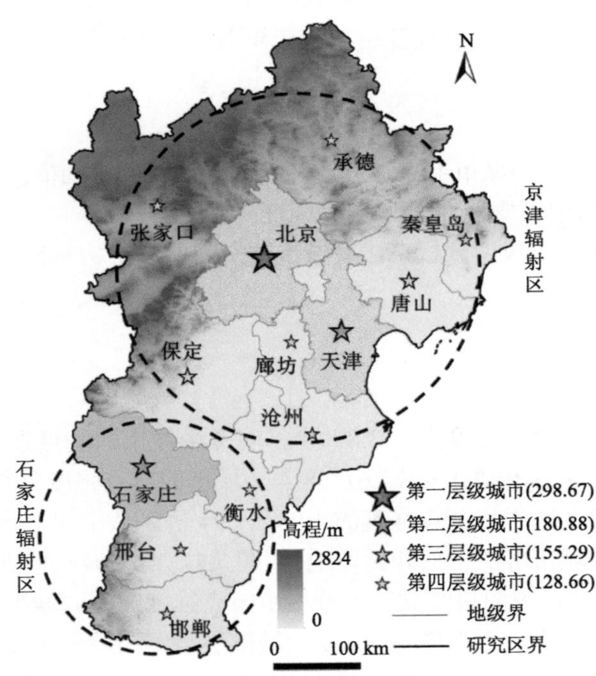

图 7.7 京津冀城市群城市节点强度空间分布

北京、天津和石家庄对周边城市具有较大的辐射作用。依据城市节点强度的空间分布和城市地理位置特征，本节尝试将京津冀城市群中的其他 10 个城市划入京津辐射区和石家庄辐射区(图 7.7)。其中，京津辐射区包括张家口、承德、秦皇岛、唐山、廊坊、保定和沧州。石家庄辐射区包括邯郸、邢台和衡水。在两个辐射区内，衡水和承德的节点强度最低，分别为 120.96 和 123.04。

2)城市空间联系强度

京津冀城市群 13 个城市共有 78 条空间流来反映两两城市间空间联系特征，这些流构成了区域空间网络。京津冀城市群空间网络的平均空间联系强度为 12.82。全区仅有 23 条空间流的值高于平均值，占网络的 29.49%。这 23 条空间流的平均值为 21.09，是全区平均值的 1.64 倍。空间联系强度的变异系数为 0.54，属于中等变异性，说明京津冀城市群城市空间联系强度在不同城市间存在较大差异。

不同层级网络下的空间联系强度存在较大差异(图 7.8)。依据城市空间联系强度的大小，将京津冀城市群的空间网络划分为 4 个层级。第一层级网络以北京为核心，由北京-天津、北京-张家口和北京-保定等组成。城市平均空间联系强度达到 30.13，是全区平均空间联系强度的 2.35 倍。第二层级网络由北京-秦皇岛、北京-沧州和北京-石家庄等组成。城市平均空间联系强度达到 18.24，是全区平均空间联系强度的 1.42 倍。通过分析第二层级网络的空间结构可以发现，石家庄在该层网络中的中心地位开始显现。第三和第四层级网络占整体网络的比例较大，空间联系强度较低。数值上，城市平均空间联系强度分别为 11.73 和 8.26，均低于全区平均空间联系强度。从空间流的数量来看，第三和第四层级网络共有 59 条空间流，占整个网络空间流总量的 75.64%。从变异系数上看，四个层级的变异系数分别为 0.25、0.09、0.10 和 0.12。第一层级网络的空间差异仍然较大。

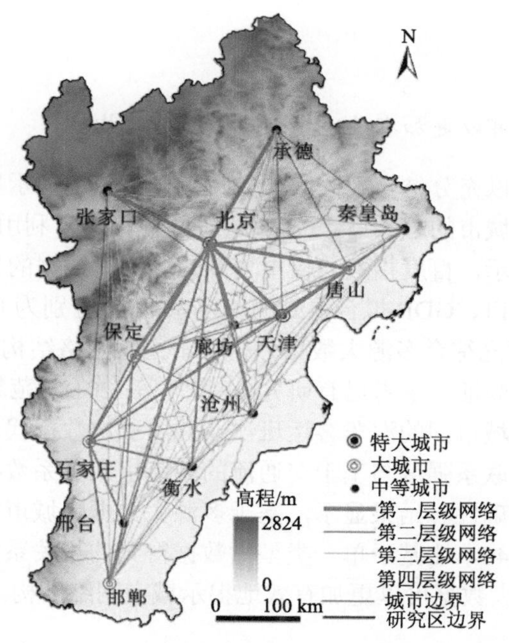

图 7.8 京津冀城市群城市空间联系强度的空间分布

北京与其他城市的空间联系强度较高，承德、邢台和衡水与其他城市的空间联系强度较低(表 7.6, 图 7.8)。北京-天津的空间联系强度最高，达到 45.35。其次是北京-张家口和北京-保定，空间联系强度分别为 36.65 和 28.14。承德-沧州、邢台-承德和秦皇岛-衡水的空间联系强度最低，分别为 6.67、6.70 和 6.88。北京-天津空间联系强度是承德-沧州空间联系强度的 6.80 倍，说明不同城市间的空间联系强度存在较大差异。

表 7.6　京津冀城市群空间联系强度和城市层级划分

城市	北京	天津	石家庄	唐山	秦皇岛	邯郸	邢台	保定	张家口	承德	沧州	廊坊	衡水
北京	*	1	2	1	2	2	3	1	1	1	2	1	2
天津	45.35	*	3	2	3	4	4	3	3	3	3	3	4
石家庄	19.82	12.69	*	2	3	2	2	1	3	3	3	3	2
唐山	27.28	19.04	16.69	*	2	4	4	3	4	3	3	4	4
秦皇岛	20.36	12.59	13.00	17.09	*	4	4	4	4	3	4	4	4
邯郸	19.10	9.70	18.75	9.42	8.09	*	2	3	4	4	4	4	3
邢台	14.51	7.57	19.53	8.65	7.19	17.15	*	4	4	4	4	4	3
保定	28.14	12.60	21.39	10.91	9.56	10.56	10.01	*	4	4	3	3	4
张家口	36.65	10.41	12.29	9.28	8.00	7.35	7.24	9.10	*	4	4	4	4
承德	25.78	10.79	11.17	11.28	10.87	7.88	6.70	8.32	8.36	*	4	4	4
沧州	20.15	14.08	13.62	10.66	8.59	9.45	8.32	10.34	7.40	6.67	*	3	3
廊坊	26.33	12.71	11.12	9.86	9.46	7.61	7.47	11.36	8.13	7.61	10.02	*	4
衡水	15.20	8.19	15.96	8.38	6.88	10.98	11.19	9.75	7.20	7.61	11.65	7.97	*

5. 讨论

1) 综合多源大数据可以更加有效地揭示城市网络结构

综合多源大数据可以充分结合不同数据的特点，有效地揭示城市网络结构。本节通过城市节点强度分别和城市的总人口、GDP 进行线性拟合，利用决定系数 R^2 的大小来确定最佳权重。结果显示，百度指数的权重为 0.57，报纸数据的权重为 0.31，百度贴吧的权重为 0.12。与总人口、GDP 拟合得到的决定系数 R^2 分别为 0.81、0.83(图 7.9)，平均 R^2 达到 0.82。为了探究综合多源大数据分析城市空间网络结构方法的有效性，本节用城市间交通流数据进行验证。参考已有研究(王海军等, 2018; 范擎宇和杨山, 2019)，本节采用车次网查询两两城市间的汽车客运班次，并用班次数据代表基于交通流的城市空间联系值。将城市空间联系强度与基于交通流的城市空间联系数据进行线性拟合，并用相关系数衡量数据的准确性。结果显示，基于多源大数据的城市空间联系强度的拟合效果最好，相关系数为 0.46，比基于单一类型大数据得到的相关系数(图 7.10)高出 0.04～0.10。因此，综合多源大数据可以更加有效地揭示城市网络结构。

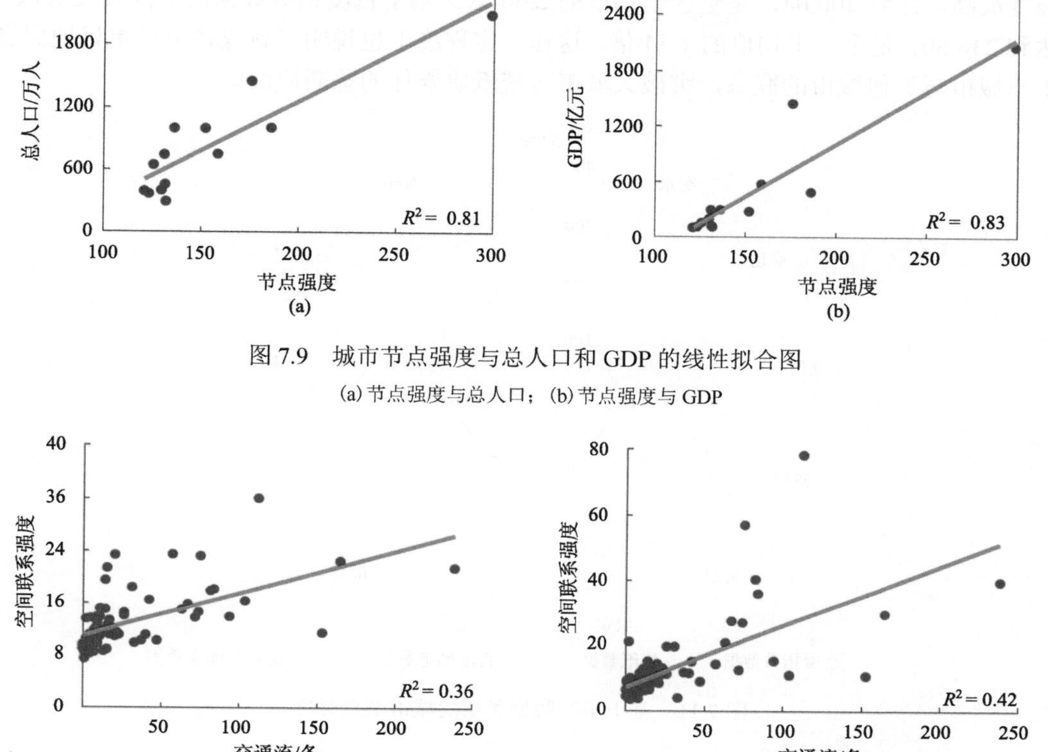

图 7.9　城市节点强度与总人口和 GDP 的线性拟合图

(a) 节点强度与总人口；(b) 节点强度与 GDP

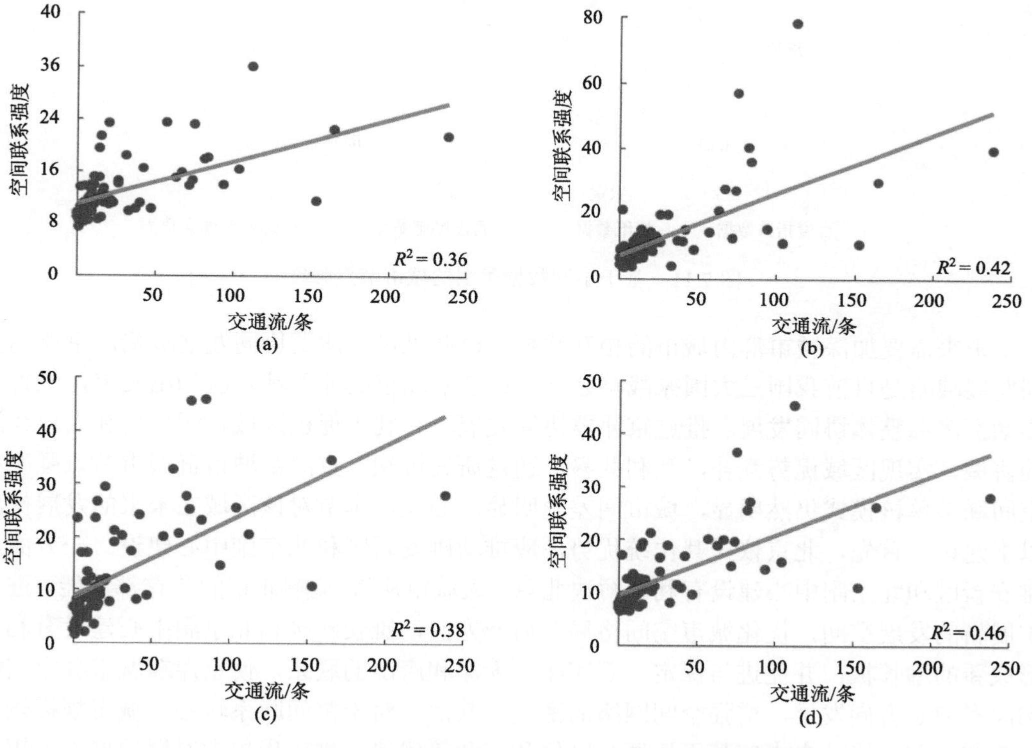

图 7.10　基于不同类型大数据得到的城市空间联系值与交通流的相关性检验

(a) 百度指数；(b) 报纸；(c) 百度贴吧；(d) 综合多源大数据

2) 京津冀城市群单核模式仍然非常明显

京津冀城市群单核模式仍然非常明显(图 7.11)。综合多源大数据的结果显示，北京的节点强度为 298.67，是全区平均节点强度的 1.94 倍。节点强度最低的三个城市分别为邢台、承德和衡水，北京的节点强度是这三个城市节点强度的 2.38～2.47 倍。从单一类型大数据来看，北京的节点强度也明显高于其他城市。其中，北京基于报纸数据的节点强度最高，达到 400.04，是全区平均值的 2.60 倍。基于百度指数数据的节点强度最低，达到 236.60，是全区平均值的 1.54 倍。这在一定程度上也说明了新媒体可以更好地促进中小城市与其他城市的联系，突破大城市传统纸质媒体的垄断局面。

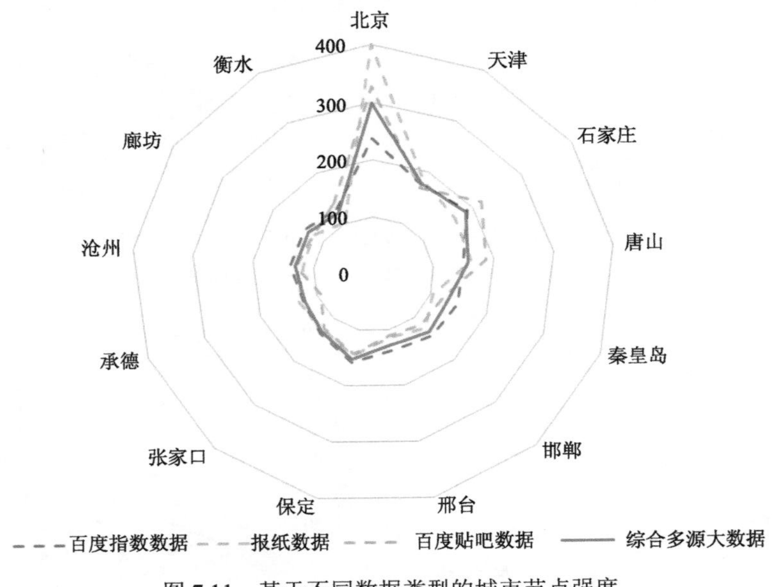

图 7.11 基于不同数据类型的城市节点强度

未来需要加深城市群内城市的相互联系，以此推进京津冀协同发展战略。京津冀协同发展战略是目前我国三大国家战略之一，以疏解北京的非首都功能为出发点，致力于推动京津冀整体协同发展。推进京津冀协同发展，有利于促进区域资源环境和人口经济的协调，实现区域优势互补，互利共赢。通过研究可知，京津冀城市群城市节点强度和空间联系单核模式仍然明显，城市间差异明显。为此，本节对该区域在未来的发展提出以下建议。首先，北京依托其传统优势，应推动雄安新区和北京副中心建设。一方面，雄安新区和北京副中心建设有利于解决北京“大城市病”，疏解北京的非首都功能，进而扩展新的发展空间，优化城市空间格局。另一方面，雄安新区和北京副中心建设有利于形成新的增长极，并促进与保定、石家庄、天津和唐山的联系，使京津冀城市群空间结构向多中心方向发展，增强空间网络的密度。其次，对于空间联系较强、城市规模较大的石家庄和天津，未来应基于资源、区位和产业等优势，进一步扩大对周边城市的辐射能力。目前，在京津冀城市群空间网络中，天津和石家庄属于仅次于北京的中心城市。但从空间联系强度上看，两个城市与其他城市的空间联系仍然与北京存在较大的差距。作为仅次于北京的中心城市，天津和石家庄应该增强城市的中心性，辐射带动周边城市。例如，天津和唐山应加强优势互补，通过在港口、交通和产业等方面的合作推动区域共同发展。石家庄应与邢台和邯郸形成错位发展，并利用自身产业和政策优势，带动邢台和邯郸的发展。最后，对于空间联系较弱、城市规模较小的其他城市，应充分发挥城市地理位置和资源等优势，通过融入京津冀协同发展来促进本地区的发展。例如，张家口作为2022年冬奥会主办城市之一，正充分利用地区优越的自然条件发展以冰雪旅游为代表的特色产业。在城市建设方面，张家口利用举办冬奥会的契机，完善基础设施和改善城市环境，使城市面貌焕然一新。同时，张家口通过京张高铁的建成投运，融入北京的一小时通勤圈，这对地区增加就业、吸引人才和投资产生积极影响，有效带动了地区经济的发展。张家口与北京合办冬奥会为其他城市融入京津冀协同发展提供了新思路和模式。通过以上措施，促进京津冀城市群空间网络向多中心、空间联系密切、均衡化的格局发展。

3)研究的局限性和未来展望

本节发展了一种综合多源大数据研究城市空间网络结构的新方法，并基于该方法揭示了京津冀城市群空间网络结构。但是，本书研究也存在一些不足。首先，本书研究综合了百度指数、报纸和百度贴吧数据来探究京津冀城市群空间网络结构，这三类数据主要衡量城市间信息流，从而导致研究结果主要反映京津冀城市群信息网络结构。其次，本节采用蒙特卡洛方法，并通过最佳R^2确定不同类型数据的权重，该方法以数据为驱动，未能从原理上阐明不同类型数据在揭示京津冀城市网络结构上的优劣。此外，本书研究未能揭示城市空间网络存在差异的原因。最后，由于缺乏不同年份的百度贴吧数据，本书研究未分析京津冀城市群空间联系格局的演变特征。未来可以利用来自百度和腾讯的迁徙大数据、微博签到数据、物流大数据等，综合交通流、人流和物流等揭示城市间的空间联系强度的变化。同时，结合人口、GDP和固定资产投资等社会经济因子，采用多元回归、随机森林等方法，探究城市网络结构存在差异的原因，此外，还可以利用时间序列数据揭示区域空间网络结构的动态特征。

6. 结论

综合多源大数据可以更加有效地揭示城市空间结构。本节综合百度指数、报纸和百度贴吧数据，并利用蒙特卡洛方法确定最佳权重。结果显示，与人口和GDP回归得到的平均R^2为0.82。基于城市间交通流数据的验证结果表明，综合多源大数据得到的R^2为0.46，比基于单一类型数据得到的R^2高出0.04～0.10。因此，综合多源大数据在揭示城市网络结构方面更具有优势。

京津冀城市群城市空间网络结构差异明显。节点强度分析显示，京津冀城市群呈现“北京-石家庄和天津-保定和唐山-其他城市”的层级结构。依据城市节点强度的空间分布特征，本节将京津冀城市群中除北京、天津和石家庄之外的其他10个城市划分为京津辐射区和石家庄辐射区。空间联系强度分析显示，京津冀城市群城市空间联系强度的不均衡程度较大，变异系数达到0.54。第一层级网络以北京为核心，北京-天津的空间联系强度最大。

京津冀城市群以北京为中心的单核模式仍然非常明显，未来应该加快推进京津冀协同发展。北京应推动雄安新区和北京副中心建设，天津和石家庄应基于资源、区位和产业等优势增强城市的中心性，进一步扩大对周边城市的辐射能力。其他城市应通过发挥城市本身优势，积极与空间网络中的中心城市合作，通过积极融入京津冀城市群空间网络来促进本地区的发展。最终，推动京津冀城市群向多中心和均衡化的空间网络格局发展。

7.3 城市景观过程对生态系统服务的影响*

1. 问题的提出

生态系统服务是连接自然资本和人类福祉的重要桥梁，是实现可持续发展、提高人类福祉的重要基础(Dominati et al., 2010; MEA, 2005; Wu, 2013)。京津冀城市群经历了快速的城市化过程，这个过程不仅影响了生态系统服务的供给，也会影响区域的可持续发展。因此，定量评估未来京津冀城市群的城市景观过程对区域多种生态系统服务的可能影响可为城市群发展和规划提供重要的科学参考。

本节的研究目标是定量评估京津冀城市群地区 2013～2040 年不同情景下城市景观过程对区域多种生态系统服务的可能影响。首先，基于 1990 年土地利用/覆盖数据量化该区的多种生态系统服务。然后，利用 SSPs 和 LUSD-urban 模型模拟该区 2013～2040 年的城市景观过程。最后，基于 GIS 空间分析，评估未来城市景观过程对区域多种生态系统服务的可能影响。

2. 研究区和数据

研究区同 7.1.2 节。本研究主要使用了四种数据。第一种数据是城市人口空间分布数据，来自于荷兰环境评估署(PBL Netherlands Environmental Assessment Agency)发布的 HYDE(ftp://ftp.pbl.nl/hyde)。从 HYDE 数据集中获取了京津冀城市群地区 1990～2040 年 5 种 SSPs 下空间分辨率为 10 km 的城市人口数据(表 7.7)。

表 7.7 京津冀城市群地区 1990～2040 年不同 SSPs 情景下的城市人口动态 （单位：10^2 万人）

年份	城市人口				
	SSP1	SSP2	SSP3	SSP4	SSP5
1990	13.80	13.80	13.80	13.80	13.80
2000	21.46	21.46	21.46	21.46	21.46
2013	32.40	32.40	32.40	32.40	32.40
2020	81.51	77.45	72.60	81.35	81.45
2030	94.45	85.73	78.09	93.80	94.36
2040	97.95	90.82	79.00	96.31	97.84

第二种数据是土地利用数据。该数据来源于中国科学院地球系统科学数据共享平台。共包括 1990 年、2000 年和 2013 年 3 期土地利用数据，分辨率为 30m。

*本节内容主要基于 Zhang D, Huang Q, He C, et al. 2017. Impacts of urban expansion on ecosystem services in the Beijing-Tianjin-Hebei urban agglomeration, China: A scenario analysis based on the Shared Socioeconomic Pathways. Resources, Conservation and Recycling, 125:115-130.

第三种数据是气象数据。该数据来自于中国气象数据网(http://cdc.cma.gov.cn/)。该数据包括京津冀城市群地区不同气象站点 1990～2013 年的气温和降水量年值数据。

第四种数据是 GIS 辅助数据。该数据包括来源于国家地球系统科学数据共享平台的分辨率为 90 m 的数字高程模型 DEM 数据(http:// datamirror.csdb.cn/dem/files/ys.jsp)，以及来源于国家测绘局的行政边界、城市中心、高速公路和铁路等数据。为保证数据一致性，所有数据采用统一的 Albers 投影，并重采样为 500 m。

3. 方法

参考千年生态系统评估报告(MEA, 2005)并考虑数据的可获取性，选择食物供给、碳储量、水源涵养和空气净化 4 种京津冀城市群地区的关键生态系统服务。基于 1990 年土地利用数据，计算 4 种生态系统服务量。为了剔除气候变化的影响，使用的气象数据是 1990～2013 年的多年平均值。技术路线如图 7.12 所示。

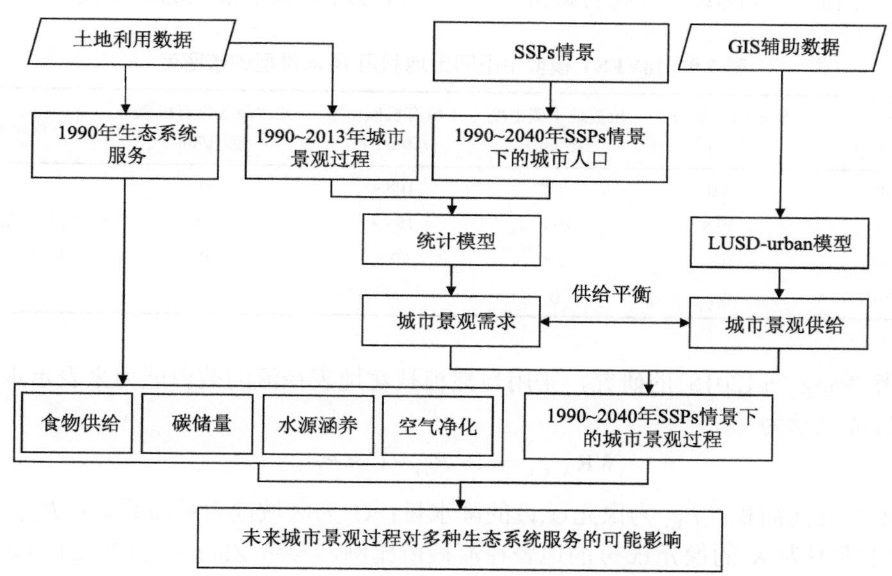

图 7.12　技术路线

1) 区域生态系统服务制图

参考李双成(2014)的研究，食物供给量 FP 的计算公式为

$$\mathrm{FP}=\sum_{K=1}^{K}\sum_{c=1}^{C}A_{cK}\cdot P_{cK} \tag{7.12}$$

式中，A_{cK} 为区域内食物 c 在土地利用/覆盖类型 K 中所占的面积；P_{cK} 为食物 c 在土地利用/覆盖类型 K 中的单位面积供给量。参考李双成(2014)的研究，按照耕地提供水稻、油料和蔬菜，草地提供肉类和奶类，水域提供水产品，计算京津冀城市群地区食物供给量(表 7.8)。

表 7.8　京津冀城市群地区不同地类的单位面积食物供给量

项目	耕地			草地		水体	数据来源
	水稻	油料	蔬菜	肉类	奶类	水产品	
单位面积产量/(t/km²)	304.72	11.25	611.49	10.02	145.98	496.32	李双成，2014

参考 Sharp 等(2015)的研究，利用 InVEST 模型碳储量和碳固持(carbon storage and sequestration)模块来计算区域碳储量，具体表示为

$$\mathrm{CS}_{K,x,y}=A\times\left(\phi_{K,x,y}^{\mathrm{VA}}+\phi_{K,x,y}^{\mathrm{VB}}+\phi_{K,x,y}^{\mathrm{S}}+\phi_{K,x,y}^{\mathrm{D}}\right) \tag{7.13}$$

式中，A 为像元面积；$\phi_{K,x,y}^{\mathrm{VA}}$、$\phi_{K,x,y}^{\mathrm{VB}}$、$\phi_{K,x,y}^{\mathrm{S}}$ 和 $\phi_{K,x,y}^{\mathrm{D}}$ 分别为土地利用/覆盖类型为 K 的像元(x, y)的植被地上碳密度、植被地下碳密度、土壤有机碳密度和死亡凋落物有机碳密度(表 7.9)。同时，假设城市景观的碳密度为零，只考虑非城市景观的碳密度。

表 7.9　InVEST 模型中不同土地利用/覆盖类型的碳密度

土地利用/覆盖类型	植被地上碳密度/(t/hm²)	植被地下碳密度/(t/hm²)	土壤有机碳密度/(t/hm²)	死亡凋落物有机碳密度/(t/hm²)	数据来源
耕地	5.0	0.7	108.4	0	方精云等, 1996; Li et al., 2003
林地	59.8	10.8	185.3	7.8	
草地	0.6	2.8	99.9	0	
未利用地	0.1	0	9.6	0	

参考 Yang 等(2015)的研究，采用自然植被对地表径流的截留能力来表示水源涵养服务，具体表示为

$$\mathrm{WR}_{K,x,y}=A\times P_{x,y}\times C\times R_{K,x,y} \tag{7.14}$$

式中，A 为像元面积；$P_{x,y}$ 为像元(x,y)的降水量；C 为区域地表径流系数；$R_{K,x,y}$ 为土地利用/覆盖类型为 K 的像元(x,y)的地表径流截留比例。参考 Zhang 等(2012)的研究，设定京津冀城市群地区的地表径流系数 C 为 0.6。参考 Zhang 等(2012)的研究，设定京津冀城市群地区耕地、林地和草地的地表径流截留比例分别为 12%、20%和 11%。

参考 Landuyt 等(2016)的研究，采用自然植被对颗粒物质(particulate matter, PM)的吸附能力来表示空气净化服务。具体地，采用 PM_{10} 吸附量来表示：

$$\mathrm{AP}_{K,x,y}=A\times\mathrm{PM}_{K,x,y} \tag{7.15}$$

式中，$\mathrm{AP}_{K,x,y}$ 为土地利用/覆盖类型为 K 的像元(x, y)的 PM_{10} 吸附量；A 为像元面积；$\mathrm{PM}_{K,x,y}$ 为土地利用/覆盖类型为 K 的像元(x, y)的 PM_{10} 单位面积吸附量。参考 Nowak 等(2006)、Tiwary 等(2009)和 Landuyt 等(2016)的研究，获得耕地、林地和草地的 PM_{10} 单位面积吸附量(表 7.10)。同时，参考 Landuyt 等(2016)的研究，将城市景观的 PM_{10} 吸附量设为 0。

表 7.10　京津冀城市群地区不同地类的 PM_{10} 单位面积吸附量

项目	耕地	林地	草地	数据来源
PM_{10} 单位面积吸附量 /(kg/hm^2)	9.2	62	27	Nowak et al., 2006; Tiwary et al., 2009; Landuyt et al., 2016

2) SSPs 情景设置与城市景观过程模拟

SSPs 为模拟未来城市景观过程提供了统一和可比的情景框架。SSPs 是由 IPCC 在 2010 年提出的一种重要社会经济路径(O'Neill et al., 2012)。SSPs 以"减缓气候变化的挑战性"和"适应气候变化的挑战性"两个维度作为基本标准，从人口、经济和生活方式、政策和机构、科技以及环境和自然资源等方面定义了 5 种路径，即可持续发展路径 SSP1、历史趋势发展路径 SSP2、区域竞争路径 SSP3、不平等发展路径 SSP4 和基于化石燃料发展路径 SSP5(O'Neill et al., 2012, 2015)。SSPs 是一种全面、可靠以及可比的未来社会经济发展情景。首先，5 种 SSPs 从人口、经济、政策、技术、环境和资源等方面描述了未来社会经济发展情况，全面体现了城市景观过程的多方面驱动因素(O'Neill et al., 2015; Jiang and O'Neill, 2015)。其次，SSPs 已经被正式用于 IPCC AR5，得到了研究者的广泛认可，是一种比较可靠的未来社会经济发展情景(O'Neill et al., 2012)。最后，SSPs 对不同国家和地区的未来社会经济发展都进行了定性描述并提供了定量数据，适用于不同研究区并且具有较强的可比性。目前，SSPs 已经被广泛应用于未来全球城市发展以及经济增长预测的相关研究中。例如，Jiang 和 O'Neill(2015)基于 SSPs 模拟了全球 2010～2100 年的城市化进程。Dellink 等(2015)模拟了全球 184 个国家 2010～2100 年 5 种 SSPs 下的经济增长趋势。

参考 O'Neill 等(2014)与 Jiang 和 O'Neill(2015)的研究，本节采用 5 种 SSPs 来表达未来社会经济发展情景。在可持续发展路径 SSP1 下，区域表现为可持续发展的状态，经济发展迅速，社会不平等现象减缓，温室气体排放减少，土地生产力明显提高。在历史趋势发展路径 SSP2 下，区域将经历中等城市化过程，社会经济发展基本维持历史趋势。在区域竞争路径 SSP3 下，经济发展缓慢，社会不平等现象严重，区域呈现出不可持续的发展过程。在不平等发展路径 SSP4 下，不同地区呈现出不同的社会经济发展过程，高收入水平地区温室气体排放量低、科学技术发展迅速，中低收入水平地区经济发展缓慢、社会不平等现象严重。在基于化石燃料发展路径 SSP5 下，社会经济发展速度快，科学技术发展迅速，农业生产力显著提高(O'Neill et al., 2014)(表 7.11)。

参考 He 等(2016)的研究，首先建立 5 种 SSPs 下京津冀城市群地区城市人口数量和城市景观面积之间的回归方程。然后，利用 5 种 SSPs 下 2013～2040 年的城市人口数据，计算城市景观面积需求。

在 LUSD-urban 模型中，首先基于影响城市景观过程的适宜性因素、邻域效应、继承性因素和随机干扰因素，计算非城市像元转化为城市像元的概率(He et al., 2006, 2016)。然后，在城市景观需求总量的约束下，按照转化概率从高到低的顺序将非城市像元转化为城市像元。最后，循环模拟直到城市景观需求总量得到满足为止。具体地，将

2013～2040 年 5 种 SSPs 和趋势情景下的城市景观需求总量输入校正后的 LUSD-urban 模型中，模拟未来不同情景下的城市景观过程。

表 7.11　SSPs 情景下各要素描述(按收入水平进行国家分组)

<table>
<tr><th rowspan="2">类别</th><th rowspan="2">要素</th><th colspan="3">SSP1</th><th colspan="3">SSP2</th><th colspan="3">SSP3</th><th colspan="3">SSP4</th><th colspan="3">SSP5</th></tr>
<tr><th>低</th><th>中</th><th>高</th><th>低</th><th>中</th><th>高</th><th>低</th><th>中</th><th>高</th><th>低</th><th>中</th><th>高</th><th>低</th><th>中</th><th>高</th></tr>
<tr><td rowspan="3">人口</td><td>人口数量</td><td colspan="3">较低</td><td colspan="3">中等</td><td colspan="2">高</td><td>低</td><td colspan="2">较高</td><td>低</td><td colspan="3">较低</td></tr>
<tr><td>城市化</td><td colspan="3">快速</td><td colspan="3">中等</td><td colspan="3">低速</td><td>快速</td><td>快速</td><td>中等</td><td colspan="3">快速</td></tr>
<tr><td>教育</td><td colspan="3">高</td><td colspan="3">中</td><td colspan="3">低</td><td>低/不均衡</td><td>低/不均衡</td><td>低/不均衡</td><td colspan="3">高</td></tr>
<tr><td rowspan="2">经济和生活方式</td><td>经济增长</td><td>高</td><td>高</td><td>中</td><td colspan="3">中，不均衡</td><td colspan="3">低</td><td>低</td><td>中</td><td>中</td><td colspan="3">高</td></tr>
<tr><td>不平等</td><td colspan="3">减少</td><td colspan="3">减少</td><td colspan="3">严重</td><td colspan="3">严重</td><td colspan="3">减少</td></tr>
<tr><td rowspan="2">政策和制度</td><td>政策</td><td colspan="3">以可持续发展为目标</td><td colspan="3">保持历史趋势</td><td colspan="3">以安全为导向</td><td colspan="3">以利于政治和经济高层为导向</td><td colspan="3">以发展、自由市场、人力资本为导向</td></tr>
<tr><td>制度</td><td colspan="3">国际和国家层面都很高效</td><td colspan="3">不平衡，中等有效性</td><td colspan="3">以国家政府为主导进行决策</td><td colspan="3">对政治和经济高层有效，对其他社会阶层无效</td><td colspan="3">逐渐有效，以培育竞争型市场为导向</td></tr>
<tr><td>科技</td><td>发展速度</td><td colspan="3">快速</td><td colspan="3">中等，不平衡</td><td colspan="3">低速</td><td colspan="3">高科技经济体和部门发展速度快</td><td colspan="3">快速</td></tr>
<tr><td>环境和自然资源</td><td>环境</td><td colspan="3">不断改善环境</td><td colspan="3">持续退化</td><td colspan="3">严重退化</td><td colspan="3">在中高收入人群居住地被高效管理和改善，在其他地区退化</td><td colspan="3">高度工程化的措施，局部问题被成功解决</td></tr>
</table>

3) 城市景观过程对区域生态系统服务影响评估

参考 He 等(2016)的研究，城市景观过程对第 i 种生态系统服务的影响 ΔES_i 可以表示为

$$\Delta ES_i = \sum[ES_{i,x,y}^{\text{PRE-URBAN}} \times (UR_{x,y}^{t_2} - UR_{x,y}^{t_1})] \tag{7.16}$$

式中，$ES_{i,x,y}^{\text{PRE-URBAN}}$ 为城市景观过程前像元(x, y)上第 i 种生态系统服务量，在本书研究中，$ES_{i,x,y}^{\text{PRE-URBAN}}$ 为 1990 年的生态系统服务量；$UR_{x,y}^{t_2}$ 和 $UR_{x,y}^{t_1}$ 为两个二值变量，分别表示 t_2 和 t_1 时刻像元(x, y)的像元值，1 代表该像元是非城市像元，0 代表该像元是城市像元。

利用式(7.16)，在全区、城市和区/县三个尺度上分别评估了 1990～2013 年城市景观历史过程和 2013～2040 年未来城市景观过程对区域生态系统服务的影响。在区/县尺度上，将每种生态系统服务损失最多的 10 个区/县提取出来，重点分析其城市景观过程造成的生态系统服务损失。

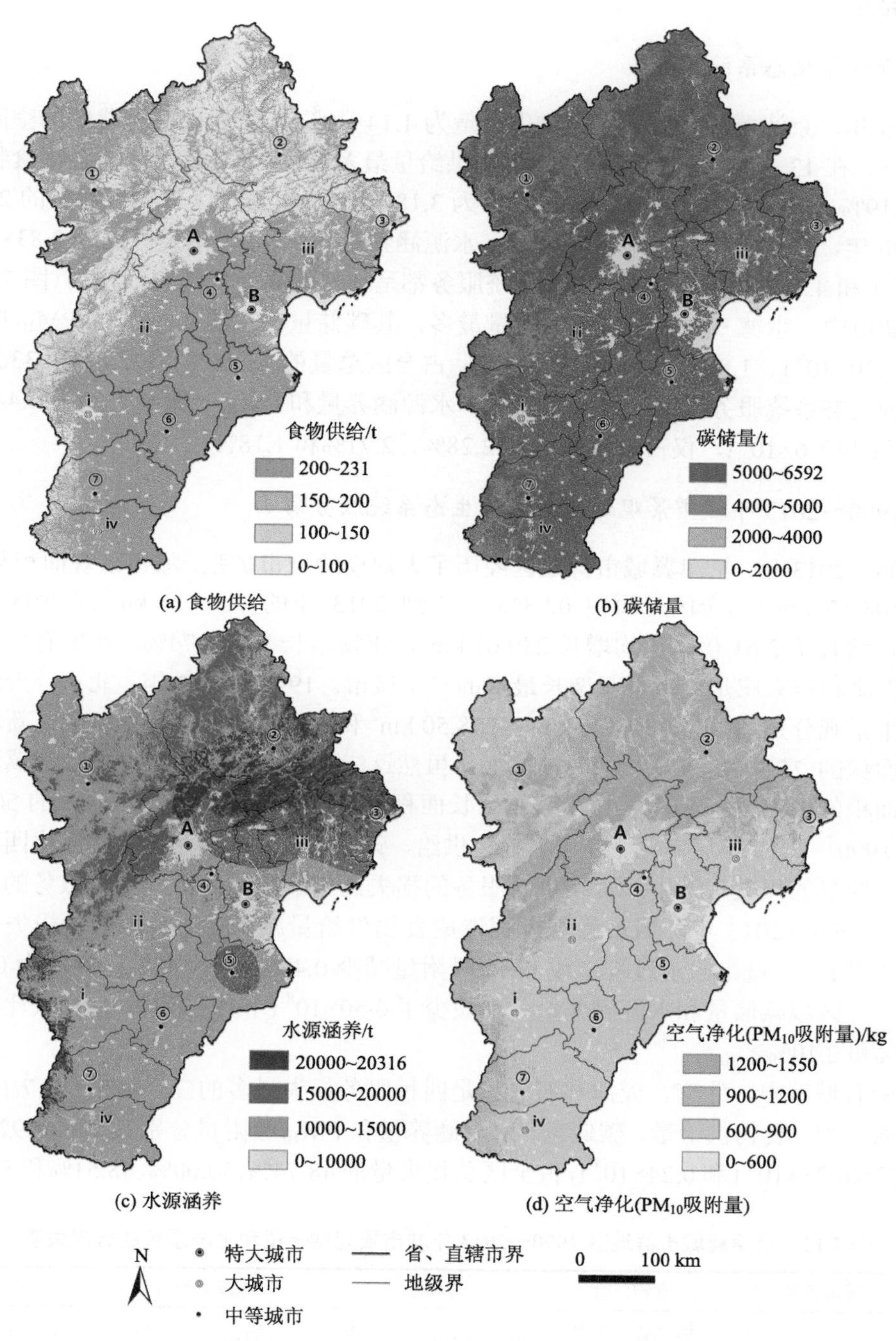

图 7.13　京津冀城市群地区 1990 年生态系统服务

4. 结果

1) 1990 年生态系统服务

1990 年，京津冀城市群地区食物供给量为 1.14×10^8 t，呈现出南高北低的空间格局(图 7.13)。在 13 个城市中，张家口的食物供给量最多，为 1.84×10^7 t，占全区食物供给量的 16.19%。秦皇岛的食物供给量最少，为 3.18×10^6 t，仅占全区食物供给量的 2.80%。

1990 年，京津冀城市群地区碳储量、水源涵养量和 PM_{10} 吸附量分别为 2.83×10^9 t、7.90×10^9 t 和 4.74×10^5 t。这三种生态系统服务都呈现出北高南低的空间格局(图 7.13)。在所有城市中，承德三种生态系统服务量最多，其碳储量、水源涵养量和 PM_{10} 吸附量分别为 7.20×10^8 t、1.84×10^9 t 和 1.57×10^5 t，占全区总量的 25.45%、23.28%和 33.20%。廊坊三种生态系统服务量最少，其碳储量、水源涵养量和 PM_{10} 吸附量分别为 6.4×10^7 t、2.14×10^8 t 和 5.6×10^3 t，仅占全区总量的 2.28%、2.71%和 1.18%。

2) 1990～2013 年城市景观过程对区域生态系统服务影响

1990～2013 年，京津冀城市群地区经历了大规模的城市扩张。城市景观面积从 1990 年的 2108.15 km^2(占全区总面积 0.98%)增长到 2013 年的 7605.25 km^2(占全区总面积 3.54%)，增长了 2.61 倍，年均增长 239.01 km^2，年均增长率为 5.74%。在所有城市中，北京、天津和石家庄是城市景观增长最多的三个城市。1990～2013 年，北京、天津和石家庄城市景观分别增长了 1394.75 km^2、758.50 km^2 和 630.25 km^2，分别占全区新增城市景观总面积的 25.37%、13.80%和 11.47%。虽然这三个城市的总面积仅占京津冀城市群地区总面积的 19.52%，但是其城市景观增长面积占全区城市景观增长总面积的 50.64%。

在 1990～2013 年城市化影响下，食物供给、碳储量、水源涵养和空气净化四种服务均出现了明显的损失。其中，食物供给服务的损失比例最高，而空气净化服务的损失比例最低。1990～2013 年，城市景观过程造成食物供给量减少 3.94×10^6 t，损失比例为 3.47%(表 7.12)。城市景观过程造成 PM_{10} 吸附量减少 0.46×10^4 t，损失比例仅为 0.97%。与此同时，区域碳储量和水源涵养量分别减少了 0.50×10^8 t 和 1.67×10^8 t，损失比例分别为 1.78%和 2.10%。

在所有城市中，北京、天津和石家庄是四种服务损失最多的三个城市(表 7.12)。在这三个城市中，食物供给量、碳储量、水源涵养量和 PM_{10} 吸附量分别减少了 1.92×10^6 t、0.25×10^8 t、0.81×10^8 t 和 0.24×10^4 t，占全区总损失量的 48.74%、50.00%、48.51%和 52.17%。

表 7.12　京津冀城市群地区 1990～2013 年城市景观增长量和生态系统服务损失量

城市	城市景观增长		食物供给		碳储量		水源涵养		空气净化	
	面积/km^2	比例*/%	损失量/10^6 t	比例**/%	损失量/10^8 t	比例**/%	损失量/10^8 t	比例**/%	损失量/10^4 t	比例**/%
北京	1394.75	25.37	0.97	24.62	0.13	26.00	0.43	25.75	0.13	28.26
天津	758.50	13.80	0.46	11.68	0.06	12.00	0.18	10.78	0.06	13.04
石家庄	630.25	11.47	0.49	12.44	0.06	12.00	0.20	11.98	0.05	10.87

续表

城市	城市景观增长		食物供给		碳储量		水源涵养		空气净化	
	面积/km^2	比例 */%	损失量 /10^6 t	比例 **/%	损失量/10^8 t	比例 **/%	损失量/10^8 t	比例 **/%	损失量/10^4 t	比例 **/%
唐山	418.00	7.60	0.27	6.85	0.03	6.00	0.13	7.78	0.03	6.52
保定	406.75	7.40	0.32	8.12	0.04	8.00	0.12	7.19	0.03	6.52
邯郸	360.00	6.55	0.27	6.85	0.03	6.00	0.11	6.59	0.03	6.52
廊坊	333.00	6.06	0.25	6.35	0.03	6.00	0.11	6.59	0.03	6.52
邢台	288.75	5.25	0.25	6.35	0.03	6.00	0.10	5.99	0.03	6.52
沧州	235.75	4.29	0.19	4.82	0.02	4.00	0.08	4.79	0.02	4.35
衡水	204.25	3.72	0.16	4.06	0.02	4.00	0.06	3.59	0.02	4.35
秦皇岛	198.50	3.61	0.14	3.55	0.02	4.00	0.07	4.19	0.02	2.17
张家口	150.75	2.74	0.12	3.05	0.02	4.00	0.04	2.40	0.02	2.17
承德	117.85	2.14	0.05	1.27	0.01	2.00	0.04	2.40	0.02	2.17
总量	5497.10	100	3.94	100	0.50	100	1.67	100	0.46	100

* 表示城市景观增长量占全区城市景观总增长量的比例。

** 表示生态系统服务损失量占全区总损失量的比例。

注：空气净化指 PM_{10} 吸附量。

3）2013～2040 年城市景观过程对区域生态系统服务影响

2013～2040 年，京津冀城市群地区城市景观将继续增长。其中，SSP1 和 SSP5 情景下城市景观增长最多，SSP4 和 SSP2 情景次之，而 SSP3 情景下城市景观增长最少（表 7.13）。在发展趋势类似的 SSP1 和 SSP5 情景下，城市景观将从 2013 年的 7605.25 km^2 增长到 2040 年的约 11936.00 km^2，增长 4330.75 km^2，年均增长率为 1.68%。在 SSP4 和 SSP2 情景下，城市景观将分别增长 4112.00 km^2 和 3376.50 km^2，年均增长率分别为 1.61% 和 1.37%。在 SSP3 情景下，城市景观仅增长 1796.50 km^2，年均增长率为 0.79%。

表 7.13 京津冀城市群地区 2013～2040 年不同 SSPs 情景下城市景观增长量和生态系统服务损失量

情景	城市景观增长		食物供给		碳储量		水源涵养		空气净化	
	面积 /km^2	年均增长率/%	损失量/10^6 t	比例 */%	损失量/10^8 t	比例 */%	损失量/10^8 t	比例 */%	损失量/10^4 t	比例 */%
SSP1/SSP5	4330.75	1.68	3.47	3.16	0.44	1.60	1.47	1.89	0.41	0.87
SSP2	3376.50	1.37	2.72	2.48	0.35	1.26	1.15	1.49	0.32	0.68
SSP3	1796.50	0.79	1.47	1.34	0.19	0.68	0.62	0.80	0.17	0.37
SSP4	4112.00	1.61	3.30	3.01	0.42	1.52	1.39	1.80	0.39	0.82

* 表示生态系统服务损失量占 2013 年生态系统服务总量的比例。

在所有城市中，北京、保定和石家庄是城市景观增长最多的三个城市（图 7.14）。在 5 种 SSPs 情景下，这三个城市的城市景观面积将从 2013 年的 3197.25 km^2 增长到 2040

年的 3900.25～4785.50 km^2，增长 703.00～1588.25 km^2。城市景观增长面积占全区新增城市景观总面积的 36.65%～39.13%。

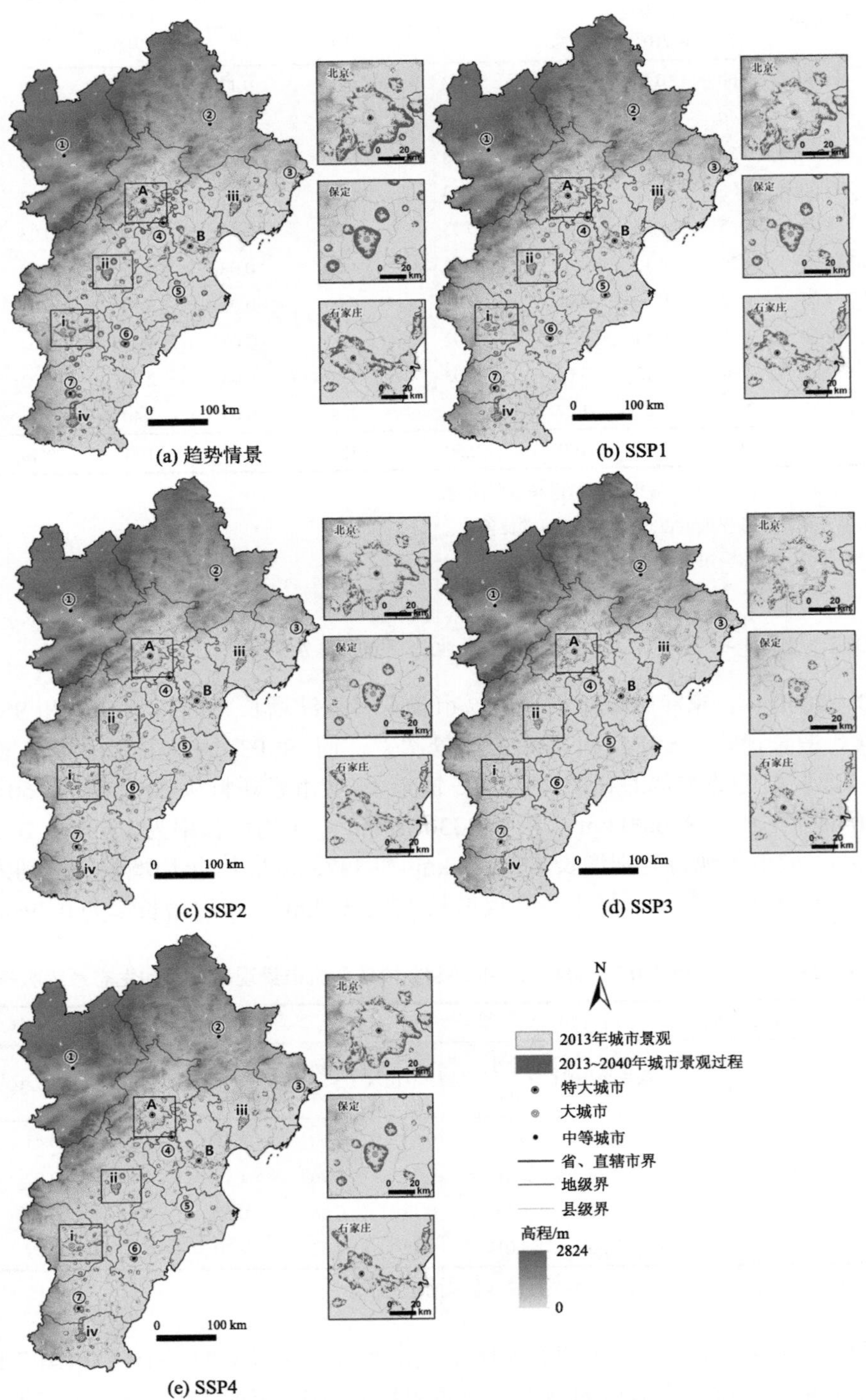

图 7.14　京津冀城市群地区 2013～2040 年不同 SSPs 情景下城市景观过程

在未来城市景观过程影响下，食物供给服务将呈现出明显的减少趋势。2013～2040 年，食物供给量将从 109.61×10^6 t 减少到 106.14×10^6～108.14×10^6 t，年均减少 0.05×10^6～0.13×10^6 t(表 7.13)。其中，在发展趋势类似的 SSP1/SSP5 情景下，食物供给服务损失最多，损失量为 3.47×10^6 t，损失比例为 3.16%。在 SSP2 和 SSP4 情景下，食物供给量分别减少 2.72×10^6 t 和 3.30×10^6 t，损失比例分别为 2.48%和 3.01%。在 SSP3 情景下，食物供给服务损失最少，损失量和损失比例分别为 1.47×10^6 t 和 1.34%。

在 13 个城市中，北京、保定和石家庄是食物供给服务损失最多的 3 个城市(表 7.14)。在 5 种 SSPs 情景下，北京、保定和石家庄的食物供给量将分别减少 0.21×10^6～0.40×10^6 t、0.18×10^6～0.45×10^6 t 和 0.18×10^6～0.43×10^6 t。在这 3 个城市中，城市景观过程导致的食物供给损失量占全区食物供给总损失量的比例为 36.89%～38.78%。

表 7.14　京津冀城市群地区 2013～2040 年不同 SSPs 情景下每个城市的生态系统服务损失量

城市	食物供给		碳储量		水源涵养		空气净化	
	损失量/10^6 t	比例*/%	损失量/10^8 t	比例*/%	损失量/10^8 t	比例*/%	损失量/10^4 t	比例*/%
保定	0.18～0.45	11.99～12.99	0.02～0.06	11.46～12.54	0.07～0.18	11.03～12.02	0.02～0.05	10.07～11.26
石家庄	0.18～0.43	12.23～12.51	0.02～0.05	11.63～11.94	0.07～0.18	11.72～11.99	0.02～0.04	10.34～10.77
北京	0.21～0.40	11.48～14.30	0.03～0.06	13.63～17.41	0.10～0.19	13.14～16.58	0.04～0.07	17.25～22.50
天津	0.16～0.37	10.60～10.86	0.02～0.05	10.12～10.37	0.06～0.15	10.19～10.36	0.02～0.05	10.42～11.07
邯郸	0.15～0.35	10.18～10.52	0.02～0.04	9.73～9.97	0.06～0.14	9.42～9.68	0.02～0.04	8.82～8.96
邢台	0.12～0.30	8.12～8.84	0.01～0.04	7.74～8.58	0.05～0.12	7.48～8.30	0.01～0.03	6.92～8.06
廊坊	0.11～0.29	7.61～8.42	0.01～0.04	7.45～8.25	0.05～0.12	7.71～8.48	0.01～0.03	6.92～7.83
唐山	0.12～0.29	8.25～8.40	0.02～0.04	8.04～8.33	0.06～0.14	9.15～9.45	0.01～0.03	7.52～8.05
沧州	0.11～0.29	7.72～8.28	0.01～0.04	7.38～7.97	0.05～0.12	7.83～8.45	0.01～0.03	6.45～7.07
衡水	0.07～0.18	4.78～5.23	0.01～0.02	4.49～4.93	0.03～0.07	4.13～4.44	0.01～0.02	3.92～4.35
秦皇岛	0.04～0.08	2.42～2.59	0.01	2.74～2.88	0.02～0.05	3.11～3.26	0.00	3.58～3.74
张家口	0.01～0.02	0.61～0.70	0	0.74～0.84	0.01	0.54～0.62	0.00	1.00～1.12
承德	0.01	0.26～0.38	0	0.55～0.66	0.01	0.54～0.61	0.00	1.17～1.33
总量	1.47～3.47	100	0.19～0.44	100	0.62～1.47	100	0.17～0.41	100

* 表示生态系统服务损失量占全区总损失量的比例。

在县级尺度上，食物供给服务的损失集中在唐山市辖区、邯郸、保定市辖区等 10 个区/县(图 7.15、表 7.15)。这 10 个区/县的总面积为 13941.50 km^2，仅占京津冀城市群地区总面积的 6.47%。但是其食物供给损失量为 0.45×10^6～0.91×10^6 t，占全区总损失量的 25.69%～30.64%。

未来城市景观过程将造成区域碳储量的不断减少。在 2013～2040 年 5 种 SSPs 情景下，区域碳储量将从 27.80×10^8 t 减少到 27.36×10^8～27.61×10^8 t，年均减少 0.01×10^8～0.02×10^8 t(表 7.16)。在 SSP1/SSP5 情景下，城市景观过程造成区域碳储量损失最多，损失量为 0.44×10^8 t，损失比例为 1.60%。在 SSP2 和 SSP4 情景下，区域碳储量将损失 0.35×10^8 t 和 0.42×10^8 t，损失比例分别为 1.26%和 1.52%。在 SSP3 情景下，城市景观过程造成区域碳储量损失最少，损失量仅为 0.19×10^8 t，损失比例为 0.68%。

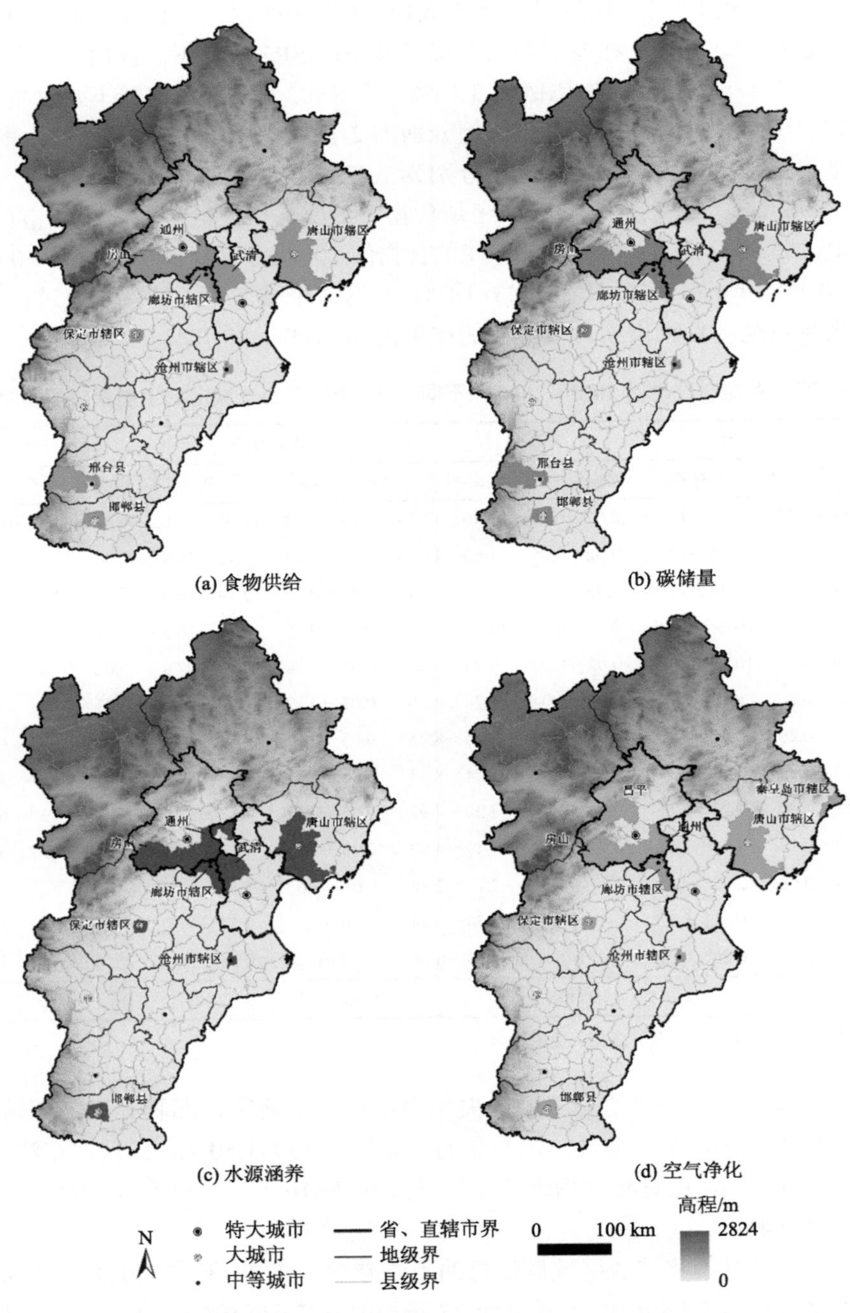

图 7.15　京津冀城市群地区 2013～2040 年不同 SSPs 情景下生态系统服务损失最多的 10 个区/县级行政单元

表 7.15　京津冀城市群地区 2013～2040 年不同 SSPs 情景下食物供给服务损失最多的 10 个区/县级行政单元

区/县级行政单元	SSP1/SSP5		SSP2		SSP3		SSP4	
	损失量/10^6 t	比例*/%	损失量/10^6 t	比例*/%	损失量/10^6 t	比例*/%	损失量/10^6 t	比例*/%
唐山市辖区	0.18	5.34	0.15	5.42	0.08	5.41	0.18	5.37
邯郸县	0.12	3.36	0.09	3.18	0.04	2.75	0.11	3.34
保定市辖区	0.09	2.68	0.08	2.77	0.04	2.86	0.09	2.69
通州	0.09	2.67	0.07	2.60	0.04	2.49	0.09	2.65
武清	0.08	2.23	0.06	2.05	0.03	1.76	0.07	2.20
邢台县	0.07	2.04	0.05	1.94	0.02	1.52	0.07	2.02
藁城	0.07	2.03	0.05	1.85	0.02	1.45	0.06	1.95
房山	0.07	1.96	0.06	2.11	0.04	2.67	0.06	1.97
大兴	0.07	1.93	0.05	1.99	0.04	2.39	0.06	1.92
衡水市辖区	0.07	1.89	0.05	1.78	0.02	1.41	0.06	1.90
总量	0.91	26.13	0.70	25.69	0.45	30.64	0.86	26.01

* 表示生态系统服务损失量占全区总损失量的比例。

表 7.16　京津冀城市群地区 2013～2040 年不同 SSPs 情景下碳储量损失最多的 10 个区/县级行政单元

区/县级行政单元	SSP1/SSP5		SSP2		SSP3		SSP4	
	损失量/10^8 t	比例*/%	损失量/10^8 t	比例*/%	损失量/10^8 t	比例*/%	损失量/10^8 t	比例*/%
唐山市辖区	0.02	5.14	0.02	5.19	0.01	5.19	0.02	5.17
邯郸县	0.01	3.22	0.01	3.04	0.01	2.63	0.01	3.20
房山	0.01	2.83	0.01	2.99	0.01	3.81	0.01	2.86
保定市辖区	0.01	2.62	0.01	2.71	0.01	2.73	0.01	2.62
通州	0.01	2.55	0.01	2.43	0.01	2.34	0.01	2.50
武清	0.01	2.12	0.01	1.95	0.01	1.70	0.01	2.10
邢台县	0.01	1.94	0.01	1.86	0.00	1.46	0.01	1.93
藁城	0.01	1.92	0.01	1.75	0.00	1.39	0.01	1.85
廊坊市辖区	0.01	1.87	0.01	1.88	0.00	1.75	0.01	1.87
大兴	0.01	1.82	0.01	1.88	0.00	2.29	0.01	1.81
总量	0.12	26.03	0.09	25.67	0.05	25.30	0.11	25.91

* 表示生态系统服务损失量占全区总损失量的比例。

在所有城市中，北京、保定和石家庄是碳储量损失最多的三个城市(表 7.14)。在 5 种 SSPs 情景下，北京、保定和石家庄的碳储量将分别减少 0.03×10^8～0.06×10^8 t、0.02×10^8～0.06×10^8 t 和 0.02×10^8～0.05×10^8 t，占区域总损失量的比例均超过了 11%。这三个城市的碳储量损失量为 0.08×10^8～0.17×10^8 t，占全区总损失量的 36.72%～41.89%。

在县级尺度上，碳储量的损失集中在唐山市辖区、邯郸和北京房山区等 10 个区/县(图 7.15、表 7.16)。在这 10 个区/县中，碳储量共损失 0.05×10^8～0.12×10^8 t，占京津冀城市群地区总损失量的 25.30%～26.03%。

在未来城市景观过程影响下，水源涵养服务将呈现明显的减少趋势。水源涵养量将从 2013 年的 77.36×10^8 t 减少到 2040 年的 75.89×10^8～76.74×10^8 t，年均减少 0.02×10^8～0.05×10^8 t(表 7.13)。在 SSP1/SSP5 情景下，水源涵养量减少最多，减少量为 1.47×10^8 t，损失比例为 1.89%。在 SSP2、SSP3 和 SSP4 情景下，水源涵养量将分别减少 1.15×10^8 t、0.62×10^8 t、和 1.39×10^8 t，损失比例分别为 1.49%、0.80%和 1.80%。

在所有城市中，北京、保定和石家庄是水源涵养服务损失最多的三个城市(表 7.14)。在 5 种 SSPs 情景下，这三个城市的水源涵养服务损失量分别为 0.10×10^8～0.19×10^8 t、0.07×10^8～0.18×10^8 t 和 0.07×10^8～0.18×10^8 t，占区域水源涵养服务总损失量的比例均超过了 10%。总体来看，这三个城市水源涵养量将损失 0.24×10^8～0.55×10^8 t，占全区总损失量的 35.89%～40.59%。

在县级尺度上，水源涵养服务的损失集中在唐山市辖区、邯郸县和北京通州等 10 个区/县(图 7.15、表 7.17)。这 10 个区/县的面积为 13444 km^2，占京津冀城市群地区总面积的 6.24%。其水源涵养损失量为 0.16×10^8～0.38×10^8 t，占京津冀总损失量的 25.08%～26.24%。

表 7.17　京津冀城市群地区 2013～2040 年不同 SSPs 情景下水源涵养服务损失最多的 10 个区/县级行政单元

区/县级行政单元	SSP1/SSP5		SSP2		SSP3		SSP4	
	损失量/10^8 t	比例*/%	损失量/10^8 t	比例*/%	损失量/10^8 t	比例*/%	损失量/10^8 t	比例*/%
唐山市辖区	0.08	5.69	0.07	5.75	0.04	5.75	0.08	5.72
邯郸县	0.05	3.13	0.03	2.96	0.02	2.56	0.04	3.11
通州	0.04	2.72	0.03	2.61	0.02	2.49	0.04	2.68
保定市辖区	0.04	2.53	0.03	2.62	0.02	2.66	0.04	2.54
房山	0.04	2.42	0.03	2.56	0.02	3.28	0.03	2.44
武清	0.03	2.15	0.02	1.97	0.01	1.70	0.03	2.12
沧州市辖区	0.03	1.93	0.02	1.99	0.01	2.05	0.03	1.92
藁城	0.03	1.93	0.02	1.75	0.01	1.40	0.03	1.85
邢台市辖区	0.03	1.89	0.02	1.82	0.01	1.44	0.03	1.89
廊坊市辖区	0.03	1.85	0.02	1.87	0.01	1.76	0.03	1.85
总量	0.38	26.24	0.30	25.91	0.16	25.08	0.36	26.13

* 表示生态系统服务损失量占全区总损失量的比例。

2013～2040 年，城市景观过程将造成空气净化服务不断减少。PM_{10} 吸附量将从 2013 年的 46.95×10^4 t 减少到 2040 年的 46.54×10^4～46.78×10^4 t，年均减少 0.01×10^4～0.02×10^4 t (表 7.13)。在 SSP1/SSP5、SSP2、SSP3 和 SSP4 情景下，PM_{10} 吸附量将分别减少 0.41×10^4 t、0.32×10^4 t、0.17×10^4 t 和 0.39×10^4 t，损失比例分别为 0.87%、0.68%、0.37%和 0.82%。

在所有城市中，北京空气净化服务损失最严重，其 PM_{10} 吸附损失量为 0.04×10^4～0.07×10^4 t，占全区总损失量的 17.25%～22.50%(表 7.14)。其次是保定和石家庄。保定和石家庄 PM_{10} 吸附损失量分别为 0.02×10^4～0.05×10^4 t 和 0.02×10^4～0.04×10^4 t，占区域

总损失的 10.07%～11.26%和 10.34%～10.77%。这三个城市的 PM_{10} 吸附损失量为 0.08×10^4～0.18×10^4 t，占京津冀城市群地区总损失量的 37.66%～44.53%。

在县级尺度上，空气净化服务损失集中在唐山市辖区、北京房山和邯郸县等 10 个区/县(图 7.15、表 7.18)。这 10 个区/县的总面积为 13385 km^2，占京津冀城市群地区总面积的 6.22%。在这 10 个区/县级行政单元中，PM_{10} 吸附量共损失 0.05×10^4～0.11×10^4 t，占京津冀城市群地区总损失量的 26.22%～26.67%。

表 7.18　京津冀城市群地区 2013～2040 年不同 SSPs 情景下空气净化服务(PM_{10} 吸附量)损失最多的 10 个区/县级行政单元

区/县级行政单元	SSP1/SSP5		SSP2		SSP3		SSP4	
	损失量/10^4 t	比例*/%	损失量/10^4 t	比例*/%	损失量/10^4 t	比例*/%	损失量/10^4 t	比例*/%
唐山市辖区	0.02	4.70	0.02	4.72	0.01	4.76	–0.02	4.72
房山	0.02	4.18	0.01	4.34	0.01	5.51	–0.02	4.24
邯郸县	0.01	2.83	0.01	2.67	0.01	2.30	–0.01	2.82
通州	0.01	2.39	0.01	2.19	0.00	2.16	0.01	2.31
保定市辖区	0.01	2.38	0.01	2.47	0.01	2.39	0.01	2.39
北辰	0.01	2.35	0.01	2.20	0.00	1.75	0.01	2.31
秦皇岛市辖区	0.01	2.20	0.01	2.33	0.01	2.35	0.01	2.20
武清	0.01	1.99	0.01	1.81	0.00	1.60	0.01	1.97
廊坊市辖区	0.01	1.87	0.01	1.84	0.00	1.71	0.01	1.85
滨海新区	0.01	1.77	0.01	1.80	0.00	1.70	0.01	1.73
总量	0.11	26.67	0.08	26.37	0.05	26.22	0.10	26.55

* 表示生态系统服务损失量占全区总损失量的比例。

4)城市景观占用耕地将成为生态系统服务损失的主要原因

在京津冀城市群地区未来城市景观过程中，不同尺度的结果都表明城市景观占用耕地都将成为生态系统服务损失的主要原因。在全区尺度上，城市景观占用耕地的面积为 1534.75～3629.50 km^2，占全区新增城市景观总面积的 83.81%～85.43%。城市景观占用耕地将导致食物供给、碳储量、水源涵养和空气净化服务分别减少 1.42×10^6～3.37×10^6 t、0.18×10^8～0.41×10^8 t、0.59×10^8～1.38×10^8 t 和 0.14×10^4～0.33×10^4 t，分别占全区总损失量的 96.90%～97.11%、92.71%～93.15%、94.27%～94.47%和 83.66%～85.17%。

在北京、保定和石家庄三个生态系统服务损失最多的城市中，城市景观占用耕地也是造成生态系统服务损失的主要原因。2013～2040 年，在这三个城市中，将有 559.00～1255.25 km^2 的耕地转化为城市景观，占这三个城市中新增城市景观总面积的 79.03%～79.52%。城市景观占用耕地将导致食物供给、碳储量、水源涵养和空气净化服务分别减少 0.52×10^6～1.16×10^6 t、0.06×10^8～0.14×10^8 t、0.21×10^8～0.47×10^8 t 和 0.05×10^4～0.12×10^4 t，占这三个城市每种服务总损失量的比例分别为 95.00%～95.48%、86.60%～88.18%、89.73%～90.87%和 68.66%～71.63%。

在生态系统服务损失最多的 10 个县级行政单元中，城市景观占用耕地仍然是区域生态系统服务损失的主要原因。2013～2040 年，在生态系统服务损失最多的 10 个区/县中，城市景观占用耕地的面积为 388.75～954.75 km^2，占这 10 个县级行政单元新增城市景观总面积的 80%以上。城市景观占用耕地将导致食物供给、碳储量、水源涵养和空气净化服务分别减少 0.36×10^6～0.89×10^6 t、0.04×10^8～0.11×10^8 t、0.15×10^8～0.37×10^8 t 和 0.04×10^4～0.09×10^4 t，占这 10 个区/县每种服务总损失量的比例均超过 80%。

5. 讨论

1) 结合 SSPs 情景和 LUSD-urban 模型的有效性分析

首先，SSPs 情景能够全面反映中国京津冀城市群地区的未来社会经济发展趋势。其中，SSP1 情景在人口、经济和政策等方面与中国政府在 2015 年发布的《京津冀协同发展规划纲要》具有高度一致性(表 7.19)。在人口方面，SSP1 情景和京津冀未来规划都强调人口的低速增长。根据《京津冀协同发展规划纲要》，预计 2013～2020 年北京的人口年均增长率为 0.57%，低于 1990～2013 年的年均 2.73%的增长率。在经济方面，SSP1 情景和京津冀未来规划都强调经济的快速增长。根据《“十三五”时期京津冀国民经济和社会发展规划》，在未来五年时间里京津冀城市群地区的GDP年均增速保持在6.5%以上，GDP 总量将增长一倍。在政策方面，SSP1 情景和京津冀未来规划均强调建立有效的制度促进区域的可持续发展。对于京津冀城市群地区，中国政府专门成立了京津冀协同发展领导小组，并于 2016 年发布《“十三五”时期京津冀国民经济和社会发展规划》。这是中国第一个跨省市的区域“十三五”规划，致力于促进北京、天津和河北省三地的协同和可持续发展。在环境和自然资源方面，SSP1 情景和京津冀未来规划均强调自然环境质量的改善和资源利用效率的提高。根据《京津冀协同发展规划纲要》，京津冀将致力于解决该地区严重的空气污染问题。到 2017 年，京津冀城市群地区 PM_{10} 浓度将比 2012 年下降 25%。到 2020 年，京津冀城市群地区单位 GDP 能耗将下降 15%。

表 7.19　SSP1 情景与京津冀城市群地区发展规划对比

类别	SSP1*	京津冀城市群地区发展规划**
人口	低速增长	限制北京地区的人口增长。2013～2020 年，北京地区的年均人口增长率将控制在 0.6%以下，低于 1990～2013 年的年均增长率(即 2.7%)
经济	经济快速发展	2016～2020 年，京津冀城市群地区年均经济增长率将高于 6.5%
政策	制定有效的政策来促进区域可持续发展	中国政府专门成立了京津冀协同发展领导小组，并于 2016 年发布《“十三五”时期京津冀国民经济和社会发展规划》，致力于促进北京、天津和河北三地的协同和可持续发展
环境和自然资源	环境质量持续改善，自然资源得到更有效的利用	到2017年，京津冀城市群地区 PM_{10} 浓度将比2012年下降25%。到 2020 年，京津冀城市群地区单位 GDP 能耗将下降 15%

* 信息来自 O’Neill 等(2012，2014)。

** 信息来自《京津冀协同发展规划纲要》《“十三五”时期京津冀国民经济和社会发展规划》《国家新型城镇化规划(2014—2020 年)》和“十三五”规划(2016—2020 年)。

除 SSP1 情景外，SSP2、SSP3、SSP4 和 SSP5 情景对未来京津冀城市群地区的人口、经济、政策、环境和资源环境做出了不同的设置，分别表达了沿历史趋势发展、区域竞争发展、区域不平等发展以及依靠化石能源发展的未来发展趋势(表 7.19)。综上所述，五种 SSPs 情景不仅体现了政府制定的宏观发展规划，同时也考虑了未来发展的不确定性，因此能够比较全面地表达京津冀城市群地区的未来发展趋势。

LUSD-urban 模型具有较高的模拟能力，能够有效模拟城市群尺度的城市景观过程。为验证 LUSD-urban 模型的有效性，分别使用 GEOMOD 模型和 CLUE-S 模型重建了京津冀城市群地区 1990～2013 年的城市景观过程，并与 LUSD-urban 模型的模拟结果进行对比(图 7.16)。结果表明，基于 LUSD-urban 模型的 1990～2013 年模拟结果的平均 Kappa 系数为 0.72，总体精度为 98.49%，数量误差为 0，位置误差为 1.52%，高于 GEOMOD 模型和 CLUE-S 模型的模拟精度(表 7.20)。相较于 GEOMOD 模型和 CLUE-S 模型，LUSD-urban 模型能够更加有效和准确地模拟京津冀城市群地区的城市景观过程。

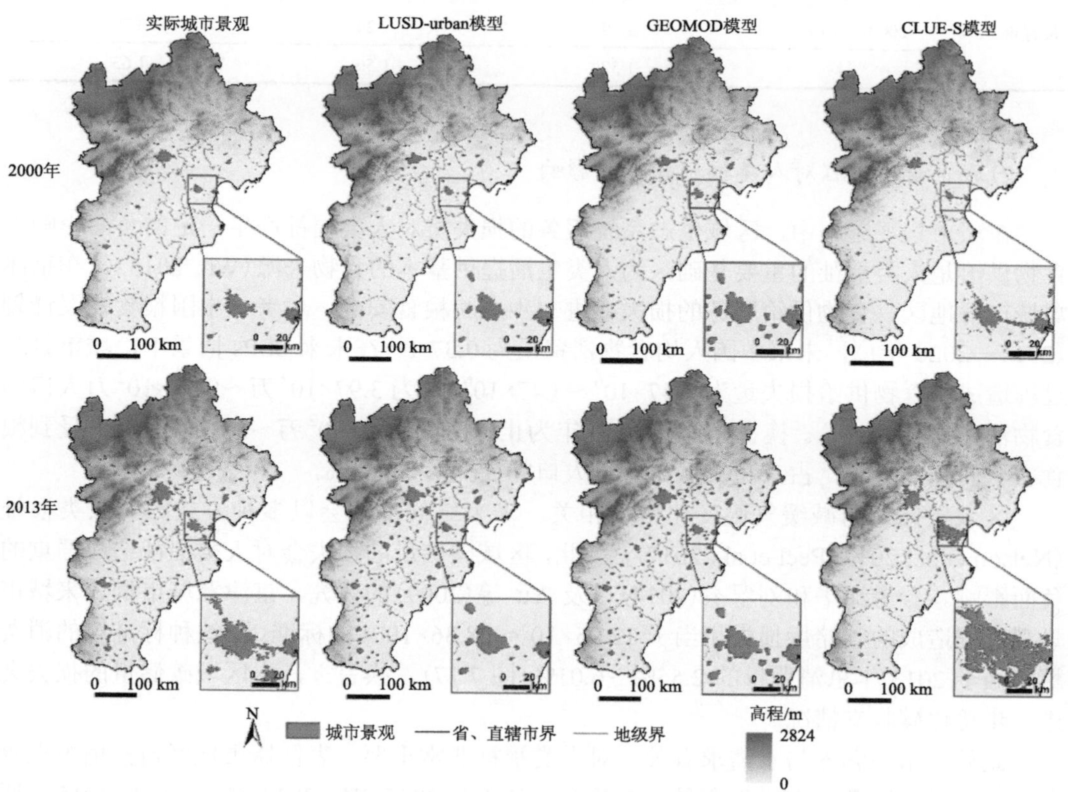

图 7.16　京津冀城市群地区 1990～2013 年 LUSD-urban 模型与 GEOMOD 模型和 CLUE-S 模型模拟结果对比

因此，结合 SSPs 和 LUSD-urban 模型，不仅能够全面体现京津冀城市群地区未来社会经济发展趋势，同时能够有效模拟该地区未来城市景观过程。这种结合 SSPs 和 LUSD-urban 模型来模拟未来城市景观过程的情景模拟方法具有可靠、可比和灵活的特点，为评估未来城市景观过程对生态系统服务的可能影响提供了重要的基础。

表 7.20　京津冀城市群地区 1990～2013 年 LUSD-urban、GEOMOD 和 CLUE-S 模型模拟结果精度对比

		LUSD-urban 模型	GEOMOD 模型	CLUE-S 模型
Kappa	1990～2000 年	0.77	0.72	0.65
	2000～2013 年	0.66	0.66	0.54
	平均	0.72	0.69	0.60
总体精度/%	1990～2000 年	99.26	99.09	98.88
	2000～2013 年	97.71	97.80	96.79
	平均	98.49	98.45	97.84
数量误差/%	1990～2000 年	0	0	1.06
	2000～2013 年	0	0	0.01
	平均	0	0	0.54
位置误差/%	1990～2000 年	0.74	0.91	0.06
	2000～2013 年	2.29	2.20	3.20
	平均	1.52	1.56	1.63

2) 城市景观过程对人类福祉的可能影响

在城市景观过程中，区域生态系统服务的损失将对人类福祉产生一定的负面影响。食物供给是人类福祉的重要基础，为人类生活提供基本的食物来源(Wu, 2013)。在京津冀城市群地区，食物供给服务的损失会进一步威胁粮食安全。参考《中国粮食发展计划(2014—2020 年)》，未来中国人均食物消费量为 0.37 t。在未来 SSPs 情景下，城市景观过程造成的食物供给损失量为 $1.47×10^6$～$3.47×10^6$ t，为 $3.97×10^2$ 万～$9.37×10^2$ 万人口的食物消费量(图 7.17)。换言之，到 2040 年为止，将有 $3.97×10^2$ 万～$9.37×10^2$ 万人受到粮食安全问题的威胁，占京津冀城市群总人口的 3.68%～8.61%。

区域碳储量与减缓气候变化密切相关。未来气候变化会以多种方式影响人类福祉(Nelson et al., 2013; Pecl et al., 2017)。因此，区域碳储量的损失会对人类福祉造成严重的负面影响。参考涂华和刘翠杰(2014)以及 Yu 等(2009)的研究，京津冀城市群未来城市景观过程造成的碳储量损失相当于 $12.05×10^6$～$28.36×10^6$ t 的标准煤。这种标准煤的消费量相当于 2013 年总消费量的 2.55%～6.01%(图 7.17)。换言之，本区域碳储量的损失会进一步恶化碳收支情况。

此外，水源涵养与水需求有关，对人类福祉非常重要。表征城市地区自然植被保水量的水源涵养服务对人类生存具有重要意义(MEA, 2005; Wu, 2013; Yang et al., 2015)。通过与统计数据对比发现，未来城市景观过程造成的水源涵养损失量(即 $0.62×10^8$～$1.47×10^8$ t)为京津冀城市群 2013 年地表可用水量的 0.59%～1.40%(图 7.17)。这表明，水源涵养服务的损失将会威胁到区域水供给量。

最后，空气净化服务也与人类福祉密切相关(Baró et al., 2015; Martin-Lopez et al., 2012)。PM_{10} 浓度的升高会对人类健康产生危害，进而会导致人们进行消费以提高身体健康状况(即健康维护成本)。参考 Landuyt 等(2016)的研究，京津冀未来城市景观过程造成的空气净化服务损失量而引发的健康维护成本为 6.87×10^8～16.06×10^8 元，占该区域 2013 年居民总收入的 0.03%～0.07%(图 7.17)。总体而言，区域生态系统服务的损失会对人类福祉产生明显的负面影响。因此，需要采取一定的措施来保护区域生态系统服务，进而提高人类福祉，推进区域可持续发展。

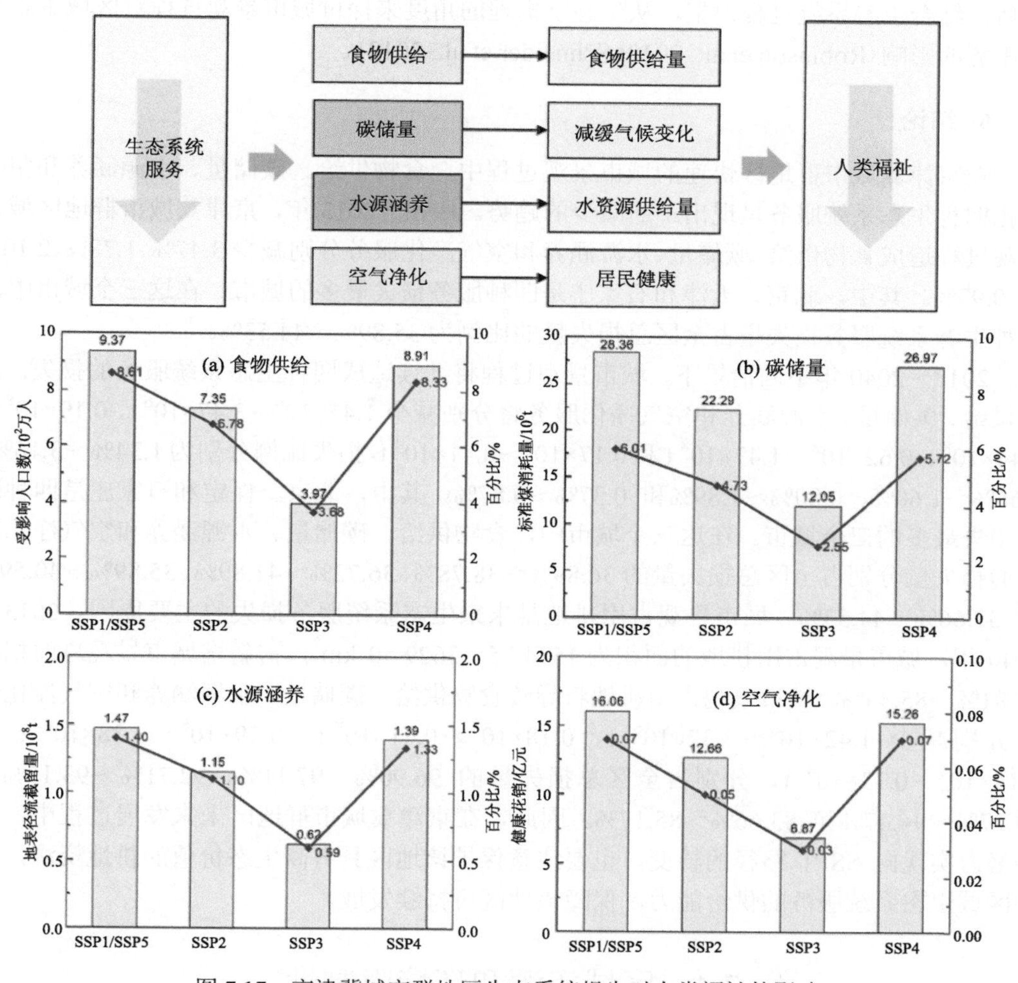

图 7.17　京津冀城市群地区生态系统损失对人类福祉的影响

3)研究的局限性和未来展望

研究存在一定的局限性。首先，城市景观过程对生态系统服务的影响是多方面的。本书研究只量化了食物供给、碳储量、水源涵养和空气净化 4 种服务。由于数据和计算方法的限制，暂时无法考虑淡水供给、水质净化和文化服务等其他服务(Peng et al., 2016)。其次，城市内部的绿地和水体也能提供一定种类的生态系统服务，尤其是文化服务(Shwartz et al., 2014; Wu, 2014)。但是由于使用的数据分辨率较粗，本书研究没有量化城市内部所能提供的生态系统服务。最后，本书研究并未从生态学机理的角度分析城市景观过程对区域生态系统服务的影响。

在未来的研究中，首先将选取更多的指标来量化区域生态系统服务，如淡水供给、水质净化以及休憩服务等(Andersson et al., 2015; Logsdon and Chaubey, 2013)。其次，使用分辨率更高的数据从不同尺度上量化生态系统服务，特别是城市内部所能提供的服务。最后，结合生态系统过程模型，从生态学机理的角度来探讨城市景观过程对区域生态系统服务的影响(Robinson et al., 2013; Schneider et al., 2012)。

6. 结论

在京津冀城市群地区快速的城市景观过程中，食物供给、碳储量、水源涵养和空气净化四种生态系统服务呈现出不断减少的趋势。1990～2013 年，京津冀城市群地区城市景观过程造成食物供给、碳储量、水源涵养和空气净化服务分别减少 3.47%、1.78%、2.10% 和 0.97%。其中，北京、天津和石家庄是四种服务损失最多的城市。在这三个城市中，四种生态系统服务损失量占全区总损失量的比例为 35.89%～44.53%。

2013～2040 年不同情景下，城市景观过程将继续造成四种生态系统服务的损失。食物供给、碳储量、水源涵养和空气净化服务将分别减少 1.47×10^6～3.47×10^6 t、0.19×10^8～0.44×10^8 t、0.62×10^8～1.47×10^8 t 和 0.17×10^4～0.41×10^4 t，损失比例分别为 1.34%～3.16%、0.68%～1.60%、0.80%～1.89%和 0.37%～0.87%。其中，北京、保定和石家庄是四种服务损失最多的三个城市。在这三个城市中，食物供给、碳储量、水源涵养和空气净化服务的损失量分别占全区总损失量的 36.89%～38.78%、36.72%～41.89%、35.89%～40.59% 和 37.66%～44.53%。城市景观占用耕地是未来生态系统服务损失的主要原因。2013～2040 年，城市景观占用耕地的面积为 1534.75～3629.50 km^2，占新增城市景观总面积的 83.81%～85.43%。城市景观占用耕地将导致食物供给、碳储量、水源涵养和空气净化服务分别减少 1.42×10^6～3.37×10^6 t、0.18×10^8～0.41×10^8 t、0.59×10^8～1.38×10^8 t 和 0.14×10^4～0.33×10^4 t，分别占全区总损失量的 96.90%～97.11%、92.71%～93.15%、94.27%～94.47%和 83.66%～85.17%。因此，在京津冀城市群地区未来发展过程中，既要努力实现向 SSP1 路径的转变，也要注意保护该地区具有高生态价值的耕地资源，保持区域生态系统服务的供给能力，保障该地区可持续发展。

7.4　区域资源和环境限制性*

1. 问题的提出

在景观可持续科学概念框架中，强可持续性是区域可持续发展的重要基础。因此，识别和评价区域资源和环境限制性要素及其空间格局，是维持区域关键生态系统服务以及实现强可持续性的基本前提(Wu, 2013)。目前，很多研究者已经开展了资源和环境限

* 本节内容主要基于 张达，何春阳，邬建国，等．2015. 京津冀地区可持续发展的主要资源和环境限制性要素评价——基于景观可持续科学概念框架. 地球科学进展, 30 (10): 1151-1161.

制性要素的识别和评价工作(Wu J and Wu T, 2012; Huang et al., 2015)。但是，基于景观可持续科学概念框架，在区域尺度上分析评价资源和环境限制性要素及其基本空间格局的研究仍比较少。

京津冀城市群地区在快速的经济发展和城市化背景下，人口增长和城市景观过程带来了一系列资源耗竭和环境污染问题，已经严重影响了该地区的可持续发展(封志明和刘登伟, 2006; Song et al., 2011; Wang and Zeng, 2013; 张静等, 2013; Wei et al., 2015; Zhou et al., 2015)。目前，已有研究者在该地区开展了资源和环境限制性要素的评价工作。例如，Peng 等(2015)在北京地区开展案例研究，利用三维生态足迹模型定量评估了该地区的自然资本需求和消费，进而分析和识别了该地区的关键自然资本。Zhou 等(2015)以北京和天津两个城市为研究区，通过建立水足迹指数，计算了这两个城市的水资源总量和用水量，进而评估了水资源总量和用水量之间的关系。结果表明，在这两个城市中，水资源总量和用水量之间存在较大差距，水资源短缺问题严重。张静等(2013)以京津冀城市群为研究区，基于“压力-状态-响应”框架，对该地区的大气环境质量进行了定量评估，发现该地区大气污染问题严重，已经对居民生活质量造成了严重的负面影响，应该采取合理的措施和手段来解决严重的大气污染问题。但是，通过分析已有研究发现，大多数研究仅评估了某种单一限制性要素，以景观可持续科学为理论指导，综合评估资源和环境限制性要素及其空间格局的相关研究还比较少见。

为此，本节通过建立资源和环境限制性要素评价指标体系，结合京津冀城市群的区域特征，共选择了地形、地质环境、水资源、土地资源和大气环境五种限制性要素，采用单要素评价法和多要素综合评价法，评价了该区的资源和环境限制性要素及其空间格局。其研究目的是认识和理解该地区主要的资源和环境限制性要素，为识别该地区关键生态系统服务以及评估城市景观过程对区域生态系统服务的影响奠定基础。

2. 研究区和数据

研究区同 7.1.2 节。本书研究主要使用了七种数据。第一种数据是高程数据，来源于旱区科学数据中心 DEM 数据，数据的空间分辨率为 1 km。第二种数据是地震动峰值加速度数据，来源于中国地震动峰值加速度区划图，比例尺为 1∶400 万(http://www.csi.ac.cn/publish/main/837/1077/index.html)。第三种数据是土地利用数据，来源于中国科学院地球系统科学数据共享平台，数据的空间分辨率为 1km(Liu et al., 2010)。第四种数据是 2015 年北京、天津以及河北所有地级市的每日 $PM_{2.5}$ 浓度数据，数据来源于北京市生态环境监测中心(http://www.bjmemc.com.cn/)以及中华人民共和国环境保护部数据中心(http://datacenter.mep.gov.cn/)。第五种数据是 2010 年人口普查数据，数据来源是国家统计局。第六种数据是统计数据，主要包括 1990～2010 年的北京、天津和河北各地级市的 GDP、三产产值、水资源量和用水量，数据来源包括《北京统计年鉴》《天津统计年鉴》《河北经济年鉴》以及水资源公报。第七种数据是 GIS 辅助数据，包括京津冀城市群地区的行政边界以及城镇中心，数据来源于国家测绘局，比例尺是 1∶400 万。

3. 方法

1) 区域资源和环境限制性要素评价指标体系

本节基于联合国可持续发展委员会(UN Commission on Sustainable Development，UNCSD)的报告以及 Wu J 和 Wu T(2012)的研究，建立了区域资源和环境限制性要素评价指标体系。该指标体系包括地形、大气、土地和海洋等七个维度。在这七个维度之下，包含海拔、气候变化、耕地、水量和物种等 20 个指标(图 7.18)。

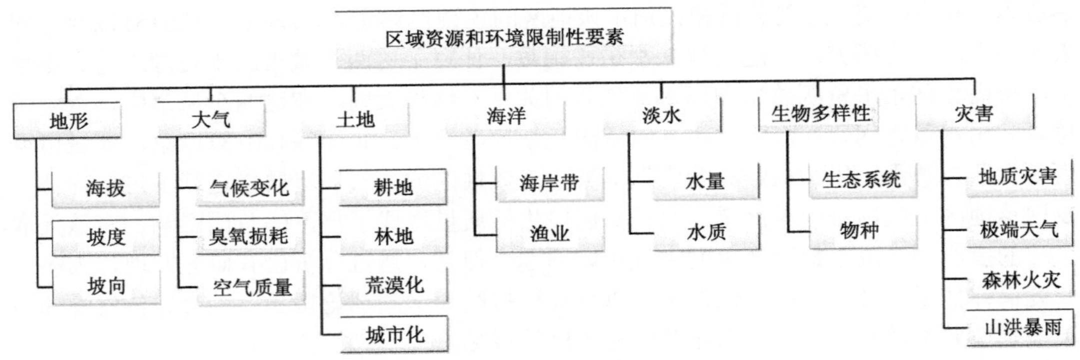

图 7.18 区域资源和环境限制性要素评价指标体系

在本节中，基于研究区的区域特征、数据的可获取性以及方法的可行性，选择了五种要素，即地形、地质环境、水资源、土地资源和大气环境。在地形限制性方面，参考樊杰(2009)和 Xu 等(2011)的研究，海拔在一定程度上将限制城市景观的扩展。在京津冀城市群地区，有必要考虑海拔对城市景观以及区域可持续发展的限制作用。在地质环境方面，参考已有研究，地震是该地区可持续发展的关键限制性要素(Xu et al., 2011)。此外，参考已有研究，水资源短缺一直是京津冀城市群地区所面临的严重问题，水资源已经严重制约和影响了该地区的城市化进程、社会经济发展以及居民生活质量(Zhou et al., 2015)。在土地资源方面，参考已有研究，京津冀城市群地区的城市景观过程占用了大量耕地，耕地损失对该地区粮食供给以及粮食安全造成了负面影响，因此耕地数量已经成为该区城市景观过程和区域可持续发展的关键限制性要素(李月娇等, 2012; He et al., 2017)。在大气环境方面，京津冀城市群地区大气污染问题严重，尤其是近年来的雾霾问题已经严重影响了该地区的居民生活质量和区域可持续发展(张静等, 2013)。综上所述，在确定上述五种限制性要素之后，利用单要素评价法和多要素综合评价法，从地形、地质环境、水资源、土地资源和大气环境这五个方面来全面评价京津冀城市群地区的资源和环境限制性要素。

2) 单要素评价

在本节中，采用海拔来表示地形限制性(Xu et al., 2011)。海拔越高，地形限制性越大。基于地震动峰值加速度和地震烈度来计算地质环境限制性。地震动是指地震引起的地表以及近地表介质的震动，通常采用地震动峰值加速度来表示。相比于地震动峰值加速度，地震烈度被广泛应用于相关研究中，作为衡量地震危险性的标准。因此，参考《中国地震动参数区划图》(GB18306—2015)，将地震动峰值加速度与地震烈度对应起来(表 7.21)。地震动峰值加速度越大，地震烈度值越高，地质环境限制性越大。

表 7.21　地震动峰值加速度与地震烈度对照表

地震动峰值加速度*	PGA≤0.05 g	0.05 g<PGA≤0.15 g	0.15 g<PGA≤0.20 g
地震烈度值**	VI	VII	VIII

* PGA 的单位为重力加速度 g。

** 划分标准参考《中国地震动参数区划图》(GB18306—2015)。

在本节中，参考已有研究，采用缺水量来表示水资源限制性(Zhang et al., 2010)。基于 2010 年《北京市水资源公报》、《天津市水资源公报》以及《河北省水资源公报》等统计数据，以县级市为基本单元，通过计算人均缺水量来表示每个县级市的水资源限制性(表 7.22)。县级市的缺水量计算公式为

$$Q_i = I_i \times P_i \tag{7.17}$$

式中，Q_i 为第 i 个县级市的缺水量；I_i 为第 i 个县级市的人均缺水量；P_i 为第 i 个县级市的总人口。人均缺水量 I_i 的计算公式为

$$I_i = I_{i,c} - I_{i,a} \tag{7.18}$$

式中，$I_{i,c}$ 为第 i 个县级市的人均用水量；$I_{i,a}$ 为第 i 个县级市的人均水资源量。基于统计数据和上述公式，计算出京津冀城市群各县级市的缺水量。在此基础上，将所有县级市划分为五个等级。缺水量越多，水资源限制性越大。

表 7.22　2010 年京津冀城市群地区人均水资源状况　　(单位：m^3)

城市	人均水资源量	人均用水量	人均缺水量
北京	117.68	179.48	61.80
天津	71.10	174.00	102.90
河北	193.08	270.92	77.84

资料来源：2010 年《北京市水资源公报》、《天津市水资源公报》以及《河北省水资源公报》。

在本节中，参考已有研究，采用耕地面积占区域总面积的比例来表示土地资源限制性(Xu et al., 2011)。具体地，利用 2010 年土地利用数据，提取京津冀城市群地区的耕地，然后利用县级行政边界，在 ArcGIS 分析模块的支持下，统计各县级市中的耕地面积，进而计算耕地面积占该县级市总面积的比例。该比例越高，土地资源限制性越大。

参考已有研究，采用 $PM_{2.5}$ 年平均浓度来表示大气环境限制性(Wei et al., 2015)。具体地，基于 2015 年北京、天津以及河北各地级市的每日 $PM_{2.5}$ 浓度数据，计算得到各个城市的 $PM_{2.5}$ 年平均浓度。然后，以《环境空气质量标准》(GB3095—2012)中的 $PM_{2.5}$ 浓度限值为标准，将每个城市的 $PM_{2.5}$ 年平均浓度与该浓度标准进行对比，评估该地区

的大气环境限制性。$PM_{2.5}$浓度越高，大气环境限制性越大。

3) 多要素综合评价

在评价五种限制性要素的基础之上，基于多要素综合评价，全面评估该地区资源和环境本底，在此基础上划分资源环境限制性评价分区，其目的在于确定不同区域的主导限制性要素，全面识别资源和环境限制性要素的空间异质性。在本节中，参考已有研究，采用以下三点原则来确定不同区域的主导限制性要素(Feng et al., 2010)。首先，保持县级行政边界的完整性。在本节中，在保持县级行政边界完整性的基础之上划分资源环境限制性分区。其次，保持海拔、坡度、坡向和水系等地理环境的一致性。在划分资源环境限制性分区时，要保持每个分区中不会出现明显的地理环境差异。最后，通过对比每个县级市中的五种限制性要素，来确定该县级市的主导限制性要素。以唐山市的玉田县为例，玉田县同时受到四种限制性要素的影响。通过综合考虑和对比这四种要素，确定玉田县的主导限制性要素是地质环境。基于上述三点原则，划分出不同的资源环境限制性分区。

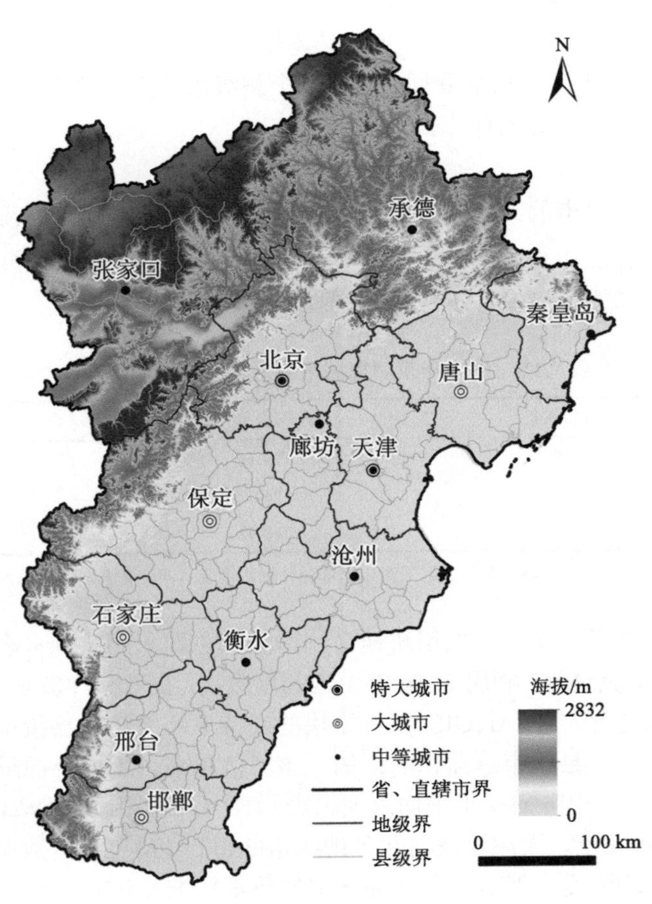

图 7.19　地形限制性

图中标注出的城市名详见图 7.1。

4. 结果

1) 地形限制性

京津冀城市群地区西北部地形限制性较高，东南部地形限制性较低(图 7.19)。在京津冀城市群地区，海拔大于 2000 m 的区域是地形限制性最高的区域。该区域主要分布于京津冀城市群西北部，面积约为 303.48 km^2，占全区总面积的 0.14%。海拔介于 500～2000 m 的区域面积约为 17.38×10^4 km^2，占全区总面积的 80.18%。此外，海拔低于 500 m 的区域是地形限制性最低的区域。该区域主要包括京津冀城市群东南部，面积约为 12.52×10^4 km^2，占全区总面积的 58.18%。

2) 地质环境限制性

京津冀城市群地区中部地质环境限制性较高，南部平原地区地质环境限制性较低(图 7.20)。具体地，地震烈度为Ⅷ度的区域是地质环境限制性最高的区域(表 7.21)。该

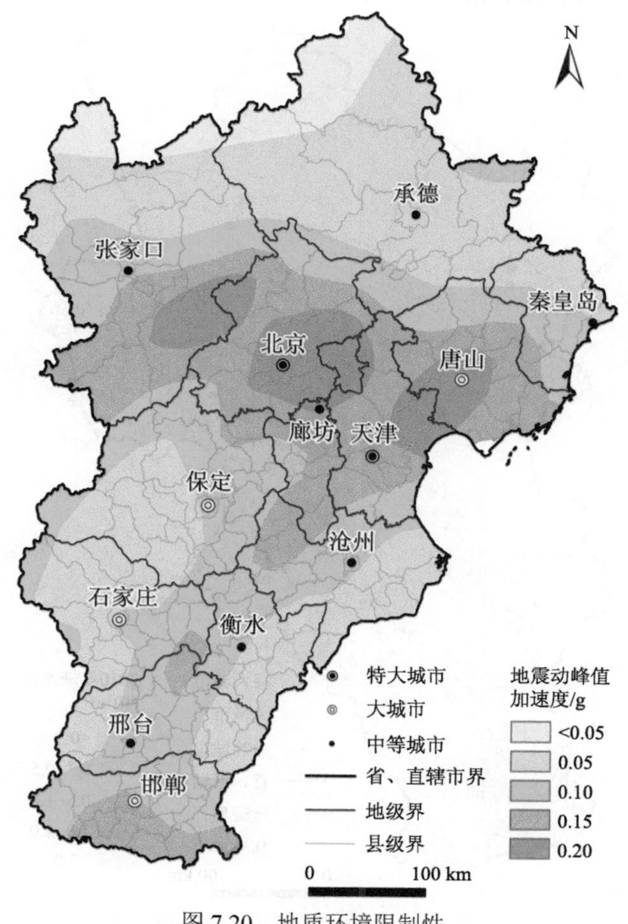

图 7.20　地质环境限制性

图中标注出的城市名详见图 7.1。

区域主要位于京津冀城市群中部，包括北京东部、天津东部和唐山中部，面积约为 1.70×10^4 km^2，占全区总面积的 7.88%。地震烈度为Ⅵ度的区域是地质环境限制性最低的区域。该区域主要分布于京津冀城市群南部，包括石家庄中部、沧州东部和衡水东部，面积约为 1.01×10^4 km^2，占全区总面积的 4.69%。

3) 水资源限制性

京津冀城市群地区中部及南部水资源限值性较高，而西北部水资源限制性较低(图 7.21)。2010 年，水资源限制性最高的县是缺水量超过 2.0×10^8 m^3 的县级市。这些区域分布在京津冀城市群的中部，包括唐山中部和天津沿海地区，总面积约为 0.74×10^4 km^2，占全区总面积的 3.42%。缺水量高于 0.5×10^8 m^3 低于 2.0×10^8 m^3 的县级市总面积约为 3.44×10^4 km^2，占全区总面积的 15.87%，主要位于北京东南部、天津中部和北部、沧州中部以及邯郸西部。缺水量高于 0.3×10^8 m^3 低于 0.5×10^8 m^3 的县级市总面积约为 7.69×10^4 km^2，占全区总面积的 35.48%。而水资源限制性最低的县是缺水量小于 0.3×10^8 m^3 的县级市。这些区域位于西北部的张家口和承德等地。

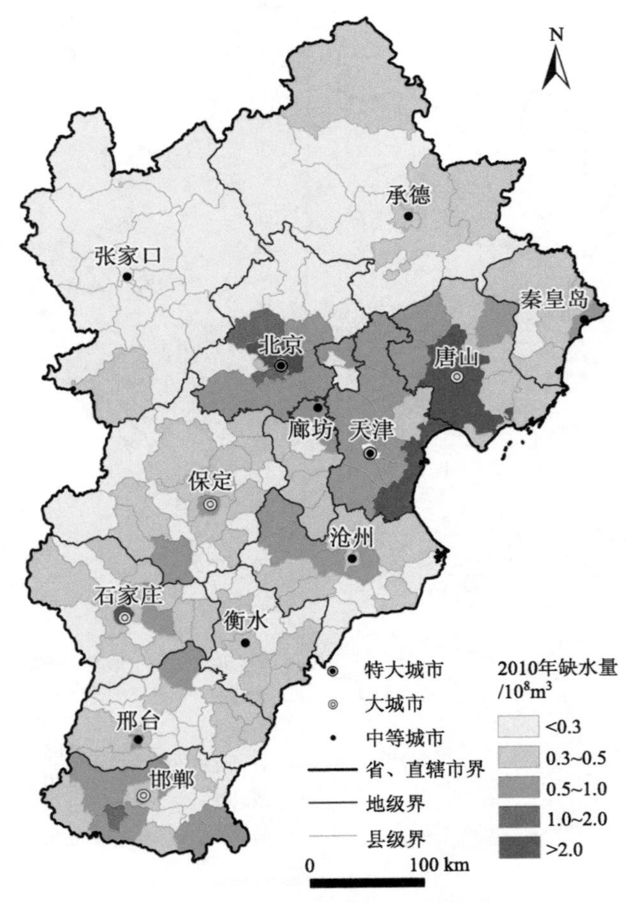

图 7.21　2010 年各县级市缺水量

图中标注出的城市名详见图 7.1。

4) 土地资源限制性

京津冀城市群地区东南部土地资源限制性较高，西北部土地资源限制性较低(图 7.22)。耕地面积比例高于 80%的区域是土地资源限制性最高的区域。这些区域主要分布在京津冀城市群东南部，包括沧州中部、衡水、邢台东部和邯郸东部，面积约为 4.58×10^4 km^2，占全区总面积的 21.28%。耕地面积比例高于 50%低于 80%的区域面积约为 10.98×10^4 km^2，占全区总面积的 50.65%。耕地面积比例低于 50%的区域是土地资源限制性最低的区域。这些区域主要分布在京津冀城市群西北部，面积约为 10.54×10^4 km^2，占全区总面积的 48.97%。

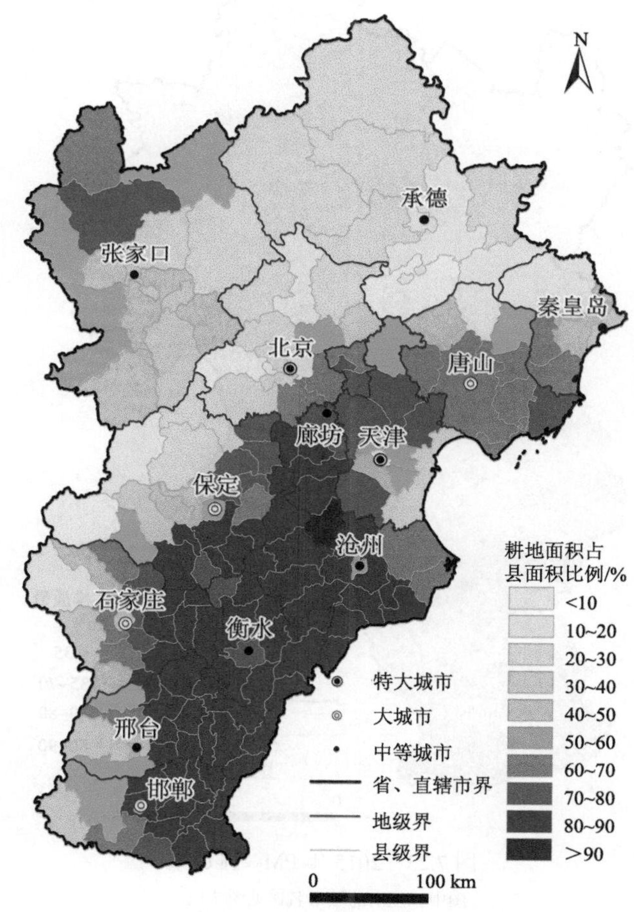

图 7.22　各县级市耕地面积比例

图中标注出的城市名详见图 7.1。

5) 大气环境限制性

京津冀城市群地区大气环境限制性最高的区域包括保定、石家庄和邢台等地，最低的区域位于张家口(图 7.23)。2015 年，保定、石家庄、邢台、邯郸、衡水和唐山是大气环境限制性最高的区域，在这些区域中 $PM_{2.5}$ 年平均浓度超过 80 μg/m^3，面积约为 8.92×10^4 km^2，占全区总面积的 41.43%。$PM_{2.5}$ 年平均浓度高于 35 μg/m^3 低于 80 μg/m^3 的区域面积约为 8.94×10^4 km^2，占全区总面积的 41.52%，包括北京、天津、承德、秦皇岛和沧州。此外，张家口是大气环境限制性最低的区域。张家口 $PM_{2.5}$ 年平均浓度约为 31.84 μg/m^3，年平均浓度值低于其他城市，同时也低于《环境空气质量标准》(GB3095—2012) 中规定的 35 μg/m^3 的浓度限值标准。

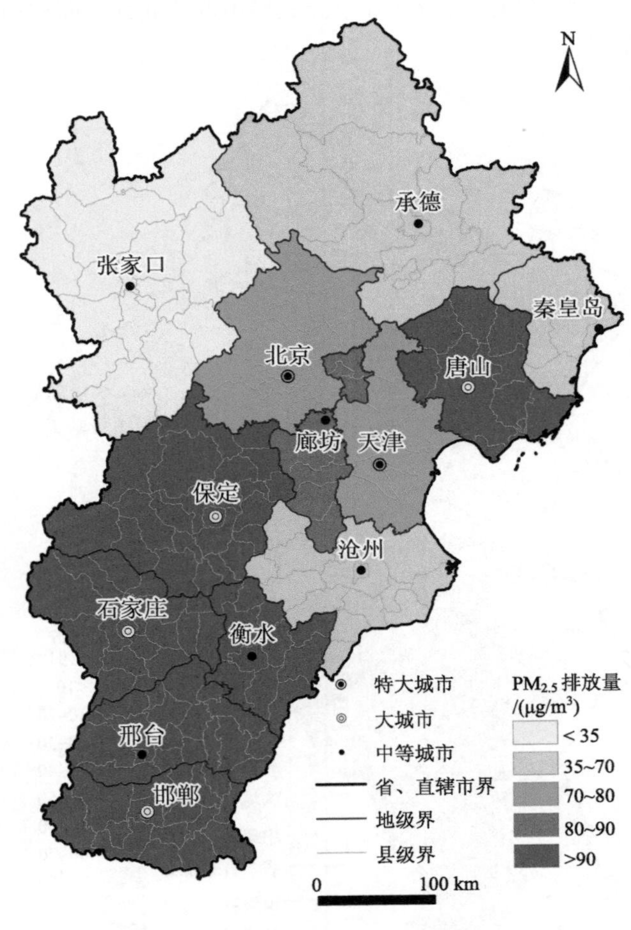

图 7.23　2015 年 $PM_{2.5}$ 排放量

图中标注出的城市名详见图 7.1。

6) 资源环境本底评价

京津冀城市群地区包括 5 个资源环境限制性评价分区，分别是生物多样性优先保护区、地质灾害易发区、水资源严重短缺区、大气严重污染区和耕地优先保护区五个分区(图 7.24)。在五个分区中，生物多样性优先保护区面积最大。生物多样性优先保护区主要包括张家口、承德以及北京西北部，面积约为 8.39×10^4 km^2，占京津冀城市群地区总面积的 38.97%。该区西北部属于坝上高原地区，西部属于燕山和太行山地区。总体看来，该区生物多样性丰富，是整个京津冀城市群地区的生态屏障。耕地优先保护区主要包括衡水、邢台和邯郸，面积约为 4.23×10^4 km^2，占京津冀城市群地区总面积的 19.65%。该区耕地面积比例超过 80%。水资源严重短缺区主要包括北京东南部、廊坊、天津以及沧州北部，面积约为 3.61×10^4 km^2，占京津冀城市群地区总面积的 16.77%。大气严重污染区面积约为 3.42×10^4 km^2，占京津冀城市群地区总面积的 15.88%，主要包括保定以及石家庄中部。与上述四个分区相比，地质灾害易发区面积最小。地质灾害易发区主要包括秦皇岛南部以及唐山，面积约为 1.87×10^4 km^2，仅占京津冀城市群地区总面积的 8.69%。

图 7.24 资源环境限制性评价分区

图中标注出的城市名详见图 7.1。

5. 讨论

1)限制性要素与区域人口和经济发展的关系

基于限制性要素评价结果，本书研究分析了 5 个分区中的人口总量和不同类型的人口比例。结果表明，水资源严重短缺区中的人口总量最多，生物多样性优先保护区中的人口总量最少(表 7.23)。2010 年，水资源严重短缺区人口总量为 3959.27 万人，占京津冀城市群地区总人口的 37.92%。生物多样性优先保护区中的人口总量为 900.57 万人，仅占京津冀城市群地区总人口的 8.63%。此外，在水资源严重短缺区中，城镇人口总量最多，比例最高。该区城镇人口总量为 3044.69 万人，占该区总人口的 76.90%，总量和比例均高于其他 4 个分区中的总量和比例。

表 7.23　2010 年各分区人口数量和比例

资源环境限制性评价分区	总人口/万人	城镇人口		农村人口		0～14 岁人口		65 岁以上人口	
		总量/万人	比例/%	总量/万人	比例/%	总量/万人	比例/%	总量/万人	比例/%
生物多样性优先保护区	900.57	382.77	42.50	517.81	57.50	76.48	8.49	69.71	7.74
地质灾害易发区	1029.94	519.91	50.48	510.03	49.52	77.50	7.52	71.02	6.90
大气严重污染区	1976.78	896.93	45.37	1079.85	54.63	171.29	8.67	152.33	7.71
耕地优先保护区	2555.47	1015.98	39.76	1539.49	60.24	256.31	10.03	213.86	8.37
水资源严重短缺区	3959.27	3044.69	76.90	914.58	23.10	221.90	5.60	192.44	4.86
全区	10440.53	5871.19	56.23	4569.34	43.77	804.49	7.71	700.32	6.71

资料来源：2010 年人口普查数据。

在耕地优先保护区中，0～14 岁人口和 65 岁以上人口最多(表 7.23)。2010 年，在耕地优先保护区中，0～14 岁人口总量为 256.31 万人，占该区人口总量的 10.03%，数量和比例均高于其他 4 个分区。此外，在耕地优先保护区中，65 岁以上人口总量为 213.86 万人，占该区人口总量的 8.37%，数量和比例亦高于其他 4 个分区。

此外，本节进一步分析了限制性要素和区域经济发展之间的关系。结果表明，水资源严重短缺区的国内生产总值最高，而生物多样性优先保护区的国内生产总值最低(表 7.24)。2010 年，水资源严重短缺区的国内生产总值为 24555.66 亿元。在生物多样性优先保护区中，国内生产总值仅为 1523.28 亿元。在水资源严重短缺区中，第二产业产值

表 7.24　2010 年各分区国内生产总值和产业结构

资源环境限制性评价分区	国内生产总值/亿元	第一产业		第二产业		第三产业	
		产值/亿元	比例/%	产值/亿元	比例/%	产值/亿元	比例/%
生物多样性优先保护区	1523.28	304.53	19.99	687.59	45.14	531.18	34.87
大气严重污染区	2911.03	511.98	17.59	1519.36	52.19	869.69	29.88
地质灾害易发区	2984.30	387.52	12.99	1656.30	55.50	940.48	31.51
耕地优先保护区	4755.67	832.11	17.50	2481.71	52.18	1441.85	30.32
水资源严重短缺区	24555.66	468.01	1.91	9305.50	37.90	14782.25	60.20
全区	36729.94	2504.15	6.82	15650.46	42.61	18565.45	50.55

资料来源：2010 年《北京统计年鉴》《天津统计年鉴》以及《河北经济年鉴》。

为 9305.50 亿元，第三产业产值为 14782.25 亿元。而在生物多样性优先保护区、大气严重污染区、地质灾害易发区和耕地优先保护区，第二产业产值分别为 687.59 亿元、1519.36 亿元、1656.30 亿元和 2481.71 亿元，第三产业产值分别为 531.18 亿元、869.69 亿元、940.48 亿元和 1441.85 亿元。此外，在水资源严重短缺区中，第一、第二和第三产业的比例分别为 1.91%、37.90%和 60.20%。而在其他分区中，第二产业的比例最高，第三产业次之，第一产业比例最低。

2）研究的局限性和未来展望

研究具有一定的局限性。首先，本节构建的资源环境限制性要素评价指标体系包含了地形、大气、土地、海洋、淡水、生物多样性和灾害 7 个维度，有待补充和完善，同时，也应尽量明确每个指标与区域可持续性之间的关系。其次，由于目前缺乏可靠的数据，研究仅考虑了地形、地质环境、水资源、土地资源和大气环境 5 种限制性要素。在京津冀地区，气候条件和水体污染等限制性要素也是影响区域可持续发展的关键要素。特别是生态红线区，将是未来该区可持续发展过程中需要着重考虑的要素。但是，本节从京津冀地区的实际情况出发，选择了 5 种典型的限制性要素，在一定程度上能够比较全面地评价该区的资源和环境限制性要素。

在未来的研究中，将基于景观可持续科学概念框架，建立更加完整的指标体系，全面评估区域资源和环境限制性要素。其次，考虑到可持续性研究中的多尺度和多等级特征，将结合遥感数据和统计数据等多源数据，在多个尺度上评价区域的限制性要素。在京津冀地区，不同的区域面临着不同限制性要素的影响。因此，在未来协同发展过程中，需考虑不同区域的实际情况，保证土地利用方式和管理体制多样性，保持和提高生态系统服务的多样化。

6. 结论

本节建立了资源和环境限制性要素评价指标体系。该指标体系主要包括 7 个维度，即地形、大气、土地、海洋、淡水、生物多样性和灾害。在这 7 个维度之下，包含 20 个指标。通过选择合适的指标，能够有效评价区域资源和环境限制性要素。

京津冀城市群地区资源和环境限制性要素主要包括地形、地质环境、水资源、土地资源和大气环境等。地形限制性最高的区域主要分布于京津冀城市群的西北部，包括张家口北部和承德西北部。地质环境限制性最高的区域分布于京津冀城市群的中部。水资源限制性最高的区域主要包括唐山中部和天津沿海地区等京津冀城市群的中部地区。耕地面积占比超过 80%的区域是土地资源限制性最高的区域。这些区域主要分布在京津冀城市群的东南部，包括沧州中部、衡水、邢台东部和邯郸东部。而保定、石家庄、邢台和邯郸等地是大气环境限制性最高的区域，在这些地区 $PM_{2.5}$ 年平均浓度超过 80 μg/m^3。同时，京津冀城市群地区可以划分为生物多样性优先保护区、地质灾害易发区、水资源严重短缺区、大气严重污染区和耕地优先保护区 5 个资源环境限制性分区。其中，生物多样性优先保护区面积最大，约为 8.39×10^4 km^2。而地质灾害易发区面积最小，仅为 1.87×10^4 km^2。

7.5　区域水-能纽带关系*

1. 问题的提出

能源和水资源是人类生产生活的基本需求。分析水-能纽带关系可为京津冀城市群实现可持续发展目标提供更加全面的策略(Liu et al., 2018a)。水-能纽带关系研究是指在统一的框架下评估水资源利用和能源消耗的区域分异和行业差异(Hamiche et al., 2016; Yang et al., 2018; Owen et al., 2018)，以便于分析城市间和部门间的环境压力，同时分析水能要素的水-能纽带关系，不仅能够增进对两种资源间潜在依赖关系的理解，提升其整体的利用效率，还能够识别出水资源利用和能源消耗的权衡关系，避免出现为了保护一方，而忽视另一方甚至对另一方造成不利影响的情形(Gu and Teng, 2014; Jiang, 2015)。作为生产生活的中心，城市群消耗了大量的水和能源，并产生巨大的碳排放，区域间与部门间的水能交换很频繁，水-能纽带关系十分复杂。因此，在京津冀城市群开展水-能纽带关系研究对于实现节水节能双重可持续发展目标具有重要意义(Jia et al., 2018; Liu et al., 2018a; Zhang et al., 2019)。

本节旨在分析京津冀城市群的水能纽带关系，确定节水减排的重点区域和部门。为实现这一目标，首先根据 2012 年中国各省市的多区域投入产出(Multiregional Input-output，MRIO)表，为京津冀城市群制备了该地区的 MRIO 表。其次，基于环境扩展的 MRIO 模型，构建了水-能纽带关系评估框架，核算并分析了虚拟水和隐含能的转移情况、利用效率及拉动效应。最后，结合资源投入的效率和区域间产业联系两个方面，识别出节水减排的关键部门。

2. 研究区和数据

1)研究区的水能特征

研究区同 7.1.2 节。在水资源方面，京津冀城市群是中国典型的资源型缺水地区。2012 年，该地区的水资源总量为 307.95 亿 m^3，人均水资源量为 285.92 m^3，仅占全球人均水资源量的 3.3%。在能源方面，京津冀城市群的能源利用呈现出严重超载的态势。该区域的能源消耗总量为 4.47 亿 t 标准煤，人均能源消耗量为 4.15t 标准煤，是全国人均能源消耗量的 1.6 倍(国家统计局, 2019)。随着工业化和城市化的快速发展，部门用水耗能的需求不断增长，供需矛盾制约着京津冀城市群的可持续发展(Bao and Fang, 2012)。因此，解决水能资源极度短缺的问题已成为城市群发展的当务之急。

---

* 本节内容主要基于 Liu Z, Huang Q, He C, et al. 2021. Water-energy nexus within urban agglomeration: An assessment framework combining the multiregional input-output model, virtual water, and embodied energy. Resources, Conservation and Recycling, 164: 105113.

2）数据

京津冀城市群的区域间投入产出数据来自 2012 年京津冀城市群的城市级 MRIO 表(Zheng et al., 2018)和 2012 年中国多区域投入产出表(Mi et al., 2017)，这些数据已被广泛应用于虚拟水和隐含能核算的研究中(Li et al., 2019; Zhao et al., 2019; Fang et al., 2019)。

用水数据部分，2012 年京津冀城市群各城市各部门的用水量数据来自《北京市水务统计年鉴》《北京市能耗水耗公报》《天津市水资源公报》《河北省水资源公报》和《环境统计数据》。能源消耗数据部分，2012 年京津冀城市群各城市各部门的能源消费量数据来自北京、天津、石家庄、唐山、秦皇岛、邯郸、邢台、保定、张家口、承德、沧州、廊坊和衡水各地的统计年鉴以及《中国统计年鉴》和《中国能源统计年鉴》。

3. 方法

结合多区域投入产出模型以及虚拟水和隐含能的概念，可为分析京津冀城市群内部区域间和部门间的水-能纽带关系提供有效途径。虚拟水是指在产品和服务的整个生命周期中需要的全部水资源量，包括生产和销售等全过程中直接和间接使用的水资源总量(Allan, 1993; Hoekstra and Chapagain, 2006; Salmoral and Yan, 2018)。隐含能是指某项产品或服务在加工、制造和运输等全过程中的能源消耗量，包括供应链中直接和间接消耗的能源总量(Costanza, 1980; Dimoudi and Tompa, 2008; Dixit, 2019)。投入产出表反映了区域间和部门间经济投入与产出的内在联系(Isard, 1951)。MRIO 模型以投入产出表为基础，可量化不同产品在区域间的贸易量转移，详细表征区域间和部门间的经济联系，目前已被广泛用于分析隐含产品在生产和消费全过程中的流动和转移(Chenery, 1953; Moses, 1955; Leontief and Strout, 1963; Bolea et al., 2020)。MRIO 模型可以综合考虑区域间和部门间的直接用水量和虚拟水总量，以及直接用能量和隐含能总量，这三者的结合为深层次全面分析城市群的水-能纽带关系提供了可行的评估框架(图 7.25)。

1）制备京津冀城市群 MRIO 表

将京津冀城市群划分为北京、天津、石家庄、唐山、秦皇岛、邯郸、邢台、保定、张家口、承德、沧州、廊坊和衡水 13 个部分，并为京津冀城市群制备了 MRIO 表(表 7.25)。考虑到现有水/能消耗数据集和 MRIO 表之间的部门分类差异，参考 Yang 等(2018)的方法，采用《国民经济行业分类与代码》(GB/T 4754—2017)将城市级 MRIO 表中原有的 30 个部门合并为 8 个主要部门(表 7.26)，分别为农业(农)、采矿业(矿)、轻工业(轻)、重工业(重)、电气水供应业(电)、建筑业(建)、交通业(交)与服务业(服)。

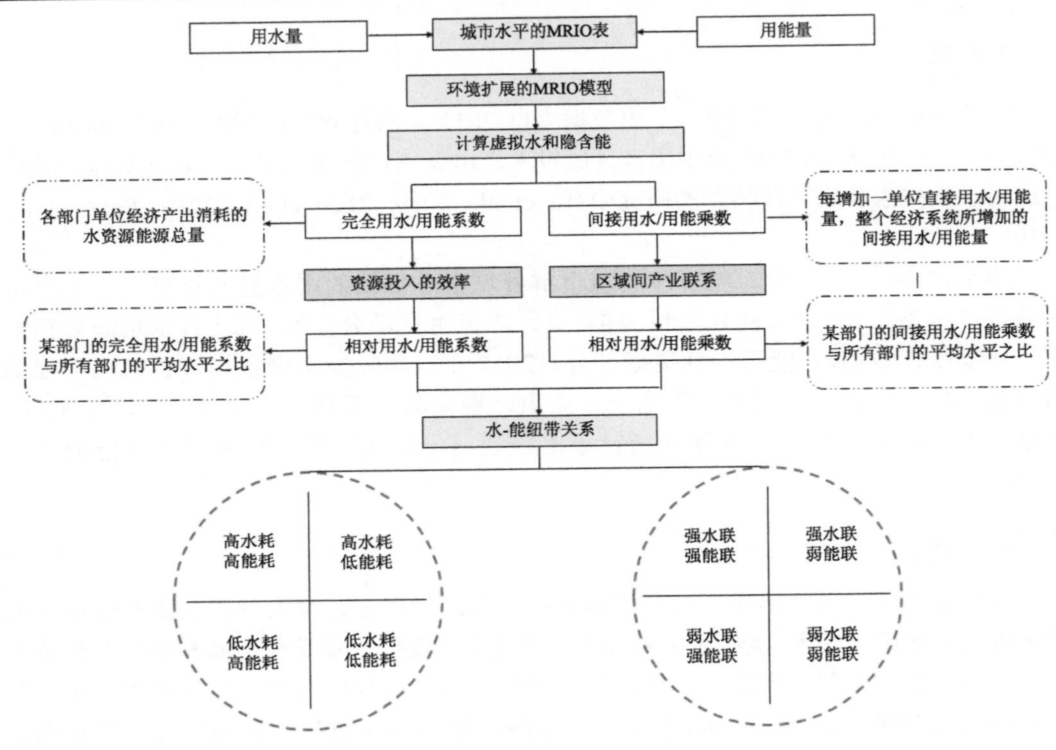

图 7.25　研究方法框架

由于统计年鉴中记录的部门与 8 个合并部门并不一致，因此需要将已有的水/能消耗数据集分类为 8 个部门(表 7.26)。在用水数据方面，北京、天津和河北的水资源公报中主要记录了农业、工业、建筑业、交通业和服务业的用水量，没有记录不同类型工业部门的用水量。因此，参考 Chang 等(2015) 和 Tan 等(2018) 的方法，根据各城市的供水部门投入给该城市四个工业部门(采矿业，轻工业，重工业和电气水供应业)的中间投入量的比例，将工业总用水量分配到 4 个工业部门。此外，由于河北各城市仅有市区的用水量数据，因此需要根据 2012 年河北市区的部门用水量与河北全省的部门用水量之比，来计算河北省各城市各部门的用水总量。

在能源消耗数据方面，大多数城市在城市统计年鉴中记录了部门的能源消费量。根据《中国能源统计年鉴》提供的能源转换为标准煤的参考系数，将能源消费量的单位统一折算为吨标准煤(tce)。由于少数城市(如唐山和邯郸)的统计年鉴中仅记录了某些规模以上企业的能源消耗，因此参考先前研究中使用的方法，使用《河北经济年鉴》中 2012 年规模以上工业分行业能耗占全部工业分行业能耗的比例，推算出 2012 年当地各工业部门的能源消费总量(Zhang et al., 2017b; Li et al., 2019)。

表 7.25　京津冀城市群基于环境扩展的 MRIO 模型

<table>
<tr><th colspan="3" rowspan="3">产出/投入</th><th colspan="10">中间使用</th><th colspan="4">最终使用</th><th rowspan="3">出口</th><th rowspan="3">误差</th><th rowspan="3">总产出</th></tr>
<tr><th colspan="3">北京
(地区 1)</th><th colspan="3">天津
(地区 2)</th><th>…</th><th colspan="3">衡水
(地区 13)</th><th rowspan="2">北京</th><th rowspan="2">天津</th><th rowspan="2">…</th><th rowspan="2">衡水</th></tr>
<tr><th>部门 1</th><th>…</th><th>部门 n</th><th>部门 1</th><th>…</th><th>部门 n</th><th>部门 1 … 部门 n</th><th>部门 1</th><th>…</th><th>部门 n</th></tr>
<tr><td rowspan="9">中间投入</td><td rowspan="3">北京
(地区 1)</td><td>部门 1</td><td colspan="10" rowspan="12">x_{ij}^{rs}</td><td colspan="4" rowspan="12">y_i^{rs}</td><td rowspan="12">c_i^r</td><td rowspan="12">o_i^r</td><td rowspan="12">z_i^r</td></tr>
<tr><td>⋮</td></tr>
<tr><td>部门 n</td></tr>
<tr><td rowspan="3">天津
(地区 2)</td><td>部门 1</td></tr>
<tr><td>⋮</td></tr>
<tr><td>部门 n</td></tr>
<tr><td rowspan="3">⋮</td><td>部门 1</td></tr>
<tr><td>⋮</td></tr>
<tr><td>部门 n</td></tr>
<tr><td></td><td rowspan="3">衡水
(地区 13)</td><td>部门 1</td></tr>
<tr><td></td><td>⋮</td></tr>
<tr><td></td><td>部门 n</td></tr>
<tr><td colspan="3">增加值</td><td colspan="10">v_j^s</td><td colspan="7" rowspan="2"></td></tr>
<tr><td colspan="3">总投入</td><td colspan="10">z_j^s</td></tr>
<tr><td colspan="3">直接用水量</td><td colspan="10">w_j^s</td><td colspan="7" rowspan="2"></td></tr>
<tr><td colspan="3">直接用能量</td><td colspan="10">e_j^s</td></tr>
</table>

表 7.26　城市群部门整合

合并后的 8 个部门	原有的 30 个部门	原部门编号
农业(农)	农业	1
采矿业(矿)	煤炭采选产品	2
	石油和天然气开采产品	3
	金属矿采选产品	4
	非金属矿和其他矿采选产品	5
轻工业(轻)	食品和烟草	6
	纺织品	7
	纺织服装鞋帽皮革羽绒及其制品	8
	木材加工品和家具	9
	造纸印刷和文教体育用品	10
重工业(重)	石油、炼焦产品和核燃料加工品	11
	化学产品	12
	非金属矿物制品	13

续表

合并后的 8 个部门	原有的 30 个部门	原部门编号
重工业(重)	金属冶炼和压延加工品	14
	金属制品	15
	通用设备和专用设备	16
	交通运输设备	17
	电气机械和器材	18
	通信设备、计算机和其他电子设备	19
	仪器仪表	20
	其他制造产品	21
电气水供应业(电)	电力、热力的生产和供应	22
	燃气和水的生产和供应	23
建筑业(建)	建筑	24
交通业(交)	交通运输、仓储和邮政	25
服务业(服)	批发和零售	26
	住宿和餐饮	27
	租赁和商务服务	28
	科学研究和技术服务	29
	其他服务	30

2) 构建城市群环境扩展的 MRIO 模型

参考 Zhang 等(2018)的方法，在京津冀城市群 MRIO 表的基础上，将处理分配后的用水数据和能源消耗数据归纳扩展到表中，横向构建了直接用水量和直接用能量两个环境模块承德、沧州、廊坊和衡水这 13 个城市(表 7.25)。然后，将剩余 27 个省级行政区的中间投入量合并到进口行中(受限于数据的可获取性，未包含西藏、香港、澳门和台湾四地)，将中间使用量和最终使用量合并到出口列中。每个区域都包含分类标准一致的 n 个部门，分别是部门 1、部门 2、…、部门 n。

根据 Isard(1951)，京津冀城市群的 MRIO 模型共由 13×n 个线性方程构成，并满足以下等量关系($1 \leqslant r, s \leqslant 13$)：

$$z_i^r = \sum_{s=1}^{13}\sum_{j=1}^{n} x_{ij}^{rs} + \sum_{s=1}^{13} y_i^{rs} + c_i^r - o_i^r \tag{7.19}$$

式中，z_i^r 为 r 区域 i 部门的经济总产出；x_{ij}^{rs} 表示为满足 s 区域 j 部门的中间使用需求，r 区域 i 部门给 s 区域 j 部门的投入量；y_i^{rs} 表示为满足 s 区域的最终使用需求，r 区域 i 部门给 s 区域的投入量；c_i^r 为 r 区域 i 部门输出到国外的出口量(单位：元)；o_i^r 为误差项。引入直接消耗系数 a_{ij}^{rs}，它表示 s 区域 j 部门单位经济产出直接使用的来自 r 区域 i 部门的投入量，其计算公式如下：

$$a_{ij}^{rs} = \frac{x_{ij}^{rs}}{z_j^s} \tag{7.20}$$

$$\boldsymbol{A} = \left[\boldsymbol{A}^{rs}\right] = \left[a_{ij}^{rs}\right]_{n\times n} \tag{7.21}$$

式中，z_j^s 为 s 区域 j 部门的经济总投入，根据 MRIO 模型的基本平衡法则，各部门的经济总投入与总产出相等；$\boldsymbol{A}^{rs}$ 为从 r 区域对应到 s 区域的直接消耗系数矩阵；$\boldsymbol{A}$ 为全区域的直接消耗系数矩阵。联立等式可知：

$$\boldsymbol{Z} = \boldsymbol{A}\times\boldsymbol{Z} + \boldsymbol{Y} + \boldsymbol{C} - \boldsymbol{O} \tag{7.22}$$

$$\boldsymbol{Z} = \left(\boldsymbol{I} - \boldsymbol{A}\right)^{-1}\left(\boldsymbol{Y} + \boldsymbol{C} - \boldsymbol{O}\right) \tag{7.23}$$

$$\boldsymbol{L} = \left(\boldsymbol{I} - \boldsymbol{A}\right)^{-1} \tag{7.24}$$

式中，$\boldsymbol{Z}$ 为经济总产出列向量；$\boldsymbol{Y}$ 为最终使用矩阵；$\boldsymbol{C}$ 为出口列向量；$\boldsymbol{L}$ 为 Leontief 逆矩阵。

3）核算虚拟水和隐含碳

基于环境扩展的 MRIO 模型，分别从转移量、利用效率和拉动效应三个角度核算了 2012 年京津冀城市群的虚拟水和隐含能。

(1) 转移量

虚拟水和隐含能的转移量表示水和能源在区域间和部门间的流动方向和转移数量，表征了不同部门在京津冀城市群的水能系统中扮演的角色，也反映了区域间和部门间的水能联系强度。其计算公式如下：

$$\mathbf{TU} = \boldsymbol{U} - \boldsymbol{U}^{\mathrm{T}} \tag{7.25}$$

式中，$\mathbf{TU}$ 为虚拟水或隐含能的部门间转移矩阵，是主对角线元素为 0 的反对称矩阵，表示各部门向部门自身转移的虚拟水或隐含能为 0，矩阵元素 tu_{ij}^{rs} 表示 r 区域 i 部门和 s 区域 j 部门间转移的虚拟水或隐含能，正负值表示流动方向，绝对值表示转移数量；$\boldsymbol{U}$ 为需水矩阵或需能矩阵，其计算公式如下，

$$\boldsymbol{U}^{rs} = \hat{\boldsymbol{D}}^{r}\times\boldsymbol{L}^{rs}\times\hat{\boldsymbol{Y}}^{rs} \tag{7.26}$$

式中，$\boldsymbol{U}^{rs}$ 表示为满足 s 区域的最终使用需求，r 区域给 s 区域投入的虚拟水或隐含能总量；$\hat{\boldsymbol{D}}^{r}$ 为 r 区域直接用水或用能系数的列向量所对应的对角矩阵；$\boldsymbol{L}^{rs}$ 为从 r 区域对应到 s 区域的 Leontief 逆矩阵；$\hat{\boldsymbol{Y}}^{rs}$ 为从 r 区域对应到 s 区域的最终使用列向量所对应的对角矩阵。

(2) 利用效率

利用效率可使用完全用水或用能系数来表征。完全系数表示各部门每单位经济产出的全部用水量或全部能源消耗量，反映了各部门虚拟水和隐含能消耗的实际情况，是计算区域间虚拟水和隐含能转移量的重要基础。完全用水或用能系数的行向量 T 的计算公式如下：

$$\boldsymbol{T} = \boldsymbol{D}\times\boldsymbol{L} \tag{7.27}$$

式中，$\boldsymbol{D}$ 为直接用水或用能系数的行向量。直接系数表示各部门每单位经济产出的直接

用水量或直接能源消耗量，可将经济产值数据转换成相应的用水量和能源消耗量。采用单位产值的用水量或能源消耗量来表示直接系数。

$$d_j^s = \frac{k_j^s}{z_j^s} \tag{7.28}$$

式中，d_j^s 为 s 区域 j 部门的直接用水或用能系数；k_j^s 为 s 区域 j 部门的直接用水量（w_j^s）或直接能源消耗量（e_j^s）；z_j^s 为 s 区域 j 部门的经济总投入值。

$$\boldsymbol{D}^s = \left[d_j^s \right]_{1\times n} \tag{7.29}$$

$$\boldsymbol{D} = \left[D^1 \quad D^2 \quad \cdots \quad D^{13} \right] \tag{7.30}$$

式中，$\boldsymbol{D}^s$ 为 s 区域的直接用水或用能系数的行向量；$\boldsymbol{D}$ 为 13 个区域直接用水或用能系数的行向量。

间接系数表示各部门每单位经济产出的间接用水量或间接能源消耗量，来源于其他部门的水能投入。显然，间接系数等于完全系数与直接系数的差值，因此间接用水或用能系数的行向量 M 可表达为

$$\boldsymbol{M} = \boldsymbol{T} - \boldsymbol{D} \tag{7.31}$$

(3) 拉动效应（后向关联分析）

拉动效应可以通过间接用水或用能乘数来反映。间接乘数表示某部门每增加一单位直接用水量或直接能源消费量后，带动整个经济系统虚拟水或隐含能消耗的增加量（王红瑞等, 1995; Wang et al., 2005）。间接乘数等于 0 表示该部门与其他部门不存在经济联系，乘数越大表明经济联系越密切。因此，间接乘数可表征各部门的用水结构和用能结构，反映该部门用水量和用能量的主要来源是上游部门还是部门自身。其计算公式如下：

$$p_j^s = m_j^s / d_j^s \tag{7.32}$$

式中，p_j^s 为 s 区域 j 部门的间接乘数用水或用能乘数；m_j^s 为 s 区域 j 部门的间接用水或用能系数。$p_j^s > 1$ 意味着 s 区域 j 部门的间接消耗高于直接消耗，资源消耗的主要来源是上游部门的生产过程；$p_j^s \leqslant 1$ 则表明该部门资源消耗的主要来源是部门自身的生产过程。

4) 建立水-碳纽带关系的评估框架

在 Yang 等 (2018) 方法的基础上，基于城市群环境扩展的 MRIO 模型，建立了一个全新的评估框架。该框架结合了资源投入的效率和区域间产业联系两个方面，来分析城市群的水-能纽带关系。在资源投入的效率方面，利用完全用水系数和完全用能系数两个指标，计算出相对用水系数和相对用能系数，将城市群各部门划分为高水耗-高能耗、高水耗-低能耗、低水耗-高能耗和低水耗-低能耗四类。其计算公式如下：

$$\delta_{j(w,e)}^s = t_{j(w,e)}^s / \overline{t}_{(w,e)} \tag{7.33}$$

式中，$\delta_{j(w,e)}^s$ 为 s 区域 j 部门的相对用水或用能系数；$\overline{t}_{(w,e)}$ 为城市群 13 个地区 104 个部门的完全用水系数均值或完全用能系数均值。$\delta_{(w)}^s > 1$ 表明 s 区域 j 部门每单位经济产出的全部用水量超过城市群所有部门的平均水平，是高水耗部门，反之则是低水耗部门。

同理，可将类似的分类方法用于能耗系数、$\delta_{j(e)}^{s}$ 的判断。因此，在资源投入的效率方面，各部门的水-能组带关系可划分为以下四类：

$$\delta \mathrm{Class}_j^s = \begin{cases} \mathrm{HwHe} & \delta_{j(w)}^{s} > 1, \delta_{j(e)}^{s} > 1 \\ \mathrm{HwLe} & \delta_{j(w)}^{s} > 1, \delta_{j(e)}^{s} \leqslant 1 \\ \mathrm{LwHe} & \delta_{j(w)}^{s} \leqslant 1, \delta_{j(e)}^{s} > 1 \\ \mathrm{LwLe} & \delta_{j(w)}^{s} \leqslant 1, \delta_{j(e)}^{s} \leqslant 1 \end{cases} \tag{7.34}$$

式中，$\delta \mathrm{Class}_j^s$ 表示在考虑资源投入的效率时，s 区域 j 部门水-能组带关系的类型；HwHe、HwLe、LwHe 和 LwLe 分别代表高水耗-高能耗、高水耗-低能耗、低水耗-高能耗和低水耗-低能耗部门。

在区域间产业联系方面，利用间接用水乘数和间接用能乘数两个指标，计算出相对用水乘数和相对用能乘数，将城市群不同部门划分为强水联-强能联、强水联-弱能联、弱水联-强能联和弱水联-弱能联四类。其计算公式如下：

$$\varphi_{j(w,e)}^{s} = p_{j(w,e)}^{s} / \bar{p}_{(w,e)} \tag{7.35}$$

式中，$\varphi_{j(w,e)}^{s}$ 为 s 区域 j 部门的相对用水或用能乘数；$\bar{p}_{(w,e)}$ 为城市群 13 个地区 104 个部门的间接用水乘数均值或间接用能乘数均值。$\varphi_{j(w)}^{s} > 1$ 表明 s 区域 j 部门与其他部门的水资源联系强度超过城市群所有部门的平均水平，是强水联部门，反之则是弱水联部门。同理，类似的分类方式可用于能耗乘数、$\varphi_{j(e)}^{s}$ 的判断。由此，在区域间产业联系方面，各部门的水-能组带关系可划分为以下四类：

$$\varphi \mathrm{Class}_j^s = \begin{cases} \mathrm{SwSe} & \varphi_{j(w)}^{s} > 1, \varphi_{j(e)}^{s} > 1 \\ \mathrm{SwWe} & \varphi_{j(w)}^{s} > 1, \varphi_{j(e)}^{s} \leqslant 1 \\ \mathrm{WwSe} & \varphi_{j(w)}^{s} \leqslant 1, \varphi_{j(e)}^{s} > 1 \\ \mathrm{WwWe} & \varphi_{j(w)}^{s} \leqslant 1, \varphi_{j(e)}^{s} \leqslant 1 \end{cases} \tag{7.36}$$

式中，$\varphi \mathrm{Class}_j^s$ 表示在考虑区域间产业联系时，s 区域 j 部门水-能组带关系的类型；SwSe、SwWe、WwSe 和 WwWe 分别代表强水联-强能联、强水联-弱能联、弱水联-强能联和弱水联-弱能联部门。

4. 结果

1) 转移量

(1) 虚拟水转移

北京、天津、石家庄、邯郸、保定、承德、沧州和廊坊是虚拟水净输入区，其余城市是虚拟水净输出区(图 7.26)。北京虚拟水的净输入量最大，达到 $2.83\times10^8\ \mathrm{m}^3$。唐山虚拟水的净输出量最大，达到 $5.10\times10^8\ \mathrm{m}^3$。这一发现与之前的研究结果一致(Cao et al., 2018)，该研究表明，北京和天津是虚拟水的净输入区域，而河北是虚拟水的净输出区域。

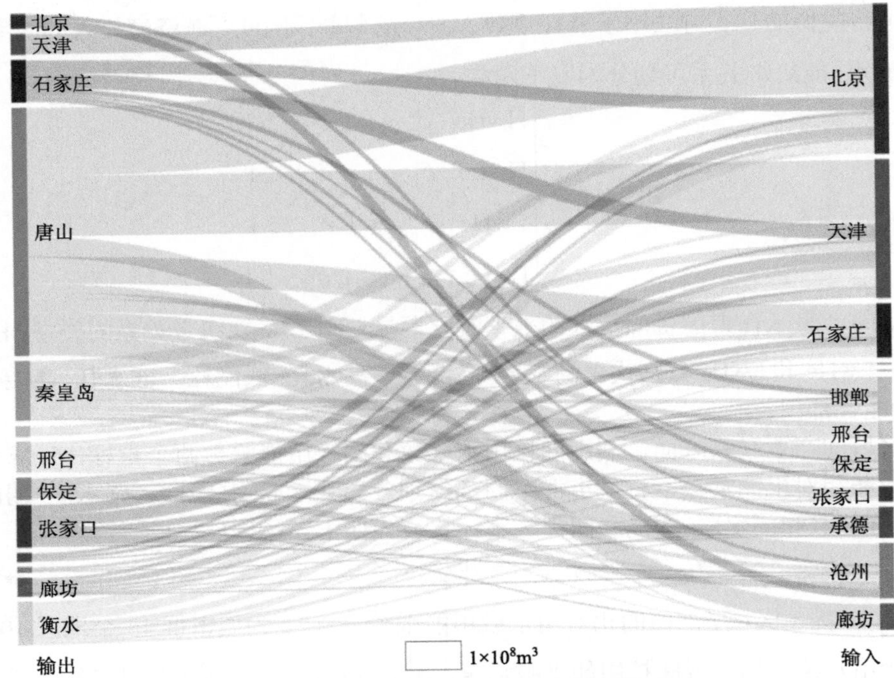

图 7.26　京津冀城市群内部的虚拟水转移

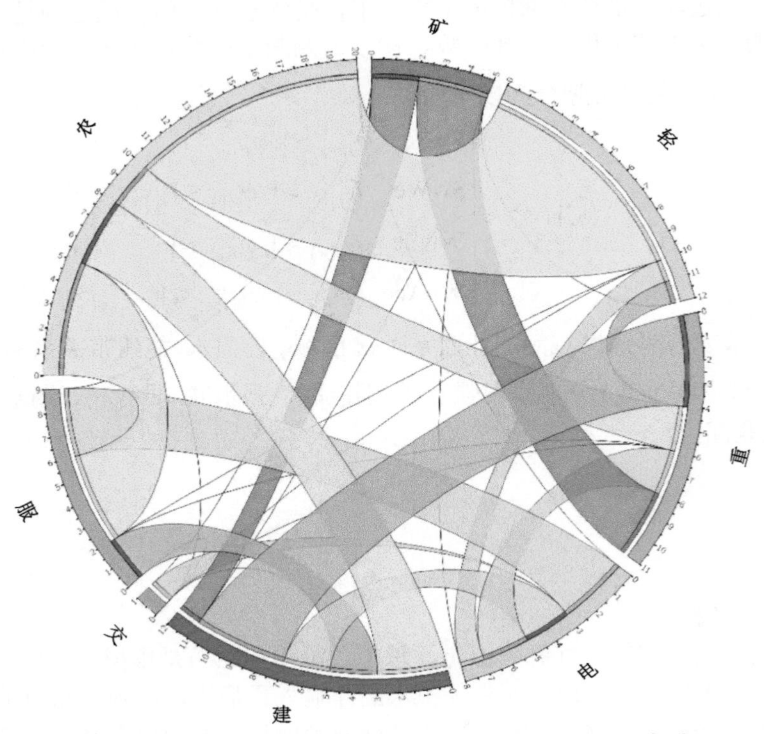

图 7.27　京津冀城市群部门间的虚拟水流动量(单位: 10^8 m^3)

实心内圈代表虚拟水输出，空心内圈代表输入。农—农业；矿—采矿业；轻—轻工业；重—重工业；电—电气水供应业；建—建筑业；交—交通业；服—服务业。下同。

农业是虚拟水净输出量最大的部门，而建筑业的虚拟水净输入量最大(图 7.27)。农业虚拟水净输出量到 1.98×10^9 m^3。建筑业的虚拟水净输入量为 1.23×10^9 m^3，轻工业的虚拟水净输入量仅次于建筑业，占比 90.0%。同样地，Wang 和 Chen(2016)发现制造业(包含轻工业和重工业)消耗了最多的虚拟水，从农业流向制造业的虚拟水转移量非常大。

(2)隐含能转移

北京、天津、保定、承德和衡水是隐含能净输入区，其余城市是隐含能净输出区(图 7.28)。这一发现与之前的研究结果相符(Chen et al., 2017; Zhang et al., 2017b)，该研究发现北京和天津是隐含能的净输入区域，而河北是净输出区域。

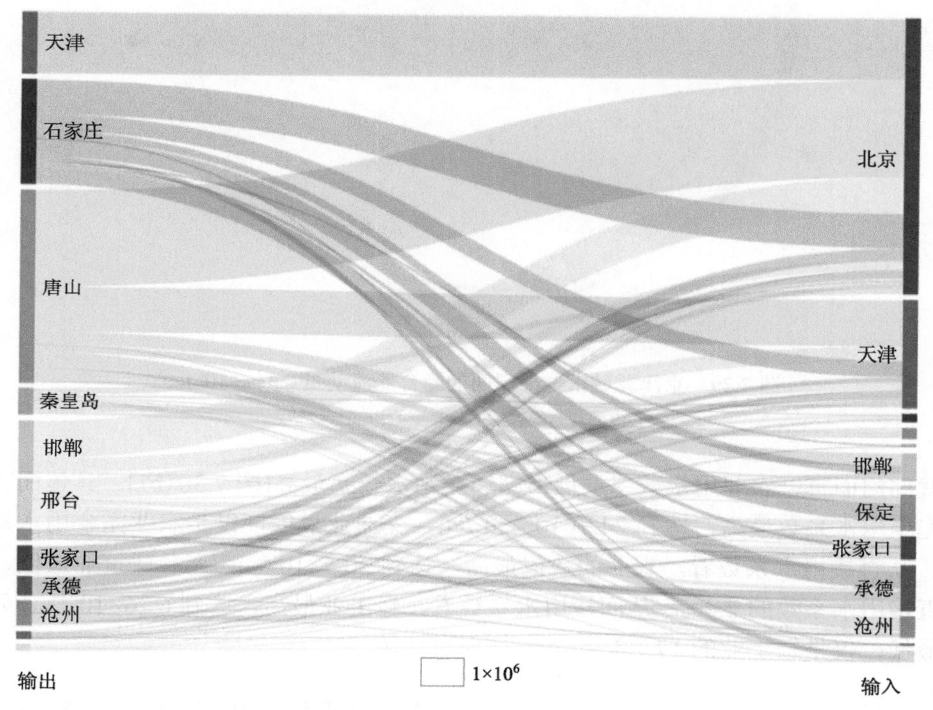

图 7.28　京津冀城市群内部的隐含能转移

重工业的隐含能净输出量最高，而建筑业的隐含能净输入量最高(图 7.29)。类似地，Wang 和 Chen(2016)发现建筑业和服务业与运输业是隐含能源的净输入部门。

2)利用效率

(1)用水系数

唐山用水效率最低，沧州用水效率最高[图 7.30(a)]。具体表现在唐山完全用水系数最高，达到 10.4×10^{-2}m^3/元。从直接用水系数看，唐山数值最高，达到 6.90×10^{-2} m^3/元。沧州最低，仅是唐山直接用水系数的 8.0%。从间接用水系数看，唐山仍然最高，达到 3.52×10^{-2} m^3/元。北京最低，仅是唐山的 16.2%。

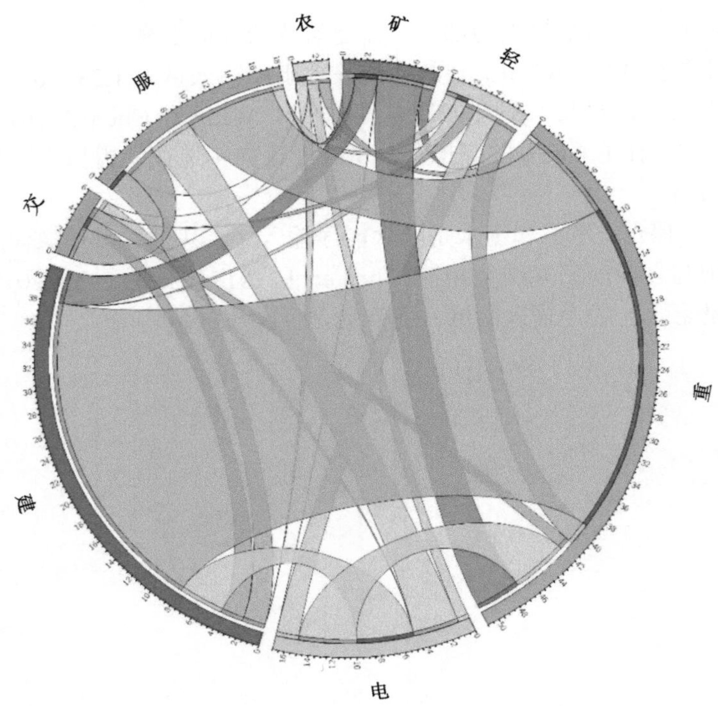

图 7.29　京津冀城市群部门间的隐含能流动量(单位: 10^6 tce)

实心内圈代表隐含能输出，空心内圈代表输入

就部门而言，农业用水效率最低，交通业用水效率最高[图 7.30(b)]。具体而言，农业的完全用水系数最高，达到 24.7×10^{-2} m^3/元。交通业最低，仅是农业完全用水系数的6.5%。从直接用水系数看，农业的数值最高，达到 20.5×10^{-2} m^3/元。建筑业最低，仅是农业直接用水系数的2.4%。从间接用水系数看，轻工业最高，达到 6.26×10^{-2} m^3/元。交通业最低，仅是轻工业的17.7%。

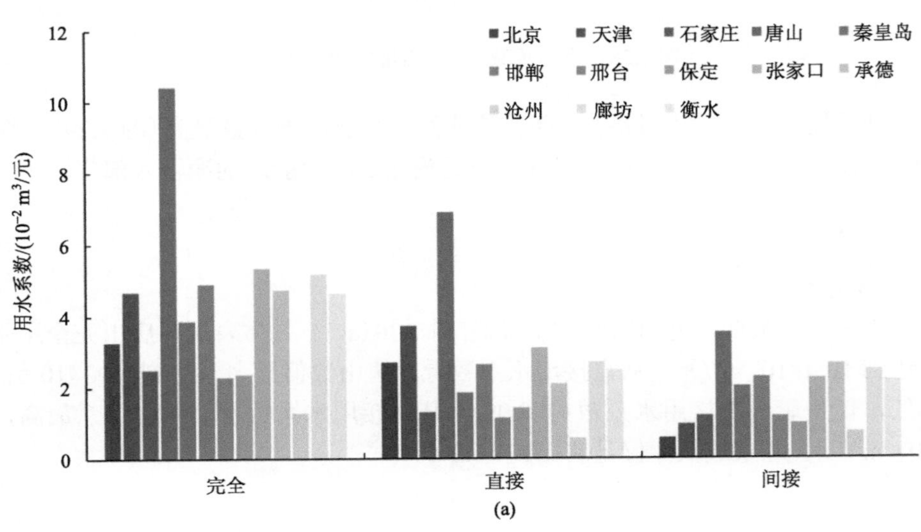

(a)

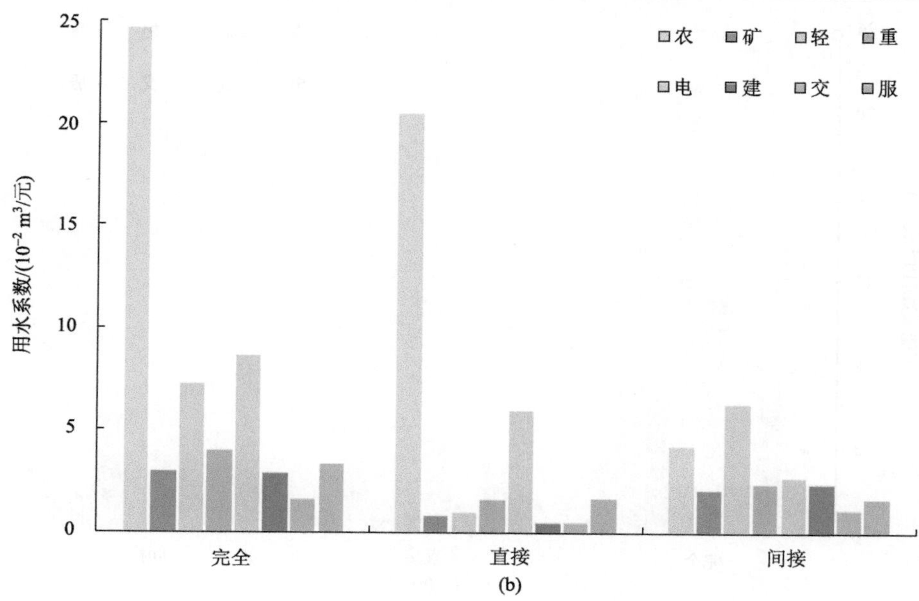

(b)

图 7.30　京津冀城市群内部区域间(a)和部门间(b)的用水系数

注：农—农业；矿—采矿业；轻—轻工业；重—重工业；电—电气水供应业；建—建筑业；交—交通业；服—服务业。下同

(2)用能系数

承德能耗效率最低，北京能耗效率最高[图 7.31(a)]。具体而言，承德具有最高的完全用能系数，达到 9.47×10^{-4} tce/元。北京最低，仅为承德市的 25.3%。电气水供应业的能耗效率最低，而服务业的能耗效率最高[图 7.31(b)]。具体表现在电气水供应业具有最高的完全用能系数，达到 22.4×10^{-4}tce/元。服务业最低，仅为电气水供应业的 17.2%。

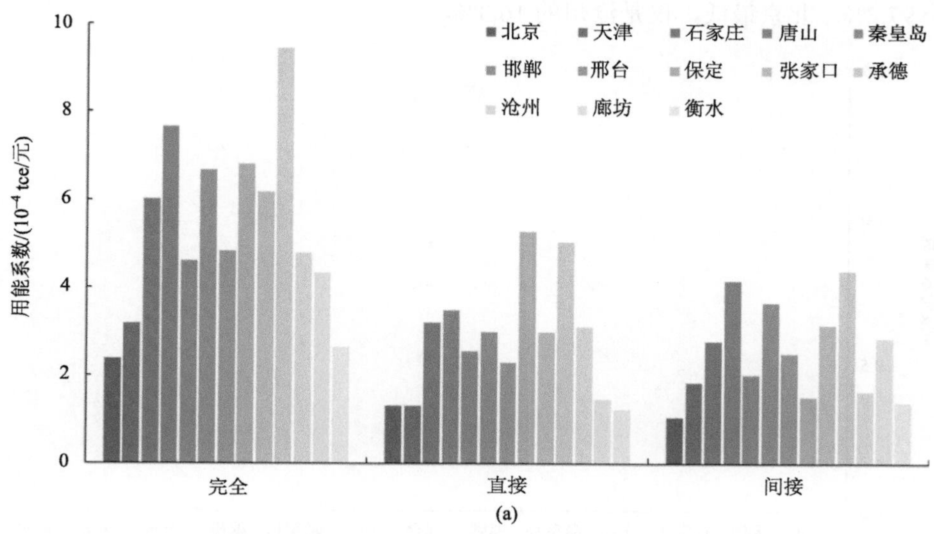

(a)

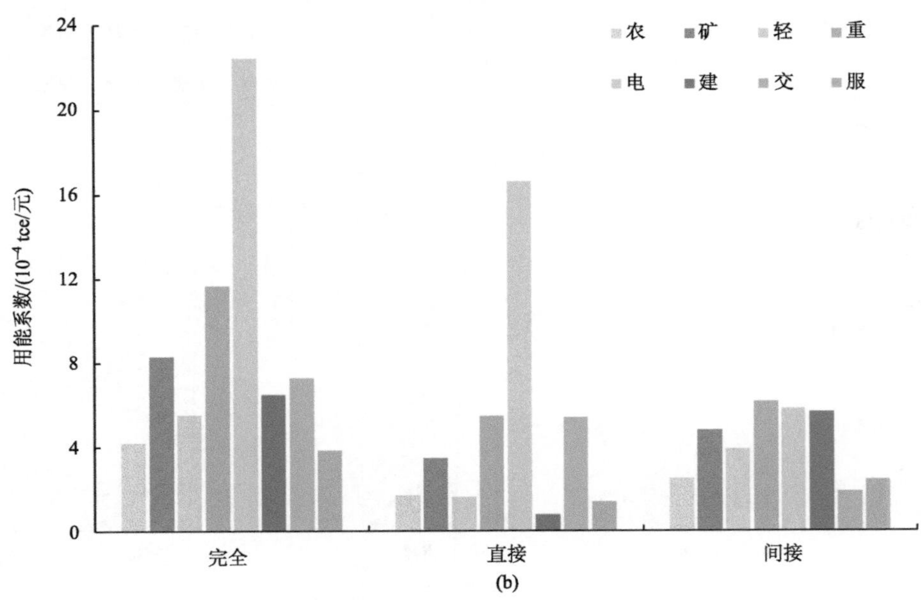

图 7.31　京津冀城市群内部区域间(a)和部门间(b)的用能系数

3)拉动能力(后向关联效应)

(1)间接用水乘数

沧州与其他区域的水资源联系最密切，这意味着沧州每增加一单位直接用水量，将最大限度地拉动其他地区的水资源投入量，使全区域的完全用水增量大幅增加[图7.32(a)]。具体表现在沧州间接用水乘数最高，达到 1.30。承德次之，是沧州间接用水乘数的 97.2%。北京最低，仅是沧州的 16.3%。

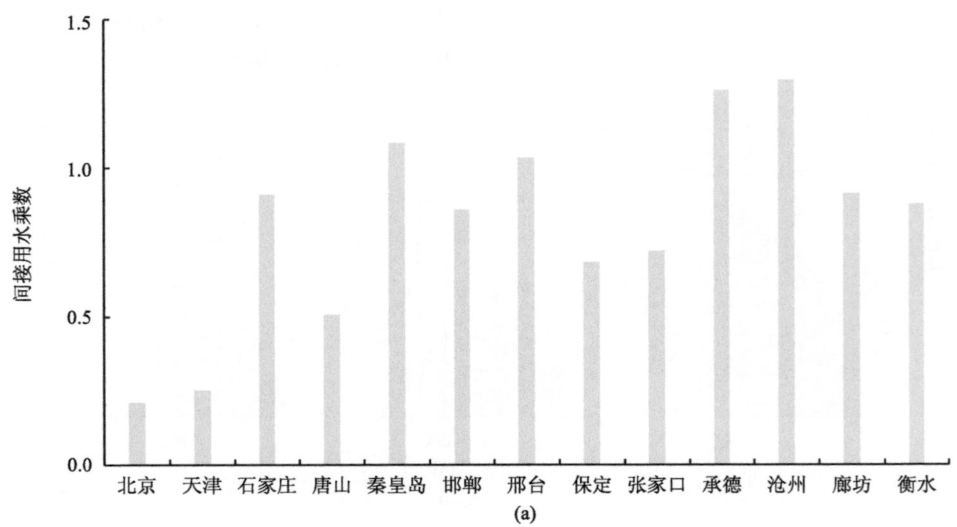

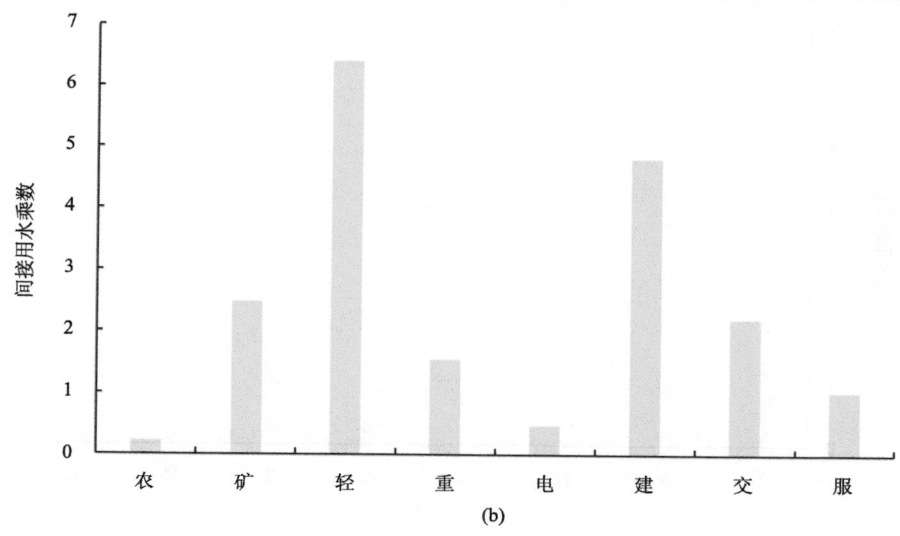

图 7.32　京津冀城市群内部区域间(a) 和部门间(b)的间接用水乘数

注：农—农业；矿—采矿业；轻—轻工业；重—重工业；电—电气水供应业；建—建筑业；交—交通业；服—服务业。下同。

就部门而言，轻工业与其他部门的水资源联系最密切。具体而言，轻工业每增加一单位直接用水量，将最大限度地拉动其他部门的水资源投入量，使全部门的完全用水增量大幅增加[图 7.32(b)]。具体表现在轻工业的间接用水乘数最高，达到 6.41。农业最低，仅是轻工业间接用水乘数的 3.2%。值得注意的是，农业的间接用水乘数很接近 0，表明农业增加直接用水量的过程中，涉及间接用水投入的中间环节极少。

(2)间接用能乘数

廊坊与其他区域的能源联系最密切，这意味着廊坊每增加一单位直接能源消耗量，将最大限度地拉动其他地区的能源投入量，使全区域的完全用能增量大幅增加[图 7.33(a)]。具体表现在廊坊间接用能乘数最高，达到 1.95。天津次之，是廊坊间接用能乘数的 71.8%。保定最低，仅是廊坊的 14.8%。

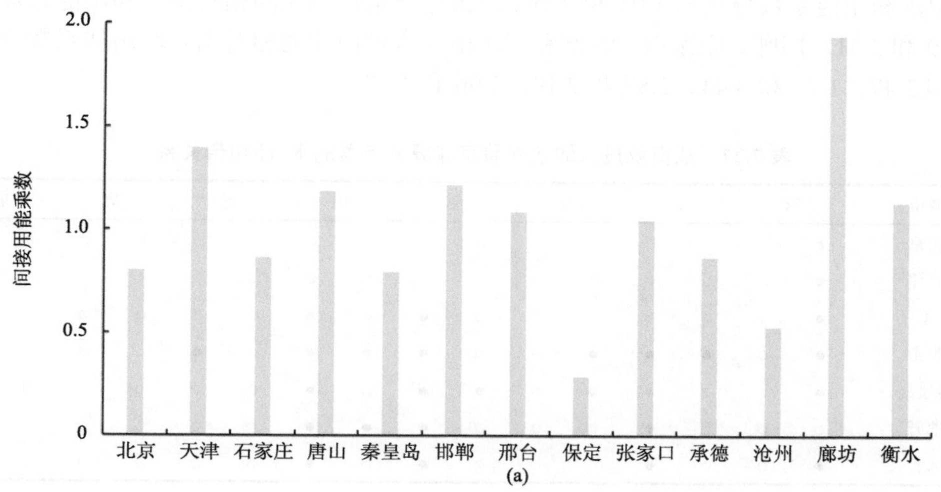

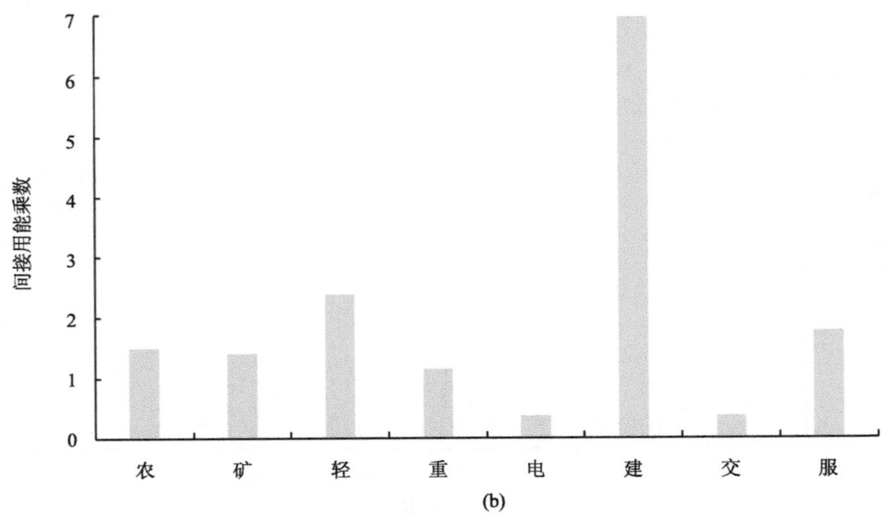

图 7.33　京津冀城市群区域间(a)和部门间(b)的间接用能乘数

就部门而言，建筑业与其他部门的能源联系最密切。具体而言，建筑业每增加一单位直接能源消耗量，将最大限度地拉动其他部门的能源投入量，使全部门的完全用能增量大幅增加[图 7.33(b)]。具体表现在建筑业间接用能乘数最高，达到 6.93。电气水供应业最低，仅是建筑业碳拉动系数的 5.1%。其中，电气水供应业的间接用能乘数很接近 0，表明电气水供应业增加直接用能量的过程中，涉及间接用能输入的中间环节极少。

4) 水-能纽带关系

从资源投入的效率看，高耗水高耗能行业包括承德的农业，唐山的采矿业，秦皇岛、张家口的重工业，以及唐山、邯郸、张家口、承德和廊坊的电气水供应业(表 7.27)。承德农业的相对用水和用能系数分别为 1.83 和 1.14，均大于 1。唐山采矿业的系数分别为 1.13 和 1.04。秦皇岛重工业的相对用水和用能系数分别为 1.33 和 1.31，张家口重工业的相对用水和用能系数分别为 1.01 和 2.19。唐山电气水供应业的相对用水和用能系数分别为 1.19 和 3.31，邯郸、张家口、承德和廊坊电气水供应业的相对用水和用能系数分别为 4.72 和 3.47、1.72 和 3.44、2.87 和 2.19、2.06 和 1.17。

表 7.27　从资源投入的效率看京津冀城市群的水-能纽带关系

城市	农		矿		轻		重		电		建		交		服	
北京	●	○	○	○	○	○	○	○	○	○	○	○	○	○	○	○
天津	●	○	○	○	○	○	○	○	○	○	○	○	○	○	○	○
石家庄	●	○	○	○	○	○	○	●	○	●	○	○	○	○	○	○
唐山	●	○	●	●	●	○	○	●	●	●	○	●	○	○	○	○
秦皇岛	●	○	○	●	●	○	●	●	○	●	○	○	○	○	○	○
邯郸	○	○	○	●	○	○	○	●	●	●	○	○	○	○	○	○
邢台	●	○	○	●	○	○	○	●	○	●	○	○	○	○	○	○

续表

城市	农		矿		轻		重		电		建		交		服	
保定	●	○	○	○	○	○	○	○	○	●	○	○	○	○	○	○
张家口	●	○	○	●	●	○	●	●	●	●	○	●	○	○	○	○
承德	●	●	○	●	○	●	○	●	●	●	○	●	○	●	○	●
沧州	○	○	○	○	○	○	○	○	○	●	○	○	○	○	○	○
廊坊	●	○	○	●	●	○	○	●	●	●	○	○	○	○	○	○
衡水	●	○	○	○	●	○	●	○	○	○	○	○	○	○	○	○

注：每个部门都包含两列，第一和第二列分别表示水和能源的利用效率。● 表示相对用水/用能系数>1，○ 表示相对用水/用能系数≤1。因此，●● 代表高水耗-高能耗部门，●○ 代表高水耗-低能耗部门，○● 代表低水耗-高能耗部门，○○ 代表低水耗-低能耗部门。农—农业；矿—采矿业；轻—轻工业；重—重工业；电—电气水供应业；建—建筑业；交—交通业；服—服务业。

此外，北京、天津的农业，唐山、秦皇岛的轻工业等部门表现出高水耗-低能耗的特点。具体而言，北京和天津农业的相对用水系数分别为 5.01 和 6.61，唐山和秦皇岛轻工业分别为 3.29 和 1.24，均高于 1。其他一些行业则表现出低水耗-高能耗的特点，如秦皇岛、邯郸的采矿业，石家庄、唐山的重工业等部门。秦皇岛和邯郸采矿业的相对用能系数分别为 1.10 和 2.35，石家庄和唐山重工业分别为 1.22 和 2.73，均大于 1。

从区域间产业联系看，强水联-强能联部门包括北京、天津、石家庄、秦皇岛、邢台、张家口、沧州的建筑业，承德的采矿业，邯郸的交通业，承德、沧州的轻工业(表 7.28)。北京建筑业的相对用水和用能乘数分别为 1.10 和 1.65，天津、石家庄、秦皇岛、邢台、张家口和沧州的乘数分别为 2.11 和 1.25、1.75 和 5.63、2.13 和 3.63、2.33 和 2.07、2.38 和 9.37、2.75 和 1.10。承德采矿业的相对用水和用能乘数分别为 1.91 和 1.24，均大于 1。邯郸交通业的相对乘数分别为 2.12 和 1.25。承德轻工业的相对用水和用能乘数分别为 2.96 和 2.53，沧州分别为 2.56 和 1.70。

表 7.28　从区域间产业联系看京津冀城市群的水-能纽带关系

城市	农		矿		轻		重		电		建		交		服	
北京			■		■						■	■				
天津			■		■		■				■	■	■		■	
石家庄		■									■	■	■			
唐山					■							■				
秦皇岛		■	■		■						■	■				■
邯郸		■	■			■	■					■	■	■		■
邢台			■		■						■	■			■	
保定					■							■				
张家口		■				■					■	■				■
承德			■	■	■	■					■		■			
沧州					■	■					■	■				
廊坊			■		■		■					■				
衡水											■					

注：与表 3 相似。■表示相对用水/用能乘数>1，■ ■代表强水联-强能联部门。

此外，秦皇岛、邯郸的采矿业，秦皇岛、邢台的轻工业等部门表现出强水联-弱能联的特点。具体而言，秦皇岛和邯郸采矿业的相对用水乘数分别为5.00和8.30，秦皇岛和邢台轻工业分别为2.81和7.33，均高于1。其他一些行业则表现出弱水联-强能联的情形，如石家庄、秦皇岛的农业，邯郸、张家口的轻工业。石家庄和秦皇岛农业的相对用能乘数分别为5.73和4.10，邯郸和张家口轻工业分别为1.88和1.18，均大于1。

5. 讨论

1）本节发展的评估框架的优点

本节发展的评估框架可从资源投入的效率和区域间产业联系两个角度，提高对城市群尺度下水-能纽带关系的理解。首先，综合了完全用水系数和完全用能系数，从水能资源利用效率的角度，归纳了具有相似纽带关系的部门。例如，北京农业的相对用水系数为5.01，高于1，而相对用能系数为0.52，低于1，属于典型的高水耗-低能耗部门，应当更加注重水资源节约以提高水要素的利用效率。这与Wang等(2017)和Hu等(2018)的研究结果一致，他们发现2012年北京农业是所有部门中完全用水量最大的。此外，唐山重工业是典型的低水耗-高能耗部门，其相对用水系数为0.62，小于1，而相对用能系数为2.73，大于1。因此，唐山重工业应更注重节能以提高能源的利用效率。同样地，Yu等(2010)发现唐山重工业是高耗能行业。张家口电气水供应业是典型的高耗水-高耗能部门，其相对用水和用能系数分别为1.72和3.44，均大于1，这意味着应同时注意节水和节能，以提高水能元素的利用效率。类似地，Li等(2019)也发现张家口电气水供应业的水和能源利用效率较低。

其次，该评估框架可识别出区域间水能的产业联系程度。根据间接用水乘数和间接用能乘数，可以很容易判断出各部门的用水结构和用能结构，清晰识别上游产业链中的水-能传导机制。例如，北京建筑业的相对用水和用能乘数分别为2.13和3.64，均高于1，表明建筑业和城市群其他部门的水能联系度和依赖性极强，属于典型的水-能强联系部门，具有显著的节水减排潜力。类似地，Fang和Chen(2018)认为北京建筑业是重要的水能联系节点，对水能两种资源都存在着极大的依赖性。对于这些依赖于间接资源的部门来说，减少中间投入量，提高上游部门中间投入材料的利用效率和转化效率，同时倡导上游部门一同实行节水减排措施才是改善现状的有效途径。与之相反，北京交通业的相对用水和用能乘数分别为0.14和0.40，均低于1，表明交通业的用水和耗能主要来源于部门自身的生产过程。这与Yang等(2018)的研究结果一致，他们发现2012年北京交通业大部分的水资源和能源消耗都发生在直接阶段。对于这些相对用水乘数或相对用能乘数低于1、更加依赖于直接资源的部门来说，想要达到节水减排的双重目标，应当提高资源利用效率并降低部门自身的水资源或能源消耗。

再次，该框架可以确定水能之间存在权衡关系的某些部门。发现承德和沧州轻工业也是典型的水-能强联系部门，其相对用水乘数和相对用能乘数分别为2.96和2.53、2.56和1.70，均高于1，具有显著的节水减排潜力，应当作为政府高度关注和优先管理的关键部门。然而，承德和沧州历年颁布的大量环境治理政策中，只涉及与轻工业有关的节水政策。其发布的节能政策集中针对黑色金属冶炼及压延加工业等六大高能耗行业，并未出现与轻工业有关的节能政策或措施(国家统计局, 2010)。这表明天津只关注了轻工业的节水潜力而忽略了其节能潜力，没有对轻工业的能耗问题引起重视。另外，与轻工业有关的节水措施主要通过选用节水设备，采用回收蒸汽凝结水、冷却水循环系统等节水技术完成技术改造。这一节水过程在节约用水的同时，也消耗了大量的能源，致使轻工业的能耗问题不仅得不到关注，反而愈加突出严峻，呈现出典型的为了保护一方，而忽视另一方甚至对另一方造成不利影响的情形。

最后，新发展的评估框架具有很强的迁移性和扩展性。水-能纽带关系分析为城市群提高可持续性和应对环境挑战提供了新的视角，也为其他正在经历发展转型的国家级城市群确定节水减排的关键部门、降低水能环境压力提供了有效参考，迁移性较强。另外，该评估框架的扩展性也很强，未来还可以在 MRIO 模型中加入粮食和土地等要素(Siciliano et al., 2017; Karabulut et al., 2017; Zhao et al., 2018)，构成水-能源-粮食-土地多要素的纽带关系评估框架，以期更合理更全面地覆盖城市群面临的环境挑战，识别承受各方面环境压力的关键部门并重点加以监管调控。

2) 水-能强联系部门分析

根据水-能纽带关系评估，建筑业均表现出水-能强联系的情形，与其他行业的水能关系密切，是节水减排最为关键的部门。造成建筑业环境压力巨大的原因主要有以下三点：首先，建筑业处于产业链末端，是一个材料集合部门，需要其他部门投入大量的原材料，产业依赖性很强，这从侧面佐证了建筑业相对用水乘数和相对用能乘数均很高的研究结果。类似地，Wu 和 Zhang(2005)发现建筑业消耗的原材料主要来源于其他部门的中间投入，并对整个经济系统具有相当强的拉动效应。Fang 和 Chen(2016)发现建筑业是水-能源之间的重要节点。另外，建筑业原材料的运输费用较高，大多数原材料直接来自于临近区域和省市，空间依赖性同样很强。已有研究表明，由于北京以发展第三产业为主，其建筑业的原料需求主要依赖于河北运来的材料(Lu, 2017)。

其次，上游部门中间投入原料的利用率低和转化效率过低也是造成环境压力的重要原因之一，建筑业所需的水泥、钢铁和沥青等原材料的生产需要消耗大量的水资源和能源。研究表明，美国建筑业 95%的用水量和 75%的能源消耗均来自原材料的生产阶段(Kucukvar and Tatari, 2013)。此外，短命建筑现象也是不容忽视的问题。短命建筑是指没到寿命期限却由于种种原因被强行拆除的建筑。由于建筑质量、建筑风格及维护监管等方面存在问题，我国建筑的平均寿命仅有 30 年(Cai et al., 2015)，远远低于日本(50 年)、美国(74 年)、法国(102 年)和英国(130 年)等发达国家的建筑寿命(Hu et al., 2010)。考虑到以上因素，未来应该减少建筑业上游部门的中间投入量，提高中间投入材料的水能利用效率和转化效率，倡导绿色建筑的概念，从提高建筑质量、完善城市规划和转变政绩观念等方面出发，规避或减轻建筑短命的问题(Li and Zhang, 2012; Cui, 2015)。

3) 未来展望

研究基于城市群环境扩展的 MRIO 模型，结合资源投入的效率和区域间产业联系两个方面建立了水-能纽带关系的评估框架，识别了节水减排的关键部门，丰富了城市群的水-能纽带关系研究，为城市提高可持续性和应对环境挑战提供了合理有效的参考。然而，研究仍存在一定的不足。首先，受限于 MRIO 模型自身，该方法假设投入产出表中单个部门的产品具有同质性，无法反映出各部门不同产品的组合及其价格的异质性(Liang and Zhang, 2013; Weisz and Duchin, 2006)。其次，受制于当前城市级 MRIO 表的滞后性，研究对城市群水-能纽带关系的评估仍停留在 2012 年。未来应更新市级 MRIO 表至最新年份(Zheng et al., 2019)，根据研究发展的评估框架更新城市近期需要重点关注的部门，为节水减排政策的权衡和制定提供最前沿的参考。

6. 结论

本节利用全新的水-能纽带关系评估框架，综合分析了京津冀城市群的资源利用效率和区域间产业联系，增进了对城市群区域间和部门间水-能纽带关系的理解。一方面，通过综合完全用水系数和完全用能系数，可以判断出节水节能的关键部门；另一方面，通过对比各部门的间接用水乘数和间接用能乘数，可以厘清上游产业链中的水-能传导机制，清晰识别水能的产业联系程度。

从水能综合利用效率来看，张家口电气水供应业是典型的高水耗-高能耗部门，其相对用水和用能系数分别为区域平均水平的 1.72 倍和 3.44 倍。从水能的产业联系程度来看，承德轻工业属于水-能强联系部门，其相对用水和用能乘数分别为区域平均水平的 2.96 倍和 2.53 倍。然而，承德仅聚焦于减少用水量的节水措施，却增加了能源消耗，导致碳排放量持续增长，顾此失彼。

此外，建筑业也属于典型的水-能强联系部门。建筑业与城市群其他部门的水能联系密切，具有很强的产业依赖性和空间依赖性。张家口建筑业的相对用水和用能乘数分别为 2.38 和 9.37，远远超出所有部门的平均水平。这与建筑业需要上游部门提供原材料支持、中间投入原料利用率低和独有的建筑寿命短等实际情况有着密切联系。未来应当减少建筑业上游部门的中间投入量，提高中间投入材料的水碳利用效率，同时倡导低环境影响的绿色建筑理念。

7.6 区域可持续性评价*

1. 问题的提出

城市群可持续性的定量评价可以度量复杂的自然-社会系统在不同时空尺度上的可持续性(Ness et al., 2007; 邬建国等, 2014)。这些评价可以帮助决策者理解城市群可持续发展各组成部分之间的复杂关系，为决策提供有效的指导(Wu J and Wu T, 2012; Devuyst et al., 2001)。一个城市群的可持续性评价不仅要关注整体的可持续性状态，还要考察该城市群内的社会、经济和生态发展差异(Wu, 2013)。这种双重关注将有助于未来的区域

* 本节内容主要基于 Chen S, Huang Q, Liu Z, et al. 2019. Assessing the regional sustainability of the Beijing-Tianjin-Hebei urban agglomeration from 2000 to 2015 using the human sustainable development index. Sustainability, 11: 3160.

规划和决策，促进识别影响城市群可持续发展的潜在因素(Shang et al., 2019; Huang and Jiang, 2017)。

人类可持续发展指数(human sustainable development index, HSDI)为综合评价京津冀城市群的可持续性提供了一种新的方法。首先，HSDI 在 HDI 的基础上加入了人均 CO_2 排放量，将环境因素纳入可持续发展评价。这使得 HSDI 能够涵盖可持续发展的“三个维度”，即环境、经济和社会维度，有助于对区域可持续发展进行综合评价(李经纬等, 2015; 陆大道, 2015)。其次，在 HSDI 计算方面，数据的需求相对较小，数据的获取相对容易。计算 HSDI 所需的大部分数据可以从政府和国际组织发布的统计数据中获得，这为城市尺度上的可持续发展评价奠定了基础。本节旨在从多个尺度评价过去 15 年京津冀城市群的区域可持续性。首先，计算 2000 年和 2015 年京津冀城市群在省市尺度下的 HSDI 值。随后，利用 HSDI 的变化和聚类分析，研究过去 15 年京津冀城市群 HSDI 的动态变化。最后，探讨京津冀城市群可持续性变化的主要原因，并对未来区域可持续发展提出建议。

2. 研究区和数据

研究区同 7.1.2 节。使用的社会经济数据包括每个地区的人均 GDP，15 岁及以上文盲比例，小学、初中和高中学生人数以及年龄结构。以上数据来源于 2001 年和 2016 年的《中国城市统计年鉴》《北京统计年鉴》《天津统计年鉴》和《河北经济年鉴》。2000 年和 2015 年中国隐含的购买力平价换算率来自国际货币基金组织(International Monetary Fund，IMF)发布的《世界经济展望》数据网站(http://www.econstats.com/weo/V013.htm)。

省能源平衡表(provincial energy balance tables，EBTs)均取自 2001 年和 2016 年《中国能源统计年鉴》。河流、公路、铁路、地级市和县中心矢量数据，比例尺为 1∶40 万，来自国家地理信息公共服务平台(http://service.tianditu.gov.cn/)。

3. 方法

1)数据计算 HSDI

计算可持续性指标或指标集的变量选择受到数据可用性和地区背景的强烈限制(Morse et al., 2001)。本节研究选取的变量涵盖了可持续性的所有三个维度，使评价具有全面性和可重复性，同时考虑了中国地级市数据获取的难度，采用了被广泛认可的城市指标(Huang et al., 2015)。具体来说，选择 HSDI 有以下三个原因。第一，HSDI 是在 HDI 的基础上发展起来的，HDI 已经成为许多正式报告和学术出版物中广泛报道的标准指标(Wu J and Wu T, 2012)。第二，HSDI 通过加入人均二氧化碳排放指标，提供了融合环境维度的可持续性评价，对于不同的国家和城市来说这是一个简单的但可量化的指标(Togtokh, 2019)。第三，与其他可持续发展评价指标相比，计算中国地级市的 HSDI 的变量和数据是可以获得的。

基于 Togtokh 和 Gaffney 提出的 HSDI 计算方法和 Bravo 等、Li 等的方法，本书研究对 2000 年和 2015 年城市尺度上的 HSDI 进行了量化(Togtokh and Gaffney, 2010; 李经纬

等, 2015; Bravo, 2014)。HSDI 使用了四组不同的数据，包括出生时的预期寿命、教育水平、人均 GDP 和人均二氧化碳排放量，具体计算公式如下：

$$\mathrm{HSDI}=\sqrt[4]{\mathrm{LEI}\times\mathrm{EI}\times\mathrm{GDPI}\times\mathrm{EMI}} \tag{7.37}$$

式中，LEI 和 EI 为表征社会可持续性的健康指标和教育指标；GDPI 为表征经济可持续性的物质生活水平指标；LEI、EI 和 GDPI 计算方式与联合国发展的 HDI 指数对应的指数一致(Human Development Reports, 2019)。EMI 作为人均 CO_2 排放量指标用以表征环境可持续性。

具体而言，健康指标 LEI 主要关注出生时预期寿命(LE)，这一数据来自第五次和第六次全国人口普查。由于数据的可获取性限制，研究采用 2010 年的数据代替 2015 年的数据，河北各地级市统一采用河北的平均预期寿命进行计算，其计算公式如下：

$$\mathrm{LEI}=\frac{\mathrm{LE}-25}{85-25} \tag{7.38}$$

式中，EI 量化了成人识字率(AL)和小学、中学和高等教育的综合毛入学率(ER)。AL 是指 15 岁及 15 岁以上的文盲比例。ER 是用小学、中学和大学的学生总数除以学龄人口中 5～24 岁的人数得到的。其计算公式如下：

$$\mathrm{EI}=\frac{2}{3}\times\mathrm{AL}+\frac{1}{3}\times\mathrm{ER} \tag{7.39}$$

GDPI 从经济维度衡量了通过购买力平价方式(purchasing power parity)调整后的人均 GDP，即 GDPpc。GDPpc 是用人均 GDP 数据除以国际货币基金组织发布的隐含购买力平价转化率进行计算的。其计算公式如下：

$$\mathrm{GDPI}=\frac{\log_2\mathrm{GDPpc}-\log_2 100}{\log_2 40000-\log_2 100} \tag{7.40}$$

EMI 通过人均 CO_2 排放量 $\mathrm{EM_{CO_2}pc}$ 反映环境可持续性。$\mathrm{EM_{CO_2}pc}$ 用地区 CO_2 排放总量除以该地区的人口数得到。EMI 和 $\mathrm{EM_{CO_2}pc}$ 的计算公式分别为

$$\mathrm{EMI}=1-\frac{\mathrm{EM_{CO_2}pc}}{63.18\times\mathrm{Population}} \tag{7.41}$$

式中，$\mathrm{EM_{CO_2}}$ 为区域二氧化碳排放总量。这个值是根据 2006 年 IPCC 的国家温室气体清单指南计算的其中包括采用世界资源研究所(WRI)发布的《中国城市温室气体核算工具(试行 1.0 版)》中的 EBTs 能源消耗和能源活动的默认排放因子(IPCC, 2019; World Resources Institute, 2019)。其具体公式如下：

$$\mathrm{EM_{CO_2}}=\Sigma\left(\mathrm{FC\ City}_i\times\mathrm{Emission\ Factor}_i\right) \tag{7.42}$$

式中，$\mathrm{EM_{CO_2}}$ 为能源消费产生的 CO_2 排放量；FC City_i 为省级地区第 i 种能源的消费量(10^4t)；Emission Factor_i 为第 i 种能源燃料的二氧化碳排放因子(10^4t CO_2/10^4t)。

由于缺乏河北各地级市能源平衡表资料，所以不能直接获取河北各地级市第 i 种能源的消费量 FC City_i，本书研究参考景侨楠等(2018)提出的方法，将省级各类别能源消耗量按分配指标分别分配到各地级市的估算方法进行计算。

$$\text{FC City}_i = \Sigma\left(\text{Fuel Consumption}_{i,j} \times a_j\right) \tag{7.43}$$

式中，$\text{Fuel Consumption}_{i,j}$ 为省级能源平衡表中第 i 种能源下第 j 个项目消耗总量(10^4t)；a_j 为地级市第 j 项能耗分布占比，可计算为

$$a_j = \frac{I_{\text{city}k,\ j}}{I_{\text{province}}} \tag{7.44}$$

式中，$I_{\text{city}k,\ j}$ 为第 j 个项目在第 k 个城市的分布指标值；I_{province} 为该城市所在省份的分布指标值。表 7.29 显示了所选指标分布的结果。分布原则参考了景侨楠等(2018)的工作，这种方法很容易得到所选择的充分代表项目能耗的分布指标。

表 7.29　能源平衡表(EBTs)中不同项目的能耗分布指标

项目	分配指标	单位
转化，工业终端消费(非能源使用)	工业产值	10^8 元
损失量	社会电力消耗量	10^8 kW・h
农林牧渔业	农林牧渔业产值	10^8 元
建筑业	建筑业产值	10^8 元
交通运输、仓储和邮政业	交通运输、邮政业务情况	10^4 人、10^4 t、10^8 元
批发、零售和住宿、餐饮业	批发、零售和住宿、餐饮业产值	10^8 元
其他	服务业产值	10^8 元
城市生活消费	城镇人口	10^4 人
乡村生活消费	乡村人口	10^4 人

2)聚类分析

运用层次聚类分析方法进一步分析了区域内可持续性的差异。以往的研究表明，多种方法可以用于将区域分成几组聚类，需要通过统计检验来验证聚类结果(Yim and Ramdeen, 2015; Bratchell, 1989)。因此，通过以下三个步骤进行聚类分析。在第一步中，距离度量是欧氏距离的平方，这是连续变量最常用的距离度量，它可以获得聚类均值之间的差异(Yim and Ramdeen, 2015; Carter et al., 1989)。然后，用组间的平均联系来确定聚类的数量。最后，通过非参数检验进一步验证了聚类结果。

在本书研究中，分别对城市群的可持续发展状况和动态进行了聚类分析。特别地，京津冀城市群 2015 年的 HSDI、LEI、EI、GDPI、EMI 被选择用于对 2015 年可持续发展状态进行分类。此外，利用 2000～2015 年 EMI 和 GDPI 的变化对可持续变化进行分类。

由于只有 13 个城市，且它不需要满足样本正态分布的假设，所以选择非参数检验来验证聚类结果(Sprent and Smeeton, 2010)。特别地，第一次聚类分析根据 2015 年的可持续发展状况把 13 个城市分成三类，采用 Kruskal-Wallis H 检验验证差异。第二次聚类分析根据 2000～2015 年 EMI 变化和 GDPI 变化将城市分为两类，采用 Mann-Whitney U 检验来确定 2000～2015 年两类城市之间是否存在显著差异。三步聚类分析采用 SPSS 24.0 软件实施(IBM, 1989)。

3) 环境指标与 HSDI 的相关性分析

为了探究可持续性环境维度的变化对综合指标 HSDI 的贡献，对京津冀城市群 13 个城市的 EMI 和 HSDI 实施了皮尔逊相关分析。其计算公式如下：

$$r=\frac{\sum_{i=1}^{n}(x_i-\overline{x})(y_i-\overline{y})}{\sqrt{\sum_{i=1}^{n}(x_i-\overline{x})^2\sum_{i=1}^{n}(y_i-\overline{y})^2}} \tag{7.45}$$

式中，r 为皮尔逊相关系数；i 为第 i 个城市，范围为 1～13；n 为城市总数；x_i 为第 i 个城市 HSDI 的变化；y_i 为第 i 个城市 EMI 的变化；$\overline{x}$ 和 $\overline{y}$ 分别为 HSDI 的平均变化和 EMI 的平均变化。r 的计算及后续 t 检验在 SPSS 24.0 软件中进行(IBM, 1989)。

4. 结果

1) 2015 年京津冀城市群区域可持续发展状况

京津冀城市群的区域可持续性处于平均水平之上。京津冀城市群 2015 年 HSDI 为 0.85，高于中国 2010 年平均 HSDI 0.839(李经纬等, 2015)。在城市群内，北京、天津和河北之间的 HSDI 水平差异较大，河北地级市之间差异较小。北京 HSDI 最高，为 0.89(图 7.34)，

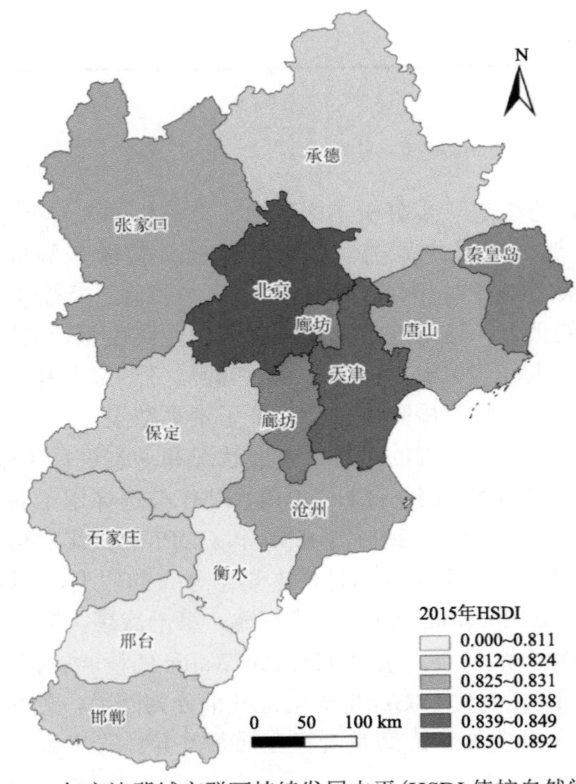

图 7.34　2015 年京津冀城市群可持续发展水平(HSDI 值按自然间断法分类)

比天津高 5.06%，比河北高 7.86%。河北各地级市 HSDI 均大于 0.80，地级市间差异较小。秦皇岛 HSDI 最高，为 0.84，仅比衡水高 3.58%。

聚类分析表明，2015 年京津冀城市群 13 个城市可以分为三类(图 7.35)。Kruskal-Wallis H 检验显示(表 7.30)，聚类结果可靠。在 LEI、GDPI、EMI、HSDI 方面，三类城市显著不同。LEI 和 GDPI 在 0.01 水平上差异显著，EMI 和 HSDI 的 p 值小于 0.05。EI 的 p 值为 0.077，通过了 0.1 水平的显著性检验。

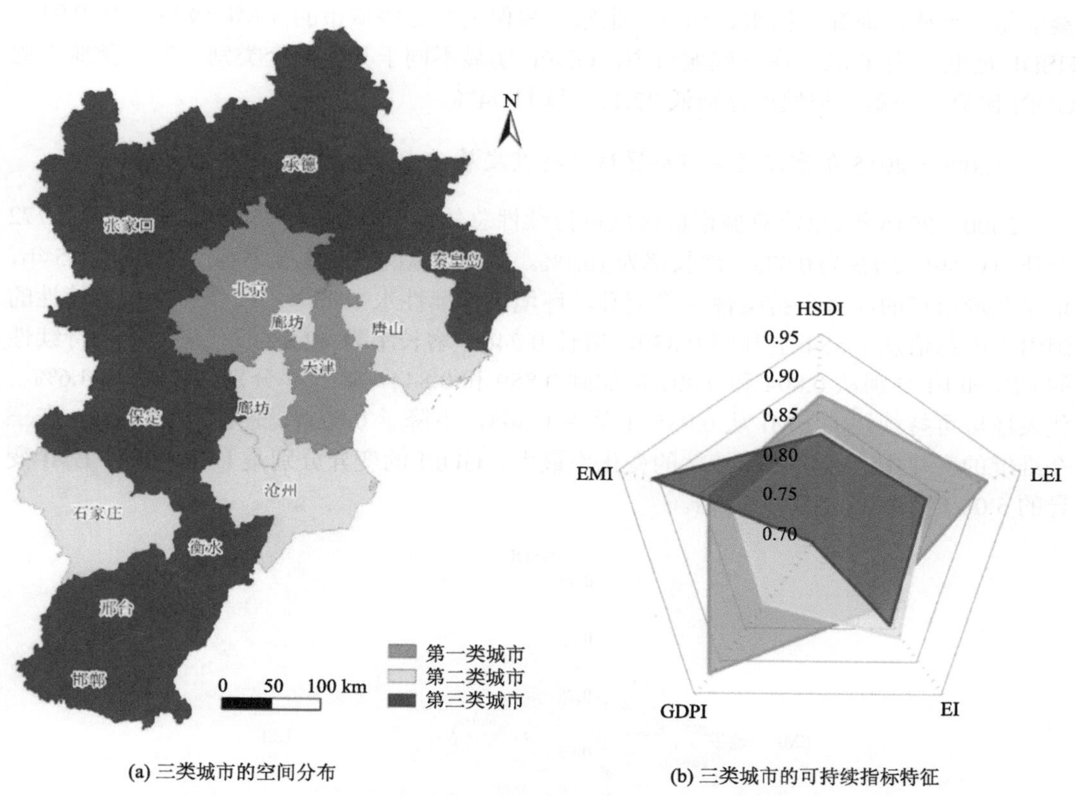

(a) 三类城市的空间分布　　(b) 三类城市的可持续指标特征

图 7.35　2015 年京津冀城市群可持续性分类

表 7.30　京津冀城市群 13 个城市 HSDI 5 个指标的 Kruskal-Wallis H 检验结果

项目	LEI	EI	GDPI	EMI	HSDI
χ^2	11.917	5.129	9.791	8.323	6
df	2	2	2	2	2
p	0.003	0.077	0.007	0.016	0.050

在三类城市中，以北京、天津为代表的第一类城市的整体可持续性、经济可持续性和健康可持续性水平最高。第一类城市的 HSDI 平均值为 0.87，GDPI 平均值为 0.92，LEI 平均值为 0.91。在环境可持续性方面，第一类城市处于一个中间水平，这些城市的 EMI 是 0.839，略高于第二类城市(即 0.81)，略低于第三类城市(即 0.91)。在教育可持

续性方面，第一类城市的 EI 最低，为 0.82。

第二类城市包括石家庄、廊坊、沧州、唐山，是整体可持续性水平中等、环境可持续性水平较低的城市。这些城市的平均 HSDI 为 0.83。环境可持续性水平在三类中最低，EMI 仅为 0.81，比第三类城市低 12.50%。在教育可持续性方面，第二类城市的 EI 最高，为 0.86。

第三类城市包括环境可持续性高但整体可持续性和经济可持续性低的城市。它们是秦皇岛、承德、邯郸、衡水、邢台、张家口和保定，这些城市的 EMI 最高，为 0.91，HSDI 最低，为 0.82。在这些城市中，GDPI 明显不同于其他两个类别。第三类城市的 GDPI 比第一和第二类城市分别低 22.17%和 11.74%。

2）2000～2015 年京津冀城市群区域可持续发展动态

2000～2015 年，京津冀城市群区域可持续性总体呈上升趋势（图 7.36）。HSDI 从 0.772 上升到 0.849，增幅为 0.078，增长率为 10.1%。从可持续的三个维度来看，2000～2015 年，京津冀城市群的经济可持续性水平上升，环境可持续性水平下降。代表经济可持续性的国内生产总值从 0.584 上升到 0.830，增长 0.246，增长率为 42.0%。代表社会可持续性的 LEI 和 EI 分别从 0.804 和 0.807 增加到 0.859 和 0.844，增长率分别为 6.8%和 4.6%。代表环境可持续性的 EMI 从 0.935 下降到 0.864，下降了 0.071，变化率为−7.6%。在三个维度的变化中，经济可持续性的变化率最大。GDPI 的变异分别是 LEI、EI 和 EMI 变异的 5.00 倍、6.25 倍和 3.57 倍。

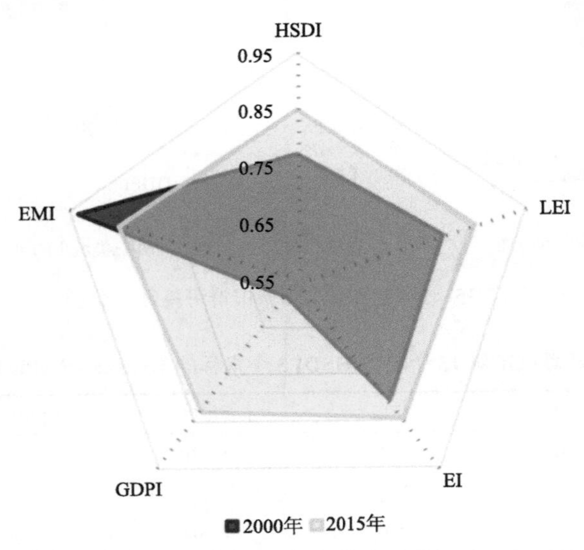

图 7.36　2000～2015 年京津冀城市群 HSDI 的变化

京津冀城市群的 13 个城市根据 EMI 和 GDPI 的变化可以分为两类（表 7.31、图 7.37）。Mann-Whitney U 检验表明聚类结果可靠（表 7.32）。对于 GDPI 和 EMI 的变化而言，两类城市是明显不同的，它们通过了在 0.01 水平的显著性检验。

表 7.31　2000～2015 年京津冀城市群城市水平上的可持续性变化

类别	城市	LEI 变化	EI 变化	GDPI 变化	EMI 变化	HSDI 变化
第一类	承德	0.040	0.038	0.308	−0.066	0.107
	沧州	0.040	0.064	0.266	−0.114	0.083
	廊坊	0.040	0.051	0.241	−0.122	0.066
	天津	0.066	0.017	0.253	−0.111	0.059
	石家庄	0.040	0.041	0.206	−0.097	0.057
	唐山	0.040	0.065	0.253	−0.159	0.056
	平均	0.045	0.046	0.255	−0.111	0.071
第二类	张家口	0.040	0.077	0.244	−0.030	0.103
	北京	0.068	0.055	0.214	−0.007	0.085
	邯郸	0.040	0.043	0.228	−0.056	0.082
	邢台	0.040	0.041	0.198	−0.038	0.079
	保定	0.040	0.057	0.200	−0.045	0.079
	秦皇岛	0.040	0.066	0.177	−0.042	0.070
	衡水	0.040	0.001	0.177	−0.035	0.060
	平均	0.044	0.048	0.205	−0.036	0.080

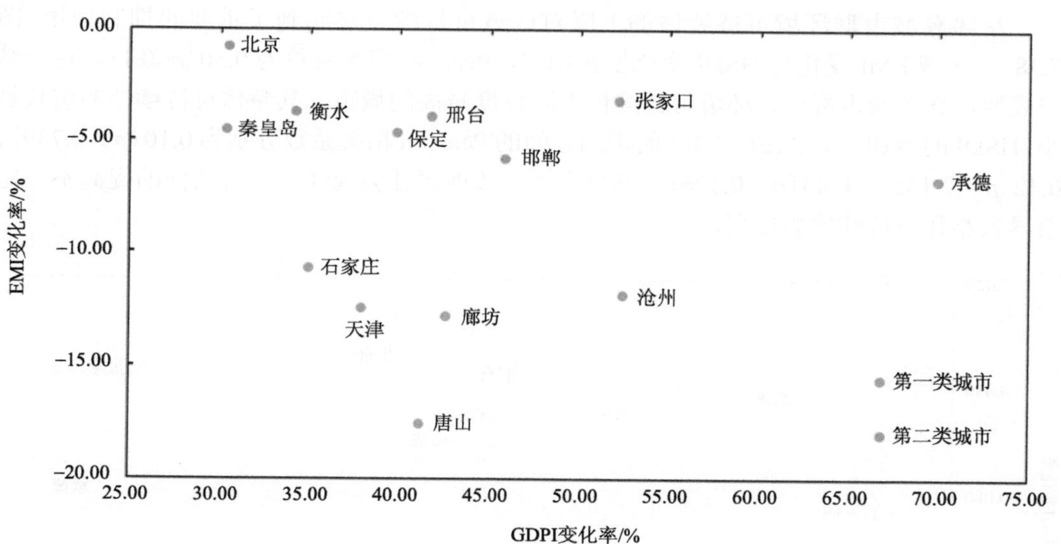

图 7.37　京津冀城市群 GDPI 和 EMI 变化率

表 7.32　京津冀城市群 13 个城市的可持续性变化情况 Mann-Whitney U 检验结果

项目	GDPI 变化	EMI 变化
Z	−2.589	−3.000
p	0.008	0.001

第一类城市包括经济可持续性快速增长而环境可持续性明显下降的城市；这些城市包括天津、石家庄、唐山、承德、沧州和廊坊。这些城市的 GDPI(代表经济可持续性)平均变化为 0.255，平均增长 45.1%。代表环境可持续性的 EMI 下降了 0.111，降幅为 12.0%。其中唐山是一个环境可持续性下降、经济发展相对缓慢的城市。2000～2015 年，唐山的经济可持续增长在中国城市群中仅名列第七，而环境可持续性下降幅度最大。2000～2015 年，唐山 GDPI 增长了 41.1%，低于河北(41.8%)和华北城市群(42.0%)GDPI 的整体增长。同时，唐山的 EMI 减少率在京津冀城市群 13 个城市中是最大的，占 17.5%，是京津冀城市群 EMI 减少率(7.6%)的 2.32 倍。

第二类城市随着经济的发展，环境退化程度较低。这些城市包括北京、秦皇岛、衡水、保定、邢台、邯郸和张家口。随着 GDPI 的增加，这些城市的 EMI 略有下降。北京和张家口是经济快速增长、环境退化程度较低的城市。其中，随着经济增长，北京的环境恶化程度最小。2000～2015 年北京 EMI 仅下降 0.8%，远低于京津冀城市群 7.6%的整体 EMI 下降率；北京的 EMI 值也代表了京津冀城市群中最好的 EMI 值。2000～2015 年，张家口的 GDPI 增速为 52.2%，在 13 个城市群城市中排名第三；电磁干扰降低率为 3.2%，仅次于北京，位居第二。

3) 环境可持续性与 HSDI 的关系

京津冀城市群环境可持续性的下降对区域可持续发展起到了重要的抑制作用(图 7.38)。区域 EMI 变化与 HSDI 变化呈正相关，Pearson 相关系数为 0.50($p<0.1$)。这一结果表明，在该城市群中，环境可持续性下降程度越高的城市，其整体可持续性的增长越小。HSDI 的增加与 LEI、EI、GDPI 的增加之间的 Pearson 相关系数分别为 0.10($p=0.739$)、0.42($p=0.155$)、0.45($p=0.126$)。结果表明，该地区社会或经济可持续性的提高不一定会导致整体可持续性的提高。

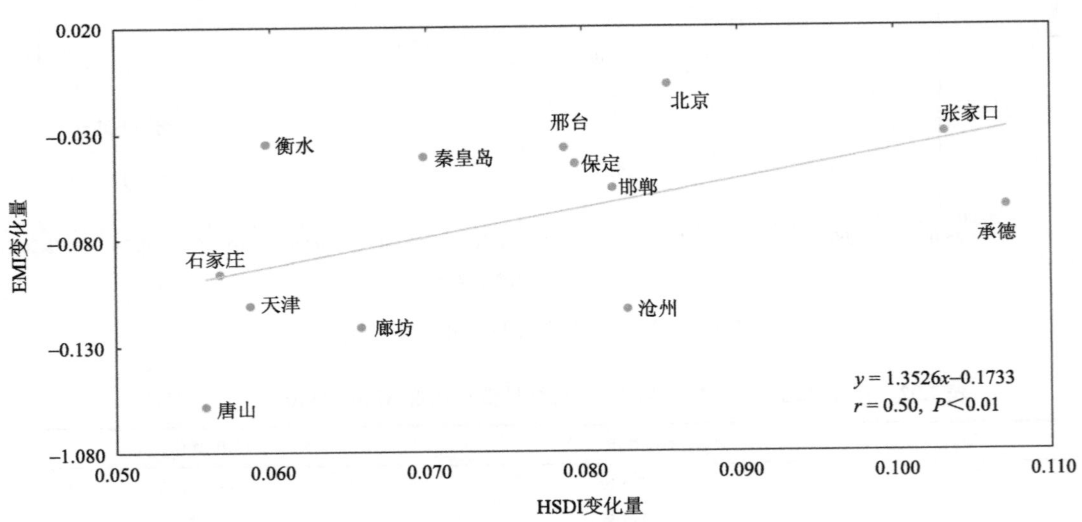

图 7.38　京津冀城市群 HSDI 和 EMI 变化量关系

在京津冀城市群的 13 个城市中，唐山是受环境可持续性下降制约区域可持续发展的代表城市。唐山整体可持续性增长最小，环境可持续性下降最大。2000～2015 年，唐山的 HSDI 增长了 0.056，是所有城市中增长最低的。唐山的 EMI 降幅最大，降幅为 0.159。相比之下，北京和张家口是环境可持续性下降对区域可持续发展影响较小的代表性城市。这些城市的整体可持续性显著提高，而环境可持续性略有下降。2000～2015 年，北京 HSDI 增长较大，增长了 0.085，在京津冀城市群中排名第三。与此同时，其 EMI 的减少量在京津冀城市群 13 个城市中是最少的，只减少了 0.007。2000～2015 年，张家口市的 HSDI 增长 0.103，在京津冀城市群中排名第二。环境可持续性减少很小，EMI 仅下降了 0.030，只比北京高一点。

5. 讨论

1) 能源结构优化在城市可持续性变化中发挥着重要作用

本书研究进一步分析城市尺度上能源结构的变化，用以解释环境可持续性指标(EMI)的变化，了解环境可持续性变化对区域整体可持续性的制约作用。具体来说，本书研究考察了城市尺度下煤炭、石油、天然气三大化石能源消耗比重的变化(苏泳娴等, 2013)。减少煤炭消费和提高石油和天然气消费有利于减少 CO_2 的排放。

结果表明，2000～2015 年京津冀城市群化石能源结构得到优化。在此期间，京津冀城市群燃煤所产生的 CO_2 排放量占 CO_2 排放总量的比重呈现下降趋势。石油和天然气的使用所产生的 CO_2 排放量总体上有所增加。其中，2000 年和 2015 年城市群燃煤所产生的 CO_2 排放量所占比重分别为 88.7%和 81.8%，下降了 6.9%。与此同时，石油消费造成的 CO_2 排放占比从 10.1%上升到 11.4%，增幅为 1.2%。天然气的比重从 6.8%上升到 11.2%，增长了 5.6%。

天津、唐山等 6 个环境可持续性下降较大的城市，其化石能源结构优化程度较小(表 7.33)。这 6 个城市的平均煤炭 CO_2 排放比重仅下降了 1.8%，低于京津冀城市群的煤炭使用产生的 CO_2 排放比重下降值(6.9%)。除承德外，这 6 个城市的石油消耗 CO_2 排放比例下降了 0.3%～4.6%。相比之下，在整个城市群中，这一比例增加了 1.2%。这 6 个城市因使用天然气而产生的 CO_2 排放比例平均仅增长 2.6%，而京津冀城市群的总体比例增长了 5.6%。

相比之下，北京、邯郸等 7 个环境可持续性下降较少的城市的煤炭使用产生的 CO_2 排放比重下降了 12.0%，石油和天然气使用产生的 CO_2 排放比重平均分别增加了 5.7%和 6.3%(表 7.33)。可见，化石能源优化程度较低的城市环境可持续性下降也更大。以北京和天津为例，前者在能源结构优化方面远远优于后者。2000 年，北京和天津煤炭消费所产生的 CO_2 排放所占比重分别为 80.2%和 77.7%，基本持平。但 2005 年，北京燃煤所产生的 CO_2 排放所占比重下降到 25.7%，下降了 54.5%，天津下降到 74.5%，下降了 3.1%。从天然气使用所产生的 CO_2 排放比例变化来看，北京增长了 31.7%，也远高于天津(7.7%)。因此，化石能源结构优化程度较高的北京，其环境可持续性的下降幅度小于天津。

表 7.33　京津冀城市群三种化石燃料人均 CO_2 排放所占比重变化情况　（单位：%）

城市	煤炭占比			石油占比			天然气占比		
	2000 年	2015 年	变化率	2000 年	2015 年	变化率	2000 年	2015 年	变化率
天津	77.7	74.5	−3.1	20.8	16.2	−4.6	1.5	9.3	7.7
承德	93.9	89.0	−4.9	5.5	8.3	2.9	0.6	2.7	2.0
沧州	94.1	92.9	−1.2	5.2	5.0	−0.3	0.7	2.2	1.5
石家庄	93.8	92.5	−1.2	5.5	5.2	−0.2	0.8	2.2	1.5
廊坊	92.5	91.7	−0.8	6.9	6.0	−0.9	0.7	2.3	1.6
唐山	93.7	94.0	0.3	5.6	3.9	−1.6	0.8	2.1	1.3
平均值	91.0	89.1	−1.8	8.3	7.4	−0.8	0.9	3.5	2.6
北京	80.2	25.7	−54.5	17.2	40.3	23.2	2.6	34.0	31.4
秦皇岛	93.1	87.2	−5.9	6.2	9.5	3.3	0.7	3.3	2.6
张家口	93.5	86.1	−7.4	5.8	10.8	5.0	0.7	3.1	2.4
衡水	94.5	88.8	−5.7	4.8	8.4	3.6	0.7	2.8	2.1
保定	93.4	88.7	−4.7	5.9	8.5	2.6	0.7	2.7	2.0
邯郸	93.0	91.1	−1.9	6.3	6.3	0.0	0.7	2.6	1.9
邢台	94.0	89.8	−4.2	5.3	7.6	2.3	0.7	2.6	1.8
平均值	91.7	79.6	−12.0	7.4	13.1	5.7	1.0	7.3	6.3

优化能源结构是城市群从弱可持续向强可持续转变的关键因素之一。围绕未来减排战略，京津冀城市群应聚焦于如何优化能源结构，提高能源利用效率，提高清洁能源比重，调整产业结构(Ou et al., 2017)。同时，政府应支持当地低碳发展，建立具体的指导方针和政策评价体系，总结实践经验并分享(Li et al., 2018)。

2) 未来展望

本书研究从城市尺度的社会、经济和环境三个维度，评估了过去 15 年京津冀城市群中 13 个城市的可持续发展动态。但是，本书研究也有一定的局限性。首先，数据的可获取性限制了在城市尺度上计算 HSDI 的能力。在计算 LEI 时，使用的是河北的平均预期寿命，而不是每个城市的实际数据。其次，由于使用 2010 年的平均预期寿命数据来替换 2015 年所需的数据，2015 年的 LEI 值可能小于实际值。

此外，HSDI 仍是一个弱的可持续性指标，没有考虑各指标的非可补偿性和阈值(Gan et al., 2017)。积极的社会和经济可持续性方面的变化可以抵消环境维度的退化，这符合相信经济发展以环境恶化为代价是可持续的(Shang et al., 2019)。在未来，可以同时采用强可持续性指标和弱可持续性指标对区域可持续发展进行更全面的研究。

此外，碳排放本身不能充分体现可持续性的环境维度。以往的研究使用 NDVI 数据来计算碳封存量(Zhu et al., 2007; 孟士婷等, 2018)。通过参考 Hermosilla 等(2014)的研究，高空间分辨率图像和激光雷达数据可以和基于街道或基于街区的碳封存量一起用于评价环境维度的可持续性，以从二氧化碳的排放和封存两个方面衡量一个城市的环境可持续性，也可以在城市间或城市内更好地反映空间异质性，衡量可持续性之间的差异。

6. 结论

2000～2015 年，京津冀城市群整体可持续性呈上升趋势，HSDI 增长率为 10%。在可持续性的三个维度中，经济可持续性提高最多，而环境可持续性呈下降趋势。GDPI 和 EMI 的变化率分别为 42%和−8%。天津、石家庄、唐山等 6 个城市的环境可持续性下降了 0.11，比区域平均水平高出 56.3%。

环境可持续性的下降成为制约区域可持续发展的重要因素。区域 EMI 与 HSDI 变化显著正相关，Pearson 相关系数达 0.50（$p < 0.1$）。相比之下， HSDI 与 LEI、EI 或 GDPI 没有显著相关。城市能源结构优化在影响环境可持续性方面发挥着重要作用。天津和唐山等 6 个城市煤炭使用产生的 CO_2 排放占 CO_2 总排放的比重仅下降了 1.8%，与该区其余 7 个城市下降的 12.0%有较大差距。未来，京津冀城市群的发展重点需要关注如何在发展经济的同时提升环境可持续性，优化区域内能源结构，共同构建资源节约型和环境友好型社会。

7.7　城市土地系统设计*

1. 问题的提出

目前，快速的城市景观过程已经导致了全球约 40%的生态系统服务发生退化，严重威胁了人类福祉和全球可持续发展（MEA, 2005）。这种威胁在未来将继续持续下去（Seto et al., 2012）。因此，如何通过设计未来城市景观，以有效地维持和保护区域关键生态系统服务，是当前城市生态学和景观生态学研究领域的热点问题（Ahern, 2012; Hayek et al., 2016; Steiner, 2014; Woodruff and BenDor, 2016; Wu, 2013）。

本节的研究目标是以京津冀城市群为研究区，结合生态系统服务保护优先区、LUSD-urban 模型和情景分析，模拟该区未来不同情景下的城市景观过程，探讨如何设计城市景观，以保持和保护区域关键生态系统服务。为此，首先量化京津冀城市群 2013 年区域关键生态系统服务并提取生态系统服务保护优先区。然后，利用 LUSD-urban 模型模拟 2013～2040 年不同情景下的城市景观过程。最后，通过分析和比较不同情景下的生态系统服务保护效果，探讨城市土地系统设计途径。

2. 研究区和数据

研究区同 7.1.2 节。本研究中使用的数据主要包括土地利用数据、气象数据、统计数据和 GIS 辅助数据。土地利用数据是来源于中国科学院地球系统科学数据共享平台的 1990 年、2000 年和 2013 年三期土地利用数据，分辨率为 30 m。该数据包括耕地、林地、草地、水域、建设用地和未利用地共 6 个一级地类，数据精度在 90%以上（Kuang, 2011; Liu

* 本节内容主要基于 Zhang D, Huang Q, He C, Yin D, Liu Z. 2019. Planning urban landscape to maintain key ecosystem services in a rapidly urbanizing area: A scenario analysis in the Beijing-Tianjin-Hebei urban agglomeration, China. Ecological Indicators, 96 (JAN.) :559-571.

et al., 2005; 2010）。气象数据来源于中国气象数据网（http://data.cma.cn/），包括京津冀城市群地区 25 个气象站点 1990～2013 年的气温和降水量年值数据。统计数据包括 1990～2013 年《北京统计年鉴》、《天津统计年鉴》和《河北经济年鉴》中的城市人口数据。GIS 辅助数据包括来源于国家地球系统科学数据共享平台的分辨率为 90 m 的 SRTM DEM 数据（http:// datamirror.csdb.cn/dem/files/ys.jsp）以及来源于国家测绘局的行政边界、省会城市、地级市、县级市、国道、省道、高速公路和铁路数据。此外，参考铁道部发布的全国高铁分布图，提取出京津冀城市群地区的主要高速铁路。为保证数据一致性，所有数据采用统一的 Albers 投影，并重采样为 500 m。

3. 方法

1）量化生态系统服务保护优先区

参考 MEA（2005）和 Zhang 等（2017a）的研究，选择食物供给、碳储量、水源涵养和空气净化四种服务作为京津冀城市群地区的关键生态系统服务。然后，基于 2013 年土地利用数据，计算四种生态系统服务量。具体地，参考 Li 等（2014）和 Zhang 等（2017a）的研究，按照耕地提供水稻、油料和蔬菜，草地提供肉类和奶类，水域提供水产品，计算京津冀城市群地区食物供给量。在计算碳储量时，利用 InVEST 模型中的碳储量和碳固持（carbon storage and sequestration）模块来计算区域碳储量。此外，参考 Yang 等（2015）和 Zhang 等（2017a）的研究，采用自然植被对地表径流的截留能力来表示水源涵养服务。参考 Landuyt 等（2016）和 Zhang 等（2017a）的研究，采用自然植被对 PM_{10} 的吸附量来表示空气净化服务。参考 Fan 等（2017）的研究，将京津冀城市群中所有公园的 5 km 缓冲区定义为能够提供休憩服务。

参考 Eigenbrod 等（2010）、Lü 等 （2017）和 Xu 等（2017）的研究，提取生态系统服务保护优先区（图 7.39）。具体地，将 2013 年每种服务值最高的前 20%的像元作为该种服务的保护优先区。

2）校正 LUSD-urban 模型

LUSD-urban 模型由城市景观需求总量模块和城市景观空间分配模块两部分组成。首先，利用城市景观需求总量模块来计算未来城市景观需求总量。然后，在未来城市景观需求总量的约束下，利用城市景观空间分配模块来模拟城市景观空间过程。在使用模型之前，首先对模型进行校正。参考 He 等（2016）和 Zhang 等（2017a）的研究，以 1990 年土地利用数据为起始数据，模拟 1990～2013 年的城市景观过程，并使用 2000 年和 2013 年的土地利用数据对 LUSD-urban 模型进行校正。校正结果表明，LUSD-urban 模型能够比较可靠地模拟京津冀城市群地区的城市景观过程。

参考 He 等（2016）的研究，利用年份和城市人口数量以及城市景观面积和城市人口数量分别建立线性回归模型。在预测 2013～2040 年城市人口数量之后，预测 2013～2040 年的城市景观需求总量。

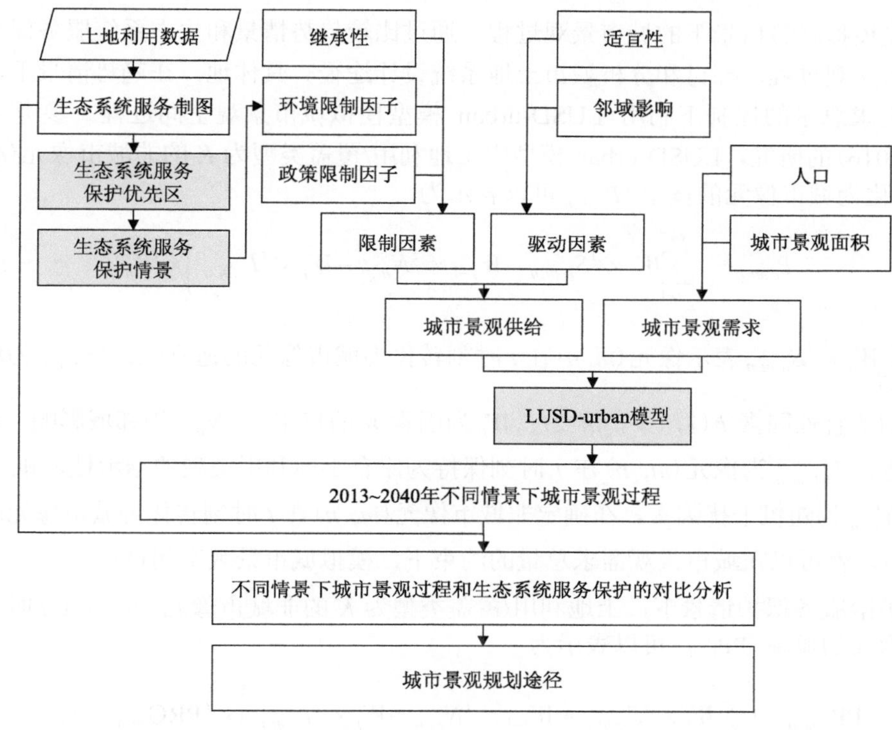

图 7.39　技术路线

3) 生态系统服务保护情景下的城市景观规划

以生态系统服务保护优先区为基础，设定三种生态系统服务保护情景，即供给服务保护情景、调节服务保护情景、文化服务保护情景和综合保护情景(表 7.34)。具体地，在供给服务保护情景中，将食物供给保护优先区设为供给服务保护区；在调节服务保护情景中，将碳储量保护优先区、水源涵养保护优先区和空气净化保护优先区设为调节服务保护区；在文化服务保护情景下，将休憩服务保护优先区设为文化服务保护区；在综合保护情景下，将供给服务保护区、调节服务保护区和文化服务保护区合并在一起作为综合保护区。在这四种情景下，假设在生态系统服务保护区内，城市景观不能继续增长。

表 7.34　生态系统服务保护情景

情景	生态系统服务	生态系统服务保护区
供给服务保护情景	食物供给	将 2013 年食物供给服务最高的 20%的像元设为供给服务保护区
调节服务保护情景	碳储量、水源涵养、空气净化	将 2013 年碳储量、水源涵养和空气净化服务最高的 20%的像元设为调节服务保护区
文化服务保护情景	休憩服务	将 2013 年休憩服务最高的 20%的像元设为供给服务保护区
综合保护情景	食物供给、碳储量、水养、空气净化、休憩服务	将供给服务保护区、调节服务保护区和文化服务保护区设定为综合保护区

首先模拟趋势情景下的城市景观过程。通过比较趋势情景和生态系统服务保护情景下的城市景观过程，探讨和分析城市土地系统设计途径。具体地，在趋势情景下，在城市景观需求总量的控制下利用 LUSD-urban 模型模拟城市景观空间过程。参考 He 等(2006, 2016)的研究，LUSD-urban 模型中土地利用/覆盖类型为 K 的非城市像元(m,n)在 t 时刻转化为城市像元的概率 ${}^tP_{L,m,n}$ 可以表示为

$$ {}^tP_{L,m,n}=\left(\sum_{h=1}^{j-2}W_h\times{}^tS_{h,m,n}+W_{j-1}\times{}^tN_{m,n}-W_j\times{}^tI_{L,m,n}\right)\times{}^tV_{m,n} \tag{7.46} $$

式中，$\sum_{h=1}^{j-2}W_h\times{}^tS_{h,m,n}$ 表示像元(m, n)在 t 时刻转化为城市像元的适宜性；${}^tS_{h,m,n}$ 为城市景观过程的适宜性因素 h(1，…，m–2)；W_h 为因素 h 的权重；${}^tN_{m,n}$ 为邻域影响；W_{j-1} 为它的权重；${}^tI_{L,m,n}$ 为像元(m, n)在 t 时刻保持为原有土地利用类型的继承性，W_j 为它的权重；${}^tV_{m,n}$ 为随机干扰因素。在确定非城市像元(m, n)在 t 时刻转化为城市像元的概率 ${}^tP_{L,m,n}$ 后，就可以在城市景观需求总量的约束下，模拟城市景观空间过程。

在供给服务保护情景下，土地利用/覆盖类型为 K 的非城市像元(m, n)在 t 时刻转化为城市像元的概率 ${}^t\mathrm{PP}_{L,m,n}$ 可以表示为

$$ {}^t\mathrm{PP}_{L,m,n}=\left(\sum_{h=1}^{j-2}W_h\times{}^tS_{h,m,n}+W_{j-1}\times{}^tN_{m,n}-W_j\times{}^tI_{L,m,n}\right)\times{}^t\mathrm{PRO}_{m,n}\times{}^tV_{m,n} \tag{7.47} $$

式中，${}^t\mathrm{PRO}_{m,n}$ 表示供给服务保护区，是一个二值变量。如果像元(m, n)是供给服务保护区，则 ${}^t\mathrm{PRO}_{m,n}$ 的值为 0，否则为 1。

在调节服务保护情景下，土地利用/覆盖类型为 K 的非城市像元(m, n)在 t 时刻转化为城市像元的概率 ${}^t\mathrm{PR}_{L,m,n}$ 可以表示为

$$ {}^t\mathrm{PR}_{L,m,n}=\left(\sum_{h=1}^{j-2}W_h\times{}^tS_{h,m,n}+W_{j-1}\times{}^tN_{m,n}-W_j\times{}^tI_{L,m,n}\right)\times{}^t\mathrm{REG}_{m,n}\times{}^tV_{m,n} \tag{7.48} $$

式中，${}^t\mathrm{PR}_{L,m,n}$ 表示调节服务保护区，是一个二值变量。如果像元(m, n)是调节服务保护区，则 ${}^t\mathrm{PR}_{L,m,n}$ 的值为 0，否则为 1。

在文化服务保护情景下，土地利用/覆盖类型为 K 的非城市像元(m, n)在 t 时刻转化为城市像元的概率 ${}^t\mathrm{PC}_{L,m,n}$ 可以表示为

$$ {}^t\mathrm{PC}_{L,m,n}=\left(\sum_{h=1}^{j-2}W_h\times{}^tS_{h,m,n}+W_{j-1}\times{}^tN_{m,n}-W_j\times{}^tI_{L,m,n}\right)\times{}^t\mathrm{CUL}_{m,n}\times{}^tV_{m,n} \tag{7.49} $$

式中，${}^t\mathrm{CUL}_{m,n}$ 表示文化服务保护区，是一个二值变量。如果像元(m,n)是调节服务保护区，则 ${}^t\mathrm{CUL}_{m,n}$ 的值为 0，否则为 1。

在综合保护情景下，土地利用/覆盖类型为 K 的非城市像元(m, n)在 t 时刻转化为城市像元的概率 ${}^t\mathrm{PI}_{L,m,n}$ 可以表示为

$$ {}^{t}\mathrm{PI}_{L,m,n} = \left(\sum_{h=1}^{j-2} W_h \times {}^{t}S_{h,m,n} + W_{j-1} \times {}^{t}N_{m,n} - W_j \times {}^{t}I_{L,m,n} \right) \times {}^{t}\mathrm{PRO}_{m,n} \times {}^{t}\mathrm{REG}_{m,n} \times {}^{t}\mathrm{CUL}_{m,n} \times {}^{t}V_{m,n} \tag{7.50} $$

在确定非城市像元 (x, y) 转化为城市像元的概率后，利用 LUSD-urban 模型模拟不同保护情景下的城市景观空间过程。

4) 评价生态系统服务保护效果

将生态系统服务保护情景下的生态系统服务损失量与趋势情景下的损失量进行对比，分析生态系统服务保护效果。生态系统服务的保护比例 $\mathrm{CON_{ES}}$ 可以表示为

$$ \mathrm{CON_{ES}} = \frac{(\Delta \mathrm{ES_{ESC}} - \Delta \mathrm{ES_{BAU}})}{\Delta \mathrm{ES_{BAU}}} \times 100\% \tag{7.51} $$

式中，$\Delta \mathrm{ES_{ESC}}$ 为生态系统服务保护情景下的生态系统服务损失量；$\Delta \mathrm{ES_{BAU}}$ 为趋势情景下的生态系统服务损失量。

参考 Zhang 等 (2017) 的研究，在城市景观过程中，第 i 种生态系统服务的损失量 $\Delta \mathrm{ES}_i$ 可以表示为

$$ \Delta \mathrm{ES}_i = \sum (\mathrm{ES}_{i,m,n}^{\text{PRE-URBAN}} \times (\mathrm{UR}_{m,n}^{t_2} - \mathrm{UR}_{m,n}^{t_1})) \tag{7.52} $$

式中，表示城市景观过程前像元 (m, n) 上第 i 种生态系统服务量。在本书研究中，$\mathrm{ES}_{i,m,n}^{\text{PRE-URBAN}}$ 为 2013 年的生态系统服务量；$\mathrm{UR}_{m,n}^{t_2}$ 和 $\mathrm{UR}_{m,n}^{t_1}$ 为两个二值变量，分别表示 t_2 和 t_1 时刻像元 (m, n) 的像元值，1 代表该像元是非城市像元，0 代表该像元是城市像元。

4. 结果

1) 京津冀城市群 2013 年生态系统服务保护优先区

2013 年，京津冀城市群地区食物供给总量为 109.61×10^6 t。食物供给保护优先区分布在该区的西北部、中部和南部，面积约为 10.93×10^4 km^2，占全区总面积的 50.92%(图 7.40)。在所有城市中，张家口的食物供给保护优先区面积最大，约为 1.78×10^4 km^2，占食物供给保护优先区总面积的 16.26%。同时，秦皇岛的食物供给保护优先区面积最小，仅为 0.28×10^4 km^2，仅占食物供给保护优先区总面积的 2.58%。

2013 年，京津冀城市群地区碳储量总量为 27.80×10^8 t。其中，碳储量保护优先区主要分布在该区的北部和中部，面积约为 4.45×10^4 km^2，占全区总面积的 20.71%(图 7.40)。在所有城市中，承德的碳储量保护优先区面积最大，约为 1.97×10^4 km^2，占碳储量保护优先区总面积的 44.32%。

此外，2013 年京津冀城市群地区水源涵养总量约为 77.36×10^8 t，在空间上呈现出北高南低的空间格局。水源涵养保护优先区主要分布在该区的东北部，面积约为 1.36×10^4 km^2，占全区总面积的 6.33%(图 7.40)。水源涵养保护优先区主要分布在承德、北京和秦皇岛三个城市。在这三个城市中，水源涵养保护优先区的面积约为 1.12×10^4 km^2，占水源涵养保护优先区总面积的 82.61%。

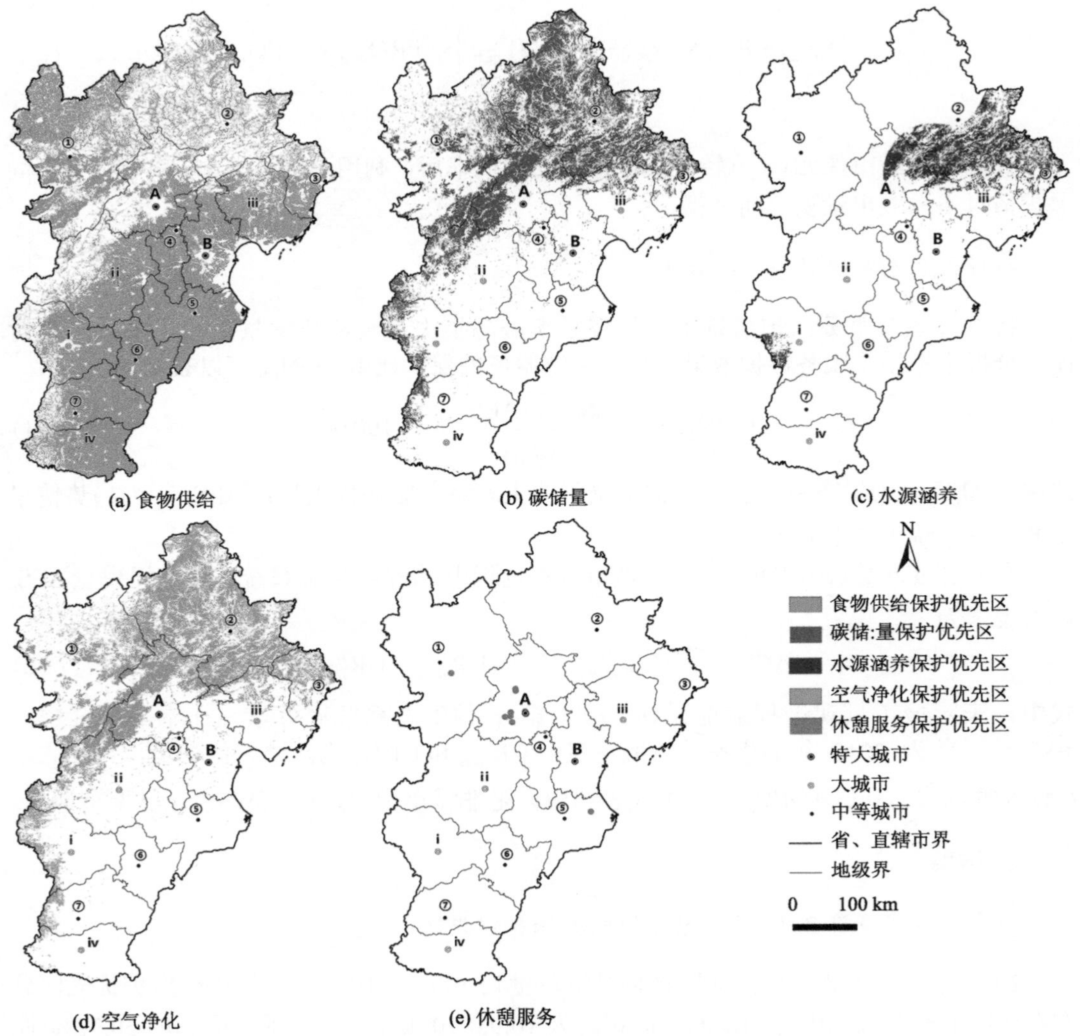

图 7.40　京津冀城市群 2013 年生态系统服务保护优先区

2013 年，在京津冀城市群地区，空气净化服务总量约为 46.95×10^4 t。空气净化保护优先区与碳储量保护优先区相似，主要分布在该区的北部和中部，面积约为 4.45×10^4 km^2，占全区总面积的 20.71%(图 7.40)。与碳储量保护优先区相似，承德的空气净化保护优先区面积最大，约为 1.97×10^4 km^2，占空气净化保护优先区总面积的比例超过 40%。

最后，在京津冀城市群地区，2013 年休憩服务的总面积为 11327.98 km^2。休憩服务保护优先区主要分布在京津冀城市群的中部，面积仅为 676.25 km^2，占京津冀城市群总面积的 0.32%。在所有城市中，北京的休憩服务保护优先区面积最大，约为 519.75 km^2，占休憩服务保护优先区总面积的 76.86%。

2) 2013～2040 年趋势情景下的城市景观过程

2013～2040 年，在趋势情景下，区域城市景观将继续增长。全区城市景观面积将从 2013 年的 7611.50 km^2 增长到 2040 年的 13890.25 km^2，增长 82.49%。城市景观年均增长 232.78 km^2，年均增长率为 2.26%。新增城市景观主要集中在大城市。在该情景下，特大城市、大城市和中等城市中的新增城市景观面积分别为 1402.50 km^2、2669.25 km^2 和 2207.00 km^2，占全区新增城市景观总面积的比例分别为 22.34%、42.51%和 35.15%。在所有城市中，保定、石家庄和北京是城市景观增长最多的三个城市(图 7.41、表 7.35)。在这三个城市中，新增城市景观面积约为 2336.00 km^2，占全区新增城市景观总面积的 37.20%。

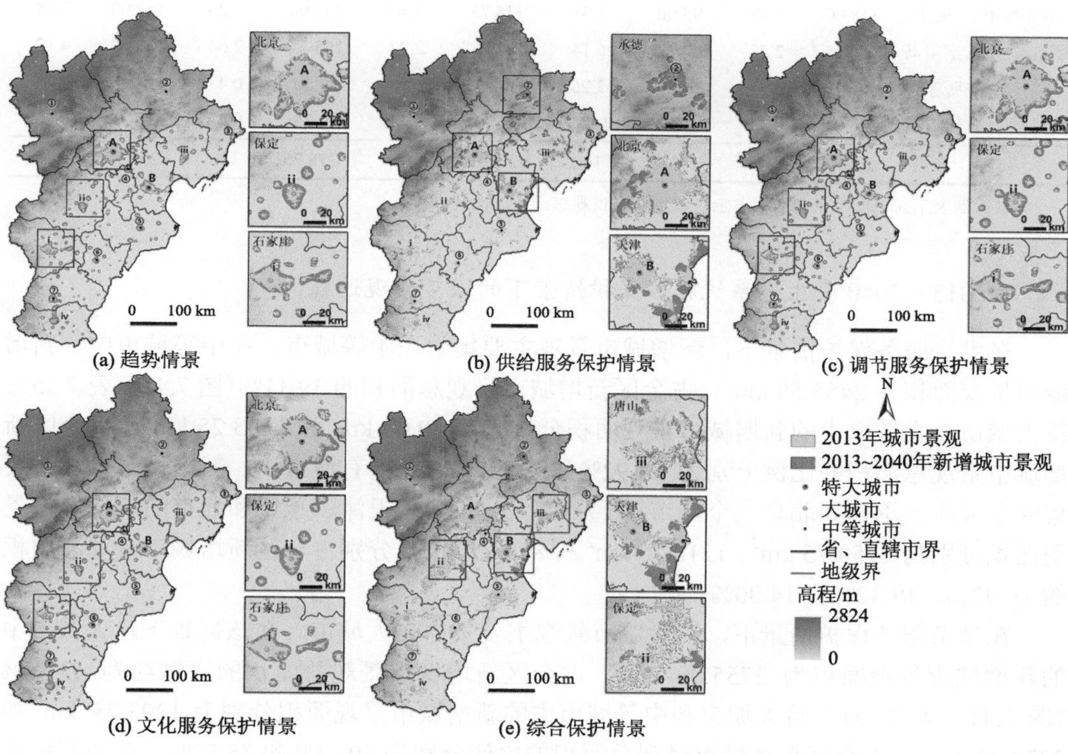

图 7.41　京津冀城市群 2013～2040 年城市景观过程

表 7.35　京津冀城市群 2013～2040 年不同情景下的城市景观过程

城市		趋势情景		供给服务保护情景		调节服务保护情景		文化服务保护情景		综合保护情景	
		面积/km^2	比例*/%	面积/km^2	比例*/%	面积/km^2	比例*/%	面积/km^2	比例*/%	面积/km^2	比例*/%
特大城市	北京	743.50	11.84	879.25	14.00	665.75	10.60	693.75	11.05	443.75	7.07
	天津	659.00	10.50	1250.75	19.92	628.00	10.00	668.50	10.65	1379.00	21.96

续表

城市		趋势情景		供给服务保护情景		调节服务保护情景		文化服务保护情景		综合保护情景	
		面积/km²	比例*/%	面积/km²	比例*/%	面积/km²	比例*/%	面积/km²	比例*/%	面积/km²	比例*/%
大城市	保定	842.75	13.42	549.25	8.75	887.00	14.13	867.00	13.81	949.00	15.11
	石家庄	749.75	11.94	291.50	4.64	774.00	12.33	763.50	12.16	390.00	6.21
	邯郸	570.25	9.08	158.25	2.52	587.00	9.35	581.50	9.26	238.25	3.79
	唐山	506.50	8.07	694.25	11.06	507.00	8.07	516.75	8.23	632.25	10.07
中等城市	邢台	572.25	9.11	236.50	3.77	591.75	9.42	580.75	9.25	385.75	6.14
	廊坊	559.25	8.91	211.50	3.37	542.75	8.64	565.25	9.00	348.75	5.55
	沧州	532.00	8.47	109.75	1.75	556.50	8.86	486.75	7.75	420.00	6.69
	衡水	318.00	5.06	95.00	1.51	338.75	5.40	330.00	5.26	162.00	2.58
	秦皇岛	160.25	2.55	385.75	6.14	142.75	2.27	165.75	2.64	258.50	4.12
	张家口	36.00	0.57	204.25	3.25	36.25	0.58	29.50	0.47	152.75	2.43
	承德	29.25	0.47	1212.75	19.32	21.25	0.34	29.75	0.47	518.75	8.26
	总量	6278.75	100	6278.75	100	6278.75	100	6278.75	100	6278.75	100

* 该比例表示新增城市景观面积占全区新增城市景观总面积的比例。

3) 2013～2040 年生态系统服务保护情景下的城市景观过程

在供给服务保护情景下，新增城市景观主要集中在中等城市。在中等城市中，新增城市景观面积为 2455.50 km²，占全区新增城市景观总面积的 39.11%(图 7.41、表 7.35)。特大城市和大城市中的新增城市景观面积分别为 2130.00 km² 和 1693.25 km²，占全区新增城市景观总面积的比例分别为 33.92%和 26.97%。在所有城市中，新增城市景观主要集中在天津、承德和北京三个城市(图 7.41、表 7.35)。天津、承德和北京的新增城市景观面积分别为 1250.75 km²、1212.75 km² 和 879.25 km²，分别占全区新增城市景观总面积的 19.92%、19.32%和 14.00%。

在调节服务保护情景下，新增城市景观主要集中在大城市。在该情景下，大城市中的新增城市景观面积为 2755.00 km²，占全区新增城市景观总面积的比例约为 43.88%(图 7.41、表 7.35)。特大城市和中等城市中的新增城市景观面积分别为 1293.75 km² 和 2230.00 km²，占全区新增城市景观总面积的比例分别为 20.61%和 35.52%。在所有城市中，新增城市景观主要集中在保定、石家庄和北京三个城市(图 7.41、表 7.35)。在这三个城市中，新增城市景观面积约为 2326.75 km²，占全区新增城市景观总面积的 37.06%。

在文化服务保护情景下，新增城市景观主要集中在大城市。在该情景下，大城市中的新增城市景观面积为 2728.75 km²，占全区新增城市景观总面积的比例约为 43.46%(图 7.41、表 7.35)。特大城市和中等城市中的新增城市景观面积分别为 1362.25 km² 和 2187.75 km²，占全区新增城市景观总面积的比例分别为 21.70%和 34.84%。在所有城市中，新增城市景观主要集中在保定、石家庄和北京三个城市(图 7.41、表 7.35)。在这三个城市中，新增城市景观面积约为 2324.25 km²，占全区新增城市景观总面积的 37.02%。

在综合保护情景下，中等城市中的新增城市景观面积大于特大城市和大城市中的新增城市景观面积。在该情景下，中等城市中的新增城市景观面积为 2252.00 km^2，占全区新增城市景观总面积的 35.87%(图 7.41、表 7.35)。而特大城市和大城市中的新增城市景观面积分别为 1859.00 km^2 和 2167.75 km^2，分别占全区新增城市景观总面积的 29.61%和 34.53%。此外，新增城市景观主要集中在天津、保定和唐山三个城市(图 7.41、表 7.35)。在这三个城市中，新增城市景观面积分别为 1368.75 km^2、931.75 km^2 和 625.75 km^2，分别占全区新增城市景观总面积的 21.80%、14.84%和 9.97%。

5. 讨论

1)综合保护情景下生态系统服务的保护效果最优

所有情景表明，城市景观都将继续增长，五种生态系统服务都将呈现减少趋势。在所有情景下，不同城市的城市景观将增长 21.25～1368.75 km^2。在城市景观过程影响下，食物供给量将减少 0.96×10^6～5.11×10^6 t，损失比例为 0.88%～4.66%(表 7.36)。碳储量将减少 0.17×10^8～0.65×10^8 t，损失比例为 0.61%～2.34%。此外，水源涵养服务的损失比例为 0.71%～2.74%。空气净化服务将损失 0.89%～2.88%。休憩服务将损失 1.22%～6.07%。

表 7.36　京津冀城市群地区 2013～2040 年不同生态系统服务保护情景下的生态系统服务损失量

情景	食物供给		碳储量		水源涵养		空气净化		休憩服务	
	损失量 /10^6t	比例*/%	损失量 /10^8t	比例*/%	损失量 /10^8t	比例*/%	损失量 /10^4	比例*/%	损失量 /km^2	比例*/%
趋势情景	5.02	4.57	0.65	2.34	2.11	2.74	0.58	1.24	237.25	2.09
供给服务保护情景	0.96	0.88	0.57	2.05	1.58	2.04	1.35	2.88	687.50	6.07
调节服务保护情景	5.11	4.66	0.63	2.27	2.08	2.69	0.52	1.11	213.00	1.88
文化服务保护情景	5.02	4.57	0.65	2.34	2.11	2.74	0.57	1.21	138.75	1.22
综合保护情景	1.08	0.99	0.17	0.61	0.54	0.70	0.41	0.87	293.50	2.59

* This percentage refers to the proportion of ES loss relative to the total volume in 2013。

与趋势情景相比，在四种生态系统服务保护情景下，区域生态系统服务都能够得到有效保护。其中，综合保护情景下的保护效果最佳，城市景观过程对区域生态系统服务的影响最小(图 7.42)。与趋势情景下的损失量相比，在综合保护情景下，食物供给、碳储量、水源涵养和空气净化四种服务受到保护的比例分别为 78.49%、73.85%、74.41%和 29.31%。在供给服务保护情景下有 80.88%的将要损失的食物供给服务能够得到保护，同时有 12.31%的将要损失的碳储量和 25.12%的将要损失的水源涵养服务能够得到保护。在调节服务保护情景下，有 3.08%的将要损失的碳储量、1.42%的将要损失的水源涵养服务和 10.34%的将要损失的空气净化服务以及 10.22%的将要损失的休憩服务能够得到保护。

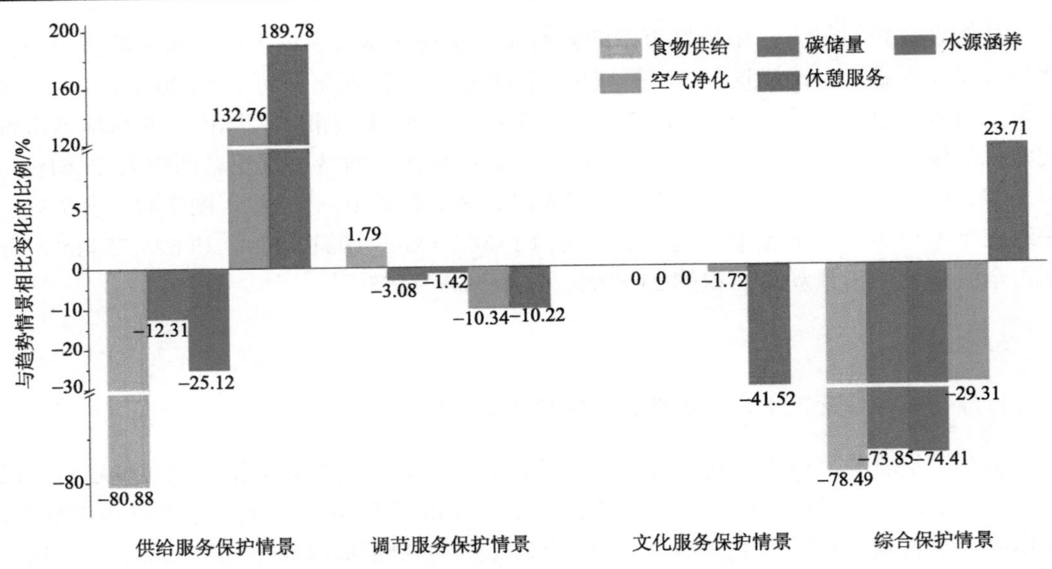

图 7.42　京津冀城市群 2013～2040 年不同生态系统服务保护情景下的生态系统服务保护效果

2) 保护耕地和林地是保护区域生态系统服务的一条有效途径

在综合保护情景下，耕地和林地能够同时得到有效保护，城市景观通过占用其他地类进行扩展。在综合保护情景下，耕地和林地同时得到保护，有 1509.75 km^2 的草地、1696.75 km^2 的水体和 2435.25 km^2 的农村居民点转化为城市景观，占新增城市景观总面积的比例分别为 24.05%、27.02%和 38.79%(表 7.37)。相比之下，在供给服务保护情景下，耕地得到有效保护，有 1463.50 km^2 的林地、1644.25 km^2 的草地和 1419.00 km^2 的水体转化为城市景观，分别占新增城市景观总面积的 23.31%、26.19%和 22.60%。在调节服务保护情景下，林地得到有效保护，有 5381.50 km^2 的耕地转化为城市景观，占新增城市景观总面积的 85.71%。在文化服务保护情景下，相较于趋势情景，仅有 7.50 km^2 的林地和 8 km^2 的草地能够得到保护。

在综合保护情景下的城市景观过程中，由于保护耕地和林地，区域生态系统服务能够得到有效保护。在综合保护情景下，能够保护的食物供给、碳储量、水源涵养、空气净化和休憩服务的量分别为 4.89×10^6 t、0.63×10^8 t、2.08×10^8 t、0.56×10^4 t 和 203.25 km^2(表 7.37)。在供给服务保护情景下，通过保护耕地而保护的食物供给、碳储量、水源涵养、空气净化和休憩服务的量分别为 4.89×10^6 t、0.60×10^8 t、2.01×10^8 t、0.49×10^4 t 和 187.50 km^2。在调节服务保护情景下，由于保护林地而保护的碳储量、水源涵养、空气净化和休憩服务的量分别为 0.03×10^8 t、0.07×10^8 t、0.07×10^4 t 和 15.75 km^2。在文化服务保护情景下，由于保护林地而保护的休憩服务的量为 10.25 km^2。综合保护情景下能够保护的生态系统服务量比供给服务保护情景下的保护量高 3.48%～14.29%，比调节服务保护情景下的保护量高 7.00～28.71 倍，比文化服务保护情景下的保护量高 18.83～55 倍。因此，在京津冀城市群地区，应该保护能够提供高生态系统服务的耕地和林地，保持和保护区域生态系统服务。

表 7.37　2013～2040 年生态系统服务保护情景下的土地利用/覆盖转化情况和生态系统服务保护效果

情景	土地利用/覆盖类型	转化为城市土地的面积	生态系统服务保护量*				
			食物供给/10^6 t	碳储量/10^8 t	水源涵养/10^8 t	空气净化/10^4 t	休憩服务/km^2
供给服务保护情景	耕地	0	4.89	0.60	2.01	0.49	187.50
	林地	1463.50	0	–0.36	–0.92	–0.84	–322.75
	草地	1644.25	–0.24	–0.16	–0.56	–0.42	–132.00
	水体	1419.00	–0.59	0	0	0	–118.00
	农村居民点	1230.25	0	0	0	0	–41.00
	工矿用地	371.00	0	0	0	0	–16.00
	未利用地	150.75	0	0	0	0	–8.00
	总量	6278.75	4.06	0.08	0.53	–0.77	–450.25
调节服务保护情景	耕地	5381.50	–0.10	–0.01	–0.04	–0.01	1.25
	林地	0	0	0.03	0.07	0.07	15.75
	草地	92.50	0	0	0	0	6.25
	水体	208.50	0.01	0	0	0	0
	农村居民点	503.50	0	0	0	0	0.75
	工矿用地	77.00	0	0	0	0	0.25
	未利用地	15.75	0	0	0	0	0
	总量	6278.75	–0.09	0.02	0.03	0.06	24.25
文化服务保护情景	耕地	5278.25	- 0.01	0	0	0	71.75
	林地	103.75	0	0	0	0.01	10.25
	草地	91.50	0.01	0	0	0	10.50
	水体	215.50	0	0	0	0	0
	农村居民点	496.25	0	0	0	0	6.00
	工矿用地	78.75	0	0	0	0	0
	未利用地	14.75	0	0	0	0	0
	总量	6278.75	0	0	0	0.01	98.50
综合保护情景	耕地	0	4.89	0.60	2.01	0.49	187.50
	林地	0	0	0.03	0.07	0.07	15.75
	草地	1509.75	–0.22	- 0.15	- 0.51	- 0.39	–81.75
	水体	1696.75	–0.73	0	0	0	–113.75
	农村居民点	2435.25	0	0	0	0	–50.75
	工矿用地	429.00	0	0	0	0	–5.00
	未利用地	208.00	0	0	0	0	–8.25
	总量	6278.75	3.94	0.48	1.57	0.17	–56.25

* 表示相较于趋势情景，生态系统服务保护效果。正值表示生态系统服务得到保护，负值表示生态系统服务损失。

3) 不同等级城市的协调发展是保护区域生态系统服务的另一条有效途径

在综合保护情景下，京津冀城市群的城市规模分布愈加均衡。参考 Huang 等(2015)

和 Gao 等(2017)的研究，利用帕累托回归来计算区域城市规模分布，发现在综合保护情景下，城市规模分布愈加均衡，帕累托系数将从 2013 年的 1.12 升高到 2040 年的 1.26(图 7.43)。相比之下，在供给服务保护情景下，虽然城市规模分布也会更加均衡，但帕累托系数仅从 2013 年的 1.12 升高到 2040 年的 1.16。而在调节服务保护情景和文化服务保护情景下，城市规模分布愈加不均衡，帕累托系数将从 2013 年的 1.12 分别下降到 2040 年的 0.89 和 0.90。

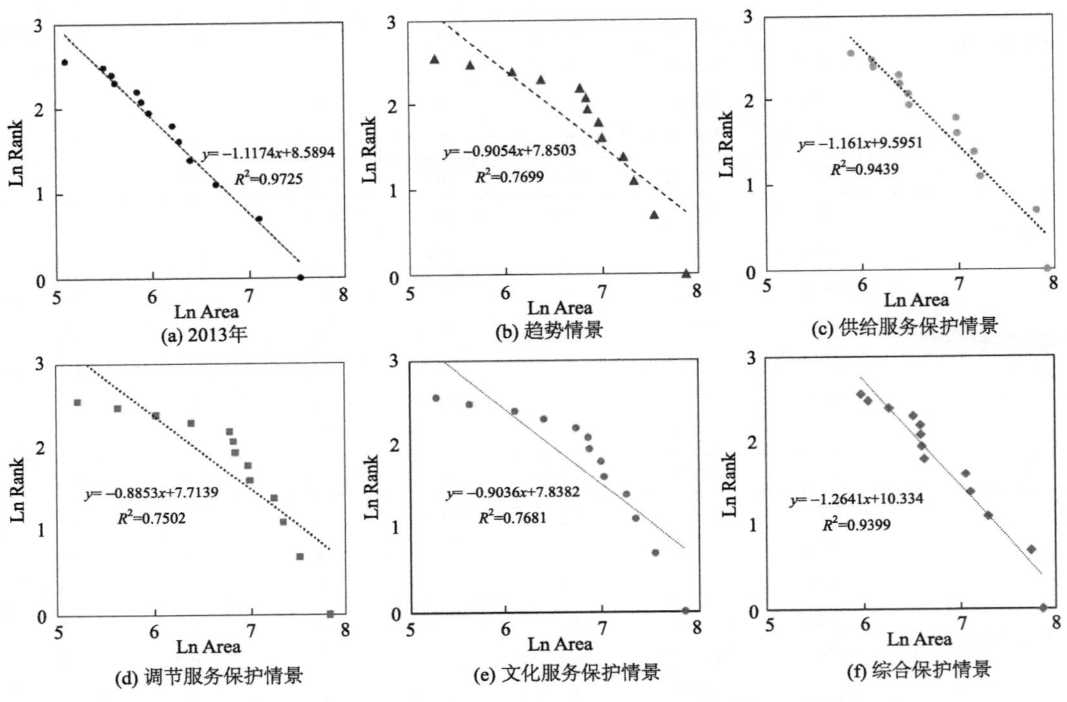

图 7.43 京津冀城市群地区 2013～2040 年不同情景下的城市位序-规模动态

在综合保护情景下，由于不同规模城市的协调发展，生态系统服务损失集中在中等城市，特大城市和大城市中的生态系统服务能够得到有效保护。在综合保护情景下，中等城市中的新增城市景观面积最大，大城市次之，而特大城市中新增城市景观面积最小，由此可知生态系统服务损失主要集中在中等城市(表 7.38)。在该情景下，中等城市中的生态系统服务损失占全区总损失的比例为 25.86%～60.55%，而在特大城市和大城市中，该比例约为 40%。相比之下，在供给服务保护情景、调节服务保护情景和文化服务保护情景下，生态系统服务损失主要集中在特大城市和大城市。在这三种情景下，特大城市和大城市的生态系统服务损失占全区总损失的比例约为 45%、63%和 64%。在人口更多的特大城市和大城市，生态系统服务损失势必会对区域人类福祉产生更负面的影响。减少特大城市和大城市中的生态系统服务损失，能够在一定程度上保持和保护区域生态系统服务，减少生态系统服务损失所带来的负面影响。因此，在京津冀城市群地区，应鼓励不同规模城市的协调发展，推动区域可持续发展。

表 7.38　2013～2040 年生态系统服务保护情景下的土地利用/覆盖转化情况和生态系统服务保护效果

（单位：%）

情景	城市	比例*				
		食物供给	碳储量	水源涵养	空气净化	休憩服务
供给服务保护情景	特大城市	45.47	29.98	26.25	29.38	50.95
	大城市	26.74	15.87	17.55	16.06	20.65
	中等城市	27.79	54.15	56.20	54.56	28.40
调节服务保护情景	特大城市	19.73	19.17	19.45	19.37	18.78
	大城市	44.52	44.60	44.24	43.68	30.63
	中等城市	35.75	36.23	36.31	36.95	50.59
文化服务保护情景	特大城市	20.16	21.26	21.06	24.18	7.39
	大城市	44.73	43.41	43.44	40.23	47.03
	中等城市	35.11	35.33	35.50	35.59	45.58
综合保护情景	特大城市	45.36	10.25	10.83	10.22	17.04
	大城市	28.78	29.85	29.14	29.23	45.14
	中等城市	25.86	59.90	60.03	60.55	37.82

* 表示生态系统服务损失量占全区总损失量的比例。

4）研究的局限性和未来展望

本书研究仍存在一定的缺陷。首先，由于数据和方法的局限性，并没有考虑如淡水供给、水质净化和休憩服务等其他生态系统服务（Peng et al., 2015）。其次，并未考虑城市内部的生态系统服务，如绿地和水体所能提供的生态系统服务（Santos et al., 2017）。最后，在调整和设计未来城市景观时，并没有考虑到所有影响因素，如土地开发成本、政府管制以及居民喜好等因素（Huang et al., 2014）。但是，从理论研究的角度，探讨了如何设计未来城市景观，保持和保护区域生态系统服务，对京津冀城市群未来城市管理与规划能够产生积极的指导和借鉴作用。

在未来的研究中，首先，将选取更多的指标来量化其他重要的生态系统服务，包括淡水供给、洪水调节和旅游休憩等（Andersson et al., 2015）。其次，将考虑城市内部所能提供的生态系统服务（Santos et al., 2017）。最后，在保护生态系统服务的基础上，结合政府管制、经济成本和居民福祉等多方面因素来设计未来城市景观。

6. 结论

京津冀城市群未来在不同情景下，城市景观都将继续增长，五种生态系统服务都将呈现减少趋势。城市景观面积将从 2013 年的 7611.50 km^2 增长到 2040 年的 13890.25 km^2，增长 82.49%。在城市景观过程影响下，食物供给、碳储量、水源涵养和空气净化服务将减少 0.61%～6.07%。

在四种生态系统服务保护情景下，区域生态系统服务都能够得到有效保护。与趋势情景相比，在四种生态系统服务保护情景下，食物供给、碳储量、水源涵养、空气净化和休憩服务五种生态服务服务受到保护的比例分别为78.49%～80.88%、3.08%～73.85%、1.42%～74.41%、1.72%～29.31%和 10.22%～41.52%。其中，综合保护情景下的保护效果最佳。

保护耕地和林地以及促进不同规模城市的协调发展将是京津冀地区维持和保护关键生态系统服务的有效途径。一方面，在综合保护情景下，新增城市景观将不再占用耕地和林地，与趋势情景相比有85.67%～98.58%的将要损失的生态系统服务能够得到保护。另一方面，在综合保护情景下，由于不同规模城市的协调发展，生态系统服务损失主要集中在中等城市。中等城市中的生态系统服务损失占全区总损失量的比例约为60%，特大城市和大城市中的生态系统服务能够得到有效保护。

参 考 文 献

北京市统计局. 2001. 北京统计年鉴 2001. 北京: 中国统计出版社.

北京市统计局. 2016. 北京统计年鉴 2016. 北京: 中国统计出版社.

陈映雪, 甄峰, 王波, 等. 2012. 基于微博平台的中国城市网络信息不对称关系研究. 地球科学进展, 27(12): 1353-1362.

程昌秀, 史培军, 宋长青, 等. 2018. 地理大数据为地理复杂性研究提供新机遇. 地理学报, 73(8): 1397-1406.

邓楚雄, 宋雄伟, 谢炳庚, 等. 2018. 基于百度贴吧数据的长江中游城市群城市网络联系分析. 地理研究, 37(6): 1181-1192.

董超, 修春亮, 魏冶. 2014. 基于通信流的吉林省流空间网络格局. 地理学报, 69(4): 510-519.

樊杰. 2009. 国家汶川地震灾后重建规划: 资源环境承载力评价. 北京: 科学出版社.

范擎宇, 杨山. 2019. 协调视角下长三角城市群的空间结构演变与优化. 自然资源学报, 34(8): 1581-1592.

方创琳, 宋吉涛, 张蔷, 等. 2005. 中国城市群结构体系的组成与空间分异格局. 地理学报, 60(5): 827-840.

方精云, 刘国华, 徐嵩龄. 1996. 中国陆地生态系统的碳库、温室气体浓度和排放监测及相关过程. 北京: 中国环境科学出版社.

封志明, 刘登伟. 2006. 京津冀地区水资源供需平衡及其水资源承载力. 自然资源学报, 21(5): 689-699.

郭秀锐, 毛显强. 2000. 中国土地承载力计算方法研究综述. 地球科学进展, 15(6): 705-711.

国家发展和改革委员会发展规划司. 2006. 国家及各地区国民经济和社会发展十一五规划纲要. 北京: 中国市场出版社.

国家发展和改革委员会发展规划司. 2011. 国家及各地区国民经济和社会发展十二五规划纲要. 北京: 人民出版社.

国家统计局. 2013～2017. 中国统计年鉴 1993～2017. 北京: 中国统计出版社.

国家统计局. 2018. 中国统计年鉴 2018. 北京: 中国统计出版社.

国家统计局城市社会经济调查司. 2001. 中国城市统计年鉴 2001. 北京: 中国统计出版社.

国家统计局城市社会经济调查司. 2016. 中国城市统计年鉴 2016. 北京: 中国统计出版社.

国家统计局能源统计司. 2001. 中国能源统计年鉴 2001. 北京: 中国统计出版社.

国家统计局能源统计司. 2016. 中国能源统计年鉴 2016. 北京: 中国统计出版社.

何春阳, 李景刚, 陈晋, 等. 2005. 基于夜间灯光数据的环渤海地区城市化过程. 地理学报, 60(3): 409-417.

河北省人民政府. 2001. 河北经济年鉴 2001. 北京: 中国统计出版社.

河北省人民政府. 2016. 河北经济年鉴 2016. 北京: 中国统计出版社.
侯莉莉, 朱凌, 胡海燕. 2016. 京津冀城市扩展的遥感研究. 北京建筑大学学报, 32(1): 22-26.
黄庆旭, 何春阳, 史培军, 等. 2009. 城市扩展多尺度驱动机制分析——以北京为例. 经济地理, 29(5): 714-721.
靳诚, 徐菁. 2016. 南京市对外交通节点与酒店之间游客流动空间特征分析. 人文地理, 31(5): 55-62.
景侨楠, 罗雯, 白宏涛, 等. 2018. 城市能源碳排放估算方法探究. 环境科学报, 38(12): 4879-4886.
李德仁, 李熙. 2015. 论夜光遥感数据挖掘. 测绘学报, 44(6): 591-601.
李峰, 赵怡虹. 2018. 雄安新区与京津冀城市群发展. 当代经济管理, 40(5): 45-50.
李经纬, 刘志锋, 何春阳, 等. 2015. 基于人类可持续发展指数的中国 1990～2010 年人类-环境系统可持续性评价. 自然资源学报, 30(7): 1118-1128.
李双成. 2014. 生态系统服务地理学. 北京: 科学出版社.
李月娇, 杨小唤, 程传周, 等. 2012. 近几年来中国耕地占补的空间分异特征. 资源科学, 34(9): 1671-1680.
刘纪远, 刘文超, 匡文慧, 等. 2017. 基于主体功能区规划的中国城乡建设用地扩张时空特征遥感分析. 地理学报, 71(6): 355-369.
刘望保, 石恩名. 2016. 基于 ICT 的中国城市间人口日常流动空间格局——以百度迁徙为例. 地理学报, 71(10): 1667-1679.
刘小平, 黎夏, 陈逸敏, 等. 2009. 景观扩张指数及其在城市扩展分析中的应用. 地理学报, 64(12): 1430-1438.
隆学文, 马新辉. 2011. 首都圈“京津冀”三轴线城市空间格局的遥感分析. 地球信息科学学报, 13(3): 367-373.
陆大道. 2015. 京津冀城市群功能定位及协同发展. 地理科学进展, 34(3): 265-270.
毛汉英. 2017. 京津冀协同发展的机制创新与区域政策研究. 地理科学进展, 36(1): 1-14.
孟丹, 李小娟, 徐辉, 等. 2013. 京津冀都市圈城乡建设用地空间扩张特征分析. 地球信息科学学报, 15(2): 289-296.
孟士婷, 黄庆旭, 何春阳, 等. 2018. 区域碳固持服务供需关系动态分析——以北京为例. 自然资源学报, 33(7): 1191-1203.
裴韬, 刘亚溪, 郭思慧, 等. 2019. 地理大数据挖掘的本质. 地理学报, 74(3): 586-598.
宋艳春, 余敦. 2014. 鄱阳湖生态经济区资源环境综合承载力评价. 应用生态学报, 25(10): 2975-2984.
苏泳娴, 陈修治, 叶玉瑶, 等. 2013. 基于夜间灯光数据的中国能源消费碳排放特征及机理. 地理学报, 68(11): 1513-1526.
谈明洪, 李秀彬, 吕昌河. 2003. 我国城市用地扩张的驱动力分析. 经济地理, 23(5): 635-639.
唐梁博, 崔海山. 2017. 基于 NPP-VIIRS 夜间灯光数据和 Landsat-8 数据的城镇建筑用地提取方法改进——以广州市为例. 测绘与空间地理信息, 40(9): 69-73.
天津市统计局. 2001. 天津统计年鉴 2001. 北京: 中国统计出版社.
天津市统计局. 2016. 天津统计年鉴 2016. 北京: 中国统计出版社.
涂华, 刘翠杰. 2014. 标准煤二氧化碳排放的计算. 煤质技术, (2): 57-60.
王海军, 翟丽君, 刘艳芳, 等. 2018a. 基于多维城市要素流的武汉城市圈城市联系与功能分析. 经济地理, 38(7): 50-58.
王海军, 张彬, 刘耀林, 等. 2018b. 基于重心-GTWR 模型的京津冀城市群城镇扩展格局与驱动力多维解析. 地理学报, 73(6): 1076-1092.
王红瑞, 王岩, 吴峙山, 等. 1995. 北京市用水结构现状分析与对策研究. 环境科学, 16(2): 31-34.
王利伟, 冯长春. 2016. 转型期京津冀城市群空间扩展格局及其动力机制——基于夜间灯光数据方法. 地理学报, 71(12): 2155-2169.

王士君，廉超，赵梓渝．2019．从中心地到城市网络——中国城镇体系研究的理论转变．地理研究，38(1)：64-74.

魏冶，修春亮，王绮，等．2018．中国春运人口流动网络的富人俱乐部现象与不平衡性分析．人文地理，33(2)：124-129.

文魁，祝尔娟．2013．京津冀发展报告 2013．承载力测度与对策．北京：社会科学文献出版社．

邬建国，何春阳，张庆云，等．2014．全球变化与区域可持续发展耦合模型及调控对策．地球科学进展，29(12)：1315-1324.

吴康，方创琳，赵渺希．2015．中国城市网络的空间组织及其复杂性结构特征．地理研究，34(4)：711-728.

武前波，宁越敏．2012．中国城市空间网络分析——基于电子信息企业生产网络视角．地理研究，31(2)：207-219.

熊丽芳，甄峰，王波，等．2013．基于百度指数的长三角核心区城市网络特征研究．经济地理，33(7)：67-73.

徐新良，通拉嘎，郑凯迪，等．2012．京津冀都市圈城镇扩展时空过程及其未来情景预测．中国人口资源与环境，22(S2)：256-261.

许伟攀，李郇，陈浩辉．2018．基于城市夜间灯光数据的中美两国城市位序规模分布对比．地理科学进展，37(3)：385-396.

杨洋，黄庆旭，章立玲．2015．基于 DMSP/OLS 夜间灯光数据的土地城镇化水平时空测度研究——以环渤海地区为例．经济地理，35(2)：141-148, 168.

姚士谋，周春山，王德，等．2016．中国城市群新论．北京：科学出版社．

曾馨漫，刘慧，刘卫东．2015．京津冀城市群城市用地扩张的空间特征及俱乐部收敛分析．自然资源学报，30(12)：2045-2056.

张静，蒋洪强，卢亚灵．2013．一种新的城市群大气环境承载力评价方法及应用．中国环境监测，29(5)：26-31.

赵梓渝，魏冶，庞瑞秋，等．2017．基于人口省际流动的中国城市网络转变中心性与控制力研究——兼论递归理论用于城市网络研究的条件性．地理学报，72(6)：1032-1048.

甄峰，王波，陈映雪．2012．基于网络社会空间的中国城市网络特征——以新浪微博为例．地理学报，67(8)：1031-1043.

甄峰，王波．2015．“大数据”热潮下人文地理学研究的再思考．地理研究，34(5)：803-811.

中华人民共和国国务院．1990．关于国民经济和社会发展十年规划和第八个五年计划纲要的报告(1990～2000)．北京：人民出版社．

中华人民共和国国务院．1996．国民经济和社会发展“九五”计划和 2010 年远景目标纲要(1996～2010)．北京：人民出版社．

中华人民共和国国务院．2001．国民经济和社会发展第十个五年计划纲要(2001～2005)．北京：人民出版社．

中华人民共和国国务院．2006．中华人民共和国国民经济和社会发展第十一个五年规划纲要(2006～2010)．北京：人民出版社．

中华人民共和国国务院．2011．中华人民共和国国民经济和社会发展第十二个五年规划纲要(2011～2015)．北京：人民出版社．

中华人民共和国住房和城乡建设部．2011．城市用地分类与规划建设用地标准．北京：中国建筑工业出版社．

朱顺娟，郑伯红．2010．城市群网络化联系研究——以长株潭城市群为例．人文地理，25(5)：65-68, 31.

卓莉，李强，史培军，等．2006．基于夜间灯光数据的中国城市用地扩展类型．地理学报，61(2)：169-178.

Ahern J. 2012. Urban landscape sustainability and resilience: The promise and challenges of integrating ecology with urban planning and design. Landscape Ecology, 28(6): 1203-1212.

Albert R, Jeong H, Barabasi A. 2000. Error and attack tolerance of complex networks. Nature, 406(6794): 378-382.

Aljoufie M, Zuidgeest M, Brussel M, et al. 2013 Spatial-temporal analysis of urban growth and transportation in Jeddah City, Saudi Arabia. Cities, 31: 57-68.

Allan J. 1993. Fortunately there are substitutes for water otherwise our hydro-political futures would be impossible//Priorities for Water Resources Allocation and Management. London, UK: ODA: 13-26.

Andersson E, Tengo M, McPhearson T, et al. 2015. Cultural ecosystem services as a gateway for improving urban sustainability. Ecosystem Services, 12: 165-168.

Bai X, Chen J, Shi P. 2012. Landscape urbanization and economic growth in China: Positive feedbacks and sustainability dilemmas. Environmental Science & Technology, 46(1): 132-139.

Bai X, Shi P, Liu Y. 2014. Realizing China's urban dream. Nature, 509(7499): 158-160.

Bao C, Fang C. 2012. Water resources flows related to urbanization in China: Challenges and perspectives for water management and urban development. Water Resources Management, 26(2): 531-552.

Baró F, Haase D, Gómez-Baggethun E, et al. 2015. Mismatches between ecosystem services supply and demand in urban areas: A quantitative assessment in five European cities. Ecological Indicators, 55: 146-158.

Batten D. 1995. Network cities: Creative urban agglomerations for the 21st century. Urban Studies, 32(2): 313-327.

Beijing Municipal Statistical Bureau. 2015. Beijing Statistical Yearbook. Beijing: China Statistics Press.

Bolea L, Duarte R, Sánchez-Chóliz J. 2020. Exploring carbon emissions and international inequality in a globalized world: A multiregional-multisectoral perspective. Resources, Conservation and Recycling, 152: 104516.

Bratchell N. 1989. Cluster analysis. Chemometrics & Intelligent Laboratory Systems, 6(2): 105-125.

Bravo G. 2014, The Human Sustainable Development Index: New calculations and a first critical analysis. Ecological Indicators, 37: 45-150.

Cai B, Hubacek K, Feng K, et al. 2020. Tension of agricultural land and water use in China's trade: Tele-connections, hidden drivers and potential solutions. Environmental Science & Technology, 54(9): 5365-5375.

Cai W, Wan L, Jiang Y, et al. 2015. Short-lived buildings in China: Impacts on water, energy, and carbon emissions. Environmental Science & Technology, 49(24): 13921-13928.

Cao T, Wang S, Chen B. 2018. Virtual water analysis for the Jing-Jin-Ji region based on multiregional input-output model. Acta Ecologica Sinica, 38(3): 788-799.

Carter R, Morris R, Blashfield R. 1989. On the partitioning of squared Euclidean distance and its applications in cluster analysis. Psychometrika, 54(1): 9-23.

Chang Y, Huang R, Ries R, et al. 2015. Life-cycle comparison of greenhouse gas emissions and water consumption for coal and shale gas fired power generation in China. Energy, 86: 335-343.

Chen P, Alvarado V, Hsu S. 2018. Water energy nexus in city and hinterlands: Multi-regional physical input-output analysis for Hong Kong and South China. Applied Energy, 225(1): 986-997.

Chen W, Wu S, Lei Y, et al. 2017. Interprovincial transfer of embodied energy between the Jing-Jin-Ji area and other provinces in china: A quantification using interprovincial input-output model. Science of the Total Environment, 584-585: 990-1003.

Chen X, Lin X. 2014. Big data deep learning: Challenges and perspectives. IEEE Access, 2: 514-525.

Chenery H. 1953. Regional Analysis. The Structure and Growth of the Italian Economy. Rome: U. S. Mutual

Security Agency.

China Water Web. 2009. "Troika" Drives Tianjin's Water-Saving "Giant Wheel". http: //www. h2o-china. com/news/81068. html. [2020-04-11].

Chu X, Deng X, Jin G, et al. 2017. Ecological security assessment based on ecological footprint approach in Beijing-Tianjin-Hebei region, China. Physics & Chemistry of the Earth Parts, 101: 43-51.

Costanza R. 1980. Embodied energy and economic valuation. Science, 210(4475): 1219-1224.

Cui D. 2015. Extend building life and promote building energy efficiency. Advanced Materials Research, 1073-1076: 1239-1243.

Daly H, Jacobs M, Skolimowski H. 1995. Discussion of beckerman's critique of sustainable development. Environmental Values, 4(1): 49-70.

Daly H. 1997. Georgescu-roegen versus solow/stiglitz. Ecological Economics, 22(3): 261-266.

Dellink R, Chateau J, Lanzi E, et al. 2015. Long-term economic growth projections in the Shared Socioeconomic Pathways. Global Environmental Change, 42: 200-214.

Devuyst D, Hens L, de Lannoy W. 2001. How Green Is the City? Sustainability Assessment and the Management of Urban Environments. New York, NY, USA: Columbia University Press.

Dimoudi A, Tompa C. 2008. Energy and environmental indicators related to construction of office buildings. Resources Conservation & Recycling, 53(1-2): 86-95.

Dixit M. 2019. Life cycle recurrent embodied energy calculation of buildings: A review. Journal of Cleaner Production, 209(1): 731-754.

Dominati E, Patterson M, Mackay A. 2010. A framework for classifying and quantifying the natural capital and ecosystem services of soils. Ecological Economics, 69(9): 1858-1868.

Duan C, Chen B, Feng K, et al. 2018. Interregional carbon flows of China. Applied Energy, 227: 342-352.

Eigenbrod F, Armsworth P, Anderson B, et al. 2010. The impact of proxy-based methods on mapping the distribution of ecosystem services. Journal of Applied Ecology, 47(2): 377-385.

Ekins P, Simon S. 1991, The sustainability gap: A practical indicator of sustainability in the framework of the national accounts. International Journal of Sustainable Development, 2(1): 32-58.

Ekins P. 2011, Environmental sustainability: From environmental valuation to the sustainability gap. Progress in Physical Geography, 35(5): 629-651.

Elvidge C, Baugh K, Zhizhin M, et al. 2013. Why NPP-VIIRS data are superior to DMSP for mapping nighttime lights. Proceedings of the Asia-Pacific Advanced Network, 35: 62-69.

Fan M, Shibata H, Wang Q. 2016. Optimal conservation planning of multiple hydrological ecosystem services under land use and climate changes in Teshio river watershed, northernmost of Japan. Ecological Indicators, 62: 1-13.

Fan P, Xu L, Yue W, et al. 2017. Accessibility of public urban green space in an urban periphery: The case of Shanghai, Landscape and Urban Planning, 165: 177-192.

Fang C, Yu D. 2017. Urban agglomeration: An evolving concept of an emerging phenomenon. Landscape and Urban Planning, 162: 126-136.

Fang D, Chen B, Hubacek K, et al. 2019. Clean air for some: Unintended spillover effects of regional air pollution policies. Science Advances, 5(4): 4707.

Fang D, Chen B. 2018. Linkage analysis for water-carbon nexus in China. Applied Energy, 225(SEPa1): 682-695.

Feng K, Davis S, Sun L, et al. 2013. Outsourcing CO_2 within China. Proceedings of the National Academy of Sciences, 110(28): 11654-11659.

Feng Z, Yang Y, You Z, et al. 2010. A GIS-based study on sustainable human settlements functional division in

China. Journal of Resources and Ecology, 1 (4) : 331-338.

Gan X, Fernandez I, Guo J, et al. 2017. When to use what: Methods for weighting and aggregating sustainability indicators. Ecological Indicators, 81: 491-502.

Gao B, Huang Q, He C, et al. 2017. Similarities and differences of city-size distributions in three main urban agglomerations of China from 1992 to 2015: A comparative study based on nighttime light data. Journal of Geographical Sciences, 27 (5) : 533-545.

Goldstein J, Caldarone G, Duarte T, et al. 2012. Integrating ecosystem-service tradeoffs into land-use decisions. Proceedings of the National Academy of Sciences of the United States of America, 109 (19) : 7565-7570.

Gu A, Teng F. 2014. Water-saving effect analysis of key industry energy-saving polices during China's eleventh five-year plan. Resource Science, 36 (9) : 1773-1779.

Haas J, Ban Y. 2014. Urban growth and environmental impacts in Jing-Jin-Ji, the Yangtze, River Delta and the Pearl River Delta. International Journal of Applied Earth Observation and Geoinformation, 30: 42-55.

Hamiche A, Stambouli A, Flazi S. 2016. A review of the water-energy nexus. Renewable and Sustainable Energy Reviews, 65: 319-331.

Hashem I, Yaqoob I, Anuar N, et al. 2015. The rise of "big data" on cloud computing: Review and open research issues. Information Systems, 47: 98-115.

Hayek U, von Wirth T, Neuenschwander N, et al. 2016. Organizing and facilitating Geodesign processes: Integrating tools into collaborative design processes for urban transformation. Landscape and Urban Planning, 156: 59-70.

He C, Li J, Zhang X, et al. 2017a. Will rapid urban expansion in the drylands of northern China continue: A scenario analysis based on the Land Use Scenario Dynamics-urban model and the Shared Socioeconomic Pathways. Journal of Cleaner Production, 165: 57-69.

He C, Liu Z, Xu M, et al. 2017b. Urban expansion brought stress to food security in China: Evidence from decreased cropland net primary productivity. Science of the Total Environment, 576: 660-670.

He C, Okada N, Zhang Q, et al. 2006a. Modeling urban expansion scenarios by coupling cellular automata model and system dynamic model in Beijing, China. Applied Geography, 26 (3-4) : 323-345.

He C, Shi P, Li J, et al. 2006b. Restoring urbanization process in China in the 1990s by using non-radiance-calibrated DMSP/OLS nighttime light imagery and statistical data. Chinese Science Bulletin, (13) : 1614-1620.

He C, Zhang D, Huang Q, et al. 2016. Assessing the potential impacts of urban expansion on regional carbon storage by linking the LUSD-urban and InVEST models. Environmental Modelling & Software, 75: 44-58.

He C, Zhao Y, Tian J, et al. 2013. Modeling the urban landscape dynamics in a megalopolitan cluster area by incorporating a gravitational field model with cellular automata. Landscape and Urban Planning, 113: 78-89.

Hermosilla T, Palomar-Vázquez J, Balaguer-Beser Á, et al. 2014. Using street based metrics to characterize urban typologies. Comput. Environment and Urban Systems, 44: 68-79.

Hoekstra A, Chapagain A. 2006. Water footprints of nations: Water use by people as a function of their consumption pattern. Integrated Assessment of Water Resources and Global Change, 21 (1) : 35-48.

Hong W, Guo R. 2017. Indicators for quantitative evaluation of the social services function of urban greenbelt systems: A case study of shenzhen, China. Ecological Indicators, 75: 259-267.

Hu J, Huang K, Ridoutt B, et al. 2018. Rethinking environmental stress from the perspective of an integrated environmental footprint: Application in the Beijing industry sector. Science of the Total Environment,

637-638: 1051-1060.

Hu M, Bergsdal H, van der Voet E, et al. 2010. Dynamics of urban and rural housing stocks in China. Building Research & Information, 38(3): 301-317.

Hu Y, Peng J, Liu Y, et al. 2018. Integrating ecosystem services trade-offs with paddy land-to-dry land decisions: A scenario approach in Erhai Lake Basin, southwest China. Science of the Total Environment, 625: 849-860.

Huang G, Jiang Y. 2017. Urbanization and socioeconomic development in Inner Mongolia in 2000 and 2010: A GIS analysis. Sustainability, 9(2): 235.

Huang L, Wu J, Yan L. 2015a. Defining and measuring urban sustainability: A review of indicators. Landscape Ecology, 30: 1175-1193.

Huang Q, He C, Gao B, et al. 2015b. Detecting the 20 year city-size dynamics in China with a rank clock approach and DMSP/OLS nighttime data. Landscape and Urban Planning, 137: 138-148.

IBM Corporation 1989. 2016. In IBM SPSS Statistics 24 Command Syntax Reference. London, UK: Routledge.

ICSU. 2010. Earth System Science for Global Sustainability: The Grand Challenges. Paris: International Council for Science.

IPCC. 2006. IPCC Guidelines for National Greenhouse Gas Inventories. https: //www. ipcc-nggip. iges. or. jp/public/2006gl/index. html. [2019-08-22].

IPCC. 2014. Climate Change 2014: Mitigation of Climate Change. Cambridge, United Kingdom and New York, USA: Contribution of Working Group III to the Fifth Assessment Report of the Intergovernmental Panel on Climate Change.

Isard W. 1951. Interregional and regional input-output analysis: A model of a space-economy. The Review of Economics and Statistics, 33(4): 318-328.

Jia P, Li K, Shao S. 2018. Choice of technological change for China's low-carbon development: Evidence from three urban agglomerations. Journal of Environmental Management, 206: 1308-1319.

Jiang L, O'Neill B. 2017. Global urbanization projections for the Shared Socioeconomic Pathways. Global Environmental Change-Human and Policy Dimensions, 42: 193-199.

Jiang Y. 2015. Water-Carbon Footprint Accounting and Scenario Simulation Study of China's Regions and Industrial Sectors. Beijing, China: Tsinghua University.

Jones B, O'Neill B. 2016. Spatially explicit global population scenarios consistent with the Shared Socioeconomic Pathways. Environmental Research Letters, 11(8): 084003.

Kain J, Larondelle N, Haase D, et al. 2016. Exploring local consequences of two land-use alternatives for the supply of urban ecosystem services in Stockholm year 2050. Ecological Indicators, 70: 615-629.

Karabulut A, Crenna E, Sala S, et al. 2018. A proposal for integration of the ecosystem-water-food-land-energy（EWFLE）nexus concept into life cycle assessment: A synthesis matrix system for food security. Journal of Cleaner Production, 172: 3874-3889.

Kuang W. 2011. Simulating dynamic urban expansion at regional scale in Beijing-Tianjin-Tangshan Metropolitan Area. Journal of Geographical Sciences, 21(2): 317-330.

Kucukvar M, Tatari O. 2013. Towards a triple bottom-line sustainability assessment of the US construction industry. The International Journal of Life Cycle Assessment, 18(5): 958-972.

La Rosa D, Spyra M, Inostroza L. 2016. Indicators of Cultural Ecosystem Services for urban planning: A review. Ecological Indicators, 61: 74-89.

Landuyt D, Broekx S, Engelen G, et al. 2016. The importance of uncertainties in scenario analyses-A study on future ecosystem service delivery in Flanders. Science of the Total Environment, 553: 504-518.

Leontief W, Strout A. 1963. Multiregional Input-Output Analysis. Structural Interdependence and Economic Development. London: Palgrave Macmillan.

Li G, Zhang J. 2012. Reason and disadvantage of the short-lived residential house in China. Advanced Materials Research, 512-515: 2775-2779.

Li H, Wang J, Yang X, et al. 2018. A holistic overview of the progress of China's low-carbon city pilots. Sustain. Sustainable Cities and Society, 42: 289-300.

Li K R, Wang S Q, Cao M K. 2003a. Vegetation and soil carbon storage in China. Science in China Ser. D Earth Sciences, 33 (1) : 72-80.

Li L, Sato Y, Zhu H. 2003b. Simulating spatial urban expansion based on a physical process. Landscape & Urban Planning, 64 (1) : 67-76.

Li S, Ma C, Wang Y. 2014. The Geography of Ecosystem Services. Beijing: Science Press.

Li X, Feng K, Siu Y, et al. 2012a. Energy-water nexus of wind power in China: The balancing act between CO_2 emissions and water consumption. Energy Policy, 45: 440-448.

Li X, Yang L, Zheng H, et al. 2019. City-level water-energy nexus in Beijing-Tianjin-Hebei region. Applied Energy, 235: 827-834.

Li Y, Beeton R, Halog A, et al. 2016. Evaluating urban sustainability potential based on material flow analysis of inputs and outputs: A case study in Jinchang City, China. Resources Conservation and Recycling, 110: 87-98.

Li Y, Yang X, Cheng C, et al. 2012b. Spatial features of occupation and supplement cropland based on topographic factors in China from 2008-2010. Resources Science, 34 (9) : 1671-1680.

Liang S, Zhang T. 2013. Investigating reasons for differences in the results of environmental, physical, and hybrid input-output models. Journal of Industrial Ecology, 17 (3) : 432-439.

Lin J, Wu Z, Li X. 2019. Measuring inter-city connectivity in an urban agglomeration based on multi-source data. International Journal of Geographical Information Science, 33 (5) : 1062-1081.

Liu J, Hull V, Godfray H, et al. 2018a. Nexus approaches to global sustainable development. Nature Sustainability, 1: 466-476.

Liu J, Liu M, Tian H, et al. 2005. Spatial and temporal patterns of China's cropland during 1990-2000: An analysis based on Landsat TM data. Remote Sensing of Environment, 98 (4) : 442-456.

Liu J, Mao G, Hoekstra A, et al. 2018b. Managing the energy-water-food nexus for sustainable development. Applied Energy, 210: 377-381.

Liu J, Yang H, Cudennec C, et al. 2017. Challenges in operationalizing the water-energy-food nexus. Hydrological Sciences Journal, 62 (11) : 1714-1720.

Liu J, Zhang Z, Xu X, et al. 2010. Spatial patterns and driving forces of land use change in China during the early 21st century. Journal of Geographical Sciences, 20 (4) : 483-494.

Liu Y, Wang F, Kang C, et al. 2014. Analyzing relatedness by toponym co-occurrences on web pages. Transactions in GIS, 18 (1) : 89-107.

Liu Z. 2009. Analysis of characteristics and cause of urban storm runoff change and discussion on some issues. Journal of China Hydrology, 29 (3) : 55-58.

Logsdon R, Chaubey I. 2013. A quantitative approach to evaluating ecosystem services. Ecological Modelling, 257 (C) : 57-65.

López E, Bocco G, Mendoza M, et al. 2001. Predicting land-cover and land-use change in the urban fringe: A case in Morelia city, Mexico. Landscape and Urban Planning, 55 (4) : 271-285.

Lu Q. 2017. Beijing-Tianjin-Hebei Region Industrial Structure Optimization and Upgrading, Based on Regional Industry Association. Beijing, China: Capital University of Economics and Business.

Lv Y, Zhang L, Zeng Y, et al. 2017. Representation of critical natural capital in China. Conservation Biology, 31(4): 894-902.

Marrero M, Puerto M, Rivero-Camacho C, et al. 2017. Assessing the economic impact and ecological footprint of construction and demolition waste during the urbanization of rural land. Resources, Conservation and Recycling, 117: 160-174.

Martin-Lopez B, Iniesta-Arandia I, Garcia-Llorente M, et al. 2012. Uncovering ecosystem service bundles through social preferences. Plos One, 7(6): e38970.

MEA. 2005. Ecosystems and Human Well-being: Current State and Trends. Washington DC: Island Press.

Mi Z, Meng J, Guan D, et al. 2017. Chinese CO_2 emission flows have reversed since the global financial crisis. Nature Communications, 8(1): 1712.

Morse S, Mcnamara N, Acholo M, et al. 2001. Sustainability indicators: The problem of integration. Sustainable Development, 9(1): 1-15.

Moses L. 1955. The stability of interregional trading patterns and input-output analysis. The American Economic Review, 45(5): 803-832.

National Bureau of Statistics of the People's Republic of China. 2017. China Statistical Yearbook. Beijing: China Statistics Press.

National Bureau of Statistics. 2010. Tianjin: Promote Energy Conservation and Consumption Reduction, and Accelerate the Adjustment of Industrial Energy Consumption Structure. http://www. stats. gov. cn/ztjc/ztfx/dfxx/201012/t20101207_35273. html. [2020-04-12].

National Bureau of Statistics. Economic Statistical Yearbook. http://www. stats. gov. cn/tjsj/ndsj/. [2019-06-25].

Nelson E, Kareiva P, Ruckelshaus M, et al. 2013. Climate change's impact on key ecosystem services and the human well-being they support in the US. Frontiers in Ecology and the Environment, 11(9): 483-493.

Ness B, Urbel-Piirsalu E, Anderberg S, et al. 2007. Categorising tools for sustainability assessment. Ecological Economics, 60(3): 498-508.

Nowak D, Crane D, Stevens J. 2006. Air pollution removal by urban trees and shrubs in the United States. Urban Forestry & Urban Greening, 4(3-4): 115-123.

O'Neill B, Carter T, Ebi K, et al. 2012. Meeting Report of the Workshop on The Nature and Use of New Socioeconomic Pathways for Climate Change Research. Cired Working Papers.

O'Neill B, Kriegler E, Ebi K, et al. 2015. The roads ahead: Narratives for shared socioeconomic pathways describing world futures in the 21st century. Global Environmental Change, 42: 169-180.

O'Neill B, Kriegler E, Riahi K, et al. 2014. A new scenario framework for climate change research: The concept of shared socioeconomic pathways. Climate Change, 122(3): 387-400.

Ou X, Yuan Z, Peng T, et al. 2017. The low-carbon transition toward sustainability of regional coal-dominated energy consumption structure: A case of Hebei Province in China. Sustainability, 9(7): 1184.

Ouyang Z, Zheng H, Xiao Y, et al. 2016. Improvements in ecosystem services from investments in natural capital. Science, 352(6292): 1455-1459.

Owen A, Scott K, Barrett J. 2018. Identifying critical supply chains and final products: An input-output approach to exploring the energy-water-food nexus. Applied Energy, 210: 632-642.

Pecl G, Araujo M, Bell J, et al. 2017. Biodiversity redistribution under climate change: Impacts on ecosystems and human well-being. Science, 355(6332).

Peng J, Chen X, Liu Y, et al. 2016. Spatial identification of multifunctional landscapes and associated influencing factors in the Beijing-Tianjin-Hebei region, China. Applied Geography, 74: 170-181.

Peng J, Liu Z, Liu Y, et al. 2015. Multifunctionality assessment of urban agriculture in Beijing City, China.

Science of the Total Environment, 537: 343-351.

Robinson D, Sun S, Hutchins M, et al. 2013. Effects of land markets and land management on ecosystem function: A framework for modelling exurban land-change. Environmental Modelling & Software, 45(C): 129-140.

Salmoral G, Yan X. 2018. Food-energy-water nexus: A life cycle analysis on virtual water and embodied energy in food consumption in the Tamar catchment, UK. Resources, Conservation and Recycling, 133: 320-330.

Santos J, Flintsch G, Ferreira A. 2017. Environmental and economic assessment of pavement construction and management practices for enhancing pavement sustainability. Resources, Conservation and Recycling, 116: 15-31.

Schneider A, Logan K, Kucharik C. 2012. Impacts of urbanization on ecosystem goods and services in the U. S. corn belt. Ecosystems, 15(4): 519-541.

Schroter D, Cramer W, Leemans R, et al. 2005, Ecosystem service supply and vulnerability to global change in Europe. Science, 310(5752): 1333-1337.

Seto K, Guneralp B, Hutyra L. 2012. Global forecasts of urban expansion to 2030 and direct impacts on biodiversity and carbon pools. Proceedings of the National Academy of Sciences of the United States of America, 109(40): 16083-16088.

Shang C, Wu T, Huang G, et al. 2019. Weak sustainability is not sustainable: Socioeconomic and environmental assessment of Inner Mongolia for the past three decades. Resources Conservation & Recycling, 141(49): 243-252.

Sharp R, Tallis H, Ricketts T, et al. 2015. InVEST 3. 2. 0 User's Guide. The Natural Capital Project, Stanford University, University of Minnesota, The Nature Conservancy, and World Wildlife Fund.

Shwartz A, Turbe A, Julliard R, et al. 2014. Outstanding challenges for urban conservation research and action. Global Environmental Change-Human and Policy Dimensions, 28: 39-49.

Siciliano G, Rulli M, D'odorico P. 2017. European large-scale farmland investments and the land-water-energy-food nexus. Advances in Water Resources, 110: 579-590.

Silva M, Calijuri M, Sales F, et al. 2014. Integration of technologies and alternative sources of water and energy to promote the sustainability of urban landscapes. Resources, Conservation and Recycling, 91: 71-81.

Song W, Deng X. 2015. Effects of urbanization-induced cultivated land loss on ecosystem services in the North China Plain. Energies, 8(6): 5678-5693.

Song X, Kong F, Zhan C. 2011. Assessment of water resources carrying capacity in Tianjin City of China. Water Resources Management, 25(3): 857-873.

Sprent P, Smeeton N. 2010. Applied Nonparametric Statistical Methods. Chapman Hall/CRC.

Steiner F. 2014. Frontiers in urban ecological design and planning research. Landscape and Urban Planning, 125: 304-311.

Tan F, Zhang L, Li M. 2018. Accounting of embodied carbon emission in Beijing-Tianjin-Hebei trade based on MRIO model. Statistics & Decision, 34(24): 30-34.

Tan M, Li X, Xie H, et al. 2005. Urban land expansion and arable land loss in China-a case study of Beijing-Tianjin-Hebei region. Land Use Policy, 22(3): 187-196.

Tao Y, Li F, Crittenden J, et al. 2016. Environmental Impacts of China's Urbanization from 2000 to 2010 and Management Implications. Environmental Management, 57: 498-507.

The People's Government of Hebei Province. 2015. Hebei Economic Yearbook. Beijing: China Statistics Press.

Thyberg K, Tonjes D. 2016. Drivers of food waste and their implications for sustainable policy development. Resources. Conservation and Recycling, 106: 110-123.

Tianjin Municipal Statistical Bureau. 2015. Tianjin Statistical Yearbook. Beijing: China Statistics Press.

Tiwary A, Sinnett D, Peachey C, et al. 2009. An integrated tool to assess the role of new planting in PM10 capture and the human health benefits: A case study in London. Environmental Pollution, 157(10): 2645-2653.

Togtokh C, Gaffney O. 2010. Human Sustainable Development Index//Web-Magazine of the United Nations University. Tokyo, Japan: United Nations University.

Togtokh C. 2011. Time to stop celebrating the polluters. Nature, 479(7373): 269.

UNDP. Human Development Report 2010. http: //hdr. undp. org/sites/default/files/reports/270/hdr_2010_en_complete_reprint. pdf [2019-05-28].

Wade T, Wickham J, Zacarelli N, et al. 2009. A multi-scale method of mapping urban influence. Environmental Modelling & Software, 24(10): 1252-1256.

Wang D, Wang H, Ni H, et al. 2005. Analysis and assessment of water use in different sectors of national economy. Journal of Hydraulic Engineering, 36(2): 167-173.

Wang S, Cao T, Chen B. 2017. Urban energy-water nexus based on modified input-output analysis. Applied Energy, 196: 208-217.

Wang W, Zeng W. 2013. Optimizing the regional industrial structure based on the environmental carrying capacity: An inexact fuzzy multi-objective programming model. Sustainability, 5(12): 5391-5415.

Wei H, Fan W, Wang X, et al. 2017. Integrating supply and social demand in ecosystem services assessment: A review. Ecosystem Services, 25: 15-27.

Wei X, Wu J, Huang X, et al. 2016. Spatial-temporal pattern changes and security of grain production and demand at county level in Beijing-Tianjin-Hebei region. Journal of China Agricultural University, 21(12): 124-132.

Wei Y, Huang C, Lam P, et al. 2015. Using urban-carrying capacity as a benchmark for sustainable urban development: An empirical study of Beijing. Sustainability, 7(3): 3244-3268.

Weisz H, Duchin F. 2006. Physical and monetary input-output analysis: What makes the difference? Ecological Economics, 57(3): 534-541.

Woodruff S, BenDor T. 2016. Ecosystem services in urban planning: Comparative paradigms and guidelines for high quality plans. Landscape and Urban Planning, 152: 90-100.

World Resources Institute. 2013 Greenhouse Gas Accounting Tool for Chinese Cities (Pilot Version 1. 0). http: //www. wri. org. cn/sites/default/files/GHG%20Accounting%20Tool%20for%20Chinese%20Cities. pdf [2019-05-28].

Wu C, Lin Y, Chiang L, et al. 2014. Assessing highway's impacts on landscape patterns and ecosystem services: A case study in Puli Township, Taiwan. Landscape and Urban Planning, 128: 60-71.

Wu J, Feng Z, Gao Y, et al. 2013. Hotspot and relationship identification in multiple landscape services: A case study on an area with intensive human activities. Ecological Indicators, 29: 529-537.

Wu J, Guo X, Yang J, et al. 2014. What is sustainability science? Chinese Journal of Applied Ecology, 25(1): 1-11.

Wu J, Wu T. 2012. Sustainability Indicators and Indices: An Overview. Handbook of Sustainable Management. London: Imperial College Press.

Wu J. 2013. Landscape sustainability science: Ecosystem services and human well-being in changing landscapes. Landscape Ecology, 28(6): 999-1023.

Wu J. 2014. Urban ecology and sustainability: The state-of-the-science and future directions. Landscape and

Urban Planning, 125: 209-221.

Wu X, Zhang Z. 2005. Input-output analysis of the Chinese construction sector. Construction Management and Economics, 23 (9) : 905-912.

Xie W, Huang Q, He C, et al. 2018. Projecting the impacts of urban expansion on simultaneous losses of ecosystem services: A case study in Beijing, China, Ecological Indicators, 84: 183-193.

Xu M, He C, Liu Z, et al. 2016. How did urban land expand in China between 1992 and 2015? A multi-scale landscape analysis. PLoS ONE, 11 (5) : e0154839.

Xu W, Xiao Y, Zhang J, et al. 2017, Strengthening protected areas for biodiversity and ecosystem services in China. Proceedings of the National Academy of Sciences of the United States of America, 114 (7) : 1601-1606.

Xu Y, Tang Q, Fan J, et al. 2011. Assessing construction land potential and its spatial pattern in China. Landscape and Urban Planning, 103 (2) : 207-216.

Yang G, Ge Y, Xue H, et al. 2015. Using ecosystem service bundles to detect trade-offs and synergies across urban–rural complexes. Landscape and Urban Planning, 136: 110-121.

Yang X, Wang Y, Sun M, et al. 2018. Exploring the environmental pressures in urban sectors: An energy-water-carbon nexus perspective. Applied Energy, 228: 2298-2307.

Yim O, Ramdeen K. 2015. Hierarchical cluster analysis: Comparison of three linkage measures and application to psychological data. Tutorials in Quantitative Methods for Psychology, 11 (1) : 8-21.

You H, Zhang X. 2017. Sustainable livelihoods and rural sustainability in China: Ecologically secure, economically efficient or socially equitable? Resources, Conservation and Recycling, 120: 1-13.

Yu D, Shao H, Shi P, et al. 2009. How does the conversion of land cover to urban use affect net primary productivity? A case study in Shenzhen city, China. Agricultural and Forest Meteorology, 149 (11) : 2054-2060.

Yu M, Wang P, Wu R. 2010. A study on urban heat island in heavy industry cities: A case of Tangshan City. Resources Science, 32 (6) : 1120-1126.

Zhan J, Wu F, Li Z, et al. 2015. Impact Assessments on Agricultural Productivity of Land-Use Change, Impacts of Land-use Change on Ecosystem Services, Springer Geography.

Zhang B, Xie G, Zhang C, et al. 2012. The economic benefits of rainwater-runoff reduction by urban green spaces: a case study in Beijing, China. Journal of Environmental Management, 100 (10) : 65-71.

Zhang D, Huang Q, He C, et al. 2017a. Impacts of urban expansion on ecosystem services in the Beijing-Tianjin-Hebei urban agglomeration, China: A scenario analysis based on the Shared Socioeconomic Pathways. Resources, Conservation and Recycling, 125: 115-130.

Zhang H, Shen L, Li Y. 2017b. Carbon dioxide emission transfers embodied in interregional economic activities in Beijing-Tianjin-Hebei according to multiregional input-output model. Resources Science, 39 (12) : 2287-2298.

Zhang L, Du H, Zhao Y, et al. 2017c. Urban networks among Chinese cities along "the Belt and Road": A case of web search activity in cyberspace. Plos One, 12 (12) : e0188868.

Zhang P, Zhang L, Chang Y, et al. 2019. Food-energy-water （FEW） nexus for urban sustainability: A comprehensive review. Resources. Conservation and Recycling, 142: 215-224.

Zhang W, Wang F, Hubacek K, et al. 2018. Unequal exchange of air pollution and economic benefits embodied in China's exports. Environmental Science & Technology, 52 (7) : 3888-3898.

Zhang Y, Chen M, Zhou W, et al. 2010. Evaluating Beijing's human carrying capacity from the perspective of water resource constraints. Journal of Environmental Sciences, 22 (8) : 1297-1304.

Zhao H, Geng G, Zhang Q, et al. 2019. Inequality of household consumption and air pollution-related deaths in china. Nature Communications, 10(1): 1-9.

Zhao R, Liu Y, Tian M, et al. 2018. Impacts of water and land resources exploitation on agricultural carbon emissions: The water-land-energy-carbon nexus. Land Use Policy, 72: 480-492.

Zhao X, Liu J, Liu Q, et al. 2015. Physical and virtual water transfers for regional water stress alleviation in China. Proceedings of the National Academy of Sciences, 112(4): 1031-1035.

Zheng H, Meng J, Mi Z, et al. 2018. Linking city-level input-output table to urban energy footprint: Construction framework and application. Journal of Industrial Ecology, 23(4): 781-795.

Zheng H, Meng J, Mi Z, et al. 2019. Linking city-level input-output table to urban energy footprint: Construction framework and application. Journal of Industrial Ecology, 23(4): 781-795.

Zhou D, Zhang Z, Shi M. 2015. Where is the future for a growing metropolis in North China under water resource constraints? Sustainability Science, 10(1): 113-122.

Zhu W, Pan Y, Zhang J. 2007. Estimation of net primary productivity of Chinese terrestrial vegetation based on remote sensing. Journal of Plant Ecology, 31(3): 413-424.

第 8 章　北京地区城市景观过程和可持续性

8.1　城市景观过程对湿地的影响*

1. 问题的提出

湿地是地球上水生与陆地生态系统的过渡区，具有物产丰富、水量平衡、滞纳洪水、调节局地气候、去除污染物、提供野生生物栖息地、休闲旅游和维护区域生态平衡等重要功能，与森林、海洋一起并称为全球三大生态系统（Chen et al., 2002）。大规模的城市景观过程对湿地生态系统带来了明显的干扰和压力：一方面，在城市景观过程中，湿地作为潜在的土地资源被大量开发，直接导致湿地生态系统的大量减少；另一方面，大规模的城市景观过程也影响了区域的水文过程、水环境过程和局部气候过程，间接导致了一些地区湿地生态系统的退化，削弱了湿地生态系统的原有功能。在中国快速的城市景观过程中，城市建设用地和不透水层面积的迅速增加，对湿地生态系统带来了巨大的空间压力，使得湿地生态系统面积减少，功能退化十分严重，引发了生物多样性损失、洪水灾害风险增加等一系列生态环境问题。合理评估城市景观过程对湿地生态系统的空间压力，寻求城市景观过程中湿地生态系统的有效保护途径，成为中国快速城市化过程中一个亟待解决的问题(Clarke et al., 1997; Shi et al., 2000)。

作为 2008 年奥运会的主办城市，北京是世界上一个古老并且人口众多的城市(Li et al., 2005)。自从中国 1978 年实行改革开放政策，开始从计划经济向市场经济逐步转变以来，北京实现了经济的高速发展，也经历了前所未有的城市化过程，人口和 GDP 分别从 1978 年的 872 万人和 108 亿元增加到 2018 年的 2154.2 万人和 30320.0 亿元，城市“摊大饼”式快速扩展的趋势十分明显(Wu et al., 2006)。北京的气候属于暖温带半湿润大陆性季风气候，地势西北高、东南低，地貌复杂多样。北京的湿地类型丰富，分布较广，河流湿地、水库湿地、湖泊湿地、人工引水渠和零星的水稻田等自然湿地和人工湿地共同构成了北京独特的湿地生态景观，约占全市面积的 0.3%，具有区域差异显著、生物多样性丰富的特点。相关研究表明，在气候变化和城市景观过程等人类活动的双重压力下，北京湿地生态系统面积逐年减少，功能逐年下降(张志锋等, 2004)。尤其是 1996 年以来，遥感监测表明，北京湿地面积大幅度减少，从 605.67km^2 减少到 2006 年的 270.38km^2，减少了 55.4%, 已经明显影响了区域的生态安全。因此，及时有效地评估北京湿地生态系统面临的各种压力，进而采取有效的保护和恢复措施对于维护区域生态安全、实现城市可持续发展是十分必要的。

因此，本节的基本目的在于定量评估北京城市景观过程对湿地的影响。首先，在现

---

* 本节内容主要基于 He C, Tian J, Shi P, et al. 2011. Simulation of the spatial stress due to urban expansion on the wetlands in Beijing, China using a GIS-based assessment model. Landscape and Urban Planning, 101 (3) : 269-277.

有的城市景观过程动态模型的基础上，发展一个基于 GIS 的城市景观过程对区域湿地生态系统空间压力的评估模型，以实现对城市景观过程中湿地生态系统空间压力的有效模拟和评估。然后，利用该模型，模拟和评估北京城市景观过程对区域湿地生态系统的空间压力，定量直观地获取北京城市景观过程中主要湿地生态系统周围的“热点干扰地区”，从而为区域湿地生态系统保护提供信息支持。

2. 研究区和数据

研究区为北京，总面积为 16404.1 km^2(图 8.1)。地形上整体呈西北高东南低的趋势，由西北向东南依次为低山—丘陵—山前洪积—平原区有序排列。空间上呈现从城市核心区、城乡过渡区到远郊区县的明显过渡结构，映射出人类活动由强到弱的梯度变化，充分反映了北京地区的土地利用/覆盖变化主要特征。

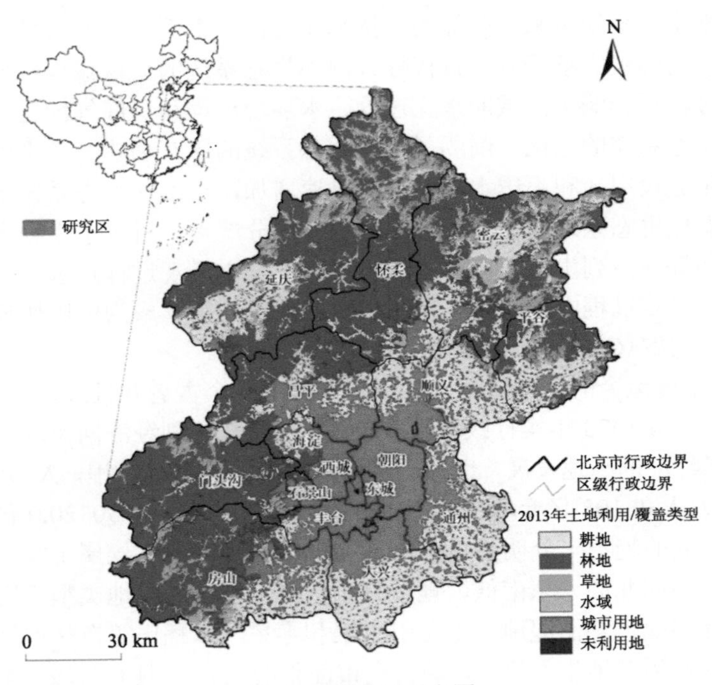

图 8.1 研究区示意图

主要使用了季相较为一致，质量较好，无云，编号为 123/32 的四期 Landsat TM/ETM+(1991 年 5 月 6 日、1997 年 5 月 16 日、2004 年 4 月 1 获取的 TM 和 2000 年 4 月 30 日获取的 ETM+)数据和在此基础上生成的北京 1991 年、1997 年、2000 年、2004 年土地利用图。此外，还利用了地形、交通等相关辅助数据。所有的数据都采用统一的 UTM 投影。同时，为充分反映区域城市景观过程和湿地的空间特征并节约模拟时的计算时间，实际模拟的像元大小为 180 m×180 m。

3. 方法

Ode 和 Fry(2006)利用到城市到森林的距离易达性和森林本身质量等因素发展了一个城市发展过程对林地的压力评估模型，并利用该模型定量模拟瑞典 Malmo-Lund 地区城市发展过程对林地的压力。该研究表明，基于 GIS 的压力评估模型，可以较为直观有效地刻画城市景观过程对其周围生态系统的影响(Ode and Fry, 2006)。因此，首先参考 Ode 和 Fry(2006)的研究，把城市景观过程对区域湿地生态系统的空间压力定义为城市景观过程中城市用地规模的扩大，导致湿地在空间上受到干扰和胁迫进而造成损失的可能性。然后，进一步参考相关研究，从空间分析和景观分析的角度，假定城市景观过程对区域湿地生态系统的空间压力主要与实际城市用地干扰强度、未来可能城市用地的潜在干扰强度、城市与湿地生态系统之间的通达性和湿地生态系统邻域稳定性四个因素有关(图 8.2)，将城市景观过程中湿地生态空间压力 V 表示为与实际城市用地干扰强度 F、潜在城市用地干扰强度 F^p、通达性 A 和邻域稳定性 N 四个因素相关的一个函数(Timothy et al., 2008; Peterseil et al., 2004; Fu et al., 2006)。该函数可以为

$$V = f\left(F, F^p A, N\right) \tag{8.1}$$

式中，V 为湿地空间压力；F、F^p、A、N 分别为实际城市用地干扰强度、潜在城市用地干扰强度、通达性和邻域稳定性。

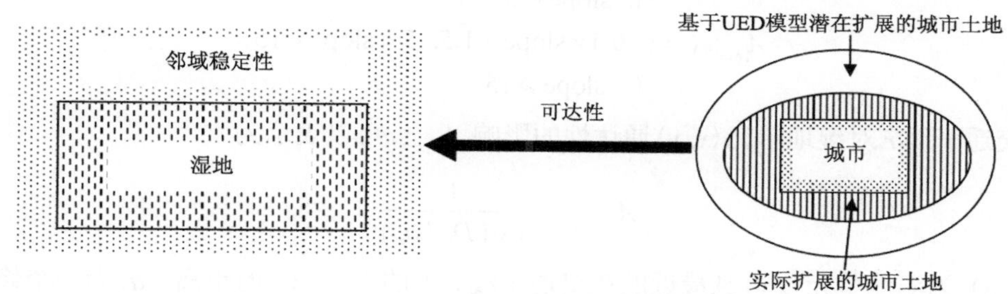

图 8.2　城市景观过程对湿地的实际和潜在压力

从简化计算和便于利用 GIS 进行空间分析的角度，认为湿地单元 (x, y) 在城市景观过程中受到的空间压力 $V_{(x,y)}$ 可以表示为

$$V_{(x,y)} = F_{(x,y)} + {F^p}_{(x,y)} + A_{(x,y)} - N_{(x,y)} \tag{8.2}$$

式中，$F_{(x,y)}$ 为湿地单元 (x, y) 受到的实际城市用地干扰强度；${F^p}_{(x,y)}$ 为湿地单元 (x, y) 受到的潜在城市用地干扰强度；$A_{(x,y)}$ 为湿地单元 (x, y) 到城市用地之间的通达性；$N_{(x,y)}$ 为湿地单元 (x, y) 邻域的稳定性。

从简化计算的角度，式(8.2)中实际城市用地干扰强度 $F_{(x,y)}$ 主要考虑距离湿地单元 (x, y) 最近的现实城市斑块的影响。参考万有引力定理，认为城市斑块越大，距离城市斑块越近，则单元 (x, y) 所受的城市干扰强度越大。因此，$F_{(x,y)}$ 可以表示为

$$F_{(x,y)} = \frac{1}{F_0} \cdot \frac{M}{D} \tag{8.3}$$

式中，M 为距离单元 (x, y) 最近的城市斑块的面积；D 为单元 (x, y) 到距离其最近的现实城市斑块的距离。F_0 为一个标量，用来把 $F_{(x,y)}$ 标准化到 0～1。

式(8.2)中湿地单元 (x, y) 受到城市用地的潜在干扰强度 $F^p{}_{(x,y)}$ 主要表示基于城市景观过程模型的将来的可能城市用地对湿地单元 (x, y) 的影响。利用该模型，可以模拟出一定情景下区域未来的城市扩展用地(He et al., 2008)。其模拟结果对区域湿地单元 (x, y) 的潜在干扰强度可以类似式(8.3)，表示为

$$F^p_{(x,y)} = \frac{1}{F_0'} \cdot \frac{M'}{D'} \tag{8.4}$$

式中，M' 为距离单元 (x, y) 最近的潜在城市用地斑块的面积；D' 为单元 (x, y) 到距离其最近的潜在城市用地斑块的距离；F_0' 为一个标量，用来把 $F^p{}_{(x,y)}$ 标准化到 0～1。

式(8.2)中湿地单元 (x, y) 到城市用地之间的通达性 $A_{(x,y)}$ 表示城市用地对湿地干扰传递的便利程度，主要与区域地形和交通干线等因素有关。

地形因素主要考虑了坡度的影响。坡度因素对湿地单元 (x, y) 通达性的影响 $A_{(s,x,y)}$ 可以利用式(8.5)标准化到 0～1：

$$A_{(s,x,y)} = \begin{cases} 1, \ \text{slope} \leqslant 5 \\ -0.1 \times \text{slope} + 1.5, \ 5 < \text{slope} < 15 \\ 0, \ \text{slope} \geqslant 15 \end{cases} \tag{8.5}$$

交通干线 r 对湿地单元 (x, y) 通达性的影响 $A_{(r,x,y)}$ 可以表示为

$$A_{(r,x,y)} = \frac{1}{1 + (D_r / a_r)} \tag{8.6}$$

式中，D_r 为湿地单元 (x,y) 到最近的在交通干线 r 上的点 (x', y') 的距离；a_r 为一个修订交通因素影响大小的距离衰减系数。

最终，湿地单元 (x, y) 的通达性 $A_{(x,y)}$ 表示为

$$A_{(x,y)} = \frac{1}{n} \sum_{i=1}^{n} A_{(i,x,y)} \tag{8.7}$$

式中，$A_{(x,y)}$ 表示因素 i 对湿地单元 (x, y) 的影响。

依据景观生态学原理，一般情况下，湿地单元 (x,y) 的邻域异质性越低，湿地单元 (x, y) 邻域稳定性越高，生态系统稳定性也越高(Forman and Gordon, 1986; 许学工等, 2001; 孙新亮和方创琳, 2006)。因此，式(8.2)中湿地单元 (x, y) 的邻域稳定性 $N_{(x,y)}$ 主要用其 8 邻域中单元 (x_n, y_n) 邻域内相同土地利用类型单元的比例来表示：

$$N_{(x,y)} = \frac{1}{N_0} \sum_{i=1}^{8} \sum_{i=1}^{8} \left[G_{(x_n, y_n)}(i) / 8 \right] \tag{8.8}$$

式中，$G_{(x_n,y_n)}(i)$为一个二值变量，单元(x_n, y_n)邻域内的单元i与单元(x_n,y_n)土地利用类型一致，则$G_{x,y}(i)=1$，否则$G_{x,y}(i)=0$；N_0为一个标量，用来把$N_{(x,y)}$标准化到0～1。

4. 结果

1) 北京主要湿地信息

本节的主要目的是发展城市景观过程对湿地生态系统的空间压力模型，出于减轻工作量的考虑，把研究重点集中在北京的重点河流湿地、湖泊湿地和水库湿地三类主要的湿地上面。首先利用 1991 年的 Landsat TM 数据，结合相关辅助资料、人工解译和计算机判读，获取了北京三类湿地的基本信息(图 8.3)。研究区湿地系统总面积为 820.21km^2，其中，河流湿地面积最大，为 421.38km^2，占到全区湿地总面积的 51.37%；而湖泊湿地面积最小，为 41.69km^2，占全区湿地总面积的 5.08%；其余为水库湿地，面积为 357.14km^2，占全区湿地总面积的 43.54%。

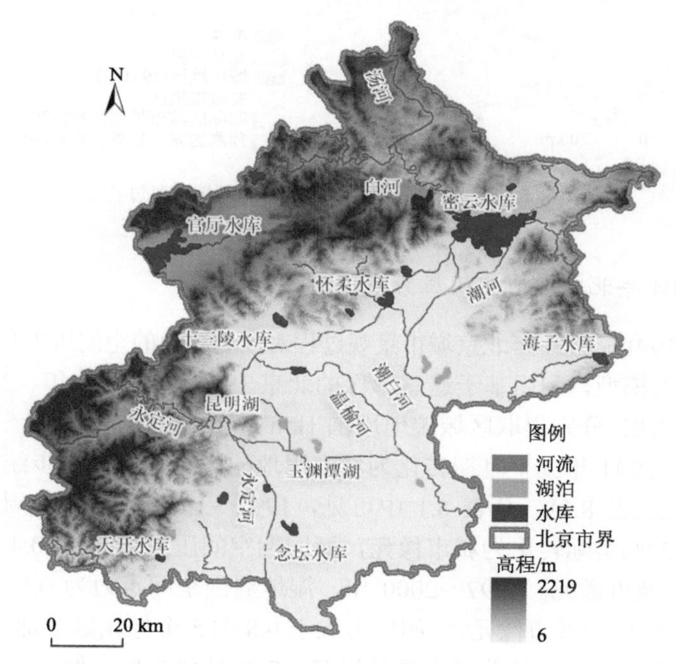

图 8.3　北京主要湿地类型空间分布格局

2) 北京 1991～2004 年城市景观过程重建及 2015 年前城市景观过程模拟

由四期遥感影像解译获取北京地区 1991～2004 年城市空间扩展过程(图 8.4)。其中，1991 年城市建设用地为 1602.08km^2，占到全区总面积的 9.80%；1997 年为 2247.20 km^2，占到全区总面积的 13.74%；2000 年为 2580.95km^2，占到全区总面积的 15.78%；到 2004 年增加为 2931.52 km^2，占到全区总面积的 17.93%；即 1991～2004 年，北京地区城市建设用地面积几乎增长了一倍，年均增长率为 4.76%，增长速度较快。同时，也利用城市景观过程模型模拟得到了北京 2015 年前城市空间扩展特征(图 8.4)。其中，2010 年和 2015 年北京地区的城市建设用地面积分别为 3244.08km^2 和 3412.34km^2。

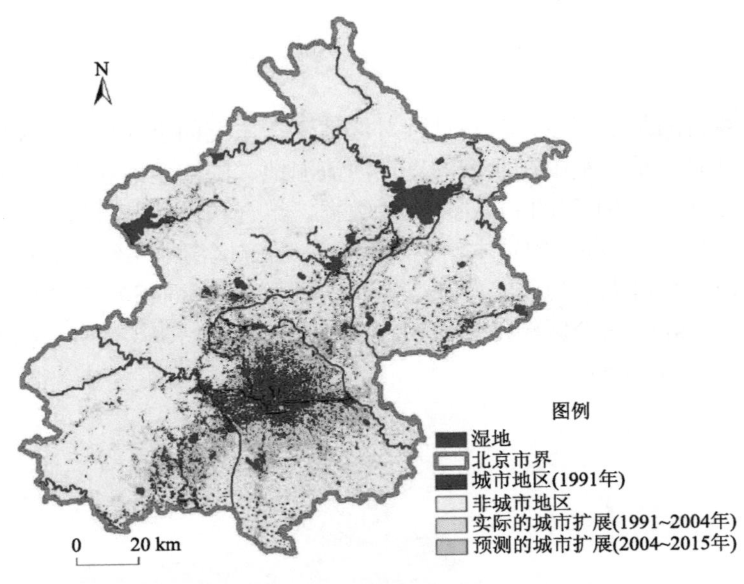

图 8.4　北京地区 1991～2015 年城市景观过程

3) 1991～2004 年北京湿地空间压力模拟及模型订正

首先模拟了 1991～2004 年北京城市景观过程对区域湿地的空间压力(图 8.5)。然后为了验证湿地空间压力模型，利用基于遥感影像的北京 1991 年、1997 年、2000 年和 2004 年的四期土地利用数据，分别提取区域湿地周围 1km 缓冲区域内在 1991～1997 年、1997～2000 年和 2000～2004 年三个时期转化为城市用地的像元，并进一步统计分析了这些像元的空间压力特征(表 8.1)。从表 8.1 中可见，1991～1997 年，湿地周围空间压力大于 0.6 的像元有 83.33%实际转化为城市像元，而同期空间压力为 0.2～0.4 的非城市像元仅有 10.93%转化为城市像元。1997～2000 年，湿地周围空间压力为 0.6～0.8 的非城市像元有 53.06%实际转化为城市像元，空间压力大于 0.8 的 5 个像元则全部转化为城市像元，而同期空间压力为 0.2～0.4 的非城市像元仅有 6.73%转化为城市像元。2000～2004 年，湿地周围空间压力介于 0.6～0.8 的非城市像元有 20.45%转化为城市像元，空间压力为 0.8～1.0 的非城市像元则有 54.55%转化为城市像元，而同期空间压力为 0.2～0.4 的非城市像元仅有 5.66%转化为城市像元。明显地，湿地周围空间压力越大的像元被城市景观过程占用并转化为城市像元的可能性越大。这种情况说明由该模型得到的模拟结果基本上符合遥感数据观测到的实际情况，能够比较有效地反映城市景观过程对湿地的空间干扰和压力。

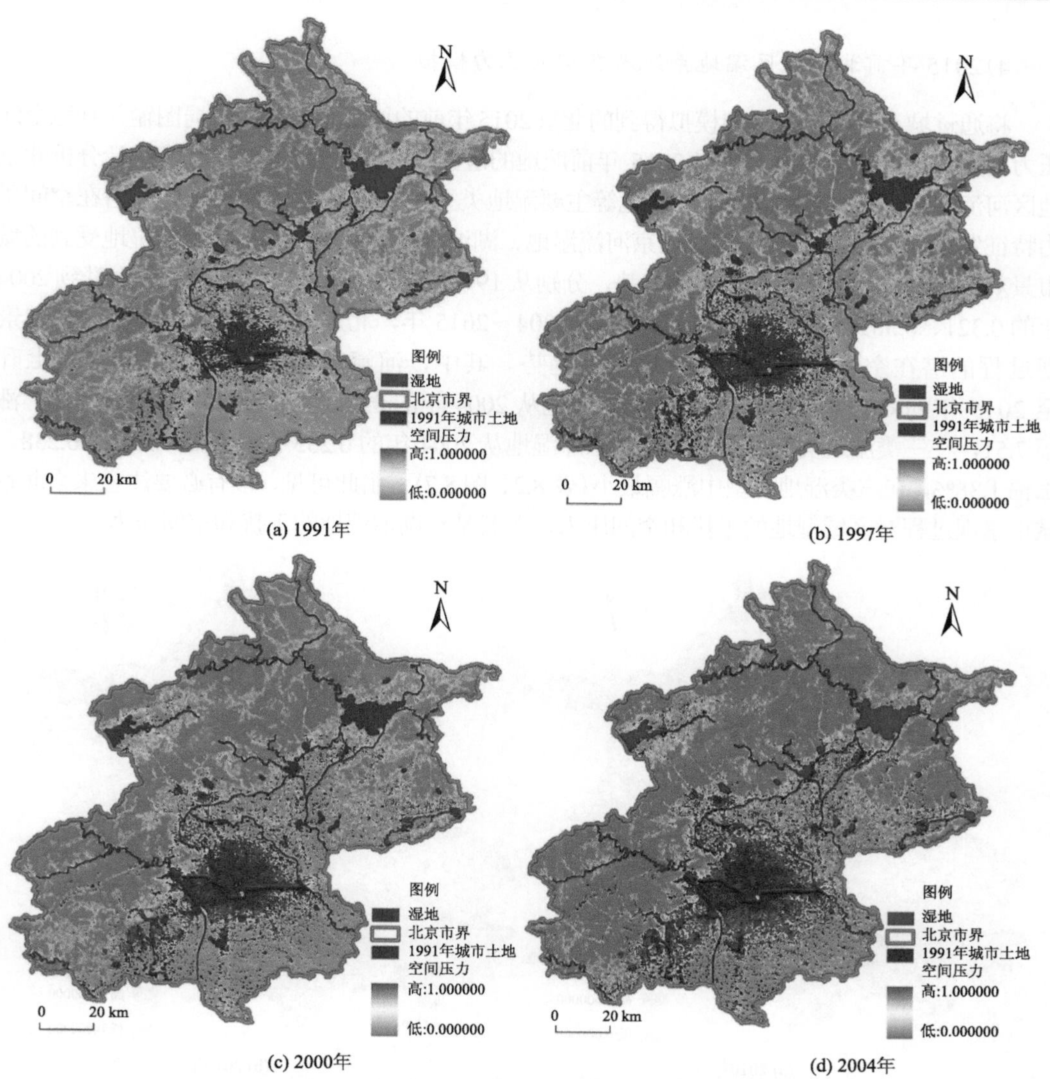

图 8.5　北京地区 1991～2004 年空间压力分布图

表 8.1　1991～2004 年北京湿地周围转化为城市的非城市像元的空间压力特征

时段(年份)	像元特征	0.0～0.2	0.2～0.4	0.4～0.6	0.6～0.8	0.8～1.0
1991～1997 年	1991 年非城市像元个数/个	53259	23363	3061	156	0
	1997 年转化为城市的像元个数/个	1407	2554	963	130	0
	1991～1997 年转化为城市的像元比率/%	2.64	10.93	31.46	83.33	—
1997～2000 年	1997 年非城市像元个数/个	48110	22804	3988	343	5
	2000 年转化为城市的像元个数/个	1471	1534	506	182	5
	1997～2000 年转化为城市的像元比率/%	3.06	6.73	12.69	53.06	100.00
2000～2004 年	2000 年非城市像元个数/个	46300	21444	3356	440	11
	2004 年转化为城市的像元个数/个	798	1213	321	90	6
	2000～2004 年转化为城市的像元比率/%	1.72	5.66	9.56	20.45	54.55

4) 2015 年前北京地区湿地系统潜在空间压力模拟

将通过城市景观过程模型模拟得到的北京2015年前的城市景观空间格局图输入到地空间压力模型中，进一步模拟了北京 2015 年前湿地的潜在空间压力(图 8.6)。综合统计分析北京地区河流湿地、湖泊湿地以及水库湿地等主要湿地类型在 1991～2015 年的实际和潜在空间压力特征发现：①1991～2014 年，北京河流湿地、湖泊湿地以及水库湿地等主要湿地受到的城市景观过程的空间压力呈明显递增趋势，分别从 1991 年的 0.212、0.198 和 0.168 上升到 2004 年的 0.321、0.382 和 0.235，增幅明显。②2004～2015 年，北京地区主要湿地面临的城市景观过程的潜在空间压力仍然维持递增的趋势。其中，河流湿地从 2004 年的 0.321 上升至 2015 年的 0.339，涨幅 5.83%；湖泊湿地从 2004 年的 0.382 上升至 2015 年的 0.410，涨幅 7.51，在三类湿地类型中涨幅最大；水库湿地从 2004 年的 0.235 上升至 2015 年的 0.238，涨幅 1.38%，在三类湿地类型中涨幅最小(表 8.2、图 8.7)。由此可见，很有必要注意未来北京城市景观过程对区域湿地的干扰和空间压力，尤其是对湖泊湿地的干扰和空间压力。

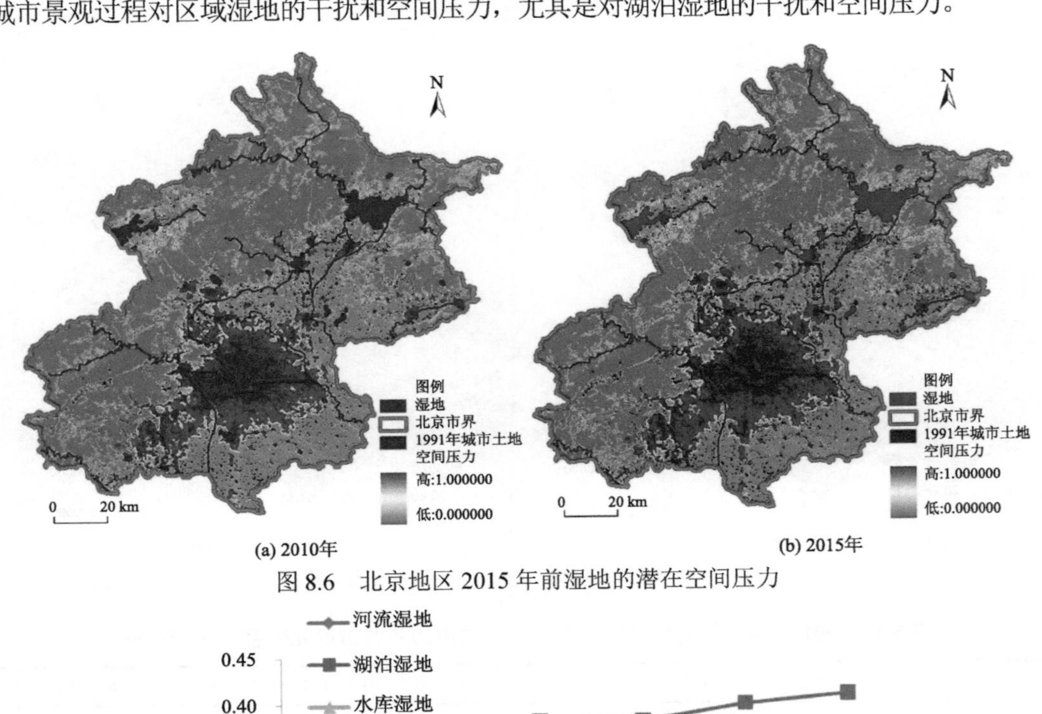

图 8.6　北京地区 2015 年前湿地的潜在空间压力

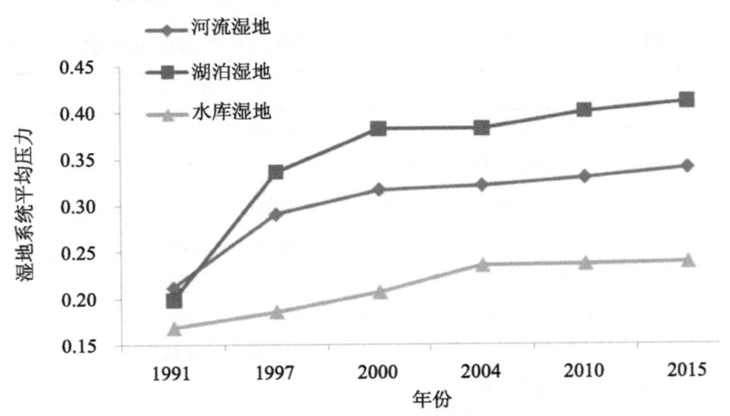

图 8.7　北京地区 1991～2015 年湿地系统压力变化趋势图

表 8.2　北京地区 1991～2015 年湿地系统平均压力

年份	河流湿地	湖泊湿地	水库湿地
1991	0.212	0.198	0.168
1997	0.290	0.336	0.185
2000	0.316	0.382	0.206
2004	0.321	0.382	0.235
2010	0.329	0.400	0.236
2015	0.339	0.410	0.238

5. 讨论

为了进一步评估城市景观过程对北京主要湿地的空间压力，进而寻求北京城市景观过程中湿地生态系统的有效保护途径，本节在测量北京地区 1991～2004 年城市景观过程对主要湿地的实际空间压力和模拟其 2015 年的潜在空间压力的基础上，按照式(8.9)计算了北京地区主要湿地周围区域的综合空间压力。

$$\mathrm{Sum}_{\mathrm{Stress}} = \mathrm{Stress}(2004) + \mathrm{Stress}(2015) \tag{8.9}$$

式中，$\mathrm{Sum}_{\mathrm{Stress}}$ 为主要湿地周边的综合空间压力；$\mathrm{Stress}(2004)$ 和 $\mathrm{Stress}(2015)$ 分别为主要湿地周边 2004 年的实际空间压力和 2015 年的潜在空间压力。

假定主要湿地周围综合空间压力大于 1.2 的区域是 2015 年前城市景观过程对区域主要湿地产生空间压力的“热点干扰区域”。这些“热点干扰区域”很可能在北京 2015 年的城市景观过程中被城镇用地占用，从而对区域湿地生态系统带来干扰和胁迫。结果表明，这些城市景观过程对湿地产生空间压力的“热点干扰区域”主要分布在北京中心城区周边以及交通便利、通达性较好的平原地区。明显的主要干扰区域有以下 8 处：①延庆区官厅水库北部；②怀柔区怀柔水库南部；③昌平区十三陵水库西南部；④朝阳区和通州区温榆河沿岸及湖泊；⑤海淀区颐和园昆明湖；⑥丰台区大宁水库；⑦房山区的崇青水库；⑧大兴区的念坛水库。对于这些“热点干扰地区”，应采取有力措施，给予必要的保护，以避免北京今后的城市景观过程对其带来可能的干扰和影响，从而达到保护北京湿地生态系统的目的。

城市景观过程对区域湿地生态系统的干扰和影响实际上非常复杂。本节的工作还处于初步的探索阶段。目前，湿地空间压力的压力模型还比较简单，对湿地空间压力各影响因素的选取、标准化和权重的确定还没有进行深入分析和研究。但这种综合集成遥感、GIS 和城市景观过程模型的湿地空间压力评估模型，可以快速评估城市景观过程的空间干扰和影响，直观定量地获取城市景观过程对湿地生态系统的“热点干扰地区”，具有一定探讨和研究价值。

6. 结论

本节定量评估了北京城市景观过程对湿地的影响。首先，本节发展了一个基于 GIS 的城市景观过程对区域湿地生态系统空间压力的评估模型。该模型的基本特点是能够充分利用遥感和 GIS 的优势，快速模拟和评估城市景观过程对区域湿地生态系统的实际空间压力。利用该模型，可以在综合评估城市景观过程对湿地生态系统现实和潜在空间压力的基础上，直观定量地获取城市景观过程中湿地生态系统周边的“热点地区”，从而为城市景观过程中区域湿地生态系统的保护提供依据。

北京地区 1991～2004 年城市景观过程对区域主要湿地空间压力的模拟结果基本上符合遥感数据观测到的实际情况，这说明该模型能够比较有效地反映城市景观过程对区域湿地的空间压力。同时，北京未来城市景观过程对区域湿地产生空间压力的“热点干扰地区”主要分布在北京中心城区周围和交通便利、通达性较好的平原地区，应采取有力措施，对这些“热点干扰地区”给予必要的保护，以避免北京今后的城市景观过程对其带来可能的干扰和影响，从而达到保护北京湿地生态系统的目的。

8.2　城市景观过程对碳固持服务供给的影响*

1. 问题的提出

区域碳储量是陆地生态系统中长期积累下来的碳蓄积量，主要由植被地上碳储量、植被地下碳储量、土壤有机碳储量和死亡凋落物有机碳储量四部分组成(IPCC, 2006; Tallis et al., 2013; Turner et al., 1995)。区域碳储量与陆地生态系统的生产能力和气候调节能力密切相关，是表达区域生态系统服务的重要指标(Cantarello et al., 2011; Janssens et al., 2003; Lal, 2004; Pacala et al., 2001; Piao et al., 2009)。因此，及时有效地评估城市景观过程对区域碳储量的影响，对于维持生态系统服务和促进区域可持续发展具有重要意义，已经成为城市生态学和可持续性科学领域的热点问题。

本节的目的是定量分析北京城市景观过程对区域碳固持服务供给的影响。为此，通过耦合 LUSD-urban 模型和 InVEST 模型，发展了一个评估未来城市景观过程对区域碳储量可能影响的新模型。该模型的基本思路是利用 LUSD-urban 模型模拟未来城市景观过程，并利用 InVEST 模型评估未来城市景观过程对区域碳储量的可能影响，目的在于充分发挥 LUSD-urban 模型对城市景观过程的准确模拟能力和 InVEST 模型对区域碳储量的直观定量模拟能力，实现未来城市景观过程对区域碳储量可能影响的有效评估。在基于历史数据对模型有效性进行检验的基础上，模拟和评估了北京地区 2011～2030 年城市景观过程对区域碳储量的可能影响。

2. 研究区和数据

研究区同 8.1.2 节。本节使用的数据包括土地利用数据、遥感数据、社会经济数据和 GIS 辅助数据。土地利用数据是来源于中国科学院地球系统科学数据共享平台的 1990 年和 2000 年两期 1∶10 万土地利用数据。该数据以 Landsat 影像为数据源，采用人机交互遥感信息提取技术获得，包括耕地、林地、草地、水域、建设用地和未利用地 6 个一级

---

* 本节内容主要基于 He C, Zhang D, Huang Q, et al. 2016. Assessing the potential impacts of urban expansion on regional carbon storage by linking the LUSD-urban and InVEST models. Environmental Modelling & Software, 75: 44-58.

地类，数据精度在 90%以上(Liu et al., 2005, 2010)。同时，获取了季相一致、质量较高的 2011 年 Landsat TM 影像，采用与已有土地利用数据相同的分类体系，解译获得了 2011 年土地利用数据。社会经济数据来自于北京市统计局编制的 2013 年《北京统计年鉴》。GIS 辅助数据包括来源于国际科学数据服务平台(http://datamirror.csdb.cn/dem/files/ys.jsp)的 30 m 分辨率的 DEM 数据以及来源于国家测绘局的 1∶400 万北京地区行政边界、水系、铁路、公路和高速公路以及城镇中心数据。所有的数据都采用统一的 UTM 投影。同时，为充分反映城市景观过程特征并节约模拟计算时间，所有数据的像元大小均为 180 m×180 m(He et al., 2006)。

3. 方法

该耦合模型主要由两部分组成：一是基于 LUSD-urban 模型的城市景观过程模拟模块；二是基于 InVEST 模型的碳储量评估模块。模型基本框架如图 8.8 所示。

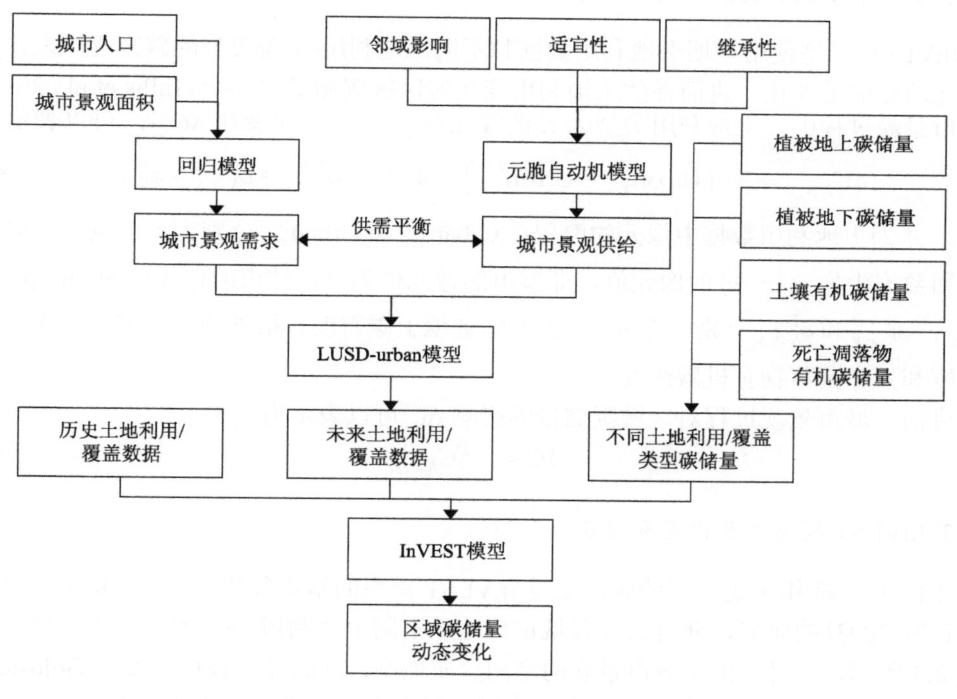

图 8.8　模型基本框架

1) 基于 LUSD-urban 模型的城市景观过程模拟模块

参考 He 等(2006)的研究，LUSD-urban 模型由城市用地需求总量模块和城市用地空间分配模块两部分组成。城市用地需求总量一般由社会经济等外部因素决定(Barredo et al., 2003; White and Engelen, 1997)。目前，已有很多非空间模型能够用于计算一段时间内的城市用地需求总量，包括回归分析模型(López et al., 2001; He et al., 2008)和系统动力学模型(He et al., 2006; Han et al., 2009)等。回归分析模型因其操作简单、涉及参数较少，已经得到了广泛应用。因此，在城市用地需求总量模块中，基于城市用地面积和城市人口数量建立线性回归模型来预测未来城市用地需求总量。

城市用地空间分配模块是在城市用地需求总量的约束下，基于元胞自动机的转换规则，将非城市像元转化为城市像元。参考 He 等(2006)的研究，非城市像元是否转化为城市像元主要受城市景观过程适宜性因素、继承性因素、邻域和随机干扰因素的影响。非城市像元转化为城市像元的概率的计算公式同 3.1.3。在确定非城市像元转化为城市像元的概率后，就可以在城市用地需求总量的约束下，对城市空间扩展过程进行模拟。参考 He 等(2006)的研究，把模拟区域的土地利用/覆盖类型划分为城市用地和非城市用地两类，主要模拟非城市像元向城市像元的转化过程。以一年为一个模拟周期，在一个模拟周期内，首先获得该周期内的像元转化数量并选出转化概率最高的像元，将其转化为城市用地。然后循环模拟，直到城市用地需求总量得到满足为止。

2) 基于 InVEST 模型的碳储量评估模块

InVEST 模型使用多期土地利用数据和不同土地利用/覆盖类型的碳密度，来计算每个像元的碳储量变化，进而评估土地利用变化对区域碳储量的影响(Tallis et al., 2013)。在城市景观过程中，土地利用类型为 K 的像元(x, y)的碳储量变化 $\Delta C_{K,x,y}$ 可以表示为

$$\Delta C_{K,x,y} = A \times \left(\mathrm{Urban}_{x,y}^{t_2} - \mathrm{Urban}_{x,y}^{t_1}\right) \times \left(\phi_{K,x,y}^{\mathrm{VA}} + \phi_{K,x,y}^{\mathrm{VB}} + \phi_{K,x,y}^{\mathrm{S}} + \phi_{K,x,y}^{\mathrm{D}}\right) \tag{8.10}$$

式中，A 为土地利用数据中像元的面积；$\mathrm{Urban}_{x,y}^{t_2}$ 和 $\mathrm{Urban}_{x,y}^{t_1}$ 分别为 t_2 时刻和 t_1 时刻土地利用数据中像元(x, y)的像元值，非城市的像元值为 1，城市的像元值为 0；$\phi_{K,x,y}^{\mathrm{VA}}$、$\phi_{K,x,y}^{\mathrm{VB}}$、$\phi_{K,x,y}^{\mathrm{S}}$ 和 $\phi_{K,x,y}^{\mathrm{D}}$ 分别为像元(x, y)的植被地上碳密度、植被地下碳密度、土壤有机碳密度和死亡凋落物有机碳密度。

进而，城市景观过程对区域碳储量的影响 ΔC 可以表示为

$$\Delta C = \sum \Delta C_{K,x,y} \tag{8.11}$$

3) InVEST 模型参数设置和校正

不同土地利用/覆盖类型的碳密度是 InVEST 模型的基本参数。参考方精云等(1996)和 Li 等(2003)的研究，获得京津冀城市群地区不同土地利用/覆盖类型的碳密度。具体如表 8.3 所示。同时，由于城市景观的空间异质性高，其碳储量较低，参考 Goldstein 等(2012)的研究，假设城市景观的碳密度为零，只考虑非城市景观的碳密度。

表 8.3　InVEST 模型中不同土地利用/覆盖类型的碳密度

土地利用/覆盖类型	植被地上碳密度/(t/hm²)	植被地下碳密度/(t/hm²)	土壤有机碳密度/(t/hm²)	死亡凋落物有机碳密度/(t/hm²)	数据来源
耕地	5.0	0.7	108.4	0	方精云等(1996)；Li 等(2003)
林地	59.8	10.8	185.3	7.8	
草地	0.6	2.8	99.9	0	
未利用地	0.1	0	9.6	0	

4）LUSD-urban 模型校正

为保证城市景观过程模拟结果的有效性，需要使用历史数据对 LUSD-urban 模型的相关参数进行校正(He et al., 2006, 2013)。参考 Chen 等(2002)和 He 等(2008)的研究，选择“自适应 Monte Carlo”方法来校正 LUSD-urban 模型中的权重参数。该方法的基本思路是通过计算机反复模拟，找出模拟结果与实际结果最接近时的权重作为参数的实际权重。使用遥感精度评价中常用的 Kappa 系数来表达模拟结果与实际结果的接近程度。为保证模型校正的可靠性，确定模拟次数为 500 次(Chen et al., 2002; He et al., 2008)。

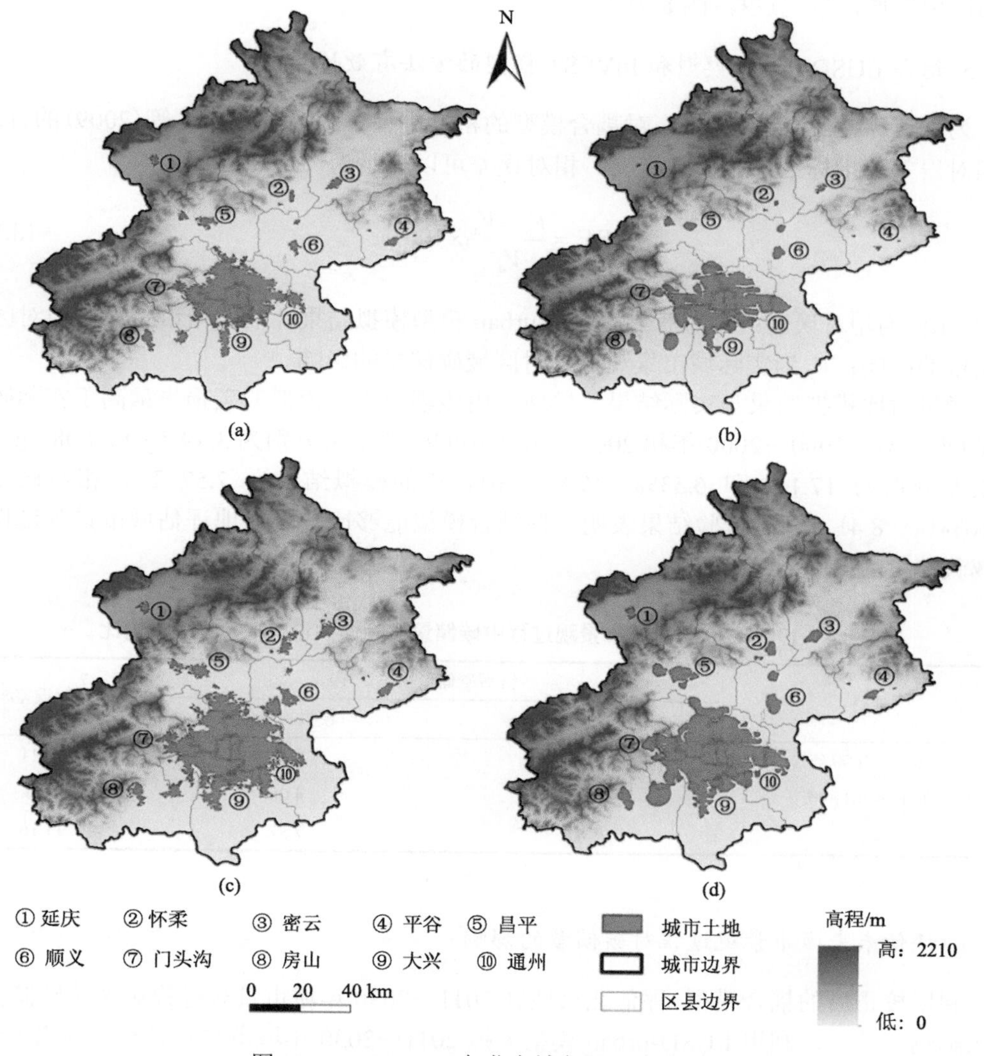

图 8.9　1990～2011 年北京城市景观过程重建

(a) 2000 年实际城市景观；(b) 2000 年模拟城市景观(Kappa＝0.78)；
(c) 2011 年实际城市景观；(d) 2011 年模拟城市景观(Kappa＝0.78)

以 1990 年土地利用数据为初始输入，模拟 1990～2000 年和 2000～2011 年的城市景观过程，分别利用 2000 年和 2011 年的土地利用数据对 LUSD-urban 模型进行校正。具体地，首先将 7 个城市景观过程适宜性因素（即高程、到中心城市的距离、到铁路的距离、到高速公路的距离、到次级中心城市的距离、到省道的距离、到环路的距离）、邻域影响和继承性因素输入 LUSD-urban 模型中。然后利用 Monte Carlo 方法产生 500 组权重，模拟上述两个时段的城市景观过程，并将不同权重组合下的模拟结果与实际城市景观过程进行对比，从中找出 Kappa 系数最高时的权重作为最佳权重。结果表明，1990～2000 年和 2000～2011 年模拟结果的最高 Kappa 系数为 0.78。这表明 LUSD-urban 模型能够比较可靠地模拟城市景观过程（图 8.9）。

5）结合 LUSD-urban 模型和 InVEST 模型的方法有效性验证

为保证评估结果的可靠性，对耦合模型的精度进行检验。参考 Shen 等（2009）的方法，以相对误差为指标来检验模型精度。相对误差可以表示为

$$\mathrm{RE}=\frac{V_{\mathrm{s}}-V_{\mathrm{a}}}{V_{\mathrm{a}}}\times 100\% \tag{8.12}$$

式中，RE 为相对误差；V_{s} 为基于 LUSD-urban 模型模拟结果评估的城市景观过程对区域碳储量的影响；V_{a} 为实际城市景观过程对区域碳储量的影响。

通过对比模拟结果与实际结果，发现利用该耦合模型模拟的碳损失量高于实际碳损失量（表 8.4）。1990～2000 年和 2000～2011 年的模拟结果分别为 3.49 Tg 和 4.08 Tg，相对误差分别为 17.11%和 6.53%。1990～2011 年的模拟结果为 7.57 Tg，相对误差为 11.16%（表 8.4）。精度检验结果表明，该耦合模型能够比较可靠地评估城市景观过程对区域碳储量的影响。

表 8.4　1990～2011 年城市景观过程中碳储量实际损失量与模拟损失量对比

项目	区域碳储量损失量/Tg		相对误差/%
	实际损失量	模拟损失量	
1990～2000 年	2.98	3.49	17.11
2000～2011 年	3.83	4.08	6.53
综合	6.81	7.57	11.16

6）评估未来城市景观过程对碳储量的影响

利用校正后的耦合模型，评估北京地区 2011～2030 年城市景观过程对区域碳储量的潜在影响。首先，利用 LUSD-urban 模型模拟 2011～2030 年城市景观过程。参考 López 等（2001）和 He 等（2008）的研究预测未来城市用地需求总量，基于 1990～2011 年城镇人口数据得到城镇人口数量与时间之间的线性回归模型为

$$y=40.657x-79922 \tag{8.13}$$

式中，y 为城镇人口数量；x 为时间。模型 R^2=0.93。同时，基于 1990 年、2000 年和 2011 年城市用地面积和城镇人口数量得到两者之间的线性回归模型为

$$y = 1.1588x - 679.4 \tag{8.14}$$

式中，y 为城市用地面积；x 为城镇人口数量。模型 $R^2 = 0.96$。

利用式(8.12)和式(8.13)预测得到 2011～2030 年城市用地面积(表 8.5)。在未来城市用地需求总量的约束下，利用校正后的 LUSD-urban 模型模拟了北京地区 2011～2030 年城市景观过程。

表 8.5　1990～2030 年北京地区城镇人口数量和城市用地面积

年份	城市人口/万人	城市用地面积/km^2
1990	1086.00	484.86
2000	1363.60	1036.95
2011	2018.60	1619.88
2020	2256.43	1935.81
2030	2683.91	2431.26

基于 1990 年土地利用数据和模拟得到的 2011～2030 年城市景观过程动态信息，更新得到 2011～2030 年的土地利用数据。然后利用 InVEST 模型评估未来城市景观过程对区域碳储量的潜在影响。

4. 结果

1) 1990～2030 年城市景观过程

1990～2011 年，北京地区经历了大规模的城市景观过程，五环到六环之间尤为明显(图 8.10、表 8.6)。城市用地面积从 1990 年的 484.86 km^2(2.88%)增加到 2011 年的 1619.88 km^2(9.64%)，增长了 2.34 倍，年均增长 54.05 km^2，年均增长率为 5.91%。五环到六环之间城市用地面积从 1990 年的 103.77 km^2(6.57%)增加到 2011 年的 660.86 km^2(41.82%)，增加了 557.09 km^2，约占整个北京地区新增城市用地总面积的一半。四环到五环之间以及六环以外次之，城市用地面积分别增加了 263.64 km^2 和 238.08 km^2，占同期北京新增城市用地总面积的 23.23%和 20.98%(表 8.6)。

2011～2030 年，北京地区城市用地面积将继续增长，空间上仍在五环外呈现出外延式扩展(图 8.10)。模拟结果表明，城市用地面积将从 2011 年的 1619.88 km^2(9.64%)增加到 2030 年的 2431.26 km^2(14.46%)，年均增长 42.70 km^2，年均增长率为 2.16%，低于 1990～2011 年平均水平(54.05 km^2, 5.91%)。其中，五环到六环之间以及六环以外城市用地面积分别增加了 439.00 km^2 和 355.95 km^2，共占北京地区新增城市用地总面积的 97.98%。而五环以内几乎完全被城市用地占据，城市景观过程不明显(表 8.7)。

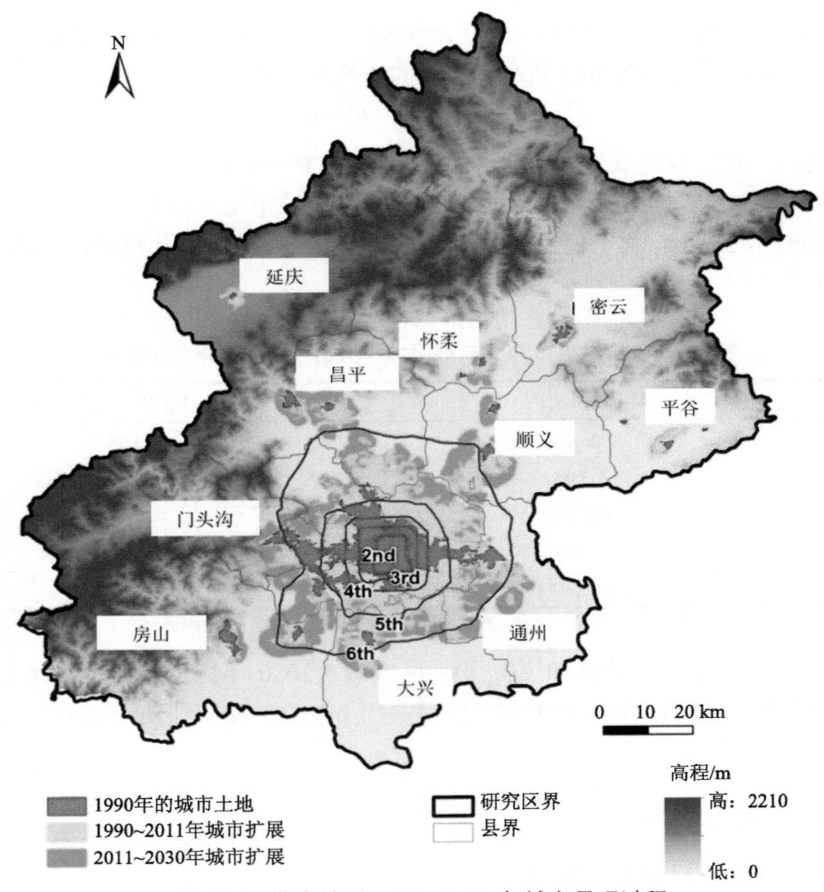

图 8.10　北京地区 1990～2030 年城市景观过程

表 8.6　1990～2011 年城市用地增长量及碳储量损失

环路	城市景观增长量/km²	区域碳储量损失/Tg				
		总和	植被地上	植被地下	土壤有机碳	凋落物有机碳
三环内	11.99	0.10	0.01	0.00	0.09	0.00
三环到四环之间	64.22	0.42	0.04	0.01	0.37	0.00
四环到五环之间	263.64	1.54	0.16	0.02	1.35	0.01
五环到六环之间	557.09	3.22	0.33	0.05	2.83	0.01
六环以外	238.08	1.53	0.17	0.03	1.32	0.01
总和	1135.02	6.81	0.71	0.11	5.96	0.03

2) 1990～2011 年城市景观过程对区域碳储量影响

区域碳储量在过去 20 年城市景观过程中有明显损失，且以土壤有机碳储量损失为主要形式。1990～2011 年，城市景观过程导致区域碳储量从 205.36 Tg 减少到 198.55 Tg，减少了 6.81 Tg，年均减少 0.32 Tg，年均减少率为 0.16%。其中，土壤有机碳储量减少了

5.96 Tg，占碳储量总减少量的 87.52%。而植被地上碳储量、植被地下碳储量和死亡凋落物有机碳储量分别减少了 0.71 Tg、0.11 Tg 和 0.03 Tg，占碳储量总减少量的 10.43%、1.62% 和 0.44%(表 8.6)。

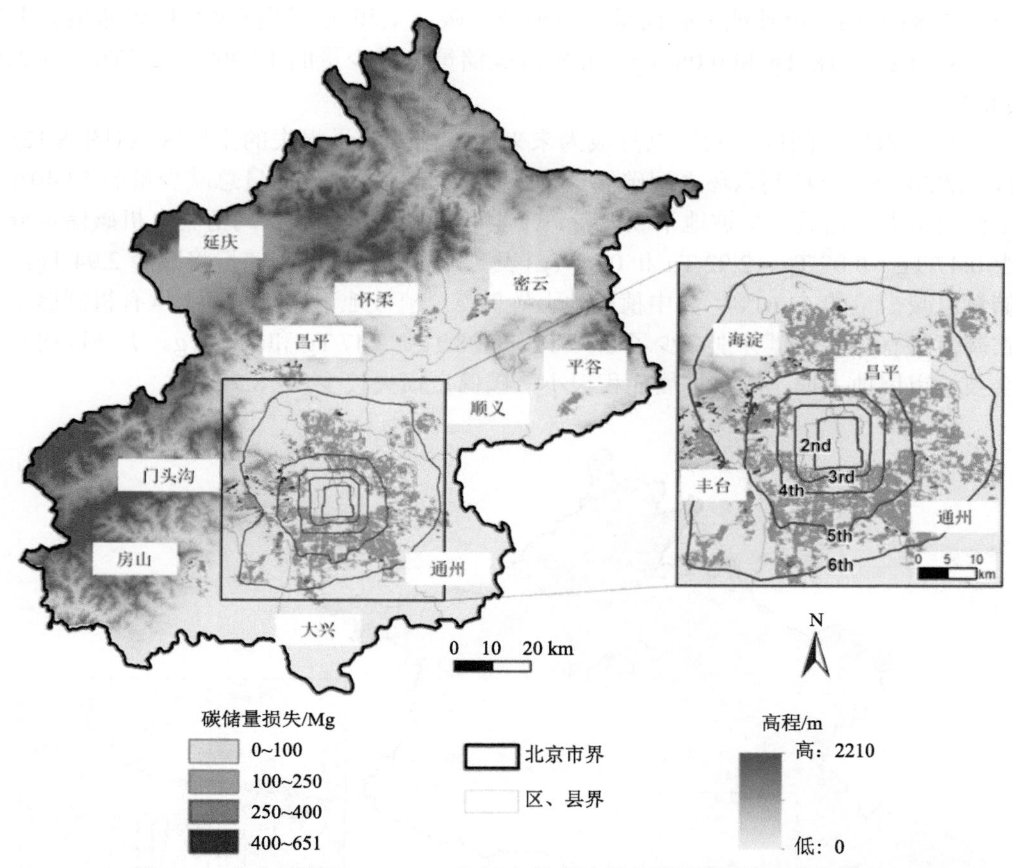

图 8.11　北京地区 1990～2011 年城市景观过程中碳储量损失的空间格局

碳储量损失主要发生在五环到六环之间，不同环路之间不同类型碳储量的损失存在一定差异(图 8.11、表 8.6)。1990～2011 年，五环到六环之间碳储量减少了 3.22 Tg，占碳储量总减少量的 47.28%。植被地上碳储量、植被地下碳储量和土壤有机碳储量的减少量均高于其他区域。四环到五环之间碳储量损失次之，为 1.54 Tg，略高于六环以外(1.53 Tg)(表 8.6)。其中，四环到五环之间土壤有机碳储量损失(1.35 Tg)高于六环以外(1.32 Tg)，而植被有机碳储量损失(0.18 Tg)低于六环以外(0.20 Tg)(表 8.6)。这主要是由城市景观过程占用不同的土地利用类型所造成的。四环到五环之间，城市景观过程以侵占耕地为主，大面积的耕地损失造成了土壤有机碳储量的明显减少；在六环以外，更多的林地被城市用地侵占，使得植被有机碳储量的损失高于四环到五环之间。

3) 2011～2030 年城市景观过程对区域碳储量的潜在影响

2011～2030 年，区域碳储量将在城市景观过程中进一步减少，减少速度有加快趋势，土壤有机碳储量的减少仍是主要形式。区域碳储量将从2011年的198.55 Tg减少到2030年的191.96 Tg，减少了6.59 Tg，年均减少0.35 Tg，年均减少率为0.18%，高于过去20年的平均水平(0.32 Tg, 0.16%)。其中，土壤有机碳储量减少了5.48 Tg，占碳储量总减少量的83.16%。植被地上碳储量、植被地下碳储量和死亡凋落物有机碳储量分别减少了0.85 Tg、0.18 Tg和0.08 Tg，分别占碳储量总减少量的12.90%、2.73%和1.21%(表8.7)。

五环到六环之间以及六环以外成为未来20年碳储量损失的主要区域(图8.12)。2011～2030年，五环到六环之间碳储量将减少3.52 Tg，占碳储量总减少量的53.40%，其中植被地上碳储量、植被地下碳储量、土壤有机碳储量和死亡凋落物有机碳储量分别减少0.47 Tg、0.09 Tg、2.92 Tg和0.04 Tg(表8.7)。六环以外碳储量将减少2.94 Tg，占碳储量总减少量的44.61%，其中植被地上碳储量、植被地下碳储量、土壤有机碳储量和死亡凋落物有机碳储量分别减少了0.36 Tg、0.08 Tg、2.47 Tg和0.03 Tg。五环以内几乎完全被城市用地占据，城市扩展面积很小，碳储量损失较少(表8.7)。

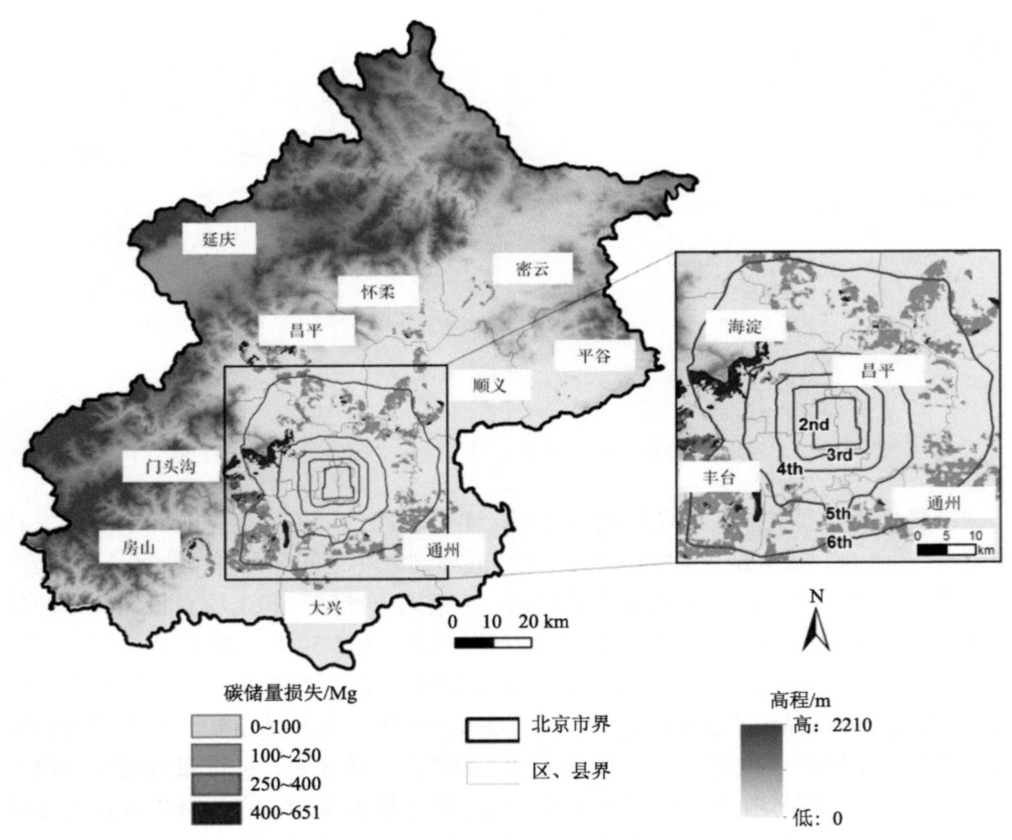

图8.12　北京地区2011～2030年城市景观过程中碳储量损失的空间格局

表 8.7　2011～2030 年城市用地面积增长及碳储量损失

环路	城市景观增长量/km^2	区域碳储量损失/Tg				
		总和	植被地上	植被地下	土壤有机碳	凋落物有机碳
三环内	0.00	0.00	0.00	0.00	0.00	0.00
三环到四环之间	0.42	0.00	0.00	0.00	0.00	0.00
四环到五环之间	16.01	0.13	0.02	0.01	0.09	0.01
五环到六环之间	439.00	3.52	0.47	0.09	2.92	0.04
六环以外	355.95	2.94	0.36	0.08	2.47	0.03
总和	811.38	6.59	0.85	0.18	5.48	0.08

5. 讨论

1) 结合 LUSD-urban 模型和 InVEST 模型的优势分析

近年来，已经有研究者尝试耦合城市模型和碳储量模型来评估未来城市景观过程对区域碳储量的潜在影响(Nelson et al., 2009; Schaldach and Alcamo, 2006, 2007; Sohl et al., 2012; Zhao et al., 2013)。Schaldach 和 Alcamo(2007) 耦合 LUC-Hesse 模型和 Century 模型，发展了 HILLS(Hesse integrated land use simulator)模型，评估了德国中部海塞州 1990～2020 年城市景观过程对区域碳储量的影响。但是，Century 模型需要使用气象数据、土壤结构数据和植被生理数据，涉及参数较多，使得 HILLS 模型不能简单、方便地评估城市景观过程对区域碳储量的影响。Nelson 等(2009) 耦合 GEOMOD 模型和 InVEST 模型，评估了全球 2000～2015 年城市景观过程对区域碳储量的潜在影响，并对不同国家和地区的碳储量变化进行了对比。但 GEOMOD 模型只是基于简单的土地适宜性特征来模拟城市景观过程，难以有效地模拟和预测区域城市景观过程。

本节提出的基于 LUSD-urban 和 InVEST 的耦合模型可以有效地评估未来城市景观过程对区域碳储量的潜在影响。参考 Nelson 等(2009) 的研究，耦合 GEOMOD 模型和 InVEST 模型模拟评估了北京城市景观过程对区域碳储量的影响。结果对比显示，1990～2000 年，Nelson 等(2009) 方法的评估误差为 43.29%，本节方法的评估误差 17.11%；2000～2011 年，Nelson 等(2009) 方法的评估误差为 12.27%，本节方法的评估误差 6.53%(表 8.8)。很明显，本节的方法比 Nelson 等(2009) 的方法更能有效评估区域城市景观过程对碳储量的影响。其原因主要在于 LUSD-urban 模型比 GEOMOD 模型更能准确模拟区域城市景观过程(图 8.13)。1990～2000 年，LUSD-urban 模型对北京城市景观过程的模拟精度为 0.78，GEOMOD 模型的精度是 0.72。2000～2011 年，LUSD-urban 模型对北京城市景观过程的模拟精度为 0.78，GEOMOD 模型的精度是 0.77(图 8.13)。

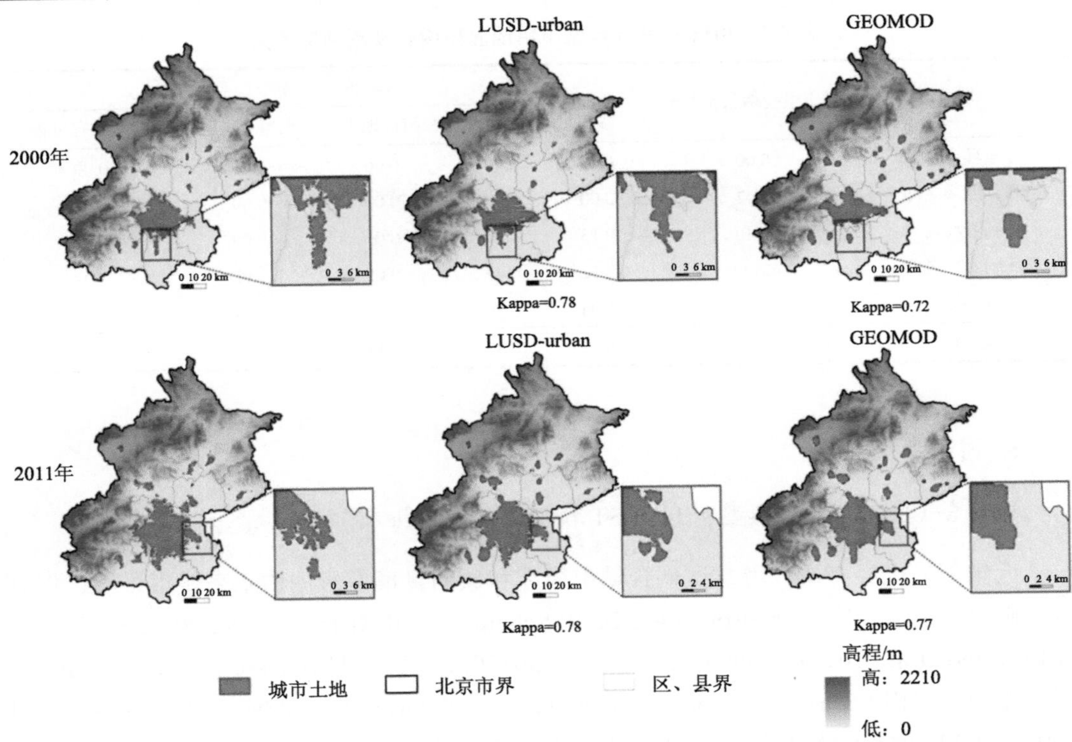

图 8.13 1990～2011 年北京地区 LUSD-urban 模型模拟结果与 GEOMOD 模型模拟结果对比

表 8.8 耦合 GEOMOD 模型和 InVEST 模型的碳储量模拟结果精度评估

时段	区域碳储量损失量/Tg				
	实际损失量	基于 LUSD-urban 和 InVEST 的模拟量	相对误差/%	基于 GEOMOD 和 InVEST 的模拟量	相对误差
1990～2000 年	2.98	3.49	17.11	4.27	43.29
2000～2011 年	3.83	4.08	6.53	3.36	12.27

2) 城市景观过程占用耕地是区域碳储量下降的主因

耕地是北京地区未来新增城市用地的主要来源，城市用地占用耕地是导致区域未来碳储量减少的主要原因。2011～2030 年，新增城市用地中将有 568.06 km^2 来源于耕地，占新增城市用地总面积的 70.01%。由此导致的碳储量损失将达到 4.20 Tg，占碳储量总损失量的 63.73%。除此之外，新增城市用地中有 105.04 km^2 来源于林地，有 24.09 km^2 来源于草地，分别占新增城市用地总面积的 12.95%和 2.97%。该过程将导致区域碳储量损失 2.12 Tg 和 0.27 Tg，占碳储量总损失量的 32.17%和 4.10%(表 8.9)。

在空间上，发现 2011～2030 年，城市占用耕地导致的碳储量损失主要出现在五环到六环之间的中心城区边缘以及六环以外的次级中心城市边缘。其中，在五环到六环之间损失的 314.28 km^2 耕地将导致碳储量减少 2.33 Tg，占耕地转化导致碳储量损失总量的 55.48%。六环以外损失的 243.92 km^2 耕地导致碳储量减少 1.81 Tg，占耕地转化导致碳储

表 8.9　2011～2030 年土地利用转化影响下的区域碳储量损失

项目	面积/km²	碳储量损失/Tg				
		总和	植被地上	植被地下	土壤有机碳	凋落物有机碳
城市景观过程占用耕地	568.06	4.20	0.40	0.05	3.75	0.00
城市景观过程占用林地	105.04	2.12	0.46	0.11	1.47	0.08
城市景观过程占用草地	24.09	0.27	0.01	0.01	0.25	0.00

量损失总量的 43.10%。进一步提取碳储量损失的热点地区发现，未来 20 年耕地转化导致碳储量损失的热点区域主要分布于昌平中部、顺义西南部、通州中部以及房山东部(图 8.14)。在未来的城市发展中，要加强对这些热点区域土地资源的管理，维持区域生态安全和可持续发展。

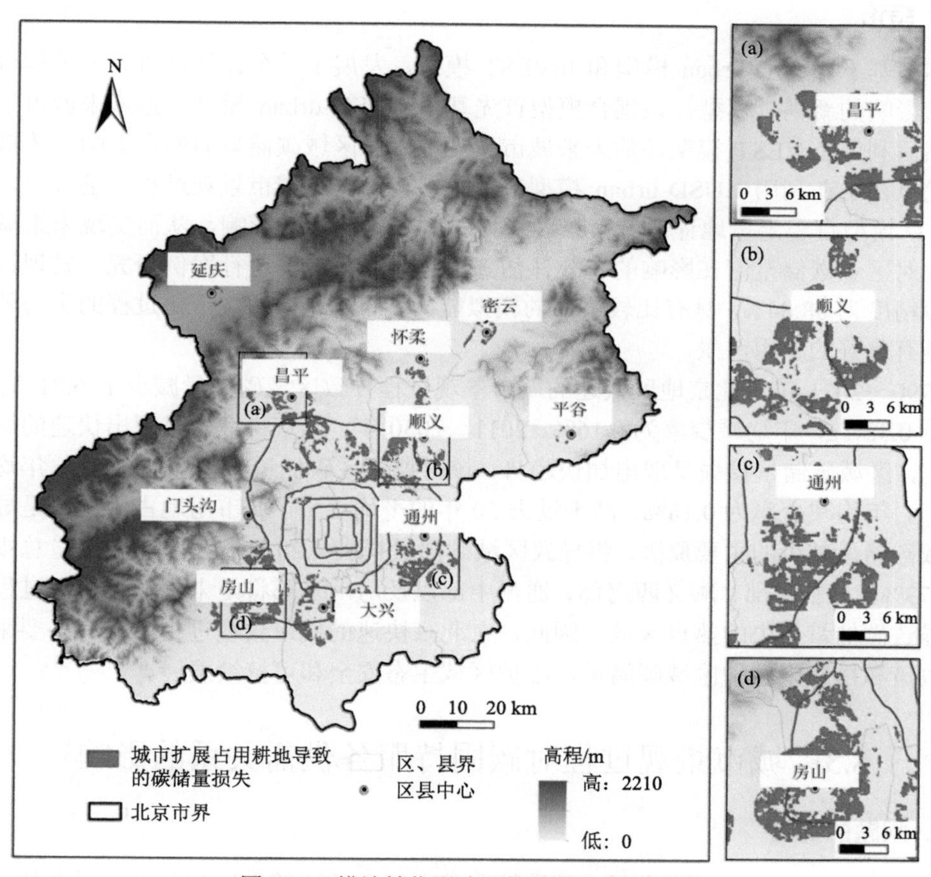

图 8.14　耕地转化影响下的碳损失热点区域

3) 未来展望

本节发展的耦合模型还存在着一定的不足。对于 LUSD-urban 模型，基于城市用地面积和城镇人口数量建立的线性回归模型只是一个简化模型，城市用地需求总量的预测精度有限；同时在微观格局演化方面，影响因素的选择、标准化和基于“Monte Carlo”的权重确定方法也需要进一步完善和改进。在 InVEST 模型中，对于区域碳储量的模拟只是将 4 种碳库碳储量相加而得到总碳储量，没有考虑到季相变化以及不同土地利用/覆盖类型之间的碳流动，在表达区域碳储量的准确性上有待进一步提高。此外，该耦合模型是一种松散的耦合模型，没有考虑到城市景观过程对碳循环等生态过程的影响，无法从生态学机理上解释城市景观过程对区域碳储量的影响。

在未来的研究工作中，一方面将继续提高耦合模型的模拟能力和精度，可以考虑结合多智能体模型来提高 LUSD-urban 模型的模拟能力(Parker et al., 2003; Robinson et al., 2012)。同时，改进 InVEST 模型来更加准确地模拟区域碳储量。此外，未来将从生态学机理出发，深入探讨城市景观过程对区域碳储量和碳循环过程的影响。

6. 结论

本节基于 LUSD-urban 模型和 InVEST 模型，发展了一个评估城市景观过程对区域碳储量影响的新耦合模型。该耦合模型首先基于 LUSD-urban 模型模拟未来城市景观过程，然后利用 InVEST 模型评估未来城市景观过程对区域碳储量的潜在影响。该耦合模型的优点在于在利用 LUSD-urban 模型有效模拟预测区域城市景观过程的基础上，利用 InVEST 模型直观定量地评估城市景观过程对区域碳储量的影响，从而实现未来城市景观过程对区域碳储量潜在影响的有效评估。通过在北京地区进行案例研究，发现该模型的模拟精度为 88.84%，具有比较可靠的模拟能力，在快速评估城市化过程的生态效应方面亦具有良好的应用前景。

1990～2011 年，北京地区快速的城市景观过程导致区域碳储量减少了 6.81 Tg，年均减少 0.32 Tg，年均减少率为 0.16%。2011～2030 年，北京将继续呈现出快速的城市景观过程，区域碳储量损失呈现出加快趋势。该时期区域碳储量将减少 6.59 Tg，年均减少 0.35 Tg，年均减少率为 0.18%，高于过去 20 年的平均水平。城市用地占用耕地是导致未来区域碳储量减少的主要原因，将导致区域碳储量损失 4.20 Tg，占区域碳储量总损失量的 63.73%。昌平中部、顺义西南部、通州中部以及房山东部将是未来城市景观过程占用耕地导致碳储量损失的热点区域。因此，在北京快速的城市景观过程中，有必要采取合理的政策和措施来保护区域碳储量，维护区域生态安全和可持续发展。

8.3　城市景观过程对碳固持服务供需关系的影响*

1. 问题的提出

伴随着快速的城市景观进程，碳固持服务在城市地区的供给和需求关系愈加紧张。虽然追求城市内部碳固持服务供需的绝对平衡非常困难，但是在快速城市化背景下，对其供需关系的变化加以量化，对评估城市地区的可持续性变化十分重要。同时，减排政

* 本节内容主要基于孟士婷，黄庆旭，何春阳，等. 2018. 区域碳固持服务供需关系动态分析——以北京为例. 自然资源学报, 33(7):1191-1203.

策的落地需要从个人、街道到社区自下而上执行，在城市内部分析碳固持服务的供需关系有利于加强不同区域居民的环境感知，促进相关政策的顺利实施。因此，量化城市地区的碳固持服务供需关系对评价区域可持续性，制定城市“三生空间”规划至关重要(张红旗等, 2015)。

因此，本节的研究目的是以北京为例，对该地区 2000 年和 2013 年碳固持服务的供需关系的变化进行评估，以期为地区未来的可持续发展和规划提供建议。为此，首先分别量化北京 2000 年和 2013 年碳固持服务供给量和需求量，绘制了碳固持服务的供需关系分布图。然后，对引起碳固持服务供需关系变化的因素进行了分析。最后，提出相应的管理建议。其创新点在于探索了碳固持服务供需的空间制图，并从生态系统服务的供需关系角度理解北京近 10 多年可持续性的变化。

2. 研究区和数据

研究区同 8.1.2 节。本节所使用的数据包括土地利用数据、NDVI 数据、气象站点观测数据和经济社会统计数据四类。

土地利用数据来自中国科学院资源环境科学与数据中心，包括 2000 年和 2013 年两期，分辨率为 30m，共有耕地、林地、草地、水体、城市建设用地和未利用地 6 个一级地类和 25 个二级地类。该数据以 Landsat TM/ETM 影像为数据源，主要采用计算机分类和人工目视判读进行解译，数据精度在 90 %以上(Liu et al., 2005; Kuang, 2011; Liu et al., 2010)。

NDVI 数据源自 NASA 发布的 MODIS 16 天合成 NDVI 时间序列数据 MOD13Q1，分辨率为 250m。下载的数据已经经过了辐射定标、几何精校准和大气校正等处理。下载后，将 2000 年和 2013 年内 MODIS16 天合成 NDVI 数据以月为单位进行了最大值合成。

气象站点观测数据来自中国气象数据网(http://cdc.cma.gov.cn/)，包括 2000 年和 2013 年北京周围 200km 内共 26 个气象站点 1～12 月的气温、降水量和太阳辐射量月值数据。其中，提供降水和温度数据的站点有 26 个，提供太阳辐射总量数据的站点有 4 个，数据经过质量控制，质量良好。为了得到气象栅格数据，参考朱文泉等(2007)的方法，对气温和降水数据进行了 Kriging 插值处理，对太阳辐射总量进行了基于 DEM 的插值处理。为了保证计算和分析过程中数据的一致性，所有数据均采用 Albers 等积投影，空间分辨率统一为 250 m。

经济社会统计数据来自《北京统计年鉴(2001)》和《北京统计年鉴(2014)》，包括北京分行业能源终端消费量、城镇和农村人口数、耕地面积、灌溉面积、牲畜养殖数、农业机械总动力和化肥施用量。为确保结果在空间上的统一性，对于统计年鉴中耕地面积与土地利用数据的耕地面积不一致的问题，统一以土地利用数据为准(Zhang et al., 2014)。

3. 方法

1) 量化碳固持服务的供给

通过模拟 NPP 来近似表达碳固持服务的供给。值得注意的是，不考虑其他扰动时，生态系统从大气中固定的 CO_2 量与净生态系统生产力(Net Ecosystem Productivity，NEP)相近(李洁等, 2014)。但是，一方面，NEP 是由 NPP 减去土壤呼吸所得，而土壤呼吸总量难以准确测定(常顺利等, 2005)。另一方面，已有的 NEP 相关研究多集中于全球尺度或单一生态系统(方精云等, 2001；常顺利等, 2005)，区域的 NEP 数据积累较少，不利于计算结果的对比与验证。相比之下，对 NPP 的模拟研究已经比较成熟，计算 NPP 的模型种类多，所需参数和数据便于获得，且不同尺度的 NPP 数据丰富，计算结果更容易验证和对比。因此，本节选择 NPP 来近似表示碳固持服务的供给量。

在对 NPP 进行模拟时，选用了朱文泉等(2007)改进的 CASA 模型。该模型考虑了植被覆盖精度对 NPP 估算的影响，同时还根据中国的 NPP 实测数据将关键参数进行了优化，结果可靠性高。具体地，模型中估算的 NPP 由植物吸收的光合有效辐射和实际光能利用率两个因子来表示，其估算公式如下：

$$\mathrm{NPP}(x,t)=\mathrm{APAR}(x,t)\times\varepsilon(x,t) \tag{8.15}$$

式中，$\mathrm{APAR}(x,t)$ 为像元 x 在 t 月吸收的光合有效辐射[MJ/(m² • 月)]，取决于太阳辐射总量和植物本身的特征，具体计算公式见式(8.16)；$\varepsilon(x,t)$ 为像元 x 在 t 月的实际光能利用率(gC/MJ)，受理想条件下的最大光能利用率和植物生长环境的影响，具体计算公式见式(8.18)：

$$\mathrm{APAR}(x,t)=\mathrm{SOL}(x,t)\times\mathrm{FPAR}(x,t)\times 0.5 \tag{8.16}$$

式中，$\mathrm{SOL}(x,t)$ 为 t 月像元 x 处的太阳辐射总量[MJ/(m² • 月)]；$\mathrm{FPAR}(x,t)$ 为植物对光合有效辐射的吸收比例，在一定范围内，FPAR 与 NDVI 之间存在着线性关系，其计算公式见式(8.17)；0.5 为光合有效辐射占太阳辐射总量的比例。

$$\mathrm{FPAR}(x,t)=\frac{\mathrm{NDVI}(x,t)-\mathrm{NDVI}_{i,\min}}{\mathrm{NDVI}_{i,\max}-\mathrm{NDVI}_{i,\min}} \tag{8.17}$$

式中，$\mathrm{NDVI}_{i,\max}$ 和 $\mathrm{NDVI}_{i,\min}$ 分别为第 i 种植被类型的 NDVI 的最大值和最小值。

$$\varepsilon(x,t)=T_{\varepsilon 1}\times T_{\varepsilon 2}\times W_{\varepsilon}\times\varepsilon_{\max} \tag{8.18}$$

式中，$T_{\varepsilon 1}$ 和 $T_{\varepsilon 2}$ 为温度胁迫因子，分别反映高温和低温对光能利用率的影响；W_{ε} 为水分胁迫因子，反映土壤水分条件对光能利用率的影响；$\varepsilon_{\max}$ 为植物的最大光能利用率(gC/MJ)。

模型运行的时间尺度为一年，输入的数据包括 NDVI 月最大值数据，降水、温度和太阳辐射总量月值栅格数据，土地利用数据和静态参数。土地利用数据在原数据的基础上被重分类为林地、草地、耕地和城市用地。静态参数的确定参考了朱文泉等(2007)模拟出的符合中国植被特征的经验值，其中林地的 $\varepsilon_{\max}$、$\mathrm{NDVI}_{\max}$ 和 $\mathrm{NDVI}_{\min}$ 分别为0.632、0.697 和 0.023，草地、耕地和城市的 $\varepsilon_{\max}$ 均为 0.542，三者的 $\mathrm{NDVI}_{\max}$ 和 $\mathrm{NDVI}_{\min}$ 分别为 0.634 和 0.023。此外，对 NPP 模拟的验证采用与相关研究结果对比的方式，相对误差小于 12.6 %(刘芳等, 2009；尹锴等, 2015)。

2) 计算碳固持服务的需求

通过计算不同土地利用类型的人为碳排放量来衡量碳固持服务的需求。本节具体参考了 IPCC 清单法和 Zhang 等(2014)分析城市碳代谢的方法，首先计算出各地类的碳排放，然后将对应数值输入土地利用图中，得到碳排放的空间分布图。其估算公式如下：

$$E_{\mathrm{T}} = (\upsilon_{\mathrm{EU}} + \upsilon_{\mathrm{ER}} + \upsilon_{\mathrm{ET}} + \upsilon_{\mathrm{EC}}) \times 0.273 \tag{8.19}$$

式中，E_{T} 为碳排放总量(Mt C)。υ_{EU}、υ_{ER}、υ_{ET} 和 υ_{EC} 分别为城市用地、农村居民用地、交通和工业用地以及耕地的碳排放量(Mt C)；0.273 为二氧化碳分子中碳的质量分数。其中，城市用地、农村居民用地以及交通和工业用地的碳排放计算是根据 IPCC 清单法计算公式，根据各行业与土地利用的对应关系，直接将活动水平数据 AD 和优化后的排放因子 EF 相乘得到：

$$E = \mathrm{AD} \times \mathrm{EF} \tag{8.20}$$

耕地的碳排放 υ_{EU} 又分为三个部分，具体计算公式如下：

$$\upsilon_{\mathrm{EU}} = \upsilon_{\mathrm{EU1}} + \upsilon_{\mathrm{EU2}} + \upsilon_{\mathrm{EU3}} = k_1 F + k_2 F + k_3 M + k_4 S_i \tag{8.21}$$

式中，υ_{EU1}、υ_{EU2} 和 υ_{EU3} 分别为施用化肥、使用农业机械和灌溉过程产生的碳排放(Mt C)；F 为化肥施用量(万 t)；S 为耕地总面积(万 hm^2)；M 为农业机械总动力(万 kW)；S_i 为灌溉面积($10^3\mathrm{hm}^3$)；k_1～k_4 为相应过程的排放因子(表 8.10)。

表 8.10　各土地利用类型碳排放来源与相应排放因子

土地利用类型	对应行业及过程	排放因子
城市用地	人类呼吸过程	79 kg/(a · 人)
	水、电力和燃气的生产供应业	$\mathrm{EF}_{煤}$=1.98, $\mathrm{EF}_{焦炭}$=3.05, $\mathrm{EF}_{原油}$=3.07
	批发业	$\mathrm{EF}_{燃料油}$=3.24, $\mathrm{EF}_{汽油}$=3.02, $\mathrm{EF}_{焦炉煤气}$=0.77
	零售服务业	$\mathrm{EF}_{煤油}$=3.10, $\mathrm{EF}_{柴油}$=3.16, $\mathrm{EF}_{液化石油气}$=3.17
	房地产业	$\mathrm{EF}_{天然气}$=2.19, $\mathrm{EF}_{炼厂干气}$=3.07, $\mathrm{EF}_{其他}$=3.96
	居民家庭消费过程	$\mathrm{EF}_{电力}$=10 069 [t/B · (kW · h)]
交通和工业用地	采矿业	与城市用地使用的排放因子相同
	交通运输、仓储和邮政业	
	制造业	
农村用地	居民家庭消费过程	与城市用地使用的排放因子相同
	人类呼吸过程	79 kg/(a · 人)
	牲畜养殖过程	$\mathrm{EF}_{猪}$=86.5 kg/(年 · 只)，$\mathrm{EF}_{牛}$=844.8 kg/(年 · 头)
耕地	化肥施用过程	k_1=0.858 kg/kg，k_2=1 647 kg/km^2
	农业机械使用过程	k_3=0.18 kg/kW
	灌溉过程	k_4= 26 648 kg/km^2

注：本节的主要目标在于评价北京碳固持服务在空间上的供需差异变化，而不是为了精确计算北京人为碳排放的具体数值。因此，在缺少城市尺度上的排放因子的情况下，采用 IPCC 提供的参考值。

3) 计算碳固持服务的需求

参考 Zhao 和 Sander(2015)的方法，用供需比来评估碳固持服务的供需平衡状态。

$$R = S / D \times 100\% \tag{8.22}$$

式中，R 为碳固持服务的供需比；S 为碳固持服务的供应量，即 NPP 总量；D 为碳固持服务的需求量，即碳排放总量。

在将供需比空间化的过程中，以北京各行政区为统计单元，在分别统计各区不同地类的碳固持服务总供应量和需求量后，得到各区的碳固持服务供需比，实现从土地利用单元向区域单元的转换。需要说明的是，本节并非追求城市内部绝对的碳平衡，而是更多地关注北京在 2000～2013 年这一段城市快速扩展时期，从碳固持服务的供需平衡角度，其可持续性是如何变化的。

4. 结果

1) 北京碳固持服务的供给变化

2000 年北京碳固持服务的供应总量为 8.15 Mt C。空间分布上，碳固持服务的供应量呈现西北高、东南低的特征[图 8.15(a)]。西部和北部山区林地的碳固持能力最强，碳固持的单位密度在 500～800 gC/m^2。中部地区(顺义、朝阳)城市用地的碳固持能力较差，碳固持的单位密度在 250 gC/m^2 以下。提供碳固持服务最多的三个区是怀柔、密云和延庆[图 8.15(b)]，其碳固持量分别为 1.20Mt C、1.16Mt C 和 1.04 Mt C，分别占碳固持总量的 14.7 %、14.2 %和 12.8 %。

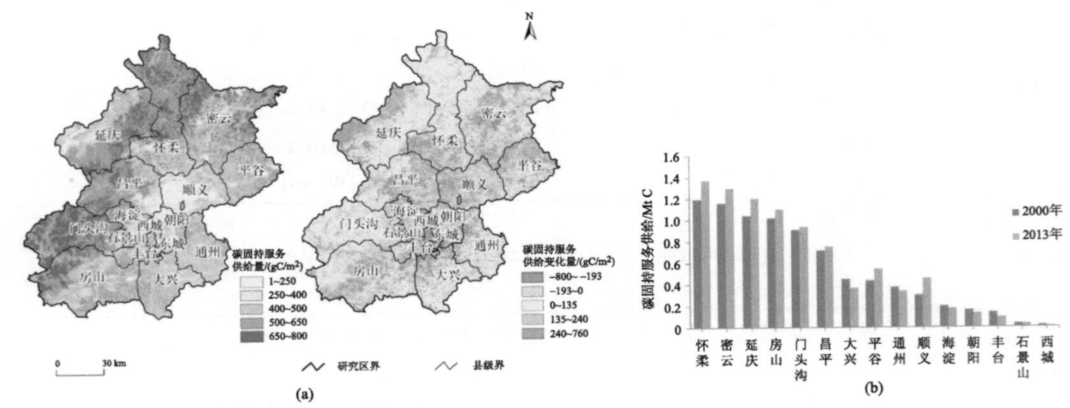

图 8.15　2000～2013 年北京碳固持服务供给的变化

(a) 碳固持服务供给的空间分布；(b) 各区碳固持服务供给的变化

2000～2013 年，北京市碳固持服务的供应总量有少量增加，由 8.15 Mt C 增加到 8.84 Mt C，增长率为 8.5%。空间分布上，碳固持的变化呈中部各区减少、周边各区增加的趋势[图 8.15(a)]。碳固持增加的区有 8 个，它们是怀柔、密云、延庆、房山、门头沟、昌平、平谷和顺义。其中，位于西北部山区的怀柔、延庆和位于中部的顺义碳固持服务增加量最多[图 8.15(b)]，分别为 0.18 Mt C、0.16 Mt C 和 0.15 Mt C。

2000 年北京碳固持服务的需求总量为 15.24 Mt。空间分布上，碳固持的需求量呈现中心城区高和西北部低的特征[图 8.16(a)]。各区中，碳固持服务需求总量最多的是顺义[图 8.16(b)]，为 2.37 Mt C，占总需求量的 15.6 %。房山和通州的碳排放量次之，分别为 1.83 Mt 和 1.70 Mt，分别占总排放量的 12.0 %和 11.2 %。

2) 北京碳固持服务的需求变化

2000～2013 年，北京碳固持服务的需求量显著增加，需求总量从 2000 年的 15.24 Mt 增加到 2013 年的 22.98 Mt，增加了 7.74 Mt，增长率为 50.8%。空间上，碳固持服务需求量的增加从中心城区向周边地区蔓延[图 8.16(a)]。各区中，有 13 个区的碳固持服务需求量增加，其中，碳排放增加最多的三个区分别为朝阳、昌平和房山[图 8.16(b)]，其增加量依次为 1.92 Mt、1.46 Mt 和 1.11 Mt。

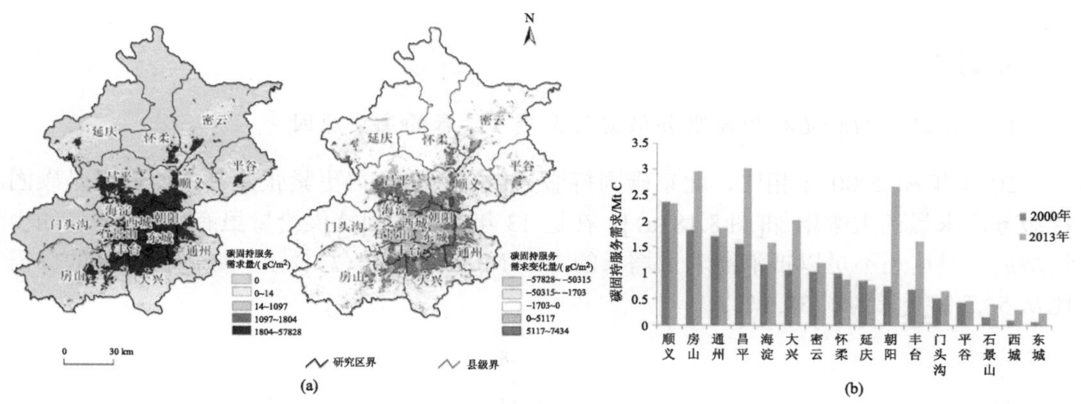

图 8.16　2000～2013 年北京碳固持服务需求的变化

(a) 碳固持服务需求的空间分布；(b) 各区碳固持服务需求的变化

3) 北京碳固持服务的供需关系

2000 年，北京总体碳固持服务供需关系不平衡，碳固持服务的供应量为 8.15 Mt C，碳固持服务的需求量为 15.24 Mt C，供需比为 53.5 %。空间分布上，各区之间供需关系差异大，中心城区及周围各区的碳固持供需失衡，碳排放量大于碳固持量，而西部和北部地区的碳固持则供大于需求[图 8.17(a)]。其中，供需关系最紧张的是顺义，其供需比仅为 12.6 %。碳固持服务供需关系最好的是门头沟，其供需比为 175.3%[图 8.17(b)]。

2013 年和 2000 年相比，北京市碳固持服务的供需关系趋于紧张，供需比从 2000 年的 53.5 %降至 2013 年的 38.5 %，总体下降了 15.0%。空间上，中心城区的服务供需关系变得更加紧张[图 8.17(a)]，供需比低于 16%的区域从 1 个增加到 6 个。各区中门头沟、大兴和昌平的供需关系紧张化最明显，其供需比分别从 175.3 %、42.5 %和 45.8 %减少到 143.1 %、18.1 %和 25.0 %，减少量达到 32.2 %、24.4 %和 20.8 %。

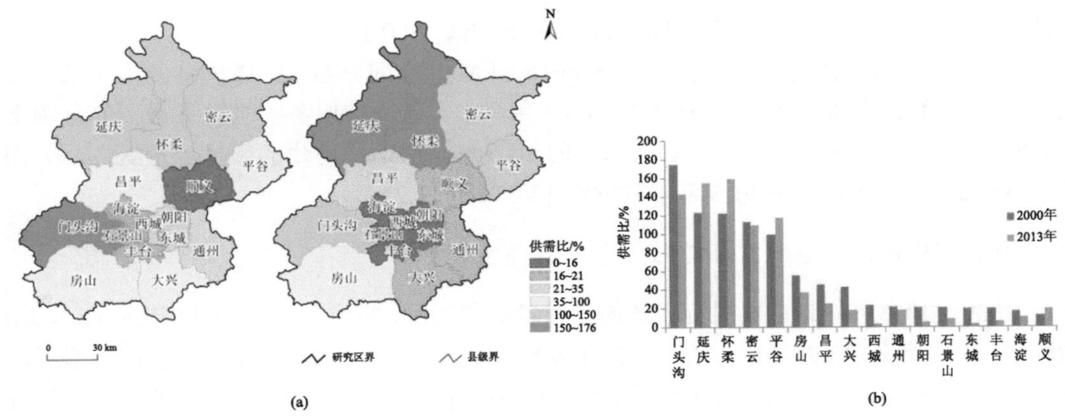

图 8.17　2000 到 2013 年北京市碳固持服务供需比变化

(a) 2000 (左) 与 2013 (右) 年碳固持服务供需比的空间分布；(b) 各区碳固持服务供需比的变化

5. 讨论

1) 碳排放的增加是碳固持服务供需关系趋于紧张的主要原因

2013 年和 2000 年相比，北京碳固持服务供需关系变得更紧张，其主要原因是碳固持服务需求量的大幅增加[图 8.18 (a)]。在这 13 年间，碳固持供给量虽有 0.69 Mt C 的少量增加，但这还不足以抵消需求量增长的 7.74 Mt C。因此，总体上，碳固持服务的供需比从 53.5 %下降到了 38.5 %。

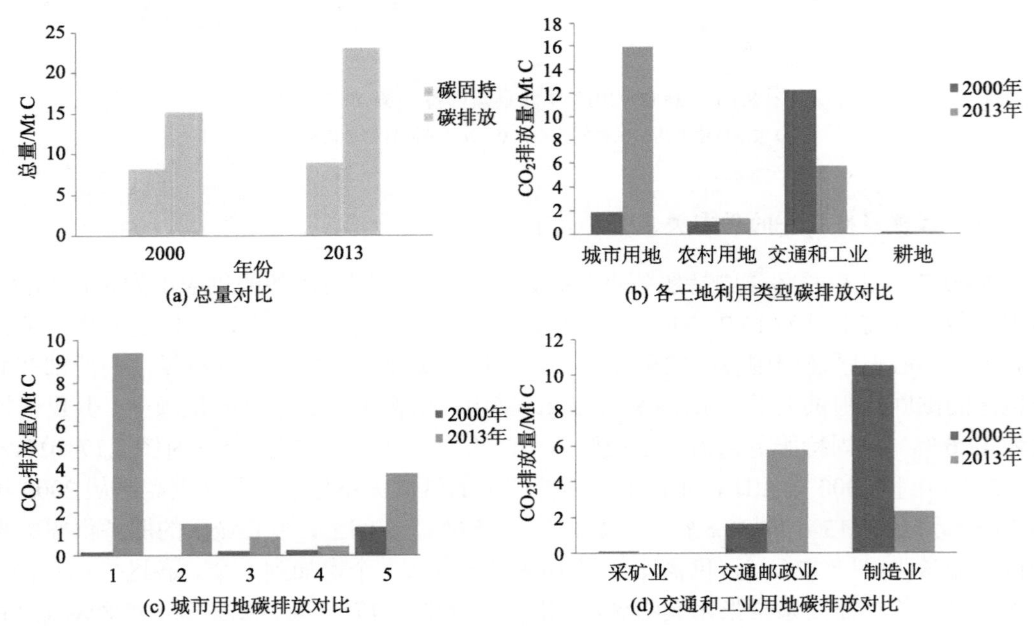

图 8.18　2000～2013 年碳固持服务供需变化的原因

对比北京不同土地利用类型的碳排放，发现碳固持服务需求量的增加主要是由于城市用地碳排放的增加[图 8.18(b)]。2000～2013 年，北京的城市用地面积从 1035.1 km^2 增加到 2652.9 km^2，增加了 1617.8 km^2，对应城市用地的碳排放增加了 14.01 Mt C，涨幅达到 2000 年碳排放总量的 92.5%。在城市用地内部，碳排放量增长最多的是水、电力和燃气的生产供应业，这些产业占城市用地碳排放总量的比例从 8.3 %上升到 59.2 %，增长比例为 50.9 %[图 8.18(c)]。这可能和北京的快速城市景观过程及其带来的能源利用量的持续增加密切相关(赵先贵等, 2013)。其次，交通和工业用地内的交通邮政业的碳排放也有显著增加，从占该类用地碳排放总量的 13.2 %上升到 70.6 %，增长比例为 57.4 %。虽然该时间段内制造业的碳排放大大缩减[图 8.18(d)]，但这部分的碳排放减少量小于其他行业碳排放的增加量，所以总体上，碳排放仍呈增加趋势，碳固持服务供需关系的不平衡加剧。

2) *政策启示*

政策在城市地区碳固持服务的供需平衡上扮演了重要的角色。研究发现，过去 13 年间，北京地区的碳固持服务供给量有少量增加，这与 2012 年开始的大型百万亩平原造林工程，以及《北京城市总体规划(2004～2020)》要求的保护生态用地和加强全市绿化建设有重要关系(表 8.11)。研究还发现，在过去的 13 年间，制造业的碳排放下降，这与近年来的产业转型规划相吻合。而交通用地的碳排放增加，也与《北京交通发展纲要(2004～2020)》中完善交通运输网络及建成物流运输系统的发展结果一致。

未来在制定和执行相关政策时，应同时关注碳固持服务的需求和供给端。在控制碳固持服务的需求方面，根据“十三五”规划，应加快落实控制温室气体排放的政策，推进工业、能源和交通等重点领域低碳发展，在京津冀协同发展的背景下，推进北京非首都功能疏解，降低主城区人口密度。在提升碳固持服务的供给方面，根据《中华人民共和国国民经济和社会发展第十三个五年规划纲要》，还应加大生态环境保护力度，划定并严守生态保护红线，保护培育森林生态系统，扩大退耕还林还草，控制城市建设用地的无序蔓延，努力增加碳固持(表 8.11)。

在空间上，应根据北京主体功能区的定位要求，在碳固持服务供需关系紧张的首都功能核心区，即东城区和西城区，尽可能控制该地区的碳排放量，推进低碳发展和产业转移。同时，对于碳固持量高的生态涵养发展区，如门头沟区，要加强保护，抑制该区域碳固持量的进一步减少，争取维持并提高区域碳固持能力，促进区域可持续发展。

3) *不足与展望*

本节仍存在一些局限性。第一，在方法上，计算 NPP 时选用的 CASA 模型没有将土壤的碳固持考虑在内，这使模拟结果存在一定误差。在计算碳排放时，城市碳代谢方法按地类划分碳排放源的局限性使得单独计算交通行业的碳排放无法实现。第二，在参数的选择上，CASA 模型中所用参数是全国尺度的模拟数据，其精确性还有待提高。在 CASA 模型中计算 NPP 时，植被间的差异也未能通过参数的设定表示出来，而树木的种类、年龄和草地的生长时间等因素都会影响碳固持能力(Nowak et al., 2013; Huh et al.,

表 8.11　相关政策对碳固持服务供需平衡的影响

	碳固持服务供应量	碳固持服务需求量
2000～2013 年物质量变化	增加了 0.69 Mt C	增加了 7.74 Mt C
2000～2013 年供需比变化	53.5 %～38.5 %，减少了 15.0 %	
2000～2013 年相关政策	《北京城市总体规划(2004～2020)》 • 在山区加强水土保持林建设 • 在平原地区加强绿化隔离地区的建设 • 在中心城区建设点状、放射状和环状绿地 “百万亩平原造林工程” • 2012～2014 年，在平原区新增森林面积 66666.7 hm^2 • 以景观生态林建设和绿色通道建设为重点	《北京城市总体规划(2004～2020)》 • 加快实施首钢等传统工业搬迁及产业结构调整 《北京交通发展纲要(2004～2020)》 • 到 2010 年之前，建成功能完善的综合交通运输网络，继续建设六环路，全线贯通运行 • 初步建成现代化物流运输系统
未来相关政策	《北京城市总体规划(2016～2030)》草案 • 城乡建设用地规模在现状 2921 km^2 的基础上，2020 年减至 2860 km^2 左右，2030 年减至 2760 km^2 左右 • 生态保护红线区占全市面积 25%	《北京市“十三五”时期节能降耗及应对气候变化规划》 • 能源消费量控制在 7651 万 t 标准煤以内 • 推广应用新能源和清洁能源车 • 做好京津冀产业转移承接和转型升级

2008)，从而影响 NPP 总量。同时，城市碳代谢方法参考的 IPCC 缺省排放因子并不完全贴近北京的现实情况。考虑本节的主要目标是观察北京碳固持服务的空间供需差异变化，而不只是为了得到碳排放的精确数值，该误差不会影响主要结论。第三，空间分析单元上，由于方法和数据的限制，本节以北京各行政区为最小分析单元，这在一定程度上会忽略城市形态对结果的影响。已有研究表明，城市的形态会显著影响碳排放总量(Hankey and Marshall, 2010)。第四，碳固持服务的供需关系只是生态系统服务供需平衡的一个方面，城市地区其他生态系统服务的供需状态还有待进一步分析。

首先，未来在计算碳固持服务的供给量时可以将模型与实测数据和土壤调查资料结合，将土壤的碳固持量纳入计算(王军邦, 2004)。在计算碳固持服务的需求量时，应对城市碳代谢方法进行合理调整，结合交通行业统计数据，对交通行业的碳排放单独计算。其次，在碳固持服务的供给方面，细化植被分类，集成高分辨率的遥感数据和各种观测数据，对 NPP 模型进行校正(朱文泉等, 2007)。在碳固持服务的需求方面，将 IPCC 的排放因子本地化，得到符合北京碳排放特征的参数。此外，可以进一步在街道和社区开展碳固持服务的观测，深化分析的尺度。最后，可以从研究碳固持服务扩展到更多方面，如能源、食物和水资源的供应等服务，更加全面地评价生态系统服务的供需关系及区域可持续水平。

6. 结论

2013 年北京碳固持服务的供需关系相比 2000 年趋于紧张，供需比从 53.5 %降至 38.5 %，总体下降了 15.0%。其中，碳固持服务的供给量有少量增加，供给总量从 8.15 Mt C

增加到 8.84 Mt C，增长率为 8.5%。碳固持服务的需求量显著增加，需求总量从 15.24 Mt 增加到 22.98 Mt，增加了 7.74 Mt，增长率为 50.8%。空间上，中心城区的服务供需关系趋于紧张，供需比低于 16%的区域从 2000 年仅有的顺义增加到 2013 年的海淀、朝阳、丰台、东城、西城和石景山共 6 个区。

造成北京碳固持服务供需关系变紧张的主要原因是碳排放总量的大幅增加。2000～2013 年，北京碳固持服务的供给量虽有 0.69 Mt C 的少量增加，但该增长量远不足以抵消碳固持服务需求的增长量——7.74 Mt C。因此，总体上，碳固持服务的供需比下降。此外，分析表明，碳固持服务需求量的增加主要是由于城镇用地碳排放的增加，而城镇居民日常生活和交通带来的能源消耗增长是促使城市用地碳排放大量增加的主要原因。因此，建议应同时关注碳固持服务的需求端和供给端。在需求端，重点关注碳固持服务供需关系紧张的中心城区，推进能源和交通等重点领域的低碳发展和产业转移。在供给端，重点关注门头沟等碳固持服务供给区，加大生态环境保护力度，维持并提高该地区的碳固持能力，促进区域可持续发展。

8.4　城市景观过程对多种生态系统服务的协同影响*

1. 问题的提出

城市景观过程通常会导致调节服务、供给服务或支持服务的共同退化(Foley et al., 2005; Blumstein and Thompson, 2015; Anaya-Romero et al., 2016)。同时，城市景观过程具有难逆转和产生长期效应的特点，城市景观过程中城市人口的增加也对生态系统服务的供给提出了更高的需求(Foley et al., 2005; Nelson et al., 2009; Li et al., 2014)。因此，定量评估未来城市景观过程对多种生态系统服务共同退化的影响不仅在促进区域可持续发展中具有重要的科学意义，同时也对制定城市发展规划具有重要的实践意义。鉴于此，本节以城市快速扩展的北京为例，结合多种生态系统服务测量方法、城市景观过程模型 LUSD-urban 和数理统计方法，来测量生态系统服务、模拟城市景观过程和定量评估未来城市景观过程对多种生态系统服务共同退化的影响。其目的在于深入认识和理解城市景观过程中多种生态系统服务共同退化的现象，并为制定城市规划和实现可持续发展提供理论基础和参考依据。

2. 研究区和数据

研究区同 8.1.2 节。本节中所使用的数据共有土地利用/覆盖数据、气象站点数据、社会经济统计数据和基础地理信息数据四类。土地利用/覆盖数据包括 1990 年、2000 年和 2013 年三期，均来自于中国科学院地球系统科学数据共享平台。该数据基于 Landsat TM 影像，采用遥感信息人机交互提取技术获得，空间分辨率为 30 m，总体精度在 90%以上，共包括耕地、林地、草地、水域、建设用地和未利用地 6 个一级类(Liu et al., 2003,

* 本节内容主要基于 Xie W, Huang Q, He C, et al. 2018. Projecting the impacts of urban expansion on simultaneous losses of ecosystem services: A case study in Beijing, China. Ecological Indicators, 84: 183-193.

2010, 2014)。气象站点数据来源于中国气象数据网(http:data.cma.gov.cn/)，包括研究区及其周边 200 km 范围内 24 个气象站点 1990～2013 年的降水量数据。社会经济统计数据来自于 1981～2013 年的《北京统计年鉴》，主要包括北京逐年的城镇人口数据。基础地理信息数据包括源自国家科学数据共享平台的分辨率为 90m 的 SRTM DEM 数据和源自国家基础地理信息中心(http://ngcc.sbsm.gov.cn/)的 GIS 辅助数据，即研究区的行政边界、行政中心、道路和河流等。为保证计算和分析过程中数据的一致性，以上数据均采用 UTM 投影，空间分辨率统一为 180 m。

3. 方法

1) 1990 年生态系统服务制图

依据 MEA 和 TEEB 提出的分类体系(MA, 2005; TEEB Synthesis, 2010)，考虑到数据的可获取性，选择了生境质量、食物供给、碳储量、水源涵养和空气质量调节这五种北京的关键生态系统服务进行制图。基于 1990 年的土地利用/覆盖数据，利用多种生态系统服务测量方法，测算了北京 1990 年这五种生态系统服务的物质量。为了去除气候变化因素的影响，采用的气象数据是 1990～2013 年的多年平均值。

首先，采用 InVEST 模型的生境质量模块对北京的生境质量进行计算。该模块通过外界胁迫因子强度和土地利用/覆盖类型敏感度来计算生境质量指数，并根据该指数进行生境质量评估，其主要算法(Tallis et al., 2013)如式(8.23)所示：

$$Q_{kxy} = H_k \times \left[1 - \left(\frac{D_{kxy}^z}{D_{kxy}^z + S^z}\right)\right] \tag{8.23}$$

式中，Q_{kxy} 为土地利用/覆盖类型 k 中像元(x, y)的生境质量；H_k 为土地利用/覆盖类型 k 的生境适宜性；为土地利用/覆盖类型 k 中像元(x, y)的受胁迫水平；S 为半饱和常数；z 为归一化常量。具体的参数见表 8.12。

表 8.12 计算北京生境质量的参数

项目		胁迫因子					
		生境属性	城市用地	农村居民点	铁路	高速公路	省道
胁迫因子属性	权重	—	1	0.6	0.7	0.5	0.5
	最大影响距离	—	10	5	7	8	10
不同土地利用/覆盖类型对各胁迫因子的敏感性	耕地	0.4	0.5	0.35	0.6	0.4	0.3
	林地	1	0.7	0.8	0.7	0.7	0.6
	草地	0.5	0.75	0.7	0.8	0.7	0.9
	水域	0.7	0.7	0.9	0.5	0.5	0.6
	城市用地	0	0	0	0	0	0
	未利用地	0	0	0	0	0	0
	农村居民点	0	0	0	0	0	0

注：参数源自 Tallis 等(2013)和吴健生等(2015)。

然后，参考 Li 等(2014)的研究方法，以耕地提供粮食、油料和蔬菜，草地提供肉类和奶类为依据，计算不同土地利用/覆盖类型所生产的不同食物的质量，用以表征北京的食物供给服务。具体的计算公式可以表示为

$$P_{kxy} = \sum_{c=1}^{C} A_{xy} \times p_{ck} \tag{8.24}$$

式中，P_{kxy} 为土地利用/覆盖类型 k 中像元 (x, y) 的食物总供给量 (t)；A_{xy} 为像元 (x, y) 的面积，为 3.24 hm^2；p_{ck} 为食物 c 在土地利用/覆盖类型 k 的单位面积产量 (t/km^2)。参考 Li 等(2014)的研究获取具体参数(表 8.13)。

表 8.13　计算北京食物供给的参数

土地利用/覆盖类型	食物种类	单位面积产量/(t/km^2)
耕地	谷物	304.72
	油料	11.25
	蔬菜	611.49
草地	羊肉	10.02
	奶类	145.98

注：参数来自于李双成(2014)。

再利用 InVEST 模型中的碳储量和碳固持模块来计算区域碳储量。参考 He 等(2016)的研究，土地利用/覆盖类型为 k 的像元 (x, y) 的碳储量可以表示为

$$C_{kxy}^{\text{stored}} = C_{kxy}^{\text{above}} + C_{kxy}^{\text{below}} + C_{kxy}^{\text{soil}} + C_{kxy}^{\text{dead}} \tag{8.25}$$

式中，C_{kxy}^{above}、C_{kxy}^{below}、C_{kxy}^{soil} 和 C_{kxy}^{dead} 分别为像元 (x, y) 的植被地上碳密度、植被地下碳密度、土壤有机碳密度和死亡凋落物有机碳密度(Mg)。参考 Fang 等(2007)和 He 等(2016)的研究，获取北京不同土地利用/覆盖类型的碳密度(表 8.14)。同时，依据 Goldstein 等(2012)的研究，假设城市用地的碳储量为 0。

表 8.14　计算碳储量、水源涵养和空气质量调节的参数

生态系统服务类别	指标	耕地	林地	草地	未利用地	参考文献
碳储量	植被地上碳密度	7.4	43.2	0.7	0.1	He 等(2016)；Fang 等(2007)；Goldstein 等(2012)
	植被地下碳密度	0.7	10.8	2.8	0	
	土壤有机碳密度	66.3	140.7	111.1	9.6	
	死亡凋落物有机碳密度	0	7.8	0	0	
水源涵养	地表径流截留比例	11.5	13.6	12.1	0	Zhang 等(2012)
空气质量调节	PM_{10} 单位面积吸收量	9.2	62	27	0	Landuyt 等(2016)

水源涵养通常表现为截留降水、增强土壤渗透以及抑制蒸发等(Yang et al., 2015)。参考 Yang 等(2015)的研究，利用自然植被对地表径流的截留能力来表示水源涵养服务。其计算公式如式(8.26)所示：

$$\mathrm{WC}_{kxy} = A_{xy} \times P_{xy} \times K \times R_{kxy} \tag{8.26}$$

式中，WC_{kxy}为土地利用/覆盖类型为 k 的像元(x, y)的水源涵养量(t)；A_{xy}为像元(x, y)的面积；P_{xy}为像元(x, y)的 1990～2013 年的多年平均降水量(mm)；K为地表径流系数(无量纲)，参考 Yang 等(2015)的研究，将该值设定为 0.6；R_{kxy}为像元(x, y)的地表径流截留比例(无量纲)。参考 Zhang 等(2012)的研究，获取北京耕地、林地和草地的地表径流截留比例(表 8.14)。

最后，参考 Landuyt 等(2016)的研究，利用自然植被对 PM_{10} 的滞留量来表示空气质量净化服务。其计算公式如式(8.27)所示：

$$\mathrm{AQR}_{kxy} = A_{xy} \times \mathrm{PM}_{kxy} \tag{8.27}$$

式中，AQR_{kxy}为土地利用/覆盖类型为 k 的像元(x, y)的 PM_{10} 滞留量(kg)；A_{xy}为像元(x, y)的面积；PM_{kxy} 为土地利用/覆盖类型为 k 的像元(x, y)的单位面积 PM_{10} 滞留量。参考 Landuyt 等(2016)的研究，设定耕地、林地和草地的 PM_{10} 单位面积吸收量(表 8.14)。

2) 模拟城市景观过程

采用 He 等(2006)发展的 LUSD-urban 模型对城市景观过程进行模拟。该模型是在未来城市用地需求总量的约束下，基于元胞自动机的转换规则，将非城市像元转化为城市像元，对城市空间扩展过程进行模拟。非城市像元转化为城市像元的概率主要受城市景观过程适宜性因素、继承性因素、邻域因素和随机干扰因素的影响(He et al., 2006, 2016)。本节考虑了到中心城市、次级中心城市、铁路、高速公路、省道、环路的欧氏距离和高程这 7 个适宜性因素，以及 1 个强制性生态限制因素(水域)。参考 He 等(2016)的研究，以年为模拟周期，先获得一个周期内像元转化的数量并将转化概率最高的像元转化为城市用地。然后循环模拟，直至满足城市用地需求总量。

为保证模拟结果的有效性，通过历史数据对该模型的相关参数进行校正(He et al., 2006, 2013)。利用“自适应 Monte Carlo”方法生成 500 组各影响因素的权重，反复模拟 1990～2013 年的城市景观过程。对比不同权重组合下的模拟结果与 2013 年的实际土地利用/覆盖数据，选取两者间 Kappa 系数最高时的权重为最优权重，用以预测 2013～2040 年的城市景观过程。此外，以 1990 年的土地利用/覆盖数据为输入，用最优权重模拟了 1990～2000 年的城市景观过程，以实现对该模型的验证。模型校正结果显示，2013 年模拟结果与实际数据间的最高 Kappa 系数为 0.76，总体精度为 95.16%，数量误差为 0，分配误差为 4.48%。模型验证结果显示，2000 年的模拟结果与实际数据间的 Kappa 系数为 0.77，总体精度为 97.31%，数量误差为 0，分配误差为 2.69%。这说明该模型能较准确地模拟北京的城市景观过程。

首先，参考 López 等(2001)和 He 等(2016)的研究，基于 1990 年、2000 年、2008 年和 2013 年城市用地面积和城镇人口数量得到两者之间的线性回归模型为

$$A = 1.27 \times P - 448 \tag{8.28}$$

式中，A 为城市用地面积；P 为城镇人口数量。模型 R^2=0.97。

其次，构建基于 1990～2013 年城镇人口数量和时间的线性回归模型，用来预测北京

2040 年的城镇人口数量，具体公式如式(8.29)所示：

$$P = 46.43 \times t - 91739 \tag{8.29}$$

式中，P 为城镇人口数量；t 为时间。模型 R^2=0.94。

利用式(8.27)和式(8.28)，预计北京 2040 年城市用地面积将为 $3.35 \times 10^5 \mathrm{hm}^2$。在此基础上，使用已经过校正的 LUSD-urban 模型，模拟北京 2013～2040 年的城市景观过程。

3) 量化多种生态系统服务的协同损失

参考 Raudsepp-Hearne 等(2010)、Turner 等(2014)和 Jia 等(2014)的研究，利用相关分析法和一元线性回归法识别城市景观过程对多种生态系统服务共同退化的影响。首先，基于 2013 年实际的土地利用/覆盖数据和模拟的 2013～2040 年的城市景观过程，得到北京 2040 年的土地利用/覆盖数据。在此基础上，采用多种生态系统服务测量方法(见 3.1 节部分)，在街道乡镇尺度上计算 2013 年和 2040 年五种生态系统服务的物质量，以及 1990～2013 年和 2013～2040 年的变化量。变化量的具体计算公式如式(8.30)所示：

$$\Delta \mathrm{ES}_{ij} = \mathrm{ES}_{ij}^{t_2} - \mathrm{ES}_{ij}^{t_1} \tag{8.30}$$

式中，$\Delta \mathrm{ES}_{ij}$ 为某时段内第 j 个行政单元上第 i 种生态系统服务的变化量，共有 295 个行政单元和五种生态系统服务；$\mathrm{ES}_{ij}^{t_1}$ 为 t_1 年行政单元 j 上第 i 种生态系统服务的值；$\mathrm{ES}_{ij}^{t_2}$ 为 t_2 年行政单元 j 上第 i 种生态系统服务的值。由于去除了气候变化因素对生态系统服务的影响，该值即可表征 t_1～t_2 年的城市景观过程对多种生态系统服务的物质量可能会造成的影响。如果变化量小于 0，表明区域内的生态系统服务增加；反之，表明区域内的生态系统服务退化，城市景观过程对生态系统服务带来了负面影响。

最后，利用 Pearson 相关系数和一元线性回归识别生态系统服务两两之间是否存在共同退化，并量化共同退化随着城市景观过程的变化程度。相关系数计算公式如式(8.31)所示(Freedman et al., 1991; Iversen and Gergen, 1997)：

$$R = \frac{\mathrm{cov}(X,Y)}{\sqrt{D(X)}\sqrt{D(Y)}} \tag{8.31}$$

式中，R 为生态系统服务 X 和生态系统服务 Y 之间的相关系数；$\mathrm{cov}(X, Y)$ 为 X 与 Y 之间的协方差；$D(X)$ 和 $D(Y)$ 分别为服务 X 和 Y 的方差。

若两种生态系统服务均随城市景观过程呈现降低趋势($R < 0$)，且这两种服务之间的散点图在城市景观过程前后均呈现显著的线性正相关($R^2 > 0.5$，$P < 0.01$)，则认为这两种服务间存在由城市景观过程造成的共同损失。若两种生态系统服务均随城市景观过程呈现增加趋势($R > 0$)，且这两种服务之间呈现显著的线性正相关关系($P < 0.01$)，则认为这两种服务间存在由城市景观过程造成的协同关系。若两种生态系统服务随城市景观过程呈现一种增加、另一种降低的趋势，且这两种服务之间呈现显著的线性负相关关系($P < 0.01$)，则认为这两种服务间存在由城市景观过程造成的权衡关系。相关系数随时间的增高或降低则表示由城市景观过程导致的两种生态系统服务之间关系程度的增强或者减弱。

4. 结果

1) 1990 年的生态系统服务格局

1990 年，北京食物供给、水源涵养、生境质量、碳储量和空气质量调节这 5 种生态系统服务的空间格局具有明显的空间异质性(图 8.19)。这 5 种服务的单位面积供给量分别为 3.43 t/hm^2、351.39 t/hm^2、0.65、126.34 Mg/hm^2 和 33.18 kg/hm^2。在北京的 16 个区中，东城和西城 5 种生态系统服务的供给能力最弱。从空间上看，北京的水源涵养、生境质量、碳储量和空气质量调节 4 种服务均呈现出西北高、东南低的格局特征，食物供给则与之相反(图 8.19)。

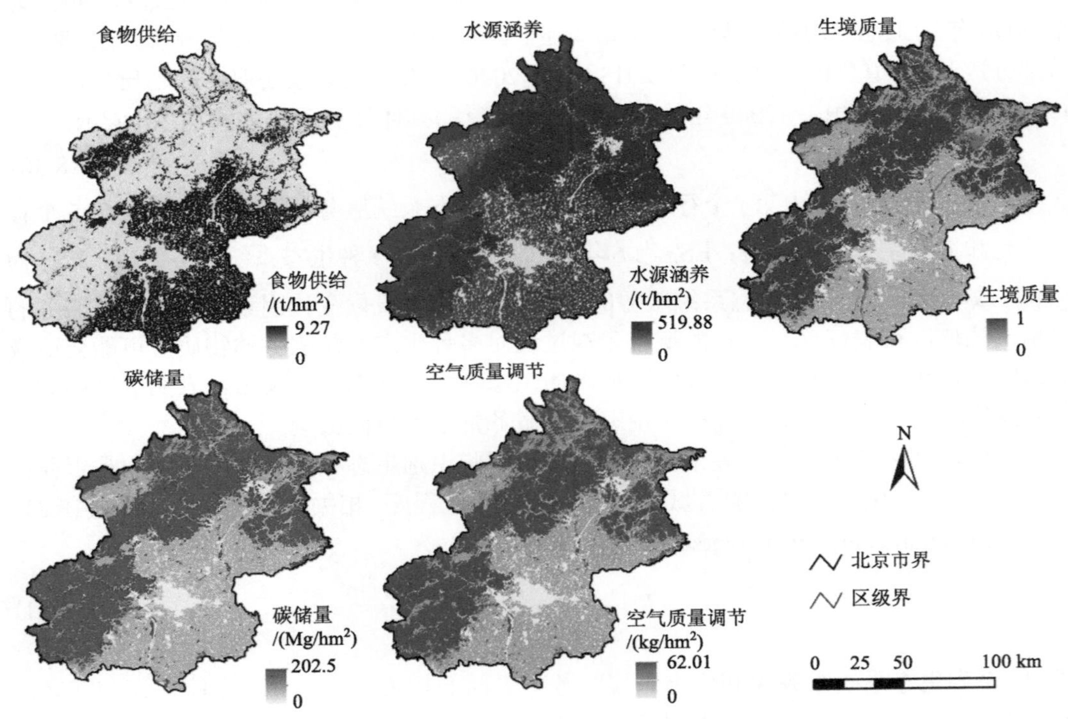

图 8.19　1990 年北京生态系统服务的空间格局

2) 1990～2013 年城市景观过程对多种生态系统服务的影响

在 1990～2013 年城市景观过程的影响下，北京食物供给、水源涵养、生境质量、碳储量和空气质量调节这 5 种生态系统服务均呈现出下降趋势，分别降低了 16.91%、6.95%、4.62%、4.18%和 2.32%。生态系统服务损失较严重的地区主要集中在朝阳、丰台和石景山等中心城区周边的区域。

1990～2013 年，北京单位面积食物供给服务下降最严重，从 3.43 t/hm^2 降低到 2.85 t/hm^2，降低了 16.91%(图 8.20)。在 16 个区中，朝阳的食物供给能力降幅最大，从 1990

年的 5.59 t/hm^2 降至 0.86 t/hm^2，降低了 4.73 t/hm^2，降幅高达 84.62%。其次是丰台，食物供给能力从 5.47 t/hm^2 降至 1.47 t/hm^2，降幅为 73.13%。

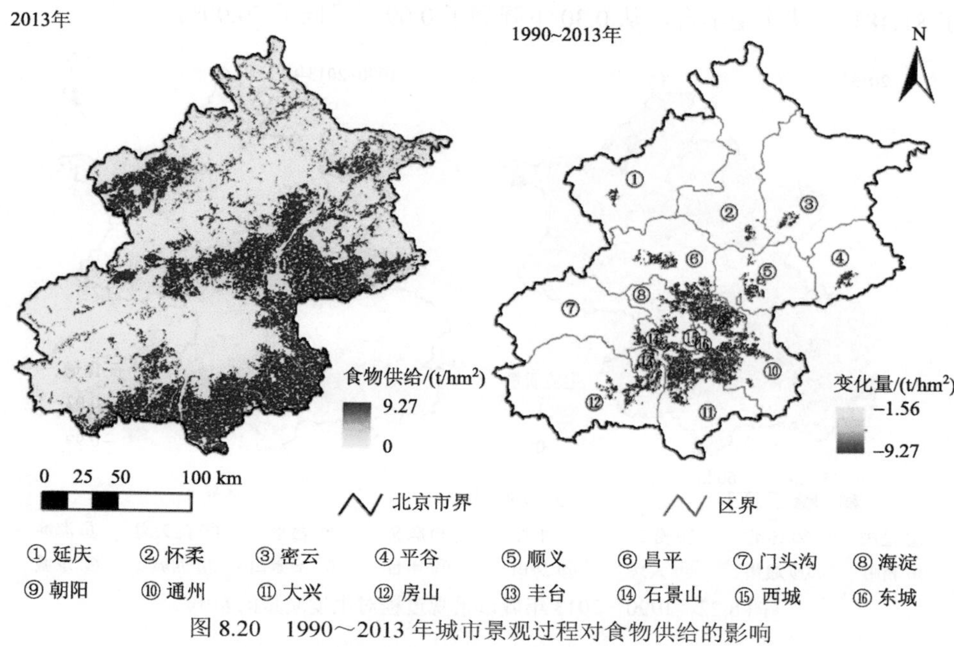

图 8.20　1990～2013 年城市景观过程对食物供给的影响

在 1990～2013 年的城市景观过程中，水源涵养服务从 351.39 t/hm^2 降至 326.98 t/hm^2，下降了 6.95%(图 8.21)。16 个区中，朝阳水源涵养服务下降最多，从 231.63 t/hm^2 降低至 37.07 t/hm^2，降低了 84.00%。丰台水源涵养服务降幅次之，降低了 163.49 t/hm^2，降幅为 70.26%。石景山再次，水源涵养服务降低了 45.92%。

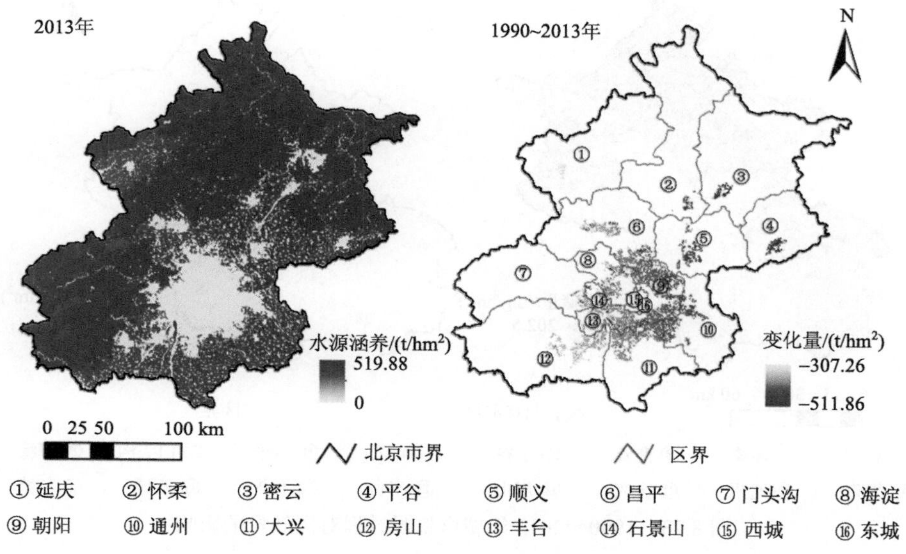

图 8.21　1990～2013 年城市景观过程对水源涵养的影响

北京生境质量从 1990 年的 0.65 降至 0.62，降低了 0.03(图 8.22)。高于该降幅的区共有 7 个，其中，朝阳降幅最大，该区生境质量从 1990 年的 0.27 降低至 2013 年的 0.05，下降了 81.48%。其次是丰台，从 0.30 下降到了 0.09，降低了 70.00%。

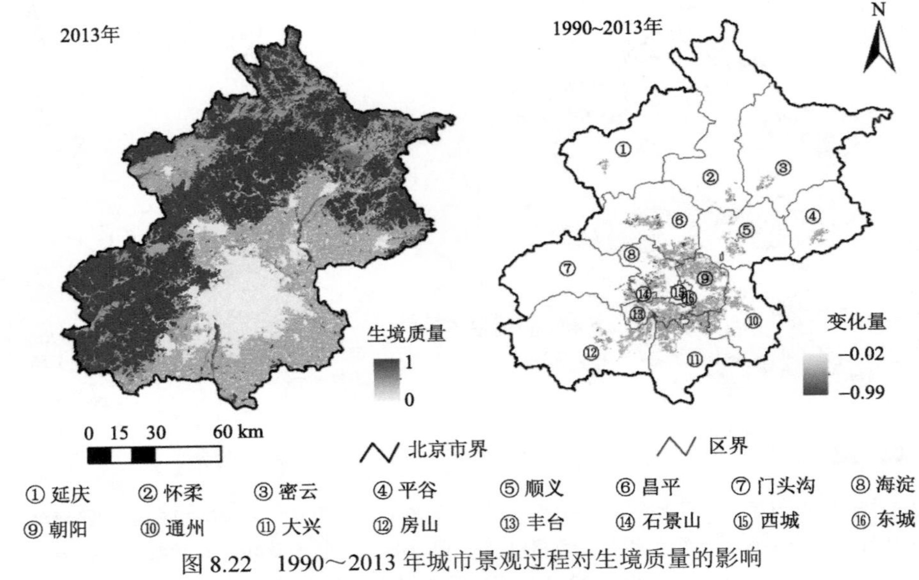

图 8.22　1990～2013 年城市景观过程对生境质量的影响

在城市景观过程影响下，北京碳储量从 1990 年的 126.34 Mg/hm^2 减少到 2013 年的 121.06 Mg/hm^2，减少了 4.18%(图 8.23)。在 16 个区中，朝阳碳储量损失量最大，从 46.25 Mg/hm^2 降低到 7.56 Mg/hm^2，减少了 38.69 Mg/hm^2。其次是丰台，碳储量从 54.47 Mg/hm^2 降至 17.63 Mg/hm^2，损失了 36.84 Mg/hm^2，降幅为 67.63%。

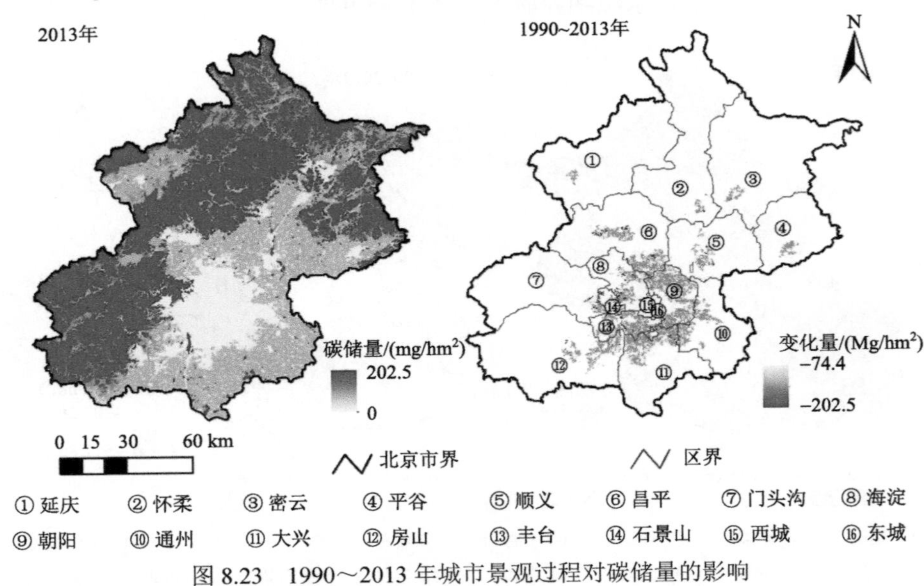

图 8.23　1990～2013 年城市景观过程对碳储量的影响

相较于上述 4 种服务，空气质量调节服务降幅最小，从 1990 年的 33.18 kg/hm^2 降低到 2013 年的 32.41 kg/hm^2，仅降低了 2.32%(图 8.24)。其中，丰台空气质量调节服务降幅最大，从 8.46 kg/hm^2 降至 3.06 kg/hm^2，降低了 5.40 kg/hm^2。其次，朝阳空气质量调节服务下降了 4.91 kg/hm^2，降幅为 82.23%。

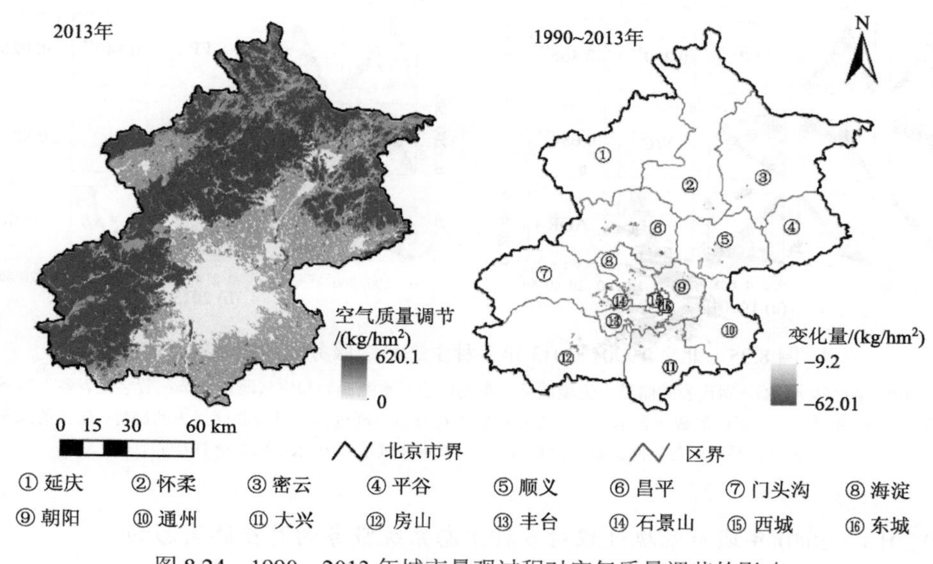

图 8.24　1990～2013 年城市景观过程对空气质量调节的影响

3) 1990～2013 年城市景观过程对多种生态系统服务的协同影响

1990～2013 年，有 6 对生态系统服务呈现出共同损失的关系特征。这 6 对服务均来自于支持服务和调节服务，分别是碳储量与生境质量、碳储量与水源涵养、碳储量与空气质量调节、生境质量与水源涵养、生境质量与空气质量调节以及水源涵养与空气质量调节(图 8.25)。具体而言，碳储量、生境质量、水源涵养和空气质量调节这 4 种生态系统服务均呈现降低趋势。同时，这 4 种服务形成的 6 对服务的散点图均呈显著的线性正相关特征，都通过了 0.01 水平的显著性检验。

1990～2013 年，城市景观过程导致 6 对生态系统服务共同损失的程度增强。一方面，碳储量、生境质量、水源涵养和空气质量调节这 4 种服务在城市景观过程中，均呈现降低趋势。另一方面，碳储量、生境质量、水源涵养和空气质量调节这 4 种服务两两之间的 Pearson 相关系数均呈现增加趋势。例如，1990 年水源涵养与空气质量调节之间的 Pearson 相关系数较小，仅为 0.681，到 2013 年则增至 0.802，增加了 0.121。相比之下，碳储量、生境质量和空气质量调节这 3 种服务之间的 Pearson 相关系数在 1990 年和 2013 年保持在较高水平，均大于 0.900，但仍有不同程度的增加。

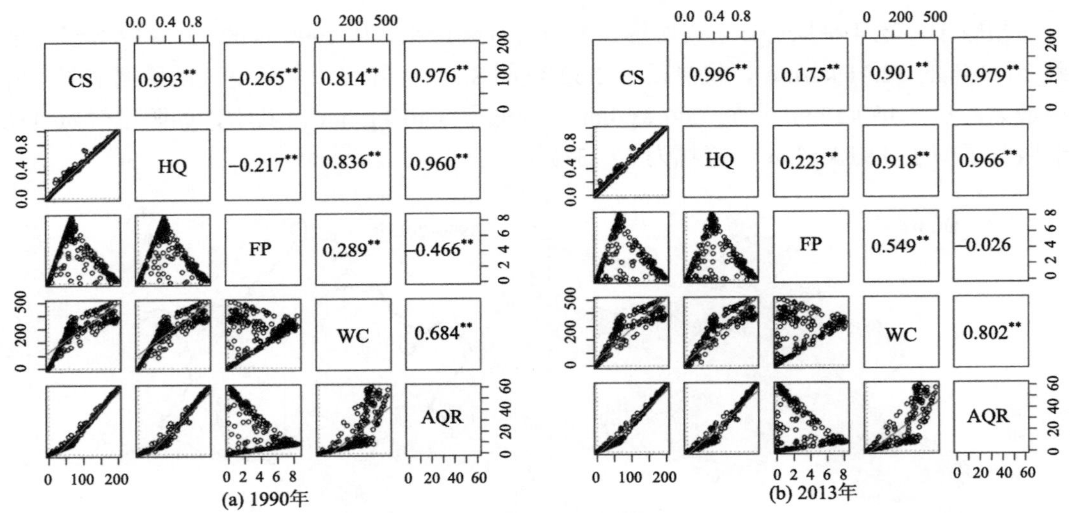

图 8.25　北京 1990～2013 年多种生态系统服务之间关系的动态

CS、HQ、FP、WC 和 AQR 分别代表碳储量、生境质量、食物供给、水源涵养和空气质量调节；数字代表各生态系统服务对之间的 Pearson 相关系数，蓝色的数字表示该对生态系统服务在城市景观过程中呈现共同损失的趋势，红色的线条代表各对生态系统服务之间的线性回归线；** 表示通过了 0.01 水平的显著性检验。

4) 2013～2040 年城市景观过程对多种生态系统服务的潜在协同影响

在未来城市景观过程影响下，生境质量、碳储量、水源涵养和空气质量调节 4 种生态系统服务将继续呈现出共同损失的关系特征。这 4 种生态系统服务之间的 6 对服务仍表现为正相关关系，并且均通过了 0.01 水平的显著性检验(图 8.26)。其中，水源涵养与空气质量调节之间的 Pearson 相关系数最小，为 0.857。其余 5 对生态系统服务的 Pearson 相关系数均大于 0.920，碳储量与生境质量间的相关系数最高，为 0.997。

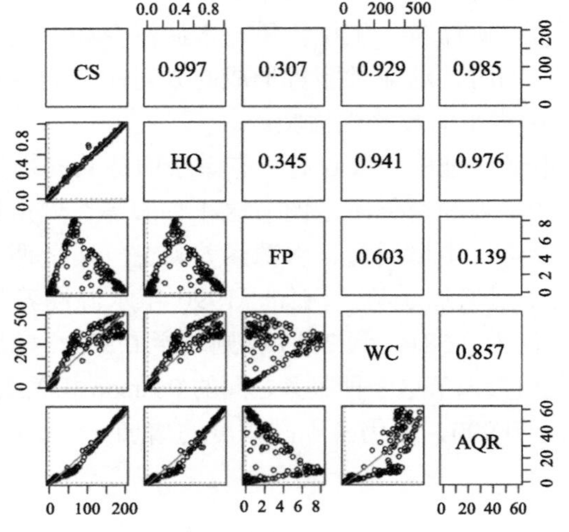

图 8.26　北京 2040 年多种生态系统服务之间的关系

CS、HQ、FP、WC 和 AQR 分别代表碳储量、生境质量、食物供给、水源涵养和空气质量调节。

相较于 2013 年，城市景观过程导致各生态系统服务共同损失的程度将进一步增强。碳储量与生境质量、碳储量与水源涵养、碳储量与空气质量调节、生境质量与水源涵养、生境质量与空气质量调节以及水源涵养与空气质量调节这 6 对服务在 2040 年的 Pearson 相关系数均高于其 2013 年的数值，增长幅度从 0.001 到 0.055 不等(图 8.26)。其中，水源涵养与空气质量调节的增幅最大，将从 2013 年的 0.802 增加至 2040 年的 0.857。相反，碳储量与生境质量的相关系数变化甚微，仍保持在非常高的水平。

与此同时，随着城市景观过程的推进，各服务的损失程度将逐渐加剧(图 8.27)。水源涵养、生境质量、碳储量和空气质量调节 4 种生态系统服务在 2013～2040 年的年均损失量明显高于其在 1990～2013 年的年均损失量(图 8.27)。其中，空气质量调节服务的损失最显著，该服务在后一时期的年均损失量将为 0.18%，比前一时期高出 0.08 个百分点。相似地，水源涵养在后一时期的年均损失量比前一时期高 0.03%。但食物供给在后一时期的年均损失量则比前一时期低 0.01%。这也从另一个角度表明，碳储量、生境质量、水源涵养和空气质量调节 4 种服务之间共同损失的程度呈增强趋势。

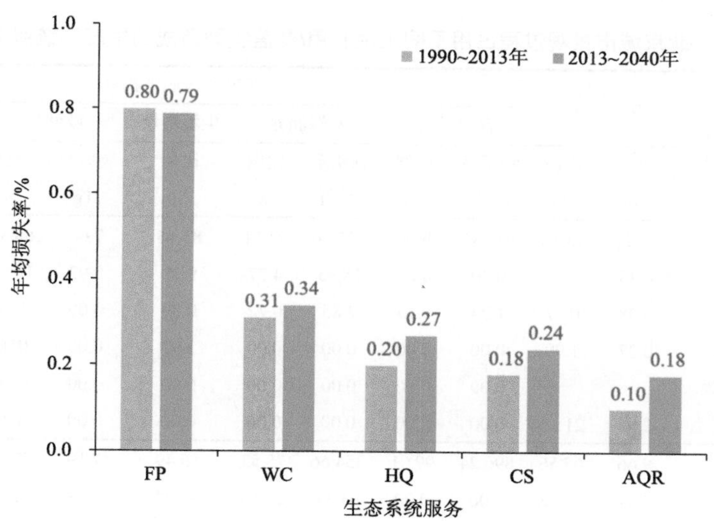

图 8.27　对比北京 1990～2013 年和 2013～2040 年的生态系统服务年均损失率

CS、HQ、FP、WC 和 AQR 分别代表碳储量、生境质量、食物供给、水源涵养和空气质量调节。

5. 讨论

1) 城市景观过程占用耕地和草地是多种生态系统服务协同损失的主因

城市用地占用耕地和林地是造成北京多种生态系统服务共同损失的主要原因。1990～2013 年，北京城市用地占用耕地和林地的面积为 10.66 万 hm^2，占新增城市用地总面积的 76.42%。由耕地和林地减少导致的食物供给、水源涵养、碳储量、空气质量调节和生境质量的损失分别占每种服务总损失量的 99.87%、99.28%、98.94%、98.27%和 95.14%(表 8.15)。

2013～2040 年，城市用地占用耕地和林地的面积会进一步扩大，将达到 11.97 万 hm^2，占新增城市用地总面积的比例也将上升到 81.24%。由耕地和林地损失造成的食物供给、水源涵养、生境质量、碳储量和空气质量调节的损失量均占各服务总损失量的 90%以上(表 8.15)。

多种生态系统服务共同损失程度呈增强趋势的主要原因是北京未来城市用地将占用更多可以提供多种生态系统服务的林地。一方面，在未来的城市景观过程中，新增城市用地中林地贡献的比例将显著上升(表 8.15)。在新增城市用地中，占用林地的比例从将 1990～2013 年的 3.24%增至 2013～2040 年的 15.68%，预计增加 4.84 倍。另一方面，2013～2040 年城市用地占据林地引发的各生态系统服务的损失量将是 1990～2013 年同种过程下各服务损失量的 3.4 倍以上。具体而言，2013～2040 年城市用地占据林地引发的水源涵养、生境质量、碳储量和空气质量调节损失量将分别达到 94.37×10^5 t、34.22%、4.68 Tg 和 14.33×10^5 kg，分别是 1990～2013 年由于城市用地占用林地带来的这 4 种生态系统服务损失量的 4.98 倍、3.43 倍、5.09 倍和 5.12 倍。

表 8.15 北京城市景观过程占用不同土地利用/覆盖类型造成的生态系统服务损失

时段	土地利用/覆盖类型	城市扩展		生态系统服务损失								
				食物供给		水源涵养		生境质量	碳储量		空气质量调节	
		面积/万 hm^2	比例/%	物质量/10^3 t	比例/%	物质量/10^5 t	比例/%	比例/%	物质量/Tg	比例/%	物质量/10^5 kg	比例/%
1990～2013 年	耕地	10.21	73.18	946.85	99.87	375.66	94.51	85.16	7.60	88.30	9.39	75.68
	林地	0.45	3.24	0.00	0.00	18.95	4.77	9.98	0.92	10.64	2.80	22.59
	草地	0.08	0.57	1.24	0.13	2.85	0.72	0.89	0.09	1.06	0.22	1.61
	水域	0.27	1.90	0.00	0.00	0.00	0.00	3.97	0.00	0.00	0.00	0.00
	未利用地	—	—	0.00	0.00	0.00	0.00	0.00	0.00	0.00	0.00	0.00
	农村居民点	2.94	21.11	0.00	0.00	0.00	0.00	0.00	0.00	0.00	0.00	0.00
2013～2040 年	耕地	9.66	65.56	896.24	99.01	354.66	75.53	56.49	7.19	57.38	8.89	35.88
	林地	2.31	15.68	0.00	0.00	94.37	20.10	34.22	4.68	37.35	14.33	57.83
	草地	0.58	3.91	8.99	0.99	20.50	4.37	4.23	0.66	5.27	1.56	6.30
	水域	0.49	3.34	0.00	0.00	0.00	0.00	5.06	0.00	0.00	0.00	0.00
	未利用地	0.00	0.02	0.00	0.00	0.00	0.00	0.00	0.00	0.00	0.00	0.00
	农村居民点	1.69	11.49	0.00	0.00	0.00	0.00	0.00	0.00	0.00	0.00	0.00

注：由于四舍五入，部分生态系统服务的百分比之和不等于 100%。

换言之，虽然 2013～2040 年的林地损失量仅占城市扩展总面积的 15.68%，仅比 1990～2013 年城市景观过程中林地损失量高 12.44%，但由林地损失所导致的水源涵养、生境质量、碳储量和空气质量调节服务的损失量占每种服务总损失量的比例却将高达 20.10%、34.22%、37.35%和 57.83%，分别比 1990～2013 年城市用地扩展占用林地导致的 4 种生态系统服务损失高出 15.33%、24.24%、26.71%和 35.24%。这表明，林地面积减少会加剧多种生态系统服务的共同损失程度。

2）政策启示

城市景观过程影响区域生态系统服务共同损失的现象具有一定普遍性。已有学者的研究表明，城市景观过程可能造成支持服务、供给服务和调节服务的共同损失(表 8.16)。例如，Seto 等(2012)和 Eigenbrod 等(2011)的研究均表明，在未来 15 年，生境质量、食物供给和碳储量会随着城市用地的扩展而降低。除了上述 4 种生态系统服务，还有研究表明城市景观过程会造成其他生态系统服务的共同退化。例如，Blumstein 和 Thompson(2015)在美国马萨诸塞州的研究表明，净水供给和洪水调节能力在城市景观过程中呈现同时降低趋势。Foley 等(2005) 在其综述中指出，城市景观过程会同时大幅降低水质调节、温度调节和疾病调节等服务。本节发现，随着城市景观过程，中国北京的水源涵养、生境质量、碳储量和空气质量调节这 4 种生态系统服务将呈现共同退化的现象。该现象与已有研究存在一致性。

表 8.16　量化城市景观过程对多种生态系统服务共同损失影响的代表性研究

尺度	研究区	时段(年份)	生态系统服务损失			参考文献
			支持服务	供给服务	调节服务	
全球	全球	2000～2015		物种栖息地	碳储量	Nelson et al., 2009
	全球	2000～2030	栖息地和生物多样性		碳库	Seto et al., 2012
	全球			水源供给	水质；疾病调节；空气质量调节；温度调节	Foley et al., 2005
国家	英国	2006～2031		食物供给	碳储量	Eigenbrod et al., 2011
	美国马萨诸塞州	2001～2011	生境质量	淡水供给	洪水调节	Blumstein and Thompson, 2015
局地	美国佛罗里达州的两个流域	2003～2060		木材产量	碳储量	Delphin et al., 2016
	中国密云水库流域	1990～2009		淡水供给	水质净化	李屹峰等, 2013

城市景观过程影响区域生态系统服务共同损失的主要原因是林地和耕地等高生态服务土地被占据。例如，Delphin 等(2016)的研究表明，城市用地占据 12%～21%的林地，将导致木材产量下降 11%～21%，碳储量降低 16%～26%。Blumstein 和 Thompson(2015)的研究也发现，2001～2011 年马萨诸塞州多种生态系统服务降低的主要原因是林地和耕地转变成了城市用地。Seto 等(2012)预测了全球的城市景观过程，预计到 2030 年，全球城市面积将是 2000 年的 3 倍。在该过程中，城市用地占据林地和耕地，会导致植被生物量的大量损失，进而对区域碳库带来直接的负面影响。研究发现，北京城市用地占用林地和耕地导致的食物供给、水源涵养、碳储量和空气质量调节服务的损失占各服务总损失量的 93%以上。该发现与已有研究也具有一致性。

在未来，城市景观过程将不可避免地继续造成多种生态系统服务的共同退化，城市发展规划政策应聚焦林地和耕地保护。特别是在发展中国家的快速城市扩展区域，无序和低密度的城市景观过程将占用能提供多种生态系统服务的林地和耕地。未来预计显示，全球发展中国家的城市用地面积将从2000年的3.0×10^5 km^{2}增加到2050年的1.2×10^6 km^2，将增加4倍，而平均有一半的新增城市用地将占用耕地（Angel et al., 2011）。并且，未来全球快速城市景观过程也会对林地造成不同程度的数量损失以及其他不可忽略的负面影响（Seto et al., 2012; Nowak and Walton, 2005; Eigenbrod et al., 2011）。基于此，在未来的土地利用规划和管理过程中，应当准确识别易受城市景观过程影响的林地和耕地的位置，并制定可持续土地利用政策（Delphin et al., 2016; Foley et al., 2005），以期降低区域多种生态系统服务共同退化的风险。因此，应促进城市用地的集约和节约使用，对该区的林地和耕地予以科学规划，制定切实可行的保护政策。

3）未来展望

本节也存在一定的不足。首先，城市景观过程可能会对多种生态系统服务造成影响，如木材产量、水质净化以及文化服务（Maraja et al., 2016），但受制于数据可获取性和计算方法的适用性，研究尚未考虑。其次，本节使用的土地利用/覆盖数据空间分辨率较粗，不能准确反映城市内部的景观异质性和城市内部提供的生态系统服务。最后，本节仅采用数理统计方法识别了多种生态系统服务的共同退化现象，但该现象尚需其他方法进一步验证。不过，这些不足并不会对本节结果的可靠性造成影响。因为，结合多种生态系统服务测量方法、城市景观过程模型 LUSD-urban 和数理统计分析方法，可以有效地刻画未来城市景观过程对多种生态系统服务共同退化现象的潜在影响。同时，在北京的发现对快速城市化地区具有一定普遍意义。

在未来的研究工作中，首先可以进一步探索其他可以快速、准确衡量生态系统服务的指标，丰富现有研究中的生态系统服务种类。其次，未来可以通过获取高精度土地利用/覆盖数据，以更准确地测量城市内部的生态系统服务供给量。最后，可以使用均方根误差法（Jia et al., 2014）、Bagplot 法（Jopke et al., 2015）和生态系统服务集（Raudsepp-Hearne et al., 2010）等多种方法分析生态系统服务之间的关系特征，对现有结果进行对比和验证。

6. 结论

城市景观过程通常以多种生态系统服务的损失为代价，常造成多种生态系统服务的共同退化。造成这种现象的主要原因是城市用地占据可以同时提供多种生态系统服务的林地和耕地。在未来，城市景观过程造成多种生态系统服务共同退化的现象仍将继续，甚至多种服务共同退化的程度会加剧。

在 1990～2013 年的快速城市景观过程中，北京的水源涵养、生境质量、碳储量和空气质量调节这 4 种生态系统服务分别下降了 6.95%、4.48%、4.12%和 2.30%，两两之间的相关系数从 0.681～0.993 增至 0.802～0.996，共同退化的程度随城市景观过程的推进逐步增强。2013～2040 年，在城市景观过程的影响下，这 4 种服务的退化程度会更高，将分别降低 8.81%、6.96%、6.36%和 4.69%，两两之间的相关系数也将进一步增至 0.857～

0.997。未来城市用地将占用更多的林地，是导致北京 4 种生态系统服务之间共同退化越来越强的主要原因。预计 2013～2040 年的新增城市用地中将有 15.54%来自于林地，高于 1990～2013 年的 3.57%。同时，2013～2040 年城市用地通过占用林地造成的各生态系统服务退化量将是 1990～2013 年同种过程下各服务退化量的 3.4 倍以上。

因此，建议在快速城市化地区未来的土地利用规划和管理过程中，要重点保护易受城市景观过程影响的林地和耕地等高生态用地，以期降低城市景观过程造成的区域多种生态系统服务共同退化的风险。在北京，应当对城市用地大量占据林地和耕地的房山和昌平给予高度关注，保障区域的可持续发展。

参 考 文 献

摆万奇, 赵士洞. 2001. 土地利用变化驱动力系统分析. 资源科学, 23(3): 39-41.

北京市人民政府. 2005. 北京城市总体规划(2004—2020 年).

北京市人民政府. 2005. 北京交通发展纲要(2004—2020 年).

北京市人民政府. 2012. 北京市人民政府关于 2012 年实施平原地区 20 万亩造林工程的意见.

北京市人民政府. 2016. 北京市十三五时期节能降耗及应对气候变化规划.

北京市人民政府. 2009. 北京市土地利用总体规划(2006—2020 年).

北京市统计局. 2014. 北京统计年鉴 2013. 北京: 中国统计出版社.

常顺利, 杨洪晓, 葛剑平. 2005. 净生态系统生产力研究进展与问题. 北京师范大学学报(自然科学版), 41(5): 517-521.

陈利军, 刘高焕, 冯险峰. 2002. 遥感在植被净第一性生产力研究中的应用. 生态学杂志, 21(2): 53-57.

陈宜瑜, 吕宪国. 2003. 湿地功能与湿地科学的研究方向. 湿地科学, 1(1): 7-10.

杜军, 宁晓刚, 刘纪平, 等. 2019. 基于遥感监测的北京市城市空间扩展格局与形态特征分析. 地域研究与开发, 38(2): 73-78.

段增强, Verburg P H, 张凤荣, 等. 2004. 土地利用动态模拟模型的构建及其应用——以北京市海淀区为例. 地理学报, 59(6): 1037-1047.

方精云, 柯金虎, 唐志尧, 等. 2001. 生物生产力的“4P”概念、估算及其相互关系. 植物生态学报, 25(4): 414-419.

方精云, 刘国华, 徐嵩龄. 1996. 中国陆地生态系统的碳库, 温室气体浓度和排放监测及相关过程. 北京: 中国环境科学出版社.

宫兆宁, 赵文吉, 宫辉力, 等. 2006. 基于遥感技术北京湿地资源变化研究. 中国科学(E 辑　技术科学), 36 (增刊): 94-103.

顾朝林. 1999. 北京土地利用/覆盖变化机制研究. 自然资源学报, 14(4): 307-312.

国家统计局. 1982. 中国统计年鉴 1982. 北京: 中国统计出版社.

国家统计局. 2014. 中国统计年鉴 2014. 北京: 中国统计出版社.

何春阳, 陈晋, 史培军, 等. 2003. 大都市区城市扩展模型——以北京城市扩展模拟为例. 地理学报, 58(2): 294-304.

何春阳, 李景刚, 陈晋, 等. 2005. 基于夜间灯光数据的环渤海地区城市化过程. 地理学报, 60(3): 409-417.

何春阳, 史培军. 2009. 景观城市化与土地系统模拟. 北京: 科学出版社.

何春阳, 史培军, 陈晋, 等. 2002. 北京地区城市化过程与机制研究. 地理学报, 57(3): 363-371.

姜群鸥, 邓祥征, 战金艳, 等. 2008. 黄淮海平原耕地转移对植被碳储量的影响. 地理研究, 27(4): 839-846.

匡文慧, 邵全琴, 刘纪远, 等. 2012. 1932 年以来北京主城区土地利用空间扩张特征与机制分析. 地球信息科学学报, 11(4): 428-435.
李洁, 张远东, 顾峰雪, 等. 2014. 中国东北地区近 50 年净生态系统生产力的时空动态. 生态学报, 34(6): 1490-1502.
李景刚, 何春阳, 李晓兵. 2008. 快速城市化地区自然/半自然景观空间生态风险评价研究——以北京为例. 自然资源学报, 23(1): 33-47.
李景刚, 何春阳, 史培军, 等. 2004. 近 20 年中国北方 13 省的耕地变化与驱动力. 地理学报, 59(2): 274-282.
李廉水, 宋乐伟. 2003. 新型工业化道路的特征分析. 中国软科学, (9): 382-421.
李玲玲, 宫辉力, 赵文吉. 2008. 1996～2006 年北京湿地面积信息提取与驱动因子分析. 首都师范大学学报(自然科学版), 29(3): 95-101
李双成. 2014. 生态系统服务地理学. 北京: 科学出版社.
李屹峰, 罗跃初, 刘纲, 等. 2013. 土地利用变化对生态系统服务功能的影响——以密云水库流域为例. 生态学报, 33(3): 63-73.
蔺雪芹, 王岱, 刘旭. 2015. 北京城市空间扩展的生态环境响应及驱动力. 生态环境学报, (7): 1159-1165.
刘芳, 迟耀斌, 王智勇, 等. 2009. NPP 列入生态统计指标体系的潜力分析——以北京地区 NPP 测算与空间分析为例. 生态环境学报, 18(3): 960-966.
刘纪远, 刘明亮, 庄大方, 等. 2002. 中国近期土地利用变化的空间格局分析. 中国科学 D 辑, 32(12): 1031-1041.
刘纪远, 王绍强, 陈镜明, 等. 2004. 1990～2000 年中国土壤碳氮蓄积量与土地利用变化. 地理学报, 59(4): 483-496.
刘盛和, 吴传钧, 沈洪泉. 2000. 基于 GIS 的北京城市土地利用扩展模式. 地理学报, 55(4): 407-416.
刘松雪, 林坚. 2018. 北京城市居住用地扩张模式研究. 城市发展研究, 25(12): 106-112.
刘涛, 曹广忠, 王娟, 等. 2010. 城市用地扩张及驱动力研究进展. 地理科学进展, 29(8): 927-934.
牟凤云, 张增祥, 迟耀斌, 等. 2007. 基于多源遥感数据的北京市 1973～2005 年间的城市建成区的动态监测和与驱动力分析. 遥感学报, 11(2): 257-268.
钱杰. 2004. 大都市碳源碳汇研究——以上海市为例. 上海: 华东师范大学.
邵景安, 陈兰, 李阳兵, 等. 2008. 未来区域土地利用驱动力研究的重要命题: 尺度依赖. 资源科学, 30(1): 58-63.
史培军, 江源, 王静爱, 等. 2004. 土地利用/覆盖变化与生态安全响应机制. 北京: 科学出版社.
孙新亮, 方创琳. 2006. 干旱区城市化过程中的生态风险评价模型及应用——以河西地区城市化过程为例. 干旱区地理, 29(5): 668-674.
谈明洪, 李秀彬, 吕昌河. 2003. 我国城市用地扩张的驱动力分析. 经济地理, 23(5): 635-639.
谈明洪, 朱会义, 刘林山, 等. 2007. 北京周围建设用地空间分布格局及解释. 地理学报, 62(8): 861-869.
王济川, 郭志刚. 2001. Logistic 回归模型——方法与应用. 北京: 高等教育出版社.
王军邦. 2004. 中国陆地净生态系统生产力遥感模型研究. 杭州: 浙江大学农业生态研究所.
王新文, 管锡展. 2001. 城市化趋向与我国城市可持续发展的现实选择. 中国人口 · 资源与环境, 11(2): 49-52.
吴健生, 曹祺文, 石淑芹, 等. 2015. 基于土地利用变化的京津冀生境质量时空演变. 应用生态学报, 26(11): 3457-3466.
许学工, 林辉平, 付在毅, 等. 2001. 黄河三角洲湿地区域生态风险评价. 北京大学学报(自然科学版), 37(1): 111-120.
颜磊, 许学工, 谢正磊, 等. 2009. 北京市域生态敏感性综合评价. 生态学报, 29(6): 3117-3125.

姚士谋, 陈振光, 王波, 等. 2008. 我国沿海大城市的发育机制与成长因素. 地域研究与开发, 27(3): 1-6.

尹锴, 田亦陈, 袁超, 等. 2015. 基于 CASA 模型的北京植被 NPP 时空格局及其因子解释. 国土资源遥感, 27(1): 133-139.

张红旗, 许尔琪, 朱会义. 2015. 中国“三生用地”分类及其空间格局. 资源科学, 37(7): 1332-1338.

张华, 张勃, Verburg P. 2007. 不同水资源情景下干旱区未来土地利用/覆盖变化模拟——以黑河中上游张掖市为例. 冰川冻土, 29(3): 397-405.

张有全, 宫辉力, 赵文吉, 等. 2007. 北京市 1990～2000 年土地利用变化机制分析. 资源科学, 29(3): 206-213.

张志锋, 赵文吉, 贾萍, 等. 2004. 北京湿地分析与监测. 地球信息科学, 6(1): 53-57.

赵先贵, 马彩虹, 肖玲, 等. 2013. 北京市碳足迹与碳承载力的动态研究. 干旱区资源与环境, 27(10): 8-12.

郑小康, 李春晖, 黄国和, 等. 2008. 流域城市化对湿地生态系统的影响研究进展. 湿地科学, 6(1): 87-96.

中国气象局. 2007. 地面气象观测规范. 北京: 气象出版社.

中华人民共和国国务院. 2016. 中华人民共和国国民经济和社会发展第十三个五年规划纲要(2016—2020). 北京: 人民出版社.

周涛, 史培军. 2006. 土地利用变化对中国土壤碳储量变化的间接影响. 地球科学进展, 21(2): 138-143.

朱文泉, 潘耀忠, 张锦水. 2007. 中国陆地植被净初级生产力遥感估算. 植物生态学报, 31(3): 413-424.

Ali M, Jusoff K. 2007. Impact of wetland urbanization in Kuala Lumpur, Malaysia. International Journal of Energy and Environment, 1(2): 127-132.

Alonso W. 1964. Location and Land Use: Towards A General Theory of Land Rent. Cambridge, Massachusetts: Harvard University Press.

Anaya-Romero M, Muñoz-Rojas M, Ibáñez B, et al. 2016. Evaluation of forest ecosystem services in Mediterranean areas. A regional case study in South Spain. Ecosystem Services, 20: 82-90.

Angel S, Parent J, Civco D, et al. 2011. The dimensions of global urban expansion: Estimates and projections for all countries, 2000-2050. Progress in Planning, 75(2): 53-107.

Barredo J, Kasanko M, McCormick N, et al. 2003. Modelling dynamic spatial processes: Simulation of urban future scenarios through cellular automata. Landscape and Urban Planning, 64(3): 145-160.

Batty M. 1979. Progress, success, and failure in urban modeling. Environment and Planning A, 2(3): 863-878.

Blumstein M, Thompson J. 2015. Land-use impacts on the quantity and configuration of ecosystem service provisioning in Massachusetts, USA. Journal of Applied Ecology, 52(4): 32-47.

Cantarello E, Newton A, Hill R. 2011. Potential effects of future land-use change on regional carbon stocks in the UK. Environmental Science & Policy, 14(1): 40-52.

Chen J. 2007. Rapid urbanization in China: A real challenge to soil protection and food security. Catena, 69(1): 1-15.

Chen J, Gong P, He C, et al. 2002. Assessment of the urban development plan of Beijing by using a CA-based urban growth model. Photogrammetric Engineering and Remote Sensing, 68(10): 1063-1072.

Clarke K, Gaydos L, Hoppen S. 1997. A self-modified cellular automaton model of historical urbanization in the San Francisco Bay area. Environment and Planning B, 24(2): 247-261

Delphin S, Escobedo F J, Abd-Elrahman A, et al. 2016. Urbanization as a land use change driver of forest ecosystem services. Land Use Policy, 54: 188-199.

Ding C. 2004. Urban spatial development in the land policy reform era: Evidence from Beijing. Urban Studies, 41(10): 1889-1907.

Eggleston H, Buendia L, Miwa K, et al. 2006. IPCC Guidelines for National Greenhouse Gas Inventories.

http: //www. ipcc-nggip. iges. or. jp/public/2006gl/index. html. Japan: Institute for Global Environmental Strategies.

Eigenbrod F, Bell, V A, Davies H N, et al. 2011. The impact of projected increases in urbanization on ecosystem services. Proceedings Biological Sciences, 278(1722): 3201-3208.

Fang J, Liu G, Zhu B, et al. 2007. Carbon budgets of three temperate forest ecosystems in Dongling Mt. , Beijing, China. Science in China Series D-Earth Sciences, 50(1): 92-101.

Foley J, DeFries R, Asner G, et al. 2005. Global consequences of land use. Science, 309: 570-574.

Forman R, Gordon M. 1986. Landscape Ecology. New York: John Wiley & Sons.

Freedman D, Pisaui R, Purves R, et al. 1991. Statistics. New York, W. W Norton & Company.

Fu B, Hu C, Chen L, et al. 2006. Evaluating change in agricultural landscape pattern between 1980 and 2000 in the Loess hilly region of Ansai County, China. Agriculture, Ecosystems and Environment, 114(2-4): 387-396.

Fu B, Yu L, Lü Y, et al. 2011. Assessing the soil erosion control service of ecosystems change in the Loess Plateau of China. Advanced Materials, 8(4): 284-293.

Gao Z, Liu J, Cao M, et al. 2005. Impacts of land-use and climate changes on ecosystem productivity and carbon cycle in the cropping-grazing transitional zone in China. Science in China Series D-Earth Sciences, 48(9): 1479-1491.

GBC. 2005. The Beijing city master plan 2004-2020. Beijing Planning Review, 2: 5-51.

Goldstein J, Caldarone G, Duarte T, et al. 2012. Integrating ecosystem-service tradeoffs into land-use decisions. Proceedings of the National Academy of Sciences of the United States of America, 109(19): 7565-7570.

Han J, Hayashi Y, Cao X, et al. 2009. Application of an integrated system dynamics and cellular automata model for urban growth assessment: A case study of Shanghai, China. Landscape and Urban Planning, 91(3): 133-141.

Hankey S, Marshall J. 2010. Impacts of urban form on future US passenger-vehicle greenhouse gas emissions. Energy Policy, 38(9): 4880-4887.

He C, Okada N, Zhang Q, et al. 2006. Modeling urban expansion scenarios by coupling cellular automata model and system dynamic model in Beijing, China. Applied Geography, 26(3-4): 323-345.

He C, Okada N, Zhang Q, et al. 2008. Modelling dynamic urban expansion processes incorporating a potential model with cellular automata. Landscape and Urban Planning, 86(1): 79-91.

He C, Tian J, Shi P, et al. 2011. Simulation of the spatial stress due to urban expansion on the wetlands in Beijing, China using a GIS-based assessment model. Landscape and Urban Planning, 101(3): 269-277.

He C, Zhang D, Huang Q, et al. 2016. Assessing the potential impacts of urban expansion on regional carbon storage by linking the LUSD-urban and InVEST models. Environmental Modelling & Software, 75: 44-58.

He C, Zhao Y, Tian J, et al. 2013. Modeling the urban landscape dynamics in a megalopolitan cluster area by incorporating a gravitational field model with cellular automata. Landscape and Urban Planning, 113: 78-89.

Hu Z, Du P, Guo D. 2007. Analysis of urban expansion and driving forces in Xuzhou city based on remote sensing. Journal of China University Mining & Technology, 17(2): 267-271.

Hu Z, Lo C. 2007, Modeling urban growth in Atlanta using logistic regression. Computers, Environment and Urban System, 31(6): 667-688.

Huh K, Deurer M, Sivakumaran S, et al. 2008. Carbon sequestration in urban landscapes: the example of a turfgrass system in New Zealand. Soil Research, 46(7): 610-616.

IGBP Secretariat. 2005. GLP Science Plan and Implementation Strategy. Stockholm: IGBP Report No. 53/IHDP Report No. 19.

International Geosphere-Biosphere Program Committee on Global Change. 1998. Toward an Understanding of Global Change. Washington, DC: National Academy Press.

Iversen G, Gergen M. 1997. Statistics-the Conceptual Approach. New York: Springer Verlag.

Janssens I, Freibauer A, Ciais P, et al. 2003. Europe's terrestrial biosphere absorbs 7 to 12% of European anthropogenic CO_2 emissions. Science, 300(5625): 1538-1542.

Jia X, Fu B, Feng X, et al. 2014. The tradeoff and synergy between ecosystem services in the grain-for-green areas in northern shaanxi, china. Ecological Indicators, 43: 103-113.

Jones K, Lanthier Y, Voet P, et al. 2009. Monitoring and assessment of wetlands using Earth Observation: The GlobWetland project. Journal of Environmental Management, 90(7): 2154-2169.

Jopke C, Kreyling J, Maes J, et al. 2015. Interactions among ecosystem services across Europe: Bagplots and cumulative correlation coefficients reveal synergies, trade-offs, and regional patterns. Ecological Indicators, 49: 46-52.

Joseph S. 1994. Rapid assessment of wetlands: history and application to management//Mitsch W J. Global Wetlands: Old World and New. Amsterdam: Elsevier: 623-636.

Kuang W. 2011. Simulating dynamic urban expansion at regional scale in Beijing-Tianjin-Tangshan Metropolitan Area. Journal of Geographical Sciences, 21(2): 317.

Lal R. 2004. Soil carbon sequestration impacts on global climate change and food security. Science, 304(5677): 1623-1627.

Landuyt D, Broekx S, Engelen G, et al. 2016. The importance of uncertainties in scenario analyses-A study on future ecosystem service delivery in Flanders. Science of the Total Environment, 553: 504-518.

Li F, Wang R, Paulussen J, et al. 2005. Comprehensive concept planning of urban greening based on ecological principles: a case study in Beijing, China. Landscape and Urban Planning, 72(4): 325-336.

Li X, Yeh A. 2002. Neural-network-based cellular automata for simulating multiple land use changes using GIS. International Journal of Geographical Information Science, 16(4): 323-343.

Li X, Zhou W, Ouyang Z, et al. 2012. Spatial pattern of greenspace affects land surface temperature: Evidence from the heavily urbanized Beijing metropolitan area, China. Landscape Ecology, 27(6): 887-898.

Li X, Zhou W, Ouyang Z. 2013. Forty years of urban expansion in Beijing: What is the relative importance of physical, socioeconomic, and neighborhood factors? Applied Geography, 38(1): 1-10.

Liu J, Kuang W, Zhang Z, et al. 2014. Spatiotemporal characteristics, patterns, and causes of land-use changes in China since the late 1980s. Journal of Geographical Sciences, 24(2): 195-210.

Liu J, Liu M, Tian H, et al. 2005, Spatial and temporal patterns of China's cropland during 1990–2000: An analysis based on Landsat TM data. Remote Sensing of Environment, 98(4): 442-456.

Liu J, Liu M, Zhuang D, et al. 2003. Study on spatial pattern of land-use change in China during 1995-2000. Science in China Series D: Earth Sciences, 46(4): 373-384.

Liu J, Zhang Z, Xu X, et al. 2010. Spatial patterns and driving forces of land use change in China during the early 21st century. Journal of Geographical Sciences, 20(4): 483-494.

López E, Bocco G, Mendoza M, et al. 2001. Predicting land-cover and land-use change in the urban fringe: A case in Morelia city, Mexico. Landscape and Urban Planning, 55(4): 271-285.

Maraja R, Jan B, Teja T. 2016. Perceptions of cultural ecosystem services from urban green. Ecosystem Services, 17: 33-39.

Millennium Ecosystem Assessment. 2005. Ecosystems and Human Well-being: Synthesis. Washington, DC: Island Press.

Murdie R. 1969. Factorial Ecology of Metropolitan Toronto, 1951-1961: An Essay on the Social Geography of the City Chicago: Chicago University Press.

Nelson E, Mendoza G, Regetz J, et al. 2009. Modeling multiple ecosystem services, biodiversity conservation, commodity production, and tradeoffs at landscape scales. Frontiers in Ecology and the Environment, 7(1): 4-11.

Nowak D, Greenfield E, Hoehn R, et al. 2013. Carbon storage and sequestration by trees in urban and community areas of the United States. Environmental Pollution, 178: 229-236.

Nowak D, Walton J. 2005. Projected urban growth (2000-2050) and its estimated impact on the US forest resource. Journal of Forestry, 103(8): 383-389.

Ode A, Fry G. 2006. A model for quantifying and predicting urban pressure on woodland. Landscape and Urban Planning, 77(1): 17-27

Pacala S, Hurtt G, Baker D, et al. 2001. Consistent land- and atmosphere-based US carbon sink estimates. Science, 292(5525): 2316-2320.

Parker D, Manson S, Janssen M, et al. 2003. Multi-agent systems for the simulation of land-use and land-cover change: A review. Annals of the Association of American Geographers, 93(2): 314-337.

Peterseil J, Wrbka T, Plutzar C, et al. 2004. Evaluating the ecological sustainability of Austrian agricultural landscapes-the SINUS approach. Land Use Policy, 21(3): 307-320.

Piao S, Fang J, Ciais P, et al. 2009. The carbon balance of terrestrial ecosystems in China. Nature, 458(7241): 1009-1013.

Raudsepp-Hearne C, Peterson G D, Bennett E M. 2010. Ecosystem service bundles for analyzing tradeoffs in diverse landscapes. Proceedings of the National Academy of Sciences of the United States of America, 107(11): 5242-5247.

Robinson D, Sun S, Hutchins M, et al. 2012. Effects of land markets and land management on ecosystem function: A framework for modelling exurban land-change. Environmental Modelling & Software, 45(1): 129-140.

Ruimy A, Saugier B, Dedieu G. 1994. Methodology for the estimation of terrestrial net primary production from remotely sensed data. Journal of Geophysical Research Atmospheres, 99(D3): 5263-5283.

Schaldach R, Alcamo J. 2006. Coupled simulation of regional land use change and soil carbon sequestration: A case study for the state of Hesse in Germany. Environmental Modelling & Software, 21(10): 1430-1446.

Schaldach R, Alcamo J. 2007. Simulating the effects of urbanization, afforestation and cropland abandonment on a regional carbon balance: A case study for Central Germany. Regional Environmental Change, 7(3): 137-148.

Seto K, Guneralp B, Hutyra L. 2012. Global forecasts of urban expansion to 2030 and direct impacts on biodiversity and carbon pools. Proceedings of the National Academy of Sciences of the United States of America, 109(40): 16083-16088.

Shen Q, Chen Q, Tang B, et al, 2009. A system dynamics model for the sustainable land use planning and development. Habitat International, 33(1): 15-25.

Tallis H, Ricketts T, Guerry A, et al. 2013. InVEST 2. 5. 6 User's Guide. Stanford: The Natural Capital Project.

Tan M, Li X, Xie H, et al. 2005. Urban land expansion and arable land loss in China-a case study of Beijing-Tianjin-Hebei region. Land Use Policy, 22(3): 187-196.

TEEB Synthesis. 2010. Mainstreaming the Economics of Nature: A synthesis of the Approach, Conclusions and Recommendations of TEEB. London, Washington: Earthscan.

Timothy W, Sara E Grineski, Mariia de Lourdes Romo Aguilar. 2008. Vulnerability to environmental hazards in the Ciudad Juarez (Mexico)–El Paso (USA) metropolis: A model for spatial risk assessment in transnational context. Applied Geography.

Tobler W. 1970. A computer movie simulating urban growth in the Detroit region. Economic Geography, 46(2): 234-240.

Turner D, Koerper G, Harmon M, et al. 1995. A carbon budget for forests of the conterminous United States. Ecological Applications, 5(2): 421-436.

Turner K, Odgaard M, Bøcher P, et al. 2014. Bundling ecosystem services in Denmark: Trade-offs and synergies in a cultural landscape. Landscape and Urban Planning, 125: 89-104.

Verburg P, Koning G, Kok K, et al, 2001. The CLUE modeling framework: An integrated model for the analysis of land use change//Sign R B, Fox J, Himiyama Y. Land Use and Cover Change. Enfield, NH, USA: Science Pubulishers, Inc.

Verburg P, Soepboer W, Veldkamp A, et al. 2002. Modeling the spatial dynamics of regional land use: the CLUE-S model. Environmental Management, 30(3): 391-405.

White R, Engelen G. 1993. Cellular automata and fractal urban form: A cellular modeling approach to the evolution of urban land use pattern. Environment and Planning A, 25(8): 1175-1199.

White R, Engelen G. 1997. Cellular automata as the basis of integrated dynamic regional modelling. Environment and Planning B, 24: 235-246.

Wu J. 2010. Urban sustainability: An inevitable goal of landscape research. Landscape Ecology, 25(1): 1-4.

Wu J. 2013. Landscape sustainability science: ecosystem services and human well-being in changing landscapes. Landscape Ecology, 28(6): 999-1023.

Wu J, Feng Z, Gao Y, et al. 2013. Hotspot and relationship identification in multiple landscape services: A case study on an area with intensive human activities. Ecological Indicators, 29: 529-537.

Wu Q, Li H, Wang R, et al. 2006. Monitoring and predicting land use change in Beijing using remote sensing and GIS. Landscape and Urban Planning, 78(4): 322-333.

Xu M, He C, Liu Z, et al. 2016. How Did Urban Land Expand in China between 1992 and 2015? A Multi-Scale Landscape Analysis. PLoS One, 11(5): e0154839.

Yang G, Ge Y, Xue H, et al. 2015. Using ecosystem service bundles to detect trade-offs and synergies across urban-rural complexes. Landscape and Urban Planning, 136: 110-121.

Zhang B, Xie G, Zhang C, et al. 2012. The economic benefits of rainwater-runoff reduction by urban green spaces: A case study in Beijing, China. Journal of Environmental Management, 100(10): 65-71.

Zhao C, Sander H. 2015. Quantifying and mapping the supply of and demand for carbon storage and sequestration service from urban trees. PLoS One, 10(8): e0136392.

第 9 章　旱区城市景观可持续性研究展望

9.1　主要工作与发现

本书在全球、国家和区域等多个尺度上系统开展了旱区城市景观过程、影响与可持续性研究，主要工作如下(图 9.1)。

(1)综述了旱区城市景观过程和可持续性相关研究进展。在厘清旱区定义和划分标准的基础上，确定了旱区的范围，介绍了全球旱区和中国旱区的自然和社会经济概况。利用系统综述法，定量分析了相关研究的发文量、引文量、研究主题和研究区。详细归纳了旱区城市景观过程、影响和可持续性的相关研究方法和研究内容，指出了现有研究的主要不足。

(2)在全球尺度上，量化了旱区城市景观过程及其对自然生境质量的影响。首先，量化了 1992～2016 年城市景观过程，对比分析了不同类型旱区和不同国家旱区的城市扩展规模和速度。基于共享社会经济路径，利用 LUSD-urban 模型模拟了旱区 2016～2050 年城市景观过程。进一步地，定量评价了旱区 1992～2016 年城市景观过程对自然生境质量的影响，深入分析了城市景观过程中自然生境质量下降对濒危物种的影响。

(3)在国家尺度上，分析了中国旱区城市景观过程和趋势，探讨了该地区城市景观过程面临的水资源胁迫与可持续发展问题。深入分析了 1992～2016 年城市景观过程和 2016～2050 年城市景观趋势，比较了中国旱区趋势路径和可持续路径下城市景观过程的异同。在揭示历史水胁迫指数动态变化过程的基础上，分析了城市景观过程与水资源胁迫的相互作用。基于强可持续性的视角，揭示了生态足迹与用水量以及人类发展指数之间的关系，评价了区域可持续性。

(4)在区域尺度上，以中国北方农牧交错带、呼包鄂榆城市群、京津冀城市群和北京地区为例，量化了城市景观过程及其对环境可持续性的影响，提出了区域城市土地系统设计途径。在中国北方农牧交错带，定量评估了气候变化对未来城市景观过程的可能影响，综合水、土、气、生四个方面的指标，构建了环境可持续评价指数，利用结构方程模型量化了城市景观过程对环境可持续性的影响，提出了一套能够有效适应气候变化、降低对生态环境负面影响的城市土地系统设计途径。在呼包鄂榆城市群，分析了城市景观过程及其对自然生境质量和植被净初级生产力的影响，开展了城市景观优化研究。在京津冀城市群，在分析城市景观过程及其驱动机制的基础上，综合多源大数据和城市空间网络结构的方法，分析了城市群空间网络结构特征，模拟评估了未来城市景观过程对食物供给、碳储量、水源涵养和空气净化等多种生态系统服务的影响，定量分析了城市群资源和环境限制性、水-能纽带关系和可持续性，结合生态系统服务保护优先区、LUSD-urban 模型和情景分析，提出了可持续的城市土地系统设计途径。在北京地区，综合评估了城市景观过程对湿地生境质量、碳固持服务供需关系以及多种生态系统服务的影响。

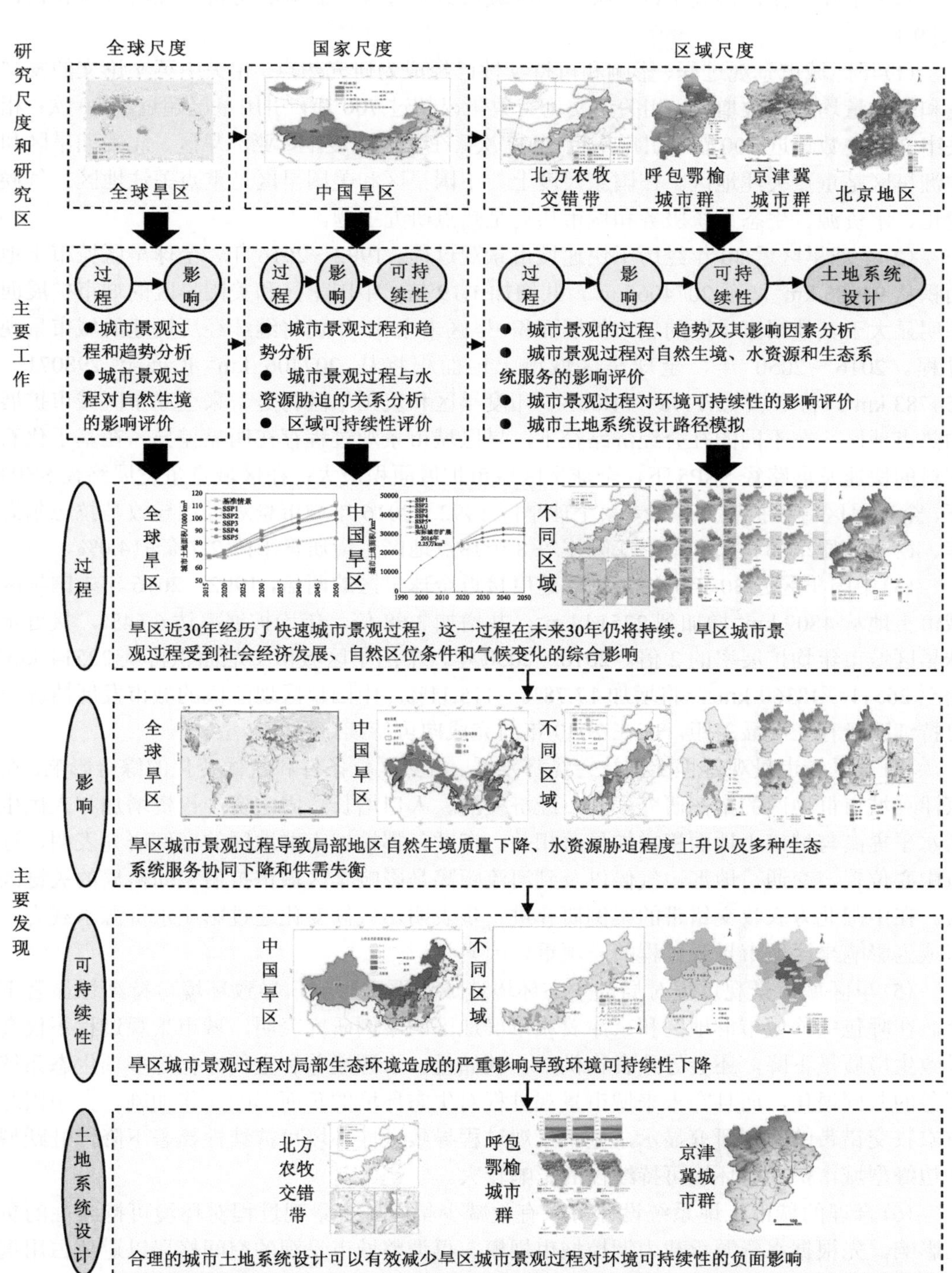

图 9.1 本书主要工作和发现

基于上述工作，得到了以下关于旱区城市景观过程、影响和可持续性的理解和认识(图 9.1)。

(1) 旱区城市景观过程、影响和可持续性已经成为研究热点。相关中英文论文的发文量和引文量均呈指数增长。相关英文论文数量已超过 700 篇，引用量已超过 9000 次；相关中文论文数量近 200 篇，引用量近 3000 次。在大洲尺度上，亚洲旱区、北美洲旱区和非洲旱区是重点关注地区。在国家尺度上，中国旱区和美国旱区是重点关注地区。气候变化、水资源、生态系统服务和城市热岛是热点研究主题。

(2) 全球旱区近 30 年经历了快速城市景观过程。1992～2016 年，全球旱区城市土地面积从 94583 km^2 增至 207406 km^2，共增加 1.19 倍。中国旱区和美国旱区的城市扩展面积明显大于其他国家旱区的城市扩展面积。旱区未来 30 年仍将继续经历快速的城市景观过程。2016～2050 年，全球旱区城市土地面积将从 207406 km^2 扩展至 298071～354783 km^2，将增加 43.71%～71.06%。印度旱区和美国旱区将是未来全球旱区城市扩展的热点地区。在不同的社会经济路径下，旱区城市景观过程存在明显差异。在基于化石燃料的快速发展路径 SSP5 下，全球旱区城市扩展面积最大；在区域竞争发展路径 SSP3 下，全球旱区城市扩展面积最小。全球旱区 1992～2016 年城市景观过程导致马拉巴尔海岸、德干高原东部和加利福尼亚海岸等 8 个热点地区生境质量下降 2.7%～14.0%。

(3) 中国旱区近 30 年的城市扩展速度接近全球旱区的两倍，1992～2016 年中国旱区城市土地从 4809 km^2 增加到 22514 km^2，共增加 3.68 倍，年均扩展率达 6.64%，接近全球旱区城市年均扩展率的 2 倍。2016～2050 年，中国旱区城市土地面积将从 22514 km^2 增至 26511～48360 km^2，将增加 17.78%～115.11%。中国旱区现阶段的城市发展情况与可持续路径存在明显差距，应在 2030 年前完成向可持续路径的转型。

(4) 旱区城市景观过程受到社会经济发展、自然区位条件和气候变化的综合影响。在京津冀城市群地区的案例研究表明，经济发展、人口增长、固定资产投资增加和人民生活水平提高与城市土地面积增加显著相关。在呼包鄂榆城市群地区的案例研究表明，行政中心位置、交通、地形、气候以及到河流距离是影响旱区城市扩展空间格局的关键因素。在中国北方农牧交错带的案例研究进一步表明，气候变化通过影响水资源承载力，将成为影响旱区城市景观过程的一项重要因素。

(5) 旱区城市景观过程对局部生态环境造成了严重影响，导致环境可持续性显著下降。在呼包鄂榆城市群地区和京津冀城市群地区的案例研究表明，城市景观过程不仅会导致生境质量下降，还会导致食物供给、碳储量、水源涵养和空气净化等多项生态系统服务的共同退化，而且在未来城市景观过程对生态环境的负面影响还将加剧。在中国北方农牧交错带的案例研究显示，城市景观过程导致区域环境可持续性显著下降，蛙跃型和边缘型城市扩展对环境可持续性的影响较大。

(6) 合理的城市土地系统设计可以有效减少旱区城市景观过程对环境可持续性的负面影响。先根据水资源承载力调控城市规模，再调整城市景观的空间格局以避免占用重要的生态系统服务供给区，将可以减少城市景观过程对生态环境的负面影响，这是一条行之有效的旱区城市土地系统设计途径。在中国北方农牧交错带的研究表明，通过该途径可以明显缓解区域水资源短缺和适应气候变化。在京津冀城市群地区的研究表明，与趋势情景下城市景观过程导致的生态系统服务损失量相比，通过该途径可以使食物供给、碳储量、水源涵养和空气净化四种服务的损失量分别减少 78.49%、73.85%、74.41%和 29.31%。

9.2　不足和展望

旱区城市可持续性是全球可持续发展研究中的一个重要议题。本书在全球、国家和区域等多个尺度上，分析和评估了旱区城市景观过程的时空格局和驱动机制，模拟和量化了其发展趋势和生态环境影响，探讨了旱区可持续城市土地系统设计途径，具有重要的科学意义和实践价值，但是相关研究还存在以下不足。

(1)在分析旱区城市景观过程时，受数据可获取性的影响，沿用了“建成区”这一概念(Liu et al., 2014)，将城市土地作为同质斑块进行分析，未考虑城市景观内部空间异质性。实际上，在建成区扩张的过程中，建成区内部的结构和空间配置也在不断变化(Sun et al., 2020)。例如，城市中不透水层、绿地和水体等土地覆盖类型的变化、住宅区、商业区和工业区等土地利用类型的变化以及建筑物的更替和建筑物高度的变化(Forman et al., 2017)。

(2)在模拟旱区未来城市景观趋势时，受现有城市人口预估数据和城市景观变化模型准确性的限制，未来城市景观面积和空间格局的模拟结果均存在较大不确定性。城市人口数据是预测城市景观面积的基础数据。目前发布的未来城市人口预估数据主要是基于城乡人口增长率差法和 Logistic 模型模拟得到的(Jiang and O’Neill, 2017; 丁小江等, 2018)。这些方法没有充分考虑不同国家和地区城市化率和城市人口变化特征的差异，导致模拟结果准确性较低。另外，LUSD-urban 模型在计算非城市像元适宜性时仅利用了像元本身的区位条件信息，未考虑周边像元区位条件的影响；同时仅利用单期城市土地数据校正模型参数，未利用城市扩展动态信息，这在一定程度上影响了模型模拟城市景观过程空间格局的准确性。

(3)在评估旱区城市景观过程的影响时，受评价模型的限制，只评估了城市景观过程对生态系统服务潜在供给能力的影响，未全面评估城市景观过程对生态系统服务供需流的影响。生态系统服务由供给、需求和流三个基本环节构成(谢高地等，2008；李双成等，2014)。其中，生态系统服务的供给包括“潜在供给”和“实际供给”两层含义(Burkhard et al., 2012)。InVEST 模型只能量化生态系统服务的潜在供给(Sharp et al., 2014)，忽略了生态系统服务供给和需求的空间不一致性以及生态系统服务的传输途径，难以用于测量生态系统服务的实际供给，无法量化生态系统服务的需求和流(Bagstad et al., 2014)。

(4)现阶段仅在区域尺度开展了可持续的旱区城市土地系统设计研究，缺乏国家和全球尺度的分析。在利用水资源承载力确定城市规模时未充分考虑上游水资源对中下游的补给作用，导致计算出的水资源承载力存在误差。在基于生态系统服务优化城市景观的空间格局时，只以减少对生态系统服务潜在供给的影响为目标，未全面考虑区域城市景观过程与生态系统服务供需流之间的相互作用，难以确保设计途径下区域生态系统服务的供需平衡。

因此，未来还需要在以下方面进一步开展研究。

(1) 开展旱区城市景观内部土地利用/覆盖变化过程的监测。结合中高空间分辨率遥感数据、社交媒体大数据和 Google Earth Engine 云计算平台，提取城市景观中的不透水层、绿地和水体等土地覆盖信息，区分城市内部土地利用类型和功能，测量建筑物高度(Gong et al., 2020; Kong et al., 2020)。通过获取旱区城市景观内部结构和空间配置信息，深入分析旱区城市景观内部的时空格局，丰富旱区城市景观过程的研究内容(Zeng et al., 2017; Rios and Munoz, 2017; 卢文路等, 2020)。

(2) 优化旱区城市景观过程模拟模型，更加准确地模拟旱区未来城市景观过程。充分利用各国旱区逐年人口、城市化率和 GDP 数据，结合机理模型和机器学习方法，优化城市景观面积模拟模块，更加合理地模拟不同社会经济发展情景下的城市景观面积(Li et al., 2019; Gao and O'Neill, 2020)。在此基础上，根据城市景观空间格局的区位影响机制，结合循环卷积网络等深度学习方法、面向对象的模拟技术和“数据同化”方法，优化城市景观的空间配置模拟模块，更加准确地模拟城市景观的空间格局(Zhang et al., 2015; Chen et al., 2019)。

(3) 耦合城市景观过程模型与生态水文过程模型，综合评估旱区城市景观过程和趋势对生态系统服务供需流的影响。将优化后的旱区城市景观过程模拟模型与区域水文生态模拟系统(regional hydro-ecological simulation system, RHESSys)等生态水文过程模型进行耦合，以实现城市景观过程与生态系统过程、坡面径流过程和流域汇流过程的有机整合(Tague and Band, 2004; Wang et al., 2019; Chen et al., 2020)，系统模拟历史和未来旱区城市景观过程对水资源供给、水源涵养和水质净化等生态系统服务供需流的综合影响(Bagstad et al., 2014; 夏沛等, 2020)。

(4) 以流域为基本单元，在国家和全球尺度开展旱区城市土地系统设计研究。应用城市景观过程与生态水文过程耦合模型，以流域为基本单元进行城市土地系统设计，可以兼顾上游水资源变化对下游水资源承载力的影响以及城市景观过程与生态系统服务供需流的相互作用(程国栋和李新, 2015)，能够更加有效地优化城市景观的规模和空间格局，以实现生态系统服务供需平衡和旱区城市可持续发展(Verburg et al., 2013; Ouyang et al., 2016; 彭建等, 2017)。

当前，旱区城市景观过程和可持续性研究方兴未艾。从 2005 年《联合国千年生态系统评估》(MEA, 2005)对旱区的特别报道，到 2017 年中国科学院联合美国、澳大利亚、欧洲、非洲和中亚等国家和地区的科研组织共同发起的“全球干旱生态系统国际大科学计划”(global dryland ecosystem programme, Global-DEP)，再到 2021 年 3 月 Global-DEP 正式发布《全球干旱生态系统科学计划》，城市景观过程和可持续性一直是旱区可持续性研究的重要方向之一。这些科学计划的推进为旱区城市景观过程和可持续性研究的不断深入带来了机遇和挑战。未来，亟须加强旱区城市生态定位观测以及城市景观过程与生态环境相互作用的机理研究，充分利用大数据、深度学习和人地系统耦合模型等新兴技术加强城市景观过程和可持续性的监测与模拟研究，结合传统的景观生态学研究框架与土地系统分析、综合景观分析、安全公正空间、粮食-能源-水关联系统和环境足迹等新兴的研究框架深入认识旱区城市景观过程与可持续性之间的联系，同时加强旱区城市生态和城市地理研究者、城市规划部门和城市管理部门的交流和合作，理论联系实际，将科学研究成果应用于城市的规划与管理中，以促进旱区城市可持续发展(Wu, 2019, 2021)。

参 考 文 献

程国栋, 李新. 2015. 流域科学及其集成研究方法. 中国科学: 地球科学, 45(6): 811-819.

丁小江, 钟方雷, 毛锦凰, 等. 2018. 共享社会经济路径下中国各省城市化水平预测. 气候变化研究进展, 14(4): 392-401.

李双成, 马程, 王阳, 等. 2014. 生态系统服务地理学. 北京: 科学出版社.

卢文路, 刘志锋, 何春阳, 等. 2020. 基于 Sentinel-1A 合成孔径雷达数据和全卷积网络的城市建设用地监测方法研究. 干旱区地理, 43(3): 750-760.

彭建, 胡晓旭, 赵明月, 等. 2017. 生态系统服务权衡研究进展: 从认知到决策. 地理学报, 72(6): 960-973.

夏沛, 宋世雄, 刘志锋, 等. 2020. 中国内陆河流域城市景观过程对涉水生态系统服务的影响评价研究进展. 生态学报, 40(177): 5884-5893.

谢高地, 甄霖, 鲁春霞, 等. 2008. 生态系统服务的供给、消费和价值化. 资源科学, 30(1): 93-99.

Forman R T T. 2017. 城市生态学——城市之科学. 邬建国, 刘志锋, 黄甘霖, 等译. 北京: 高等教育出版社.

Bagstad K, Villa F, Batker D, et al. 2014. From theoretical to actual ecosystem services: Mapping beneficiaries and spatial flows in ecosystem service assessments. Ecology and Society, 19(2): 64.

Burkhard B, Kroll F, Nedkov S, et al. 2012. Mapping ecosystem service supply, demand and budgets, Ecological Indicators, 21: 17-29.

Chen B, Liu Z, He C, et al. 2020. The Regional Hydro-Ecological Simulation System for 30 years: A systematic review. Water, 12: 2878.

Chen Y, Li X, Liu X, et al. 2019. Simulating urban growth boundaries using a patch-based cellular automaton with economic and ecological constraints. Int J Geogr Inf Sci, 33(1): 55-80.

Gao J, O'Neill B. 2020. Mapping global urban land for the 21st century with data-driven simulations and Shared Socioeconomic Pathways. Nat Commun, 11(1): 12.

Gong P, Chen B, Li X, et al. 2020. Mapping essential urban land use categories in China (EULUC-China): Preliminary results for 2018. Sci Bull, 65(3): 182-187.

Jiang L, O'Neill B. 2017. Global urbanization projections for the shared socioeconomic pathways. Global Environmental Change, 42: 193-199.

Kong L, Liu Z, Wu J. 2020. A systematic review of big data-based urban sustainability research: State-of-the-science and future directions. Journal of Cleaner Production, 273(1): 123142.

Li X, Zhou Y, Eom J, et al. 2019. Projecting global urban area growth through 2100 based on historical time series data and future shared socioeconomic pathways. Earth Future, 7(4): 351-362.

Liu Z, He C, Zhou Y, et al. 2014. How much of the world's land has been urbanized, really? Ahierarchical framework for avoiding confusion. Landscape Ecology, 29(5): 763-771.

MEA. 2005. Ecosystems and Human Well-Being: Current State and Trends. Washington: Island Press.

Ouyang Z, Zheng H, Xiao Y, et al. 2016. Improvements in ecosystem services from investments in natural capital, Science, 352(6292): 1455-1459.

Rios S, Munoz R. 2017. Land Use detection with cell phone data using topic models: Case Santiago, Chile. Comput. Environ. Urban Syst, 61(pt. A): 39-48.

Sharp R, Tallis H, Ricketts T, et al. 2014. InVEST User's Guide. Stanford: The Natural Capital Project.

Sun L, Chen J, Li Q, et al. 2020. Dramatic uneven urbanization of large cities throughout the world in recent decades. Nature Communications, 11 (1) : 5366.

Tague C, Band L. 2004. RHESSys: Regional hydro-ecologic simulation system-an object-oriented approach to spatially distributed modeling of carbon, water, and nutrient cycling. Earth Interact. , 8 (19) : 1-42.

Verburg P, Erb K, Mertz O, et al. 2013. Land System Science: Between global challenges and local realities, Curr Opin Environ Sustain, 5 (5) : 433-437.

Wang Y, Jiang R, Xie J, et al. 2019. Soil and Water Assessment Tool（SWAT）model: a systemic review. J. Coast. Res. , 93 (sp1) : 22-30.

Wu J. 2019. Linking landscape, land system and design approaches to achieve sustainability. Journal of Land Use Science, 14 (2) : 173-189.

Wu J. 2021. Landscape sustainability science（II）: Core questions and key approaches. Landscape Ecology, 36: 2453-2485.

Zeng C, Yang L, Dong J. 2017. Management of urban land expansion in China through intensity assessment: A big data perspective. J. Clean. Prod. , 153 (1) : 637-647.

Zhang Y, Li X, Liu X, et al. 2015. Self-modifying CA model using dual ensemble Kalman filter for simulating urban land-use changes. International Journal of Geographical Information Science, 29 (9) : 1612-1631.

作者简介

何春阳　四川射洪人。教授，博士生导师。现任北京师范大学地理科学学部灾害风险科学研究院院长、环境演变与自然灾害教育部重点实验室主任、地表过程与资源生态国家重点实验室副主任。兼任国际灾害风险科学学报(*International Journal of Disaster Risk Science*)副主编和中国自然资源学会资源持续利用与减灾专业委员会主任。1998 年毕业于兰州大学地理科学系，获自然地理学学士学位。2003 年毕业于北京师范大学，获自然地理学博士学位。2002 年在加拿大西安大略大学地理系访学。2005～2007 年在日本京都大学防灾研究所做博士后。主要从事综合自然地理学、土地利用/覆盖变化和城市景观可持续性研究。先后主持国家自然科学基金优秀青年基金、国家“973”项目课题和国家重点研发项目课题等项目多项，已出版学术专著 4 部，在 *Nature*、*Nature Sustainability* 和 *Nature Communications* 等主流学术期刊上发表学术论文 200 多篇。在城市土地利用/覆盖变化过程监测、模型模拟和影响评估方面取得了一系列创新成果。多次获得北京师范大学优秀博士学位论文指导教师奖（2015、2017、2018），连续入选 Elsevier “中国高被引学者(地理学)”榜单、全球前 2%顶尖科学家榜单和全球顶尖前 10 万科学家榜单。2022 年入选青海省“昆仑英才·高端创新创业人才”计划杰出人才。

刘志锋　江西景德镇人。北京师范大学副教授。中国自然资源学会青年科技奖(2019 年)和北京师范大学优秀博士学位论文获得者(2015 年)。中国自然资源学会资源持续利用与减灾专业委员会委员。本科和硕士均就读于延边大学地理学，分别于 2007 年和 2010 年获地理科学专业学士学位和人文地理专业硕士学位，导师南颖教授。2014 年毕业于北京师范大学资源学院，获土地资源管理专业博士学位，导师何春阳教授。2013 年在美国亚利桑那州立大学可持续性学院从事访问研究，2014～2016 年在北京师范大学地表过程与资源生态国家重点实验室从事博士后研究，合作导师邬建国教授。2016 年在荷兰阿姆斯特丹自由大学地球与生命科学学院从事访问研究，合作导师 Peter Verburg 教授。2020 年在澳大利亚迪肯大学生命与环境科学学院学习从事访问研究，合作导师 Brett Bryan 教授。主要从事气候变化影响下的旱区城市景观可持续性研究。2010 年以来，先后主持和参与多项国家级项目，合作出版著作 3 部，在 *Nature* 和 *Nature Communications* 等主流学术期刊上发表论文 80 余篇，其中 SCI/SSCI 期刊检索论文 50 余篇。2022 年入选青海省“昆仑英才·高端创新创业人才”计划拔尖人才。

黄庆旭　四川成都人。北京师范大学副教授，博士生导师。现任北京师范大学地理科学学部自然资源学院副院长，中国自然资源学会资源持续利用与减灾专业委员会委员。2006 年毕业于北京师范大学地理学与遥感科学学院，获资源环境与城乡规划专业学士学位。2008 年毕业于北京师范大学资源学院，获自然地理学硕士学位。2012 年毕业于加拿大滑铁卢大学地理和环境管理学院地理信息科学专业，获博士学位。主要从事城市景观过程和城市可持续性研究。先后参与和主持多项国家和省部级项目，已发表学术中英文论文 80 余篇。入选唐仲英青年学者(2021 年)、北京市科学技术委员会北京市科技新星(2018 年)和北京市委教育工作委员会北京市优秀人才(2016 年)，获得中国自然资源学会青年科技奖(2017 年)。

李经纬　河南沁阳人。博士，上海师范大学讲师。2013 年毕业于云南大学地球科学学院，获地图学与地理信息系统专业学士学位。2019 年毕业于北京师范大学，获地图学与地理信息系统专业博士学位，导师何春阳教授与邬建国教授。2017～2018 年在美国亚利桑那州立大学生命科学学院与全球可持续性科学研究所联合培养。2019 年至今就职于上海师范大学环境与地理科学学院。主要从事土地利用/覆盖变化、城市景观可持续性和土地系统科学研究。主持国家自然科学基金青年基金项目 1 项，已发表 SCI/SSCI 论文 7 篇、中文核心期刊论文 1 篇。

张　达　吉林白城人。延边大学地理与海洋科学学院讲师，硕士研究生导师，延边大学“青年图们江学者”。北京师范大学优秀博士学位论文获得者(2018 年)。2009 年毕业于延边大学理学院，获地理信息系统专业学士学位。2012 年毕业于延边大学理学院，获人文地理学专业硕士学位。2017 年毕业于北京师范大学资源学院，获土地资源管理专业博士学位。2021～2022 年，作为中组部“西部之光”访问学者在北京师范大学访学。主要从事城市地理与城市景观可持续性研究。主持国家自然科学基金面上项目和青年科学基金项目各 1 项、吉林省科技发展计划重点研发项目 1 项。已发表学术论文 20 余篇，其中 SCI/SSCI 论文 14 篇。

邬建国　美国亚利桑那州立大学生命科学学院和可持续科学学院“院长特聘教授”。内蒙古大学学士学位(77 级)；美国俄亥俄州迈阿密大学硕士和博士学位(1987 年，1991 年)；康奈尔大学和普林斯顿大学博士后(1991～1993 年)。北京师范大学国家“千人计划”特聘教授，人与环境系统可持续研究中心创始主任(2012～2022 年)。研究领域主要包括景观生态学、城市生态学、生物多样性与生态系统功能，以及可持续性科学。已发表论文约 400 篇，著作 15 部。自 2005 年始担任 *Landscape Ecology* 主编。2006 年获美国科学促进会(American Association for the Advancement of Science, AAAS)“杰出国际合作奖”；2007 年选为美国科学促进会会士(AAAS Fellow)；2010 年获美国景观生态学会“杰出景观生态学家奖”；2011 年获国际景观生态学会“杰出科学成就奖”(Outstanding Scientific Achievements Award)；Web of Science Group 全球高被引科学家。